普通高等教育“十一五”国家级规划教材

U0771269

力学

L i x u e

（第四版）上册

梁昆淼　编

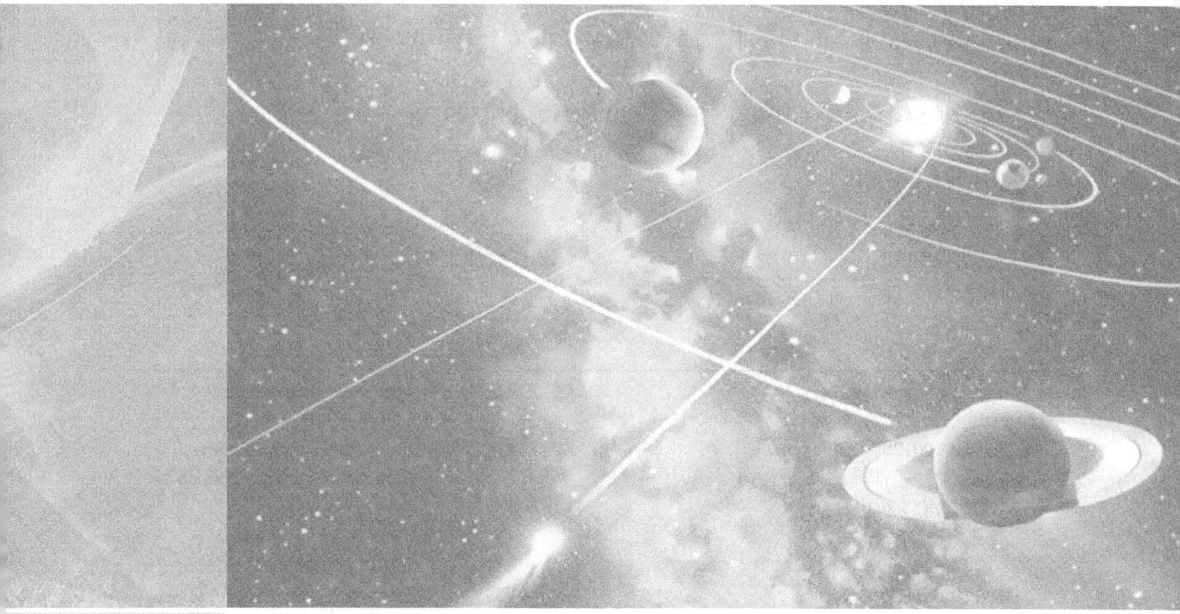

高等教育出版社·北京

内容提要

本书第二版于 1987 年获国家教委高等学校优秀教材一等奖。此为第四版。这次修订，根据读者意见和修订者的教学体会，在保持原书特点的同时，调整更换了某些内容、例题和习题，使难度水平适应于物理类各专业的“普通物理学力学部分”的课程。内容为：绪论、质点运动学、质点动力学的基本定律、运动定律与非惯性参考系、质点动力学的运动定理、质点系动力学的运动定理、刚体力学、振动与波等七章，以及附录中的微积分初步。章末附有复习题及思考题，书末汇集了各章的习题及答案。

本书的特点是注意数学与物理紧密结合，两者相互阐，物理图像鲜明；通过理论分析与例题示范，训练学生的思考与运算能力。

本书可作为综合性大学、高等师范院校物理类各专业或其他院校相近专业的教材，也可供中学教师参考。

图书在版编目（CIP）数据

力学．上册／梁昆淼编．—4 版．— 北京：高等教育出版社，2010.1（2025.5 重印）

ISBN 978-7-04-028354-9

Ⅰ．力…　Ⅱ．梁…　Ⅲ．力学－高等学校－教材　Ⅳ．O3

中国版本图书馆 CIP 数据核字（2009）第 224379 号

策划编辑　陶　铮　　责任编辑　张海雁　　封面设计　张　楠
责任绘图　尹文军　　版式设计　马敬茹　　责任校对　杨雪莲
责任印制　存　怡

出版发行	高等教育出版社	网　址	http://www.hep.edu.cn
社　址	北京市西城区德外大街 4 号		http://www.hep.com.cn
邮政编码	100120	网上订购	http://www.landraco.com
印　刷	肥城新华印刷有限公司		http://www.landraco.com.cn
开　本	787 × 960　1/16		
印　张	28.25	版　次	1965 年 11 月第 1 版
字　数	520 000		2010 年 1 月第 4 版
购书热线	010-58581118	印　次	2025 年 5 月第 12 次印刷
咨询电话	400-810-0598	定　价	46.60 元

本书如有缺页、倒页、脱页等质量问题，请到所购图书销售部门联系调换。
版权所有　侵权必究

物 料 号　28354-A0

出版者的话

本书第三版于 1995 年出版，出版以来，以其合理的结构、科学的阐述及良好的教学适用性为广大教师所认可，是我国力学课程的经典教材，为我国物理专业人才的培养作出了巨大的贡献。第三版出版至今已有 14 年，书中使用的部分科学名词和物理量符号等为当时的习惯用法，与现行国家标准不符，容易引起教学上的混乱，因此我社组织出版了第四版。本次修订保持内容不变，仅将科学名词、单位及符号、数学运算符号等按照出版领域最新的国家标准和规范作了更新。

第三版序言

本书出版有年。此次特地约请在南京大学物理系多年使用本书进行教学的俞超、陈必武两位副教授根据多年教学实践以及当前师生实际情况，对本书进行修订。修改了个别提法，调整更换充实了某些内容、例题和习题。修订中，既注意保持原书风格，又适度降低难度水平，以适应广大院校的物理类各专业“普通物理学·力学”课程的需要。

具体分工如下：俞超负责第一、三、五、七章及相应的习题，陈必武负责第二、四、六章及相应的习题。为了帮助尚未学过微积分的学生，由俞超加写了“附录一　微积分初步”。我参加了修订过程中的集体讨论。

梁昆淼

1990 年 9 月

初版序言 (摘录)

本书是根据南京大学 1959 年以来物理系 (还有天文系) 一年级力学讲义编写而成。

我们设想, 在一年级力学课开始时, 一面采用图像分析进行论述, 一面运用初步的微积分、矢量代数作为对照, 有利于学生掌握图像方法与运算方法之间的联系, 透过数学表达式弄清内在的物理含义。此后, 可逐步减少图像方法而代之以运算方法。这样循序渐进, 既能学会运用数学工具, 又能更好地掌握力学概念的基础。

我们又设想, 这样的调整特别有利于突破泛泛的理论陈述, 使一年级力学针对学生思想方法的特点, 切实帮助他们解除"链式推理"的思想束缚, 诱导他们学会通过具体分析, 应用力学的一般原则来解决具体问题。运用生动的例题启发他们认识"链式推理"对自己的束缚, 并引导他们集中力量攻克 §19 (质点动力学问题) 这个重要点和关键点, 基本上就可以达到这一要求, 为整个课程的顺利进行铺平道路。

我们还设想, 这样的调整有利于帮助学生及早地破除"不问条件总是用常量进行思维"的习惯, 建立变量的观念。由于学生从高中带来的匀速、匀加速、常力的观念很深, 在第一章中需要着重解决这个问题。

这些思考方法上的训练, 对学习其他物理课程也有很大好处。

几年的实践初步证实了上述设想。教材的系统性有所加强, 学生运用力学知识的能力和学习成绩确实比调整前有所提高, 学习负担有所减轻。当然还很不够。

本书还尝试做到生动有趣。根据我们的体会, 生动的例子往往能尖锐地揭露矛盾, 使问题解决较透彻, 留下的印象也较深。

本书对回转仪奇特行径的物理实质所作的阐释 (§46) 以及对单杠"晚旋"的力学原理所作的阐释 (§47) 在其他书籍中尚未见到, 是否恰当请读者指教。

本书正文中凡用到微积分运算的段落都用小号字排印, 而用到微积分运算的例题则标以 * 号, 如果跳过这些部分, 并不影响连贯性。

成书以前, 南京大学物理系领导多次组织了此教材与其他教材教学实践情况的对比调查研究。作者对组织者、分工审读的同事以及给编写工作以协助的同事谨表谢意。

本书一定还有很多缺点错误, 欢迎同志们提出意见。

梁昆淼

1964 — 1978 年

目　　录

绪　论

§1　物质与运动

一切物质都在不停地变化 —— 或者说, **运动**. 有简单的运动, 也有复杂的运动; 有低级形式的运动, 也有高级形式的运动. 最简单的运动是位置的改变, 即机械运动, 其次有分子热运动、电磁过程等物理现象, 再次有化学变化、生物机体所固有的各种过程, 还有属于社会现象的各种运动. 各种科学的任务就是研究各种运动形式, 研究该种运动形式的特殊规律性及其与其他运动形式的相互联系.

在高级的运动形式中, 必定包含着较低级的运动形式. 例如在化学变化中必然伴随着吸热或放热、膨胀或收缩、变色、放出气体、产生沉淀等物理现象. 又例如在生物机体的各种过程中必伴随有许多物理现象与化学变化; 比方说, 在呼吸过程中, 气体从生物机体外部进入体内或从体内排出体外. 这正说明基础学科的重要性. 但是, 物质的每一种运动形式又各具有质的特殊性, 高级运动形式决不能归结为低级的运动形式. 例如化学反应决不能归结为仅仅是吸热或放热等物理现象. 又例如呼吸过程决不能归结为仅仅是气体的机械运动; 将抽气机与打气机的联合动作称为呼吸显然是十分荒唐的. 因此基础学科也不能代替其他学科.

§2　物　理　学

"物理" 一词最先出自希腊文 φυσικ, 原意是指自然. 古时的欧洲人称物理学为 "自然哲学". 从最广泛的意义上来说, 即是研究大自然现象及规律的学问. 直到 19 世纪, 物理学才从哲学中分离出来成为一门实证科学. 物理学的研究对象是比较低级形式的物质运动: 机械运动、原子和分子的运动、电磁运动、原子核内部的运动等等. 由于较低级的运动形式普遍存在于较高级的运动形式中, 基础学科之一的物理学在各门自然科学之中占有十分重要的地位.

在现代, 物理学已经成为自然科学中最基础的学科之一. 物理学理论通常以数学的形式表达出来, 经过大量严格的实验验证的物理学规律被称为物理学定律. 然而如同其他自然科学理论一样, 这些定律不能被证明, 其正确性只能经过反复的实验来检验. 在物理学的领域中, 主要研究的是宇宙的基本组成要素: 物质、能量、空间、时间及它们的相互作用, 并借由被分析的基本定律与法则来完整了解这个系统.

我国的物理学知识, 在早期文献中记载于《天工开物》等书中. 明代吕坤(1536 — 1618) 著有《呻吟语》, 其中卷六第二部分名为 “物理”, 大体是有关物性学的, 并用以引申一些关于人文及世界的观点. 宋代朱熹 (1130 — 1200) 等人常用 “物之至理” 或 “物理” 一词. 当代著名物理学家李政道曾引用唐代杜甫《曲江二首》中的诗句 “细推物理须行乐, 何用浮名绊此身” 来说明物理一词在盛唐即已出现. 其实在中国科学院哲学研究所和北京大学哲学系编著的《中国哲学史资料简编》 (中华书局) “两汉 — 隋唐” 部分中, 就记载了三国时吴人杨泉曾著书《物理论》, 是研究和评论当时有关天文、地理、工艺、农业及医学知识的著作. 更久远地, 在约公元前 2 世纪成书的《淮南子 · 览冥训》中有: “夫燧之取火于日, 慈石引铁, 葵之向日, 虽有明智, 弗能然也, 故耳目之察, 不足以分物理; 心意之论, 不足以定是非” 之论述.

§3 量度 国际单位制 量纲

(1) 量度

物理学是实验科学, 也就是要通过实验来量度一些物理量并寻求物理量之间的联系. 因此, 必须对量度给以很大的注意.

要量度某个物理量, 首先, 需要选定该物理量的比较标准, 即单位. 单位应体现于具体的事物 —— **原器**或其复制品. 其次, 需要规定该物理量与单位的**比较规则**. 原器与比较规则固然是由人们规定的, 然而决不是任意规定的. 这种规定应该从该物理量的本性出发, 使得量度结果具有可重复性与唯一性. 至于所作的规定是否能满足以上要求, 应由实践加以检验.

(2) 任何一种量度都不是绝对精密的

我们不可能绝对精密地量出一个物理量的值, 量度结果总会带有一些偶然因素. 例如用米尺量度长度. 米尺上最小刻度是毫米, 若进行估计还可以测量到 1/10 mm, 至于百分之几、千分之几毫米的读数则不知道. 改用螺旋测微器, 可以测量到 1/1 000 mm, 至于万分之几毫米的读数还是不知道. 利用光学干涉仪, 准确度可以大大提高, 但毕竟也还是有限的. 量度结果的精密度取决于所拥有的设备以及从事量度的细心程度. 一般地说, 量度所可能达到的精密度与当时的技术水平是相适应的.

量度所得结果既然只具有一定的精密度, 我们的量度记录也就应该尊重这个事实. 凡是记下来的数字都必须是可以肯定的, 不能肯定的数字就不应写出来,以免造成假象. 例如说 15.4 g 并不同于 15.40 g. 15.4 g 意味着在量度中未曾能够精确测量到百分之一克, 15.40 g 则意味着已能测量到百分之一克, 只是该位数字恰恰是零. 在单纯进行记录时, 一般还容易做到这点. 但在计算中, 往往有不少人喜欢算出很多位数字, 以为这样才表示精密; 其实这是不尊重客观事实. 例如求某物体的密度时, 已量得体积 12.5 cm^3 (准到 0.1 cm^3, 大约占所量体积的 1%), 质量 15.40 g (准到大约 0.1%). 则密度 =15.40 g/12.5 cm^3=1.23 g/cm^3. 假如写成密度 =1.232 g/cm^3, 那就造成了假象, 好像密度居然可以准到大约 0.1%.

既然量度不可能是绝对精密的, 从量度所得资料总结出来的物理学原理、理论也就不可能是绝对准确的. 物理学的各个原理、理论只有在一定准确度内才是正确的; 更精密的量度可能揭示它们只是近似的. 决不可以将原理和理论绝对化起来; 真理越过了它的适用范围就可能转化为它的对立面 —— 谬误.

(3) 国际单位制

如果对于每一物理量都制定一个原器, 那是不胜其烦的. 事实上也完全不必要. 只要制定出一些基本物理量的原器, 其他物理量的单位就可以通过一些物理定律用这些基本单位来定出, 它们就称为**导出单位**.

现今, 包括我国在内的绝大多数国家都在积极推行国际单位制即 SI (由法文 Le Système International d'Unités 缩写而来).

在 SI 中, 有七个基本单位, 即

① 长度单位: **米** (m). 米是光在真空中 (1/299 792 458)s 时间间隔内所经路径的长度. [1983 年 10 月第 17 届国际计量大会.]

② 质量单位: **千克** (kg). 千克是质量 (而非重量) 单位, 它等于国际千克原器的质量. 这个铂铱千克原器按照 1889 年第 1 届国际计量大会规定的条件, 保存在国际计量局. [1901 年第 3 届国际计量大会.]

③ 时间单位: **秒** (s). 秒是铯 −133 原子基态的两个超精细能级之间跃迁所对应的辐射的 9 192 631 770 个周期的持续时间. [1967 年第 13 届国际计量大会.]

④ 电流单位: **安培** (A). 在真空中, 截面积可以忽略的两根相距 1 m 的无限长平行圆直导线内通以等量恒定电流, 若导线间相互作用力在每米长度上为 2×10^{-7} N, 则每根导线中的电流为 1 A. [1948 年第 9 届国际计量大会.]

⑤ 热力学温度单位: **开尔文** (K). 开尔文是水的三相点热力学温度的 1/273.16. [1967 年第 13 届国际计量大会.]

⑥ 物质的量单位: **摩尔** (mol). 摩尔是一系统的物质的量, 该系统中所包含的基本单元数与 0.012 kg 碳 −12 的原子数目相等. 在使用摩尔时, 基本单元应予指明, 可以是原子、分子、离子、电子及其他粒子, 或是这些粒子的特定组合. [1971 年第 14 届国际计量大会.]

⑦ 发光强度单位: **坎德拉** (cd). 坎德拉为一光源在给定方向上的发光强

度, 该光源发出频率为 540×10^{12} Hz 的单色辐射, 且在此方向上的辐射强度为 (1/683) W/sr. [1979 年 10 月第 16 届国际计量大会.]

若限于力学量, 则只用到米、千克、秒三个基本单位, 可称为米 – 千克 – 秒制 (MKS 制).

SI 有两个辅助单位即**弧度**和**球面度** (纯几何单位).

① 弧度是一个圆内两条半径之间的平面角, 这两条半径在圆周上截取的弧长与半径相等.

② 球面度是一个立体角, 其顶点位于球心, 而它在球面上所截取的面积等于以球半径为边长的正方形的面积.

SI 的导出单位众多, 在此不一一列举, 它们将在各自首次出场时加以介绍.

SI 还规定了表示基本单位倍数的词冠: **艾** (exa, 简记为 E) 表示 10^{18} 倍, **拍** (peta, P) 表示 10^{15} 倍, **太** (tera, T) 表示 10^{12} 倍, **吉** (giga, G) 表示 10^{9} 倍, **兆** (mega, M) 表示 10^{6} 倍, **千** (kilo, k) 表示 10^{3} 倍, **百** (hecto, h) 表示 10^{2} 倍, **十** (deca, da) 表示 10^{1} 倍, **分** (deci, d) 表示 10^{-1}, **厘** (centi, c) 表示 10^{-2}, **毫** (milli, m) 表示 10^{-3}, **微** (micro, μ) 表示 10^{-6}, **纳** (nano, n) 表示 10^{-9}, **皮** (pico, p) 表示 10^{-12}, **飞** (femto, f) 表示 10^{-15}, **阿** (atto, a) 表示 10^{-18}.

有些物理书籍, 尤其是理论物理书籍, 仍然使用厘米 – 克 – 秒制即 CGS 制. 它与 SI 的关系较为复杂. 例如就力学量与电学量而论, CGS 制只有三个基本量 (长度、质量、时间), SI 却有四个基本量 (长度、质量、时间、电流), 电磁学课程对此将会详加论述.

(4) 量纲

为了表明导出单位如何从基本单位组成, 并且为了表明当某基本单位改变时导出单位如何换算, 通常运用一种特定的方法 —— **量纲**. 例如说, 考虑某个物理量 A. 它的单位由长度单位的 p 次幂, 质量单位的 q 次幂、时间单位的 r 次幂组成, 那么当长度单位改为 l 倍时, A 的单位相应地改为 l^p 倍; 当质量单位改为 m 倍时, A 的单位相应地改为 m^q 倍; 当时间单位改为 t 倍时, A 的单位相应地改为 t^r 倍. 以上换算关系可以简括地表为: "物理量 A 的量纲是 $\mathrm{L}^p\mathrm{M}^q\mathrm{T}^r$", 记作

$$[A] = \mathrm{L}^p\mathrm{M}^q\mathrm{T}^r.$$

当 A 的单位改为 $l^p m^q t^r$ 倍时, 表示 A 的量度结果的数字就相应地改为 $1/l^p m^q t^r$ 倍.

物理定律代表的是一些物理量之间的联系, 它的基本形式应当与单位的选取无关. 这样, **表达物理定律的等式两边应该具有相同的量纲**.

§4 实际对象的简化 理想化的模型

研究任一物理现象, 将会发现某些因素起决定性或根本性作用, 另一些因素则只起次要作用, 又一些因素只是偶然性的因素, 再一些因素则完全不起什么实质的作用. 例如在地球绕太阳运行问题中, 起决定性作用的是太阳对地球的引力, 而月亮或其他行星对地球的引力则是次要因素, 至于地球上的火山、海啸等等只是偶然因素, 发射宇宙火箭时对地球的反冲力、开采矿石所进行的爆破, 乃至某人在地面上跳几跳等对地球的运行则毫无实质的影响. 又例如在汽车行驶问题中, 重要的是汽车的功率、路面的坡度, 路面一般的粗糙或光滑程度、汽车及其载货总重等, 至于路面上个别微小的不平整、某个飞虫撞到汽车上来等则是无关紧要的.

不分轻重地同时考虑一切因素 (不论是决定性的、主要的、次要的、偶然的、微不足道的因素), 并不能因此得到最精确的结果. 相反地, 对最简单的物理现象的分析研究也将成为不可能了. 如果研究地球的运行问题还要考虑到某时某刻某人跳了几跳, 如果研究汽车行驶问题还要考虑某时有一小虫撞上来, 那就不再是什么科学, 而只是纯粹的游戏而已. 在任何分析研究中, 都应当分清主要因素与次要因素, 区分必然性与偶然性.

对于问题中所涉及的实际对象, 也应当只保留在问题中起决定作用、主要作用的某些性质, 最多再保留某些起次要作用的性质, 必须坚决撇开那些在问题中只起偶然作用或不起什么实质作用的性质. 这样一来, 本来比较复杂的实际对象就简化成一种或多或少理想化与抽象化了的东西 —— **模型**. 以适当的抽象模型代替实际对象并不是脱离实际, 反而使人更深刻地抓住问题的本质.

所选取的模型应当正确地反映出对该现象起主要作用的因素. 不可以凭主观想象选取模型, 单凭主观想象来选取模型才真正是脱离实际. 同一个实际对象, 在某一问题中, 某些性质起主要作用; 在另一问题中却可能是另一些性质起主要作用. 因此, **在研究不同物理现象的时候, 同一个实际对象很可能要用不同的模型来代替**.

学习物理学, 应当注意在各种问题中如何区分主要因素、次要因素与偶然因素, 如何选取适当的模型代替实际对象. 其实, 不仅对于学习物理学, 而且对于学习一切科学技术, 这都是极为重要的.

力学中一个极其重要的模型是**质点**. 如果物体的大小远远小于所研究的问题中的有关距离, 问题又不涉及物体的转动, 我们就可以忽略实际物体的体积, 用一个没有体积大小, 因而也谈不上有什么形状的 “点” 来代替实际物体. 但在物体的机械运动中, 质量起很重要的作用, 因此这个 “点” 还应该保留有质量. 这就是质点. 例如研究地球绕太阳的运行而不涉及地球的自转时, 由于地球的半径远远小于太阳到地球的距离, 完全可以将地球这个庞然大物当作质点. 又例如研究传动机构时涉及转动, 这时哪怕是最小的齿轮也不能当作质点.

§5 力 学

(1) 力学

力学研究机械运动, 即物体位置的变动. 这是物质运动最低级的亦即最基本的形式. 几乎在物质的一切运动形式中都包含有这种最基本的运动形式. 因而力学是许多学科的基础.

(2) 力学是古老的, 在当前时代中又有巨大的生命力

在人类历史的早期, 人们从事狩猎、耕种等工作, 就已运用一些简单机械作为助力. 这样积累起来的知识, 经过集中整理就形成力学. 力学因此是古老的. 在我国《墨子》一书中就有许多力学方面的科学见解, 如 “力者, 形之所以奋也” 等等, 力学之所以古老正是与人们的生产实践分不开的.

古老的力学历经无数人的工作, 特别是伽利略、牛顿、拉普拉斯、拉格朗日等人的工作, 最早成为最完善的学科. 只要知道一个力学系统在某个时刻的状态, 即所谓 “初始条件”, 并且知道了这力学系统与其他物体的作用, 根据力学原理就能原则上精确地推算出该力学系统在其后任一时刻的状态.

力学又是年轻的, 富有生命力的. 近代航空工程的发展使空气动力学获得极大发展. 近几年来, 人造地球卫星、人造行星、宇宙火箭的发射、宇宙航行的实现, 使得物体运动轨道的计算这种力学问题又具有极为重大的意义.

(3) 经典力学的局限性

在本书中所研究的力学有两方面的**局限性**. 第一, 所涉及的运动速度远远低于光速; 否则物体的运动将遵从另一种规律, 即**相对论力学**. 第二, 所涉及的物体不能如分子、原子那样大小, 即不是所谓微观粒子, 而应是日常的大小, 即所谓宏观物体. 微观粒子遵从另一种规律, 即**量子力学**.

这种力学, 我们特别称之为**经典力学**. 运用经典力学时应当注意它的适用范围, 以免陷入谬误.

(4) 运动学与动力学

研究力学, 即研究机械运动, 我们将采取由表及里, 从现象到本质的步骤. 先研究如何描述机械运动现象, 这部分称为**运动学**. 然后进一步研究机械运动的内在规律, 怎样的条件下发生怎样的运动, 这部分称为**动力学**.

运动学虽然并不深入机械运动的本质, 却也有重大意义. 首先, 动力学问题的解决不能离开运动学, 因为只有把运动定律与运动学结合起来, 才能解决动力学问题, 换句话说, 运动学知识是动力学的基础. 其次, 在各种机械的组成机构中, 常常需要着重研究某些部分的运动情况, 以考察它是否能完成所规定的任务, 这往往纯粹是运动学问题.

第一章　质点运动学

§6　空间与时间　参考系

时间不停地流逝, 物体在空间中的位置随之而变更, 这就是机械运动. 力学既然是研究机械运动的学科, 它就不能不与空间观念、时间观念有着极紧密的联系.

空间和时间虽然不可分割地联系着, 但究竟还是有区别的. 尽管在数学中有"多维 (或多度) 空间" 的抽象概念, 在相对论中有 "四维 (或四度) 世界", 但是现实的空间是三维的 (三度的), 经过现实空间的每一点只能作出三条互相垂直的直线. 所谓 "四维世界" 不过是说, 现实的空间和时间不可分割地联系着, 必须将三维的空间和 "一维的" 时间看作统一体.

在物体运动速度远远低于光速的条件下, 认为空间和时间互不依赖而且也不依赖于物质客体的运动, 还是能够近似地符合空间、时间的客观性质的. 在经典力学中不妨有条件地采取这种观点. 但要切记这种观点是近似的、有条件的, 决不能将它绝对化起来.

运动学的最初步的问题是如何确定物体在空间中的位置. 让我们来仔细地考虑一下这个问题.

有人问起某本书在哪里或某件待继续加工的半成品在哪里的时候, 我们往往回答:"在某书架的第二层东端" 或 "在某号车床旁的工作台上". 这就是说, 为了确定某本书或某个半成品的位置, 需要先选定另外一个物体, 例如书架或工作台, 作为标准, 然后借助于标准物体来确定书或半成品的位置. 被选为标准的物体称为**参考系**. 我们的回答只是确定了书或半成品相对于参考系的位置. 能不能脱离参考系而确定物体的位置呢? 譬如, 也可以这样回答: 在某号房间或某个车间里, 与东墙相距多远, 与南墙相距多远, 离地多高. 或者甚至于回答: 在东经几度几分几秒, 在北纬几度几分几秒. 但这样也并没有脱离参考系, 仅仅是改取某号房间或某个车间或甚至选取地球作为参考系而已. 用经度和地平高度, 或者赤经和赤纬来表明天体的位置也正是以地球为参考系. 由此可见, 必须强调: **物体的位置只能相对于参考系而确定**.

既然物体的位置只能相对于参考系而确定, 那么说到机械运动 (即物体位置的改变), 同样也只能相对于参考系来确定. 我们只能以参考系为标准, 或者更明确些说, **将参考系当作 "静止" 的, 以研究物体相对于参考系的运动**. 例如我们可以将火车车厢当作 "静止" 的 (其实火车在大地上奔驰着), 而研究物体相对于车厢的运动; 也可以将宇宙飞船当作 "静止" 的 (其实宇宙飞船在太空中高速航行着), 而研究物体相对于飞船的运动; 如此等等.

可能引起这样的疑惑:"火车车厢、宇宙飞船都是动的, 怎么可以当作 '静止' 的呢?" 诚然, 它们是动的. 然而又有什么是 "静止" 的呢? 在日常生活中, 我们习惯于认为地面是静止的, 在讲到 "静止"、"运动" 的时候总是对地面而言的. 可是, 大家知道, 地球以极为惊人的速度 (大约 30 km/s) 绕太阳而运行, 根本不是静止的. 那么太阳是否静止的呢? 也不是的, 太阳 (携带着整个太阳系) 以大约 20 km/s 的速度向着织女星 (天琴座 α 星) 与帝座星 (武仙座 α 星) 之间某个方向 (所谓 "奔赴点", 大约在赤经 270°, 赤纬 +30°) 疾驶. 其他恒星也无一不以极为巨大的速度运行. 宇宙间没有一个绝对静止的物体, **"绝对静止" 是没有意义的**. 在这种意义上, 我们说, **运动是绝对的, 静止是相对的**. 只能选定一个参考系, 将它当作是 "静止" 的, 其他物体的运动就能相对于这个参考系来确定. 在这种意义上, 我们又可以说, **运动总是相对 (于参考系) 的运动**.

运动的相对性, 在日常生活中常常可以体会到. 例如, 骑自行车在某条道路上行驶时觉得逆风, 等到回程时往往觉得还是逆风. 这并不是因为风向改变了. 这只不过是: 以行驶中的自行车为参考系, 将自行车当作 "静止" 的, 则所有物体具有向后的速度 (路旁房屋、树木、电线杆都向后闪过), 空气同样也参与这种相对于自行车的向后运动, 这就使我们常常感受逆风. 竖直落下的雨点, 在行驶着的火车车窗上留下的痕迹并不竖直而是向后倾斜, 这也是因为雨滴具有相对于火车的向后速度. 千万不要迎头向疾驶的汽车抛掷哪怕是并不很重的物体, 例如瓜果之类东西, 抛掷出去的物体相对于地面的速度虽然不大, 但它相对于疾驶的汽车速度却很大, 很可能给车中乘客带来重大的伤害.

运动的相对性, 在生产实践中也有重大意义. 用严格的理论计算来解决空气动力学问题常是比较困难的. 因此在航空工业中, 需要将所设计的飞机作成模型, 然后用实验方法测定其性能. 但是, 模型以高速度在空气中飞行是比较难于做到的. 实际上, 将模型静止地放在所谓 "风洞" 中, 使空气 (风) 以高速度吹过模型. 以空气为参考系, 则模型正是以高速度在其中飞行.(有些大型的风洞甚至可以放入实际大小的飞机.) 车制圆柱体的时候, 应当使刀刃围绕着工件进行切削, 并且还应使刀刃沿着圆柱体的轴向移动, 以便在圆柱体上各处进行切削. 这就是说, 应当使刀刃在圆柱体上作螺旋运动. 在实际的车床上, 刀刃仅仅移动而工件却在旋转. 以工件为参考系, 则所有物体都向相反方向旋转, 刀刃也参与这种相对于工件的反方向旋转; 因而相对于工件, 刀刃正是作着螺旋运动.

应当指出: **同一物体, 相对于不同的参考系, 显示出不同的运动**."风洞" 中的模型, 相对于地面是静止的; 相对于空气 (风), 模型却在以高速度飞行. 车刀, 相对于车床的床座, 仅仅作直线运动; 相对于工件, 刀刃却在作螺旋运动.

最后, 还需再一次强调: **在进行任何力学研究时, 必须明确指出所选定的参考系**.

§7 直线运动

先考察比较简单的情况, 质点相对于参考系作直线运动, 质点的轨迹是一条固定于参考系的直线.

要表明质点相对于参考系的位置, 只需指出质点在这条直线上的位置. 而为了精确表明质点在直线上的位置, 须先在这直线上取一点 O, 称之为原点 (原点当然也是固定于参考系的); 然后指出质点在原点的哪一边并且离原点有多远, 这确切不移地表明了质点的位置. 若在这直线上规定一个正的指向, 还可以用 "+" 或 "−" 来简洁地表明质点在原点的哪一边. 带有原点以及正指向的直线, 就是**坐标轴**, 现称之为 x 轴. 质点与原点的距离, 冠以 "+" 或 "−" 号, 称为质点的**坐标**, 现记作 x. 坐标 x 确切不移地表明了质点在直线上的位置, 这也就表明了质点相对于参考系的位置. 应当**注意**: 坐标是从某个选定的原点算起的, 完全不必从出发点算起.

这样, **参考系抽象成为坐标轴**. 说到参考系, 起作用的并不是参考系的几何形状、质量、颜色等等, 而是它的位置. 因此可以将它抽象为只有位置的东西 —— 坐标轴.

我们还应当建立时间的 "坐标轴", 选取某个时刻, 作为标准, 称之为 "**初始**" **时刻**. 其他时刻可以用在 "初始" 时刻之先或之后多长时间来表明, 记作 t."先" 或 "后" 还可以由 t 的符号表明, "+" 表示在 "初始" 时刻之后, "−" 表示在 "初始" 时刻之先.

坐标 x 随时间 t 的变化

$$x = x(t) \tag{7.1}$$

详尽地描述了质点在该直线上的运动情况.

为着研究质点运动的快慢, 试取从 $t = t_1$ 到 $t = t_2$ 的一段时间来考察. 设当 $t = t_1$ 时 $x = x_1$, 当 $t = t_2$ 时 $x = x_2$ (图 1–1). 这就是说, 在 $\Delta t = t_2 - t_1$ 的一段时间内, 质点移动了 $\Delta x = x_2 - x_1$ 的一段距离. 比值 $\Delta x/\Delta t$ 反映出质点在这段时间内的平均快慢, 因而称为**从 t_1 到 t_2 这段时间内的平均速度** $\overline{v}$.

$$\overline{v} = \frac{\Delta x}{\Delta t} = \frac{x_2 - x_1}{t_2 - t_1}. \tag{7.2}$$

(显然, $\overline{v}$ 的量纲 $[v]=\mathrm{LT}^{-1}$.) 在这段时间内, 如质点向坐标轴的正指向移动, 则 $\Delta x>0$, 因而 $\overline{v}>0$; 如向坐标轴的负指向移动, 则 $\Delta x<0$, 因而 $\overline{v}<0$. 所以, $\overline{v}$ 不仅表明运动快慢, 而且还以其符号表明移动指向.

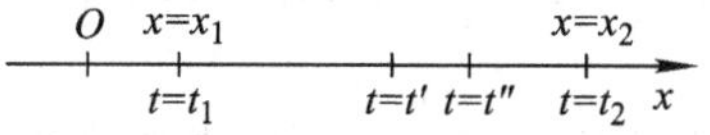

图 1–1

例如某人跑 2 000 m 的成绩是 4 分 10 秒, 即 250 s, 则他在 2 000 m 赛跑中的平均速度为 $\overline{v}=2\ 000\ \mathrm{m}/250\ \mathrm{s}=8\ \mathrm{m/s}$. 平均速度 8 m/s 反映了他在 2 000 m 全程中的总的快慢程度, 但决不意味着他每秒钟都是严格地跑 8 m. 事实上, 在 2 000 m 全程中, 有时跑得快些, 有时跑得慢些, 例如在接近终点时还要来个冲刺. 他在赛跑过程中速度的变化完全不能由平均速度 8 m/s 反映出来.

平均速度 $\overline{v}$ (7.2) 只反映出质点在 t_1 到 t_2 这段时间内的平均快慢, 它完全不能详尽地反映出这段时间内质点运动快慢的细致变化. 为比较详尽起见, 我们应将 t_1 到 t_2 这段时间再划分为例如 $\Delta_1 t=t'-t_1, \Delta_2 t=t''-t', \Delta_3 t=t_2-t''$ 三段 (图 1–1), 并分别算出这三段时间内的平均速度 $\overline{v}_1, \overline{v}_2, \overline{v}_3$. 这样, 我们不仅知道了 Δt 整段时间的平均快慢, 而且还知道其中三小段时间 $\Delta_1 t, \Delta_2 t, \Delta_3 t$ 内的平均快慢. 这就比较详尽一些了. 然而, 这毕竟也还只是 $\Delta_1 t, \Delta_2 t, \Delta_3 t$ 各时间段内的平均快慢; 在各段时间内运动快慢的细致变化还是不能详尽地反映出来. 不论将时间段划分为怎样短的小段, 我们总是只能得到那段时间内的**平均**快慢.

我们的认识如果停留在平均速度的概念上, 那是很不够的. 为了详尽掌握质点运动快慢的细致变化, 需要知道质点在各个瞬时的快慢, 而不仅仅是质点在各段时间内的平均快慢.

有个笑话, 说的是在某国某市内, 交通警察拦住了一辆超速行驶的轿车.

“对不起, 夫人!” 警察很有礼貌地说, “您违反了交通规则, 超速行驶. 您的车速已达到一小时六十千米.”

“哦, 这是绝对不可能的!” 驾车的妇女以不容置辩的口气答道, “我总共才行驶了十五分钟, 远远不到一小时, 怎么谈得上一小时六十千米呢?”

“夫人, 我的意思是: 六十千米的路程, 您将会用一小时赶到.”

“那也是绝对不可能的! 我只要再行驶十千米就到目的地了, 根本不需要赶六十千米的路程.”

这样, 交通警察与驾车的妇女之间简直找不到共同语言, 很难再谈下去. 谈不下去的症结何在? 原来, 车辆的行驶是否超速, 问题并不在于一小时的时间里行驶多少千米, 也不在于赶完六十千米路程用了多少时间. 总之, 问题并不在于平均速度, 而在各个瞬时的速度. 一辆汽车, 即使在一小时里总共只行驶了二十千米, 但它在这二十千米的路程上有时快有时慢, 因而在某些瞬时行驶太快以致违反交通规则并非不可能. 某瞬时的速度叫做该瞬时的**瞬时速度**. 那位驾车的妇女只有平均速度的概念而没有瞬时速度的概念, 所以无法理解交通警察指控她的超速行驶.

如果说交通规则着重的是瞬时速度, 那么, 在科学技术中, 对任何力学现象进行深入的研究时当然更要着重瞬时速度.

假如那位交通警察求助于我们, 我们或许可以这样为他对驾车的妇女解释:"虽然您并没有行驶一小时, 也不打算行驶六十千米, 但是按您的车在那个瞬时的瞬时速度来说, 假如车速保持不变, 您将会以一小时的时间行驶六十千米." 但是, 这段话中的 "在那个瞬时的瞬时速度" 是什么意思呢? 不先把这一点弄明白, 上面那段解释还是等于没有说.

说到质点在各个瞬时的瞬时速度, 如果把 "瞬时" 一词理解为绝对的一瞬 (即时间长度等于绝对的 "零"), "瞬时速度" 就又无从谈起了, 因为速度原本是就一段时间而言的, 如 (7.2).

古希腊哲学的埃利亚学派的芝诺所提出的 "飞箭不动论" 虽是诡辩, 却生动地揭示出不能就绝对的一瞬来谈论速度. 芝诺的论说大致如下: 在每一瞬时, 飞行中的箭总是占据一个与它自身等同的空间, 这是说飞行的箭在各个瞬时都占有确定的位置. 既然飞箭占有确定的位置, 它就是静止的. 如果说飞箭是动的, 那么, 它不应该有确定的位置."既在这个位置" 与 "同时又不在这个位置" 是矛盾的, 所以运动是不可能的.

芝诺的论说看起来有些玄乎. 假如有位 "当代的芝诺", 也许他会采用较为形象化的说法: 在某一瞬时给飞行着的箭拍摄一张照片 (为了简单, 不妨忽略有限长的曝光时间, 假定拍摄是在一瞬时完成的). 请看! 照片上的箭是不动的. 在一系列的瞬时分别给飞箭拍摄一张照片, 将这些照片按顺序相继地放映在银幕上, 你就看到箭的飞行的电影! 由此可见所谓 "箭在飞行" 只是假象, 实质上, 箭不过是经历了一系列前后相继的静止状态罢了.

其实, 电影是利用人眼的 "视觉暂留" 的生理效应. 撇开生理效应, 从力学角度上说, 电影里的飞箭只是箭相继出现在一系列不连续的位置上, 这与箭的真实飞行完全不同.

而且, 讨论某个瞬时的照片, 其上的箭诚然是静止的, 这反映出真实的箭在拍摄过程中的 $\Delta x=0$, 也即是芝诺所说的 "在" 某个确定的位置. 芝诺认为这就论证了飞箭在拍摄的瞬间是静止的. 可是, 试问箭 "在" 那个确定位置的持续时间 Δt 有多长? 照片并不回答这个问题. Δt 既可以是有限长的时间 (不管怎么短, 只要不是零), 也可以只是拍摄的曝光时间即为零. 前一情况, 箭的速度 $v=\Delta x/\Delta t=0/\Delta t=0$, 它在拍摄的瞬间确是静止的. 后一情况, 箭 "在" 那个确定位置的持续时间是 "零", 这是说, 箭并不 "在" 那个位置, 仅仅是 "经过" 那个位置, 箭在拍摄瞬间是动的. 这也就是芝诺所说的 "既在这个位置" 与 "同时又不在这个位置" 的矛盾. 用算式来说, 速度 $v=\Delta x/\Delta t=0/0$ 是不定式.

由此可见, 芝诺所指出的矛盾并没有驳倒运动, 并没有证明静止, 它只是指出: 就绝对的瞬时而论, 谈论箭的速度是没有明确意义的, 从而不可能区分急速的箭与缓行的箭, 甚至不可能区分飞行的箭和静止的箭. 另一方面, 只要不是绝对的一瞬时, 哪怕是极短的一段时间, 速度就有明确的意义, 就有可能区分急速的箭与缓行的箭, 有可能区分飞行的箭与静止的箭. 事实上, 拍摄照片并非一瞬间完成的, 它需要有限长的曝光时间. 不管曝光时间怎样短, 原则上只有静止的箭在照片上是轮廓清晰的, 飞行的箭则由于移动而影像模糊, 飞行愈快, 其模糊程度也愈严重.

这样, 我们既要一瞬时, 又不要绝对的一瞬时, 这似乎很难办. 但运用 “无限小” 的概念就能解决. 所谓 “无限小” 是一种变数, 它不等于零, 但越来越小, 而无限地逼近于零 (记作 $\to 0$). 设要考察物体在某个瞬时 t 的瞬时速度, 我们先研究物体从瞬时 t 到瞬时 $t+\Delta t$ 这段时间里的运动, 而 Δt 是无限小. 因为无限小 $\Delta t \neq 0$, 所以 “飞箭不动论” 的诡辩无从售其技, 速度 $\Delta x/\Delta t$ 具有明确的意义. 随着无限小 Δt 无限地逼近于零 (从 t 到 $t+\Delta t$ 的那段时间也就无限地逼近 t 那个瞬时), 速度 $\Delta x/\Delta t$ 无限地逼近于某个数值. 这个数值在数学上叫做 $\Delta x/\Delta t$ 的极限, 记作 $\lim\limits_{\Delta t\to 0}(\Delta x/\Delta t)$, 在物理上则可说就是在 t 那个瞬时的瞬时速度. 这样, **在瞬时 t 的瞬时速度**应当用下述极限来定义:

$$v=\lim_{\Delta t\to 0}\frac{\Delta x}{\Delta t}.$$

这种差商的极限在数学上称为**导数** (或**微商**). 按照物理书籍的惯例, 可用字母上方的一点代表 $\mathrm{d}/\mathrm{d}t$ 而记作 $\dot{x}$. 于是, 在瞬时 t 的瞬时速度, 或者简单些说, 在瞬时 t 的速度

$$v=\frac{\mathrm{d}x}{\mathrm{d}t}=\dot{x}. \tag{7.3}$$

(显然, v 的量纲 $[v]=\mathrm{LT}^{-1}$.) **v 是坐标 x 的时间变化率**. v 的符号还表明着移动的方向.

牛顿与莱布尼兹当初发展微分学正是为了适应力学研究的要求.

应该强调: 某个瞬时的瞬时速度只反映质点在该瞬时的运动快慢. 因此质点在某个瞬时的瞬时速度为 3 m/s, 决不可理解为过 1 s 就真的运行 3 m. 瞬时速度 3 m/s 仅仅意味着, 按该瞬时的快慢来说, 假如保持这样的快慢不变, 则在 1 s 内运行 3 m.

我们还要研究速度变化的快慢. 比值

$$\overline{a}=\frac{v_2-v_1}{t_2-t_1} \tag{7.4}$$

称为**从 t_1 到 t_2 这段时间内的平均加速度**. (显然, $[\overline{a}]=\mathrm{LT}^{-2}$.) $\overline{a}>0$ 表示速度的数值增大, $\overline{a}<0$ 表示速度的数值减小.

$$a=\lim_{\Delta t\to 0}\frac{\Delta v}{\Delta t}=\frac{\mathrm{d}v}{\mathrm{d}t}=\frac{\mathrm{d}}{\mathrm{d}t}\frac{\mathrm{d}x}{\mathrm{d}t}=\frac{\mathrm{d}^2x}{\mathrm{d}t^2}\equiv\ddot{x} \tag{7.5}$$

则称为**在瞬时 t 的瞬时加速度**, 或者简单些说, 在瞬时 t 的加速度.(显然, $[a]=\mathrm{LT}^{-2}$.) **a 是速度 v 的时间变化率**. a 取 “+” 号或 “−” 号, 表示 v 的数值增大或减小.

前已指出, $x(t)$ 详尽地描述了质点在直线上的运动情况, 因此, 只要知道了质点在各个瞬时的坐标 $x(t)$, 按照 (7.3) 与 (7.5) 运用**微分法**, 就可以求出各个瞬时的瞬时速度 $v(t)$ 与各个瞬时的瞬时加速度 $a(t)$.

现在再来考察 $v(t)$ 或 $a(t)$ 是否也能详尽地描述质点在直线上的运动情况.

例如知道了质点在各个瞬时的瞬时速度 $v(t)$, 怎样计算它在各个瞬时的坐标 $x(t)$ 呢? 按 (7.3), $v(t)$ 是 $x(t)$ 的导数, 于是从 $v(t)$ 求 $x(t)$ 的问题就归结为: 寻求这样一个函数, 其导数为 $v(t)$. 这样的函数在数学上称为 $v(t)$ 的原函数, 亦即不定积分. 因此

$$x(t)=\int^{t} v(\tau)\mathrm{d}\tau+C.$$

在不定积分中出现积分常数 C. 为确定积分常数, 可以利用质点在某个 “初始” 时刻 t_0 的坐标 x_0. 将初始条件代入上式, 则

$$x_0=\int^{t_0} v(\tau)\mathrm{d}\tau+C.$$

由此定出积分常数 C

$$C=x_0-\int^{t_0} v(\tau)\mathrm{d}\tau,$$

于是

$$x(t)=\int^{t} v(\tau)\mathrm{d}\tau-\int^{t_0} v(\tau)\mathrm{d}\tau+x_0. \tag{7.6}$$

还可以换个方式导出 (7.6), 以便更鲜明地揭示其中的物理含义. 我们看到, 如果 $v(t)$ 是不变的常量, 即质点作匀速运动, 则问题很简单. 速度乘以时间就是所行距离, 由此可以确定质点在各个瞬时的位置. 但一般说来, $v(t)$ 是变量, 为了解决 “变量” 这一困难, 通常是借助于极限概念. 首先将运动起止的时间段划分为许多极短的时间段. 任取某个极短的时间段, 从 τ 到 $\tau+\mathrm{d}\tau$. 在这个极短的时间段内, v 的变化极小, 几乎是不变的. 在这种条件下, 变量转换为它的对立面 —— 常量. 变量与常量之间的对立和在一定条件下互相转换, 这种辩证关系在物理学各分支中是极为常见的. **现在就应当着重掌握这一点**, 它在今后是极为有用的. 这样, 从 τ 到 $\tau+\mathrm{d}\tau$ 的极短时间段内, 质点作匀速运动, 其所运行的距离 $\mathrm{d}x=v(\tau)\mathrm{d}\tau$. 从初始时刻 t_0 (其时质点的坐标为 x_0) 到某个时刻 t, 质点所运行的距离 $x(t)-x_0$ 应当是 $\mathrm{d}x$ 的总和 $\sum \mathrm{d}x$, 即

$$\sum_{\tau} v(\tau)\mathrm{d}\tau.$$

但这只是近似的表达式, $\mathrm{d}\tau$ 越短则准确程度越高, 因此应当令 $\mathrm{d}\tau\to 0$, 而运行距离 $x(t)-x_0$ 则是 $\sum\limits_{\tau} v(\tau)\mathrm{d}\tau$ 的极限. 这种和的极限在数学上称为 “定积分”, 记

作 $\int_{t_0}^{t} v(\tau)\mathrm{d}\tau$. 于是

$$x(t) - x_0 = \lim_{\mathrm{d}\tau \to 0} \sum_{\tau} v(\tau)\mathrm{d}\tau = \int_{t_0}^{t} v(\tau)\mathrm{d}\tau.$$

定积分的值等于将积分上下限分别代入原函数所得值的差, 所以上式与 (7.6) 完全一致.

在 (7.6) 中, 不仅需要知道各个瞬时的瞬时速度 $v(t)$, 还需要知道质点在 "初始" 时刻 t_0 的坐标 x_0. 这是完全可以理解的. 如果只知道各个瞬时的运动快慢, 并不知道质点从哪里开始运动, 自然不能完全确定质点的运动情况. x_0 称为初始坐标.

因此, **各个瞬时的速度 $v(t)$, 附加以初始条件 x_0, 就能详尽地描述质点在直线上的运动情况**. 为此, 只需按 (7.6) 运用**积分法**.

作为特例, 考察匀速运动, 即 $v =$ 常量的情况. 此时

$$x = x_0 + v\int_{t_0}^{t} \mathrm{d}\tau = x_0 + v(t - t_0). \tag{7.7}$$

这正是中学里的匀速运动公式, 只是这里明确地提出了初始条件.

必须注意, **(7.7) 只对匀速运动成立, 不可随便套用**. (7.6) 则对各种情况普遍适用.

同理, 已知各个瞬时的瞬时加速度 $a(t)$ 时,

$$v(t) = v_0 + \int_{t_0}^{t} a(\tau)\mathrm{d}\tau. \tag{7.8}$$

这里不仅需要知道各个瞬时的瞬时加速度 $a(t)$, 还需要知道初始速度 v_0.

按 (7.8) 求得各个瞬时的瞬时速度 $v(t)$ 之后, 当然还可以利用 (7.6) 求得各个瞬时的坐标 $x(t)$.

因此, **各个瞬时的加速度, 附加以初始条件 x_0 与 v_0, 也能详尽地描述质点在直线上的运动情况**. 为此, 只需按 (7.6) 与 (7.8) 运用**积分法**.

作为特例, 考察匀加速运动, 即 $a =$ 常量的情况. 此时

$$v(t) = v_0 + a\int_{t_0}^{t} \mathrm{d}\tau = v_0 + a(t - t_0), \tag{7.9}$$

$$\begin{aligned} x(t) &= x_0 + \int_{t_0}^{t} [v_0 + a(\tau - t_0)]\mathrm{d}\tau \\ &= x_0 + v_0(t - t_0) + \frac{1}{2}a(t - t_0)^2. \end{aligned} \tag{7.10}$$

这正是中学里的匀加速运动公式, 只是这里明确提出了初始条件.

必须注意, **(7.9)、(7.10) 只对匀加速运动成立, 不可随便套用**. (7.6) 与 (7.8) 则对各种情况普遍适用.

例 1 汽车驾驶员的 "反应时间" (从看到停车信号到使用刹车所需时间) 约为 0.5 s. 汽车以 20 km/h 的速度行驶, 问看到停车信号后还要行驶多远才停下来? 在刹车的作用下, 汽车的加速度为 $-5\ \mathrm{m/s^2}$.

解 很自然以地面为参考系来研究汽车的运动. 因而选取固定于地面的坐标轴; 驾驶员看到停车信号时汽车所经过的位置取为原点, 汽车的行驶方向取为坐标轴的正指向. 驾驶员看到停车信号的时刻选为 $t=0$.

汽车的运动应分为两个阶段来考察. 从 $t_0=0$ 到 $t_1=0.5$ s 为匀速运动; 从 $t_1=0.5$ s 到汽车完全停止的时刻 t_2 为匀加速运动, 加速度为负值 (图 1–2).

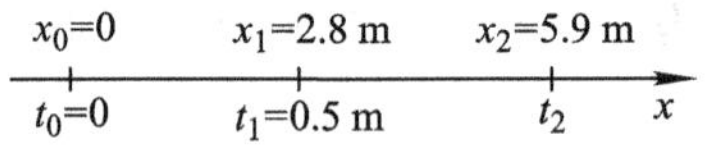

图 1–2

第一阶段即是匀速运动, 我们可以应用 (7.7) 式. 这里的初始条件是: 于 $t_0=0$, 初始坐标 $x_0=0$. 按 (7.7) 式, 在本阶段的末尾 ($t_1=0.5$ s), 汽车的坐标是

$$\begin{aligned} x(t_1) &= x_0+v(t_1-t_0)=vt_1=20\ \mathrm{km/h}\times 0.5\ \mathrm{s} \\ &= (50/9)\ \mathrm{m/s}\times 0.5\ \mathrm{s}=(25/9)\ \mathrm{m}=2.8\ \mathrm{m}. \end{aligned}$$

第二阶段即是匀加速运动, 我们可以应用 (7.9)、(7.10) 式. 第二阶段的开始正是第一阶段的末尾, 所以这里的初始条件是: 于 $t_1=0.5$ s, 初始位移 $x_1=(25/9)$ m, 初始速度 $v_1=(50/9)$ m/s. 按 (7.9)、(7.10) 式,

$$v(t)=v_1+a(t-t_1), \tag{1}$$

$$x(t)=x_1+v_1(t-t_1)+\frac{1}{2}a(t-t_1)^2. \tag{2}$$

(1) — (2) 给出了汽车运动情况的详尽描述, 即速度与坐标随时间而变动的情况. 但问题要求的是汽车停止处的坐标 $x(t_2)$, 为此还需要先求出汽车停止的时刻 t_2. 于是以 $v(t_2)=0$ 代入 (1) 式, 得

$$0=v_1+a(t_2-t_1),$$

所以

$$t_2=t_1-\frac{v_1}{a}.$$

以此代入 (2) 式, 得知汽车停止处的坐标

$$\begin{aligned} x(t_2) &= x_1+v_1(t_2-t_1)+\frac{1}{2}a(t_2-t_1)^2 \\ &= x_1+v_1\left(-\frac{v_1}{a}\right)+\frac{1}{a}a\left(-\frac{v_1}{a}\right)^2 \\ &= x_1-\frac{v_1^2}{a}+\frac{1}{2}\frac{v_1^2}{a}=x_1-\frac{1}{2}\frac{v_1^2}{a} \\ &= \left[\frac{25}{9}-\frac{1}{2}\frac{(50/9)^2}{(-5)}\right]\mathrm{m}=\left(\frac{25}{9}+\frac{250}{81}\right)\mathrm{m}=(2.8+3.1)\ \mathrm{m} \\ &= 5.9\ \mathrm{m}. \end{aligned}$$

这就是汽车停止处的坐标, 而原点在驾驶员看到停车信号时汽车所过之处. 因而, 驾驶员看到停车信号后, 汽车还要行驶 5.9 m 才停下来.

***例 2** 静水中的小船, 在停止划桨之后, 继续向前滑行. 以岸为参考系来研究小船的运动. 取固定于岸的坐标轴; 原点在停桨时小船的位置上, 以小船滑行方向为正指向. 已知 $x(t) = l(1-\mathrm{e}^{-kt})$, 试分析其运动情况.

解 根据 (7.3) 与 (7.5) 很容易算出

$$v(t) = \dot{x}(t) = lk\mathrm{e}^{-kt},$$
$$a(t) = \dot{v}(t) = \ddot{x}(t) = -lk^2\mathrm{e}^{-kt}.$$

这是一种变加速运动.

$v(t)$ 始终为正, 永不为零. 这意味着小船总是沿着原方向继续向前, 而永不停止.

$a(t)$ 始终为负. 这表示说, 小船滑行速度不断降低. [从 $v(t) = lk\mathrm{e}^{-kt}$ 也可直接得出这一结论.]

$\lim\limits_{t\to\infty} v(t) = 0$. 这意味着, 由于小船滑行速度不断降低, 因而趋向于停止, 但永不能停止.

$\lim\limits_{t\to\infty} x(t) = l$. 小船永不停止, 无限地趋近于 $x = l$ 处, 却永远不能到达 $x = l$ 处. 虽然永不停止, 滑行的总距离却不超过 l.

***例 3** 已知 $v(t) = -A\omega\sin\omega t$, 其中 A 与 ω 为正的常量. 又知初始条件: 于 $t_0 = 0$, 初始坐标 $x_0 = A$. 求质点在各个时刻的位置与加速度.

解 根据 (7.6) 与 (7.5) 很容易算得

$$x(t) = A - \int_0^t A\omega\sin\omega\tau\mathrm{d}\tau = A\cos\omega t, \tag{1}$$

$$a(t) = \dot{v}(t) = -A\omega^2\cos\omega t. \tag{2}$$

这也是一种变加速运动.

$x(t) = A\cos\omega t$ 的值只能在 $x = -A$ 与 $x = +A$ 之间变动, 并且这种变动是周期性的. 实际上, ωt 每增减 2π, $\cos\omega t$ 的值还原一次; 即时间 t 每经过 $2\pi/\omega$, x 就重复变化一次. 因此, 质点在 $x = -A$ 与 $x = +A$ 之间作周期性的往返振动. 以正弦或余弦函数描写的振动特称为**谐振动**. A 表征振动的幅度, 称为**振幅**. 每次往返所需时间 $T = 2\pi/\omega$ 称为**周期**. 每秒钟内往返次数 $f = 1/T = \omega/2\pi$ 称为**频率**.

设想另外有一质点在半径为 A 的圆周上匀速运动, 其与圆心所连成的直线绕圆心而转的角速度为 ω (图 1–3), 则它在直径上的投影恰好即是我们所研究的谐振动. 因此 ω 称为谐振动的**圆频率**. 圆频率 $\omega = 2\pi\times f$. 这个圆周称为谐振动的**参考圆**. 参考圆上的质点到圆心连线与坐标轴所夹角称为谐振动的**相** (或**相位**).

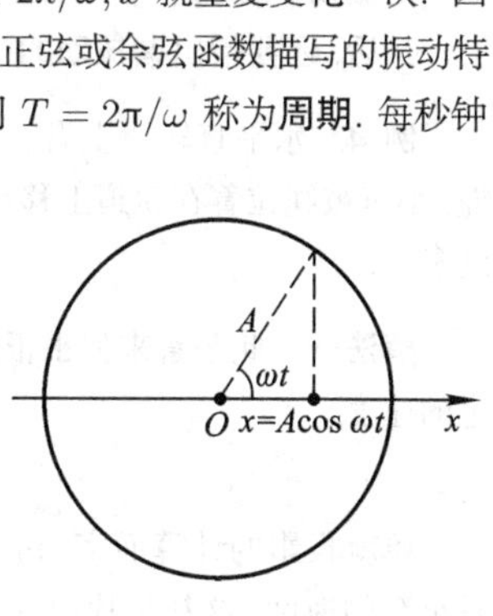

图 1–3

现在来进一步考察质点在一个周期中的运动情况. 为此, 将一个周期分为四个阶段, 分别加以考察, 而列表如下.

t	ωt	$x(t)$	$v(t)$	$a(t)$
$0 \to (1/4)T$	$0 \to (1/2)\pi$	$A \to 0$	$0 \to -A\omega$	$-A\omega^2 \to 0$
$(1/4)T \to (1/2)T$	$(1/2)\pi \to \pi$	$0 \to -A$	$-A\omega \to 0$	$0 \to A\omega^2$
$(1/2)T \to (3/4)T$	$\pi \to (3/2)\pi$	$-A \to 0$	$0 \to A\omega$	$A\omega^2 \to 0$
$(3/4)T \to T$	$(3/2)\pi \to 2\pi$	$0 \to A$	$A\omega \to 0$	$0 \to -A\omega^2$

从上面的表可以看出:

(1) 开始时, 质点在最右端 $x = +A$, 沿 x 轴的负方向移动 ($v < 0, x$ 减小). 且移动不断加快 ($a < 0, v$ 减小, 即 $|v|$ 增大). 于通过 $x = 0$ 之时, 移动得最快.

(2) 于 $x = 0, a = 0$; 质点通过 $x = 0$ 之后, 加速度变号. 虽然加速度变号, 质点仍然继续沿负方向移动 (v 仍然 < 0, x 的数值仍然继续减小), 只是移动不断减慢 ($a > 0, v$ 增大, 即 $|v|$ 减小). 达到 $x = -A$, 移动终于停止 ($v = 0$).

(3) v 之为零仅仅是瞬时的, 它随即又变为 > 0. 这样, 质点在 $x = -A$ 折回改沿正方向移动 ($v > 0, x$ 的数值增大), 且移动不断加快 ($a > 0, v$ 增大). 于通过 $x = 0$ 之时, 移动速度达到极大值.

(4) 于通过 $x = 0$ 之后, 加速度又再次变号. 但质点仍然继续沿正方向移动 (v 仍然 $> 0, x$ 仍然继续增大), 只是移动不断减慢 ($a < 0, v$ 减小). 达到 $x = +A$, 移动终于停止 ($v = 0$). 这又是一个折回点.

其后即重复上述四个阶段.

质点绝非匀速地往返振动, 而是变速地振动. 当其通过中点时, 速度最快, 在两端则速度为零. 至于速度的变化率 (即加速度) 则相反, 于两端绝对值最大, 于中心为零 (图 1–4).

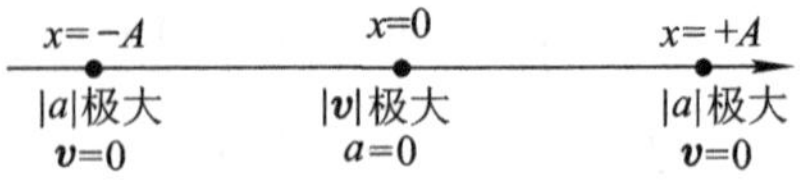

图 1–4

谐振动是物理学中和工程技术中极常见的现象. 我们必须认真地掌握谐振动的运动情况. 最后, 还要指出**谐振动的一个特点**: 从 (1) 与 (2) 可知, $a(t)$ 正比于 $x(t)$ 而符号相反.

例 4 水平直轨道上有一辆小车, 轨道的 O 点正上方有一滑轮, 通过滑轮以匀速 v_0 收绳, 小车被绳拉着在轨道上移动 (图 1–5), 问当牵引绳与水平方向夹角为 θ 的瞬时, 小车的速度多大?

解法一 此题看来似乎很简单: 收绳速度 v_0 在水平方向的投影 v_1 (图 1–6) 就是小车前进的速度

$$v_1 = v_0 \cos\theta.$$

单就投影的计算而言, $v_1 = v_0 \cos\theta$ 是正确的. 但是, 把 v_0 在水平方向的投影当作就是小车的速度, 这却是片面的. 事实上, 矢量的投影不过是矢量分解的特例. 在本题就是将收绳速度分解为水平分速度和竖直分速度. 除了水平投影 $v_1 = v_0 \cos\theta$ 之外, 还有竖直投影

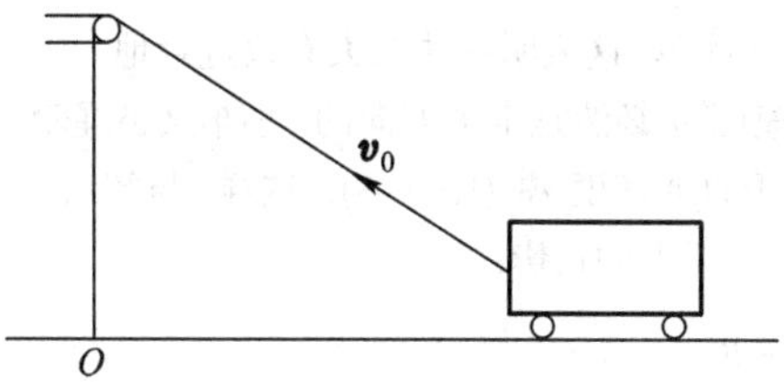

图 1–5

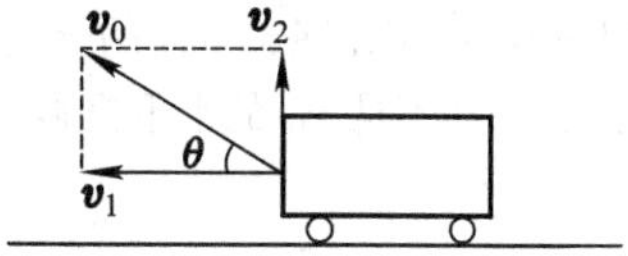

图 1–6

$v_2 = v_0 \sin\theta$. 不能只考虑水平投影 v_1 而把竖直投影 v_2 置之不顾. 说来很有意思, 竖直投影 v_2 意味着小车竖直向上腾空而起, 这未免荒唐, 显然这样求解是错误的.

解法二 上述解法也并非一无是处, 它只是不够全面. 原来在收绳过程中, 不仅绳变短, 而且其方向 (角 θ) 也不停地改变. 这样, 小车还具有绕滑轮转动的速度 u_0. 这速度也应向水平方向和竖直方向投影 (图 1–7).

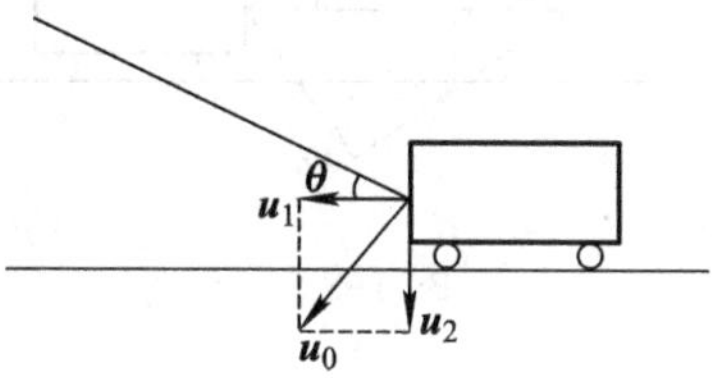

图 1–7

现在利用竖直投影来求 u_0 的大小. 向下的竖直投影 $u_2 = u_0 \cos\theta$ 必定恰好与图 1–6 的竖直向上投影 $v_2 = v_0 \sin\theta$ 抵消, 因为只有这样才能保证小车既不腾上天也不钻入地. 这是说

$$u_0 \cos\theta = v_0 \sin\theta,$$

从而

$$u_0 = v_0 \sin\theta / \cos\theta.$$

对于 u_0, 当然也不能光讲竖直投影而忘了水平投影, u_0 的水平投影

$$u_1 = u_0 \sin\theta = v_0 \sin^2\theta / \cos\theta.$$

小车的移动速度 v 并不仅仅是 v_0 的水平投影 v_1, 而应是 v_1 与 u_1 两个水平投影之和

$$\begin{aligned} v = v_1 + u_1 &= v_0 \cos\theta + v_0 \sin^2\theta / \cos\theta \\ &= v_0 / \cos\theta. \end{aligned}$$

这才是正确的答案.

这样, 解法一的错误是可以避免的, 只要牢记一条原则: 把矢量向某个方向投影时必须就另一投影也作出交代.

但解法二很啰嗦, 答案 $v = v_0/\cos\theta$ 却是那样简单, 这表明解法二大有改进余地.

解法三 既然小车在水平轨道上移动, 它的速度 v 必然是水平方向的. 小车又被绳牵引, 两者不相脱节, 小车在绳子方向的分速度必然等于收绳速度 v_0 (图 1–8). 这样, 与解法一中所说的相反, v 并不是 v_0 的水平投影, v_0 倒是 v 在绳上的投影,

$$v_0 = v\cos\theta.$$

由此得

$$v = v_0/\cos\theta.$$

这个思路正确而简洁, 但初学者或许不易想到. 我们推荐应用微分学的解法四.

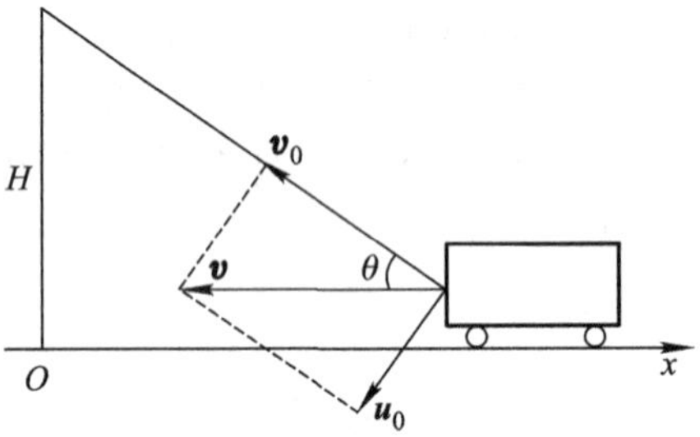

图 1–8

*解法四 取 x 轴如图 1–8 所示, 原点就取在 O 点. 小车的坐标

$$x = \sqrt{l^2 - H^2},$$

式中高度差 H 是常量, 从滑轮到小车的绳长 l 是变量, 而且 $\mathrm{d}l/\mathrm{d}t = -v_0$. 将 x 对时间 t 求导即得小车速度

$$\begin{aligned} v &= \frac{\mathrm{d}x}{\mathrm{d}t} = \frac{1}{2}\frac{1}{\sqrt{l^2 - H^2}}2l\frac{\mathrm{d}l}{\mathrm{d}t} \\ &= \frac{l}{\sqrt{l^2 - H^2}}\frac{\mathrm{d}l}{\mathrm{d}t} = -\frac{v_0}{\cos\theta}. \end{aligned}$$

负号表示小车运动方向与 x 轴正方向相反.

这个解法完全跳出了矢量投影的圈子, 当然也就不会犯解法一中所说的错误. 它也比解法二或三容易掌握.

虽然问题是要求小车的速度, 但这里直接求速度比较困难, 就不必从速度入手, 可转而去求小车的坐标 $x(t)$, 再将 $x(t)$ 对时间求导, 立刻给出速度.

这样, 我们取得两条**重要的经验**. ① 必须树立这样一个极为强烈的观念: 要解决任何一个具体的力学问题, 首先应当建立坐标系. ② 质点在各个瞬时的坐标 $x(t)$, 或各个瞬时的速度 $v(t)$ 附以适当的初始条件, 或各个瞬时的加速度 $a(t)$ 附以适当的初始条件, 都可以详尽地描述质点在直线上的运动. 因此, 如果问题要求 $v(t)$, 并不一定要从 $v(t)$ 着手, 完全可以从 $x(t)$ 或 $a(t)$ 着手. 如果要求 $x(t)$ 或 $a(t)$, 同样不一定要从 $x(t)$ 或 $a(t)$ 着手.

§8 曲线运动 位移

现在开始考察一般情况, 质点相对于参考系的运动并不限于直线上.

为了精确表明质点相对于参考系的位置, 取固定于参考系的一点 O, 称之为原点. 从原点到质点所在处引一箭号 $\boldsymbol{r}$, 称之为**径矢**. 径矢 $\boldsymbol{r}$ 确定不移地表明了质点相对于参考系的位置.

径矢 $\boldsymbol{r}$ 随时间 t 的变化

$$\boldsymbol{r} = \boldsymbol{r}(t) \tag{8.1}$$

详尽地描述了质点相对于参考系的运动情况.

运动质点所经各点连成的曲线称为质点的**轨道**. (8.1) 也可以说就是**轨道的参数方程式**, 以时间 t 为参数. 应当注意, 它不仅给出轨道, 而且还指出, 随着时间的流逝, 质点如何在轨道上运行.

在日常生活中, 常用 (曲线) 距离来表明位置的改变. 但是如果没有同时指出轨道, **仅仅用曲线距离完全不足以说明位置的改变**. 某人说: “昨天我到离此 10 km 的 ……” 听到这句话, 我们能知道他昨天到了些什么地方吗? 完全不能. 他可能到离此 10 km 的郊区去参加劳动, 也可能到离此 10 km 的书店或剧院, 甚至也可能根本没有去什么地方, 只是在校园中一边思考某个问题一边走出极其错综复杂的曲线, 而沿着这条错综复杂的曲线计算, 距离竟达 10 km! 由此可见, 为了说明位置的改变, 曲线距离是一个不完全的说法. 而且即使同时指出了轨道, 要想从出发点 A 的位置以及曲线距离 s 来求终点 B 的位置 (图 1–9), 也是比较麻烦的, 因为这里涉及曲线长度的计算. 因此, 需要一种新的概念, 借助于它, 我们可以确切而简便地表明质点位置的改变. 这个概念就是位移.

只要质点从 A 移到 B (图 1–9), 不论其所通过的途径怎样, 我们总可以从 A 到 B 引一个箭号 $\boldsymbol{d}$, 这种箭号就称为**位移**. 位移 $\boldsymbol{d}$ 以它的指向 (从 A 到 B) 与大小 (AB 间的距离) 确切而简便地表明了质点位置的改变. 知道了出发点 A, 知道了位移 $\boldsymbol{d}$, 我们立刻就知道质点移到了 B 点.

位移既有大小, 又具有一定的指向.

位移还有下述重要性质. 如质点先从 A 移到 B, 再从 B 移到 C (图 1–10), 那么从 A 到 B 的箭号 $\boldsymbol{d}_1$ 是第一次位移, 从 B 到 C 的箭号 $\boldsymbol{d}_2$ 是第二次位移, 而从 A 到 C 的箭号 $\boldsymbol{d}$ 就是总的位移. 显而易见, $\boldsymbol{d}_1$ 与 $\boldsymbol{d}_2$ 前后衔接为三角形的两边, 总的位移 $\boldsymbol{d}$ 则为三角形的第三边, 这就是**三角形法则**. 换个说法, $\boldsymbol{d}_1$ 与 $\boldsymbol{d}_2$ 组成平行四边形的两邻边, 总的位移 $\boldsymbol{d}$ 则为这两个邻边所夹的对角线, 这就是**平行四边形法则**.

即使 $\boldsymbol{d}_1$ 与 $\boldsymbol{d}_2$ 不是先后完成的, 而是同时进行的 (例如吊车将货物竖直向

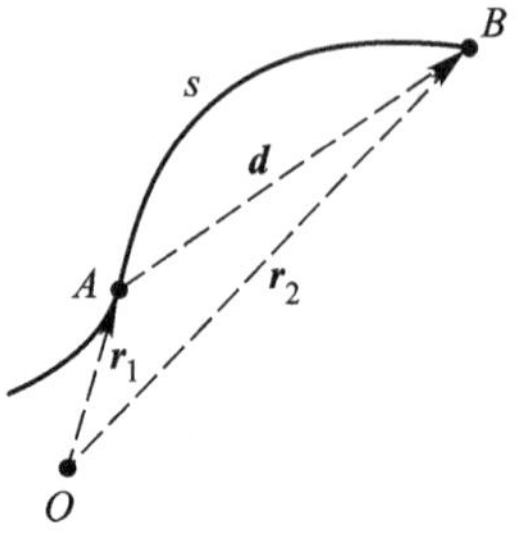

图 1–9

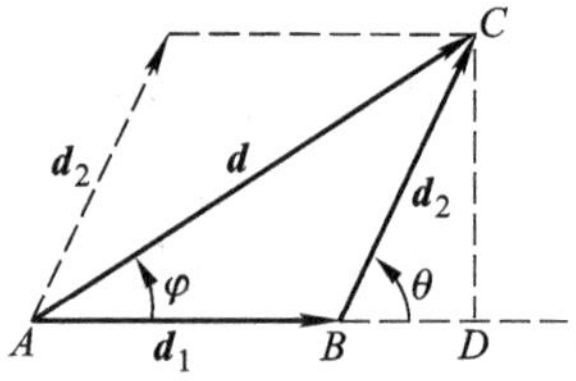

图 1–10

上提起, 同时吊车本身又在水平移动, 货物同时进行竖直与水平的位移), 三角形法则或平行四边形法则仍旧成立.

总而言之, 位移是按照三角形法则或平行四边形法则“相加”的, 或简单些说, **位移是按几何法则“相加”的**. $\boldsymbol{d}$ 称为 $\boldsymbol{d}_1$ 与 $\boldsymbol{d}_2$ 的合位移, $\boldsymbol{d}_1$ 与 $\boldsymbol{d}_2$ 则称为 $\boldsymbol{d}$ 的分位移. 用式子表示, 则

$$\boldsymbol{d} = \boldsymbol{d}_1 + \boldsymbol{d}_2. \tag{8.2}$$

这里的“+”号并非代数和, 而是“按三角形法则相加”或“按平行四边形法则相加”的缩写记号.

我们也可以利用三角学的方法来计算 $\boldsymbol{d}$, 即算出 $\boldsymbol{d}$ 的大小与指向, 参见图 1–10. 按余弦定理, $\boldsymbol{d}$ 的大小 d 为

$$\begin{aligned} d &= \sqrt{d_1^2 + d_2^2 - 2d_1 d_2 \cos(\pi - \theta)} \\ &= \sqrt{d_1^2 + d_2^2 + 2d_1 d_2 \cos\theta}. \qquad (\text{显然 } d \leqslant d_1 + d_2) \end{aligned} \tag{8.3}$$

$\boldsymbol{d}$ 的指向可用它与 $\boldsymbol{d}_1$ 的夹角 φ 来表示, 而

$$\varphi = \arctan\frac{CD}{AD} = \arctan\frac{CD}{AB + BD} = \arctan\frac{d_2 \sin\theta}{d_1 + d_2\cos\theta}. \tag{8.4}$$

在物理学中将会遇到许多这种物理量, 它们**既有大小, 又具有一定的指向, 并且按照几何法则相加** (按三角形法则或平行四边形法则相加), 这种物理量称为**矢量** (向量). **矢量式中的所有“+”号都应理解为几何相加**, 决不能理解为代数相加. 矢量的代数相加是毫无意义的.

位移就是一种矢量.

质点完成某个位移而改变位置, 这一改变可以用矢量式简洁地表明, 参见图 1–9. 质点原来在 A 点, 其径矢为 $\boldsymbol{r}_1$, 由于位移 $\boldsymbol{d}$ 而移到了 B 点, 其径矢 $\boldsymbol{r}_2$ 为

$$\boldsymbol{r}_2 = \boldsymbol{r}_1 + \boldsymbol{d}. \tag{8.5}$$

(8.5) 简洁地表明质点位置从 A 移到 B 这一事实. 知道了质点的出发点 A 的位置, 知道了质点的位移, 就很容易按 (8.5) 求出终点 B 的位置.

曲线距离 (附带指出质点运动轨道)、位移, 都是用来表明质点位置的改变的. 前者是标量 (不具有指向的物理量), 后者是矢量. 试将位移的大小与曲线距离作一比较. 位移的大小是出发点与终点间的直线距离, 因此显而易见, **位移的大小一般不等于, 而是小于相应的曲线距离**. 但是, 就微小的曲线距离而言, 相应的位移的大小是微小直线段的长度, 它近似地等于相应的微小弧长. 这样, **微小的曲线距离等于相应的微小位移的大小**.

§9 速度 速率

为着说明位置变化的快慢, 我们引入速度这个概念. 设在某个时刻 t_1, 质点的径矢为 $\boldsymbol{r}_1$; 在某个稍迟的时刻 t_2, 质点的径矢为 $\boldsymbol{r}_2$. 这就是说, 在 $\Delta t = t_2 - t_1$ 这段时间内, 质点完成了位移 $\Delta\boldsymbol{r} = \boldsymbol{r}_2 - \boldsymbol{r}_1$. 于是将 $\Delta\boldsymbol{r}/\Delta t$ **称为从 t_1 到 t_2 这段时间内的平均速度 $\overline{\boldsymbol{v}}$.**

$$\overline{\boldsymbol{v}} = \frac{\Delta\boldsymbol{r}}{\Delta t} = \frac{\boldsymbol{r}_2 - \boldsymbol{r}_1}{t_2 - t_1}. \tag{9.1}$$

平均速度 $\overline{\boldsymbol{v}}$ 具有指向, 其指向就是位移 $\Delta\boldsymbol{r}$ 的指向. 既然位移按几何法则相加, 平均速度显然也按照几何法则相加, 所以**平均速度 $\overline{\boldsymbol{v}}$ 是矢量**.

仿照 §7, 为详尽地描述质点位置变化的快慢的细致情况, 引入**在时刻 t 的即时速度 $\boldsymbol{v}(t)$**, 或者简单些说, 在时刻 t 的速度,

$$\boldsymbol{v}(t) = \lim_{\Delta t\to 0}\frac{\Delta\boldsymbol{r}}{\Delta t} = \frac{\mathrm{d}\boldsymbol{r}}{\mathrm{d}t} = \dot{\boldsymbol{r}}(t). \tag{9.2}$$

速度是径矢的时间变化率. 瞬时速度 $\boldsymbol{v}$ 的指向是 $\Delta t \to 0$ 时 $\Delta\boldsymbol{r}$ 的极限指向, 而这正是轨道切线的正指向或简称为切向. **瞬时速度总是以轨道的切向为其指向**. 瞬时速度显然也是矢量.

另一方面, 质点在轨道上移动的快慢, 当然也是一个重要问题. 设在时刻 t_1, 质点距某个既定点的曲线距离为 s_1; 在时刻 t_2, 质点距该点的曲线距离为 s_2. 这就是说, 在 $\Delta t = t_2 - t_1$ 的时间段内, 质点走过的距离为 $\Delta s = s_2 - s_1$. 于是 $\Delta s/\Delta t$ 正好表明质点在从 t_1 到 t_2 这段时间内的平均移动快慢. 为与平均速度 (9.1) 相区别起见, 称之为**从 t_1 到 t_2 这段时间内的平均速率 $\overline{v}$**,

$$\overline{v} = \frac{\Delta s}{\Delta t} = \frac{s_2 - s_1}{t_2 - t_1}. \tag{9.3}$$

平均速率显然是标量.

为详尽地描述质点在轨道上移动快慢的细致变化, 又引入**在时刻 t 的瞬时速率** $v(t)$, 或者简单些说, 在时刻 t 的速率,

$$v(t)=\lim_{\Delta t\to 0}\frac{\Delta s}{\Delta t}=\frac{\mathrm{d}s}{\mathrm{d}t}=\dot{s}. \tag{9.4}$$

速率是曲线距离的时间变化率.

既然一般说来, 位移的大小不等于相应的曲线距离, 那么**平均速度的大小并不等于平均速率**. 既然微小的曲线距离等于相应的微小位移的大小, 那么**瞬时速度的大小等于瞬时速率**. 以 $\boldsymbol{\tau}$ 表示沿轨道切向的单位矢量 (即长度为 1 的矢量), 则因 $\boldsymbol{v}(t)$ 与 $\boldsymbol{\tau}$ 的指向相同, 且 $\boldsymbol{v}$ 的大小为 v 而 $\boldsymbol{\tau}$ 的大小为 1, 所以速度 $\boldsymbol{v}(t)$ 可表示为

$$\boldsymbol{v}(t)=v(t)\boldsymbol{\tau}=\dot{s}(t)\boldsymbol{\tau}. \tag{9.5}$$

这样, 瞬时速度这个矢量的指向表征质点在该瞬时的运动指向 (即切向), 而其大小 (也就是瞬时速率) 表征质点在该瞬时的运动快慢.

速度与速率是有区别的. **速度不仅表明质点运动的快慢, 还表明质点运动的指向, 它是矢量**. 速率则仅仅表明移动的快慢, 它是标量. 只有在肯定不致引起混淆因而不很严格注意用字的时候, 才统称之为速度.

§10 加 速 度

为了描述质点运动速度 $\boldsymbol{v}$ 变化的快慢, 又引入加速度的概念. 如果质点在时刻 t_1 的速度为 $\boldsymbol{v}_1$, 在时刻 t_2 的速度为 $\boldsymbol{v}_2$, 则 $(\boldsymbol{v}_2-\boldsymbol{v}_1)/(t_2-t_1)$ 称为**从 t_1 到 t_2 这段时间内的平均加速度** $\overline{\boldsymbol{a}}$:

$$\overline{\boldsymbol{a}}=\frac{\Delta\boldsymbol{v}}{\Delta t}=\frac{\boldsymbol{v}_2-\boldsymbol{v}_1}{t_2-t_1}. \tag{10.1}$$

显然, **平均加速度是矢量**. 它的指向就是 $\Delta\boldsymbol{v}$ 的指向.

为详尽地描述质点速度变化的细致情况, 又引入**在时刻 t 的瞬时加速度** $\boldsymbol{a}(t)$, 或者简单些说, 在时刻 t 的加速度,

$$\boldsymbol{a}(t)=\lim_{\Delta t\to 0}\frac{\Delta\boldsymbol{v}}{\Delta t}=\frac{\mathrm{d}\boldsymbol{v}}{\mathrm{d}t}=\dot{\boldsymbol{v}}(t)=\ddot{\boldsymbol{r}}(t). \tag{10.2}$$

加速度是速度的时间变化率. **瞬时加速度显然也是矢量**.

既然速度是一种矢量, 那么**只要是速度的大小有所改变 (运动的快慢有所改变), 或者是速度的指向有所改变 (运动的方向有所改变), 都应当说速度改变了, 也就是说质点具有加速度**. 现在分别考察速度的大小变化与指向变化.

设在时刻 t, 质点经过 A 点 (图 1–11), 速度为 $\boldsymbol{v}$, 其指向是轨道在 A 点的切向. 经过很短的时间 Δt 之后, 到了时刻 $t+\Delta t$, 质点经过 B 点, 速度为 $\boldsymbol{v}+\Delta\boldsymbol{v}$. 其指向是轨道在 B 点的切向. 图中为清晰起见, 将 AB 两点画得较远; 其实, 由于 Δt 很小, AB 两点很近, 因而在 A 与 B 两点的切向几乎是平行的, 即 $\boldsymbol{v}$ 与 $\boldsymbol{v}+\Delta\boldsymbol{v}$ 几乎是平行的.

为便于思考起见, 由 α 点引两个矢量 $\overrightarrow{AB}$ 与 $\overrightarrow{AC}$ (图 1–12). 其中 $\overrightarrow{AB}$ 就是 $\boldsymbol{v}$, $\overrightarrow{AC}$ 就是 $\boldsymbol{v}+\Delta\boldsymbol{v}$ (它们几乎要叠在一起). 那么 $\overrightarrow{BC}$ 也就是速度的变化 $\Delta\boldsymbol{v}$; 这里既包含了速度大小的变化, 也包含了速度指向的变化.

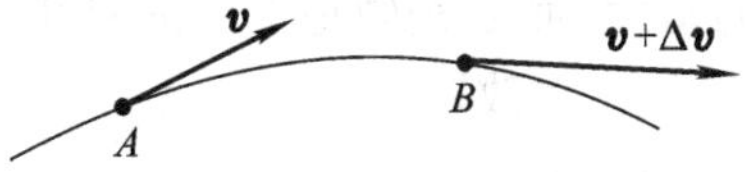

图 1–11

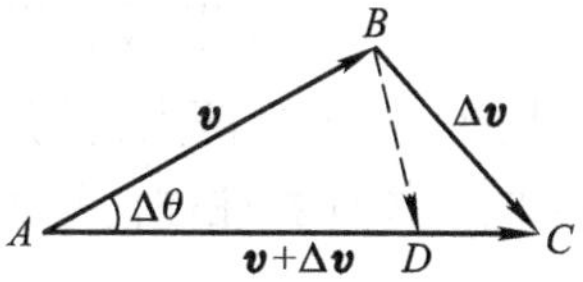

图 1–12

在 AC 直线上取一点 D, 使 AD 的长度等于 AB 的长度, 即 $\boldsymbol{v}$ 的大小. 这样, 就将 $\Delta\boldsymbol{v}$ 分为两部分 $\overrightarrow{BD}$ 与 $\overrightarrow{DC}$,

$$\Delta\boldsymbol{v}=\overrightarrow{DC}+\overrightarrow{BD},$$

其中 $\overrightarrow{DC}$ 对应于速度大小的改变, $\overrightarrow{BD}$ 对应于速度指向的改变. 于是加速度 (确切些说, 瞬时加速度) 也分为两部分:

$$\boldsymbol{a}=\lim_{\Delta t\to 0}\frac{\Delta\boldsymbol{v}}{\Delta t}=\lim_{\Delta t\to 0}\frac{\overrightarrow{DC}}{\Delta t}+\lim_{\Delta t\to 0}\frac{\overrightarrow{BD}}{\Delta t}. \tag{10.3}$$

其中第一部分的指向应是 $\Delta t\to 0$ 时 $\overrightarrow{DC}$ 的极限指向, 即 $\boldsymbol{v}$ 的指向, 亦即轨道的切向. 因此这一部分称为**切向加速度 $\boldsymbol{a}_\tau$. 切向加速度对应于速度大小的改变, 亦即对应于运动快慢的改变.**

$$\boldsymbol{a}_\tau=\lim_{\Delta t\to 0}\frac{\overrightarrow{DC}}{\Delta t}. \tag{10.4}$$

第二部分的指向应是 $\Delta t\to 0$ 时 $\overrightarrow{BD}$ 的极限指向. 于 $\Delta t\to 0, \overrightarrow{BD}$ 与 $\overrightarrow{DC}$ 趋于垂直, 所以这部分与法线平行并指向轨道的凹侧, 而这正是法线的正指向或简称为法向. 这就是说, 加速度的第二部分的指向为轨道的法向, 因此这一部分称为**法向加速度 $\boldsymbol{a}_n$. 法向加速度对应于速度指向的改变, 亦即对应于轨道的弯曲.**

$$\boldsymbol{a}_n=\lim_{\Delta t\to 0}\frac{\overrightarrow{BD}}{\Delta t}. \tag{10.5}$$

现在来研究切向加速度 $\boldsymbol{a}_\tau$ 的大小 a_τ. 显然

$$\boldsymbol{a}_\tau=\lim_{\Delta t\to 0}\frac{\overrightarrow{DC}}{\Delta t}=\lim_{\Delta t\to 0}\frac{\Delta v}{\Delta t}=\frac{\mathrm{d}v}{\mathrm{d}t}=\frac{\mathrm{d}^2 s}{\mathrm{d}t^2}. \tag{10.6}$$

今以 $\boldsymbol{\tau}$ 表示切向单位矢量, 就可以将 $\boldsymbol{a}_\tau$ 写成

$$\boldsymbol{a}_\tau=\frac{\mathrm{d}^2 s}{\mathrm{d}t^2}\boldsymbol{\tau}\quad\text{(对应于速度大小的改变)}. \tag{10.7}$$

其次, 研究法向加速度 $\boldsymbol{a}_n$ 的大小 a_n. 显然

$$a_n=\lim_{\Delta t\to 0}\frac{BD}{\Delta t}=\lim_{\Delta t\to 0}\frac{v\Delta\theta}{\Delta t}=v\dot{\theta}. \tag{10.8}$$

这里 $\Delta\theta$ 是在 A 与 B 两点的切向之间所夹的角度, 而 $\dot{\theta}$ 是轨道切向的时间变化率. $\mathrm{d}\theta/\mathrm{d}t$ 的具体计算往往比较繁, 所以通常将 (10.8) 改写为

$$a_n=v\frac{\mathrm{d}\theta}{\mathrm{d}t}=v\frac{\mathrm{d}\theta}{\mathrm{d}s}\frac{\mathrm{d}s}{\mathrm{d}t}=v^2\frac{\mathrm{d}\theta}{\mathrm{d}s}.$$

这样, 代替 $\mathrm{d}\theta/\mathrm{d}t$, 出现了 $\mathrm{d}\theta/\mathrm{d}s$, 而 $\mathrm{d}\theta/\mathrm{d}s$ 与时间 t 这个变量无关, $\mathrm{d}\theta/\mathrm{d}s$ 仅仅取决于轨道的几何性质. 它是在轨道上极为相近的两点的切向所夹的角 $\Delta\theta$ 与该两点间距离 Δs 之比, 因而它也就表明该处轨道弯曲程度, 通常将它称作**曲率**. 曲率的倒数称为**曲率半径** $\boldsymbol{R}$.① (在轨道为圆周的特例中, 很容易验证 $\mathrm{d}\theta/\mathrm{d}s$ 确为圆周半径的倒数. 在一般情况下, 我们可以将轨道的一小段近似看作圆周, 即所谓曲率圆, 而 $\mathrm{d}\theta/\mathrm{d}s$ 就等于曲率圆半径的倒数.) 所以

$$a_n=\frac{v^2}{R}. \tag{10.9}$$

既然法向加速度对应于速度指向的改变, 亦即对应于轨道切线方向的改变, 那么**法向加速度与轨道曲率有关**完全是理所当然的. 今以 $\boldsymbol{n}$ 表示法向单位矢量, 就可以将 $\boldsymbol{a}_n$ 写成

$$\boldsymbol{a}_n=\frac{v^2}{R}\boldsymbol{n}\quad\text{或}\quad v\dot{\theta}\boldsymbol{n}\quad\text{(对应于速度指向的改变)}. \tag{10.10}$$

将 (10.7) 与 (10.10) 代入 (10.3) 终于得到

$$\boldsymbol{a}=\frac{\mathrm{d}^2 s}{\mathrm{d}t^2}\boldsymbol{\tau}+\frac{v^2}{R}\boldsymbol{n}\quad\text{或}\quad\frac{\mathrm{d}^2 s}{\mathrm{d}t^2}\boldsymbol{\tau}+v\dot{\theta}\boldsymbol{n}. \tag{10.11}$$

法向加速度指向曲率中心, 所以也不妨称为向心加速度. 这样, **向心加速度并非专限于圆周运动**. 只要质点的速度的指向有所改变, 它就具有向心加速度.

① 曲线的曲率半径 R 的计算公式: 由于 $\mathrm{d}s=\sqrt{1+y'^2}\mathrm{d}x$ 而 $\mathrm{d}\theta=\mathrm{d}(\arctan y')$, 所以 $R=|\mathrm{d}s/\mathrm{d}\theta|=\sqrt{1+y'^2}\mathrm{d}x/\dfrac{|y''|}{1+y'^2}\mathrm{d}x=(1+y'^2)^{3/2}/|y''|$.

利用矢量运算的方法也可以简洁地得出同样的结论. 据 (9.5) 式,

$$\boldsymbol{v} = v\boldsymbol{\tau}. \tag{10.12}$$

将 (10.12) 式对时间 t 微分, 得

$$\frac{\mathrm{d}\boldsymbol{v}}{\mathrm{d}t} = \frac{\mathrm{d}}{\mathrm{d}t}(v\boldsymbol{\tau}),$$

即

$$\boldsymbol{a} = \frac{\mathrm{d}}{\mathrm{d}t}(v\boldsymbol{\tau}) = \frac{\mathrm{d}v}{\mathrm{d}t}\boldsymbol{\tau} + v\frac{\mathrm{d}\boldsymbol{\tau}}{\mathrm{d}t}. \tag{10.13}$$

现在还需要算出 $\mathrm{d}\boldsymbol{\tau}/\mathrm{d}t$, 它可仿照 (10.8)、(10.9) 而求得. 为此, 在 A、B 两点分别作切向单位矢量 $\boldsymbol{\tau}$ 与 $\boldsymbol{\tau}+\Delta\boldsymbol{\tau}$, 这两个矢量的大小相同而指向不同 (图 1–13). $\Delta\boldsymbol{\tau} \to 0$ 时, $\Delta\boldsymbol{\tau}$ 与 $\boldsymbol{\tau}$ 趋于垂直; 即 $\Delta\boldsymbol{\tau}$ 指向的极限指向同于 $\boldsymbol{n}$ 的指向.① 至于 $\Delta\boldsymbol{\tau}$ 的大小则 $\approx 1\Delta\theta = \Delta\theta$. 因此

$$\frac{\mathrm{d}\boldsymbol{\tau}}{\mathrm{d}t} = \lim_{\Delta t\to 0}\frac{\Delta\theta\boldsymbol{n}}{\Delta t} = \boldsymbol{n}\dot{\theta}. \tag{10.14}$$

为避免出现 $\mathrm{d}\theta/\mathrm{d}t$ 起见, 可以改写为

$$\frac{\mathrm{d}\boldsymbol{\tau}}{\mathrm{d}t} = \boldsymbol{n}\frac{\mathrm{d}\theta}{\mathrm{d}s}\frac{\mathrm{d}s}{\mathrm{d}t} = \boldsymbol{n}v\frac{\mathrm{d}\theta}{\mathrm{d}s} = \boldsymbol{n}\frac{v}{R}. \tag{10.15}$$

(10.15) 这一结果应很好掌握. 以它代入 (10.13), 得

$$\boldsymbol{a} = \ddot{s}\boldsymbol{\tau} + \frac{v^2}{R}\boldsymbol{n},$$

这正是 (10.11) 式.

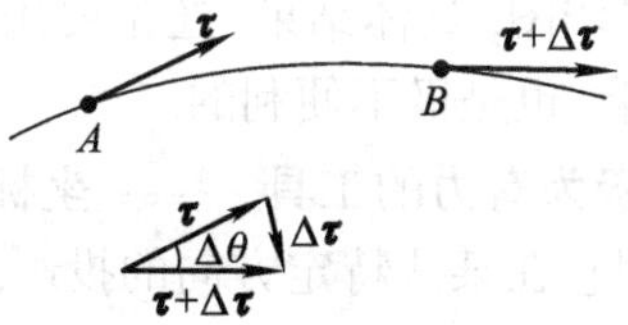

图 1–13

以上的推导很简洁. 特别是, 如果记得 (10.15) 式, 那就更为方便了. 但是这里物理含义并不那样鲜明, 因而就要求特别注意体会物理含义, 免得迷失在数学演算中. 其实只要稍加练习, 还是很容易学会透过矢量运算式, 看出它背后的**物理含义**. 事实上, (10.13) 的微分运算包含两部分: 其一将 $\boldsymbol{\tau}$ 保持不改动而将 v 对时间求导, 这正对应于不考虑速度指向的变化而只考虑速度大小的变化, 其结果正是切向加速度. 另一将 v 保持不改动而将 $\boldsymbol{\tau}$ 对时间求导, 这正对应于不考虑速度大小的变化而只考虑速度指向的变化, 其结果正是法向加速度.

我们应该学会矢量运算的方法, 因其推演比较简洁.

我们更应该学会透过矢量运算式看出它背后的物理含义.

① 也可以用矢量运算的方法得出这一结论. 事实上, 由于 $\boldsymbol{\tau}$ 是单位矢量, 其大小为 1, 所以 $\boldsymbol{\tau}\cdot\boldsymbol{\tau} = 1$, 对时间求导, $2\frac{\mathrm{d}\boldsymbol{\tau}}{\mathrm{d}t}\cdot\boldsymbol{\tau} = 0$. 这就是说, $\mathrm{d}\boldsymbol{\tau}/\mathrm{d}t$ 的指向垂直于 $\boldsymbol{\tau}$ 的指向, 即同于 $\boldsymbol{n}$ 的指向.

§11 坐标系的运用

为描述质点的机械运动, 位移、速度、加速度是很重要的几个物理量. 它们都是矢量. 上面 §8 — §10 就着重建立矢量概念, 并研究位移矢量、速度矢量、加速度矢量的性质. **掌握矢量概念, 以及位移、速度, 加速度等矢量的性质, 是极为重要的**.

既然它们是矢量, 在探讨它们的性质和相互关系时, 采用矢量式是很自然的, 也是简洁明白的. 例如矢量最基本的性质 —— 按几何法则相加, 如图 1–10 所示的 $\boldsymbol{d}_1$ 与 $\boldsymbol{d}_2$ 几何相加而为 $\boldsymbol{d}$, 若用矢量式来表达, 即为 (8.2) 式

$$\boldsymbol{d} = \boldsymbol{d}_1 + \boldsymbol{d}_2.$$

(8.2) 式的含义, 详细说来, 即是图 1–10 或 (8.3)、(8.4) 所表明的关系. 比较起来, (8.2) 式的优点是十分简洁, 而形式的简洁有助于对问题的思考, 有助于问题的解决. 只要想想看, 用 (8.3)、(8.4) 计算一下几个矢量的叠加, 就够使人头痛了. 因此, **在理论上一般地探讨矢量的性质、矢量之间的关系时, 我们宁愿采用矢量式**.

但是问题还有另一面. 矢量式诚然简洁, 可是**在具体问题中, 矢量式不便于给出具体结果**. 例如 (8.2) 并不能告诉我们 $\boldsymbol{d}_1$ 与 $\boldsymbol{d}_2$ 相加的具体结果 $\boldsymbol{d}$, 它最多指出应当按图 1–10 的方式作图, 具体结果, 还是要用 (8.3)、(8.4) 算出. 如要计算几个矢量叠加的具体结果, 也是极不便利的.

这里我们要提出一个**极为有力的工具 —— 坐标系. 将参考系抽象为一定的坐标系**, 所有的矢量都用它在某些特定方向的投影, 即矢量的所谓 "**分量**" 来表示. 代替矢量的运算, 我们可以对矢量的分量进行运算, 这会使具体结果的计算简易得多. 这里说到运算, 指的不仅仅是矢量的相加问题. 在选用了一定的坐标系之后, 从质点在各个瞬时的径矢 $\boldsymbol{r}(t)$ 用求导运算求出它在各个瞬时的速度 $\boldsymbol{v}(t)$, 或更进一步求出它在各个瞬时的加速度 $\boldsymbol{a}(t)$, 或用积分运算从质点在各个瞬时的加速度, 求出它在各个瞬时的速度, 或更进一步求出它在各个瞬时的径矢, 都显得更容易了.

说到这里, 重申 §7 末尾所提出的研究直线运动所取得的两条**重要的经验**, 它们对一般的运动也适用: ① 必须有这样一个极为强烈的观念: 要解决任何一个具体的力学问题, 首先应当建立坐标系. ② 质点在各个瞬时的径矢 $\boldsymbol{r}(t)$, 或各个瞬时的速度 $\boldsymbol{v}(t)$ 附以适当的初始条件, 或各个瞬时的加速度 $\boldsymbol{a}(t)$ 附以适当的初始条件, 都可以详尽地描述质点的运动. 因此, 如果问题要求 $\boldsymbol{v}(t)$, 并不一定要从 $\boldsymbol{v}(t)$ 着手, 完全可以从 $\boldsymbol{r}(t)$ 或 $\boldsymbol{a}(t)$ 着手. 如果要求 $\boldsymbol{r}(t)$ 或 $\boldsymbol{a}(t)$, 同样并不一定要从 $\boldsymbol{r}(t)$ 或 $\boldsymbol{a}(t)$ 着手.

§12 直角坐标系

(1) 直角坐标系

最简单的坐标系是直角坐标系.

取固定于参考系的一点为原点. 取固定于参考系的三根直线, 它们通过原点而两两正交, 又在三根直线上各规定一个正的指向, 分别称之为 x, y, z 坐标轴. 这就组成了**直角坐标系**. 通常采用的直角坐标系是**右旋**的: 如将右手握紧的四指表示从 x 轴正指向到 y 轴正指向的旋转, 则拇指表示 z 轴的正指向.

从原点到质点所在处引一径矢 $\boldsymbol{r}$. 将径矢投影到 x, y, z 轴, 这些投影冠以 "+" 或 "−" 号以表明与坐标轴的正指向相同或相反. 这些带有 "+" 或 "−" 号的投影称为质点的**直角坐标**, 或者简单些说, 质点的**坐标**, 兹记作 x, y, z. 坐标 x, y, z 表明质点相对于坐标系的位置, 也就是精确地表明了质点相对于参考系的位置.

这样, 参考系抽象为直角坐标系.

(2) 矢量及其分量

在直角坐标系中, 任给一矢量 $\boldsymbol{A}$, 将它投影到坐标轴上 (图 1–14), 这些投影冠以 "+" 或 "−" 号以表明与坐标轴的正指向相同或相反. 这些带有 "+" 或 "−" 号的投影分别称为矢量 $\boldsymbol{A}$ 的 x, y, z **分量**, 兹记作 A_x, A_y, A_z. **矢量完全可以用它的分量来表达.**

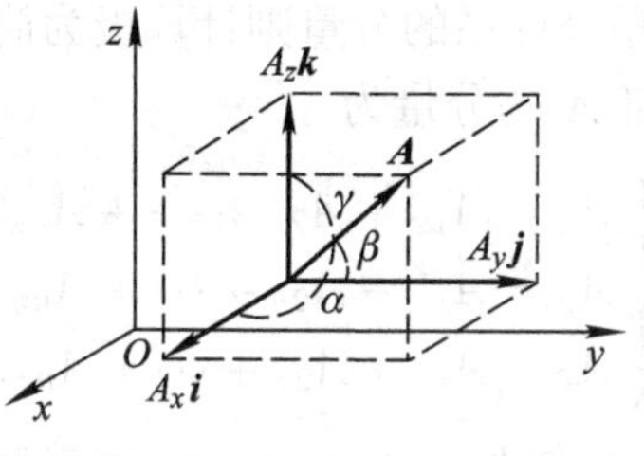

图 1–14

已知矢量 $\boldsymbol{A}$, 这就是说, 已知矢量 $\boldsymbol{A}$ 的大小 A 以及矢量 $\boldsymbol{A}$ 的指向, 那就可以知道矢量的分量

$$A_x = A\cos\alpha, \quad A_y = A\cos\beta, \quad A_z = A\cos\gamma, \tag{12.1}$$

这里 α, β, γ 是 $\boldsymbol{A}$ 的指向与 x, y, z 轴的正指向之间的夹角, $\cos\alpha, \cos\beta, \cos\gamma$ 也称为 $\boldsymbol{A}$ 的指向的方向余弦. 角 α, β, γ 或方向余弦 $\cos\alpha, \cos\beta, \cos\gamma$ 都是用以表明 $\boldsymbol{A}$ 的指向的.

反之, 已知矢量 $\boldsymbol{A}$ 的分量 A_x, A_y, A_z, 就可以知道矢量 $\boldsymbol{A}$, 即知道它的大小

$$A=\sqrt{A_x^2+A_y^2+A_z^2}\quad(\text{显然 } A\leqslant A_x+A_y+A_z),\tag{12.2}$$

并且知道它的指向, 它的指向可用方向余弦来表明

$$\cos\alpha=A_x/A,\quad \cos\beta=A_y/A,\quad \cos\gamma=A_z/A.\tag{12.3}$$

矢量 $\boldsymbol{A}$ 与分量 A_x, A_y, A_z 之间的关系也可以用矢量式表出. 以 $\boldsymbol{i},\boldsymbol{j},\boldsymbol{k}$ 表示沿三个坐标轴正指向的单位矢量, 则 $\boldsymbol{A}$ 正是 $A_x\boldsymbol{i}, A_y\boldsymbol{j}, A_z\boldsymbol{k}$ 的几何和, 即

$$\boldsymbol{A}=A_x\boldsymbol{i}+A_y\boldsymbol{j}+A_z\boldsymbol{k}.\tag{12.4}$$

矢量的相加, 在直角坐标系中用分量来进行是很便利的. 例如, 求 $\boldsymbol{A}_1$ 与 $\boldsymbol{A}_2$ 的和 $\boldsymbol{A}$. 将 $\boldsymbol{A}_1$ 与 $\boldsymbol{A}_2$ 用分量表出, 则

$$\begin{aligned}\boldsymbol{A}=\boldsymbol{A}_1+\boldsymbol{A}_2&=(A_{1x}\boldsymbol{i}+A_{1y}\boldsymbol{j}+A_{1z}\boldsymbol{k})+(A_{2x}\boldsymbol{i}+A_{2y}\boldsymbol{j}+A_{2z}\boldsymbol{k})\\&=(A_{1x}+A_{2x})\boldsymbol{i}+(A_{1y}+A_{2y})\boldsymbol{j}+(A_{1z}+A_{2z})\boldsymbol{k}.\end{aligned}$$

这就是说, $\boldsymbol{A}$ 的分量为

$$A_x=A_{1x}+A_{2x}, A_y=A_{1y}+A_{2y}, A_z=A_{1z}+A_{2z}.\tag{12.5}$$

既已求出 A_x, A_y, A_z 也就可以说已求出了 $\boldsymbol{A}$, 例如说按 (12.2)、(12.3) 的规则更可以具体算出 $\boldsymbol{A}$ 的大小与指向.

几个矢量 $\boldsymbol{A}_1, \boldsymbol{A}_2, \cdots, \boldsymbol{A}_n$ 叠加的情况, 前已指出, 如按 (8.3)、(8.4) 进行计算是极为麻烦的, 但用直角坐标系的分量则计算极为简便. 这是直角坐标系的显著优点. 事实上, 它们的和 $\boldsymbol{A}$ 的分量为

$$\begin{cases}A_x=A_{1x}+A_{2x}+\cdots+A_{nx},\\A_y=A_{1y}+A_{2y}+\cdots+A_{ny},\\A_z=A_{1z}+A_{2z}+\cdots+A_{nz}.\end{cases}\tag{12.6}$$

这样, 也可以说已求出了 $\boldsymbol{A}$. 而按 (12.2)、(12.3) 更可具体算出 $\boldsymbol{A}$ 的大小与指向.

矢量对标量参数的求导运算, 在直角坐标系中用分量来进行也是极为便利的. 这又是直角坐标系的显著优点. 由于 $\boldsymbol{i},\boldsymbol{j},\boldsymbol{k}$ 是不变的矢量,

$$\begin{aligned}\frac{\mathrm{d}\boldsymbol{A}}{\mathrm{d}t}&=\frac{\mathrm{d}}{\mathrm{d}t}(A_x\boldsymbol{i}+A_y\boldsymbol{j}+A_z\boldsymbol{k})\\&=\frac{\mathrm{d}A_x}{\mathrm{d}t}\boldsymbol{i}+\frac{\mathrm{d}A_y}{\mathrm{d}t}\boldsymbol{j}+\frac{\mathrm{d}A_z}{\mathrm{d}t}\boldsymbol{k}.\end{aligned}\tag{12.7}$$

这就是说, 将矢量求导的时候, 只要将其直角坐标分量分别求导就行了,

$$\left(\frac{\mathrm{d}A}{\mathrm{d}t}\right)_x=\frac{\mathrm{d}A_x}{\mathrm{d}t},\quad\left(\frac{\mathrm{d}A}{\mathrm{d}t}\right)_y=\frac{\mathrm{d}A_y}{\mathrm{d}t},\quad\left(\frac{\mathrm{d}A}{\mathrm{d}t}\right)_z=\frac{\mathrm{d}A_z}{\mathrm{d}t}.\tag{12.8}$$

(3) 质点的位置

坐标 x, y, z 表明质点 (相对于参考系) 的位置, 这在上面已说过.

坐标随时间的变化

$$x = x(t), \quad y = y(t), \quad z = z(t) \tag{12.9}$$

详尽地描述了质点 (相对于参考系) 的运动情况. (12.9) 其实就是 (8.1) 在直角坐标系中的表达式. (12.9) 也可以说就是**轨道的参数方程式**. 以时间 t 为参数. 如果从它消去参数 t, 例如从 $x = x(t)$ 与 $y = y(t)$ 消去 t 得 $\varphi(x, y) = 0$, 从 $y = y(t)$ 与 $z = z(t)$ 消去 t 得 $\psi(y, z) = 0$. 这样, 轨道方程为

$$\varphi(x, y) = 0, \quad \psi(y, z) = 0. \tag{12.10}$$

即轨道是曲面 $\varphi(x, y) = 0$ 与曲面 $\psi(y, z) = 0$ 的交线. 应当注意, (12.9) 不仅给出轨道方程式 (12.10), 而且还指出, 随着时间的流逝, 质点如何在轨道上运行.

如质点原来的坐标为 x_1, y_1, z_1, 完成位移 d_x, d_y, d_z 之后, 它的坐标变为

$$x_2 = x_1 + d_x, \quad y_2 = y_1 + d_y, \quad z_2 = z_1 + d_z. \tag{12.11}$$

这也就是 (8.5) 在直角坐标系中的表达式.

(4) 质点的速度与速率

从 t_1 到 t_2 这段时间内的平均速度 $\overline{\boldsymbol{v}} = \Delta \boldsymbol{r}/\Delta t$ 的分量依照 (12.5) 的规则应为

$$\begin{aligned}
\overline{v}_x &= \frac{\Delta x}{\Delta t} = \frac{x_2 - x_1}{t_2 - t_1}, \\
\overline{v}_y &= \frac{\Delta y}{\Delta t} = \frac{y_2 - y_1}{t_2 - t_1}, \\
\overline{v}_z &= \frac{\Delta z}{\Delta t} = \frac{z_2 - z_1}{t_2 - t_1}.
\end{aligned} \tag{12.12}$$

这也就是 (9.1) 在直角坐标系中的表达式.

质点**在时刻** t **的瞬时速度** $\boldsymbol{v} = \mathrm{d}\boldsymbol{r}/\mathrm{d}t$ 的分量依照 (12.8) 的规则应为

$$\begin{aligned}
v_x(t) &= \frac{\mathrm{d}x}{\mathrm{d}t} = \dot{x}, \\
v_y(t) &= \frac{\mathrm{d}y}{\mathrm{d}t} = \dot{y}, \\
v_z(t) &= \frac{\mathrm{d}z}{\mathrm{d}t} = \dot{z}.
\end{aligned} \tag{12.13}$$

这也就是 (9.2) 在直角坐标系中的表达式.

瞬时速度 $\boldsymbol{v}$ 的大小, 也就是**瞬时速率**, 按 (12.2) 的规则应为

$$v=\sqrt{v_x^2+v_y^2+v_z^2}=\sqrt{\dot{x}^2+\dot{y}^2+\dot{z}^2}. \tag{12.14}$$

至于 $\boldsymbol{v}$ 的指向也可以按 (12.3) 的规则求出.

只要知道了质点在各个瞬时的坐标 $x(t), y(t), z(t)$, 按照 (12.13) 运用**微分法**, 就可以求出各个瞬时的瞬时速度 $v_x(t), v_y(t), v_z(t)$.

另一方面, 只要知道质点在各个瞬时的瞬时速度 $v_x(t), v_y(t), v_z(t)$ 以及质点在初始时刻 t_0 的坐标, 即所谓初始坐标 x_0, y_0, z_0, 对 (12.13) 运用**积分法**,

$$\begin{cases} x(t)=x_0+\displaystyle\int_{t_0}^{t} v_x(\tau)\mathrm{d}\tau, \\ y(t)=y_0+\displaystyle\int_{t_0}^{t} v_y(\tau)\mathrm{d}\tau, \\ z(t)=z_0+\displaystyle\int_{t_0}^{t} v_z(\tau)\mathrm{d}\tau, \end{cases} \tag{12.15}$$

就可以知道质点在各个瞬时的坐标 $x(t), y(t), z(t)$.

因此, **各个瞬时的瞬时速度** $v_x(t), v_y(t), v_z(t)$**, 附加以初始条件** x_0, y_0, z_0**, 也能详尽地描述质点的运动情况**.

(5) 质点的加速度

从 t_1 到 t_2 这段时间内的平均加速度 $\overline{\boldsymbol{a}}=\Delta\boldsymbol{v}/\Delta t$ 的分量依照 (12.5) 的规则应为

$$\begin{aligned} \overline{a}_x&=\frac{\Delta v_x}{\Delta t}=\frac{\dot{x}_2-\dot{x}_1}{t_2-t_1}, \\ \overline{a}_y&=\frac{\Delta v_y}{\Delta t}=\frac{\dot{y}_2-\dot{y}_1}{t_2-t_1}, \\ \overline{a}_z&=\frac{\Delta v_z}{\Delta t}=\frac{\dot{z}_2-\dot{z}_1}{t_2-t_1}. \end{aligned} \tag{12.16}$$

这也就是 (10.1) 在直角坐标系中的表达式.

质点**在时刻 t 的瞬时加速度** $\boldsymbol{a}=\mathrm{d}\boldsymbol{v}/\mathrm{d}t$ 的分量依照 (12.8) 的规则应为

$$\begin{aligned} a_x(t)&=\frac{\mathrm{d}v_x}{\mathrm{d}t}=\dot{v}_x=\ddot{x}, \\ a_y(t)&=\frac{\mathrm{d}v_y}{\mathrm{d}t}=\dot{v}_y=\ddot{y}, \\ a_z(t)&=\frac{\mathrm{d}v_z}{\mathrm{d}t}=\dot{v}_z=\ddot{z}. \end{aligned} \tag{12.17}$$

这也就是 (10.2) 在直角坐标系中的表达式.

瞬时加速度 $\boldsymbol{a}$ 的大小 a 按 (12.2) 的规则应为

$$\begin{aligned} a &= \sqrt{a_x^2+a_y^2+a_z^2} = \sqrt{\dot{v}_x^2+\dot{v}_y^2+\dot{v}_z^2} \\ &= \sqrt{\ddot{x}^2+\ddot{y}^2+\ddot{z}^2}. \end{aligned} \tag{12.18}$$

至于 $\boldsymbol{a}$ 的指向也可以按 (12.3) 的规则求出.

只要知道了质点在各个瞬时的坐标 $x(t), y(t), z(t)$, 或各个瞬时的瞬时速度 $v_x(t), v_y(t), v_z(t)$, 按照 (12.17) 运用**微分法**, 就可以求出各个瞬时的瞬时加速度 $a_x(t), a_y(t), a_z(t)$.

另一方面, 只要知道质点在各个瞬时的瞬时加速度 $a_x(t), a_y(t), a_z(t)$ 以及质点在初始时刻 t_0 的速度, 即所谓初始速度 $\dot{x}_0, \dot{y}_0, \dot{z}_0$, 对 (12.17) 运用**积分法**,

$$\begin{cases} v_x(t) = \dot{x}_0 + \displaystyle\int_{t_0}^{t} a_x(\tau)\mathrm{d}\tau, \\ v_y(t) = \dot{y}_0 + \displaystyle\int_{t_0}^{t} a_y(\tau)\mathrm{d}\tau, \\ v_z(t) = \dot{z}_0 + \displaystyle\int_{t_0}^{t} a_z(\tau)\mathrm{d}\tau, \end{cases} \tag{12.19}$$

就可以知道质点在各个瞬时的速度 $v_x(t), v_y(t), v_z(t)$. 如果还知道在初始时刻 t_0 的坐标, 即所谓初始坐标 x_0, y_0, z_0, 进一步按照 (12.15) 运用**积分法**就可以知道质点在各个瞬时的坐标 $x(t), y(t), z(t)$.

因此, **各个瞬时的瞬时加速度** $a_x(t), a_y(t), a_z(t)$**, 附以初始条件** x_0, y_0, z_0 **与** $\dot{x}_0, \dot{y}_0, \dot{z}_0$**, 也能详尽地描述质点的运动情况**.

例 1 火车停止时, 车窗上雨痕向前倾斜 θ_0 角. 火车以某一速度匀速前进时, 窗上雨痕向后倾斜 θ_1 角. 火车加快而以另一速度匀速前进时, 窗上雨痕向后倾斜 θ_2 角. 问车加快前后的速度之比怎样?

解 既然研究的是车窗上的雨痕问题, 自然应以火车为参考系来研究雨滴的运动. 这就是说, 将火车当作 "静止" 的, 所有物体都向后运动, 雨滴也参与这种向后运动, 其向后速度等于火车向前行驶的速度.

先研究火车未加速之前, 以匀速 v_1 行驶的情况. 雨滴本来具有下落速度 v_0, 其指向偏于竖直方向之前 θ_0 角, 见图 1–15(a). 这里 v_0 是未知的. 今以火车为参考系, 雨滴不仅具有这一速度, 还具有向后的速度, 其值为 v_1. 因而雨滴相对于车窗的速度是以上两速度的合速度, 亦即几何和, 其值 v' 不知道, 而指向 θ_1 是已观测到的.

为计算速度矢量的几何和, 先选定坐标系. 坐标系应当固定于参考系, 即固定于火车车厢. 取 x 轴水平向后, y 轴竖直向下. 于是按 (12.5) 的规则,

$$\begin{cases} v'\sin\theta_1 = v_1 - v_0\sin\theta_0, & (1) \\ v'\cos\theta_1 = v_0\cos\theta_0. & (2) \end{cases}$$

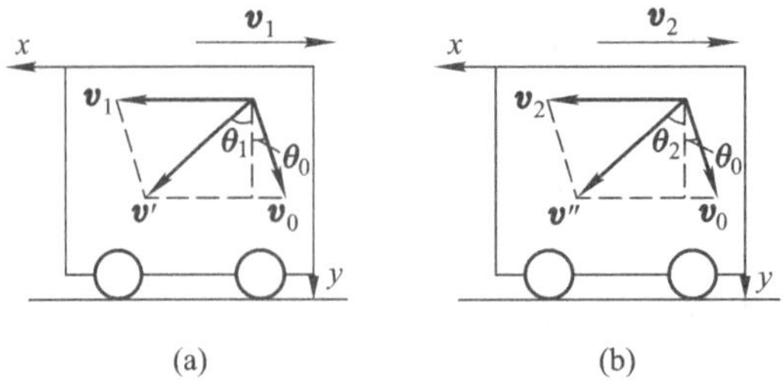

图 1–15

再来考察加速之后, 以匀速 v_2 行驶的情况, 见图 1–15(b). 这里的情况与加速之前类似, 仿照 (1) — (2) 可得

$$\begin{cases} v''\sin\theta_2 = v_2 - v_0\sin\theta_0, & (3) \\ v''\cos\theta_2 = v_0\cos\theta_0. & (4) \end{cases}$$

从 (1) — (2) 消去未知的 v',

$$\tan\theta_1 = (v_1 - v_0\sin\theta_0)/v_0\cos\theta_0,$$

即

$$v_1 = v_0(\cos\theta_0\tan\theta_1 + \sin\theta_0). \tag{5}$$

从 (3) — (4) 消去未知的 v'',

$$\tan\theta_2 = (v_2 - v_0\sin\theta_0)/v_0\cos\theta_0,$$

即

$$v_2 = v_0(\cos\theta_0\tan\theta_2 + \sin\theta_0). \tag{6}$$

于是, 火车加速前后速度之比为

$$v_1/v_2 = (\cos\theta_0\tan\theta_1 + \sin\theta_0)/(\cos\theta_0\tan\theta_2 + \sin\theta_0).$$

***例 2** 河宽为 d. 靠岸处水流速度为零, 中流的流速最快, 为 v_0. 从岸边到中流, 流速按正比增大. 某人以不变的划速 u 垂直于流水方向离岸划去, 求船的轨迹.

解 这里, 我们所研究的问题 —— 船的轨迹, 是船相对于河岸的运动. 因此, 在本例中, 应以河岸为参考系, 选取固定于河岸的坐标系.

如 §11 末尾所指出, 虽然要解决的问题是船的轨迹, 即船的位置, 但我们完全不一定要从船的位置着手, 对于本例那是比较困难的. 题中既已给出了速度, 我们完全可以从速度着手.

小船既具有垂直于河岸的划速 u, 又随水流沿河身漂移. 为计算这两速度的几何和, 先选取坐标系. 考虑到划速的方向与漂移速度的方向, 自然选取 x 轴沿水流方向, 取 y 轴横断河身, 而坐标系原点则取在河岸上小船的出发点 (图 1–16).

小船的速度的 y 分量即是划速 u, x 分量即是漂移速度, 亦即水流速度. 在中流即 $y = d/2$

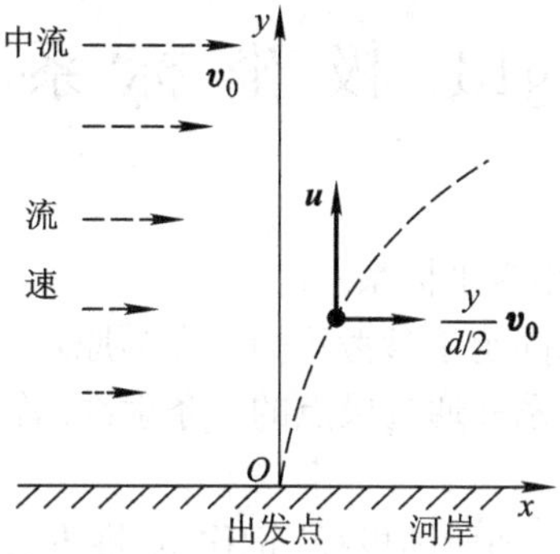

图 1–16

处, 水流速度为 v_0; 小船划到中流之前, 水流速度与小船的坐标 y 成正比, 即等于 $\dfrac{v_0}{d/2}y$.

这样, 我们可以将小船的速度表为

$$v_x = \frac{v_0}{d/2}y, \quad v_y = u.$$

即

$$\begin{cases} \dot{x} = \dfrac{2v_0}{d}y, & (1) \\ \dot{y} = u. & (2) \end{cases}$$

既然知道了小船在各个瞬时的瞬时速度, 运用积分法就可以知道小船在各个瞬时的位置. 但方程 (1) 中包含着未知的 $y(t)$, 不能直接积分出来.

先将 (2) 积分, 考虑到初始条件 "于 $t_0 = 0, y_0 = 0$", (2) 积分的结果是

$$y(t) = ut. \tag{3}$$

将 (3) 代入 (1), 并进行积分. 考虑到初始条件 "于 $t_0 = 0, x_0 = 0$", 结果是

$$x(t) = \frac{v_0 u}{d}t^2. \tag{4}$$

方程 (3)、(4) 详尽地描述小船运动情况. 它们同时也是小船轨迹的参数方程式. 从 (3) — (4) 消去 t 得轨道方程式

$$x = \frac{v_0}{ud}y^2. \tag{5}$$

这是抛物线.

必须指出, 小船并不始终沿着抛物线 (5) 运动. 事实上, 方程 (1) 只适用于小船划过中流之前, 因此最后结果 (5) 也只适用于小船划过中流之前.

小船划过中流之后的轨迹可根据对称性的考虑得出.

§13 极坐标系

(1) 极坐标系

在平面问题中, 也常用极坐标系.

在所研究的平面内取固定于参考系的一点为原点, 通常称作极点. 又在所研究的平面内取固定于参考系并通过极点的一条射线, 称之为极轴. 这就组成了**极坐标系** (图 1–17).

将质点与极点的距离, 即所谓极径, 记作 ρ; 将质点相对于极轴的方位角, 即从极点到质点所在处的径矢与极轴的夹角, 即所谓极角, 记作 φ. ρ 与 φ 称为质点的**极坐标**. 极坐标表明质点距极点的远近以及质点所在方位, 这就表明了质点相对于极坐标系的位置, 即精确地表明了质点相对于参考系的位置.

这样, **参考系抽象为极坐标系**.

(2) 矢量及其分量

在极坐标系中, 常将矢量投影到径向和横向.

在平面内指定一点, 极点与这一点的连线的方向称为在该点的**径向**, 背离极点的指向规定为正 (图 1–17). 垂直于径向的方向称为在该点的**横向**, 使方位角 φ 增长的指向规定为正. 必须着重指出: **径向与横向随地点而异**. 在不同的地点, 径向各不相同, 横向也各不相同. **每提到极坐标系的时候, 我们应当立即想到这一特点**, 否则很容易犯各种各样的错误. 正是这个特点使运动学公式往往显得比较复杂. 但在某些问题中 (参见本节的例) 以采用极坐标系为宜, 却也正是由于极坐标系的这个特点.

任给矢量 $\boldsymbol{A}$, 将它投影到径向与横向 (图 1–17), 并冠以 "+" 或 "–" 号以表明与正指向相同或相反. 这些带有 "+" 或 "–" 号的投影称为**矢量 $\boldsymbol{A}$ 的径向分量与横向分量**, 记作 A_ρ 与 A_φ. **矢量完全可以用它的径向分量与横向分量来表达**.

已知矢量 $\boldsymbol{A}$, 这就是说, 已知矢量 $\boldsymbol{A}$ 的大小 A 以及矢量 $\boldsymbol{A}$ 与极轴的夹角 ψ, 就可以知道径向分量 A_ρ 与横向分量 A_φ,

$$A_\rho = A\cos(\psi-\varphi), \quad A_\varphi = A\sin(\psi-\varphi). \tag{13.1}$$

这里 $\psi-\varphi$ 是矢量 $\boldsymbol{A}$ 与径向的夹角.

反之, 已知矢量 $\boldsymbol{A}$ 的径向分量 A_ρ 与横向分量 A_φ, 就可以知道矢量 $\boldsymbol{A}$, 即知道它的大小

$$A = \sqrt{A_\rho^2 + A_\varphi^2}, \tag{13.2}$$

并且知道它的指向, 它与径向所夹的角 $\psi-\varphi$ 为

$$\psi-\varphi = \arccos(A_\rho/A) = \arcsin(A_\varphi/A). \tag{13.3}$$

矢量 $\boldsymbol{A}$ 与分量 A_ρ, A_φ 之间的关系也可以用矢量式表出. 以 $\boldsymbol{i},\boldsymbol{j}$ 表示沿径向与横向的单位矢量, 则 $\boldsymbol{A}$ 正是 $A_\rho\boldsymbol{i}$ 与 $A_\varphi\boldsymbol{j}$ 的几何和, 即

$$\boldsymbol{A}=A_\rho\boldsymbol{i}+A_\varphi\boldsymbol{j}. \tag{13.4}$$

必须强调指出: 不同于直角坐标系, **这里 $\boldsymbol{i},\boldsymbol{j}$ 随地点而异. 这在求导运算中特别要注意**.

在同一地点的矢量 $\boldsymbol{A}_1$ 与 $\boldsymbol{A}_2$ 的相加也可以利用径向分量与横向分量来进行

$$\begin{aligned}\boldsymbol{A}=\boldsymbol{A}_1+\boldsymbol{A}_2&=(A_{1\rho}\boldsymbol{i}+A_{1\varphi}\boldsymbol{j})+(A_{2\rho}\boldsymbol{i}+A_{2\varphi}\boldsymbol{j})\\&=(A_{1\rho}+A_{2\rho})\boldsymbol{i}+(A_{1\varphi}+A_{2\varphi})\boldsymbol{j}.\end{aligned}$$

这就是说, $\boldsymbol{A}$ 的分量为

$$A_\rho=A_{1\rho}+A_{2\rho},\quad A_\varphi=A_{1\varphi}+A_{2\varphi}. \tag{13.5}$$

既已求出 A_ρ, A_φ, 也就可以说已求出了 $\boldsymbol{A}$, 因为按 (13.2)、(13.3) 的规则已可以具体算出 $\boldsymbol{A}$ 的大小与指向. 几个矢量 $\boldsymbol{A}_1,\boldsymbol{A}_2,\cdots,\boldsymbol{A}_n$ 的累加也可仿此进行,

$$\begin{cases}A_\rho=A_{1\rho}+A_{2\rho}+\cdots+A_{n\rho},\\A_\varphi=A_{1\varphi}+A_{2\varphi}+\cdots+A_{n\varphi},\end{cases} \tag{13.6}$$

但必须指出: 由于径向与横向随地点而异, **对于不在同一地点的矢量**, (13.5)、(13.6) **绝对不能应用**. 例如, 将图 1–17 的 A_ρ 与 B_ρ 相加, 或将 A_φ 与 B_φ 相加, 都是毫无意义的.

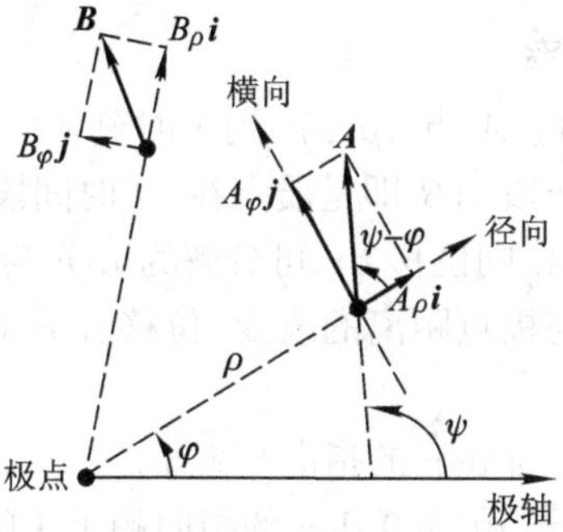

图 1–17

同样, 由于径向与横向随地点而异, 所以一般地说,

$$\left(\frac{\mathrm{d}\boldsymbol{A}}{\mathrm{d}t}\right)_\rho\neq\frac{\mathrm{d}A_\rho}{\mathrm{d}t},\quad\left(\frac{\mathrm{d}\boldsymbol{A}}{\mathrm{d}t}\right)_\varphi\neq\frac{\mathrm{d}A_\varphi}{\mathrm{d}t}.$$

事实上,

$$\frac{\mathrm{d}\boldsymbol{A}}{\mathrm{d}t}=\frac{\mathrm{d}}{\mathrm{d}t}(A_\rho\boldsymbol{i}+A_\varphi\boldsymbol{j})=\frac{\mathrm{d}A_\rho}{\mathrm{d}t}\boldsymbol{i}+A_\rho\frac{\mathrm{d}\boldsymbol{i}}{\mathrm{d}t}+\frac{\mathrm{d}A_\varphi}{\mathrm{d}t}\boldsymbol{j}+A_\varphi\frac{\mathrm{d}\boldsymbol{j}}{\mathrm{d}t},$$

必须考虑到 $\mathrm{d}\boldsymbol{i}/\mathrm{d}t$ 与 $\mathrm{d}\boldsymbol{j}/\mathrm{d}t$ [其计算见 (13.13) 和 (13.17)] 才有正确结果.

(3) 质点的位置

从极点到质点所在处引一径矢 $\boldsymbol{r}$, 径矢 $\boldsymbol{r}$ 就表明质点 (相对于参考系) 的位置. **径矢这个矢量总是径向的, 所以它只有径向分量 ρ, 而无横向分量**, 因此

$$\boldsymbol{r}=\rho\boldsymbol{i}. \tag{13.7}$$

$\boldsymbol{r}$ 的径向分量 ρ 表明质点距极点的远近, $\boldsymbol{r}$ 的指向, 亦即 $\boldsymbol{i}$ 的指向表明质点的方位角 φ.

径矢随时间的变化 $\boldsymbol{r}=\rho(t)\boldsymbol{i}(t)$, 或者用坐标表出, 即**坐标随时间的变化**

$$\rho=\rho(t),\quad \varphi=\varphi(t) \tag{13.8}$$

详尽地描述了质点 (相对于参考系) 的运动情况. (13.8) 其实就是 (8.1) 在极坐标系中的表达式. (13.8) 也可以说就是**轨道的参数方程式**, 以时间 t 为参数. 如果从它消去参数 t 就得到轨道方程式

$$f(\rho,\varphi)=0. \tag{13.9}$$

应当注意, (13.8) 不仅给出轨道方程式 (13.9), 而且还指出, 随着时间的流逝, 质点如何在轨道上运行.

(4) 质点的速度与速率

设于时刻 t, 质点经过 A 点 (ρ,φ); 到了时刻 $t+\mathrm{d}t$, 质点经过 B 点 $(\rho+\mathrm{d}\rho,\varphi+\mathrm{d}\varphi)$, 见图 1–18. 线段 $\overrightarrow{AB}$ 即是质点在 $\mathrm{d}t$ 时间段内的位移 $\mathrm{d}\boldsymbol{r}$. 在 OB 线上取一点 C, 使 $OC=OA$, 则位移 $\mathrm{d}\boldsymbol{r}$ 可分解为 $\mathrm{d}_1\boldsymbol{r}$ 与 $\mathrm{d}_2\boldsymbol{r}$ (即 $\overrightarrow{CB}$ 与 $\overrightarrow{AC}$). 这里位移 $\mathrm{d}_1\boldsymbol{r}$ 对应于质点与极点距离的改变, 位移 $\mathrm{d}_2\boldsymbol{r}$ 对应于质点相对于极点的方位角的改变.

现在进一步考察 $\mathrm{d}_1\boldsymbol{r}$ 与 $\mathrm{d}_2\boldsymbol{r}$ 的指向与大小.

$\mathrm{d}_1\boldsymbol{r}$ 的大小等于 $\mathrm{d}\rho$; 于 $\mathrm{d}t\to 0, \mathrm{d}_1\boldsymbol{r}$ 的指向趋于 $\boldsymbol{i}$ 的指向. 因而于 $\mathrm{d}t\to 0$,

$$\mathrm{d}_1\boldsymbol{r}\to\boldsymbol{i}\mathrm{d}\rho.$$

$\mathrm{d}_2\boldsymbol{r}$ 的大小等于 $\rho\mathrm{d}\varphi$; 于 $\mathrm{d}t\to 0, \mathrm{d}_2\boldsymbol{r}$ 的指向趋于 $\boldsymbol{j}$ 的指向. 因而于 $\mathrm{d}t\to 0$,

$$\mathrm{d}_2\boldsymbol{r}\to\boldsymbol{j}\rho\mathrm{d}\varphi.$$

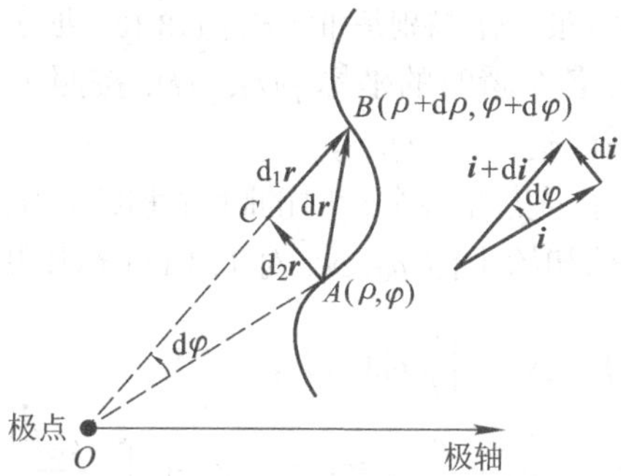

图 1–18

这样, 质点的速度

$$\begin{aligned}\boldsymbol{v}(t)&=\frac{\mathrm{d}\boldsymbol{r}}{\mathrm{d}t}=\frac{\mathrm{d}_1\boldsymbol{r}+\mathrm{d}_2\boldsymbol{r}}{\mathrm{d}t}=\frac{\mathrm{d}_1\boldsymbol{r}}{\mathrm{d}t}+\frac{\mathrm{d}_2\boldsymbol{r}}{\mathrm{d}t}\\&=\boldsymbol{i}\frac{\mathrm{d}\rho}{\mathrm{d}t}+\boldsymbol{j}\rho\frac{\mathrm{d}\varphi}{\mathrm{d}t}=\dot{\rho}\boldsymbol{i}+\rho\dot{\varphi}\boldsymbol{j}.\end{aligned}\tag{13.10}$$

这就是说, 质点**速度的径向分量** v_ρ **与速度的横向分量** v_φ 各为

$$v_\rho(t)=\dot{\rho},\quad v_\varphi(t)=\rho\dot{\varphi}.\tag{13.11}$$

这是很容易理解的. **径向速度就等于径向距离的时间变化率, 横向速度就等于径向距离与角速度的乘积**. (13.11) 也就是 (9.2) 在极坐标系中的表达式.

速度 $\boldsymbol{v}$ 的大小, 即**速率** v, 依照 (13.2) 的规则应为

$$v=\sqrt{v_\rho^2+v_\varphi^2}=\sqrt{\dot{\rho}^2+\rho^2\dot{\varphi}^2},\tag{13.12}$$

至于 $\boldsymbol{v}$ 的指向也可以按 (13.3) 的规则求出.

用**矢量运算**的方法也能简洁地得出 (13.10)、(13.11). 我们在下面给出这种运算并随时指出物理含义.

$$\boldsymbol{v}(t)=\frac{\mathrm{d}}{\mathrm{d}t}\boldsymbol{r}=\frac{\mathrm{d}}{\mathrm{d}t}(\rho\boldsymbol{i})=\frac{\mathrm{d}\rho}{\mathrm{d}t}\boldsymbol{i}+\rho\frac{\mathrm{d}\boldsymbol{i}}{\mathrm{d}t}.$$

这里的求导结果包含两项. 在第一项中只将 ρ 求导, 这就意味着, 只考虑质点与极点距离的改变, 因而正好对应于 $\mathrm{d}_1\boldsymbol{r}/\mathrm{d}t$; 在第二项中只将 $\boldsymbol{i}$ 微分, 这就意味着, 只考虑质点相对于极点的方位角的改变, 因而正好对应于 $\mathrm{d}_2\boldsymbol{r}/\mathrm{d}t$. 现在还需要算出 $\mathrm{d}\boldsymbol{i}/\mathrm{d}t$. 为此, 作出对应于 A, B 两点的径向单位矢量 $\boldsymbol{i}, \boldsymbol{i}+\mathrm{d}\boldsymbol{i}$ (图 1–18), 这两个矢量的大小相同而指向不同. $\mathrm{d}\boldsymbol{i}$ 的大小等于 $\mathrm{d}\varphi$, 于 $\mathrm{d}t\to 0, \mathrm{d}\boldsymbol{i}$ 的指向趋于 $\boldsymbol{j}$ 的指向, 因而

$$\frac{\mathrm{d}\boldsymbol{i}}{\mathrm{d}t}=\frac{\mathrm{d}\varphi}{\mathrm{d}t}\boldsymbol{j}=\dot{\varphi}\boldsymbol{j}.\tag{13.13}$$

(13.13) **应当记住**. 由此

$$\boldsymbol{v}(t)=\frac{\mathrm{d}\rho}{\mathrm{d}t}\boldsymbol{i}+\rho(\dot{\varphi}\boldsymbol{j})=\dot{\rho}\boldsymbol{i}+\rho\dot{\varphi}\boldsymbol{j}.$$

这正是 (13.10). 这里的推导很简洁; 特别是如果记得 (13.13), 推导起来就更便利.

只要知道了质点在各个瞬时的坐标 $\rho(t), \varphi(t)$, 按照 (13.11) 运用**微分法**, 就可以求出各个瞬时的瞬时速度 $v_\rho(t), v_\varphi(t)$.

另一方面, 只要知道质点在各个瞬时的瞬时速度 $v_\rho(t), v_\varphi(t)$, 以及质点在初始时刻 t_0 的坐标即所谓初始坐标 ρ_0, φ_0, 对 (13.11) 运用积分法

$$\begin{cases} \rho(t) = \rho_0 + \displaystyle\int_{t_0}^{t} \boldsymbol{v}_\rho(\tau)\mathrm{d}\tau, \\ \varphi(t) = \varphi_0 + \displaystyle\int_{t_0}^{t} \dot{\varphi}(\tau)\mathrm{d}\tau = \varphi_0 + \int_{t_0}^{t} \frac{v_\varphi(\tau)}{\rho(\tau)}\mathrm{d}\tau, \end{cases} \tag{13.14}$$

就可以知道质点在各个瞬时的坐标 $\rho(t), \varphi(t)$.

因此, **各个瞬时的瞬时速度 $v_\rho(t), v_\varphi(t)$, 附以初始条件 ρ_0, φ_0, 也能详尽地描述质点的运动情况**.

在行星绕太阳运动的问题中, 常用到所谓掠面速度, 即质点的径矢所扫过的面积与所花时间之比的极限值, 参见图 1–18. 在 $\mathrm{d}t$ 时间内, 质点从 A 移到 B, 其径矢所扫过的面积为 $\triangle OBA$ 的面积 $\mathrm{d}S$. 三角形的面积等于底乘高折半, 所以

$$\mathrm{d}S = \triangle OAB = \triangle OAC + \triangle ACB = \frac{1}{2}(\rho\mathrm{d}\varphi)\rho + \frac{1}{2}(\rho\mathrm{d}\varphi)\mathrm{d}\rho.$$

第二项比起第一项为高阶微量, 可以略去, 所以

$$\mathrm{d}S \approx \frac{1}{2}\rho^2\mathrm{d}\varphi.$$

这样, 掠面速度

$$\dot{S} = \frac{1}{2}\rho^2\dot{\varphi}. \tag{13.15}$$

(5) 质点的加速度

现在来研究加速度, 即速度的时间变化率.

先考察径向速度的时间变化率. 从时刻 t 到时刻 $t+\mathrm{d}t$, 质点的径向速度从 $\boldsymbol{v}_\rho$ 变为 $\boldsymbol{v}_\rho + \mathrm{d}\boldsymbol{v}_\rho$, 其变化为 $\mathrm{d}\boldsymbol{v}_\rho$ [图 1–19(a)]. 一般地说, 这既包含着径向速度大小的变化, 也包含着径向速度指向的变化. 现在将 $\mathrm{d}\boldsymbol{v}_\rho$ 划分为 $\mathrm{d}_1\boldsymbol{v}_\rho$ 与 $\mathrm{d}_2\boldsymbol{v}_\rho$, 它们分别对应于径向速度的大小与指向的变化 [图 1–19(b)]. 这样,

$$\text{径向速度时间变化率} = \frac{\mathrm{d}_1\boldsymbol{v}_\rho}{\mathrm{d}t} + \frac{\mathrm{d}_2\boldsymbol{v}_\rho}{\mathrm{d}t}.$$

不难看出: $\mathrm{d}_1\boldsymbol{v}_\rho$ 沿径向, 大小为 $\mathrm{d}v_\rho$, 因而可表为 $\boldsymbol{i}\mathrm{d}v_\rho$; $\mathrm{d}_2\boldsymbol{v}_\rho$ 则沿横向, 大小为 $v_\rho\mathrm{d}\varphi$, 因而可表为 $\boldsymbol{j}v_\rho\mathrm{d}\varphi$. 于是,

$$\text{径向速度时间变化率} = \frac{\mathrm{d}v_\rho}{\mathrm{d}t}\boldsymbol{i} + v_\rho\frac{\mathrm{d}\varphi}{\mathrm{d}t}\boldsymbol{j}.$$

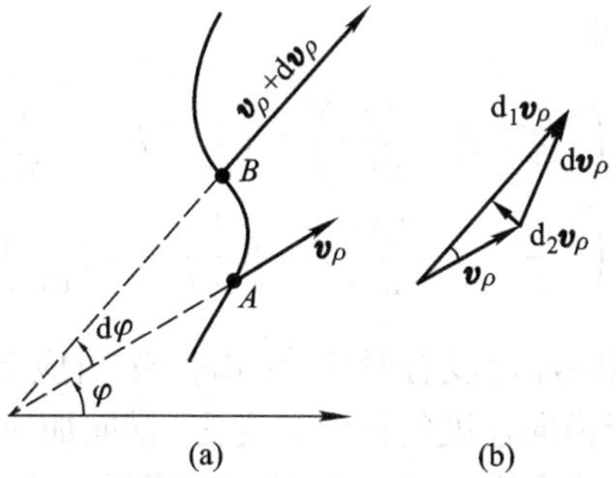

图 1–19

再考察横向速度的时间变化率. 从时刻 t 到时刻 $t+\mathrm{d}t$, 质点的横向速度从 $\boldsymbol{v}_\varphi$ 变为 $\boldsymbol{v}_\varphi+\mathrm{d}\boldsymbol{v}_\varphi$, 其变化为 $\mathrm{d}\boldsymbol{v}_\varphi$ [图 1–20(a)]. 一般地说, 这既包含着横向速度大小的变化, 也包含着横向速度指向的变化. 现在将 $\mathrm{d}\boldsymbol{v}_\varphi$ 划分为 $\mathrm{d}_1\boldsymbol{v}_\varphi$ 与 $\mathrm{d}_2\boldsymbol{v}_\varphi$, 它们分别对应于横向速度的大小与指向的变化 [图 1–20(b)]. 这样,

$$\text{横向速度时间变化率}=\frac{\mathrm{d}_1\boldsymbol{v}_\varphi}{\mathrm{d}t}+\frac{\mathrm{d}_2\boldsymbol{v}_\varphi}{\mathrm{d}t}.$$

不难看出: $\mathrm{d}_1\boldsymbol{v}_\varphi$ 沿横向, 大小为 $\mathrm{d}v_\varphi$, 因而可表为 $\boldsymbol{j}\mathrm{d}v_\varphi$; $\mathrm{d}_2\boldsymbol{v}_\varphi$ 则沿径向的负指向, 大小为 $v_\varphi\mathrm{d}\varphi$, 因而可表为 $-\boldsymbol{i}v_\varphi\mathrm{d}\varphi$. 于是,

$$\text{横向速度时间变化率}=\frac{\mathrm{d}v_\varphi}{\mathrm{d}t}\boldsymbol{j}-v_\varphi\frac{\mathrm{d}\varphi}{\mathrm{d}t}\boldsymbol{i}.$$

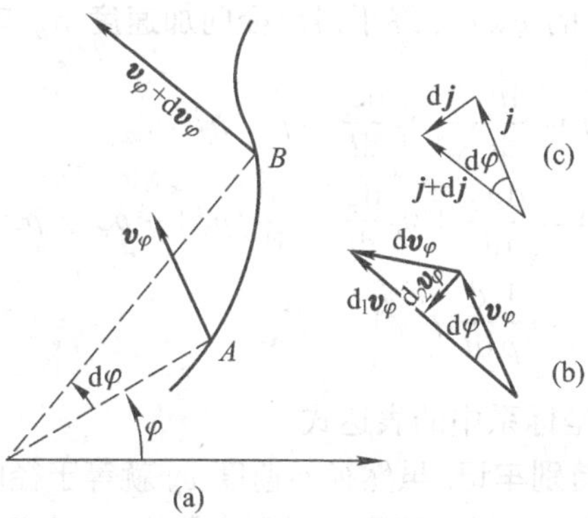

图 1–20

因此, 质点的加速度

$$\begin{aligned}\boldsymbol{a} &= \left(\frac{\mathrm{d}v_\rho}{\mathrm{d}t}\boldsymbol{i} + v_\rho\frac{\mathrm{d}\varphi}{\mathrm{d}t}\boldsymbol{j}\right) + \left(\frac{\mathrm{d}v_\varphi}{\mathrm{d}t}\boldsymbol{j} - v_\varphi\frac{\mathrm{d}\varphi}{\mathrm{d}t}\boldsymbol{i}\right)\\ &= \left(\frac{\mathrm{d}v_\rho}{\mathrm{d}t} - v_\varphi\frac{\mathrm{d}\varphi}{\mathrm{d}t}\right)\boldsymbol{i} + \left(\frac{\mathrm{d}v_\varphi}{\mathrm{d}t} + v_\rho\frac{\mathrm{d}\varphi}{\mathrm{d}t}\right)\boldsymbol{j}.\end{aligned} \tag{13.16}$$

这里应当注意: 径向加速度有两部分, $\mathrm{d}v_\rho/\mathrm{d}t$ 对应于径向速度的大小的变化, $-v_\varphi\mathrm{d}\varphi/\mathrm{d}t$ 却对应于横向速度的指向的变化. 横向加速度也有两部分, $\mathrm{d}v_\varphi/\mathrm{d}t$ 对应于横向速度的大小的变化, $v_\rho\mathrm{d}\varphi/\mathrm{d}t$ 却对应于径向速度的指向的变化.

利用**矢量运算**的方法, 可以简洁地得出同一结果.

$$\begin{aligned}\boldsymbol{a}(t) &= \frac{\mathrm{d}}{\mathrm{d}t}\boldsymbol{v} = \frac{\mathrm{d}}{\mathrm{d}t}(v_\rho\boldsymbol{i}) + \frac{\mathrm{d}}{\mathrm{d}t}(v_\varphi\boldsymbol{j})\\ &= \left(\frac{\mathrm{d}v_\rho}{\mathrm{d}t}\boldsymbol{i} + v_\rho\frac{\mathrm{d}\boldsymbol{i}}{\mathrm{d}t}\right) + \left(\frac{\mathrm{d}v_\varphi}{\mathrm{d}t}\boldsymbol{j} + v_\varphi\frac{\mathrm{d}\boldsymbol{j}}{\mathrm{d}t}\right).\end{aligned}$$

这里第一个括号就是径向速度时间变化率, 其中两项显然分别对应于径向速度的大小与指向的变化; 第二个括号就是横向速度时间变化率, 其中两项显然分别对应于横向速度的大小与指向的变化.

现在还需要求 $\mathrm{d}\boldsymbol{i}/\mathrm{d}t$ 与 $\mathrm{d}\boldsymbol{j}/\mathrm{d}t$, 前者已由 (13.13) 给出, 后者可以仿照 (13.13) 得出 [或参考图 1–20(c)]:

$$\frac{\mathrm{d}\boldsymbol{j}}{\mathrm{d}t} = -\frac{\mathrm{d}\varphi}{\mathrm{d}t}\boldsymbol{i} = -\dot{\varphi}\boldsymbol{i}. \tag{13.17}$$

(13.17) **值得记忆**. 以 (13.13) 与 (13.17) 代入 $\boldsymbol{a}(t)$ 的表达式即得

$$\begin{aligned}\boldsymbol{a}(t) &= \left(\frac{\mathrm{d}v_\rho}{\mathrm{d}t}\boldsymbol{i} + v_\rho\frac{\mathrm{d}\varphi}{\mathrm{d}t}\boldsymbol{j}\right) + \left(\frac{\mathrm{d}v_\varphi}{\mathrm{d}t}\boldsymbol{j} - v_\varphi\frac{\mathrm{d}\varphi}{\mathrm{d}t}\boldsymbol{i}\right)\\ &= \left(\frac{\mathrm{d}v_\rho}{\mathrm{d}t} - v_\varphi\frac{\mathrm{d}\varphi}{\mathrm{d}t}\right)\boldsymbol{i} + \left(\frac{\mathrm{d}v_\varphi}{\mathrm{d}t} + v_\rho\frac{\mathrm{d}\varphi}{\mathrm{d}t}\right)\boldsymbol{j}.\end{aligned}$$

这正是 (13.16) 式.

按 (13.11) 所给出的 v_ρ, v_φ, 终于得出**径向加速度** $\boldsymbol{a}_\rho$ **与横向加速度** a_φ:

$$\begin{cases} a_\rho(t) = \dfrac{\mathrm{d}v_\rho}{\mathrm{d}t} - v_\varphi\dfrac{\mathrm{d}\varphi}{\mathrm{d}t} = \ddot{\rho} - \rho\dot{\varphi}^2,\\ a_\varphi(t) = \dfrac{\mathrm{d}v_\varphi}{\mathrm{d}t} + v_\rho\dfrac{\mathrm{d}\varphi}{\mathrm{d}t} = \dfrac{\mathrm{d}}{\mathrm{d}t}(\rho\dot{\varphi}) + \dot{\rho}\dot{\varphi} = \rho\ddot{\varphi} + 2\dot{\rho}\dot{\varphi} \end{cases}$$
$$\qquad = \frac{1}{\rho}\frac{\mathrm{d}}{\mathrm{d}t}(\rho^2\dot{\varphi}). \tag{13.18}$$

这也就是 (10.2) 在极坐标系中的表达式.

应当**特别注意并特别牢记**: 虽然径向速度 v_ρ 就等于径向距离的变化率 $\dot{\rho}$, 径向加速度 a_ρ 却并不就等于径向速度的时间变化率 $\ddot{\rho}$. 由于质点相对于极点的方位角 φ 有变化, 或者说, 质点还 “绕着极点转动”, 因此还有 “向心加速度”, 这也是径向的, 且 $= -v_\varphi^2/\rho = -\rho^2\dot\varphi^2/\rho = -\rho\dot\varphi^2$. **径向速度的时间变化率 $\ddot\rho$ 加上"向心加速度" $-\rho\dot\varphi^2$ 才是径向加速度 a_ρ.** 虽然横向速度 v_φ 就等于径向距离 ρ 与角速度 $\dot\varphi$ 的乘积, 横向加速度却并不就等于径向距离 ρ 与角加速度 $\ddot\varphi$ 的乘积. 在横向还有加速度 $2\dot\rho\dot\varphi$, 这在某种意义上可称为"科里奥利加速度" (关于科里奥利加速度参阅 §25). 径向距离与角加速度的乘积 $\rho\ddot\varphi$ 加上"科里奥利加速度" $2\dot\rho\dot\varphi$ 才是横向加速度. **归根结底, 问题在于极坐标系的径向与横向是随地点而异的**, 所以径向速度与横向速度的指向也随地点而异, 计算加速度时必须考虑到径向速度与横向速度指向的变动.

只要知道了质点在各个瞬时的坐标 $\rho(t), \varphi(t)$, 或各个瞬时的速度 $v_\rho(t), v_\varphi(t)$, 按照 (13.18) 运用**微分法**, 就可以求出各个瞬时的加速度 $a_\rho(t), a_\varphi(t)$.

另一方面, 只要知道质点在各个瞬时的加速度 $a_\rho(t), a_\varphi(t)$ 以及质点在初始时刻 t_0 的速度, 所谓初始速度, 对 (13.18) 运用"积分法"就可以知道质点在各个瞬时的速度 $v_\rho(t), v_\varphi(t)$. 由于在 (13.18) 的两式中都有 v_ρ, v_φ, 所以这里所谓"积分法"常常是解微分方程. 如果还知道在初始时刻 t_0 的坐标, 所谓初始坐标, 按照 (13.14) 运用**积分法**就可以知道质点在各个瞬时的坐标 $\rho(t), \varphi(t)$.

因此, **各个瞬时的加速度 $a_\rho(t), a_\varphi(t)$, 附以初始速度与初始坐标, 也能详尽地描述质点的运动.**

例 1 用极坐标系重新求解 §7 例 4.

解 取图中 A 点为极点, 极轴竖直向下. 收绳速度 $\boldsymbol{v}_0$ 总是指向 A 点, 所以本题用极坐标来求解, 也是比较方便的.

因为小车不能腾空和入地, 所以它的速度 $\boldsymbol{v}$ 的指向一定是水平的, 即垂直指向极轴. 但 $\boldsymbol{v}$ 大小未知, 正为所求. 就极坐标而论, 小车横向速度 v_φ 为未知, 而小车的径向速度 v_ρ 则已知为收绳速率,

$$v_\rho = v_0.$$

由图 1–21 可见横向与 $\boldsymbol{v}$ 之间夹角为 $\pi - \varphi$, 所以

$$\begin{cases} v_\rho = -v\sin\varphi = v_0, \\ v_\varphi = -v\cos\varphi. \end{cases}$$

消去 v, 得

$$\frac{v_\varphi}{v_0} = \frac{\cos\varphi}{\sin\varphi},$$

即

$$v_\varphi = v_0\cot\varphi.$$

从而

$$v^2 = v_\rho^2 + v_\varphi^2 = v_0^2 + v_0^2\cos^2\varphi/\sin^2\varphi = v_0^2/\sin^2\varphi,$$

即

$$v = v_0/\sin\varphi = v_0/\cos\theta.$$

***例 2** 有一质点在半径为 R 的圆周上以匀速 v_0 作圆周运动, 试用极坐标系表述质点的速度和加速度.

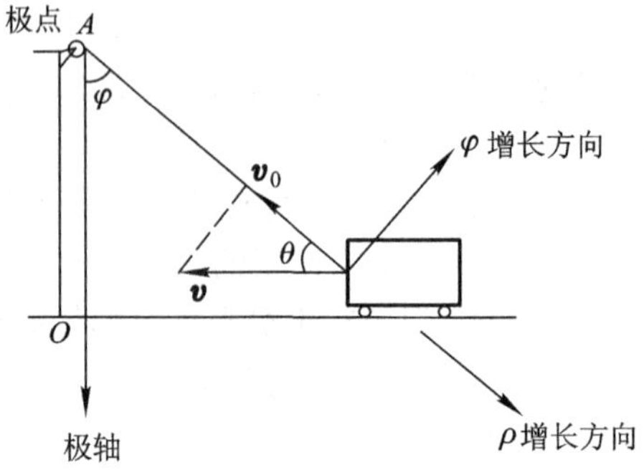

图 1–21

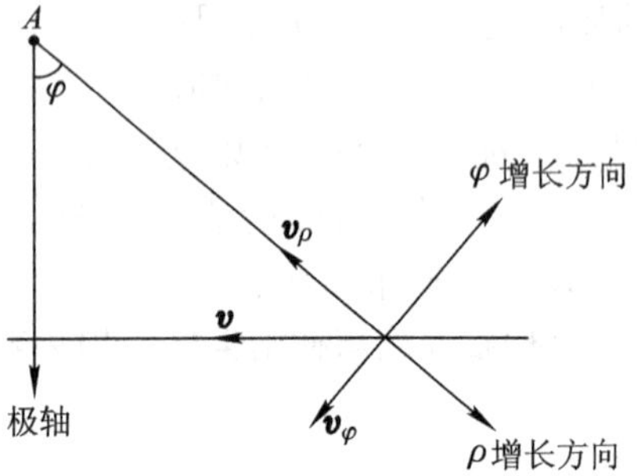

图 1–22

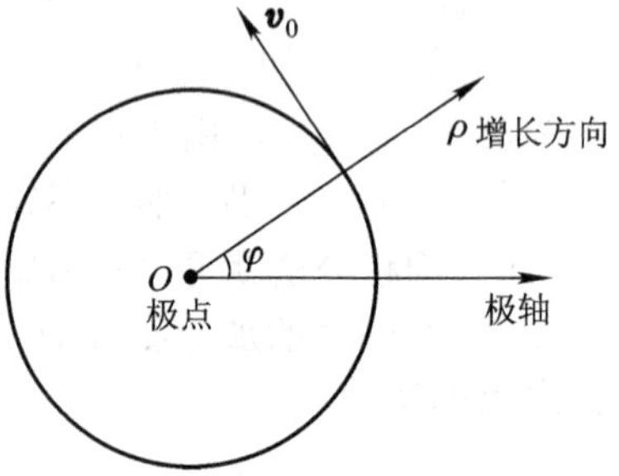

图 1–23

解法一 取此圆的圆心 O 为极点, 见图 1–23.

显然, 质点的极径 $\rho=R$, 而极角 $\varphi=v_0t/R=\omega t(\omega=v_0/R$ 为质点绕 O 点的角速度). 速度沿圆周的切向亦即横向. 诚然, 按照 (13.10),

$$\begin{cases} v_\rho=\dot{\rho}=0, \\ v_\varphi=\rho\dot{\varphi}=R\omega=v_0. \end{cases}$$

至于加速度, 只有向心加速度, 沿径向. 诚然, 按照 (13.18),

$$\begin{cases} a_\rho=\ddot{\rho}-\rho\dot{\varphi}^2=-R\dot{\varphi}^2=-R\omega^2, \\ a_\varphi=\rho\ddot{\varphi}+2\dot{\rho}\dot{\varphi}=0. \end{cases}$$

这里, 极坐标的径向即圆的半径方向, 亦即圆轨道的法向, 横向即圆轨道的切向.

解法二 取圆周上的一点为极点

由图 1–24 可见

$$\begin{cases} \varphi=\theta/2=v_0t/2R, & (1) \\ \rho=2R\cos\varphi=2R\cos(v_0t/2R). & (2) \end{cases}$$

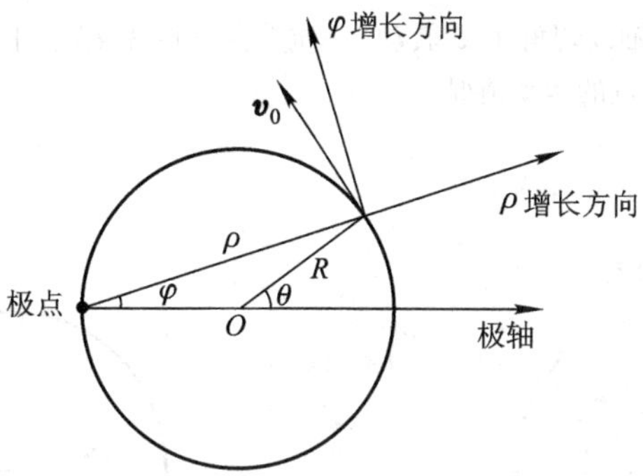

图 1–24

质点的速度

$$\begin{cases} v_\rho = \dot\rho = -2R\dfrac{v_0}{2R}\sin\dfrac{v_0 t}{2R} = -v_0\sin\dfrac{v_0 t}{2R}, \\ v_\varphi = \rho\dot\varphi = 2R\dfrac{v_0}{2R}\cos\dfrac{v_0 t}{2R} = v_0\cos\dfrac{v_0 t}{2R}. \end{cases}$$

这也可写成

$$\begin{cases} v_\rho = -v_0\sin\varphi, & (3) \\ v_\varphi = v_0\cos\varphi. & (4) \end{cases}$$

而加速度

$$\begin{aligned} a_\rho &= \ddot\rho - \rho\dot\varphi^2 \\ &= -v_0\cdot\frac{v_0}{2R}\cos\frac{v_0 t}{2R} - 2R\cos\frac{v_0 t}{2R}\cdot\left(\frac{1}{2}\frac{v_0}{R}\right)^2 \\ &= -\frac{v_0^2}{R}\cos\frac{v_0 t}{2R}, \\ a_\varphi &= \rho\ddot\varphi + 2\dot\rho\dot\varphi \\ &= -2v_0\sin\frac{v_0 t}{2R}\cdot\frac{1}{2}\frac{v_0}{R} \\ &= -\frac{v_0^2}{R}\sin\frac{v_0 t}{2R}. \end{aligned}$$

这也可写成

$$\begin{cases} a_\rho = -\dfrac{v_0^2}{R}\cos\varphi, & (5) \\ a_\varphi = -\dfrac{v_0^2}{R}\sin\varphi. & (6) \end{cases}$$

这个解法所得结果显得不如前一解法那样清爽利落. 这是为什么呢? 由图 1–24 可见, 在这个极坐标系中, 圆周的切向并非横向, 圆的半径方向并非径向. 请读者务必注意区分极坐标系的径向、横向与质点轨道的法向、切向.

其实, 读者早已熟知, 作圆周运动的质点的速度沿圆周切向, (3) 和 (4) 正是这个切向速度在径向和横向的投影. 读者又熟知, 作匀速圆周运动的质点具有向心加速度 v_0^2/R, (5) 和 (6) 正是这向心加速度在径向和横向的投影 (见图 1–25).

*例 3 有一轮绕定轴以匀角速 ω 转动, 一质点自轮心沿着某一根轮辐以匀速 v_0 向轮边运动 (图 1–26). 求解质点的运动情况.

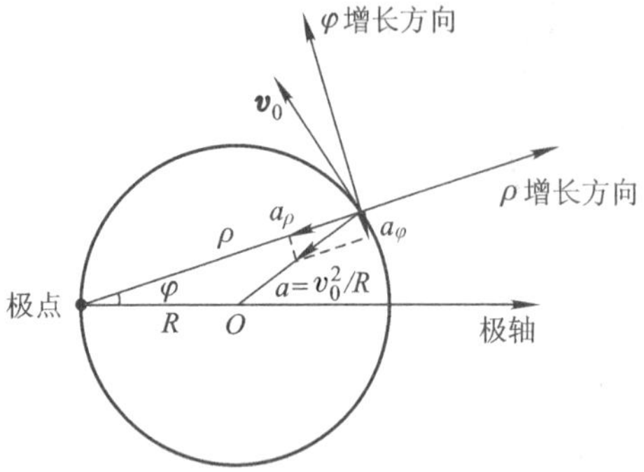

图 1–25

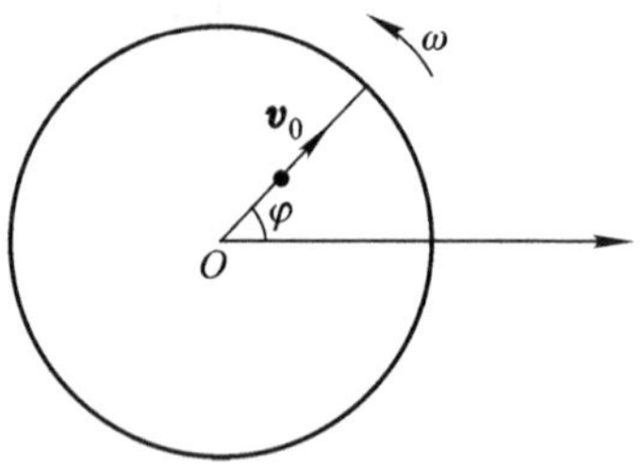

图 1–26

解 取固定于地面的参考系.

在本例, 质点沿轮辐运动, 而轮本身又在转动, 选用极坐标系较为适宜. 取轮心 O 为极点, 把那条轮辐在 $t=0$ 时的位置取为极轴.

根据题所给条件, 我们从速度着手.

在任一时刻 t, 质点的速度为

$$\begin{cases} v_\rho = \dot{\rho} = v_0, \\ v_\varphi = \rho\dot{\varphi} = \rho\omega_0. \end{cases}$$

即

$$\begin{cases} \dfrac{\mathrm{d}\rho}{\mathrm{d}t} = v_0, \\ \dfrac{\mathrm{d}\varphi}{\mathrm{d}t} = \omega. \end{cases}$$

两边积分并代入初始条件, 得

$$\begin{cases} \rho = v_0 t, \\ \varphi = \omega t. \end{cases}$$

消去 t 即得到轨道方程

$$\rho = \frac{v_0}{\omega}\varphi.$$

这是有名的阿基米德螺线 (图 1–27).

还可以求得质点运动的加速度:

$$\begin{cases} a_\rho = 0 - \rho\omega^2 = -\rho\omega^2, \\ a_\varphi = 0 + 2v_0\omega = 2v_0\omega. \end{cases}$$

质点沿轮辐的运动既然是匀速的, 何以还有加速度呢?

本例如果采用直角坐标系将麻烦得多. 读者只要一试就能体会.

*例 4　河中水流差不多是均匀的, 各处流速均为 v_0. 某人划船, 以一定的划速 u 朝向岸边的一个固定点划来 (图 1–28). 求船的轨迹.

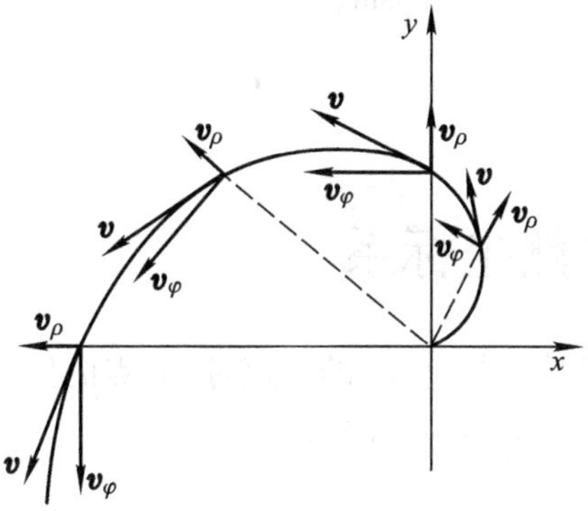

图 1–27

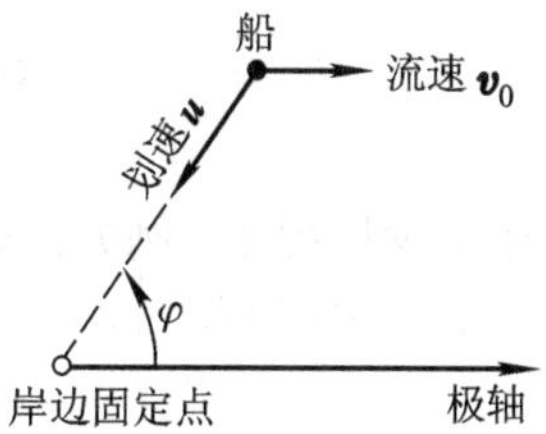

图 1–28

解　这里, 我们所研究的问题 —— 船的轨迹, 是船相对于河岸的运动. 因此, 在本例中应以河岸为参考系. 我们应选取固定于河岸的坐标系.

如 §11 末尾所指出, 虽然要解决的问题是船的轨迹, 即船的位置, 但我们完全不一定要从船的位置着手, 对于本例那是比较难的. 题中既已给出了速度, 我们完全可以从速度着手.

小船既具有划速, 又随水流漂移. 为计算这两速度的几何和, 先选取坐标系. 考虑到划速始终朝着岸边的固定点, 自然选取极坐标系, 即以这固定点为极点, 并取极轴平行于河岸 (图 1–28).

划速始终沿径向的负指向. 流速平行于极轴, 既有径向分量又有横向分量. 所以径向速度与横向速度为

$$\begin{cases} \dot{\rho} = -u + v_0 \cos\varphi, & (1) \\ \rho\dot{\varphi} = -v_0 \sin\varphi. & (2) \end{cases}$$

既已知道了小船在各个瞬时的速度, 运用积分法就可以知道小船在各个瞬时的位置. 但这里未知的 $\rho(t)$ 与 $\varphi(t)$ 同出现于 (1), 也同出现于 (2), 所以不能直接简单地加以积分.

本可以从 (1)、(2) 消去 ρ 或消去 φ, 然后积分. 考虑到本例要求的是轨道, 反正要从 $\rho(t)$ 与 $\varphi(t)$ 消去 t, 因而不妨一开始就消去 t. 因此, 以 (1) 除 (2),

$$\rho\frac{\mathrm{d}\varphi}{\mathrm{d}\rho} = \frac{-v_0 \sin\varphi}{-u + v_0 \cos\varphi}.$$

这里, 还是不能直接积分, 应当将变量 ρ、φ 分离,

$$\frac{\mathrm{d}\rho}{\rho} = \frac{-u + v_0 \cos\varphi}{-v_0 \sin\varphi}\mathrm{d}\varphi = \left(\frac{u}{v_0}\csc\varphi - \cot\varphi\right)\mathrm{d}\varphi.$$

现在才可以两方分别积分, 于是

$$\ln\rho - \ln\rho_0 = \frac{u}{v_0}\left(\ln\tan\frac{\varphi}{2} - \ln\tan\frac{\varphi_0}{2}\right) - (\ln\sin\varphi - \ln\sin\varphi_0),$$

ρ_0 与 φ_0 为小船的初始坐标. 上式经整理后即为

$$\rho = \rho_0 \left[\left(\tan \frac{\varphi}{2} / \tan \frac{\varphi_0}{2} \right)^{u/v_0} \frac{\sin \varphi_0}{\sin \varphi} \right].$$

这就是轨道方程式, 它是超越曲线.

§14 自然坐标系

在不少情况下, 例如已知质点 (相对于参考系) 的轨道时, 质点的位置不妨就用从某个选定的点 O 算起的曲线距离来表明 (图 1–29).

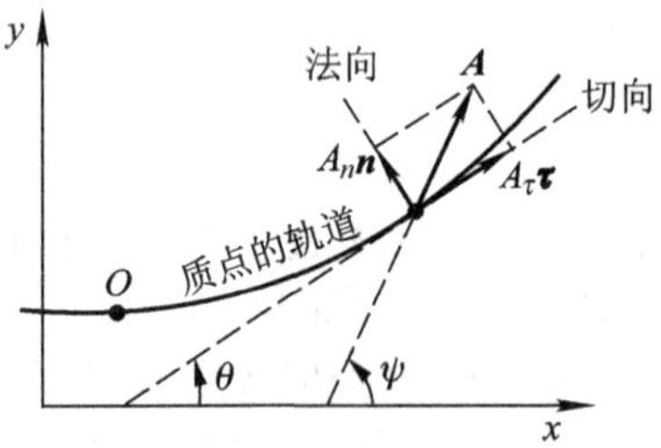

图 1–29

既然质点的位置用曲线距离表明, 那么质点位置变化的快慢, 即速度矢量, 不妨也就用速率来表明, 因为速度矢量的指向肯定是沿着轨道的切向, 无待多说. 至于加速度自然也就用速率的时间变化率 (切向加速度) 与向心加速度 (法向加速度) 来表明.

这里将限于讨论轨道为平面曲线的情况.

一般地说, 任给矢量 $\boldsymbol{A}$, 往往将它投影到轨道的**切向**与**法向** (图 1–29). 矢量的投影还应冠以 "+" 或 "–" 号以表明其指向与正指向相同或相反. 这些带有 "+" 或 "–" 号的投影称为矢量 $\boldsymbol{A}$ 的**切向分量**与**法向分量**, 记作 A_τ 与 A_n. **矢量完全可以用它的切向分量与法向分量来表达**. 矢量的这种表示方法往往被说成在自然坐标系中表出矢量.

已知矢量 $\boldsymbol{A}$, 这就是说, 已知矢量 $\boldsymbol{A}$ 的大小以及矢量 $\boldsymbol{A}$ 与某个 x 轴的夹角 ψ, 就可以知道切向分量 A_τ 与法向分量 A_n

$$A_\tau = A\cos(\psi - \theta), \quad A_n = A\sin(\psi - \theta). \tag{14.1}$$

这里 θ 是切向与 x 轴的夹角, 而 $\psi - \theta$ 为矢量与切向的夹角.

反之, 已知矢量 $\boldsymbol{A}$ 的切向分量 A_τ 与法向分量 A_n, 就可以知道矢量 $\boldsymbol{A}$, 这就是说, 知道它的大小:

$$A=\sqrt{A_\tau^2+A_n^2}, \tag{14.2}$$

并且知道它的指向与切向所夹的角:

$$\psi-\theta=\arccos(A_\tau/A)=\arcsin(A_n/A). \tag{14.3}$$

矢量 $\boldsymbol{A}$ 与分量 A_τ, A_n 之间的关系也可以用矢量式表出. 以 $\boldsymbol{\tau}, \boldsymbol{n}$ 表示沿切向与法向的单位矢量, 则 $\boldsymbol{A}$ 正是 $A_\tau\boldsymbol{\tau}$ 与 $A_n\boldsymbol{n}$ 的几何和,

$$\boldsymbol{A}=A_\tau\boldsymbol{\tau}+A_n\boldsymbol{n}. \tag{14.4}$$

以速度 $\boldsymbol{v}(t)$ 来说, 它总是切向的. 依照 (9.5) 可知

$$v_\tau=v=\dot{s}, \quad v_n=0. \tag{14.5}$$

以加速度 $\boldsymbol{a}(t)$ 来说, 它既有切向分量又有法向分量. 依照 (10.11) 可知

$$a_\tau=\dot{v}=\ddot{s}, \quad a_n=\dot{s}^2/R \quad \text{或}\ v\dot{\theta}. \tag{14.6}$$

至于加速度 $\boldsymbol{a}(t)$ 的大小 a, 依照 (14.2) 的规则应为

$$\boldsymbol{a}=\sqrt{\boldsymbol{a}_\tau^2+\boldsymbol{a}_n^2}=\sqrt{\dot{v}^2+(v^2/R)^2}=\sqrt{\ddot{s}^2+(\dot{s}^2/R)^2}, \tag{14.7}$$

而 $\boldsymbol{a}(t)$ 的指向也可以依照 (14.3) 的规则求出.

只要知道了质点在各个瞬时距 O 点的曲线距离 $s(t)$, 按照 (14.5)、(14.6) 运用**微分法**就可以求出质点在各个瞬时的速度 $\boldsymbol{v}(t)$ 与加速度 $\boldsymbol{a}(t)$. 另一方面, 如果知道质点在各个瞬时的速率 $v(t)$ 或切向加速度 $a_\tau(t)$, 则运用**积分法**就可以求出质点在各个瞬时距 O 点的曲线距离 $s(t)$. 而在轨道已知的情况下, 求出了 $s(t)$ 也就是完全确定了质点的运动情况.

***例 1** 光滑钢丝弯成竖直平面中的曲线. 质点穿在光滑钢丝上, 向下滑动 (图 1–30). 已知其切向加速度为 $-g\sin\theta$, 这里 g 是常量, θ 是切向与水平方向所夹角度. 试求质点通过钢丝上各处的速率.

解 质点沿着既定的轨道运动, 以采用自然坐标系为宜, 问题仅仅涉及速率, 因此只需考虑切向加速度. 按题所给条件

$$\frac{\mathrm{d}v}{\mathrm{d}t}=-g\sin\theta. \tag{1}$$

(1) 式左方是速率的时间变化率, 但本题要求研究速率随位置而变化的情况. 为此, 将 $\mathrm{d}v/\mathrm{d}t$ 加以改写, 使之以位置为自变量而表出:

$$\frac{\mathrm{d}v}{\mathrm{d}t}=\frac{\mathrm{d}v}{\mathrm{d}s}\frac{\mathrm{d}s}{\mathrm{d}t}=v\frac{\mathrm{d}v}{\mathrm{d}s}.$$

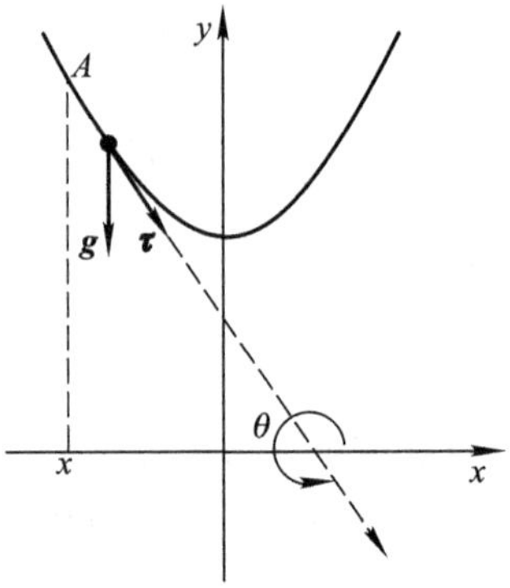

图 1–30

应当掌握 $\mathrm{d}v/\mathrm{d}t$ 的上述表达式, 它是很有用的.

(1) 式右方虽然是以位置表出, 但所采用的自变量是 θ. 为与改写后的左方一致起见, 应当也改以 s 为自变量. 这是很容易的, 既然 $\sin\theta = \mathrm{d}y/\mathrm{d}s$.

于是 (1) 式成为 $v\mathrm{d}v/\mathrm{d}s = -g\mathrm{d}y/\mathrm{d}s$, 即

$$v\mathrm{d}v = -g\mathrm{d}y. \tag{2}$$

两方分别积分,

$$\int_{v_0}^{v} v\mathrm{d}v = -g\int_{y_0}^{y} \mathrm{d}y,$$

结果为

$$v^2 - v_0^2 = 2g(y_0 - y).$$

顺便说说, 所得结果与自由落体的公式类似.

***例 2** 半径为 R 的轮子沿直线轨道无滑动地滚动, 轮心速度为 v, 轮边缘上某点 M 的运动由 $x = R(\omega t - \sin\omega t), y = R(1 - \cos\omega t)$ 给出 ($\omega = v/R$, 图 1–31). 这种点的轨迹叫做旋轮线, 试用自然坐标系研究它的运动.

解 由

$$\begin{cases} x = R(\omega t - \sin\omega t), \\ y = R(1 - \cos\omega t), \end{cases}$$

可得

$$\begin{cases} \dot{x} = R\omega(1 - \cos\omega t), \\ \dot{y} = R\omega\sin\omega t, \end{cases}$$

速度

$$v = \sqrt{\dot{x}^2 + \dot{y}^2} = 2R\omega\sin(\omega t/2).$$

M 点沿着已知的轨道运动, 适宜用自然坐标系研究. 这样,

$$\frac{\mathrm{d}s}{\mathrm{d}t} = 2R\omega\sin\frac{\omega t}{2}.$$

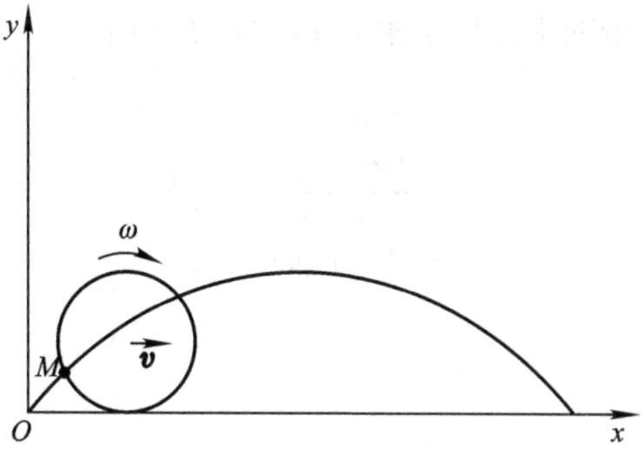

图 1–31

又令 $t=0$ 时 $s=0$, 即得

$$\int_0^s \mathrm{d}s = \int_0^t 2R\omega \sin\frac{\omega t}{2}\mathrm{d}t.$$

积分结果是

$$\begin{aligned} s &= -4R\left(\cos\frac{\omega}{2}t - 1\right). \\ &= 4R\left(1 - \cos\frac{\omega}{2}t\right). \end{aligned}$$

因为

$$-1 \leqslant \cos\frac{\omega}{2}t \leqslant +1,$$

所以 s 恒为正值.

质点的切向加速度容易求出:

$$a_\tau = \frac{\mathrm{d}v}{\mathrm{d}t} = R\omega^2 \cos\left(\frac{\omega t}{2}\right).$$

直接应用 $a_n = v^2/R$ 计算法向加速度, 需要先计算曲率半径 R, 这稍有点麻烦. 这里我们采取一条迂迴的途径. 首先, 加速度的直角坐标分量很容易计算:

$$\begin{cases} \ddot{x} = R\omega^2 \sin\omega t, \\ \ddot{y} = R\omega^2 \cos\omega t, \end{cases}$$

从而

$$a = \sqrt{\ddot{x}^2 + \ddot{y}^2} = R\omega^2.$$

另一方面, 在自然坐标系中,

$$a = \sqrt{a_\tau^2 + a_n^2}$$

由此可求出质点的法向加速度 a_n:

$$\begin{aligned} a_n &= \sqrt{a^2 - a_\tau^2} = \sqrt{R^2\omega^4 - R^2\omega^4\cos^2(\omega t/2)} \\ &= R\omega^2 \sin(\omega t/2). \end{aligned}$$

有趣的是, 我们可以倒过来利用 a_n 求出曲率半径 R, 由于 $a_n = v^2/R$ 所以

$$\begin{aligned} R &= v^2/a_n \\ &= \frac{4R^2\omega^2\sin^2(\omega t/2)}{R\omega^2\sin(\omega t/2)} \\ &= 4R\sin(\omega t/2). \end{aligned}$$

复习思考题

这是本书的第一章, 从描述现象这一角度来研究质点的机械运动.

说到机械运动的描述, 应当掌握下列基本概念: ① 运动描述的相对性、参考系的必要性. ② 表征质点运动情况的基本的物理量, 如曲线距离、位移、速率、速度、加速度等的意义. 特别是平均值与瞬时值问题、为什么需要瞬时值、瞬时值如何借助于极限而引出、瞬时值的确切含义究竟怎样等. ③ 位移、速度、加速度的矢量性. 矢量的特征等.

既然表征质点运动情况的重要物理量如位移、速度、加速度都是矢量, 还应当掌握**矢量的运算**. 特别应当掌握**坐标这种工具**, 利用矢量的分量进行矢量的运算.

掌握基本概念、掌握坐标这种工具, 都是为了解决**质点运动学基本问题**. 从根本上说, 质点运动学问题在于: 已知质点运动情况的某些方面就能掌握质点运动的全盘情况, 推算质点运动情况的各个方面. 说得具体些, 根据质点在各个瞬时的位置、速度 (附以初始条件) 或加速度 (附以初始条件) 的某些方面通过微分、积分运算求得其他各个方面.

(下面带有 * 的问题是思考性问题, 其余的是复习性问题. 其余章同此.)

*1. 有两个相同的球, 一球停于桌上, 另一球被掷而急速地沿着桌面向停着的球飞去, 并发生正面碰撞. 问哪一个球的变形比较大? 是原来静止的那个球还是飞过来的那个球?

2. 描述质点的运动为什么必须先选定参考系? 为什么运动的描述总是相对的?

*3. 火车从 A 站出发经 6 km 到达 B 站, 从 B 站出发又经 6 km 到达 C 站. 已知全程共用去 12 分钟, 问从 A 到 B 用多少分钟?

4. 为精确地描述质点运动情况, 为什么需要瞬时速度、瞬时加速度等, 而不宜于采用平均速度、平均加速度?

*5. 汽车在行驶中. 在六时整, 速率表上指示汽车的速率为 36 km/h, 亦即 10 m/s. 问从六时整到七时整, 汽车行驶多远? 从六时整到六时零一秒, 汽车行驶多远?

6. 瞬时速度的确切含义是怎样的?

*7. A、B、C 三镇恰在直角三角形的三个顶点. 某人以不变的快慢在其间环行一圈. 他从 A 出发, 以 20 分钟时间向北走 4 km 到达 B. 又以 25 分钟时间走 5 km 到达 C, 再以 15 分钟时间向东走 3 km 回到 A. 求全程的平均速度、最后 3 km 路程的平均速度、各个时刻的瞬时速度.

*8. 某人沿着圆弧加速行走 1 分钟, 其与出发点的曲线距离 $s=\frac{1}{2}\times 5\times t^2$, 这里 t 以 s 为单位, s 以 cm 为单位. 问在哪些时刻, 他的加速度为 5 cm/s^2?

9. 切向加速度 a_τ 与法向加速度 a_n 的意义各是什么? 怎样的运动既无 a_n 又无 a_τ? 怎样的运动没有 a_n 只有 a_τ? 怎样的运动只有 a_n 没有 a_τ? 怎样的运动既有 a_n 又有 a_τ?

10. 为什么说, 要解决任何一个具体的力学问题, 首先应建立坐标系? 建立坐标系的重要意义究竟在于哪里?

11. 熟悉速度、加速度在各种坐标系中的表达式. 各项的物理意义究竟怎样? 特别是, 为什么 $a_\rho\neq\ddot{\rho}, a_\varphi\neq\rho\ddot{\varphi}$?

在各种坐标系中, 从质点在各个瞬时的位置、速度 (附以初始条件) 或加速度 (附以初始条件) 的某些方面, 如何通过微分、积分运算求出质点运动情况的各个方面?

*12. §7 例 2 的小船 “永不停止”, 似乎是与常识矛盾的. 应如何理解?

第二章 质点动力学的基本定律

运动学的任务是研究怎样描述运动情况, 这种研究毕竟还是表面现象的研究, 并没有深入到运动的本质, 并不揭示运动的内在规律, 阐明什么条件下将发生什么样的运动. 为此, 还需要进行动力学的研究.

这里, 我们将论述质点动力学的基本定律, 即关于质点运动的基本定律 —— 牛顿三定律. 在中学里虽已学过牛顿三定律, 但是限于条件, 并没有拿它来分析研究各种各样的具体力学问题. **本章的要求是**: 深刻领会牛顿三定律的含义, 并在切实理解有关的概念、掌握有关的规律的基础上, 学会运用牛顿定律研究各种具体的力学问题的方法. 决不能因为在中学里学过牛顿定律而现在就有所松懈. 事实证明, 要达到以上要求, 必须付出相应的劳动. 而特别应当指出的是, **本章是学好力学的关键**. 能否学好力学, 在很大的程度上取决于对本章掌握得怎样.

§15 惯性定律 惯性参考系

质点动力学的出发点是**牛顿第一定律**: 一个物体, 如果没有受到其他物体的作用, 它就保持自己的静止状态或匀速直线运动状态.

物体保持静止状态或匀速直线运动状态的性质称为**惯性**. 牛顿第一定律也称为**惯性定律**.

伽利略已经得到上述定律, 不过他将这一定律限于水平面上的物体. 他还未能摆脱柏拉图关于行星运动的 "圆惯性" 的观念.

无论是静止状态还是匀速直线运动状态, 其速度都是不变的. (不仅速度的大小不变, 而且速度的指向也不变.) 因此, 可以说, 物体如果不受到其他物体的作用, 就保持其速度 (矢量!) 不变. 由此可见, 速度是表征物体运动状态的重要物理量. 速度不变的运动也就是没有加速度的运动, 所以又可以说, 物体如果不受到其他物体的作用, 就作没有加速度的运动.

有许多现象表现出物体的惯性, 大家已经很熟悉. 这里只取常常引用的一例来考察. 当汽车急剧刹车的时候, 车中乘客有向前倒的倾向. 通常对这现象的说明是这样的: 乘客本来具有随着汽车向前行进的速度. 在汽车急剧刹车时, 乘客由于惯性还保持着自己本来的运动, 但汽车已经减慢, 因而乘客向前倾. 在这样的说明中没有明确声明所选用的参考系, 而事实上是选用了一定的参考系的. 很明显, 所谓 "乘客本来具有随汽车向前行进的速度" 或 "保持自己原来的运动", 所说到的速度或运动都是相对于地面而言的.

试取汽车为参考系来研究这同一个问题. 在汽车急剧刹车前, 相对于汽车而言, 乘客是静止的. 在汽车急剧刹车时, 乘客突然向前倾. 这就是说, 以汽车为参考系, 乘客由静止而突然向前倾, 并不保持其静止状态, 并不表现出惯性.

因此, 应当提出这样的问题: 惯性定律所说到的静止或匀速直线运动是相对于什么参考系而言的? 惯性定律相对于什么参考系成立?

既然运动只能相对于参考系来确定, 而同一物体相对于不同的参考系显示不同的运动, 那就不仅在说到惯性定律的时候, 而且一般地**在说到无论什么运动定律的时候, 都必须说清楚这是相对于什么参考系的定律**. 在上面的例中, 物体相对于地面的运动表现惯性, 惯性定律成立; 相对于急剧刹车的汽车, 物体的运动并不遵守惯性定律.

关于运动定律相对于什么参考系才成立的问题, 在牛顿看来, 是不成为问题的. 牛顿理解的空间是脱离物质客体的、始终不变的、"绝对" 静止的 "绝对" 空间, 而物体的运动就是它在 "绝对" 空间中的运动, 即 "绝对" 运动. 因而牛顿以为运动定律指的就是 "绝对" 运动的定律. 但是, 空间不能脱离物质客体, 宇宙间并不存在 "绝对" 静止的物体, 运动只能相对于参考系来确定, 因而必须提出运动定律是相对于什么参考系的问题.

日常的经验与工程技术的实践都证实, 地球上的物体相对于地球的运动颇为准确地遵守牛顿运动定律. (注意只是 "颇为" 准确而已! 精致地考察某些现象, 可以看出物体相对于地球的运动并不完全遵守牛顿运动定律, 其偏差虽然微小但还是可察觉的. 见 §24 例 1 与 §25 例 1, 2, 4) 关于行星运动的天文观测证实, 相对于太阳的运动则更为准确地遵守牛顿运动定律.

惯性定律是牛顿运动定律最基本的内容, 因此适用牛顿运动定律的参考系称为**惯性参考系**. 地球是颇为准确的惯性参考系. (在对某些现象的精致的考察中, 则必须考虑到地球与惯性参考系的偏离.) 太阳是更为准确的惯性参考系.

在运动学的研究中, 可以任选一物体为参考系并用以描述其他物体相对于它的运动. 但**在动力学的研究中, 为了应用牛顿运动定律, 只能选用惯性参考系**. 如果误取非惯性参考系而应用牛顿运动定律, 就会导致错误的结论.

关于非惯性参考系中的动力学研究, 我们留待第三章.

§16 力与加速度 惯性质量

(1) 力的概念

惯性定律指出, 一个物体, 如果没有受到其他物体的作用, 它就保持其相对于惯性参考系的速度不变. 这也就是说, 如果物体相对于惯性参考系的速度有所改变, 必是由于受到其他物体对它的作用. 在力学中将这种作用称为**力**, 更确切些说, 称为其他物体施于这一物体的力. 在具体的力学问题中, 为避免混乱与错误, **凡是讲到一个力的时候, 应当说清楚讲到的是哪一物体施于哪一物体的力**.

力的概念与惯性定律有不可分割的联系. 一个物体, 受到了另一物体施于它的力, 则它相对于惯性参考系的速度就要变化, 或者说, 它获得相对于惯性参考系的加速度.

(2) 力的量度

为了定量地研究任何一个有关力的问题, 需要先规定力的量度方法.

既然力的作用是使物体获得 (相对于惯性参考系的) 加速度, 就很自然**以它作用于一定物体所引起的加速度作为力的大小的量度**.

具体说来, 先取定某个物体作为标准物体, 以有待比较的两个力分别单独施于标准物体, 然后实地量度标准物体所获得的加速度 a_1 与 a_2. 这两个力的大小 F_1 与 F_2 之比就**定义**为 a_1 与 a_2 之比,

$$\frac{F_1}{F_2}=\frac{a_1}{a_2},\quad \text{或 } F\propto a. \tag{16.1}$$

但是在**实地进行力的量度**的时候, 完全不必每次都按 (16.1) 进行比较. 我们可以先取一个适当的弹簧. 将它拉长到一定程度, 并将弹簧在此时的长度用一刻度标明, 而力的大小就记在刻度旁边. 再将它拉长到另一长度, 也依前述规定量出力的大小, 同样用一刻度标明弹簧的长度并记上力的大小. 像这样进行下去, 就可以得到一系列刻度及相应的力的大小. 这样加工后的弹簧称为**弹簧秤**. 利用弹簧秤就能很方便地知道待测力的大小.

事实表明, 只要力的大小不超过一定的限度, 弹簧的伸长就与作用力成正比 (胡克定律). 所以在一定限度内, 弹簧秤上各个刻度与零点之间的距离正比于相应的力, 零点是表明弹簧既不伸长也不压缩的那一刻度, 即表明弹簧自然长度的刻度. 因而在实地标度弹簧秤的时候, 只要先将标准大小的力施于弹簧秤并作出刻度, 然后按比例作出一系列刻度就行了.

(3) 力与加速度的关系

"力的大小" 既已有了明确的含义, 就有可能进一步提出 "物体所获得的加速度" 与 "物体所受其他物体的作用力" 之间定量关系的问题.

实验表明, 在其他物体的力的作用下, 质点获得相对于惯性参考系的加速度, 此加速度的指向同于力的指向, 大小则正比于力的大小. 用式子表示, 即

$$\boldsymbol{a} \propto \boldsymbol{F}. \tag{16.2}$$

注意 (16.2) **有别于** (16.1). (16.1) 只涉及既定的某个标准物体; 借助于这个标准物体, 可以按 (16.1) 定义力的大小; (16.1) 仅仅是定义式, 谈不上用实验加以检验的问题. (16.2) 则对所有物体成立; 任取一个物体, 以各个已知大小的力分别施于该物体, 则该物体所获得的加速度遵守 (16.2); (16.2) 是通过了实际考验的自然定律.

应当强调指出: 力决定物体的加速度, 即速度的时间变化率; **力并不直接决定物体的速度, 速度的指向完全不必同于力的指向**. 例如物体所受重力总是竖直向下的, 但物体在重力作用下运动时, 其速度未必总是竖直向下的, 完全可能作竖直上升的运动. 当然, 其竖直上升的速度不断减小, 这意味着其加速度始终竖直向下. §19 例 6 将表明, 如物体竖直上升的初速度足够大, 尽管受着竖直向下的重力作用, 它永不下落.

(4) 惯性质量

另一方面, 实验还表明, 同样的力施于不同的物体, 所引起的加速度大小也不一样. 这就是说, 物体在力的作用下所获得的加速度不仅与所受的力有关, 而且还与物体本身的性质有关. 给定两个质点 A 与 B, 以同样的力分别施于质点 A 与 B, 实地量度它们各自所获得的加速度 $\boldsymbol{a}_A$ 与 $\boldsymbol{a}_B$. 不论所施的力是怎样的力, 只要施于 A 与施于 B 的力是同一个力, 加速度 $\boldsymbol{a}_A$ 与 $\boldsymbol{a}_B$ 的指向总是相同的 (并且都同于所施力的指向), 而其大小 a_A 与 a_B 的比值总是一样的. 比值 $a_A : a_B$ 既与所施的力无关, 自然是 A 与 B 的某种本性的反映, 质点的这种本性决定着该质点在一定大小的力的作用下所获得的加速度的大小. 我们将这种本性称为惯性, 惯性的量度则称为**惯性质量**. 惯性质量越大, 就标志着在一定大小的力的作用下所获得的加速度越小. 至于惯性质量的确切数值则是这样定义的: 质点 A 与 B 的惯性质量 m_A 与 m_B 之比, **定义**为同一力作用下它们所获得的加速度 a_A 与 a_B 的反比,

$$m_A : m_B = a_B : a_A \quad \text{或}\ m \propto \frac{1}{a}. \tag{16.3}$$

将巴黎计量局所保存的铂铱合金圆柱体 (所谓千克原器) 的惯性质量取为标准, 称为千克, 其他物体的惯性质量就可按 (16.3) 确定.

应当将 “定义” 与 “为实验所证实的论断” 两者区分清楚. 通过实验发现: 物体所获得的加速度与物体自身的某种本性有关, 这表现在两质点在同一力作用下所获得的加速度之比与所施的力无关. 这种本性就称为惯性. 至于加速度反比

于惯性质量, 即 (16.3), 不过是惯性质量的数值的定义, 谈不上用实验加以检验的问题. 当然, 定义也不是任意人为的; 实验上发现了惯性这一本性, 才有可能为惯性质量的数值作出 (16.3) 这样的定义.

在经典力学中所研究的物体运动速度远远低于光速, 在这种条件下, 惯性质量是不变的. 19 世纪初以来, 理论和实验都表明, 如物体的运动速度并不远远低于光速, 则物体的惯性质量显著地随着速度而变化. 既然惯性质量只是物体的性质之一 (惯性) 的量度, 那么惯性质量随速度而变化, 不过表明这一性质与物体运动状态有关, 这是一点也不奇怪的.

牛顿自己认为物体的质量是物体所含 “物质的量”, 因而 “加速度的大小反比于质量” 就不仅仅是定义的问题, 而是定律的一部分. 然而, 为检验这一论断, 首先应进行质量的量度; 而在质量的动力学量度中, 正是测量物体的加速度, 然后还是根据 (16.3) 推算惯性质量. 这种量度所给出的正是反映物体惯性的惯性质量, 并不是什么 “物质的量”. 事实上, 两个物体如果是由不同的物质构成, 怎么能说某一个比另一个含有较多或较少的物质呢? 设想在现今代替牛顿来回答这个问题, 最多只能将 “物质的量” 勉强解释为物体中所含电子、质子、中子等基本粒子的数目多少. 那么, 同是电子, 我们总不能说某个电子比另一个电子含有较多物质; 但运动快的电子的质量大于运动慢的电子的质量, 又怎么解释呢? 既然认为质量是 “物质的量”, 质量就应当是绝对不变的, 不应随速度而异. 在 SI 中, 质量与物质的量是两个独立的基本量, 很明白地否定了 “质量是物质的量” 的说法.

两个物体各具有惯性质量 m_1 与 m_2, 当它们合并为一个物体时, 其惯性质量就是 m_1+m_2. 简单地说, **惯性质量具有相加性**. 按照牛顿的观点, 质量是物体所含 “物质的量”, 那么两个物体合并为一个物体时, 其所含 “物质的量” 自然是两个物体各自所含 “物质的量” 的和; 质量具有相加性是自然而然的推论. 既然我们不同意牛顿的质量观念, 两个物体合并起来的惯性质量是否等于各自的惯性质量的和就不是那么明显了. 但是, 惯性质量的相加性还是可以论证的, 见 §19 例 5.

(5) 牛顿第二定律

合并 (16.2)、(16.3), 我们得知

$$\boldsymbol{a} \propto \frac{1}{m}\boldsymbol{F}. \tag{16.4}$$

将比例常量记作 $1/k$, 则 (16.4) 可以写成

$$\boldsymbol{a} = \frac{1}{k}\frac{1}{m}\boldsymbol{F}, \quad \text{即 } \boldsymbol{F} = km\boldsymbol{a}. \tag{16.5}$$

这就是**牛顿第二定律**. 质点运动的加速度的指向同于所受力的指向, 加速度的大小正比于所受力的大小, 反比于物体的惯性质量.

牛顿第二定律的表达式 (16.5) 中的常量 k 尚待确定, k 值的确定唯有求之于实验.

在 SI 中, 力的单位不是独立制定的, 而是从长度、质量、时间的单位导出. 具体地说, 力的单位**牛顿**是这样导出的, 即取它使质量为 1 kg 的物体获得 1 m/s^2 的加速度. 将以上数值代入 (16.5), 得 $1 = k \times 1 \times 1$, 所以 $k = 1$. 因而牛顿第二定律 (16.5) 成为

$$\boldsymbol{F} = m\boldsymbol{a}. \tag{16.6}$$

(6) 力是矢量

实验表明, 力按几何法则相加 (即按平行四边形法则或三角形法则相加). 这就是说, 一个物体如果同时受到几个力作用, 只要按几何法则将这些力合并为一个力 $\boldsymbol{F}$, 则物体所获得的加速度 $\boldsymbol{a}$ 与 $\boldsymbol{F}$ 的关系正与由牛顿第二定律 (16.5) 给出的相同. $\boldsymbol{F}$ 这单个力的力学效应完全与几个力的作用相同, 因此可以称为几个力的**合力**.

力既有大小, 又有方向, 并且按几何法则相加. 因此, **力是矢量**.

于是, **牛顿第二定律应当这样来理解**: 质点运动的加速度的指向同于所受各力的合力的指向, 加速度的大小正比于合力的大小, 反比于物体的惯性质量.

惯性定律所谈到的那种不受其他物体作用的物体, 认真说来, 几乎是没有的. 因此**惯性定律应当这样来理解**: 一个物体, 如果所受各力的合力为零, 它相对于惯性参考系保持静止或匀速直线运动的状态.

§17 力学中常遇到的力 作用力与反作用力

为了求得任一问题的正确解决, 仅仅知道一般原则是不够的. 除了一般原则之外, 还需要对问题作具体分析. 现在就来具体谈谈力学中常遇到的力.

力学中常遇到三种类型的力: 万有引力、弹性力、摩擦力.

(1) 万有引力

开普勒从大量观测资料中总结出行星运动定律: ① 行星沿椭圆轨道绕太阳运行, 太阳位于椭圆两焦点之一. ② 行星的径矢在相等的时间内扫过相等的面积. ③ 行星公转周期的平方正比于它们的轨道半长轴的立方. 开普勒并且已想到在太阳与行星之间存在着吸引力. 其后, 牛顿证明了开普勒定律可用平方反比吸引力加以说明. 牛顿并且证明了使月亮绕地球运行的力与地球上物体的重量正是同一种力 —— 平方反比吸引力. 因此牛顿提出: 任意两物体都互相吸引. 这

种力称为**万有引力**. 地球上物体的重量就是地球对物体的引力, 也是一种万有引力. (更精确些说, 物体的重量主要来自地球对它的引力, 却并不完全是地球对它的引力. 见 §24 例 1.)

两质点间万有引力沿着两质点连线的方向; 两质点间万有引力的大小反比于这两质点间距离的平方.

两质点间万有引力的大小还与这两质点的某种本性有关. 给定两个质点 A 与 B, 实地量度它们各自与同一个第三物体 C 之间的引力 F_{AC} 与 F_{BC}. 只要距离 AC 和距离 BC 相同, 则不论这个距离的大小, 也不论这 C 是什么物体, 力 F_{AC} 与 F_{BC} 的比值总是一样的. 这个比值既然与距离和 C 无关, 自然是质点 A, B 的某种本性的反映, 质点的这种本性决定着该质点与其他物体的引力大小. 我们将这种本性的量度称为**引力质量**, 质点的引力质量越大就标志着它与其他物体的引力越大. 至于引力质量的确切数值则是这样定义的: 质点 A 与 B 的引力质量 m_A 与 m_B 之比定义为 F_{AC} 与 F_{BC} 之比,

$$\frac{m_A}{m_B}=\frac{F_{AC}}{F_{BC}}. \tag{17.1}$$

将巴黎计量局所保存的铂铱合金圆柱体, 即所谓千克原器的引力质量取为标准, 称为千克, 其他物体的引力质量就可按 (17.1) 确定.

一个质点的引力质量越大, 它与其他物体的引力也越大, 并且是成比例的. 因此, 质点 1 与质点 2 之间的万有引力与它们的引力质量的乘积成正比, 与它们之间的距离平方成反比,

$$F\propto\frac{m_1m_2}{r^2}.$$

将比例常量记作 G, 并称之为万有引力常量, 则得**万有引力定律**

$$F=G\frac{m_1m_2}{r^2}. \tag{17.2}$$

万有引力常量应由实验测定. 在 SI 中, $G=6.674\ 28\times10^{-11}\ \mathrm{m^3\cdot kg^{-1}\cdot s^{-2}}$.

仔细分析起来, 万有引力定律的内容包括这样几点, 而这几点是由实验或观测所证实的: 两质点间的万有引力与距离平方成反比, 又与两质点的某种本性有关, 这表现在 A、B 两质点各与第三物体 C 之间的万有引力 F_{AC}、F_{BC} 之比与物体 C 无关, 只要距离 AC 和距离 BC 相同. 这种本性的量度称为引力质量. 至于万有引力与引力质量之间的数量关系 (即引力正比于引力质量的乘积), 则完全是由于定义 (17.1), 并非定律本身. 当然定义 (17.1) 不是任意地人为的, 而是反映了 $F_{AC}:F_{BC}$ 与 C 无关这一本性.

牛顿自己认为物体的质量是物体"所含物质的量", 因而"引力正比于引力质量乘积"这一断语就不仅仅是定义的问题, 而确实是定律的一部分. 但是, 为检验这一论断, 首先应进行质量的量度; 而质量的量度, 或者说质量的比较, 通常是用天平或中国式的杆秤来进行的, 这里直接比较的是地球与物体之间的引力, 然后根据定义 (17.1) 由引力的比较来推算引力质量. 这种量度所给出的正是反映物体引力性质的引力质量, 并不是什么"物质的量".

物体的引力质量与惯性质量是在完全不同的物理现象中分别独立定义出来的. 据传伽利略进行过斜塔实验, 从这实验就可看出两者实在是紧密联系而不可分割的. 证明如下: 将物体的引力质量与惯性质量分别记作 $m_{引}$ 与 $m_{惯}$. 物体所受地球引力 P 按万有引力定律正比于 $m_{引}$, 而物体的重力加速度 g 则按牛顿第二定律正比于 P, 反比于 $m_{惯}$. 所以

$$g \propto \frac{P}{m_{惯}} \propto \frac{m_{引}}{m_{惯}}. \tag{17.3}$$

斜塔实验表明, 所有物体以相同的重力加速度落下. 由此可见, $m_{引}/m_{惯}=$ 常量, 即引力质量与惯性质量成正比. 选取适当单位, 引力质量与惯性质量就完全相等. 近代高度精密的量度也充分证实这一点. 我们以后将**不再区别引力质量与惯性质量, 而统称之为质量**. 前面将引力质量与惯性质量的单位都称作千克而未加以区别, 也是出于这一考虑.

在经典力学看来, 引力质量与惯性质量的相合似乎是偶然巧合. 但两者相合这事实在广义相对论的发展中却起了很重要的作用. 而在广义相对论发展起来之后, 从广义相对论来看, 这种相合并非偶然, 而是反映了动力学定律与引力现象之间的深刻联系.

以上谈到的是质点之间的万有引力. 那么, 大小不能忽略的展延物体之间的万有引力又应如何计算呢?

在这种情况下, 我们显然应将物体划分为许多小部分, 把每个小部分看作质点计算其万有引力然后求和. 当然, 这种求和实际上是积分.

这里拿匀质细杆对质点的引力作例. 细杆质量为 M, 长为 l, 距细杆的一端 a 处有一质量为 m 的质点, 计算细杆对质点 m 的引力.

取 x 轴沿着细杆, 原点 O 在杆的另一端 (见图 2–1). 把细杆分成许多小段, 每一小段可看作质点. 例如细杆上 x 至 $x+\mathrm{d}x$ 的一小段可看作质量为 $M\mathrm{d}x/l$ 的质点, 它对质点 m 的引力为

$$\mathrm{d}F = -\frac{GMm\mathrm{d}x}{l(l-x+a)^2},$$

负号表示沿 x 轴负方向. 因为每小段对 m 的引力都是同方向, 所以求合力只需计算代

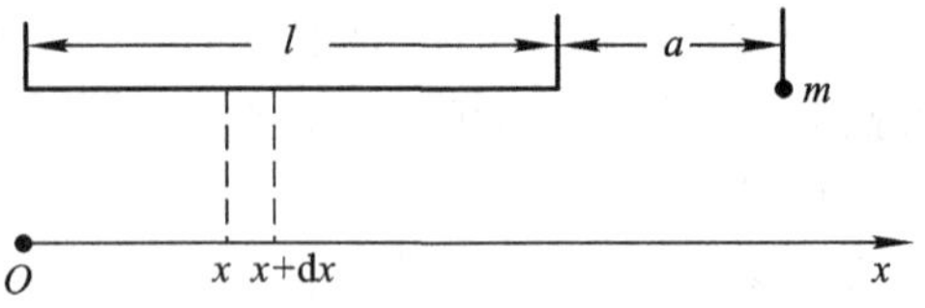

图 2–1

数和,

$$F = \int \mathrm{d}F = -\int_0^l \frac{GMm\mathrm{d}x}{l(l-x+a)^2} = -\frac{GMm}{l}\frac{1}{l-x+a}\bigg|_0^l$$
$$= -\frac{GMm}{l}\left(\frac{1}{a} - \frac{1}{l+a}\right).$$

结果是 $F = -GMm/a(l+a)$.

值得**注意**的是, 不能用细杆的中心代表细杆, 那会给出不正确的 $F = -GMm/(a+l/2)^2$.

均匀薄球壳与质点之间的引力, 也要用积分方法计算. 这个积分计算稍许麻烦一些, 我们只给出结果如下

$$\boldsymbol{F} = \begin{cases} -\dfrac{GMm}{r^2}\dfrac{\boldsymbol{r}}{r} & (r > R), \\ 0 & (r < R), \end{cases}$$

式中 M 与 m 分别是球壳与质点的质量, 而 r 是从球壳中心到质点的距离, R 则是球壳的半径. 如果质点在球壳外 $(r > R)$ 如图 2–2 所示, 这个力就如同球壳的质量全部集中于球壳中心上所贡献的力一样.

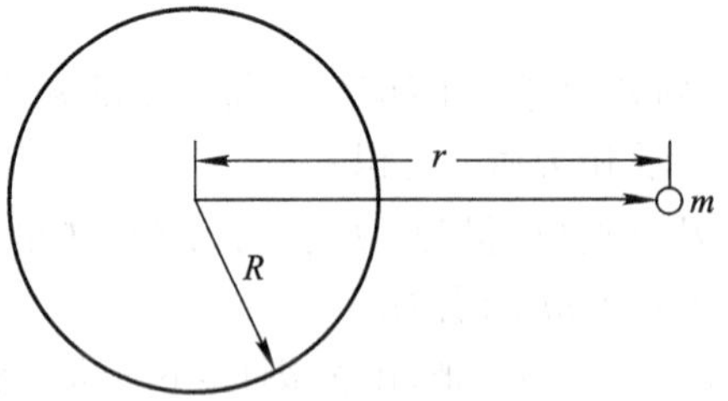

图 2–2

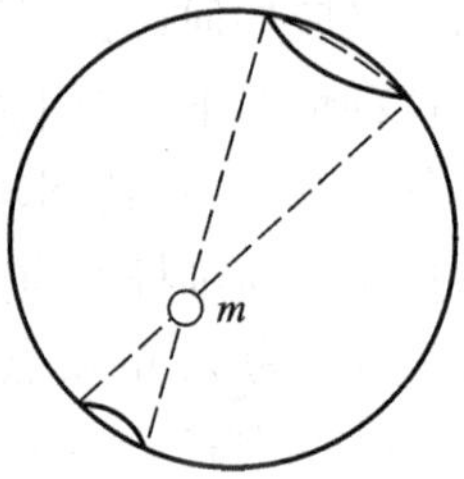

图 2–3

但如质点在球壳内 $(r < R)$ 如图 2–3 所示, 球壳对质点的引力为零. 这可以不用积分方法而用牛顿的简单论据来解释. 取一顶点在质点 m 的圆锥面, 考虑它在球壳上所截出的两个小质量元, 每个质量元的质量正比于它们的表面积, 而

表面积又正比于距离的二次方. 可是, 引力既与质量成正比又与距离的二次方成反比, 因此, 这一对质量元作用于 m 上的力, 大小相等而方向相反, 彼此抵消. 用这个方法可以把球壳划分成许多一对一对的面积元, 所以作用于质点 m 上的合力为零.

均匀的实心球可以看作一系列连续相套着的球壳. 由此可见, 对于球外的质点, 球的引力就如同球的质量集中于球心的作用一样. 如果球的质量分布并不均匀, 但只要是球形对称, 虽然球的密度沿半径变化, 这个结论仍然成立. 例如, 地球中心虽然有密度很大的地核, 但地球质量分布几乎球形对称, 所以地球对距地心 r 的质点 m 的引力有一很好的近似式

$$\boldsymbol{F} = -\frac{GMm}{r^2}\frac{\boldsymbol{r}}{r} \quad (r \geqslant R),$$

式中 M 是地球的质量, R 是它的半径.

(2) 弹性力

物体与物体相接触以致两者均变形, 变形的物体企图恢复原状, 因而彼此之间有作用力. 这种力称为**弹性力**. 人的体力就是肌肉紧张时的弹性力, 压缩或伸长的弹簧施于物体的力也是弹性力. 将绳系于物体上, 通过绳子去拉物体. 绳子必被拉伸长, 虽然这种伸长是很不显著的. 伸长了的绳企图恢复原状, 因此绳与物体之间的力是弹性力. 不仅如此, 取绳的任一截面考察, 截面两方的绳都被拉长, 它们各企图恢复原状, 因而绳的任一截面两方之间的力也是弹性力. 绳的截面两方之间的弹性力称为在这一截面处的**张力**. 轻绳的各个截面处的张力是一样的, 并且也就等于绳与物体之间的力. 物体置于桌面上, 就将桌面压凹, 物体本身也被压扁, 虽然这种压凹与压扁是很不显著的. 桌面与物体之间的力也是弹性力. 这种弹性力称为**压力**. 绝对不变形的物体是不存在的.

在不少情况下, 物体的变形极为轻微, 几乎等于不变形, 因此可以将这些物体的大小形状当作是不变的, 即认为物体是刚性的. 但是, 另一方面, 在研究它们相互作用的弹性力时, 又必须认识到这起源于变形, 即认为物体是弹性的. 这样, 在一定条件下对于同一个物体竟然可以应用刚性与弹性两个互相矛盾的概念.

弹性力的大小取决于变形的程度. 同一根绳系于同一物体, 由于运动情况的不同, 变形程度就不同, 绳中张力的大小也就不同. 同一物体置于同一桌面上, 由于运动情况的不同, 变形程度就不同, 其间弹性力的大小也就不同.

(3) 摩擦力

物体与物体相接触时, 在接触面上还有一种阻止它们相对滑动的作用力. 这种力称为**摩擦力**. 关于摩擦力的性质与摩擦力的规律见 §20.

(4) 力是一种接触作用

以上就是力学中常遇到的力. 两个质点, 即使不相接触而隔有距离, 其间也

有万有引力作用. 这种超越距离的作用称为超距作用. (近代物理学否认引力是超距作用, 认为物体是通过引力场而相互作用的.) 弹性力与摩擦力则只有在物体相互接触时才能有. 这一事实对于具体力学问题的分析有很重大的意义. **在考虑某个物体受到哪些力作用这种问题的时候, 除了重力之类的万有引力之外, 只要考察这物体与哪些物体接触就可以了**, 因为物体只有在相互接触处才有作用.

以上三种类型的力, 并没有包括了所有各种可能的力. 例如在电磁现象中还有**静电引力、静电斥力、“静磁” 引力、“静磁” 斥力、安培力** (磁场对载流导线的作用力)、**洛伦兹力** (磁场对运动电荷的作用力) 等等.

(5) 作用力与反作用力

实验指出, 不论是万有引力、弹性力、摩擦力, 或者一般地说, 物体之间的作用, 总是相互的. 当物体 A 以力 $\boldsymbol{F}_2$ 施于物体 B 的时候, 物体 B 必同时也以力 $\boldsymbol{F}_1$ 施于 A, 并且 $\boldsymbol{F}_1$ 与 $\boldsymbol{F}_2$ 大小相等, 沿着同一条直线而指向相反, 即

$$\boldsymbol{F}_1 = -\boldsymbol{F}_2. \tag{17.4}$$

这就是**牛顿第三定律**. 牛顿将两物体相互作用力之一称为作用力, 另一力则称为反作用力. 于是牛顿第三定律又称为**作用与反作用定律**: 两个物体间的作用力与反作用力总是大小相等, 沿着同一条直线而指向相反的. 事实上, 作用与反作用在实质上是毫无区别的. 如果作用力是万有引力, 反作用力一定也是万有引力; 如果作用力是弹性力, 反作用力一定也是弹性力; 如果作用力是摩擦力, 反作用力一定也是摩擦力. 实在没有特殊的理由将某一力称为作用力, 将另一力称为反作用力; 只能说它们彼此互为反作用力.

在作用力与反作用力的问题上, 初学者往往容易犯错误. **只要在讲到一个力的时候, 总是清楚地讲明这是哪一物体施于哪一物体的力**, 就能有效地防止或克服这方面的错误.

例如可能误认为作用力与反作用力互相平衡或互相抵消. 事实上, 如果说作用力是物体 A 施于物体 B 的力 (例如说, 图 2–4 中的马向前拉马车的力), 则反作用力是物体 B 施于物体 A 的力 (马车向后拖住马的力). 既然它们分别施于物体 B 与物体 A, 既然它们施于不同的物体, 当然就不会互相平衡或互相抵消.

又例如用绳索悬吊物体 (图 2–5), 初学者往往以为绳索悬吊物体的力 (或绳中张力) T 一定就等于所吊物体的重量 P, 其实 T 与 P 都是施于同一物体的, 决不会是作用力与反作用力. 另外, T 是弹性力, P 是万有引力, 显然不可能是作用力与反作用力. 既然它们并非作用力与反作用力, 也就没有理由一定相等. 细细分析起来, T 是绳索施于物体的力, 其反作用力应当是物体拉伸绳索的力 T', 它与 T 大小相等而指向相反. P 是地球吸引物体的力, 其反作用力应当是物体吸引地球的力 P', 它与 P 大小相等而指向相反. 至于说到 T 与 P, 它们并非作用

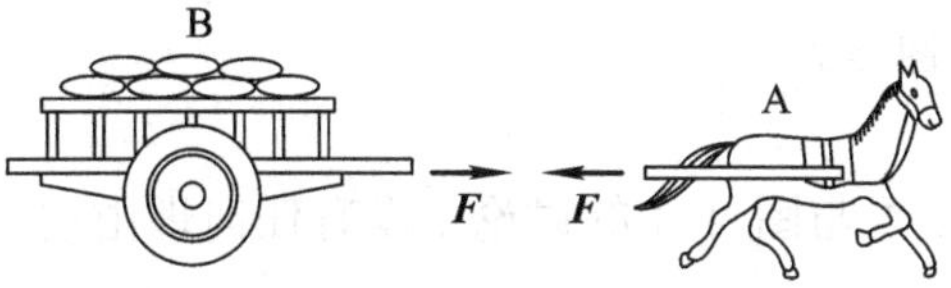

图 2–4

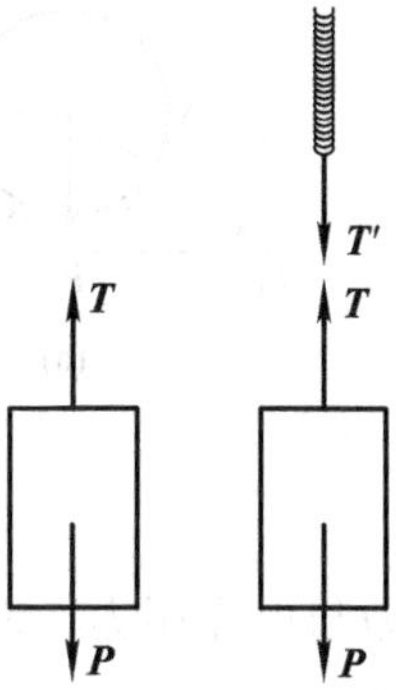

图 2–5

力与反作用力, 在一定条件下可以相等, 在另外的条件下可以不相等. 事实上, 如果物体保持静止或匀速直线运动, 依照惯性定律, 这两力大小相等. 如果物体是悬吊在起重机上而起重机使物体加速上升或下降, 则起重机吊索中的力 T 就不等于物体的重量 P. 其实不用起重机, 用手提一物体加速上升或下降就可以亲身体验到 T 与 P 的差别. P 是地球对物体的引力, 几乎是不变的. T 则是弹性力, 由于物体运动情况不同, 绳的变形程度随之而不同, 因而弹性力 (其大小取决于变形程度) 也就不同.

同理, 物体放在底座上 (图 2–6), 底座支持物体的弹性力 N 与物体的重量 P 并非作用力与反作用力, 所以不一定相等. P 是地球对物体的引力, 几乎是不变的. N 则是弹性力, 它取决于物体与底座变形程度, 而变形程度又取决于物体与底座的运动情况, 因而 N 的大小随之而变. 例如物体与底座放在自由运行的人造地球卫星或宇宙火箭中, 则由于失重效应 (见 §23 例 2), N 竟等于零.

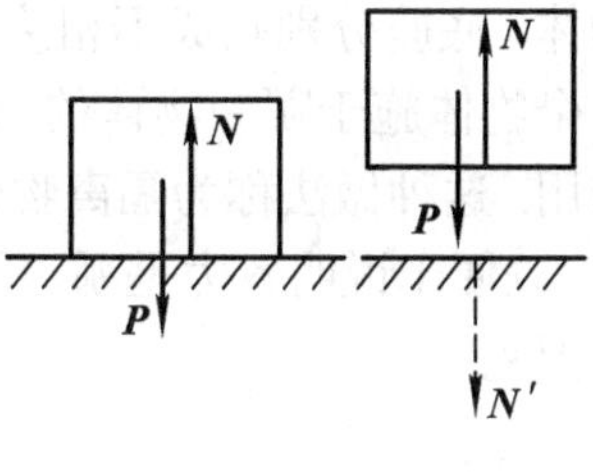

图 2–6

再来研究一个有趣的例子. 在水平面与斜面之间有一静止着的球 (图 2–7).

将球的重量 $\boldsymbol{P}$ 分解为垂直于斜面的分力 $\boldsymbol{F}_1$ 与平行于水平面的分力 $\boldsymbol{F}_2$ [图 2–7(a)、(b)].

分力 $\boldsymbol{F}_1$ 与斜面支持球的弹性力看来可以相消, 因而只剩下分力 $\boldsymbol{F}_2$ [图 2–7(c)]. 这个分力使球获得加速度, 其值 $a = F_2/m$.

结果, 静置于水平面与斜面之间的球将自动沿水平面加速运动. 这显然是荒谬的. 球应当保持静止于原处.

请想一想, 为什么会得出这种错误的结论?

原来问题在于这里: 斜面支持球的弹性力并不能与 $\boldsymbol{F}_1$ 相消. 这两个力并不

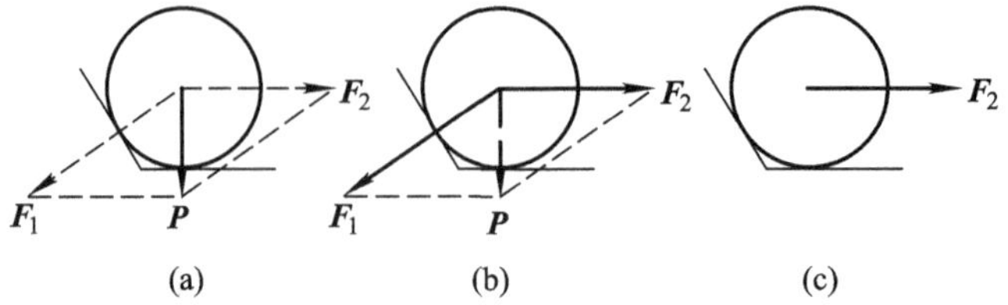

图 2-7

是作用力与反作用力 (参阅关于图 2-5 与图 2-6 的讨论). 没有任何理由说它们大小相等.

事实上, 本例斜面支持球的弹性力为零, 斜面对球毫无作用. 这是不难利用下面的办法看出来的. **为研究某一事物的力学作用, 常常不妨先设想它不存在, 考察一下情况因此有些什么不同**. 今设想没有斜面, 球显然也能保持静止于水平面上, 情况没有什么不同; 因此即使有斜面, 球与斜面并无相互抵紧的趋势, 两者都不因此变形, 也就无从出现弹性力. 球既不施压力于斜面, 斜面也不支持球.

作用于球的力是球的重量 $\boldsymbol{P}$, 以及水平面支持球的弹性力 $\boldsymbol{N}$. 既然球保持静止, 可见 $\boldsymbol{P}$ 与 $\boldsymbol{N}$ 大小相等、指向相反 (尽管这样, 它们并不是作用力与反作用力), 并因而相消. 如要将 $\boldsymbol{P}$ 分解为 $\boldsymbol{F}_1$ 与 $\boldsymbol{F}_2$, 也没有什么不可以, 但这也不过是 $\boldsymbol{F}_1, \boldsymbol{F}_2, \boldsymbol{N}$ 三力相平衡罢了.

在图 2-4、图 2-5、图 2-6 中, 为了分析清楚有关的各力, 将马、马车、绳索、物体、底座分别画成不相接触的, 以便于分析. 这就便于标明每一个力究竟是哪一个物体施于哪一物体的; 也便于标明, 就各个物体而言, 它们分别受到哪些力作用. 这种做法称为**隔离物体法**. 在涉及几个物体的问题中, 必须运用隔离物体法, 以便于说明各力是哪一物体施于哪一物体的, 从而可以防止或克服某些错误与混乱.

§18 力的合成与分解算法举例

力是矢量, 其合成与分解按几何法则进行.

例 1 风向与帆船的航向成 θ 角. 试研究驱使帆船向前行驶的风力如何取决于帆面的方向.

解 驱使帆船向前行驶的风力, 即风力沿航向的分力. 因此需要研究风力的分解问题 (图 2-8).

我们应当着重研究风力 $\boldsymbol{F}$ 沿航向的分力 $F_{\uparrow}$. 以 φ 表示帆面的法向与航向所成角度, 我们应当寻求风力沿航向的分力 $F_{\uparrow}$ 与 φ 的关系.

以 I 表示风强, 即每单位横截面积的 "风束" 吹在垂直于风向的平面上的力. 今帆面并

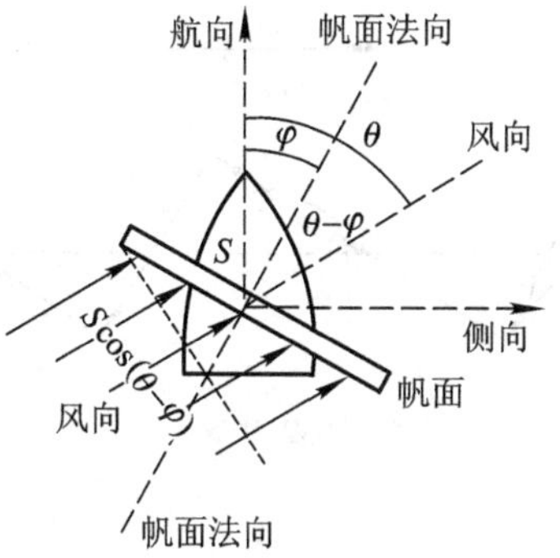

图 2–8

不与风向垂直, 帆面的法向与风向夹角为 $\theta-\varphi$, 因此, 吹打在面积为 S 的帆上的 "风束" 的横截面积并非 S 而是 S', 亦即帆面在垂直于风向的平面上的投影面积 $S\cos(\theta-\varphi)$, 而作用于帆上的风力大小为 IS' 即 $IS\cos(\theta-\varphi)$, 其指向当然即沿风向. 应该将此风力分解为平行于帆面与垂直于帆面的部分. 前者对帆面没有什么作用, 后者垂直于帆面即沿着帆面的法向, 其大小

$$F=IS\cos^2(\theta-\varphi). \tag{1}$$

风力 F 的侧向分力并不能驱使帆船向侧方移动, 这是因为水对船的侧面的阻力比较大. 这个分力最多使船稍有倾斜.

驱使帆船行驶的有效分力是风力 F 沿航向的分力 $F_\uparrow$,

$$F_\uparrow=IS\cos^2(\theta-\varphi)\cos\varphi. \tag{2}$$

应当声明, 严格说来, 不应该就用题给的 "绝对" 风向, 应当用相对于帆的风向. 说到相对于帆的风向, 这又与船的速度有关, 因而问题比较复杂. 但如果船的速度远远小于风速, 相比可以忽略, 则相对于帆的风向差不多也就是 "绝对" 风向.

即使在航行中遭遇到 "顶头风", 风向恰恰正与航向相反, 也可能利用风力航行. 自然, 硬要逆着风向行驶是不行的; 这时风不仅不给船以推动力, 反而给船以阻力. 为利用 "顶头风" 航行, 应将航路改为曲曲折折的形状, 如图 2–9 所示. 在每一段上都可以调整帆面的方向使 $F_\uparrow$ 取正值. 这样, 逆着 "顶头风" 航行就是可能的了.

*现在来研究帆面应取何种方向才能最有效地利用风力, 这就是说, 选取 φ 使 $F_\uparrow$ 最大. 依照微分学, 选取 φ 的条件是 $\mathrm{d}F_\uparrow/\mathrm{d}\varphi=0$, 即

$$2IS\cos(\theta-\varphi)\sin(\theta-\varphi)\cos\varphi-IS\cos^2(\theta-\varphi)\sin\varphi=0,$$

即

$$2\tan(\theta-\varphi)=\tan\varphi,$$

亦即

$$2\frac{\tan\theta-\tan\varphi}{1+\tan\theta\tan\varphi}=\tan\varphi.$$

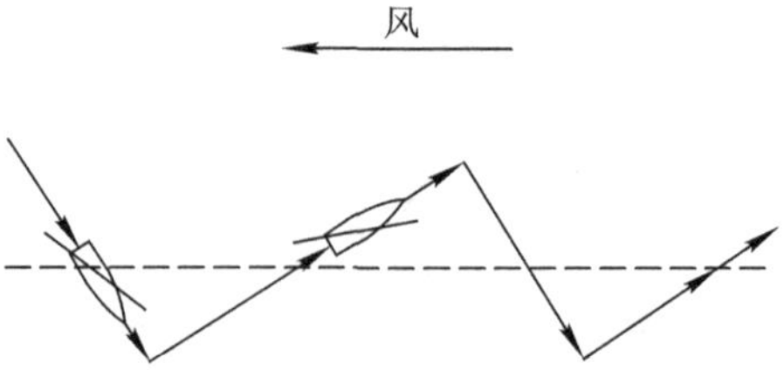

图 2–9

将上式稍加整理即得

$$\tan\theta\tan^2\varphi+3\tan\varphi-2\tan\theta=0.$$

由此解出

$$\varphi=\arctan\frac{-3\pm\sqrt{9+8\tan^2\theta}}{2\tan\theta}. \tag{3}$$

我们不妨约定, θ 限于 $0\sim+\pi$, 则 φ 显然应限于 $0\sim+\frac{1}{2}\pi$. 这样, $\tan\varphi$ 应当是正的, 我们可以根据这一原则来选择解答 (3) 中根号前的符号.

如 §11 所指出, 在具体问题中, 为了算得具体结果, 应当利用坐标系, 用分量表示矢量. 建立坐标系之后, 代替矢量的运算, 可以对分量进行运算, 这要简易得多.

例 2　绳的两端固定于同样高度的 A, B 两点. 绳的中点悬挂一灯 (图 2–10). 灯的重量为 4.0 N. 绳的两段与水平线成 30° 角. 求绳中张力.

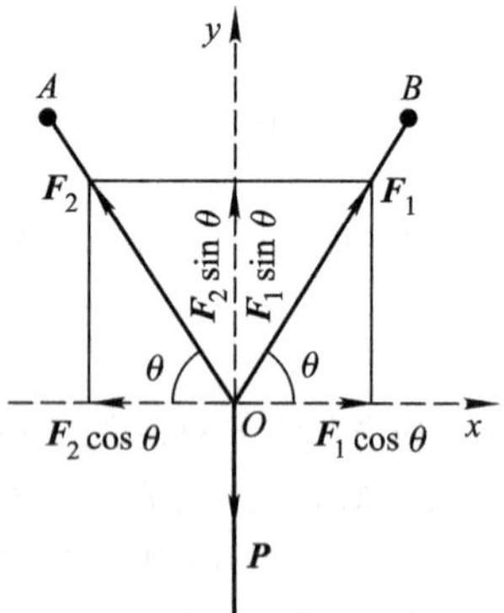

图 2–10

解　前面我们曾经指出, 悬灯的绳中张力并不一定就等于灯的重量. 试考察灯的平衡问题. 灯受到向下的重力 $P=4.0$ N, 又受到悬绳向上的力. 在这两力作用下灯保持平衡, 因而悬灯的绳中张力就等于灯重 P. 这个结论是根据灯的平衡而做出的.

这还没有解决所提出的问题, 即 AO 段与 BO 段的绳中张力. 为此应考察结点 O 的平衡.

在结点 O, 悬灯的绳以向下的力施于结点, 其大小等于灯重 P. 两段绳各以力 F_1、F_2 施于结点, 此两力的指向平行于各该段绳. 三力的矢量和为零. 力 F_1、F_2 的大小亦即绳中张力.

取二维直角坐标系. 原点在绳的结点, x 轴水平向右, y 轴竖直向上.

三力的 x 分量各为 $0, F_1\cos\theta, -F_2\cos\theta$. 这里负号表明该分力与 x 轴的正指向相反.

三力的 y 分量各为 $-P, F_1\sin\theta, F_2\sin\theta$.

将矢量关系 "三力矢量和为零" 用分量表出, 亦即灯的平衡方程式

$$\begin{cases}0+F_1\cos\theta-F_2\cos\theta=0, & (1)\\ -P+F_1\sin\theta+F_2\sin\theta=0. & (2)\end{cases}$$

解方程组 (1) — (2), 得

$$F_1 = F_2 = \frac{1}{2\sin\theta}P. \tag{3}$$

以具体数值 $P = 4.0$ N, $\theta = 30°$ 代入 (3), 得出 F_1 与 F_2 的大小:

$$F_1 = F_2 = 4.0 \text{ N}. \tag{4}$$

应当养成先用代数符号进行演算的习惯. 先用代数符号进行演算, 得出最后结果之后再以具体数值代入. 这样做便于核对、检查演算过程中有否错误以及错误何在. 如果某些量在演算过程中消去了, 这样做还可以减轻数字计算的工作量.

从 (3) 式可以看出, 当所悬重量一定的时候, θ 越小则绳中张力越大, θ 越大则绳中张力越小. 当 $\theta = 90°$ 时, 即两段绳相重叠时, 绳中张力最小, $F_1 = F_2 = \frac{1}{2}P$, 两段绳各承担灯重的一半. 如 θ 从 90° 开始不断减小, 则绳中张力不断增大. 如 θ 过小, 以致绳中张力超过绳所能承受的拉力, 绳将断裂, 所悬物体坠下. 因此, 在悬挂的物体比较重的时候, 应当注意不要使 θ 过小, 以免将绳拉断.

特别奇怪的是, 如将绳拉紧使 $\theta = 0°$, 则不论所悬挂的重量怎样轻, 即使轻如灰尘, 总是有 $F_1 = F_2 = \infty$, 不论是多么结实的绳索也要被拉断. 这个论断显然是荒唐的. 请想一想, 为什么会得出这种错误的结论?

相反地, 在有些情况下正要利用小角度 θ 以引起大的张力. 有经验的长途汽车驾驶员常常带着一根长而结实的绳索. 万一汽车陷入某种凹陷而开不出来, 人的力量也不够将汽车推出来的时候, 驾驶员可以将绳索拉紧, 一端系牢在汽车上, 另一端系牢在例如大树的树干上 (图 2–11). 这时他只要向侧方用力拉绳, 绳中就会出现远远超过驾驶员力量的张力, 这个巨大的张力就将汽车拉出陷坑.

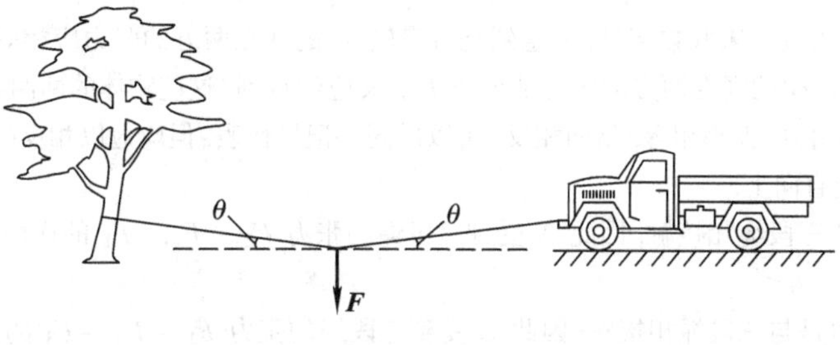

图 2–11

在很多平衡问题中, 所涉及的物体不止一个. 如果笼统地加以考察, 由于各物体交互作用, 就会感到问题纠缠不清. 这时应当将各个物体的受力情况、平衡条件分别加以考察. 这就是说, 运用**隔离物体法**. 不用隔离物体法, 常会感到问题错综复杂, 茫无头绪, 无从下手. 运用了隔离物体法, 问题就显得比较清晰, 较易理出头绪. 运用隔离物体法还有一个好处, 就是能够防止或克服力的分析上的混淆和混乱. 为更好运用隔离物体法, 在作出总体的草图之后, 应当再就每一物体作出单独的草图, 以便分别对各个物体清晰地进行受力情况的分析并考察其平衡条件. 应当认真学会隔离物体法.

例 3 有图 2–12 所示的升降机一架. 体重为 $P_1 = 600$ N 的人在升降机中, 手执一绳使自己平衡于空中. 升降机底座重 $P_2 = 300$ N. 求这人手中应使多大的力.

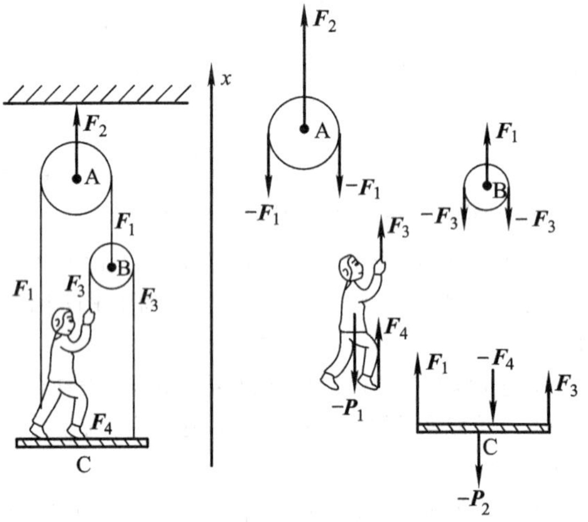

图 2–12

解 问题涉及滑轮 A、B, 人与底座等四个物体, 必须运用隔离物体法. 为此, 分别作出滑轮 A、B, 人与底座四物体各自受力情况的草图.

为避免引入过多未知数起见, 注意到绕过滑轮 A 的绳在两方的张力应相等, 都记作 F_1. 同理, 绕过滑轮 B 的绳在两方的张力都记作 F_3. 又应注意到, 这些物体的两两相互作用正是作用力与反作用力, 大小相等, 指向相反, 可以用同一记号代表, 但应冠以相反的符号.

取 x 轴竖直向上.

滑轮 A 与三段绳相接触; 因此 A 受到三段绳的张力 $F_2, -F_1, -F_1$ 的作用 (参阅本章复习问题 9).

滑轮 B 也是与三段绳相接触; 因此 B 受到三段绳的张力 $F_1, -F_3, -F_3$ 的作用.

人与底座 C 接触, 又与绕过滑轮 B 的绳相接触; 因此, 人除了受重力 $-P_1$ 作用之外, 受到底座支持它的弹性力 F_4, 绳中张力 F_3 的作用.

底座与人接触, 又与两段绳相接触; 因此, 底座除了受重力 $-P_2$ 作用之外, 受到人的压力 $-F_4$、绳中张力 F_1, F_3 的作用.

各个物体所受力的矢量和分别为零:

$$\begin{cases} F_2 - F_1 - F_1 = 0, & (1) \\ F_1 - F_3 - F_3 = 0, & (2) \\ F_3 + F_4 - P_1 = 0, & (3) \\ F_1 + F_3 - F_4 - P_2 = 0. & (4) \end{cases}$$

解方程组 (1) — (4).

既然在 (2) — (4) 之中都不出现 F_2, 而且我们也并不要求出 F_2, 因此, 可以只考虑方程 (2) — (4). 也可以说, 这样就消去了未知数 F_2.

从 (2) 知 $F_1 = 2F_3$, 代入 (3) — (4) 消去 F_1 而得

$$\begin{cases} F_3 + F_4 - P_1 = 0, & (5) \\ 3F_3 - F_4 - P_2 = 0. & (6) \end{cases}$$

将 (5)、(6) 相加, 消去 F_4 而得

$$4F_3 - P_1 - P_2 = 0,$$

即

$$F_3 = \frac{1}{4}(P_1 + P_2).$$

以具体数值 $P_1 = 600\ \mathrm{N}, P_2 = 300\ \mathrm{N}$ 代入, 算出人手所使的力的大小为

$$F_3 = 225\ \mathrm{N}.$$

§19 质点动力学问题

具体的力学问题是多种多样的.

第一章所研究的纯粹运动学问题只研究质点运动情况, 完全不追究质点的受力情况.

另外的很多问题则不只限于研究运动情况. 大致说来, 有这样三种: ① 已知质点的运动情况, 求其他物体施于该质点的作用力, 即研究质点何以作这种运动. ② 已知其他物体施于这质点的作用力, 求质点运动情况. ③ 已知质点运动情况与所受力的某些方面, 求质点运动情况与所受力的未知方面.

这些问题不仅涉及质点运动情况的表面现象, 而且涉及其他物体施于质点的作用力, 涉及质点运动的内在规律. 我们将这些问题称为**质点动力学问题**.

质点的运动受着其他物体的制约, 这些物体以力作用于该质点. 但是, 力又怎样影响着质点的运动情况呢? 力并不直接规定质点运动情况; 牛顿运动定律指出, 力使质点获得加速度. 而质点在各个瞬时的加速度 (附以适当的初始条件), 完全确定了质点的运动情况, 这是我们在质点运动学中已研究过的问题. 这样,

力对质点运动情况的影响是通过加速度表现出来的. 因此, 为解决质点动力学问题, 需要掌握牛顿运动定律以及质点运动学的知识. 这里**加速度这个物理量起着很重要的 "桥梁" 作用**, 它将牛顿运动定律与质点运动学结合起来. 而**牛顿运动定律与质点运动学知识相结合, 就提供了解决各种各样质点动力学问题的原则依据**.

有了解决问题的原则依据, 还不等于说一切问题都可以很轻松地解决.

问题在于初学者往往习惯于直线式的思想方法. 他们总是企图从已知数据推论出一些新的数据, 再从这些新的数据又推论出另一些数据, 如此推论又推论, 一直推论出所求数值. 某些较简单的问题的确可以如此解决; 而在更多的问题中, 关系总是比较错综复杂的, 习惯于直线式思想方法的初学者就会感到茫无头绪, 无从着手. 大家都有学习算术四则应用题与学习代数的经验. 在算术中解决四则应用题就是采取直线式的推理方法, 从已知数据推论又推论一直推论出解答. 但每一种四则应用题有一特殊的推理途径, 只有找到了这把特殊的钥匙, 才可能将错综复杂的关系归结为直线式的关系, 才可能按直线式的推理解决问题. 而要凭空想出这条特殊的推理途径常常是颇费思索的. 这样, 每要解决一个问题, 首先就遇到 "从何处着手" 的困难. 学习了代数学之后, "从何处着手" 的困难就完全不存在了. 按代数学的方法, 并不企图将错综复杂的关系立即归结为直线式的关系 (这种归结是比较困难的), 只是将问题中各种错综复杂的关系如实地表为代数方程式, 问题就转变为代数方程式的解算. 在代数学方法中, 无需为每一问题寻求一条特殊的推理途径, 因而根本不发生 "从何处着手" 的问题. 在解决力学问题时, 应当打破 "算术式" 直线推理的思想方法对我们的束缚, 应当发扬 "代数式" 的思想方法. 其实不仅在力学中是这样, 发扬 "代数式" 思想方法对今后各课程的学习都是有帮助的. **发扬 "代数式" 思想方法是本课程现阶段学习中所要解决的首要任务**.

即使是较简单的问题, 用 "算术式" 思想方法来解, 也容易由于思想上的某些模糊而构成错误. (例如图 2–7 中的球自行加速的荒谬结论.)

根据 "代数式" 思想方法解决质点动力学问题, 具体说来, 就是按照问题中的具体条件将牛顿第二定律表为 "代数" 方程式. 其实, 这常常是微分方程式. 具体问题中的牛顿第二定律表达式称为该问题的**运动 (微分) 方程式**. 运动方程式的解算则是数学问题. 因此, 从问题的物理方面来说, 中心问题在于正确地列出运动方程式.

从作为一般原则的运动定律到具体问题中的运动方程式有一个过程, 这在具体问题的求解中是一个关键性的过程 —— 具体分析. 而正确地对力学问题进行具体分析又有赖于**基本概念的掌握**, 有赖于**对各种具体现象的了解**.

"具体分析" 包括两个方面. 一方面是分析物体受力情况, 另一方面是分析物体运动情况. 将这两方面的具体情况弄清楚之后, 才可能将运动定律这个一般原则应用到所说的具体问题中. 分析运动情况时特别要着重加速度, 因为加速度起着桥梁作用, 起着将牛顿运动定律与质点运动学结合起来的作用.

如问题所涉及的物体不止一个, 还要运用 §18 讲到的**隔离物体法**, 在作出总的草图之后, 应当再就每一物体作出单独的草图, 以便分别对各个物体清晰地进行受力情况与运动情况的分析.

对问题进行了具体分析, 就可以列出运动方程式. 运动方程式是力矢量与加速度矢量之间的关系, 因而是矢量式. 在 §11 已指出: 在具体问题中, 矢量式不便于给出具体结果; 要解决具体问题必须建立坐标系. 在质点动力学问题中也是这样. 应当**选定适当的坐标系**, 用分量来表达力矢量与加速度矢量, 这样, 运动方程式就用分量形式表示出来了.

总结以上的讨论, 我们**规定求解质点动力学问题的步骤如下, 并且严格要求按照这样的步骤解决每一问题**. 这种形式上的 "刻板" 要求并非形式主义, 因为这种严格的要求事实上就是为了训练正确的思想方法, 提高对具体问题进行具体分析的能力. 切实按照规定的步骤进行, 就不会有某些问题无从着手的困难. 这些步骤也有助于克服某些思想混乱与模糊. 灵活运用, 得心应手正是严格锻炼的结果.

① 充分体会题意. 弄清楚物体运动情况的哪些方面是已知的, 物体所受的力哪些部分是已知的. 弄清楚问题所求解的是物体运动情况的哪些方面, 或是物体所受力的哪些部分. 作出草图.

特别注意运用隔离物体法. 将所研究的一个物体或几个物体分别隔离出来.

对各个物体分别进行具体分析. 具体分析指两个方面的分析. 一方面对物体受力情况进行分析, 另一方面对物体运动情况进行分析. 在运动情况的分析中应当特别注意加速度.

分析运动情况时, 要明确是对什么参考系而言的. 特别要注意, 相对于这个参考系, 牛顿运动定律是否成立.

通过具体分析进一步明确哪些量是已知的, 哪些量是未知的, 在未知各量之中哪些是需要求出来的.

如问题涉及初始条件, 还应明确问题中的初始条件.

② 适当选定坐标系, 这个坐标系应固定于所选取的参考系.

将已知、未知、待求的各个标量或各个矢量的分量用代数符号代表, 分别注明在图上. 各个矢量的已知分量, 按其指向与坐标轴指向相同或相反分别取正值或负值. 至于未知的各分量暂不必考虑正负号, 就以代数符号代表它, 解算时不仅求出了它的数值, 连它的符号也可以一并求出. (有时用一个未知量表出另一个未知量, 那就仍然需要考虑正负号. 这时的正负号常取决于它们的指向相同或相反.)

③ 就各个物体分别列出其运动方程式.

这些运动方程式应当是用分量形式表出的.

④ 解运动方程式. 通常是在给定的初始条件下解运动方程式.

求得以代数符号表达的最后结果之后, 再以具体数值代入以算出所求数值. 这样便于核对、检查演算错误或减轻某些数字计算的工作量.

⑤ 对所得结果进行阐释讨论.

以上步骤不妨归纳为十六字诀:

隔离物体, 具体分析, 选定坐标, 运动方程.

中心问题在于正确地列出运动方程式. 为着得出运动方程式, 即牛顿运动定律在具体问题中的表达式, 需要对具体问题进行具体分析. 为便于对各个物体分别进行分析, 又需要隔离物体. 而选取坐标则是为了用分量形式表出运动方程式. 一旦得出运动方程式, 可以认为问题基本上已经解决. 当然, 得出运动方程也还没有完全解决问题, 运动方程还有待于解算. 这虽然是数学问题, 也不容忽视, 否则 "为山九仞, 功亏一篑", 问题终究不能彻底解决. 最后, 运动方程在数学上解出了, 其结果的物理含义还应当加以充分阐释讨论.

中心问题虽在于正确地列出运动方程式, 但是否能正确列出运动方程式, **关键问题又在于正确地进行具体分析**. 正确进行具体分析则有赖于基本概念的掌握与对具体现象的了解. **进行具体分析时应当注意的某些点**现在提出来谈一谈:

(Ⅰ) 进行具体分析的时候, 绝对不应该只取某个特定时刻或将物体取在某个特定位置来进行分析. 解决质点动力学问题的原则依据正在于: 质点在其他物体作用下获得加速度; 而质点在各个瞬时的加速度, 附以适当条件就完全确定了质点运动情况. 如只取特定时刻或对物体只取特定位置, 我们就只能掌握质点在特定时刻或在特定位置的加速度; 而这完全不足以确定质点的运动情况 (参阅例 7).

(Ⅱ) 在分析受力情况时初学者可能遗漏某些作用力. 为防止这种错误, 应当注意掌握力的特性, 即除了万有引力之外, 所有的力都是接触力, 只有相互接触的物体才相互作用 (近代物理认为就连万有引力也不过是物体通过引力场而相互作用). 因此, 为考察某一物体受到哪些力作用, 除了重力之类的万有引力 (这通常是不致遗漏的) 以外, 只需注意这一物体与哪些物体相接触, 只有在与其他物体相接触处才受到其他物体的作用力. 这样做就能有效地防止遗漏某些作用力.

(Ⅲ) 初学者还可能误列入一些并不存在的力.

例如, $\boldsymbol{F}=m\boldsymbol{a}$ 完全不是说有 $m\boldsymbol{a}$ 这么一个力, 它只是说作用于该质点的所有各力的合力 $\boldsymbol{F}$ 与该质点所获得的加速度 $\boldsymbol{a}$ 之间有这样一个关系, 即 $\boldsymbol{F}$ 应当

等于 ma, 这些力究竟是些什么力需要具体分析. 决不能凭空引入 ma 这么一个力. 如果凭空引入 ma 这么一个力, 并与其他的力放在一起同等看待, 就引起混乱并导致错误. (参阅例 4.)

又例如, 在有些问题中, 质点具有初速度, 某些初学者往往就说起什么 "质点向前冲击力." 其实这仅仅是质点本身的惯性问题. 由于惯性, 质点具有按初速度作匀速直线运动的趋势 (由于其他物体对这质点的作用, 这一匀速直线运动未必真正实现). 至于说到 "力", 那是其他物体对这质点的作用, 这种作用将改变质点的匀速直线运动的状态. 决不应将质点保持其初速度的这个趋势与力混淆起来.

只要认真考虑一下力的概念, 就不致犯这一类错误. 力既然是物体之间的相互作用, 凡是讲到一个力的时候, 就应当追问一下它是哪一物体施于这质点的. 这样一追问, 凭空引入的力就暴露出来了.

(Ⅳ) 物体 A 承托着物体 B (图 2–13), 有些初学者常误认为 A、B 的重量 P_A、P_B 全都作用于物体 A. 其实, 物体 B 的重量 P_B 还是施于 B 的, 问题在于 A、B 相互施以压力 N、N'. B 施于 A 的压力 N 可能就等于 B 的重量 P_B, 也可能并不等于 B 的重量 P_B.

只要在讲到一个力的时候, 追问一下它是哪一物体施于哪一物体的, 这类错误就暴露出来了. 隔离物体方法也有助于弄清这一类问题.

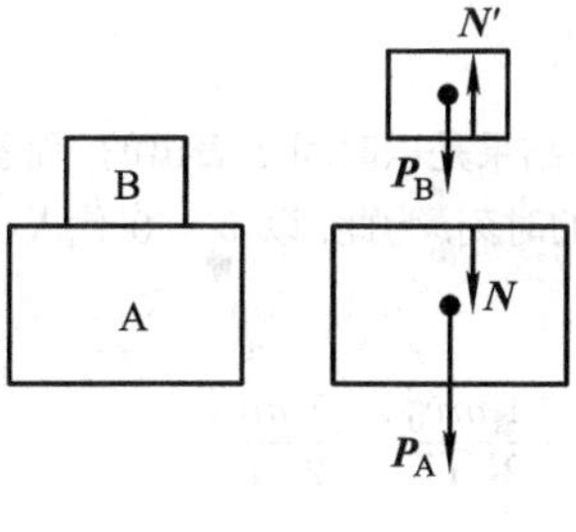

图 2–13

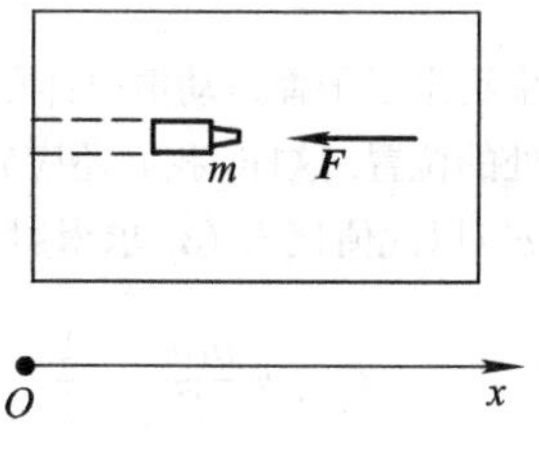

图 2–14

例 1 质量 $m = 10$ g 的子弹, 以 $v_0 = 200$ m/s 的速度射入固定的木块. 设木块阻力平均为 $F = 5 \times 10^3$ N. 求子弹射入木块的深度 (图 2–14).

解 ① 子弹射入木块之后, 由于木块的阻力, 速度将越来越小, 在某个地方终于停止. 从进入处到它的停止处正是所谓射入深度. 可见问题在于研究子弹的运动情况.

将子弹隔离出来.

子弹的重量远远小于木块的阻力, 相比之下可以略去. 子弹周围只与木块接触, 所以子弹所受唯一的力是木块阻力 F, 这是已知的.

很自然以木块为参考系来研究子弹的运动. 木块相对于地球是静止的, 所以选取这样的参考系可以应用牛顿运动定律. 子弹在木块中的运动情况是未知的, 事实上这正是题所要求的.

子弹的加速度自然是未知的.

本例的初始条件是: 刚刚射进木块时, 子弹的速度为 v_0.

② 这是一维问题, 只需一维坐标. 取 x 轴固定于木块, 指向同于子弹初速, 原点在子弹射入处.

木块对子弹的阻力是已知的. 考虑到它的指向与 x 轴指向相反, 应记为 $-F$.

子弹的加速度是未知的, 记作 a. 暂时不必考虑符号, 在求解时可以连符号一起求出来.

取子弹开始射进木块的时刻为 $t=0$. 初始条件就成为: 于 $t=0, x=0, v=v_0$.

③ 列出运动方程式

$$-F=ma.$$

④ 从运动方程式解得加速度

$$a=-F/m. \tag{1}$$

求得的加速度取负值. 这就是说, 加速度指向与 x 轴指向相反, 即与子弹初速度方向相反, 这也就是说子弹速度减慢.

既已求得加速度, 我们还应根据所求得的加速度来研究子弹的运动情况, 这是运动学问题.

根据 (7.9),

$$v(t)=v_0-\frac{F}{m}t. \tag{2}$$

又根据 (7.10),

$$x(t)=v_0t-\frac{1}{2}\frac{F}{m}t^2. \tag{3}$$

这结果给出了子弹运动情况详尽的描述. 但这里的结果是以时间 t 表出的, 而题求的是子弹停止处的位置. 这样, 我们还应先求子弹停止前进的时刻. 为此, 以 $v=0$ 代入 (2) 求得 $t=mv_0/F$. 以此值代入 (3) 求得射入深度

$$x=v_0\frac{mv_0}{F}-\frac{1}{2}\frac{F}{m}\left(\frac{mv_0}{F}\right)^2=\frac{mv_0^2}{F}-\frac{1}{2}\frac{mv_0^2}{F}=\frac{1}{2}\frac{mv_0^2}{F}.$$

用国际单位制, 以 $m=0.010$ kg, $v_0=200$ m/s, $F=5\times10^3$ N 代入, 得出射入深度的大小:

$$x=\frac{1}{2}\times\frac{0.010\times200^2}{5\times10^3}\ \mathrm{m}=0.04\ \mathrm{m}.$$

例 2 炮弹射出的仰角为 φ, 射出的速度为 v_0, 假定空气阻力可以忽略不计, 试研究炮弹的运动. (实际上, 空气阻力对炮弹的运动有很大的影响. 参阅 §20 图 2–30.)

解 ① 题已明确提出要求: 求解炮弹的运动情况.

将炮弹隔离出来 (图 2–15).

炮弹受到重力作用, 其大小为 mg, 指向竖直向下. 炮弹在飞行中不与任何物体接触, 所以炮弹除重力外不受到其他作用力. 确切些说, 炮弹只与空气接触, 而空气的阻力忽略不计.

很自然以地面为标准来研究炮弹的运动. 选取这样的参考系可以应用牛顿运动定律. 炮弹相对于地面的运动情况正是所求的.

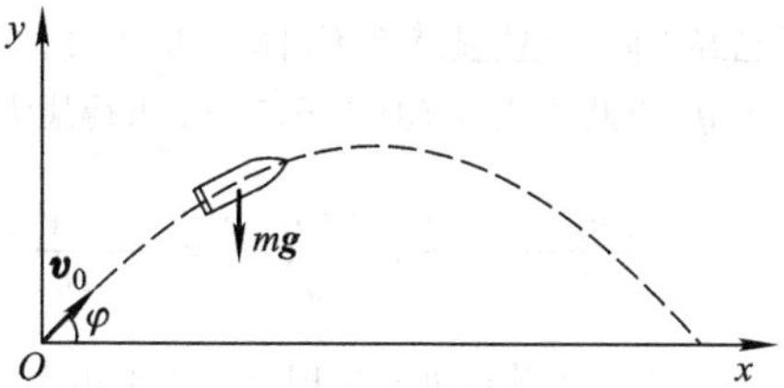

图 2–15

初始条件是: 炮弹离开炮筒时, 初速为 v_0, 而仰角为 φ.

② 这是二维空间中的运动, 应取二维坐标系. 取坐标系固定于地面, 原点在炮口, x 轴水平指向射击的前方, y 轴竖直向上.

重力是已知的, 其 x 分力为 0, 而 y 分力为 $-mg$.

炮弹的加速度是未知的, 其 x 分量记作 a_x, y 分量记作 a_y. 暂时不必考虑其符号, 求解时可以连符号一起求出.

取炮弹离开炮口的时刻为 $t = 0$, 初始条件就成为: 于 $t = 0, x = 0, y = 0, v_x = v_0\cos\varphi, v_y = v_0\sin\varphi$.

③ 列出运动方程式

$$\begin{cases} ma_x = 0, \\ ma_y = -mg. \end{cases}$$

④ 从运动方程式解得加速度

$$\begin{cases} a_x = 0, \\ a_y = -g. \end{cases} \tag{1}$$

炮弹在水平方向作匀速运动, 在竖直方向具有向下的加速度, 其值即为重力加速度.

既已求得加速度, 我们还应根据所求得的加速度来研究炮弹的运动情况, 这是运动学问题.

根据 (7.9), 考虑到初始条件 "于 $t = 0, v_x = v_0\cos\varphi, v_y = v_0\sin\varphi$", 得出

$$\begin{cases} v_x = v_0\cos\varphi, \\ v_y = v_0\sin\varphi - gt. \end{cases} \tag{2}$$

又根据 (7.7) 与 (7.10), 考虑到初始条件 "于 $t = 0, x = 0, y = 0$", 得出

$$\begin{cases} x = v_0 t\cos\varphi, \\ y = v_0 t\sin\varphi - \dfrac{1}{2}gt^2. \end{cases} \tag{3}$$

⑤ 方程 (3) 详尽地描述了炮弹运动情况, 这种描述是以时间 t 表出的.

现在来研究炮弹的最大高度 $y_{\max}$. 为此, 必须先求出炮弹达到最大高度的时刻. 在炮弹达到最大高度时, 竖直方向的分速度应为零. (竖直分速度 > 0 则表示炮弹还要继续上升, 竖

直分速度 <0 则表示炮弹已经下降, 这些显然都不可能对应于最大高度.) 以 $v_y=0$ 代入 (2) 的第二式, 求得 $t=v_0\sin\varphi/g$. 以此值代入 (3) 的第二式, 求得**最大高度**:

$$y_{\max}=\frac{v_0^2\sin^2\varphi}{g}-\frac{1}{2}g\frac{v_0^2\sin^2\varphi}{g^2}=\frac{v_0^2\sin^2\varphi}{2g}. \tag{4}$$

再来研究炮弹的水平射程, 即炮弹落地处与发射处的水平距离. 为此, 必须先求出炮弹着地的时刻, 即 $y=0$ 的时刻. 以 $y=0$ 代入 (3) 的第二式, 求得 $t=2v_0\sin\varphi/g$. (值得注意, 这恰是达到最大高度所需时间的两倍. 炮弹上升到最大高度所需时间就等于从最大高度降回地面所需时间.) 以此值代入 (3) 的第一式, 求得水平射程

$$x=\frac{2v_0^2\sin\varphi\cos\varphi}{g}=\frac{v_0^2\sin 2\varphi}{g}. \tag{5}$$

具有一定初速的炮弹, 如想射得最远, 应使 $\sin 2\varphi=1$, 即 $2\varphi=90°$, 所以 $\varphi=45°$. 以 $45°$ 的仰角进行射击能射得最远.

方程 (3) 也就是轨道的参数方程式. 消去参数 t, 得**轨道方程式**:

$$y=x\tan\varphi-\frac{g}{2v_0^2\cos^2\varphi}x^2. \tag{6}$$

这是抛物线. 事实上,"抛物线" 这一名称的来源正是由于抛射体沿这种曲线运动.

具有一定初速 v_0 的炮弹, 要击中坐标为 x,y 的目标, 必须射击的仰角 φ 适当. 所谓击中坐标为 x,y 的目标, 就是说抛物线 (6) 应穿过坐标为 x,y 的点, 这也就是说, 坐标 x,y 满足方程 (6). 应当选择仰角 φ 使 x,y 能满足方程 (6), 所以适当的仰角 φ 应从方程 (6) 解出.

在 (6) 式中既有 $\tan\varphi$, 又有 $\cos\varphi$, 不便于求解. 为从方程 (6) 解出 φ, 应使方程 (6) 中只出现一种三角函数. 显然, 用 $\tan\varphi$ 是比较简便的. 方程 (6) 即

$$y=x\tan\varphi-\frac{gx^2}{2v_0^2}(1+\tan^2\varphi).$$

稍加整理,

$$(gx^2)\tan^2\varphi-(2v_0^2x)\tan\varphi+(2v_0^2y+gx^2)=0.$$

由此解出

$$\varphi=\arctan\left\{\frac{v_0^2\pm\sqrt{v_0^4-2v_0^2gy-g^2x^2}}{gx}\right\}.$$

如 $v_0^4-2v_0^2gy-g^2x^2>0$, 可解出两个仰角, 以这两个仰角射击都能击中目标. 如 $v_0^4-2v_0^2gy-g^2x^2<0$, 则没有一个仰角能使炮弹击中目标. 因此, 抛物线 $v_0^4-2v_0^2gy-g^2x^2=0$ 称为 **"安全抛物线"**. 对于每一个初速 v_0 都有一个相应的安全抛物线. 以初速 v_0 进行射击, 无论如何也不能击中处于安全抛物线外方的目标.

例 3 汽车以匀加速度 a_0 行进. 在车中用线悬挂一小球 (图 2–16). 当小球稳定时, 悬线与竖直方向偏离多大的角度?

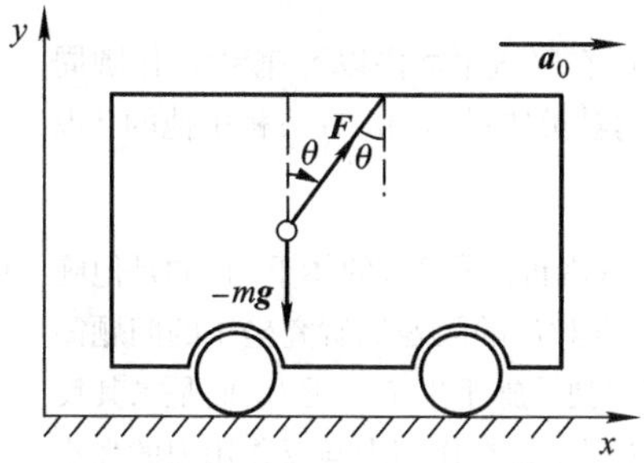

图 2–16

解 ① 角度多大似乎是个几何问题, 不是力学问题. 但是悬线方向即线中张力的方向, 本题实际上是求线中张力的方向, 因此仍是力学问题.

将小球隔离出来.

小球受重力作用, 其大小为 mg, 指向竖直向下. 小球只与悬线接触, 所以除重力之外, 小球只受悬线的作用. 这力的大小 F 既不知道, 其方向与竖直方向所夹角 θ 也不知道. θ 正是题所求, F 则不需要求出.

应当取地面为标准来研究小球的运动. (假如取汽车为参考系, 则不能应用牛顿运动定律.) 小球的运动情况是已知的. 以地面为标准, 它随汽车行进. 应当特别注意加速度. 小球的加速度就是汽车的加速度, 其大小为 a_0, 水平向前.

本例是已知小球运动情况而求解悬线对它的作用力的方向.

② 这是二维问题, 应取二维坐标系. 取坐标系固定于地面, x 轴水平而指向汽车的前方, y 轴竖直向上.

重力的 x 分量为 0, 而 y 分量为 $-mg$.

悬线施于球的力的 x 分量为 $F\sin\theta$, 而 y 分量为 $F\cos\theta$.

小球的加速度是已知的, 其 x 分量为 a_0, y 分量为 0.

③ 列出运动方程式

$$\begin{cases} 0 + F\sin\theta = ma_0, & (1) \\ -mg + F\cos\theta = 0. & (2) \end{cases}$$

④ 从方程组 (1) — (2) 可以解出未知数 F 与 θ. 既然 F 并不需要求出, 我们就从 (1) 与 (2) 消去 F, 得

$$\tan\theta = \frac{a_0}{g}.$$

⑤ 线偏于加速度的反方向, 且随 a_0 之增大而增大. 当汽车停止或作匀速直线运动时, $\theta = 0$, 线保持竖直方向, 并不偏斜.

借助于悬挂的小球, 可以在密闭的车厢中判断车子加速行进、减速行进、向左转弯、向右转弯、匀速直线运动或静止. 最后两情况只借助于悬挂的小球还区别不出来. 实际上, 车辆行进时总有颠簸, 匀速直线行进与静止还是可以区别的.

例 4 飞机作特技表演, 在竖直平面内以匀速率 v 作圆周运动, 圆的半径为 R, 飞机驾驶员质量为 m, 在飞机中他的 "视重" 多大?(图 2–17)

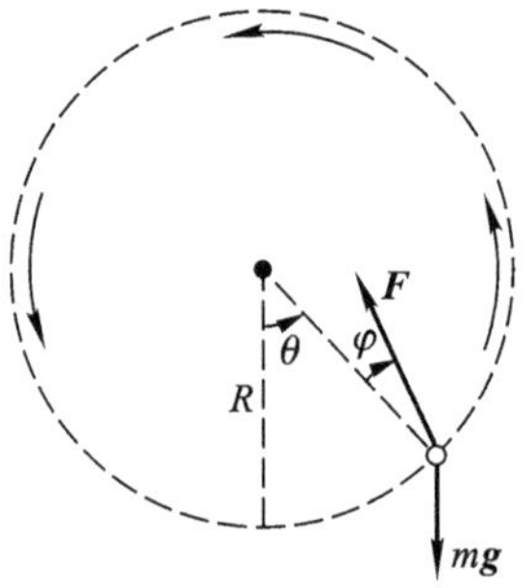

图 2–17

解 ① 所谓 "**视重**", 或者说, 看起来的体重, 指的是他施于坐垫的压力. 但由于研究驾驶员的问题比研究坐垫的问题简单, 所以在本例中并不去求驾驶员施于坐垫的压力, 而是求其反作用力, 即坐垫支持驾驶员的力, 好在作用力与反作用力的大小是相等的.

将驾驶员隔离出来.

以地面 (而不是飞机) 为标准来研究驾驶员的运动, 才可以应用牛顿运动定律. 驾驶员的运动情况是已知的. 以地面为标准. 他随飞机运动. 应当特别注意加速度. 驾驶员的加速度就是飞机的加速度, 即匀速圆周运动的向心加速度 v^2/R.

驾驶员受重力作用, 其大小为 mg, 指向竖直向下. 驾驶员只与坐垫接触, 所以除重力之外, 驾驶员只受坐垫的支持力. 这力的大小 F 既不知道, 其与半径方向所夹角 φ 也不知道. F 正是所求, φ 则不需要求出.

有些初学者认为: 既然有向心加速度 v^2/R, 因此还应有向心力 mv^2/R 作用于驾驶员, 这是作用于驾驶员的第三个力. 应当追问一句, 这个向心力 mv^2/R 是哪个物体对驾驶员的作用呢? 没有什么另外的物体给予驾驶员这个力! 其实向心力不应理解为额外的力. 正确的理解应当是: 驾驶员既然有向心加速度 v^2/R, 那么作用于驾驶员的所有各力的合力应当就是向心力 mv^2/R, 向心力指的就是作用于驾驶员的所有力的合力, 这正是上面已提出的重力与坐垫支持力的合力. 参阅关于具体分析的注意点 (Ⅲ).

本例是已知驾驶员运动情况而求解坐垫支持力的大小.

② 这是二维问题, 应取二维坐标系. 以地面为标准, 驾驶员的轨道是已知的, 所以用自然坐标系可能比较方便.

重力的切向分力为 $-mg\sin\theta$, 法向分力为 $-mg\cos\theta$.

坐垫支持力的切向分力为 $F\sin\varphi$, 法向分力为 $F\cos\varphi$.

切向加速度为 0, 法向加速度为 v^2/R.

③ 列出切向与法向运动方程式. 切向与法向运动方程称为**内禀运动方程式**.

$$\begin{cases} F\sin\varphi - mg\sin\theta = 0, & (1) \\ F\cos\varphi - mg\cos\theta = mv^2/R. & (2) \end{cases}$$

④ 从方程组 (1) — (2) 可以解出未知数 F 与 φ. 从 (1) 与 (2) 消去 φ, 得

$$F = \sqrt{m^2g^2 + 2m^2\frac{v^2}{R}g\cos\theta + m^2\frac{v^4}{R^2}}. \tag{3}$$

从 (1) 与 (2) 消去 F 又可求得

$$\varphi = \arctan\left(\frac{g\sin\theta}{g\cos\theta + v^2/R}\right).$$

⑤ 由于角度 θ 之不同, 视重 (3) 既可以大于真实体重也可以小于真实体重. 大于真实体重的现象称为 "**超重**", 小于真实体重的现象称为 "**失重**".

视重最大, 亦即超重最甚的情况, 发生于 $\theta = 0$, 即在圆周的最下端, 其时 (3) 式给出视重 $F = mg + mv^2/R$. 事实上, 在轨道最低点, 坐垫不仅要承托驾驶员的真实体重 mg, 还要提供所必需的向心力 mv^2/R.

视重最小, 亦即失重最甚的情况, 发生于 $\theta = \pi$, 即在轨道的最顶端, 其时 (3) 式给出视重 $F = mv^2/R - mg$. 事实上, 在轨道最高点, 坐垫支持力与重力 mg 同向, 两者的和提供了所必需的向心力 mv^2/R.

如飞机速度不足, 以致视重 $mv^2/R - mg < 0$, 则在最高点或甚至还不到最高点, 驾驶员不能稳坐在坐垫上而要从坐垫掉落下来.

例 5 光滑桌面上有两物体靠置一起, 质量各为 $m_1 = 3$ kg 与 $m_2 = 2$ kg 今施以水平力 $F = 4.9$ N (图 2–18). 求它们的加速度及其相互作用力.

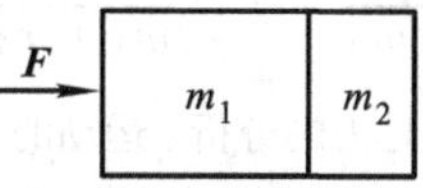

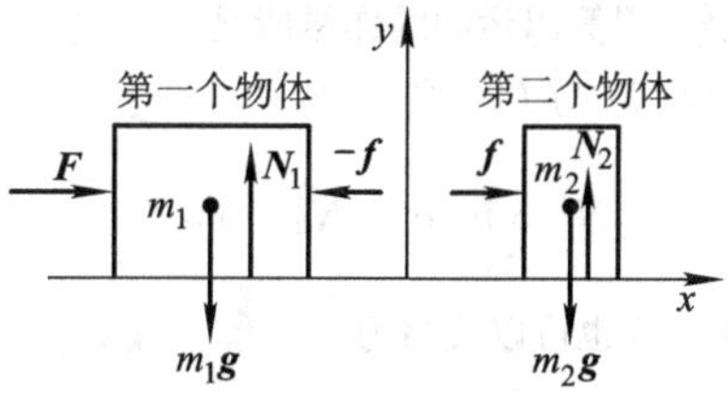

图 2–18

解 ① 本题既要求解运动情况, 又要求解受力情况的一部分.

将两物体分别隔离出来. 本例涉及的物体不止一个, 更应当注意隔离物体.

第一个物体受到题所指明的水平力 F. 又受到重力 m_1g, 竖直向下. 它与光滑桌面接触, 受到桌面支持它的弹性力 N_1, 竖直向上. 它与第二个物体接触, 受到第二个物体的作用力 f, 水平向后.

第二个物体受到重力 m_2g, 竖直向下. 它与光滑桌面接触, 受到桌面支持它的弹性力 N_2, 竖直向上. 它与第一个物体接触, 受到第一个物体的作用力 f, 水平向前.

以桌子为参考系来研究物体的运动, 而桌子是静止于地面上的. 两物体相对于桌子的运动情况是未知的, 所能知道的仅仅是它们在水平方向运动. 它们的加速度指向是水平的, 其大小自然也不知道, 事实上这正是题所求. 虽然它们的加速度都还不知道, 但由于它们紧靠在一起, 它们的加速度肯定是相同的.

本例不涉及初始条件.

② 取固定于桌子的二维坐标系. x 轴水平, 指向同于水平力 F 的指向. y 轴竖直向上.

第一物体所受水平方向的力为 F 与 $-f$, 竖直方向的力为 N_1 与 $-m_1g$.

第二物体所受水平方向的力为 f, 竖直方向的力为 N_2 与 $-m_2g$.

它们的水平加速度是未知的, 但一定相等, 今记作 a, 竖直加速度都是零.

③ 列出第一个物体的水平与竖直方向的运动方程

$$\begin{cases} F - f = m_1 a, & (1) \\ N_1 - m_1 g = 0. & (2) \end{cases}$$

列出第二个物体的水平与竖直方向的运动方程

$$\begin{cases} f = m_2 a, & (3) \\ N_2 - m_2 g = 0. & (4) \end{cases}$$

④ 从水平方向的运动方程 (1) 与 (3) 可解出

$$a = \frac{F}{m_1 + m_2}, \quad f = \frac{m_2}{m_1 + m_2} F.$$

这就是题所要求的. 可见在本例中不论是力的分析、运动的分析、选坐标系、列出运动方程, 都可以只限于水平方向. 本例并不要求详尽地研究物体运动情况, 可以免除运动学的研究, 无需从所求得的加速度逐步积分, 以算出运动的详尽情况.

至于竖直方向的运动方程 (2) 与 (4), 则给出

$$N_1 = m_1 g, \quad N_2 = m_2 g.$$

⑤ $a = F/(m_1 + m_2)$ 一式也可以改写为

$$F = (m_1 + m_2)a.$$

这就是说, 将两个物体作为整体来看, 惯性质量为 $m_1 + m_2$. **惯性质量的相加性得到了证明**.

两物体的相互作用力 $f = Fm_2/(m_1 + m_2)$ 肯定小于 F. 特别是如 $m_2 << m_1$, 则 $f \approx 0$. 杂技演员将砧子置于身上让人锤击砧子. 砧子的质量 m_1 比较大, 以至于演员所受到的力 f 远远小于锤击的力 F. 砧子实际上起了保护作用.

另一方面, 如 $m_2 >> m_1$ 则 $f \approx F$. 锻工将锻件放在砧子上而锤击锻件. 锻件的质量 m_1 远远小于砧子的质量 m_2, $f \approx F$, 可有效地对锻件进行加工.

如本例的两个物体实际是同一物体的两部分, 则 f 就是这物体的两部分之间的压力. 如将推力 F 改为拉力, 则 f 就是两部分之间的张力.

以绳子系于物体上, 通过绳子去拉动物体. 严格说来, 手施于绳的力 F 并不等于绳施于物体的力 f. 但因绳的质量 m_1 通常远远小于物体的质量 m_2, 所以 $f \approx F$. 这就是说, 严格说来, 绳中各处张力并不相等, 但因绳总是比较轻的, 所以同一根绳各处张力近似是一样的.

***例 6** 竖直上抛的物体, 最小应具有多大的初速度 v_0 才不再回到地球? 这样的速度称为**第二宇宙速度** (**或逃逸速度**).

解 ① 关于物体回不回地球的研究即是关于物体运动情况的研究. 本例要求研究竖直上抛物体的运动情况.

将所研究的物体隔离出来 (图 2–19).

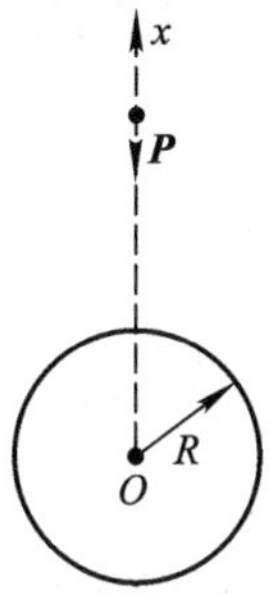

图 2–19

抛射体在运动过程中所受到的唯一的力是重力, 其指向始终竖直向下. 既然希望物体不再回到地球, 物体所在高度的变化自然是很大的, 重力不再可以看作不变. 重力基本上是万有引力的一种, 所以重力按照 "与地心距离平方成反比" 的规律变化.

很自然以地球为参考系来研究物体的运动. 物体的运动情况是题要求加以研究的.

初始条件为: 在发射时, 物体位于地面, 初速为 v_0. 这个初速 v_0 正是题所求的.

② 这是直线运动, 只需取一维坐标. 取 x 轴, 原点在地心, 坐标轴通过物体发射处而竖直向上.

物体所受重力 P 的大小反比于与地心距离的平方, 即 $\dfrac{|P|}{mg}=\dfrac{R^2}{x^2}$, 因此

$$P=-mgR^2/x^2.$$

物体的加速度是未知的, 记作 $\ddot{x}$.

取物体发射时刻为 $t=0$. 初始条件成为: 于 $t=0$, $x=$ 地球半径 R, $v=v_0$.

③ 列出运动方程式

$$-mg\frac{R^2}{x^2}=m\ddot{x}.$$

④ 本例的重力并非常量, 它随 x 而异, x 究竟如何变化也还是未知的. 因此不可能先从运动方程式解出加速度 $\ddot{x}$, 再从 $\ddot{x}$ 求出运动情况的详尽描述; 它们只能同时解算出来.

将运动方程式中的 $\ddot{x}=\mathrm{d}v/\mathrm{d}t$ 改写为 $v\mathrm{d}v/\mathrm{d}x$, 于是

$$-mg\frac{R^2}{x^2}=mv\frac{\mathrm{d}v}{\mathrm{d}x}.$$

分离变量, 即得

$$-mg\frac{R^2}{x^2}\mathrm{d}x=mv\mathrm{d}v.$$

两方恰好可以分别积分.

凡加速度只与坐标有关或只与速度有关的运动微分方程式都可以按此方式进行积分, 这是应当熟练掌握的.

解此种运动方程式的另一方法是以 $\mathrm{d}x$ 亦即 $\dot{x}\mathrm{d}t$ 遍乘各项,

$$-mg\frac{R^2}{x^2}\mathrm{d}x=m\dot{x}\ddot{x}\mathrm{d}t,$$

即

$$-mg\frac{R^2}{x^2}\mathrm{d}x=m\dot{x}\mathrm{d}\dot{x}.$$

与上面的结果完全一样.

考虑到初始条件, 积分一次,

$$-\int_R^x mg\frac{R^2}{x^2}\mathrm{d}x=\int_{v_0}^{\dot{x}} m\dot{x}\mathrm{d}\dot{x},$$

所以
$$mg\frac{R^2}{x}-mg\frac{R^2}{R}=\frac{1}{2}m\dot{x}^2-\frac{1}{2}mv_0^2,$$
即
$$\frac{1}{2}m\dot{x}^2-mg\frac{R^2}{x}=\frac{1}{2}mv_0^2-mg\frac{R^2}{R}. \tag{1}$$

(1) 式给出抛射体的速度随其高度而变化的情况, 已足以解决所提出的问题. 因此我们不再继续进行积分.

⑤ 从 (1) 式解出抛射体的速度随高度变化的情况

$$\frac{\mathrm{d}x}{\mathrm{d}t}=\sqrt{v_0^2-2gR+\frac{2gR^2}{x}}. \tag{2}$$

x 越大则 v 越小, 地球吸引力使抛射体上升速度不断减慢.

从 (2) 式可以看出, 如 v_0^2-2gR 为负, 则当物体上升到高度 $x=2gR^2/(2gR-v_0^2)$ 之时, 物体速度 v 为零. 物体于此折回而向地面降落. 假如以 $x>2gR^2/(2gR-v_0^2)$ 代入 (2) 式, 将得出虚数的 v, 没有意义. 这更明确表明物体不可能上升到高于 $2gR^2/(2gR-v_0^2)$ 之处.

尽管受到地球吸引力, 起初物体由于惯性, 仍然背离地球而运动, 升得越来越高. 当然, 地球的吸引力使它上升的速度越来越小. 如物体初速不够, 将会在某个高度折回, 最终还是被吸回地球. 但如物体初速较大, $v_0^2\geqslant 2gR$, 则 (2) 式所给出的速度 v 永不为零, 尽管地球对物体施以吸引力, 尽管物体背离地球而运动的速度越来越小, 物体永不折回, 不再回到地球. 所以竖直上抛物体如不再回到地球, 它的初速 v_0 最小应为

$$v_0=\sqrt{2gR}.$$

以具体数值 $R\approx 6.4\times 10^6\ \mathrm{m}, g\approx 9.8\ \mathrm{m/s^2}$ 代入, 得第二宇宙速度的大小:

$$v_0=\sqrt{2gR}\approx\sqrt{2\times 6.4\times 10^6\times 9.8}\ \mathrm{m/s}=11.2\times 10^3\ \mathrm{m/s}.$$

物体速度较高的情况下, 空气阻力的影响是巨大的. 上面未计及空气阻力, 所以只是一个粗略的结果. 事实上, 假如物体从地面发射时就达到 11.2 公里/秒, 空气阻力所引起的热量将使这物体温度剧烈升高, 不论物体用什么材料作成也要烧毁. 因此应当使物体以较低的速度上升, 在上升过程中加速, 等物体上升到空气极稀薄的高度才使物体达到第二宇宙速度, 这样就不致烧毁. 用火箭发射物体时正是这样一种情况.

⑥ 如要求解出这种抛射体运动的详尽情况, 还应将 (2) 式分离变量, 然后继续进行积分. 详细的演算这里就略去了.

***例 7** 光滑桌面上有一物体, 质量为 m, 系于弹簧的一端. 弹簧是水平放置的 (图 2–20). 今将弹簧拉长 x_0, 并给物体以初速 v_0 后任其运动, 试求解这物体的运动. 弹簧的**劲度系数**为 k, 这就是说, 弹簧每伸长或压缩一单位长度, 弹簧的弹性力变化 k 单位.

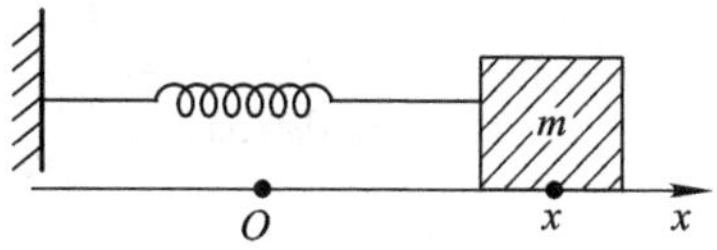

图 2–20

解 ① 题已明确提出要求: 求解物体运动情况.

将物体隔离出来.

以桌子为参考系来研究物体的运动. 只知物体在水平方向运动着. 物体的这种水平运动正是本题所求的. 物体水平运动的加速度当然也不知道.

物体与弹簧接触, 受到弹簧施于它的弹性力. 这个力的方向是水平的, 其大小与指向随着物体的位置而变. 物体与桌面接触, 受到桌面支持它的弹性力. 物体又受到重力, 后两个力都是竖直方向的, 与本题无关, 可不必考虑.

初始条件是: 在离手时, 物体距平衡位置的距离为 x_0, 物体的初速为 v_0.

② 这是直线运动, 只需取一维坐标. 取坐标轴固定于桌面. 原点取在物体的平衡位置, 亦即弹簧的长度为自然长度 (既不伸长也不压缩) 时物体的位置. 将弹簧伸长的指向规定为坐标轴的正指向.

物体在运动过程中所受弹性力是变力. 当物体坐标为 x 之时, 弹簧的伸长也为 x, 因而弹簧拉物体的弹性力大小为 kx,[①] 但其指向与 x 轴正指向相反, 所以应记为 $-kx$. 在弹簧压缩阶段, x 是负的, 而弹簧将物体推开, 弹性力的指向与 x 轴正指向相同, 恰好也可以表为 $-kx$. 既然伸长和压缩阶段的弹性力同样可以表为 $-kx$, 就不必划分伸长和压缩阶段及分别列出运动方程式以解算物体的运动情况.

应当**强调指出**: 弹性力的大小取决于弹簧的变形程度, 不是取决于物体的坐标. 在本例中, 由于坐标原点选取在弹簧长度为自然长度时物体的位置, 以致弹簧的伸长正好等于物体的坐标. 如坐标原点的选取方法不同, 弹性力不可以表为 $-kx$, 应当作相应的修改.

某些初学者往往取物体在初始位置来分析, 认为物体所受力为 $-kx_0$. 这既然是物体在初始时刻所受的弹性力, 就只能决定物体在初始时刻的加速度, 仅仅初始时刻的加速度完全不足以确定物体运动情况. 参阅关于具体分析的注意点 (I).

物体的运动情况是未知的, 现将未知的加速度记作 $\ddot{x}$.

取离手的时刻为 $t = 0$. 初始条件成为: 于 $t = 0, x = x_0, v = v_0$.

③ 列出运动方程式

$$-kx = m\ddot{x} \tag{1}$$

④ 弹性力随物体位置而变. 所以本题不可能先从运动方程式解出加速度 $\ddot{x}$, 再从 $\ddot{x}$ 求出运动情况的详尽描述; 它们只能从这个微分方程同时解算出来.

凡加速度只与坐标有关的运动微分方程式都可以按上例的方式进行积分. 将 $\ddot{x} = \mathrm{d}\dot{x}/\mathrm{d}t$

---

① 这里认为弹簧的伸长或压缩是各处均匀的, 所以弹性力大小为 kx. 事实上, 弹簧中弹性波的波长通常远远超过弹簧的长度, 所以完全可以将弹簧看作总是均匀伸长或均匀压缩的.

改写为 $\dot{x}\mathrm{d}\dot{x}/\mathrm{d}x$,

$$-kx = m\dot{x}\mathrm{d}\dot{x}/\mathrm{d}x,$$

遍乘以 $\mathrm{d}x$ 即可分离变量,

$$-kx\mathrm{d}x = m\dot{x}\mathrm{d}\dot{x}.$$

两方分别积分,

$$-\int_{x_0}^{x} kx\mathrm{d}x = \int_{v_0}^{\dot{x}} m\dot{x}\mathrm{d}\dot{x},$$

所以

$$\frac{1}{2}kx_0^2 - \frac{1}{2}kx^2 = \frac{1}{2}m\dot{x}^2 - \frac{1}{2}mv_0^2,$$

即

$$\frac{1}{2}m\dot{x}^2 + \frac{1}{2}kx^2 = \frac{1}{2}mv_0^2 + \frac{1}{2}kx_0^2. \tag{2}$$

将常量 $\frac{1}{2}mv_0^2 + \frac{1}{2}kx_0^2$ 记作 $\frac{1}{2}kA^2$, 即

$$\frac{1}{2}m\dot{x}_0^2 + \frac{1}{2}kx_0^2 = \frac{1}{2}kA^2, \tag{3}$$

就可从 (2) 式解出速度 $\dot{x}$ 随物体位置而变化的情况,

$$\frac{\mathrm{d}x}{\mathrm{d}t} = \sqrt{\frac{k}{m}}\sqrt{A^2 - x^2}.$$

这不能直接积分, 必须先分离变量为

$$\frac{\mathrm{d}x}{\sqrt{A^2 - x^2}} = \sqrt{\frac{k}{m}}\mathrm{d}t. \tag{4}$$

现在可以两方分别积分, 得

$$\arcsin\frac{x}{A} - \arcsin\frac{x_0}{A} = \sqrt{\frac{k}{m}}t,$$

所以

$$x = A\sin\left(\sqrt{\frac{k}{m}}t + \arcsin\frac{x_0}{A}\right). \tag{5}$$

将常量 $\arcsin\frac{x_0}{A}$ 记作 $\varphi + \frac{1}{2}\pi$, 即

$$\arcsin\frac{x_0}{A} = \varphi + \frac{1}{2}\pi, \tag{6}$$

则解答 (5) 可表为

$$x = A\cos\left(\sqrt{\frac{k}{m}}t + \varphi\right). \tag{7}$$

还可以将解答 (7) 表为另一形式

$$x = A\cos\varphi\cos\sqrt{\frac{k}{m}}t - A\sin\varphi\sin\sqrt{\frac{k}{m}}t$$

$$= B_1 \cos\sqrt{\frac{k}{m}}t + B_2 \sin\sqrt{\frac{k}{m}}t, \tag{8}$$

这里常量 B_1、B_2 为

$$B_1 = A\cos\varphi, \quad B_2 = -A\sin\varphi. \tag{9}$$

(7) 式或 (8) 式为运动方程 (1) 的通解.

这个通解是谐振动. 关于谐振动的运动学, 即谐振动的运动情况, 可参阅 §7 例 3. 谐振动 (7) 或 (8) 的圆频率 $\omega = \sqrt{k/m}$, 取决于弹簧劲度系数 k 与质点的质量 m, 与初始条件无关. 弹簧越硬 (劲度系数 k 越大), 质点惯性质量 m 越小, 则圆频率越大, 周期越短. 弹簧越软 (k 越小), 质点惯性质量 m 越大, 则圆频率越小, 周期越长. 至于振幅 A 与初相 φ, 由 (3) 与 (6) 给出, 是与初始条件有关的.

应当指出, 无需背诵 (3) 与 (6). 事实上, 只要记得运动方程式 (1) 的通解是 (7), 将初始条件 "$t=0, x=x_0$" 代入 (7) 式, 即得

$$x_0 = A\cos\varphi. \tag{10}$$

又将 (7) 微分一次, 得知 $v = -\sqrt{k/m}A\sin(\sqrt{k/m}t+\varphi)$. 将初始条件 "$t=0, v=v_0$" 代入此式, 即得

$$v_0 = -\sqrt{\frac{k}{m}}A\sin\varphi. \tag{11}$$

A 与 φ 的值就可从 (10) — (11) 解出.

振动是自然界与工程技术中经常遇到的现象. 任何一个力学系统, 如处于稳定平衡位置, 稍加扰动就会绕该稳定平衡位置而振动. 这一点的物理图景如下: 使力学系统偏离稳定平衡位置 (例如将弹簧拉长), 它就受到迫使它趋于回向平衡位置的力, 即通常所谓 "恢复力". (例如弹簧被拉长后趋于收缩, 弹簧中的弹性力就是所谓恢复力, 它力图将物体拉向平衡位置.) 因此, 力学系统向平衡位置加速运动. 当其到达平衡位置时, 恢复力就消失了. 虽然没有力作用, 力学系统并不能就停在平衡位置; 由于惯性, 它冲过平衡点而偏离到另一方面. 这时又出现恢复力, 这恢复力企图阻止物体偏离, 因此物体的偏离运动越来越慢, 到某个位置终于停止下来. 但力学系统并不能就停在这一位置; 恢复力又迫使它回头向平衡位置运动. 上面介绍的是半个周期的运动情况. 其后半个周期与前半个周期相似, 只是运动方向相反而已. 总而言之,**恢复力驱使系统回复平衡位置, 惯性则阻止系统停留在平衡位置**; 恢复力与惯性联合作用的结果使力学系统振动.

很多振动是谐振动. 事实上, 只要运动方程式与 (1) 式为同一类型, 即恢复力正比于偏离 (其指向相反), 则其运动就是谐振动. 与偏离成正比的恢复力称为准弹性力. 一看到准弹性力类型的运动方程, 应该立刻认出这是谐振动.

即使恢复力并不是准弹性力, 在小振幅情况下的振动往往也近似为谐振动.

***例 8** 一小环自由地穿在光滑细棒上, 棒在水平面内绕其一端 O 以匀速转动, 角速为 ω_0. 求解小环的运动情况 (图 2–21). 已知开始时环在 O 端, 以速度 v_0 在棒上滑行.

解 ① 题已明确提出要求: 研究小环的运动情况.

将小环隔离出来.

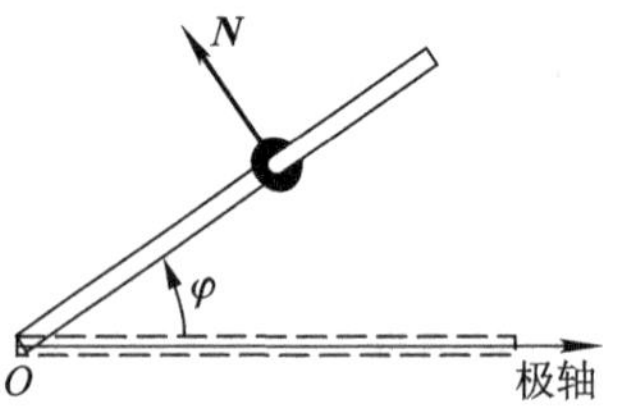

图 2–21

以地面为标准来研究小环的运动. 小环相对于 O 点的方位角 φ 的变化情况是已知的: 小环随着细棒以角速 ω_0 绕 O 点转动, 即 $\dot{\varphi}=\omega_0$. 问题在于求解小环在棒上滑动的情况.

小环受到重力作用, 指向为竖直向下. 小环只与细棒接触, 受到细棒的作用力. 因细棒是光滑的, 所以棒对环的作用力必垂直于棒身, 细棒制止小环在竖直方向运动, 这就是说, 棒对环的作用力的竖直分力与小环的重力平衡. 棒对环的作用力的水平分力则迫使小环随着棒绕 O 点转动.

初始条件是: 开始时小环在 O 端, 以速度 v_0 在棒上滑行.

② 小环在水平面内运动, 所以应在水平面内取二维坐标系, 坐标系相对于地面是静止的.

考虑到小环的受力情况与运动情况, 选取极坐标系. 以 O 为极点, 开始时的棒身方向为极轴.

小环的坐标 φ 的变化情况是已知的, $\dot{\varphi}=\omega_0$. 问题在于求解小环的径向运动 $\rho(t)$. 说到加速度, 径向加速度 $a_\rho=\ddot{\rho}-\rho\dot{\varphi}^2=\ddot{\rho}-\omega_0^2\rho$, 横向加速度 $a_\varphi=\rho\ddot{\varphi}+2\dot{\rho}\dot{\varphi}=\rho\times 0+2\dot{\rho}\dot{\varphi}=2\dot{\rho}\omega_0$.

小环所受棒的作用力的水平分力 N 始终是横向的. 在径向, 小环没有受到力作用.

初始条件是: 于 $t=0, \rho=0, \varphi=0, \dot{\rho}=v_0$.

③ 列出径向与横向运动方程式

$$\begin{cases} m\ddot{\rho}-m\omega_0^2\rho=0, & (1)\\ m2\dot{\rho}\omega_0=N. & (2)\end{cases}$$

④ 方程 (1) 正是 ρ 的微分方程, 除 ρ 之外不出现其他未知数. 所以可从 (1) 解得小环的径向运动. 解得小环的径向运动之后, 代入 (2) 就可求出细棒对小环的水平作用力 N. 因题并不要求 N, 所以我们将只限于求解方程 (1).

虽然小环没有受到径向力, 并不能由此认为小环在棒上作匀速运动 $\ddot{\rho}=0$. 这是因为: 径向力 =0 只意味着径向加速度 =0, 而径向加速度为小环在棒上滑行的加速度 $\ddot{\rho}$ 与绕 O 转动的向心加速度 $-\rho\omega_0^2$ 之和.

方程 (1) $m\ddot{\rho}=m\omega_0^2\rho$ 虽然表明 $\ddot{\rho}\propto\rho$, 但两者同号, 所以它并非谐振动. 事实上这里没有任何恢复力, 自然不可能产生振动.

将 (1) 的 $\ddot{\rho}=\mathrm{d}\dot{\rho}/\mathrm{d}t$ 改写为 $\dot{\rho}\mathrm{d}\dot{\rho}/\mathrm{d}\rho$, 并将各项遍乘以 $\mathrm{d}\rho$, 就可分离变量,

$$\dot{\rho}\mathrm{d}\dot{\rho}-\omega_0^2\rho\mathrm{d}\rho=0.$$

各项分别积分, 考虑到初始条件 "于 $t=0, \dot{\rho}=v_0, \rho=0$", 得

$$\frac{1}{2}\dot{\rho}^2-\frac{1}{2}v_0^2-\frac{1}{2}\omega_0^2\rho^2=0.$$

即

$$\frac{\mathrm{d}\rho}{\mathrm{d}t}=\sqrt{v_0^2+\omega_0^2\rho^2}.$$

分离变量,

$$\frac{\mathrm{d}\rho}{\sqrt{\rho^2+(v_0/\omega_0)^2}}=\omega_0\mathrm{d}t.$$

各项分别积分, 考虑到初始条件 "于 $t=0, \rho=0$", 得

$$\left\{\ln[\rho+\sqrt{\rho^2+(v_0/\omega_0)^2}\,]\right\}_{\rho=0}^{\rho}=\omega_0 t,$$

即

$$\rho+\sqrt{\rho^2+(v_0/\omega_0)^2}=\frac{v_0}{\omega_0}\mathrm{e}^{\omega_0 t},$$

移项, 得

$$\sqrt{\rho^2+(v_0/\omega_0)^2}=\frac{v_0}{\omega_0}\mathrm{e}^{\omega_0 t}-\rho.$$

两边平方, 除去了根式而有理化,

$$\rho=\frac{1}{2}\frac{v_0}{\omega_0}\mathrm{e}^{\omega_0 t}-\frac{1}{2}\frac{v_0}{\omega_0}\mathrm{e}^{-\omega_0 t}. \tag{3}$$

应当指出, 在具体解算方程 (1) $m\ddot{\rho}=m\omega_0^2\rho$ 这种类型的运动方程时, 不必每次重复以上积分过程. 通常的做法是记住其通解的形式为 $\rho=A\mathrm{e}^{\omega_0 t}+B\mathrm{e}^{-\omega_0 t}$, 而用初始条件 "$t=0, \rho=0, \dot{\rho}=v_0$", 来确定积分常数 A 与 B.

⑤ $\dfrac{\mathrm{d}\rho}{\mathrm{d}t}=\dfrac{1}{2}v_0(\mathrm{e}^{\omega_0 t}+\mathrm{e}^{-\omega_0 t})$, 恒 >0, 因此小环在棒上的滑行方向不变, 永不折回. 于 $t\to\infty, \rho\to\infty$, 小环离开 O 端越走越远.

若以 (3) 代入 (2) 还可求得细棒对小环的水平作用力

$$N=2m\dot{\rho}\omega_0=mv_0\omega_0(\mathrm{e}^{\omega_0 t}+\mathrm{e}^{-\omega_0 t}).$$

粗看起来, 所有各种各样的质点动力学问题似乎都表明: 只要知道了力学系统所受其他物体的作用, 则从力学系统在某个时刻的状态, 所谓初始条件, 根据运动定律就可以绝对精确地推算该系统在其后任一时刻的状态. 这样, 力学中的因果性似乎表现为绝对的必然性. 其实, 这是将力学绝对化了. 问题实际上要复杂得多. 首先, 由于量度不是绝对精密的, 提出的初始条件必定包含着偶然因素; 另一方面, 在分析其他物体对该系统的作用时, 不可能将一切因素不分主要次要、不分必然偶然, 全都考虑到. 因此, 事实上不可能根据运动定律绝对精确地决定该系统在其后任一时刻的状态. 科学的发展表明, 物质的各种运动形式有其质的特殊性, 不能全归结为机械运动, 就连微观粒子的机械运动规律 (量子力学) 也不能归结为经典力学.

§20 摩 擦 力

物体与物体接触时, 沿着接触面两物体互相施以阻止相对滑动的作用力, 即摩擦力. 摩擦是一种极为普遍的现象. 所谓 "光滑"、"不具摩擦力" 的物体不过是在一定条件下使用的理想化模型.

在更多情况下, 摩擦力对问题有显著影响, "光滑" 物体这一模型不再能很好反映出问题的实质. 本节就来研究在计及摩擦力的条件下如何处理质点动力学问题. 为此, 应当先弄清楚摩擦的特性.

不仅固体与固体的接触面上有摩擦, 就连固体与液体的接触面或固体与气体的接触面上也有摩擦. 这两种摩擦具有不同的特性, 因此需要分别加以叙述和讨论.

(1) 干摩擦

固体与固体的接触面上的摩擦称为**干摩擦**.

只要两物体之间存在着相对滑动**趋势** (就是说: 假如它们之间的接触是 "光滑" 的, 将发生相对滑动), 就会出现摩擦力. 如果滑动趋势不太强, 则由于摩擦力的作用, 相对滑动不致真正实现, 这时的摩擦力称为**静摩擦力**.

静摩擦力的大小与指向都取决于相对滑动趋势.

先谈静摩擦力的指向. 既然摩擦力是阻止相对滑动的作用力, 静摩擦力的指向自然与接触面上相对滑动趋势的指向相反. 在各个具体问题中, 为了**判断静摩擦力的指向**, 应当先设想两物体之间不存在静摩擦, 考察一下接触面上的相对滑动的指向. 这就是**相对滑动趋势的指向**. 两物体都受静摩擦力的作用, 其指向分别与各该物体在接触面上的相对滑动趋势的指向相反.

举例来说, 以力 F 施于轮心拉轮向右使它无滑动地滚动 [图 2–22(a)]. 设想轮与地面的接触是 "光滑" 的, 则轮并不会滚动, 它只是沿着地面滑动, 在轮与地面接触处, 轮向右滑动, 地面相对说来向左滑动. 这就是它们的相对滑动趋势. 由此可见, 在轮与地面接触处出现静摩擦力, 轮所受的静摩擦力向左而地面所受摩擦力向右. 正是摩擦力使轮产生转动并因而作无滑动的滚动.

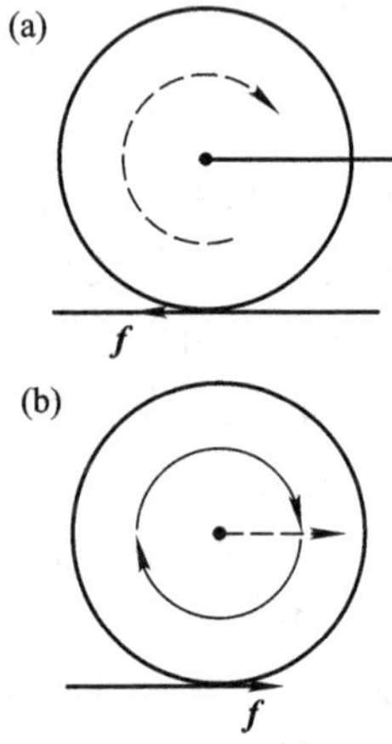

图 2–22

又如将轮转动使之向右无滑动地滚动 [图 2–22(b)]. 设想轮与地面的接触是 "光滑" 的, 则轮并不会滚动, 它将在原地空转而根本不向前滚, 在轮与地面接触处, 轮向左滑动, 地面相对说来向右滑动. 这就是它们的相对滑动趋势. 由此可见, 在轮与地面接触处出现静摩擦力,轮所受静摩擦力向右而地面所受静摩擦力向左. 正是这摩擦力使轮向前并因而作无滑动的滚动.

同样是轮向右无滑动地滚动, 在这两种情况下轮所受到的静摩擦力的指向却正好相反. 这完全是由于相对滑动趋势不同的缘故. 在汽车启动向右行驶时, 发动机驱使后轮转动, 情况正有如图 2–22(b), 后轮受到向右的静摩擦力. 读者熟悉的 “牵引力” 实质正是这个静摩擦力! 假如没有摩擦力, 汽车根本不可能行驶, 在泥泞中或严冬冰滑的路面上, 汽车 “打滑”, 后轮空转而汽车不动. 驾驶员在路上铺草, 或将后轮套上链条以增加摩擦力. 一般的汽车仅仅后轮传动, 前轮则与发动机没有联系. 由于汽车车身向前行驶 (图 2–22 中的右方), 推动前轮的轴向右, 情况正如图 2–22(a), 前轮受到向左的静摩擦力.

“静摩擦力的指向与运动指向相反” 是**不妥当**的提法, 容易引起误解. 例如汽车启动向右行驶, 根据这种提法, 很容易误以为不论前后轮, 静摩擦力的指向都与汽车的行驶指向相反. 这样, 就根本无从理解汽车怎样能启动而向前行驶了. 必须特别强调, 说到所谓 “运动指向”, 或者更确切些说, 相对滑动趋势的指向, 应当是指**接触面上**的相对滑动趋势的指向. 尽管汽车启动向右行驶, 在后轮与地面接触处, 后轮却具有向左的滑动趋势.

再谈静摩擦力的大小. 静摩擦力的大小也取决于相对滑动趋势. 没有相对滑动趋势, 也就没有静摩擦力, 即摩擦力大小为零. 一有相对滑动趋势, 静摩擦力亦随之出现. 在一定条件下, 物体之间相对滑动趋势一定, 静摩擦力就具有与之相应的一定的大小, 这一大小应当恰恰足以抵消相对滑动趋势, 使相对滑动不致真正发生. 因此在具体问题中, **静摩擦力的大小**往往不能预先知道, 需要根据 “物体之间并不真正发生相对滑动” 这一条件从动力学的运动方程解算出来. 情况一旦变了, 物体之间的相对滑动趋势变了, **静摩擦力的大小也就随之自动调节**, 使相对滑动总是不能真的发生.

但是静摩擦力的自动调节并不能无限度地进行. 静摩擦力有一最大限度, 称作**最大静摩擦力**. 如相对滑动趋势过大, 连最大静摩擦力也不足以抵消相对滑动趋势, 那就不可能维持物体之间的相对静止, 终于发生了滑动. 实验表明, 最大静摩擦力 $f_{\max}$ 与两物体之间的正压力 N 成正比, 与接触面的面积无关, 最大静摩擦力还与接触面的性质有关, 如接触面的材料、接触面的粗糙程度等等. 这就是说,

$$f_{\max} = \mu N, \tag{20.1}$$

μ 称为静摩擦系数, 它取决于接触面的材料与接触面的表面状态等. 为防止对 (20.1) 的误解与误用, **应当注意**: (I) 将物体放在粗糙桌面上, 按 (20.1), 最大静摩擦力 $f_{\max}$ 取决于物体与桌面相互压紧而变形所引起的弹性力, 即物体压于桌面

的力或桌面支持物体的力 N (这两力是作用力与反作用力), 而不是取决于物体的重力 P. 参阅 §17 关于图 2–6 的讨论, 在一定的条件下 $N = P$, 但一般情况下却未必相等. (Ⅱ) (20.1) 所给出的只是最大静摩擦力, 亦即静摩擦力的最大限度. 至于具体问题中各种具体条件下的静摩擦力 f 决不能用 (20.1) 计算. 根据 (20.1), 我们只能知道

$$f \leqslant f_{\max} = \mu N. \tag{20.2}$$

至于静摩擦力的确切数值, 前面说过, 应当根据 "物体之间并不真正发生相对滑动" 这一条件去解算出来. 如误用 (20.1) 来计算静摩擦力 f, 误认为 $f = \mu N$, 就要导致极为荒谬的结论. 例如将 5 kg 的物体放在静止的桌上, 两者之间静摩擦系数 $\mu = 0.3$ (图 2–23). 正压力 $N = 50$ N. 以 $F = 2$ N 的水平力试图将物体向左推. 物体获得相对向左滑动的趋势, 因而静摩擦力 f 向右. 误用 (20.1) 则 $f = \mu N = 15$ N, 这比 $F = 2$ N 还要大, 因而物体将向右加速运动. 将物体轻轻向左推, 摩擦力竟然使物体向右加速运动! 这显然太不合理了. 事实上, f 的大小应根据 "物体之间并不真正发生滑动" 的条件决定, 这样, 在本例 $f = F = 2$ N.

滑动既已发生之后, 摩擦力继续存在. 物体沿着接触面相对滑动, 接触面上阻止相对滑动的摩擦力称为**滑动摩擦力**. 滑动摩擦力的**指向**自然是与接触面上相对滑动的指向相反, 这里也应当强调是**接触面上**的相对滑动指向. 滑动摩擦力的大小随相对滑动速度而变. 相对滑动速度从零逐渐增大, 滑动摩擦力则相应地从最大静摩擦力 μN 逐渐减小 (图 2–24). 通常说滑动摩擦小于静摩擦, 将静止着的物体推动比较费力, 即已推动之后维持匀速运动则较省力, 就是指此而言的. 但相对滑动速度过分大的时候, 滑动摩擦力又急剧增大 (图 2–24). 滑动摩擦力的大小也是正比于接触面上的正压力 N,

$$f_{\text{滑动}} = \mu' N, \tag{20.3}$$

μ' 称为滑动摩擦系数, 它取决于接触面的材料与接触面的表面状态, 它又与相对滑动速度有关. μ' 对相对滑动速度的依赖关系也如图 2–24 所示.

在一些特殊情况下 (例如材料的硬度保持一定, 接触面经过一定加工等等), 滑动摩擦力几乎不随滑动速度而变, 并且差不多就等于最大静摩擦力, 即 $\mu' =$ 常数 $\approx \mu$. 在本书中, 除非特别声明, 总是假定这种情况.

有不少问题要求我们判断: 究竟是仅仅只有相对滑动趋势, 实际上并不发生相对滑动, 还是真正发生了滑动, 以及决定这些情况的条件如何. 这种判断往往需要通过具体计算才可能作出. 例如, 不妨先假定并未发生滑动, 仍然保持相对静止, 从运动方程式解出静摩擦力的大小, 即为抵消滑动趋势而保持相对静止所需要的静摩擦力. 还应当加以检查, 这样大小的静摩擦力是否合理. 如算出的静

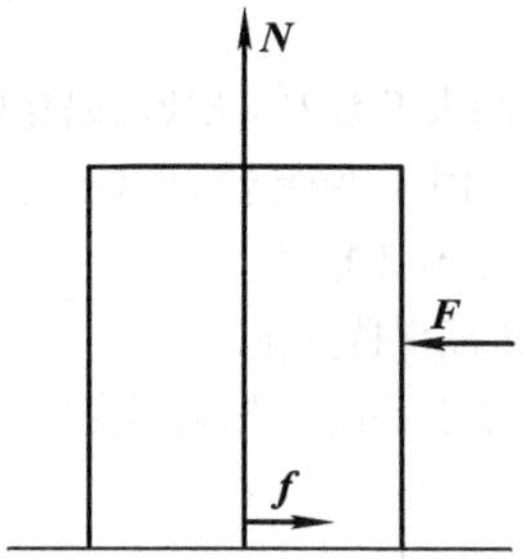

图 2–23

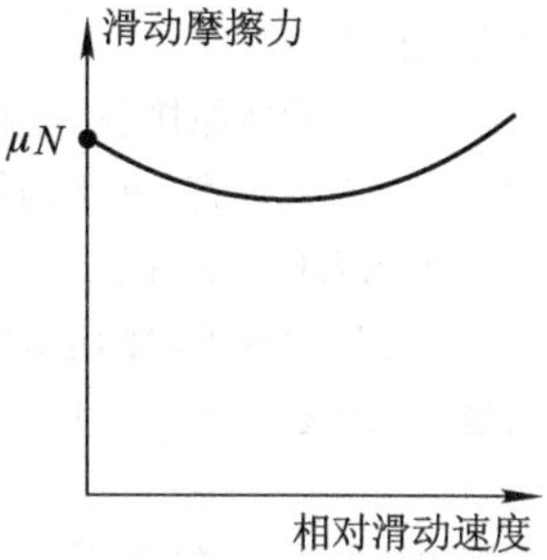

图 2–24

摩擦力小于最大静摩擦力, 即满足 (20.2), 则是合理的, 可能实现的, 因而相对静止的假定实际上是实现了的; 如算出的静摩擦力竟然超过了最大静摩擦力, 即违反了 (20.2), 则是不合理的, 不可能实现的, 两物体的接触面不可能提供这样大的静摩擦力以维持相对静止, 因而相对静止的假定实际上不可能实现, 即实际上发生了滑动. 同样, 也不妨假定发生了滑动. 这时的摩擦力是滑动摩擦力, 滑动摩擦力的大小可按 (20.3) 计算, 而指向则与相对滑动指向相反. 为此, 应先估计或假定相对滑动指向, 根据这个估计或假定的相对滑动指向研究各物体运动情况. 解出各物体运动情况之后, 还应当加以检查. 如算出的相对滑动指向与原来的估计或假定符合, 则表明原来的估计和假定是合理的, 两物体之间的确发生了滑动, 并且其相对滑动指向正如我们的估计或假定; 如算出的相对滑动指向与原来的估计或假定相反, 则表明原来的估计和假定是不合理的. 这可能是由于所假定的相对滑动指向与实际情况正好相反, 为此应重新假定相对滑动指向并重新进行计算, 最后再加以检查; 这也可能是由于相对滑动的假定不对, 实际上是相对静止的, 为此应将相对静止的可能性如前所说加以考察.

例 1 建造破冰船应当使它满足这样的要求: 当冰块从侧面挤压过来的时候, 应沿着船壳向水下滑去. 这样, 冰块的作用顶多是将船身稍稍抬起, 但却大大减轻了挤压对船壳的伤害. 如已知冰与船壳的摩擦系数为 μ, 问船舷与竖直平面所作角度 θ 应满足什么样的条件 (图 2–25)?

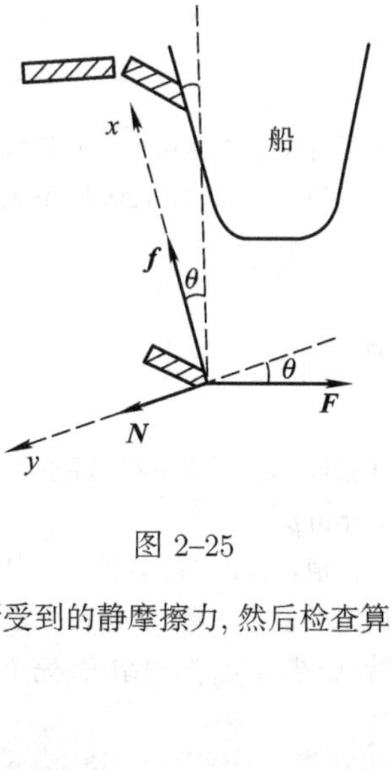

图 2–25

应当说明, 题中所说的要求并不是一个无所谓、无关紧要的要求. 据过去的目击者说, 当冰正面挤压船壳时, 船壳钢板就将一块一块弯曲和裂开, 铆接钢板的铆钉从铆孔中跳出来, 像枪弹一样地向四面八方弹射出去.

解 ① 问题要求判断: 与船壳接触的冰块究竟是沿着船壳向下滑动 (这就大大减轻伤害) 还是保持静止 (这就大大伤害船身). 我们不妨假定冰块与船壳相对静止, 计算冰块所受到的静摩擦力, 然后检查算出的静摩擦力. 静摩擦力的方向与题所求的角 θ 有关.

将冰块隔离出来.

冰块与后面的大片冰原接触, 受到冰原将它向船推挤的水平力 F. 冰块与船壳接触, 受到船的正压力 N, 与船壳垂直; 又受到船给予的静摩擦力 f, 因冰块的滑动趋势是沿船壳下滑, 所以静摩擦力 f 沿着船舷向上. 冰块的重力为浮力所平衡, 不必考虑.

以船为参考系以研究冰块的运动. 按假设, 冰块相对于船保持静止.

② 因是二维问题, 需要二维坐标系. 取固定于船身的坐标系, x 轴沿船壳向上, 取 y 轴垂直于船壳.

冰原推挤冰块的力 F 的 x 分力为 $-F\sin\theta$, y 分力为 $-F\cos\theta$.

静摩擦力 f 的 x 分力为 f, y 分力为 0.

正压力 N 的 x 分力为 0, y 分力为 N.

冰块保持静止, 加速度的 x 分量与 y 分量均为零.

③ 列出冰块的平衡方程式

$$\begin{cases} -F\sin\theta + f = 0, \\ -F\cos\theta + N = 0. \end{cases}$$

④ 从平衡方程式解出

$$f = F\sin\theta, \quad N = F\cos\theta.$$

⑤ 我们假定冰块保持静止而算出静摩擦力 $f = F\sin\theta$. 这就是说, 为抵消滑动趋势, 需要这样大小的静摩擦力. 现在应当检查一下这样的大小是否能实现, 亦即检查它是否满足 (20.2) 式.

根据 (20.2), 冰块的确保持静止的条件是

$$F\sin\theta \leqslant \mu F\cos\theta,$$

即

$$\theta \leqslant \arctan\mu. \tag{1}$$

在条件 (1) 下冰块给船身造成巨大伤害.

另一方面, 如 (20.2) 不满足, 则冰块不保持静止而沿船壳下滑, 其条件为

$$F\sin\theta > \mu F\cos\theta,$$

即

$$\theta > \arctan\mu. \tag{2}$$

在条件 (2) 下冰块对船壳的伤害大大减轻. 建造破冰船时应使船壳与竖直平面所成角度超过 $\arctan\mu$.

值得指出 (1) 式的一个特点. 作为平衡条件, 它是不等式. 这就是说, 并不要求 θ 取某个确定的值才平衡, 而是在一定范围内都能平衡. 其实这是所有涉及摩擦力的平衡问题的共同特点. 事实上, 归根结底, 完全是由于静摩擦力随滑动趋势自动调节的特性. 当 $\theta = 0$, 根本没

有滑动趋势, 静摩擦力 =0 已经能平衡. θ 稍大一些, 滑动趋势增大一些, 静摩擦力随之增大一些, 也能平衡. θ 更大一些, 滑动趋势更大一些, 静摩擦力随之更大一些, 还是能平衡. θ 增大到 $\arctan\mu$, 静摩擦力已增大到最大限度. θ 更进一步增大, 静摩擦力不能随之进一步增大, 平衡不再能保持, 终于发生滑动.

例 2 在桌上有质量为 $m_1 = 1$ kg 的板, 板与桌面之间的摩擦系数为 $\mu_1 = 0.5$. 板上又放有质量为 $m_2 = 2$ kg 的物体, 板与物体之间的摩擦系数为 $\mu_2 = 0.25$ [图 2–26(a)]. 今以水平力 $F = 20$ N 将板从物体下抽出. 问板与物体的加速度各为多少?

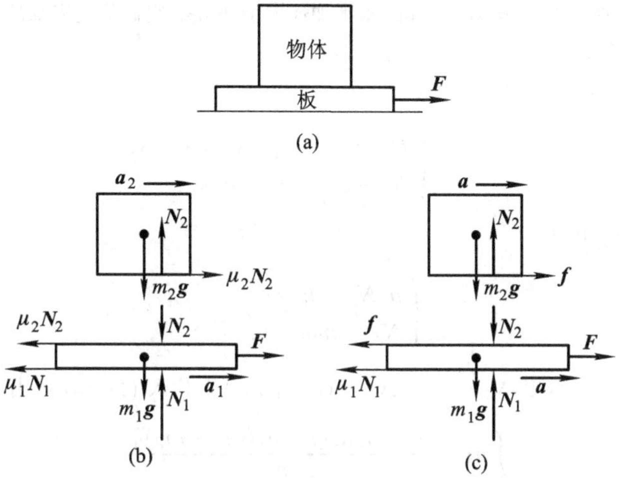

图 2–26

解 ① 本题要求研究板与物体的运动情况.

很自然地预计板沿着 F 的指向滑动. (如果实际上板并不滑动, 则计算结果必定不合理.) 至于板上物体, 则可能相对于板为静止, 也可能滞后于板, 但决不会超前于板. 究竟相对静止还是物体滞后于板, 我们无从预知, 必须通过具体计算才得以判断. 因此必须分别考察这两种可能性.

第一种可能: 物体滞后于板

将板与物体分别隔离出来 [图 2–26(b)].

板受到水平力 F. 板受到重力 m_1g, 竖直向下. 板与桌面接触, 受到桌面支持它的正压力 N_1, 竖直向上; 又受到桌面给予的滑动摩擦力 μ_1N_1, 指向水平而与滑动指向相反, 即与力 F 指向相反. 板与物体接触, 受到物体给予的正压力 N_2, 竖直向下; 又受到物体给予的滑动摩擦力 μ_2N_2. 因假定了物体滞后于板, 所以物体给予板的滑动摩擦力指向也是水平向后.

物体受到重力 m_2g, 竖直向下. 物体与板接触, 受到板支持它的正压力 N_2, 竖直向上; 又受到板给予的滑动摩擦力 μ_2N_2. 因假定了物体滞后于板, 所以物体所受滑动摩擦力指向为水平向前.

以桌子为参考系. 板相对于桌子作水平滑动, 指向同于力 F 的指向. 板的水平运动的详细情况未知, 其水平加速度也未知, 正是题所要求的.

研究板上物体的运动, 仍应以桌子为参考系. 不能以板为参考系, 因为以板为参考系则牛顿运动定律未必适用. 物体相对于桌子也作水平运动, 其详细情况未知, 水平加速度也未知, 事实上正为题所求. 但应指出, 根据物体滞后的假定, 物体的加速度应当小于板的加速度.

② 虽然物体与板都作水平运动, 但问题牵涉摩擦力, 摩擦力又与正压力有关, 而正压力是竖直方向的, 所以仍需二维坐标系.

取固定于桌子的二维坐标系. x 轴水平而同于力 F 的指向, y 轴竖直向上.

将板的水平加速度记作 a_1, 物体的水平加速度记作 a_2. 它们都是未知的, 根据物体滞后于板的假定, 应有 $a_2 < a_1$.

③ 列出板的运动方程式

$$\begin{cases} F - \mu_1 N_1 - \mu_2 N_2 = m_1 a_1, & (1) \\ N_1 - N_2 - m_1 g = 0. & (2) \end{cases}$$

列出物体的运动方程式

$$\begin{cases} \mu_2 N_2 = m_2 a_2, & (3) \\ N_2 - m_2 g = 0. & (4) \end{cases}$$

④ 从 (2), (4) 解出 $N_2 = m_2 g, N_1 = (m_1 + m_2)g$. 代入 (1), (3) 解出

$$\begin{cases} a_1 = \dfrac{F - \mu_2 m_2 g - \mu_1 (m_1 + m_2) g}{m_1}, \\ a_2 = \mu_2 g. \end{cases}$$

⑤ 以具体数值代入, 得

$$\begin{cases} a_1 = \dfrac{2g - 0.5g - 1.5g}{1} = 0, \\ a_2 = 0.25g. \end{cases}$$

这里 $a_2 > a_1$, 与所作假定矛盾. 物体竟然抢到板的前面去了! 这显然是不合理的. 在本题具体条件下, 物体并不滞后于板. 应当再考虑第二种可能性.

第二种可能: 物体与板相对静止

将板与物体分别隔离出来 [图 2-26(c)].

板受到水平力 F. 板受到重力 $m_1 g$, 竖直向下. 板与桌面接触, 受到桌面支持它的正压力 N_1, 竖直向上; 又受到桌面给予的滑动摩擦力 $\mu_1 N_1$, 指向水平而与滑动指向相反, 即与力 F 指向相反. 板与物体接触, 受到物体给予的正压力 N_2, 竖直向下; 又受到物体给予的静摩擦力 f. 因为物体有相对滞后的趋势, 所以物体给予板的静摩擦力水平向后; 至于 f 的大小则是未知的, 有待解算出来.

物体受到重力 $m_2 g$, 竖直向下. 物体与板接触, 受到板支持它的正压力 N_2, 竖直向上; 又受到板给予的静摩擦力 f. 因为物体有相对滞后的趋势, 所以物体所受静摩擦力指向为水平向前; 至于 f 的大小则有待解算.

以桌子为参考系. 板相对于桌子滑动, 指向同于力 F 的指向. 板的水平运动的详细情况未知, 其水平加速度也未知, 正是所要求的.

研究板上物体的运动, 仍应以桌子为参考系. 不能以板为参考系, 因为以板为参考系则牛顿运动定律未必适用. 物体相对于桌子也作水平运动. 根据物体与板相对静止的假定, 物体的运动情况同于板的运动情况.

② 虽然物体与板都作水平运动, 但问题牵涉摩擦力, 摩擦力又与正压力有关, 而正压力是竖直方向的, 所以仍需二维坐标系.

取固定于桌子的二维坐标系. x 轴水平而同于力 F 的指向, y 轴竖直向上.

板与物体的水平加速度相同, 记作 a.

③ 列出板的运动方程式

$$\begin{cases} F-\mu_1 N_1 - f = m_1 a, & (1) \\ N_1 - N_2 - m_1 g = 0. & (2) \end{cases}$$

列出物体的运动方程式

$$\begin{cases} f = m_2 a, & (3) \\ N_2 - m_2 g = 0. & (4) \end{cases}$$

④ 从 (2), (4) 解出 $N_2 = m_2 g, N_1 = (m_1+m_2)g$. 代入 (1),(3) 解出

$$\begin{cases} a = \dfrac{F-\mu_1(m_1+m_2)g}{m_1+m_2}, \\ f = m_2 \dfrac{F-\mu_1(m_1+m_2)g}{m_1+m_2}. \end{cases}$$

⑤ 以具体数值代入, 得

$$\begin{cases} a = \dfrac{2g-1.5g}{3} = \dfrac{1}{6}g = 1.63\ \text{m/s}^2, \\ f = 2\times 1.63\ \text{N}. \end{cases}$$

所求得的静摩擦力 $\dfrac{1}{6}m_2 g$ 并没有超过静摩擦力的最大限度 $\mu_2 N_2$, 即 $\dfrac{1}{4}m_2 g$, 所以是可能实现的. 在本题具体条件下, 实际发生的正是物体与板相对静止.

在本例中, 板上物体所受摩擦力的指向与物体的运动方向**相同**! 当然, 就物体在接触面上相对滑动趋势的指向而言, 物体所受摩擦力的指向和它**相反**.

在各种各样的机械中常利用皮带轮传动. 电动机的主动轮带动皮带而皮带又带动机床上的塔轮. 这样, 电动机所提供的动力通过皮带轮传输给机床. 这里, 不论是主动轮带动皮带, 或是皮带带动塔轮, 都是借助于轮与皮带之间的摩擦力. 在正常情况下, 皮带与轮之间并不 “打滑” 即轮带动皮带, 或皮带带动轮以同样的速度转动, 两者相接触的地方没有相对滑动, 这时的摩擦是静摩擦; 假如皮带与轮之间有 “打滑” 现象 (通常不希望发生这种情况), 则摩擦是滑动摩擦. 在 §19 例 5 的讨论中曾说到, 同一根绳不管它怎样绕来绕去, 其中各处张力近似是一样

的; 这个关于绳的结论当然也可以应用于皮带. 但如皮带受到静摩擦力或滑动摩擦力作用, 这个结论就不正确了. 轮两方皮带中张力不再相等. 现在就来研究一下两方张力之间的数量关系. 由于静摩擦可以在一定范围内自动调节, 所以在不"打滑"的条件下两方张力之间的数量关系也是自动调节, 随滑动趋势大小而定. 在下面的例 3 中不准备研究一般情况下两方张力之间的数量关系, 只研究恰将"打滑"而未"打滑"的边缘情况下, 两方张力之间的数量关系; 这时的静摩擦力恰好达到最大静摩擦. 已"打滑"条件下, 两方张力的数量关系也可以同样算出. 但在实际工作中不希望发生"打滑", 所以我们也不准备这样来提问题.

*__例 3__ 皮带绕过轮, 其与轮相接触的一段在轮心所张角度为 θ (图 2–27). 皮带与轮之间的静摩擦系数为 μ. 皮带与轮正处于将要滑动的边缘情况下, 相对地说, 皮带有顺时针方向的滑动趋势, 轮有逆时针方向的滑动趋势. 试求轮两方皮带中张力 T_1、T_0 之间的数量关系.

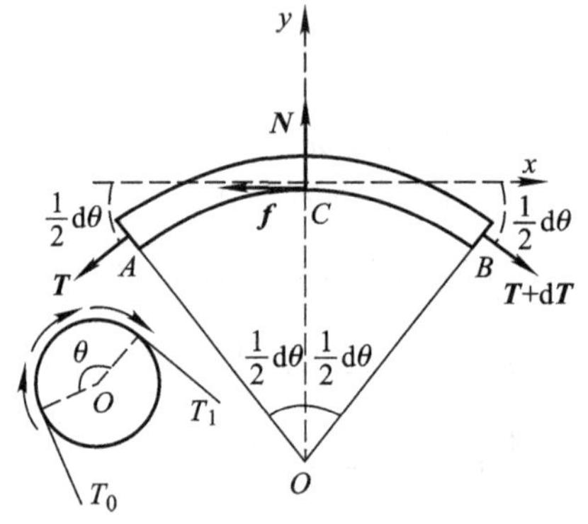

图 2–27

解 ① 本例要求研究皮带的受力情况.

这里有一个困难, 即皮带中各处张力的指向、大小都各不一样. 这是一种"变量"的困难. 为克服这一困难, 应利用变量与常量的辩证关系, 即截取一小段皮带来研究.

将皮带的一小段 AB 隔离出来, 这一小段在轮心所张角度为 $\mathrm{d}\theta$ (图 2–27).

AB 段与轮接触, 受到轮的正压力 N, 沿着半径向外; 又受到轮给予的静摩擦力 f. 因皮带有顺时针的滑动趋势, 所以 AB 段所受的静摩擦力沿着轮的切线而向左 (见图). 又因皮带在滑动边缘, 所以这里的静摩擦力即最大静摩擦力, $f = \mu N$.AB 段又在两端与皮带的其余部分接触, 所以在两端受到张力, 分别沿两端的切线方向, 其指向是使 AB 段拉紧. 由于摩擦力, 两端的张力不等, 分别记作 T、$T + \mathrm{d}T$.

以地面为参考系, AB 段作圆周运动.

② 取固定于地球的二维坐标系. 原点在 AB 段的中点 C, x 轴沿 C 点的切线向右, y 轴沿半径 OC 向外.

③ 列出 AB 段的运动方程式. 由于 AB 段是很小的一段, 其质量很小, 因而运动方程

式中的 $\boldsymbol{ma}$ 可以近似当作 0.

$$\begin{cases}(T+\mathrm{d}T)\cos\dfrac{\mathrm{d}\theta}{2}-T\cos\dfrac{\mathrm{d}\theta}{2}-\mu N=0, & (1)\\ N-T\sin\dfrac{\mathrm{d}\theta}{2}-(T+\mathrm{d}T)\sin\dfrac{\mathrm{d}\theta}{2}=0. & (2)\end{cases}$$

④ 首先, 运动方程式很容易加以整理成为

$$\begin{cases}\mathrm{d}T\cos\dfrac{\mathrm{d}\theta}{2}-\mu N=0,\\ N-2T\sin\dfrac{\mathrm{d}\theta}{2}-\mathrm{d}T\sin\dfrac{\mathrm{d}\theta}{2}=0.\end{cases}$$

因 $\mathrm{d}\theta$ 很小, 所以 $\sin\dfrac{\mathrm{d}\theta}{2}\approx\dfrac{\mathrm{d}\theta}{2},\cos\dfrac{\mathrm{d}\theta}{2}\approx 1$, 运动方程式进一步简化为

$$\begin{cases}\mathrm{d}T-\mu N=0, & (3)\\ N-T\mathrm{d}\theta-\dfrac{1}{2}\mathrm{d}T\mathrm{d}\theta=0. & (4)\end{cases}$$

在 (4) 式之中, $\dfrac{1}{2}\mathrm{d}T\mathrm{d}\theta$ 项比起另外两项是高级微量, 可以忽略. 于是

$$\begin{cases}\mathrm{d}T=\mu N,\\ N=T\mathrm{d}\theta.\end{cases}$$

从两式消去 N, 得

$$\mathrm{d}T=\mu T\mathrm{d}\theta. \tag{5}$$

这样, 我们解得 AB 段两端张力的差. 但问题要求的是轮两方张力的数量关系, 并不仅仅是 AB 段两端张力差. 为此, 还应将各个小段两端张力的差累计起来, 换句话说, 应对 $\mathrm{d}T$ 进行积分. 但 (5) 式还不能就拿来积分, 应该先分离变量然后再积分,

$$\int_{T_0}^{T_1}\frac{\mathrm{d}T}{T}=\int_0^{\theta}\mu\mathrm{d}\theta.$$

最后结果是

$$T_1=T_0\mathrm{e}^{\mu\theta}. \tag{6}$$

⑤ 为获得具体印象起见, 现在考虑具体数值. 设想 2 000 t 的船正在下水, 正沿坡度为 1/20 的轨道下滑着. 万一由于某种紧急原因需要制止船在轨道上的运动, 单纯凭体力是没有可能完成这一任务的, 因为这要求 $T_1=2\,000\times10\times1/20\ \mathrm{N}=1\,000\ \mathrm{N}$. 如将船所悬垂的缆索迅速在固定桩子上绕几圈, 例如说, 绕五圈再去用手拉住, 则只需 $T_0=T_1\mathrm{e}^{-\mu\theta}=1\,000\mathrm{e}^{-\mu10\pi}\ \mathrm{N}$. 如缆索与桩子摩擦系数 $\mu=0.25$, 则 $T_0=1\,000\mathrm{e}^{-0.25\times10\pi}\ \mathrm{N}=1\,000\times3.9\times10^{-4}\ \mathrm{N}=390\ \mathrm{N}$. 竟然只要 390 N! 完全为普通人力所能及. 100 t 与 39 kg 相差多少! 其差额完全由摩擦力承担起来了. (g 取 10 m/s^2.)

(2) 湿摩擦

固体相对于液体或气体而运动时, 沿着接触面上也有阻止相对滑动的摩擦力. 这种摩擦力称为**湿摩擦**.

固体浸没于液体或气体中, 运动时除了受到湿摩擦力之外, 同时还有另一种效应, 即在接触面上, 固体受到液体或气体的压力, 这压力的指向垂直于接触面, 而且迎面所受压力大于背面所受压力, 因而固体所受压力的总效果也是阻止固体的相对运动. 由此而引起的阻力称为**介质阻力**. 并且一般说来, 介质阻力远远大于湿摩擦力.

介质阻力和湿摩擦力的本质完全不一样, 但在固体相对于液体或气体的运动中, 它们起着同样的作用. 在力学中正是要研究它们对固体运动的影响, 并不追究介质阻力与湿摩擦力的本质 (这是分子物理学的任务), 因而常常不去区分它们, 而将介质阻力也归到湿摩擦力中. 以下凡是说到湿摩擦力, 就包括介质阻力在内.

湿摩擦力不同于干摩擦, 没有相对运动也就没有湿摩擦力. 换句话说,**对于湿摩擦现象, 谈不上静摩擦力**. 既然不存在静摩擦, 不论多小的力都能推动固体使其在液体或气体中运动. 在干摩擦的情况下, 小于最大静摩擦的力根本不能推动物体. 可以用竹竿撑船使船前进, 却从来没看见过用竹竿撑汽车使汽车前进, 就是这个道理.

一旦发生相对滑动, 湿摩擦力亦随之出现. 湿摩擦力的指向自然与固体相对运动速度指向相反. 至于**湿摩擦力的大小则随着相对运动速度的加快而增大**. 当相对运动比较慢的时候, 湿摩擦力的大小大致与速度成正比; 当相对运动比较快的时候, 湿摩擦力大致与速度平方成正比.

固体浸于液体或气体中. 如以一定大小的力去推固体, 由于不存在静摩擦, 固体将逐渐动起来. 固体一开始运动, 湿摩擦力也就出现. 起初, 湿摩擦力比较小, 还小于所加推力, 固体仍然继续加速. 固体速度加快, 湿摩擦力随之而增大. 最后, 固体达到某个速度, 其相应的湿摩擦力与所加推动力相等, 固体保持这一速度而作匀速运动. 这一速度称为**终极速度**. 如固体的初速度超过终极速度, 则湿摩擦力大于所加推动力, 运动变慢, 最后也是达到终极速度而作匀速运动. 终极速度的大小显然与所加推动力的大小有关.

***例 4** 以初速 v_0 竖直向上抛一物体. 空气阻力正比于速度而变化. 试研究物体的运动情况 (图 2–28).

解 ① 问题已明确提出要求: 研究物体运动情况.

将物体隔离出来.

物体受到重力 mg, 竖直向下. 物体与空气接触, 受到空气阻力, 其指向与物体运动的指向相反.

以地面为标准研究物体的运动. 物体相对于地面的运动情况未知, 正是题所求的. 其加速度自然也是未知的.

初始条件是: 物体被抛出时, 速度为 v_0.

② 这是竖直方向的直线运动, 只需一维坐标系. 取固定于地球的 x 轴, 竖直向上, 物体被抛掷处为原点.

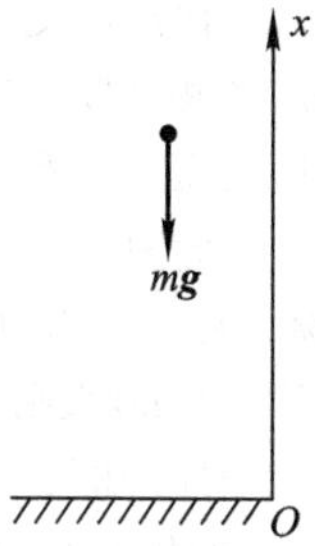

图 2–28

物体的加速度是未知的, 记作 $\ddot{x}$.

物体所受重力为 $-mg$.

将阻力系数 (即空气阻力与物体速度之比值, 为常量) 记作 h, 则物体所受空气阻力 $R=-h\dot{x}$. 注意这一表达式对于物体的上升阶段与随后的下降阶段都是正确的. (物体在上升阶段的速度向上, $\dot{x}>0$, 而空气阻力向下, 可以表为 $-h\dot{x}$; 物体在下降阶段的速度向下, $\dot{x}<0$, 而空气阻力向上, 恰好也可以表为 $-h\dot{x}$), 既然在上升与下降阶段的空气阻力同样可以表为 $-h\dot{x}$, 就没有必要划分上升与下降阶段并分别列出运动方程式以解算物体运动情况.

取物体被抛掷时刻为 $t=0$, 初始条件成为: 于 $t=0, x=0, \dot{x}=v_0$.

③ 列出运动方程式

$$-mg-h\dot{x}=m\ddot{x}. \tag{1}$$

④ 运动方程 (1) 是微分方程式. 不可能先从运动方程式解出 $\ddot{x}$, 再从 $\dot{x}$ 解出运动情况的详尽描述; 它们只能从这个微分方程同时解出来.

在微分方程 (1) 之中, 不出现 x, 因而可将速度 $v=\dot{x}$ 作为未知函数看待, 微分方程就能降低一阶. 这样,

$$-mg-hv=m\frac{\mathrm{d}v}{\mathrm{d}t}. \tag{2}$$

将 (2) 式分离变量, 得

$$\frac{-m\mathrm{d}v}{hv+mg}=\mathrm{d}t,$$

即

$$-\frac{m}{h}\frac{\mathrm{d}(hv+mg)}{hv+mg}=\mathrm{d}t.$$

两方分别积分. 考虑到初始条件 "于 $t=0, v=v_0$" 得

$$\left[-\frac{m}{h}\ln(hv+mg)\right]_{v_0}^{v}=t,$$

即

$$\ln\frac{hv_0+mg}{hv+mg}=\frac{h}{m}t.$$

所以

$$v=\left(v_0+\frac{mg}{h}\right)\mathrm{e}^{-\frac{h}{m}t}-\frac{mg}{h}. \tag{3}$$

再积分一次. 考虑到初始条件 "于 $t=0, x=0$", 得

$$x=\frac{m}{h}\left(v_0+\frac{mg}{h}\right)(1-\mathrm{e}^{-\frac{h}{m}t})-\frac{mg}{h}t. \tag{4}$$

⑤ 开始时, t 比较小, (3) 式右方第一项 $\approx v_0+mg/h$, 因而 $v>0$, 即物体继续上升. 时间流逝, t 逐渐增大, (3) 式右方第一项逐渐减小, v 也逐渐减小为零, 并继续减小而取负值, 这就是下降阶段.

于 $t \to \infty, v \to -mg/h$, 即终极速度. 终极速度取决于物体的重量, 又取决于阻力系数 h. 终极速度与初速度的大小、指向均无关系. 也可以从运动方程式直接求得终极速度. 事实上, 于运动方程式 (2) 中, 置 $\mathrm{d}v/\mathrm{d}t = 0$ (匀速运动), 即得 $v = -mg/h$, 正是终极速度.

天空中落下的雨滴经过大约一秒钟左右就差不多达到终极速度, 随后以终极速度匀速下降. 大小不同的雨滴, 重量不同, 阻力系数也不同, 因而终极速度也不同. 一般在 1~7 m/s 之间. 雨滴越大则终极速度越大.

⑥ 如果问题仅仅要求上升最大高度, 则以 $v = 0$ 代入 (3) 可求得到达最大高度的时间, 又以此代入 (4) 即得最大高度. 但是这样的问题完全可以直接简便解出, 无须先求详尽的解答 (3) — (4).

事实上, 最大高度问题是物体速率与位置的关系问题, 最好一开始就将运动方程式 (1) 改表为速率与位置的关系. 为此, 再次利用 $\mathrm{d}v/\mathrm{d}t = v\mathrm{d}v/\mathrm{d}x$, 于是 (1) 可写为

$$-mg - hv = mv\mathrm{d}v/\mathrm{d}x.$$

分离变量, 并分别积分,

$$-\int_0^H \mathrm{d}x = \int_{v_0}^0 \frac{mv\mathrm{d}v}{mg + hv}.$$

立即求得最大高度

$$H = \frac{mv_0}{h} - \frac{m^2 g}{h^2} \ln \frac{mg + hv_0}{mg}.$$

这种直接寻求速率 v 与坐标 x 的关系的方法也是应当熟练掌握的.

***例 5** 试研究抛射体在空气中的运动 (图 2–29). 已知其被抛出的仰角为 φ, 初速为 v_0. 假定空气阻力正比于物体的速度, 阻力系数为 h. (参阅 §19 例 2.)

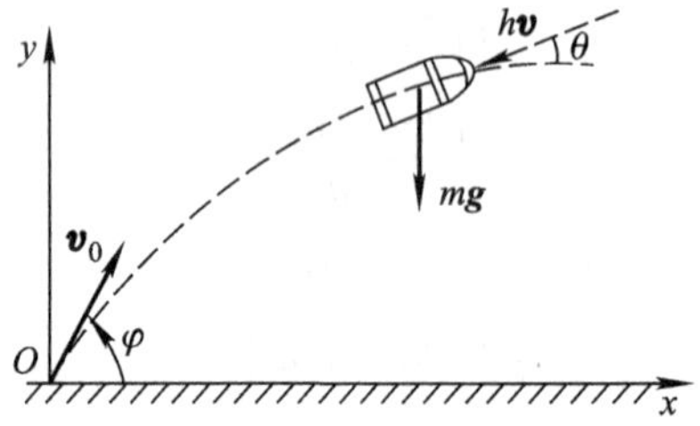

图 2–29

解 ①②③ 本例与 §19 例 2 相似, 不同的是本例还要计入空气阻力.

取固定于地面的直角坐标系, 原点在抛射体的初始位置, x 轴水平而指向射击的前方, y 轴竖直向上. 可以立即写出运动方程式:

$$\begin{cases} m\dfrac{\mathrm{d}\dot{x}}{\mathrm{d}t} = -h\dot{x}, & (1) \\ m\dfrac{\mathrm{d}\dot{y}}{\mathrm{d}t} = -mg - h\dot{y}. & (2) \end{cases}$$

④ 这两个运动方程式都是可以分离变量的,

$$\begin{cases}\dfrac{\mathrm{d}\dot{x}}{\dot{x}}=-\dfrac{h}{m}\mathrm{d}t, & (3)\\ \dfrac{h\mathrm{d}\dot{y}}{mg+h\dot{y}}=-\dfrac{h}{m}\mathrm{d}t. & (4)\end{cases}$$

两方分别积分一次, 并计及初始速度, 得

$$\begin{cases}\dot{x}=(v_0\cos\varphi)\mathrm{e}^{-\frac{h}{m}t}, & (5)\\ \dot{y}=\left(v_0\sin\varphi+\dfrac{mg}{h}\right)\mathrm{e}^{-\frac{h}{m}t}-\dfrac{mg}{h}. & (6)\end{cases}$$

再积分一次, 并计及初始坐标, 得

$$\begin{cases}x=\dfrac{mv_0\cos\varphi}{h}(1-\mathrm{e}^{-\frac{h}{m}t}), & (7)\\ y=\left(\dfrac{mv_0\sin\varphi}{h}+\dfrac{m^2g}{h^2}\right)(1-\mathrm{e}^{-\frac{h}{m}t})-\dfrac{mg}{h}t. & (8)\end{cases}$$

⑤ 从 (7) — (8) 消去 t, 得轨道方程式:

$$y=\left(\tan\varphi+\frac{mg}{hv_0\cos\varphi}\right)x+\frac{m^2g}{h^2}\ln\left(1-\frac{h}{mv_0\cos\varphi}x\right).$$

由于空气阻力的作用, 轨道不再是简单的抛物线了.

于 $t\to\infty,\dot{x}\to 0,\dot{y}\to -mg/h$, 即以终极速度 mg/h 竖直下降.

⑥ 实际上, 空气阻力往往并非简单地正比于速度, 所以实际的运动情况比这里解出来的还要复杂得多.

为了表明空气阻力的巨大影响, 我们作出图 2–30. 如果没有空气阻力, 以初速 620 m/s, 仰角 45° 发射的步枪子弹的射程应为 40 km, 而实际上射程只有 4 km!

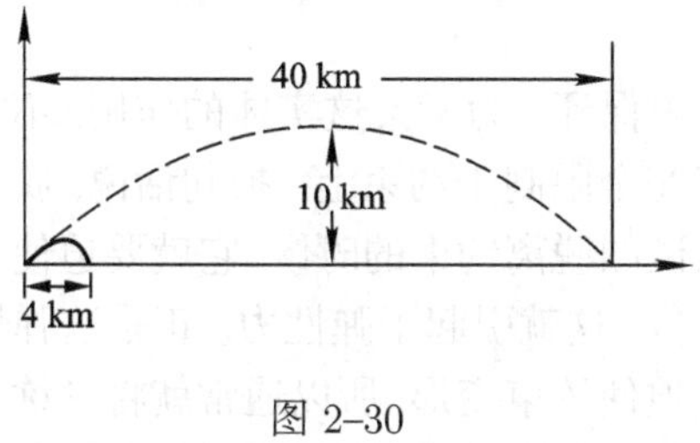

图 2–30

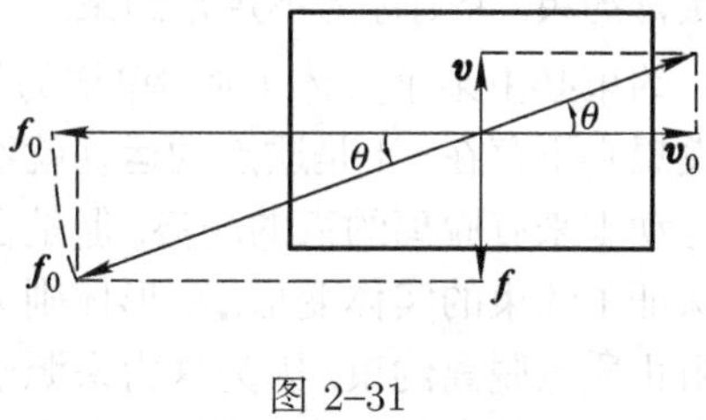

图 2–31

(3) 干摩擦而带有湿摩擦的特点

固体与固体之间的摩擦是干摩擦. 但固体既已沿接触面相对滑动时, 在沿接触面而与相对滑动方向垂直的方向上 (以下简称为侧向), 摩擦竟然带有湿摩擦的特点, 即任意小的侧向力都能引起侧向的相对滑动.

事实上, 以 $\boldsymbol{v}_0$ 表示物体相对滑动速度, 则物体所受滑动摩擦力 $\boldsymbol{f}_0$ 与 $\boldsymbol{v}_0$ 指向相反, 其大小为 $f_0=\mu N$ (图 2–31). 假如由于某种偶然性的原因, 物体在侧向

获得小速度 $\boldsymbol{v}$, 则合速度的指向从原来 $\boldsymbol{v}_0$ 的指向偏过小角度 $\theta=\arctan(v/v_0)$. 滑动摩擦力的指向应与合速度的指向相反, 所以滑动摩擦力的指向也从原来 $\boldsymbol{f}_0$ 的指向偏过 θ 角. 虽然指向改变了, 其大小只能仍是 μN, 即与 f_0 相同. 摩擦力的分力 f 是阻止侧向滑动的, 而 $f=\mu N\sin\theta\approx\mu N\theta\approx\mu N\tan\theta=\mu Nv/v_0$. $v\to 0, f\to 0$. 这正表明侧向的摩擦力具有湿摩擦力的特点.

在拔除比较紧的钉子时, 我们常一面使钉子来回旋转, 一面向外拔它. 这正是不自觉地利用了上述特性. 钉子旋转时发生滑动, 在滑动的侧向, 亦即在我们要拔它出来的方向, 摩擦力具有湿摩擦力的特点, 对于拔出来是有利的. 汽车过于猛烈地急剧刹车, 车轮停止转动, 但由于惯性, 汽车还要向前移动, 停止了转动的车轮因而沿路面向前滑动. 如路面有某些偶然的小起伏, 就能将汽车推向侧方, 甚至造成事故. 车床工作时, 如进刀太猛, 传动皮带与塔轮之间的最大摩擦力已不足以带动塔轮, 皮带与塔轮之间发生相对滑动, 某些偶然原因就能使皮带从侧面滑脱而车床停止工作.

§21 约 束 运 动

取一条不能伸缩的坚实软索, 固定其上端, 悬一质点于下端, 使质点在通过悬点的竖直面内运动, 就成为单摆 (数学摆). 单摆的运动被限制在圆弧上, 这圆弧以悬挂点为中心, 以绳长为半径.

一般地讲, 质点被限制于某个曲面或某个曲线上运动, 我们就说, 质点的运动受到了**运动学的约束**. 该曲面或曲线就称为**约束**. 约束如不随时间而变, 则称为**定常约束**, 否则称为**不定常约束**.

约束必由某个实体 (例如单摆的悬绳) 来保证. 为考察这实体的作用, 不妨先设想它不存在, 于是质点的运动就不一定完全限制于约束上. 换句话说, 质点的运动本来有脱离约束的趋势. 但是在质点试图脱离约束的时候, 它就要迫使这个保证了约束的实体变形, 变形体则力图恢复, 这就引起了弹性力. 正是这弹性力阻止质点脱离约束. 因为这力来源于质点迫使约束变形, 所以通常就将它称为**约束对质点的反作用力**, 或简称**约束反力**. 在不少情况下, 由于体现约束的实体比较坚硬 (劲度系数比较大), 变形极为轻微, 几乎就等于不变形, 因此一方面可以将约束看作是不变的刚性曲面或曲线, 另一方面又用约束反力这种弹性力来说明质点之被限制在约束上. 刚性与弹性两个对立的概念又在这里统一起来了.

约束反力的大小随质点的脱离趋势大小而定. 脱离趋势越大, 约束变形程度越大, 弹性力越大, 即约束反力越大. 脱离趋势的大小有所变动, 约束反力的大小随之相应地自动调节, 使质点总是限制在约束上. 在具体问题中, 约束反力的大小或其变动情况往往不能预先知道, 需要根据 "质点的运动限制在约束上" 这个条件从运动方程式解算出来.

既然约束反力是阻止质点脱离约束的, 它自然沿着约束的法向. 至于指着法向的哪一方, 则取决于质点具有从哪一方面脱离的趋势. 如约束与质点之间是 "光滑" 的, 则约束仅仅给予质点法向的约束反力. 如约束与质点之间是 "粗糙" 的, 则约束除了给予质点法向的约束反力之外, 还给予质点以摩擦力, 摩擦力指向与质点速度指向相反, 因而是切向的.

研究约束运动时, 很自然地采用自然坐标系而列出与坐标选择无关的**内禀运动方程式**, 即切向与法向的运动方程式.

***例 1** 研究摆长为 l 的单摆的运动.

解 ① 题已明确提出要求: 研究质点的运动情况.

将质点隔离出来 (图 2–32).

以地面为标准研究质点的运动. 悬挂点相对于地面静止. 质点的运动情况是未知的, 正如题所求, 但知它限制于以悬挂点为心、以 l 为半径的圆周上.

质点受到重力 mg 作用, 竖直向下. 质点与悬绳接触, 受到绳施于它的张力, 这正是维持它在圆周上的约束反力.

② 这是平面中的运动, 需二维坐标系. 以地面为标准, 质点的轨道是已知的, 所以用自然坐标系可能比较方便. 规定使 θ 增大的指向为切线的正指向, 规定直指悬挂点的指向为法线的正指向.

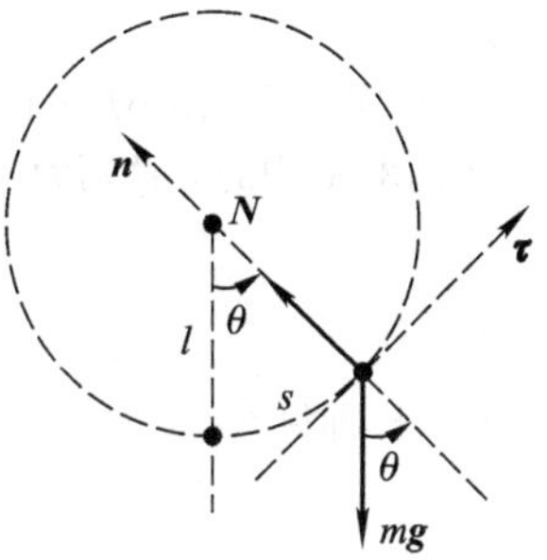

图 2–32

切向加速度为 $\ddot{s}$, 即 $l\ddot{\theta}$; 法向加速度为 $\dot{s}^2/l$, 即 $l\dot{\theta}^2$.

重力的切向分力为 $-mg\sin\theta$; 法向分力为 $-mg\cos\theta$.

绳施于质点的张力 N, 即约束反力, 其切向分力为零, 法向分力为 N.

③ 列出内禀运动方程式

$$\begin{cases} ml\ddot{\theta} = -mg\sin\theta, & (1) \\ ml\dot{\theta}^2 = N - mg\cos\theta. & (2) \end{cases}$$

④ 只用切向运动方程式 (1) 就可解得质点运动情况; 将这代入法向运动方程式 (2), 又可解得约束反力 N.

先研究切向运动方程式 (1), 即

$$\ddot{\theta} + \frac{g}{l}\sin\theta = 0. \tag{3}$$

如单摆只作小角度的摆动, θ 保持很小而 $\sin\theta \approx \theta$, (3) 式就可以简化为

$$\ddot{\theta} + \frac{g}{l}\theta = 0. \tag{4}$$

这正是 §19 例 7 指出, 应当立刻认得出来的谐振动方程式. 其解可以直接写出:

$$\theta = A\cos\left(\sqrt{\frac{g}{l}}t+\varphi\right), \tag{5}$$

这里 A、φ 是积分常数, 取决于初始条件.

⑤　这是以竖直向下的方向 ($\theta=0$) 为中心的左右摆动, 其周期为

$$T = 2\pi/\omega = 2\pi\Big/\sqrt{\frac{g}{l}} = 2\pi\sqrt{\frac{l}{g}}.$$

这就是大家所熟知的**单摆周期公式**. 单摆的周期只取决于当地的重力加速度 g 与摆长 l, 而与质点的性质 (例如质量) 无关, 与振幅也无关. 单摆周期的量度提供了测定重力加速度的简便方法.

如单摆并不是作小角度的摆动,(3) 式不能简化为 (4), 仍然需要积分 (3) 式.

将 (3) 式中的 $\ddot{\theta}$ 改写为 $\dot{\theta}\mathrm{d}\dot{\theta}/\mathrm{d}\theta$,

$$\dot{\theta}\frac{\mathrm{d}\dot{\theta}}{\mathrm{d}\theta}+\frac{g}{l}\sin\theta=0.$$

分离变量, 即得

$$\dot{\theta}\mathrm{d}\dot{\theta}+\frac{g}{l}\sin\theta\mathrm{d}\theta=0.$$

各项分别积分,

$$\left(\frac{1}{2}\dot{\theta}^2-\frac{1}{2}\dot{\theta}_0^2\right)-\left(\frac{g}{l}\cos\theta-\frac{g}{l}\cos\theta_0\right)=0,$$

这里的 θ_0 与 $\dot{\theta}_0$ 为摆的初始角坐标与初始角速度. 上式给出单摆在各个位置的角速度:

$$\dot{\theta}^2=\frac{2g}{l}\left(\cos\theta-\cos\theta_0+\frac{l}{2g}\dot{\theta}_0^2\right). \tag{6}$$

只要将 (6) 式两方分别开方, 并分离变量, 就可以进一步积分, 从而解出单摆运动的详尽情况. 详细的演算这里就略去了.

但是, 无须进一步积分也能看出, 单摆的运动有三种不同的情况: ① 如 $(l/2g)\dot{\theta}_0^2-\cos\theta_0<1$, 则必有某个角度 α, 使 $\theta=\alpha$ 时 (6) 式给出 $\dot{\theta}=0$. 这意味着, 摆动到角度 α 就要折回, 因而是一种来回的摆动. ② 如 $(l/2g)\dot{\theta}_0^2-\cos\theta_0>1$, 则不可能有一角度使 $\dot{\theta}=0$. 这就意味着, 摆不再折回, 绕着悬点不断作变速转动, 不成其为摆动. ③ 如 $(l/2g)\dot{\theta}_0^2-\cos\theta_0=1$, 则只有 $\theta=\pi$ 使 (6) 式给出 $\dot{\theta}=0$. 事实上, 具体计算① 指出, θ 无限趋近于 π, 即悬绳无限趋于竖直向上的方向但永不能达到.

现在来求绳中张力 N. 以 (6) 式代入法向运动方程式 (2), 就求得

$$N=3mg\cos\theta-2mg\cos\theta_0+ml\dot{\theta}_0^2. \tag{7}$$

① 在 $(l/2g)\dot{\theta}_0^2-\cos\theta_0=1$ 的条件下, (6) 式成为 $\mathrm{d}\theta/\mathrm{d}t=\sqrt{2g/l}\sqrt{1+\cos\theta}$. 分离变量, 得 $\mathrm{d}\theta/\sqrt{1+\cos\theta}=\mathrm{d}t\sqrt{2g/l}$, 即 $\sec(\theta/2)\mathrm{d}(\theta/2)=\mathrm{d}t\sqrt{g/l}$. 两方分别积分, $\ln[\tan(\theta/4+\pi/4)/\tan(\theta_0/4+\pi/4)]=t\sqrt{g/l}$, 即 $\theta=4\arctan\{\mathrm{e}^{t\sqrt{g/l}}\tan[\theta_0/4+\pi/4]\}-\pi$. 于 $t\to\infty,\theta\to+\pi$.

值得注意: 在 $(l/2g)\dot{\theta}_0^2 - \cos\theta_0 = 1$ 的条件下, 悬绳无限趋近于竖直向上的方向但永不达到. 这意味着, 悬绳几乎无限久地保持着差不多竖直向上. 对于柔软的绳索, 这是极不合理的. 另一方面, 于 $(l/2g)\dot{\theta}_0^2 - \cos\theta_0 = 1$ 的条件下, (7) 式给出

$$N = 3mg\cos\theta + 2mg,$$

因而于 $\theta > \arccos\left(-\dfrac{2}{3}\right)$ (约为 $138°10'$), 得 $N < 0$, 悬绳不是拉紧质点而是推斥质点, 绳中出现的不是张力而是压力. 对于柔软的绳索, 这又是极不合理的. 其实问题的这两个方面有密切的联系, 只有绳对质点的推斥力才能使质点差不多保持在圆周最高点, 只有绳中压力才能使绳维持竖直向上.

试对 $N < 0$, 即绳以推斥力施于质点这个结论进行分析. $N < 0$ 意味着质点有向圆内脱离圆周的趋势, 而由于假定质点被限制在以悬点为心、以 l 为半径的圆周上, 这就要求绳推斥质点, 以阻止它向圆内脱离, 但柔软的绳根本不能达到这个要求. 这样, 我们终于接触到问题的中心: "质点限制在圆周上" 这一前提并不总是正确的. 如质点有向圆外脱离趋势, 它就使悬绳轻微地、几乎是不可觉察地伸长; 伸长了的悬绳则力图收缩, 将质点拉紧使之不能脱离. 如质点有向圆内脱离趋势, 由于绳索是柔软的, 质点向圆内脱离并不会压缩悬绳, 因而悬绳中并不出现弹性力以阻止质点脱离. 质点完全可以自由地向圆内脱离. 总之, 悬绳只限制质点不得向圆外脱离圆周, 并不限制质点向圆内脱离圆周. 当质点有向内脱离趋势之时, 不存在约束反力, 质点的运动并非约束运动, 而是自由运动; 如仍从 "质点始终被限制在圆周上" 这个错误前提出发, 则必然错误地推论出有约束反力, 并且推算出的约束反力指着不合理的一方, 因而由此解算出来的质点运动情况也是错误的.

在不少情况下, 约束对质点的限制是单侧的. 它限制质点不得从某一侧方脱离, 却听任质点自由地从另一侧方脱离. 与此相应, 约束反力的指向也只能是单向的. 对于**单侧的约束**, 必须注意到质点脱离约束即所谓**约束解除**的可能性.

在质点运动过程的各个时刻, 单侧约束解除与否, 取决于该时刻的脱离趋势的指向, 亦即取决于该时刻质点的运动情况. 因此, 在具体问题中, 何时解除约束, 何时未解除约束, 往往不能预先知道. 在具体问题中, 只好先假定质点始终不脱离约束, 按约束问题求解, 解出之后再加以检查. 主要是检查约束反力的指向. 凡约束反力的指向是合理的, 其相应的解答也是合理的; 凡约束反力的指向不合理的, 即**标志着约束解除**, 其相应的解答也是不合理的.

***例 2** 质点从光滑的静止大球的顶端滑下 (图 2–33). 试问滑到何处, 质点就会脱离球面飞出?

解 ① 球面给质点的约束是单侧的. 质点脱离球面与否的问题即约束是否解除的问题. 因此, 问题在于研究约束反力的指向.

球面阻止质点向内运动, 将质点向外推, 所以球给予质点的弹性力, 即约束反力应指向球外; 球面听任质点向球外飞离, 不会向内吸引质点, 约束反力绝不可能指向球内.

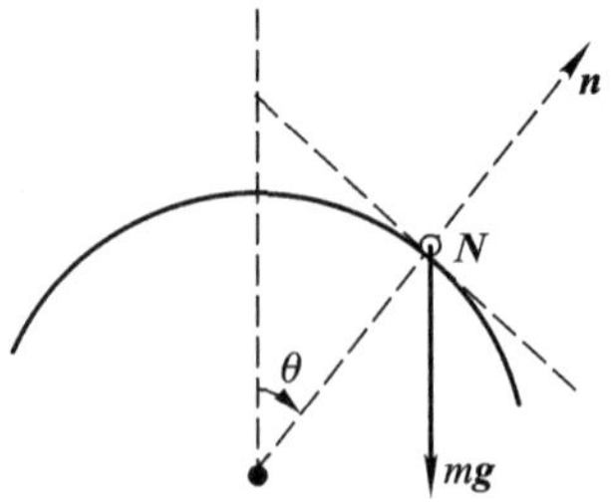

图 2–33

将质点隔离出来.

以球面为标准研究质点的运动, 球面是静止于地球上的. 质点沿球面向下滑动. 其运动的详细情况是未知的, 有待求解.

质点受到重力 mg, 竖直向下. 质点与球面接触, 受到球面的弹性力 N, 即约束反力, 其指向只能向球外, 不可能指向球内.

② 以球为标准研究质点的运动. 将力、加速度等矢量投影于切向与法向. 规定使 θ 增大的方向为切线的正指向, 规定沿球面的半径向外的方向为法线的正指向.

切向加速度为 $\ddot{s}$, 即 $R\ddot{\theta}$; 法向加速度指向球心, 与正指向相反, 应为 $-\dot{s}^2/R$, 即 $-R\dot{\theta}^2$.

重力的切向分力为 $mg\sin\theta$, 法向分力为 $-mg\cos\theta$.

球面施于质点的弹性力的切向分力为零, 法向分力为 N.

③ 列出内禀运动方程式:

$$\begin{cases} mR\ddot{\theta} = mg\sin\theta, & (1) \\ -mR\dot{\theta}^2 = N - mg\cos\theta. & (2) \end{cases}$$

④ 从切向运动方程式 (1) 解出 $\theta(t)$, 就能完全掌握质点运动情况. 因此先考虑 (1), 乘以 $\dot{\theta}\mathrm{d}t$ 即 $\mathrm{d}\theta$,

$$mR\dot{\theta}\ddot{\theta}\mathrm{d}t = mg\sin\theta\mathrm{d}\theta.$$

即

$$R\dot{\theta}\mathrm{d}\dot{\theta} = g\sin\theta\mathrm{d}\theta.$$

两方分别积分,

$$\frac{1}{2}R\dot{\theta}^2 - \frac{1}{2}R\dot{\theta}_0^2 = -(g\cos\theta - g\cos\theta_0). \tag{3}$$

由于初始条件 "于 $t=0, \theta=0, \dot{\theta}=0$", 上式即

$$\frac{1}{2}R\dot{\theta}^2 = g(1-\cos\theta).$$

这样就可以求出质点通过各个位置的角速度

$$\dot{\theta}^2 = \frac{2g}{R}(1-\cos\theta). \tag{4}$$

因为目的在于研究约束反力 N, 并不在于研究质点运动的详尽情况, 我们不准备继续积分 (4) 式. 将 (4) 代入法向运动方程式 (2), 求得

$$N = 3mg\cos\theta - 2mg.$$

⑤ 于开始时, θ 较小, $\cos\theta$ 较大, $3\cos\theta - 2 > 0, N > 0$, 这表示质点仍保持在球面上. 随着 θ 的增大, $\cos\theta$ 减小, N 减小. 于 θ 达到 $\arccos\dfrac{2}{3}$ 即大约 $41°50'$, N 减小到零. 如 θ 超过 $\arccos\dfrac{2}{3}$, 则 $N < 0$.

由此可见, 于 θ 达到 $\arccos\dfrac{2}{3}$, 质点开始离开球面.

复习思考题

本章研究**质点动力学问题**, 即质点运动的内在规律问题, 亦即质点在何种条件下作怎样的运动.

由于具体问题中的关系错综复杂, 按 "算术式" 思考方法进行直线推理常感不知从何下手. 应当发扬 "**代数式**" 思考方法.

按 "代数式" 思考方法解质点动力学问题, 就是按照问题中的具体条件将运动定律表为 "代数" 方程 —— 运动方程. 为此必须将问题中的**物体分别隔离**, 然后逐个地进行**具体分析**.

为正确进行具体分析, 除了需要掌握运动学知识之外, 还需要掌握质点动力学的**基本概念**与**基本知识**, 其中特别重要的是力的概念与力的基本性质. ① 惯性定律. 惯性概念. 惯性坐标系. ② 力的概念. 每一个力都是某个具体的物体施于另一具体物体的. ③ 万有引力、弹性力、各种各类摩擦力 (干摩擦中的静摩擦、滑动摩擦, 湿摩擦等等) 的性质. 力是一种接触作用. ④ 物体之间的作用是相互的. ⑤ 约束反力的概念. 约束解除的可能性. ⑥ 物体所获得的加速度与它所受的力之间的关系. 惯性质量的概念.

和运动学一样, 也必须利用坐标系这种**工具**.

总结起来, 质点动力学问题的解决应按规定的**五个步骤**来进行; 这五个步骤还可以进一步归纳为 "隔离物体, 具体分析, 选定坐标, 运动方程" **十六字诀**.

1. 惯性是什么? 惯性参考系是什么? 有哪些惯性参考系? 为什么要用惯性参考系?

2. 力是什么? "每一个力都是某个物体施于另一物体的", 这对具体问题的分析有什么重要意义?

*3. 物体的速度的指向怎么能够与物体所受力的指向不一致呢?

*4. 在运动学中, 通常只研究径矢 $\boldsymbol{r}$, 速度 $\dot{\boldsymbol{r}}$, 加速度 $\ddot{\boldsymbol{r}}$. 为什么不研究 "加加速度" $\dddot{\boldsymbol{r}}$?

*5. 物体在月球上重量只有在地球上重量的 1/6. 有一尊炮, 在地球上发射时炮弹出炮筒口速度为 1 000 m/s. 这尊炮在月球上发射时炮弹出口速度多大?

6. 物体所获得的加速度取决于哪些因素? 惯性质量是什么?

7. 万有引力定律的内容怎样? 引力质量是什么?

*8. §18 例 2 关于 "轻如灰尘也要拉断最结实的绳子" 的结论的错误根源在哪里?

*9. §18 例 3 的张力 F_1 是绳各部分相互拉紧的力, 并非作用于滑轮 A 的. 你认为应如何处理滑轮 A 的平衡问题?

*10. 站立在磅秤上的人忽然下蹲. 下蹲时磅秤的读数增大还是减小?

*11. 光滑的楔子放在光滑的桌子上. 楔子的重量为 p, 楔子的斜面与水平成 θ 角. 重量为 P 的光滑物体置于楔子的光滑斜面上. 物体对楔子压力多大? 楔子对桌面压力多大?

12. 弹性力是什么? 弹性力取决于什么? 是否取决于它所支承的物体的重量?

*13. 在一根绳的两端用力将绳拉紧, 绳的每一端受到 500 N. 绳的中间有一弹簧秤. 问弹簧秤的读数为多少牛?

*14. 有同样的小船两艘, 与岸的距离相等. 一人在 A 船上用力收绳, 而绳的另一端系牢于木桩上, 船就向岸移动. 至于 B 船, 则是岸上与船上各有一人用力收绳, 使船向岸移动. 三人的力量相同. 问哪一船先到岸?

*15. 马拉车的力与车拉马的力相等而指向相反. 马怎么能拉着车前进?

*16. 两队运动员进行拔河比赛. 甲队拉乙队的力与乙队拉甲队的力相等而指向相反, 怎么还会有胜负?

*17. §19 例 4 的驾驶员即使在头朝下的位置为什么还能稳坐在座位上并不掉落? 飞机速度不足为什么又会掉下来?

18. 干摩擦的特点是什么? 如何判断静摩擦力、滑动摩擦力的指向? 如何计算它们的大小? 如何判断究竟真正发生了滑动还是仅仅有滑动趋势?

*19. 骑自行车转弯. 使自行车转弯的向心力是什么力? 这力是怎样发生的? 转弯太猛, 为什么自行车会摔倒?

20. 湿摩擦的特点是什么? 湿摩擦的大小遵从怎样的规律? 什么情况下干摩擦带有湿摩擦的特点?

21. 约束反力是什么? 如何判断单侧约束解除与否?

22. "力是一种接触作用" 这对具体问题的分析有什么重要意义?

23. 解质点动力学问题的五个步骤是什么? 十六字诀说些什么? 十六字诀提到的四件事之间的关系怎样?

24. 什么样的运动方程式可以将 $\ddot{x}$ 改写为 $\dot{x}\mathrm{d}\dot{x}/\mathrm{d}x$ 或遍乘以 $\dot{x}\mathrm{d}t$. 而积分? 什么样的运动方程式可将 $\dot{x}$ 看作未知变量而积分?

25. 什么样的运动方程式是谐振动? 这种问题之所以为谐振动, 其物理实质如何?

第三章 运动定律与非惯性参考系

§22 问题的提出 解决途径

在质点动力学一开始的 §15, 我们就讨论了汽车急剧刹车时车中乘客向前倾倒的问题. 以地球为参考系, 乘客的运动显示出惯性. 以汽车为参考系, 却不显示惯性. 从这个例子引出极重要的结论: 相对于某些参考系, 质点的运动遵从牛顿运动定律, 这些参考系称为**惯性参考系**; 相对于另一些参考系, 质点的运动并不遵从牛顿运动定律, 这些参考系称为**非惯性参考系**. 必须选取惯性参考系, 才可以应用牛顿运动定律. 在第二章中, 就一直选取太阳作为参考系 (牛顿运动定律以很高的准确度成立), 或者选取地球或相对于地球为静止的物体作为参考系 (牛顿运动定律颇为准确地成立).

但是早在第一章就已指出: 运动的描述只能是相对的; 只能任意选取一个物体作为参考系, 将参考系当作静止的, 而研究其他物体相对于参考系的运动. 不存在 "绝对静止". 任一物体都可以选取为参考系. 事实上, 在描述宇宙飞船中的机械运动时, 很自然以宇宙飞船为参考系; 例如 "记好了航行日志, 将笔放在台上, 离开座位, 走到窗口, 观看地球和太空". 而以地球为参考系, 就只好说: "记好了航行日志, 将笔放在某个经度、某个纬度、某个高度, 离开某个经度、某个纬度、某个高度, 走向某个经度, 某个纬度、某个高度, 观看地球和太空." 这样的说法很费解. 其实就连描述普通车船中的机械运动也以选取车船作为参考系比较自然.

这样, 我们可以选取宇宙飞船作为参考系以描述飞船中的机械运动; 而要研究飞船中的动力学问题, 为了应用牛顿运动定律, 却又不能选取宇宙飞船作为参考系. 由此可见, 可以选取任意的参考系研究运动学问题; 却只能选取某些特定的参考系研究动力学问题. **这种情况显然是不能令人满意的**.

试问, 能否也选取宇宙飞船以研究飞船中的动力学问题呢? 或者一般地说: 有一已知的惯性参考系, 另有一参考系相对于惯性参考系而运动, 试问相对于这种参考系, 牛顿运动定律是否适用? 如果牛顿运动定律不适用, 那么正确的运动定律又是怎样的? **本章的任务就在于解决这样的问题**.

为方便起见, 我们约定, 将惯性参考系称为 **"静止" 参考系**, 相对于惯性参考系而运动的参考系称为**“运动”参考系**. 质点相对于“静止”参考系的运动称为**“绝对”运动**, 质点相对于运动参考系的运动称为**“相对”运动**. 注意所谓“静止”参考系其实也是运动的, 所谓“绝对”运动其实也是“相对”运动, 丝毫不意味承认牛顿所说的“静止”、“绝对”运动. 我们使用这些字眼完全是有条件的, 仅仅为了叙述的便利. 这样, **本章的任务就在于解决这样的问题**: 相对于“运动”参考系, 牛顿运动定律是否适用? 如果牛顿运动定律不适用, 那么相对于“运动”参考系的运动定律又是怎样的?

问题已经提出. 现在来考虑解决途径.

质点的运动定律要解决的是, 质点在怎样的力作用下作怎样的运动, 换句话说, 质点的受力情况与运动情况之间的联系. 对于所谓“静止”参考系, 这种联系是已知的, 即牛顿运动定律. 说到质点的受力情况, 既然力是物体之间的相互作用, 它与参考系的选择无关. 至于运动情况则与参考系的选取有关, 用不同的参考系将给出不同的描述. 因此, 如能找到质点相对于“运动”参考系的运动情况 (所谓“相对”运动) 与它相对于“静止”参考系的运动情况 (所谓“绝对”运动) 之间的关系, 而“绝对”运动又通过牛顿运动定律联系于质点受力情况, 并且质点受力情况与参考系无关, 那么质点的“相对”运动与质点受力情况之间的联系也就找到了. 这就是说, 找到了相对于“运动”参考系的运动定律. 因此, **解决问题的途径在于先作运动学的考察**, 寻找质点的“相对”运动与“绝对”运动之间的关系.

为便于识别起见, 今后凡是有关“相对”运动的各个物理量将在右上角加撇, 有关“绝对”运动的各个物理量则不加撇.

§23 平动参考系

(1) 伽利略相对性原理

我们先研究运动情况比较简单的“运动”参考系 —— 平动参考系.

宇宙飞船围绕地球而“运动”, 地球则是“静止”的. 在运动过程中, 如飞船中任一直线相对于地球, 都保持一定的方向, 则我们说飞船在作“平动”. 如取飞船为参考系, 它就是平动参考系. 注意: **平动并不一定就是直线运动**. 参见图 3–1, 物体中任一直线都保持一定方向, 所以它的运动是平动, 虽然它是沿着曲线而运动的.

平动物体中所有各点的运动情况完全相同; 为了描述物体的平动, 只需任取物体中的一点, 例如 O' 点 (图 3–2) 作为代表, 加以描述就行了. 又取固定于地面的 O 点, 从“静止”的原点 O 到运动的原点 O' 引径矢 $\boldsymbol{r}_0$, $\boldsymbol{r}_0$ 随时间而变的

情况

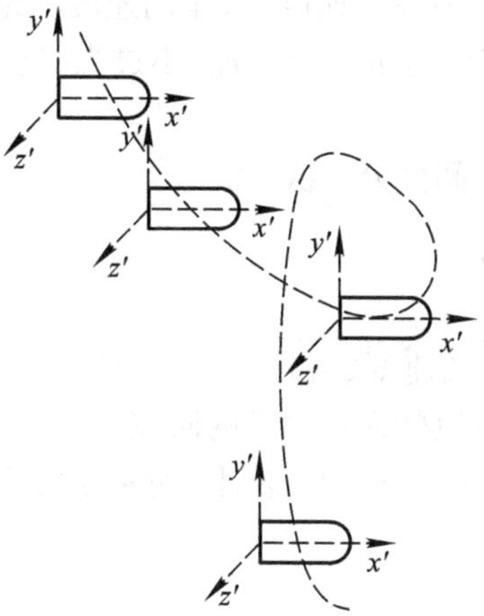

图 3–1

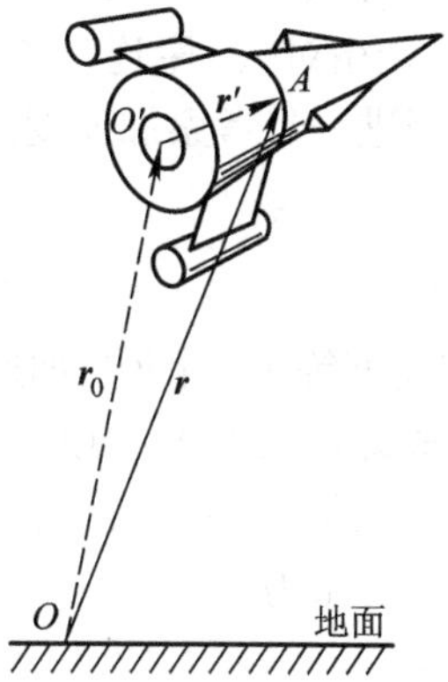

图 3–2

$$\boldsymbol{r}_0 = \boldsymbol{r}_0(t) \tag{23.1}$$

详尽地描述了 O' 点的运动情况, 亦即描述了平动参考系的运动情况.

如上节所指出, 应先作运动学的考察, 寻找质点的 "相对" 运动与 "绝对" 运动之间的关系.

参看图 3–2, 某一质点在某个瞬时经过 A 点. 质点的 "绝对" 位置由径矢 $\boldsymbol{r}$ 所表明, 它的 "相对" 位置则由径矢 $\boldsymbol{r}'$ 所表明. 由图显而易见

$$\boldsymbol{r} = \boldsymbol{r}_0 + \boldsymbol{r}'. \tag{23.2}$$

为研究质点运动情况, 应当考察速度, 即径矢的时间变化率. 将 (23.2) 对时间 t 微分一次, 得

$$\dot{\boldsymbol{r}} = \dot{\boldsymbol{r}}_0 + \dot{\boldsymbol{r}}'.$$

这里 $\dot{\boldsymbol{r}}$ 是质点相对于 "静止" 参考系的速度, 即 "绝对" 速度 $\boldsymbol{v}$. 而 $\dot{\boldsymbol{r}}'$ 是质点相对于平动参考系的速度, 即 "相对" 速度 $\boldsymbol{v}'$. 至于 $\dot{\boldsymbol{r}}_0$ 则是 O' 点相对于 "静止" 参考系的速度, 即平动参考系统自身的速度 $\boldsymbol{v}_0$. 上式是很容易理解的. 质点即使是固定于飞船上, 它相对于地面的位置, 也随着飞船的运动而改变, 它也具有飞船的速度 $\boldsymbol{v}_0$. 这速度因此称为 "**牵连**" 速度, 它代表质点被运动参考系所牵连而动的速度. 如质点并不固定于飞船上, 还有相对速度 $\boldsymbol{v}'$, 则它同时具有 $\boldsymbol{v}'$ 与 $\boldsymbol{v}_0$, 因而 "绝对" 速度为牵连速度 $\boldsymbol{v}_0$ 与相对速度 $\boldsymbol{v}'$ 之和,

$$\boldsymbol{v} = \boldsymbol{v}_0 + \boldsymbol{v}'. \tag{23.3}$$

(23.3) 对我们其实并不是陌生的. 在 §12 例 1 中雨滴相对于地面的速度就是雨滴的 “绝对” 速度, 雨滴相对于车窗的速度就是 “相对” 速度, 火车的速度就是 “牵连” 速度. 在解 §12 例 1 时所根据的公式其实就是 $\boldsymbol{v}' = \boldsymbol{v} - \boldsymbol{v}_0$, 不过当时没有提出 “绝对”、“相对”、“牵连” 这些字眼而已.

还应当进一步考察加速度. 将 (23.3) 对时间微分一次, 得

$$\boldsymbol{a} = \boldsymbol{a}_0 + \boldsymbol{a}'. \tag{23.4}$$

“绝对” 加速度等于 “牵连” 加速度与 “相对” 加速度之和.

运动学关系 (23.2) — (23.4) 既已找到, 可以转入动力学的研究.

相对于 “静止” 参考系, 牛顿运动定律成立, 质点的 “绝对” 加速度与质点所受力之间的关系为

$$\boldsymbol{F} = m\boldsymbol{a}. \tag{23.5}$$

我们的目的在于寻求相对于 “运动” 参考系的运动定律, 因此, (23.5) 中的 “绝对” 加速度应当按 (23.4) 式以 “相对” 加速度与 “牵连” 加速度表出,

$$\boldsymbol{F} = m\boldsymbol{a}' + m\boldsymbol{a}_0. \tag{23.6}$$

这里应区分 $\boldsymbol{a}_0 = 0$ 与 $\boldsymbol{a}_0 \neq 0$ 两种情况.

如参考系自身相对于 “静止” 参考系作匀速直线运动, “牵连” 速度 $\boldsymbol{v}_0$ 不变, “牵连” 加速度 $\boldsymbol{a}_0 = 0$. 于是 (23.4) 归结为 $\boldsymbol{a} = \boldsymbol{a}'$, (23.6) 就归结为

$$\boldsymbol{F} = m\boldsymbol{a}'. \tag{23.7}$$

相对于匀速直线运动参考系, 牛顿运动定律仍然成立! 一切力学现象的进行就和在 “静止” 参考系中一样. 在平稳地匀速直线运动的车厢或轮船中, 我们写字、行走、饮水, 就和在静止的房间中没有两样, 毫无不适应的感觉. 我们能不太猛也不太缓地、准确地将一杯水送到嘴边, 不至于将水灌到鼻孔中去, 也不至于让水杯猛烈地击痛了牙齿. 在平稳地作匀速直线运动的车厢或轮船中照常可以举行球类比赛, 双方的条件就和在地面上一样, 没有一方因为车船的行驶而能将球掷得更远, 也没有一方因为车船的运动而掷不远.

相互间作匀速直线运动的各参考系都是等价的. 如果把某个惯性参考系认定为静止的, 那么, 相对于它作匀速直线运动的参考系也是惯性参考系, 也就同样有资格被称为静止的. 这样, 在力学中, “静止” 并无绝对的意义. 无论在内部进行什么样的力学测量、力学实验或力学现象的观察, 都不可能判断参考系是 “静止的” 还是 “作匀速直线运动”. 在力学中, 不存在绝对静止参考系. 这就是**伽利略相对性原理**或**力学相对性原理**.

既然力学中不存在绝对静止参考系, 人们转向电磁学和光学, 希望找到绝对静止参考系. 电磁学理论指出电磁波在真空中的速度是 $c \approx 3 \times 10^8$ m/s. 光也是电磁波, 光在真空中的速度也应是 c. 但是, 按照 (23.3), 只要 $\boldsymbol{v}_0 \neq 0$, $\boldsymbol{v}$ 与 $\boldsymbol{v}'$ 的数值不可能都等于 c. 看来, 静止参考系与匀速直线运动参考系毕竟还是有区别的. 在某个参考系中, 如果各个方向的真空光速都等于 c, 这就是静止参考系; 如果各个方向的真空光速并不相同, 则这参考系不是静止参考系, 而且从各个方向的真空光速的如何不同可以推算出参考系的速度. 然而, 出人意料之外, 用光学方法测定运动物体相对于静止参考系的速度的各种实验结果彼此矛盾, 令人困惑不解.

终于, 爱因斯坦提出**光速不变原理**: 光速与光源的运动无关, 也与光的传播方向无关; 在不同惯性系中, 真空光速都是 c. 爱因斯坦还将力学相对性原理推广为一般的**相对性原理**: 自然规律在不同惯性系中的表达式相同. 这样, 不仅力学的而且电磁学的或光学的观察、测量、实验都不可能将惯性系区分为 "静止的" 与 "匀速直线运动的". 简言之, 不存在绝对静止参考系.

在上述两条原理的基础上, 爱因斯坦建立起狭义相对论. 读者想必已注意到 (23.3) 与光速不变原理无法调和. 接受光速不变原理必然要抛弃 (23.3), 这表明空间时间观念必定经历激烈的改变.

为简便计, 设两惯性系的直角坐标轴彼此平行, 而 $\boldsymbol{v}_0$ 沿 $\boldsymbol{x}$ 方向, 则 (23.2) 可表为

$$\begin{cases} x = x' + v_0 t, \\ y = y', z = z', \\ t = t'. \end{cases}$$

这称为**伽利略变换**. 请注意加写的 $t = t'$ 一式, 它强调经典力学中的时间的绝对性. 但在狭义相对论中, 惯性参考系之间的变换并非伽利略变换 (23.2) 而代之以**洛伦兹变换**:

$$\begin{cases} x = \gamma(x' + v_0 t'), \\ y = y', z = z', \\ t = \gamma(t' + v_0 x'/c^2), \end{cases}$$

式中 $\gamma = 1/\sqrt{1-\beta^2}, \beta = v_0/c$. 在洛伦兹变换中, 空间的特性与时间的特性紧密联系, 而且又紧密联系于物质客体的运动. 从洛伦兹变换导出的速度相加公式不同于 (23.3), 而是

$$\begin{cases} v_x = (v'_x + v_0)/(1 + v'_x v_0/c^2), \\ v_y = v'_y\sqrt{1-\beta^2}/(1 + v'_x v_0/c^2), \\ v_z = v'_z\sqrt{1-\beta^2}/(1 + v'_x v_0/c^2). \end{cases}$$

事实上, 经典力学是低速 (速度远远低于光速) 运动的力学. 相对论力学既适用于低速运动也适用于高速 (速度接近光速) 运动. 在低速运动下, $v_0 \ll c$, 有 $\beta \ll 1, \gamma \approx 1$, 洛伦兹变换归结为伽利略变换 (23.2), 速度相加公式归结为 (23.3).

日常生活中, 通常只接触到低速运动. 因此, 关于高速运动的相对论力学的许多结论往往使初学者感到惊奇. 例如, 同时的相对性 (两个事件是否同时发生与所采用的参考系有关), 长度缩短 (杆在相对于它静止的参考系中最长, 在相对于它运动的参考系中观测则长度缩短),

时钟变慢 (在相对于某个钟静止的参考系中的两个事件的时间间隔最短, 在相对于它运动的参考系中观测则时间间隔变长), 质点的惯性质量随其速度的增快而增大, 质点的能量和质量有紧密的联系等等.

鉴于电动力学课程会详细论述狭义相对论, 本书就限于上述极为初步的简略介绍. 此外, 读者也可参阅一些狭义相对论的初等读物.

(2) 平动参考系中的惯性力

如参考系自身相对于 "静止" 参考系的运动并非匀速直线运动, 则 $\boldsymbol{a}_0 \neq 0$. 于是 (23.6) 表明, 牛顿运动定律相对于 "运动" 参考系不再成立, $\boldsymbol{F} \neq m\boldsymbol{a}'$. 代替牛顿运动定律的是运动定律 (23.6). 在有加速度的车厢或轮船中, 我们写字、行走、饮水都不像在静止的房间中那样自如. 饮水时常不能准确地将水杯送到嘴边, 很可能将水灌到鼻孔中去或者让水杯猛烈敲击牙齿. 选用了有加速度的平动参考系, 就应当用 (23.6) $\boldsymbol{F} = m\boldsymbol{a}' + m\boldsymbol{a}_0$, 而不是用牛顿运动定律 $\boldsymbol{F} = m\boldsymbol{a}'$ 来解决质点动力学问题.

但是, 通常并不采用 (23.6) 这种形式的运动定律. 将 $m\boldsymbol{a}_0$ 项移到等号另一边去, 得

$$\boldsymbol{F} - m\boldsymbol{a}_0 = m\boldsymbol{a}'. \tag{23.8}$$

这里如果将 $-m\boldsymbol{a}_0$ 也理解为质点所受到的力之一, 则 (23.8) 形式上仍然是牛顿运动定律. 这样, 我们将力的概念加以扩大, 认为除了前此所说的物体相互作用以外, 即除了**牛顿力**之外, 还有一种并非物体相互作用的所谓 "**惯性力**". 相对于平动参考系, 质点除了受到其他物体作用于它的牛顿力 $\boldsymbol{F}$ 之外, 还受到 "惯性力" $-m\boldsymbol{a}_0$. **引入惯性力之后, 牛顿运动定律就 "仍然" 成立**. 这将是比较方便的.

谈到惯性力, 我们要指出: ① 每说到牛顿力的时候, 都应当明确指出是哪一物体作用于哪一物体的. 说到质点所受的惯性力, 却不能指出是哪一物体作用于这一质点的; 它只不过反映参考系并非惯性参考系这一事实. ② 物体的作用是相互的, 每一牛顿力都有它的反作用力. 惯性力并非物体之间的相互作用, 因而并不存在反作用力. ③ 选用了平动参考系, 所有质点普遍受到惯性力, 其指向一律与 "牵连" 加速度 $\boldsymbol{a}_0$ 的指向相反, 其大小则正比于 $\boldsymbol{a}_0$ 的大小; 各个质点所受的惯性力又正比于各质点的质量. **这个规则应当掌握**, 以便应用于各种具体问题. 有趣的是, 这里的规则与重力的规则相类似. 地球上所有质点普遍受到重力, 其指向一律同于重力加速度 $\boldsymbol{g}$ 的指向; 各个质点所受的重力又正比于 $\boldsymbol{g}$ 和各质点的质量. 相对于平动参考系出现了惯性力, 正好像是出现了某种 "重力场". 这一情况对于广义相对论的建立曾给予很大的启发.

现在再回到汽车急剧刹车时 (即车的加速度 $\boldsymbol{a}_0$ 向后) 车中乘客向前倾倒的问题. 以汽车为参考系, 乘客虽未受到牛顿力作用, 但受到向前的惯性力作用, 正是这惯性力使乘客向前倾倒. 从惯性参考系的角度来看, 这一现象并非由于什么

惯性力的作用, 而完全是惯性的作用. "惯性力"的命名正是考虑到了这一点: 惯性力的效应, 从惯性参考系来看不过是惯性的表现而已.

例 1 汽车以匀加速度 a_0 向前行驶, 在车中用线悬挂着一个小球 (图 3–3). 试求悬线达到稳定时与竖直方向所成角度. (即 §19 例 3.)

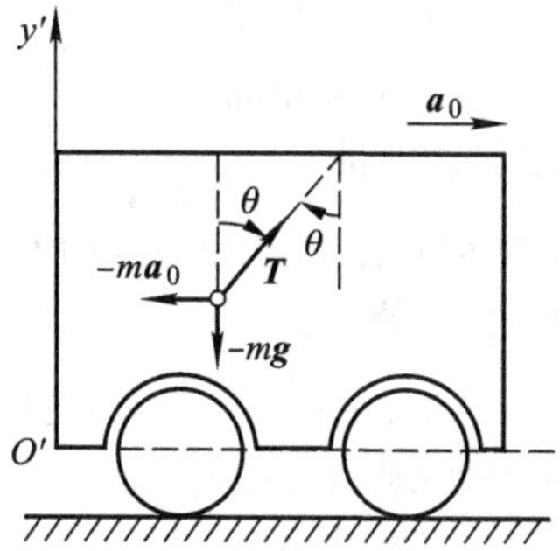

图 3–3

解 ① 悬线的方向即线中张力的方向, 亦即线施于小球的力的方向. 问题其实在于求悬线对小球作用力的指向. 因此应当研究小球.

将小球隔离出来.

以汽车为参考系来研究小球. 悬线达到稳定后, 小球相对于汽车始终是静止的.

小球受到重力作用, 竖直向下而大小为 mg. 小球只与悬线接触, 因而除了重力之外, 小球所受的牛顿力只有线施于它的力, 这力的大小 T 不知道, 其与竖直方向所夹角 θ 正是题所求.

汽车是具有加速度的参考系. 选用这种参考系必须考虑到惯性力. 施于小球的惯性力大小为 ma_0, 指向与汽车的加速度方向相反, 即向后.

② 取固定于汽车的二维坐标系. x' 轴水平向前, y' 轴竖直向上.

小球 (相对于汽车) 的加速度为零.

重力的 x' 分力为零, y' 分力为 $-mg$. 悬线作用力的 x' 分力为 $T\sin\theta$, y' 分力为 $T\cos\theta$. 惯性力的 x' 分力为 $-ma_0$, y' 分力为零.

③ 列出平衡方程式:

$$\begin{cases} 0 + T\sin\theta - ma_0 = 0, & (1) \\ -mg + T\cos\theta + 0 = 0. & (2) \end{cases}$$

试与 §19 例 3 所列出的运动方程式相比较. 从数学的观点来看, 只需适当进行移项就毫无差别了. 但从物理的观点来看, 由于参考系的选取不同, 对小球受力情况的分析、小球运动情况的分析都因而有所不同.

④　为消去 T, 先将 (1) — (2) 改写为

$$\begin{cases} T\sin\theta = ma_0, \\ T\cos\theta = mg. \end{cases}$$

相除就消去了 T, 得

$$\tan\theta = a_0/g,$$

即

$$\theta = \arctan(a_0/g).$$

与 §19 例 3 的结论完全相同, 这是理当如此的.

例 2　宇宙飞船获得了必要的速度以后, 停止了发动机的工作. 试求飞船中质量为 m 的质点的视重, 其时飞船的重心 C 距地心距离为 ρ_0.

解　①　所谓视重就是静止于飞船中的物体施于承托物的作用力. 因此问题在于求承托物给予质点的作用力 $\boldsymbol{N}$, 其反作用力即是质点的视重.

将质点隔离出来 (图 3–4).

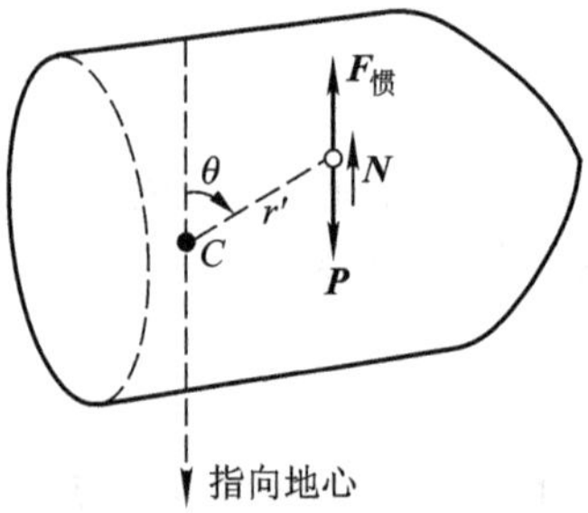

图 3–4

以飞船为参考系来研究质点. 质点相对于飞船为静止.

质点受到重力 $\boldsymbol{P}$ 作用, 直指地心, 其大小 $P = mgR^2/(\rho_0 + r'\cos\theta)^2$. 其中 R 为地球半径. 质点受到承托物给予的作用力为 $\boldsymbol{N}$, 这力正是题所求.

飞船在停止了发动机的工作之后, 就成为地球重力场中的 "落体" (但由于飞船具有巨大的速度, 它并不落到地面上). 飞船所受的重力直指地心, 其大小为 MgR^2/ρ_0^2, 这里 M 是飞船的质量. 因而飞船的加速度 $\boldsymbol{a}_0$ 也直指地心, 其大小 $a_0 = gR^2/\rho_0^2$.

飞船是具有加速度的参考系, 选用这种参考系必须考虑到惯性力. 质点所受到的惯性力 $\boldsymbol{F}_{惯}$ 指向与 $\boldsymbol{a}_0$ 指向相反, 即背离地心, 其大小 $ma_0 = mgR^2/\rho_0^2$.

②　本例拟保持矢量形式的运动方程式.

③　列出平衡方程式:

$$\boldsymbol{P} + \boldsymbol{N} + \boldsymbol{F}_{惯} = 0. \tag{1}$$

④　从平衡方程式 (1) 解出

$$\boldsymbol{N} = -(\boldsymbol{P} + \boldsymbol{F}_{惯}). \tag{2}$$

在本例中，三力沿同一直线，$\boldsymbol{N}$ 的指向究竟是直指地心还是背离地心，视惯性力与重力孰大孰小而定. $\boldsymbol{N}$ 的大小 N 即等于 $\boldsymbol{P}$ 与 $\boldsymbol{F}_{惯}$ 的大小之差，即

$$N = |P - F_{惯}| = \left| mg\frac{R^2}{(\rho_0 + r'\cos\theta)^2} - mg\frac{R^2}{\rho_0^2} \right|. \tag{3}$$

⑤ 若质点与地心距离大于飞船质心 C 与地心距离，例如质点位于 A (图 3–5)，则 $\theta < \pi/2, \cos\theta > 0$，从而

$$P = \frac{mgR^2}{(\rho_0 + r'\cos\theta)^2} < F_{惯} = \frac{mgR^2}{\rho_0^2}.$$

按照式 (2)，$\boldsymbol{N}$ 指向地心，视重等于 $-\boldsymbol{N}$ 则背离地心.

若质点与地心距离小于飞船质心与地心距离，例如质点位于 B (图 3–5). 则 $\theta > \pi/2$，$\cos\theta < 0$，从而 $P > F_{惯}$. $\boldsymbol{N}$ 的指向背离地心，视重指向地心.

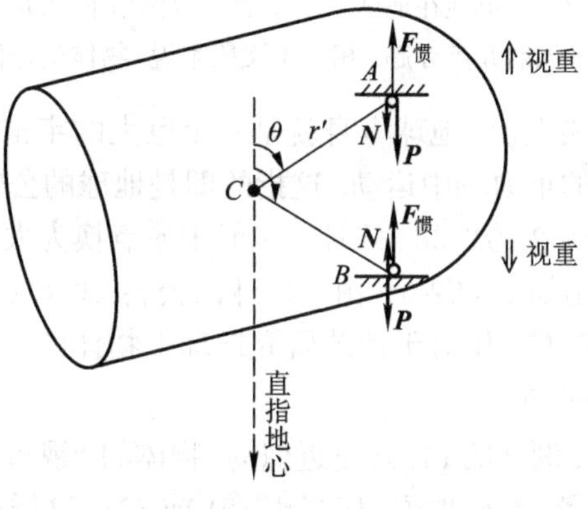

图 3–5

人们往往把视重的方向看作 “下” 方. 这样，若飞船足够大，在 A 处的人将感到地球在 “上” 方，在 B 处的人则感到地球在 “下” 方.

但事实上，飞船的尺度远远小于其与地心的距离 ρ_0，飞船中质点与飞船重心 C 的距离 $r' \ll \rho_0$，所以 $\rho_0 + r'\cos\theta \approx \rho_0$，而质点所受重力

$$P = mg\frac{R^2}{(\rho_0 + r'\cos\theta)^2} \approx mg\frac{R^2}{\rho_0^2}.$$

既然 $P = mgR^2/\rho_0^2$ 与惯性力的大小相等，(3) 就给出

$$N \approx 0. \tag{4}$$

飞船中所有质点的视重都等于零. 既然 $N = 0$，即使撤去承托物，质点也能保持平衡. 质点好像完全 “失去” 了重量. 这就是奇特的**失重现象**.

在发动机停止工作后，宇宙飞船成为地球重力场中的 “落体”，这时，作用在飞船中物体上的重力并不能使各物间产生压力，于是飞船中所有物体的重量都 “消失” 了. 人既可停在地板

上, 也可停在天花板上, 甚至悬在半空中; 既可头向上而立, 也可脚向上而立. 其实在这种情况下, 根本也没有 "上""下" 之分. 用一个手指头的力量可以轻易地举起几千吨的物体, 因为几千吨的物体的重量已经 "消失" 了. 喝水时, 水不会自动地从杯中流到口中, 因为水也 "没有" 重量了. 我们只能震动水杯将水抖出来. 抖出来的水在表面张力作用下形成大水 "滴", 更确切些说, 是大水 "球", 还是无法进嘴. (在通常情况下, 除非是很少量的水, 否则水的重量总是远远胜过表面张力的作用, 水不会形成水球. 但在失重的条件下, 重量既已 "消失", 表面张力完全能够将不论多少水都聚为球形.) 在失重的条件下, 火焰也无法形成, 在宇宙飞船上生火煮食物也是不可能的. 人体器官已经习惯于彼此承托, 在失重的条件下反而感到不习惯. 电梯启动向下降落时, 电梯中只出现部分的失重现象, 乘客就已有异样的感觉; 那么在宇宙飞船完全的失重条件下, 人体生理上有些什么反应? 是否能适应? 这些怀疑已为宇宙航行员的实际经验所消除. 人能适应失重状态, 而且一切行动都感到很轻松.

应当指出, 所谓 "失重" 不过是视重的消失, 至于真实的重力并不会消失. 问题在于宇宙飞船中的物体与飞船本身同是单纯在地球所给予的重力作用下运动, 两者的重力加速度相同 (都是 gR^2/ρ_0^2), 物体对于飞船亦步亦趋. 相对于飞船来说, 物体就好像是没有重量的了.

其实, 在某种意义上说, 地球本身就是一个巨大的宇宙飞船, 它载着地球上的所有物体, 在太阳的重力场中运动, 这指的即是地球的公转. 地球严格说来并不是惯性参考系. 将例 2 的地球、飞船、飞船中质点换为太阳、地球、地球上的质点, 我们就可以得出如下的结论: 由于地球的公转, 就太阳的引力而言, 地球上所有物体都是 "失重" 的; 相对于地球研究地球上物体的运动, 所有的物体就和没有受到太阳的引力一样.

但是也应当指出, 例 2 的 (4) 式是近似的, 物体的 "视重"(对太阳引力而言的 "视重") 只是近似为零. 严格地说, 应当用 (2) 或 (3). 这样, 在背离太阳的一面, $P < F_{\text{惯}}$, $\boldsymbol{N}$ 指向太阳, 物体的 "视重" 背离太阳. 在向着太阳的一面, $P > F_{\text{惯}}$, $\boldsymbol{N}$ 背离太阳, 视重指向太阳. 于是地球上向着太阳与背离太阳的两面, 水面都上涨, 形成涨潮 (图 3-6); 由于水聚向涨潮地区, 与此垂直的方向上则水面下落, 形成落潮. 这就是地球上**潮汐的成因**. 地面上一定地点每天有一次向着太阳一次背离太阳, 所以每天有两次涨潮. (应当声明, 对于潮汐的形成, 月球引力的作用更大于太阳引力的作用, 这是因为月球距离比较近.) 不以地球为参考系, 采用 "静止" 参考系, 也可说明潮汐现象, 试自行讨论.

例 3 从前的人误认为宇宙航行是根本不可能的. 当时人们所想到的发射方法, 就仅仅是用特制的巨炮, 借炸药的力量将宇宙飞船当作炮弹发射出去. 这里, 一方面, 不论技术条件如何改进、炮身如何巨大、炸药量如何多, 都不可能使炮弹达到第一宇宙速度, 更不可能达到第二宇宙速度. 另一方面, 即使能达到第二宇宙速度, 在发射过程中, 惯性力所引起的超重现象也将引起毁灭性的结果. 下面就来谈谈这种**超重问题**.

设想将炮筒加长到 500 m (这几乎是不可能的). 飞船通过这 500 m 长的炮筒后应该达到第二宇宙速度 11 km/s. 试估计一下, 飞船在炮筒中的加速度 a_0 平均应当多大. 为此, 假

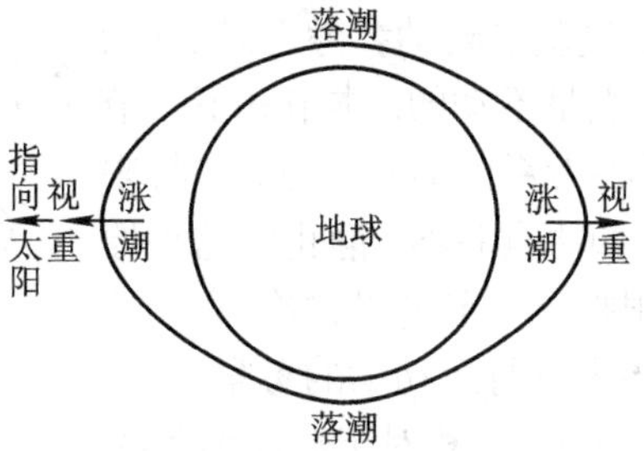

图 3–6

定炮弹在炮筒中作匀加速运动. 根据匀加速运动公式 $v^2 = 2a_0 s$, 知

$$a_0 = \frac{v^2}{2s} = \frac{(11 \times 10^3)^2}{2 \times 500}\ \mathrm{m/s^2} = 1.2 \times 10^5\ \mathrm{m/s^2}.$$

炮筒越短, 则所要求的加速度 a_0 越大; 炮筒越长, 则所要求的加速度 a_0 可以越小. 上面假定炮筒长达 500 m 就是基于这一考虑.

宇宙飞船既然具有加速度 a_0, 飞船中所有物体普遍受到惯性力, 其值为 ma_0. 拿冬天所戴的帽子来说, 假如 $m = \frac{1}{4}$ kg, 它所受的惯性力的大小为

$$\frac{1}{4} \times 1.2 \times 10^5\ \mathrm{N} = 3 \times 10^4\ \mathrm{N}$$

头上戴着帽子就好像顶着一辆载重汽车! 写字用的钢笔显得也有好几百千克重. 即使拿人自身来讲, 人体的血液显得比水银还要重约 1 000 倍. 80 千克的人全身所受惯性力的大小为

$$80 \times 1.2 \times 10^5\ \mathrm{N} = 9.6 \times 10^6\ \mathrm{N}$$

这样大的力要将骨骼压为粉碎.

这一问题后来被齐奥尔科夫斯基所解决. 他指出可以利用火箭来发射. 用大炮发射, 只能在长度极为有限的炮筒中加速, 所要求的加速度 a_0 很大; 用火箭发射, 则火箭随时都可喷射气体, 加速可以在几千米、几十千米乃至几百千米的长度上进行, 所要求的 a_0 就小得多, 超重现象大大减轻.

就连使用了火箭, 超重现象仍然是一个严重的问题, 在火箭发射过程中还要采取一些措施. 例如使乘客的身体与加速方向垂直, 以便使超重分布在人体较大的面积上.

§24 转动参考系 (一)

竖直站立的人, 一手向前平举, 绕自身的竖直轴线以角速 ω 旋转 (图 3–7). 在他平举的手中握有一小球, 现在来研究这一小球的运动.

如取此人为参考系,这就是转动参考系.以他的立足点 O' 为原点,这原点是不动的.本节和下一节研究的就是相对于转动参考系的质点力学,并将限于原点"静止"的情况.如原点并不"静止",这种原点"移动"的效应不难根据上一节加以讨论.

如 §22 所指出,应当先进行运动学的考察.

相对于转动着的人,或者说,相对于转动参考系,小球是静止的.因此,小球的"相对"运动极为简单——保持静止.相对速度 $\boldsymbol{v}'$ 与相对加速度 $\boldsymbol{a}'$ 始终为零.**本节就只讨论相对静止的情况**,至于有"相对"运动的情况留待下节讨论.

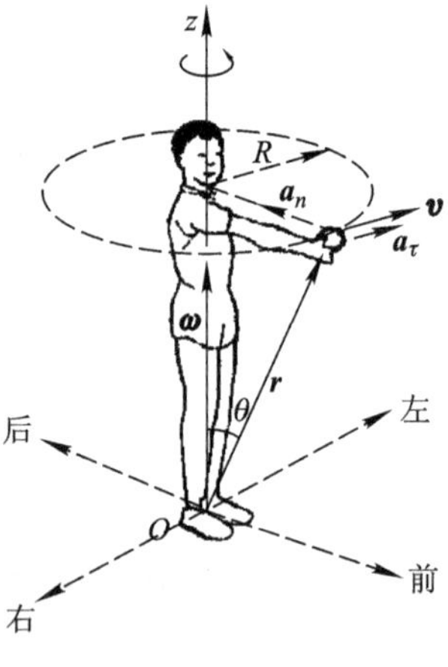

图 3–7

现在来研究小球的"绝对"运动,即小球相对于"静止"参考系的运动,亦即小球相对于地面的运动(图 3–7).小球作圆周运动,圆在一水平面上.小球的"绝对"速度 $\boldsymbol{v}$ 沿着圆周切向而向"前",其大小 $v=\omega R$.小球的"绝对"加速度 $\boldsymbol{a}$ 包括两部分.一方面,小球既作圆周运动,就有向心加速度 $\boldsymbol{a}_n$,指向圆心,其大小 $a_n=v^2/R=\omega^2R$.另一方面,一般地说,人的转速 ω 可能随时间而变,小球还可能有切向加速度 $\boldsymbol{a}_\tau$,其指向与 $\boldsymbol{v}$ 相同,其大小 $a_\tau=\dot{v}=\dot{\omega}R$.这是就加速转动 $\dot{\omega}>0$ 而言的,对于减速转动,$a_\tau=\dot{\omega}R<0$,表明 $\boldsymbol{a}_\tau$ 的指向反过来.

完成了运动学的考察,可以转入动力学的研究.

相对于地面,亦即相对于"静止"参考系,牛顿运动定律成立.小球的"绝对"加速度 $\boldsymbol{a}$ 与小球所受到的牛顿力 $\boldsymbol{F}$ 的联系为 $\boldsymbol{F}=m\boldsymbol{a}$.小球既有向心加速度,必是受到向心力作用;小球如有切向加速度,必是受到切向力.向心力与切向力都不是凭空而来的,它们究竟是什么力还需要具体分析.当然,人手以竖直向上的力托住小球,这个托力正好与重力平衡.但向心力与切向力都是水平的,而与小球接触的唯一的物体是人手,所以向心力与切向力都只可能是人手对小球的作用力.人在旋转时,必以拉向自己的力施于小球,否则小球不会随人转动.这就是向心力 $\boldsymbol{F}_n$,其指向与 $\boldsymbol{a}_n$ 相同,即垂直地指向转动轴;其大小 $F_n=ma_n=m\omega^2R$.人的转速有变化时,必以力向前推或向后拉小球,使小球加快或减慢而与人有同样的转速.这就是切向力 $\boldsymbol{F}_\tau$,其指向与 $\boldsymbol{a}_t$ 相同,即同于 $\boldsymbol{v}$ 的指向,其大小 $F_\tau=ma_\tau=m\dot{\omega}R$.(这里是就 $\dot{\omega}>0$ 而言的.对于 $\dot{\omega}<0$,则 $F_\tau=m\dot{\omega}R<0$ 表明 $\boldsymbol{F}_\tau$ 的指向反过来.)小球所受到的牛顿力 $\boldsymbol{F}$ 即 $\boldsymbol{F}_n+\boldsymbol{F}_\tau$.

向心力 $\boldsymbol{F}_n$ 的反作用力,亦即小球向外拉人手的力,称为离心力.离心力是作用于人手的,并非作用于小球上的.在研究小球的运动时,无须考虑离心力.

说到相对于人,亦即相对于转动参考系,小球相对静止,其相对加速度 $\boldsymbol{a}'=0$.

向心力与切向力是人手对小球的作用力, 它们是牛顿力, 与参考系的选择无关. 这样, 相对于人, 亦即相对于转动参考系, 牛顿运动定律显然不成立, $\boldsymbol{F} \neq m\boldsymbol{a}' = 0$. 因此, 转动参考系为非惯性参考系.

同样, **计入适当的惯性力, 牛顿运动定律 "仍然" 成立**. 从转动参考系看来, 人手给予小球以力 $\boldsymbol{F}_n$, 但小球并无加速度, 因此我们认为有一个与 $\boldsymbol{F}_n$ 平衡的惯性力, 其指向与 $\boldsymbol{F}_n$ 相反, 大小则相同. 这个惯性力称为惯性离心力. 人手还可能给小球以力 $\boldsymbol{F}_\tau$, 但小球总是没有加速度, 因此我们认为有一个与 $\boldsymbol{F}_\tau$ 平衡的惯性力, 其指向与 $\boldsymbol{F}_\tau$ 相反, 大小则相同. 这个惯性力称为切向惯性力.

总之, **相对于转动参考系, 应当计入惯性离心力**. 惯性离心力与转动轴垂直而背离转动轴, 大小为 $m\omega^2 R$, R 为质点与转动轴的垂直距离.**如转速有变化, 还应计入切向惯性力**. 切向惯性力沿小球 "绝对" 运动轨道的切向而向 "后", 大小为 $m\dot{\omega}R$. (这里是就加速转动而言的. 对于减速转动 $m\dot{\omega}R < 0$, 表明切向惯性力的指向反过来.)

注意区别离心力与惯性离心力. 相对于转动参考系, 所有质点普遍受到惯性力; 而惯性离心力就是这种惯性力的一部分. 离心力则是牛顿力. 应特别指出, 离心力并不是作用于所说质点的. 相反, 离心力是所说质点施于其他物体的.

火车轨道转弯的地方, 外轨要铺得比内轨稍高, 使路面适当倾斜. 这是因为火车驶过弯道的时候, 车厢转动, 相对于这个转动参考系, 物体除了受到竖直向下的重力之外, 还受到水平向外的惯性离心力作用, 路面应当接近垂直于它们的合力, 以保证火车的安稳, 避免倾覆出轨事故.

离心机转速很高, 惯性离心力的效应极为强烈, 将混悬于液体中的胶状体或其他质粒推向试管底部, 而从液体中分离出来. 在每分钟 80 000 转的离心机中, 质粒所受到的惯性离心力竟为其本身重量的几十万倍!

为便于在下一节推广, 现在将以上的讨论改用矢量形式表出.

首先要指出, 可以用一个矢量表明转动参考系的转动情况. 为表明转动情况, 需要讲清楚以下各点: 转动是绕什么轴线进行的? 绕这一轴线向哪一方转 (绕同一轴可以有两种相反转向)? 转动的快慢怎样? 所有这些完全可以用一个矢量简明地表出. 这个矢量所在的直线就表明转动轴线. 矢量的指向则按右手法则表明转动方向. (将右手拇指伸直, 其余四指捏作拳状, 如令拇指沿着矢量的指向, 则其余四指正好表明转向.) 矢量的长短则表明转动快慢, 即等于角速度 ω. 我们将这矢量也称为**角速度**. 图 3–7 的角速度 $\boldsymbol{\omega}$ 就表明了参考系的转动情况.

显然, 相对速度 $\boldsymbol{v}' = 0$, 相对加速度 $\boldsymbol{a}' = 0$. 现在再来研究小球的 "绝对" 运动.

先看小球的 "绝对" 速度 $\boldsymbol{v}$. 参看图 3–7, 它既与 $\boldsymbol{\omega}$ 垂直, 又与径矢 $\boldsymbol{r}$ 垂直; 还有, 如令右手螺旋从 $\boldsymbol{\omega}$ 转到 $\boldsymbol{r}$, 则沿 $\boldsymbol{v}$ 的指向前进. 而且 $v = \omega R = \omega r \sin\theta$, $\boldsymbol{v}$

的大小是 ω 的大小、r 的大小、ω 与 r 夹角的正弦三者的乘积. 这种类型的关系在物理学中常常遇到, 因此特别给予**矢量积**的名称. 即"绝对"速度 $\boldsymbol{v}$ 是 $\boldsymbol{\omega}$ 与 $\boldsymbol{r}$ 的矢量积,

$$\boldsymbol{v} = \boldsymbol{\omega} \times \boldsymbol{r}. \tag{24.1}$$

(24.1) 所给出的本来是小球的牵连速度 (只因相对速度为零, 所以"绝对"速度就等于牵连速度), 亦即径矢 $\boldsymbol{r}$ 的**"牵连"变化率**. 径矢 $\boldsymbol{r}$ 的"牵连"变化率 $= \boldsymbol{\omega} \times \boldsymbol{r}$ 这一结果具有普遍意义. 任给一矢量 $\boldsymbol{A}$,

$$\text{矢量 } \boldsymbol{A} \text{ 的"牵连"变化率} = \boldsymbol{\omega} \times \boldsymbol{A}. \tag{24.2}$$

我们再看看小球的"绝对"加速度 $\boldsymbol{a}$. 先看法向加速度 $\boldsymbol{a}_n$. 它既与 $\boldsymbol{\omega}$ 垂直, 又与 $\boldsymbol{v}$ 垂直; 右手螺旋从 $\boldsymbol{\omega}$ 转到 $\boldsymbol{v}$, 正好沿 $\boldsymbol{a}_n$ 的指向前进. 而且 $a_n = \omega^2 R = \omega(\omega R) = \omega v = \omega v \sin 90°$, 即为 $\boldsymbol{\omega}$ 的大小、$\boldsymbol{v}$ 的大小、$\boldsymbol{\omega}$ 与 $\boldsymbol{v}$ 夹角的正弦三者的乘积. 这就是说, $\boldsymbol{a}_n$ 正是 $\boldsymbol{\omega}$ 与 $\boldsymbol{v}$ 的矢量积,

$$\boldsymbol{a}_n = \boldsymbol{\omega} \times \boldsymbol{v} = \boldsymbol{\omega} \times (\boldsymbol{\omega} \times \boldsymbol{r}). \tag{24.3}$$

再看切向加速度 $\boldsymbol{a}_\tau$. 它的指向与 $\boldsymbol{v}$ 相同 (就 $\dot{\omega} > 0$ 而言; 如 $\dot{\omega} < 0$, 则与 $\boldsymbol{v}$ 相反). 而大小 $a_\tau = \dot{\omega} R = \dot{\omega} r \sin\theta$, 即为 $\dot{\boldsymbol{\omega}}$ 的大小、$\boldsymbol{r}$ 的大小、$\dot{\boldsymbol{\omega}}$ 与 $\boldsymbol{r}$ 夹角的正弦三者的乘积. 由于 $\boldsymbol{\omega}$ 的指向不变, 因而 $\dot{\boldsymbol{\omega}}$ 指向与 $\boldsymbol{\omega}$ 相同 (对于 $\dot{\omega} < 0$, 则相反). 这就是说, $\boldsymbol{a}_\tau$ 正是 $\dot{\boldsymbol{\omega}}$ 与 $\boldsymbol{r}$ 的矢量积 (不论 $\dot{\omega} > 0$ 或 < 0, 这一结论都对),

$$\boldsymbol{a}_\tau = \dot{\boldsymbol{\omega}} \times \boldsymbol{r}. \tag{24.4}$$

因此, 小球的"绝对"加速度也就是

$$\boldsymbol{a} = \boldsymbol{a}_\tau + \boldsymbol{a}_n = \dot{\boldsymbol{\omega}} \times \boldsymbol{r} + \boldsymbol{\omega} \times \boldsymbol{v} = \dot{\boldsymbol{\omega}} \times \boldsymbol{r} + \boldsymbol{\omega} \times (\boldsymbol{\omega} \times \boldsymbol{r}). \tag{24.5}$$

应当**着重地指出**: 对于平动参考系, 所有质点都具有同样的牵连速度、牵连加速度, 即参考系本身的速度、加速度. 对于转动参考系, 由于各个质点相对于转动轴的位置不同, 它们的牵连速度、牵连加速度也就各不一样. 注意对于转动参考系, 说什么整个"参考系的 (线) 速度"、"参考系的 (线) 加速度"是毫无意义的.

其实不仅可以用矢量记号表出"绝对"加速度, 而且**还可以用矢量运算方法导出"绝对"加速度**. 若小球的"绝对"速度已由 (24.1) 给出, 将 (24.1) 对时间 t 微分, 得

$\boldsymbol{v}$ 的"绝对"变化率 $= \{\boldsymbol{\omega}$ 的"绝对"变化率$\} \times \boldsymbol{r} + \boldsymbol{\omega} \times \{\boldsymbol{r}$ 的"绝对"变化率$\}$, 即

$$\boldsymbol{a} = \dot{\boldsymbol{\omega}} \times \boldsymbol{r} + \boldsymbol{\omega} \times \boldsymbol{v} = \dot{\boldsymbol{\omega}} \times \boldsymbol{r} + \boldsymbol{\omega} \times (\boldsymbol{\omega} \times \boldsymbol{r}).$$

这正是"绝对"加速度 (24.5) 式.

用矢量运算方法从 (24.1) 导出 (24.5), 还有一个优点: 如转动坐标系的转动轴并不保持一定, 即 ω 指向并不保持一定, 则直观的推理方法应用起来是很困难的; 但这并不影响矢量运算方法, 矢量表达式 (24.1)、矢量运算的结果 (24.5) 仍然是正确的.

相对于 "静止" 参考系, 牛顿运动定律成立,

$$\boldsymbol{F} = m\boldsymbol{a} = m\dot{\boldsymbol{\omega}} \times \boldsymbol{r} + m\boldsymbol{\omega} \times (\boldsymbol{\omega} \times \boldsymbol{r}). \tag{24.6}$$

相对于转动参考系, 在题设小球与人相对静止的情况下, 牛顿运动定律显然不成立, $\boldsymbol{F} \neq m\boldsymbol{a}' = 0$. 为求得相对于 "转动" 参考系的运动定律, 将 (24.6) 移项为

$$\boldsymbol{F} - m\dot{\boldsymbol{\omega}} \times \boldsymbol{r} - m\boldsymbol{\omega} \times (\boldsymbol{\omega} \times \boldsymbol{r}) = 0 = m\boldsymbol{a}'. \tag{24.7}$$

这就是说, 相对于 "转动" 参考系, 应当引入 $-m\boldsymbol{\omega} \times (\boldsymbol{\omega} \times \boldsymbol{r})$ 这种惯性力, 这正是惯性离心力. 如转速有变化, 还应当引入 $-m\dot{\boldsymbol{\omega}} \times \boldsymbol{r}$ 这种惯性力, 这正是切向惯性力.

例 1 试研究地面上物体的重量. 所谓重量即静止于地球上的物体施于其承托物的力.

解 ① 分析静止于地球上的物体所受的力. 除承托物所给予的力之外, 各力的合力即是物体的重量.

将物体隔离出来 (图 3–8).

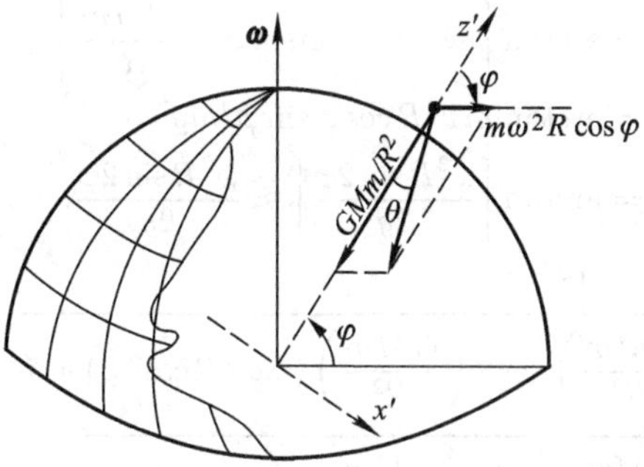

图 3–8

以地球为参考系研究物体. 物体相对于地球是静止的.

物体受到地球的引力. 引力直指地心; 大小则为 GMm/R^2, 这里 M 与 m 各为地球与物体的质量, R 为地球半径.

地球不断自转, 是一个转动参考系. 选用这种参考系, 必须考虑到惯性力. 如物体所在处纬度为 φ, 则与地轴垂直距离为 $R\cos\varphi$. 所以惯性离心力与地轴垂直而背离地轴, 其大小则为 $m\omega^2 R\cos\varphi$. 因为地球自转角速度 ω 的变动极为微小, 所以切向惯性力也极为微小, 不必考虑.

引力与惯性离心力的合力即是物体的重量 $\boldsymbol{P}$.

② 取固定于地球的坐标系. 原点在地心, z' 轴指向物体所在处的天顶, $\boldsymbol{x}'$ 轴指向物体所在处的南方.

引力的 x' 分力为零, z' 分力为 $-GMm/R^2$. 惯性离心力的 x' 分力为 $\boldsymbol{m}\omega^2 R\cos\varphi\sin\varphi$, z' 分力为 $m\omega^2 R\cos^2\varphi$.

③ 进行矢量合成计算:

$$\begin{cases} P_{x'} = 0 + m\omega^2 R\cos\varphi\sin\varphi, & (1) \\ P_{z'} = -\dfrac{GMm}{R^2} + m\omega^2 R\cos^2\varphi. & (2) \end{cases}$$

④ (1) — (2) 两式给出了重量 $\boldsymbol{P}$ 的 x' 与 z' 分力. 由此也可得出 $\boldsymbol{P}$ 的大小 P 及其从引力方向偏离的角度 θ.

$$\begin{cases} P = \sqrt{\left(-\dfrac{GMm}{R^2} + m\omega^2 R\cos^2\varphi\right)^2 + (m\omega^2 R\cos\varphi\sin\varphi)^2}, & (3) \\ \theta = \arctan\left[m\omega^2 R\cos\varphi\sin\varphi \Big/ \left(\dfrac{GMm}{R^2} - m\omega^2 R\cos^2\varphi\right)\right]. & (4) \end{cases}$$

⑤ ω 的大小为

$$\omega = 2\pi/\text{恒星日} = 7.272\ 12 \times 10^{-5}\text{rad/s},$$

关于 "恒星日" 参看图 6-32. ω 是一个很小的量, 因而 (3) — (4) 还可以简化.

$$\begin{aligned} \theta &\approx \arctan\left[m\omega^2 R\cos\varphi\sin\varphi \Big/ \frac{GMm}{R^2}\right] \\ &= \arctan[m\omega^2 R\cos\varphi\sin\varphi/mg] \\ &= \arctan\left[\frac{\omega^2 R\sin 2\varphi}{2g}\right] \approx \frac{\omega^2 R\sin 2\varphi}{2g}. \end{aligned} \tag{5}$$

$$\begin{aligned} P &= \sqrt{\left(\frac{GMm}{R^2}\right)^2 - 2\left(\frac{GMm}{R^2}\right)(m\omega^2 R\cos^2\varphi) + \text{含}\omega^4\text{的高次项}} \\ &\approx \sqrt{\left(\frac{GMm}{R^2}\right)^2 - 2\left(\frac{GMm}{R^2}\right)(m\omega^2 R\cos^2\varphi)} \\ &\approx \frac{GMm}{R^2}\sqrt{1 - \frac{2m\omega^2 R\cos^2\varphi}{GMm/R^2}}. \end{aligned}$$

按二项式定理展开, 保留头两项,

$$P \approx \frac{GMm}{R^2}\left\{1 - \frac{m\omega^2 R\cos^2\varphi}{GMm/R^2}\right\} = \frac{GMm}{R^2} - m\omega^2 R\cos^2\varphi. \tag{6}$$

其实 (6) 式可以很简便地导出. 将引力与惯性离心力都投影到重量的方向, 立得

$$P = \frac{GMm}{R^2}\cos\theta - (m\omega^2 R\cos\varphi)\cos(\varphi + \theta) \approx \frac{GMm}{R^2} - m\omega^2 R\cos^2\varphi.$$

惯性离心力对重量的影响有两方面. 一方面, 惯性离心力有一指向天顶的分力, 与引力指向相反, 以致重量 P 比起真正的引力减小了. 这一效应由 (6) 式表明. 赤道上惯性离心力最大, 所以减小得最多; 在两极, 惯性离心力为零, 所以没有减小. 同一物体在纬度越低的地点重量越小. 这些都由 (6) 式反映出来. 另一方面, 重量是引力与惯性离心力的合力, 所以重量的指向偏离了引力的指向. 这一效应由 (5) 式表明. 在两极, 没有惯性离心力, 所以没有偏离. 在赤道, 虽然惯性离心力最大, 但与引力在同一直线上, 所以也没有偏离. 这些也都由 (5) 式反映出来. 平常所说的竖直方向, 即重量的方向, 严格说来, 并不指向地心, 而偏离一个小角度 θ. 由于 ω 很小, 所以这个偏角 θ 在大多数情况下可以忽略.

****例 2** 飞车演员沿光滑的倾斜轨道从高度为 h_0 处自由滑下, 并进入半径为 R 的竖直圆形轨道 (图 3–9). 试求演员在圆形轨道上各处给予轨道的压力.

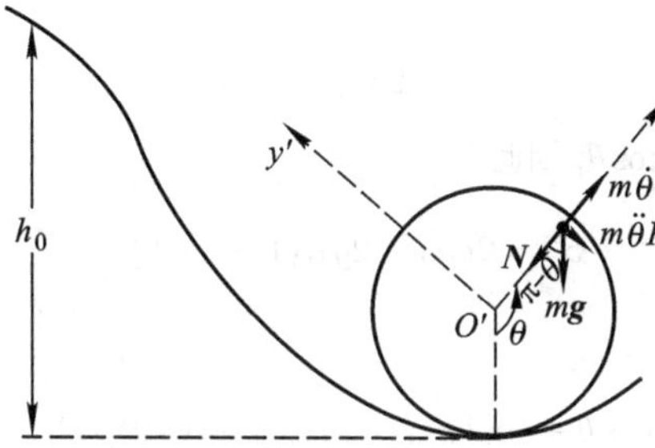

图 3–9

解 ① 应当研究轨道给予演员的力 $\boldsymbol{N}$, 其反作用力即为所求.

将演员隔离出来.

以演员自身作为参考系, 他的 "相对" 运动自然是始终保持静止.

演员受到重力, 竖直向下, 大小为 mg. 演员与轨道接触, 受到轨道的正压力 $\boldsymbol{N}$, 指向圆心, 大小 $\boldsymbol{N}$ 正为题所求. 这些就是演员所受到的牛顿力.

由于选用了绕圆心转动的参考系, 还必须考虑到惯性力. 惯性离心力背离圆心而垂直地指向轨道, 大小为 $m\dot{\theta}^2R$, 即 $mv^2/R, v$ 为演员在轨道上的速率. 切向惯性力大小为 $m\ddot{\theta}R$ 即 $m\mathrm{d}v/\mathrm{d}t$, 沿轨道切向而向 "后". (在图所标明的位置上, $\mathrm{d}v/\mathrm{d}t < 0$, 所以切向惯性力其实是向 "前" 的.)

② 因是平面运动, 应取二维坐标系. 今选取转动坐标系. 原点在圆心, x' 轴指向演员, y' 轴则与之垂直. 这坐标系随演员一同转动.

重力的 x' 分力为 $-mg\cos(\pi-\theta)$, 即 $mg\cos\theta$; y' 分力为 $-mg\sin(\pi-\theta)$, 即 $-mg\sin\theta$. 轨道的正压力 $\boldsymbol{N}$ 的 x' 分力为 $-N, y'$ 分力为零.

惯性离心力的 x' 分力为 $m\dot{\theta}^2R$, 即 mv^2/R, y' 分力为零. 切向惯性力的 x' 分力为零, y' 分力为 $-m\ddot{\theta}R$, 即 $-m\mathrm{d}v/\mathrm{d}t$.

演员的 "相对" 加速度始终为零.

③ 列出“平衡”方程式:

$$\begin{cases} mg\cos\theta - N + m\dfrac{v^2}{R} + 0 = 0, & (1) \\ -mg\sin\theta + 0 + 0 - m\dfrac{\mathrm{d}v}{\mathrm{d}t} = 0. & (2) \end{cases}$$

④ 仿照 §14 例 1, 将 (2) 改写为

$$-mg\frac{\mathrm{d}h}{\mathrm{d}s} - mv\frac{\mathrm{d}v}{\mathrm{d}s} = 0,$$

式中 h 表示演员的高度. 分离变量,

$$-mg\mathrm{d}h - mv\mathrm{d}v = 0.$$

积分一次, 即得

$$v^2 = 2gh_0 - 2gh.$$

在圆形轨道上, $h = R - R\cos\theta$, 因此

$$v^2 = 2gh_0 - 2gR(1-\cos\theta). \tag{3}$$

以此代入 (1), 求得

$$\begin{aligned} N &= mg\cos\theta + m[2gh_0 - 2gR(1-\cos\theta)]/R \\ &= \frac{2mgh_0}{R} - 2mg + 3mg\cos\theta. \end{aligned} \tag{4}$$

⑤ 只要 $N > 0$, 则 $\boldsymbol{N}$ 指向圆心, 亦即演员的压力指向轨道, 演员不仅没有要跌落的感觉, 反而觉得自己压向轨道而为轨道所抵制. 不妨说, 演员之所以不从轨道跌落, 就是靠了惯性离心力. (而从惯性参考系来说, 由于运动的惯性, 演员有向圆外作抛射体运动的趋势, 而这一趋势为轨道所抵制.) 如惯性离心力不足 (这归根结底是由于演员在轨道上的运动不够快) 以致 $N < 0$, 则表明演员将跌落. 为使演员有足够的惯性离心力, 应在轨道上运动得足够快, 即应从足够高的高度出发, 这就是说,

$$h_0 > R - \frac{3}{2}R\cos\theta.$$

为使演员在轨道上任意地点都不掉落, 上式应对任意 θ 成立. 于 $\theta = \pi$ (轨道最高点), 上式右方最大; 因此以 $\theta = \pi$ 代入上式, 得

$$h > \frac{5}{2}R.$$

§25 转动参考系 (二)

(1) 科里奥利加速度

本节继续研究转动参考系的质点动力学. 我们仍然限于原点“静止”的情况.

上节讨论 "相对" 静止的质点, 本节则讨论作 "相对" 运动的质点. 先限于 "相对" 匀速直线运动的情况.

取一块平板使它以匀角速 ω 绕 O 转动, 作为转动参考系. 图 3–10 中的圆就表示这块平板. 在板上开有直槽 (图中用虚线表明), 有一质点在槽中作匀速直线运动. 这样, 质点的 "相对" 速度 $\boldsymbol{v}'$ 是不变的, 所以相对加速度 $\boldsymbol{a}' = 0$.

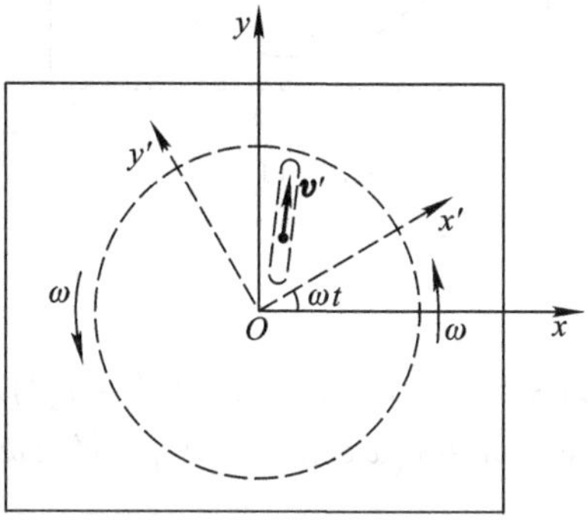

图 3–10

现在来考察这一质点的 "绝对" 加速度 $\boldsymbol{a}$. 质点的 "相对" 加速度为零, 与 §24 相同, 那么 "绝对" 加速度是否也与 §24 相同呢? 让我们仔细分析一下.

为了计算方便起见, 我们在转动平板上取坐标系 $Ox'y'$, 坐标系随着参考系一起转动. 相对速度 $\boldsymbol{v}'$ 可以分解为沿 x' 和 y' 的分速度 v'_x 及 v'_y. 当然, v'_x 及 v'_y 也是不变的. 现在要将 v'_x 和 v'_y 的效应分别加以考察.

先考虑 $\boldsymbol{v}'$ 沿 x' 轴的分量, 即考察质点以速度 v'_x 沿 x' 轴的运动. 把质点的 "相对" 坐标记作 (x', y'). 如果质点在 $t = 0$ 经过 $x' = x'_0, y' = 0$ 的一点. 则

$$\begin{cases} x' = x'_0 + v'_x t \\ y' = 0. \end{cases}$$

为清楚起见, 在转动圆板下方垫上一块较大 "静止" 圆板, 图 3–10 中的实线方框就表示这块 "静止" 平板. 在这静止平板上取坐标系 Oxy, 这是一个 "静止" 参考系中的坐标系. 把上述质点在这参考系中的 "绝对" 坐标记作 (x, y), 则

$$\begin{cases} x = x' \cos\omega t = (x'_0 + v'_x t)\cos\omega t, \\ y = x' \sin\omega t = (x'_0 + v'_x t)\sin\omega t, \end{cases}$$

它的 "绝对" 速度为

$$\begin{cases} \dot{x} = v'_x \cos\omega t - (x'_0 + v'_x t)\omega\sin\omega t, \\ \dot{y} = v'_x \sin\omega t + (x'_0 + v'_x t)\omega\cos\omega t, \end{cases}$$

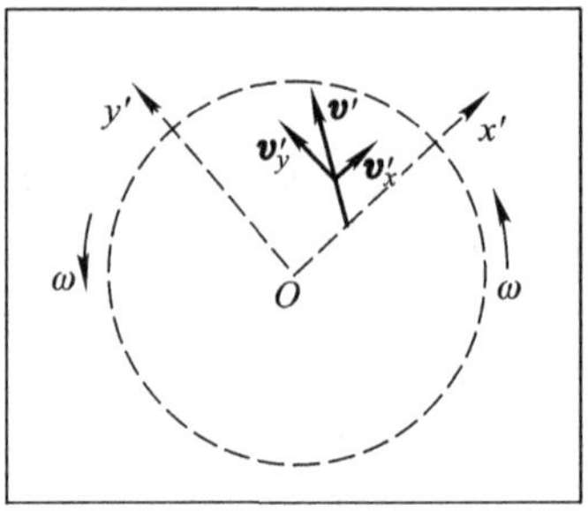

图 3–11

而“绝对”加速度为

$$\begin{cases} \ddot{x} = -v'_x\omega\sin\omega t - v'_x\omega\sin\omega t - (x'_0 + v'_x t)\omega^2\cos\omega t, \\ \ddot{y} = v'_x\omega\cos\omega t + v'_x\omega\cos\omega t - (x'_0 + v'_x t)\omega^2\sin\omega t, \end{cases}$$

即

$$\begin{cases} \ddot{x} = -2v'_x\omega\sin\omega t - x'\omega^2\cos\omega t, \\ \ddot{y} = 2v'_x\omega\cos\omega t - x'\omega^2\sin\omega t. \end{cases}$$

上式可以改用矢量形式表出, 质点的“绝对”加速度

$$\begin{aligned} \boldsymbol{a} &= \ddot{x}\boldsymbol{i} + \ddot{y}\boldsymbol{j} \\ &= -\omega^2(x'\cos\omega t\boldsymbol{i} + x'\sin\omega t\boldsymbol{j}) \\ &\quad +2v'_x\omega(-\sin\omega t\boldsymbol{i} + \cos\omega t\boldsymbol{j}) \\ &= -\omega^2\boldsymbol{r} + 2\omega\boldsymbol{k} \times (v'_x\cos\omega t\boldsymbol{i} + v'_x\sin\omega t\boldsymbol{j}) \\ &= -\omega^2\boldsymbol{r} + 2\boldsymbol{\omega} \times \boldsymbol{v}'_x, \end{aligned} \tag{25.1}$$

其中 $\boldsymbol{r} = x\boldsymbol{i} + y\boldsymbol{j} = (x'\cos\omega t\boldsymbol{i} + x'\sin\omega t\boldsymbol{j})$ 是质点的径矢.

对 $\boldsymbol{v}'$ 的 y' 方向的分量 $\boldsymbol{v}'_y$ 也可同样考虑. 这时质点的“相对”坐标由下式给出:

$$\begin{cases} y' = v'_y t, \\ x' = x'_0. \end{cases}$$

同样地求导两次给出

$$\boldsymbol{a} = -\omega^2\boldsymbol{r} + 2\boldsymbol{\omega} \times \boldsymbol{v}'_y. \tag{25.2}$$

总之, 相对于转动参考系作匀速直线运动的质点, 虽然, 相对加速度 $\boldsymbol{a}'$ 也是零, 绝对加速度却并不仅仅是向心加速度 (若 ω 不为常量还要加上切向加速度), 而是

$$\boldsymbol{a} = \dot{\boldsymbol{\omega}} \times \boldsymbol{r} + \boldsymbol{\omega} \times (\boldsymbol{\omega} \times \boldsymbol{r}) + 2\boldsymbol{\omega} \times \boldsymbol{v}', \tag{25.3}$$

上式比 (24.5) 多出一项, 这项称为**科里奥利加速度** $\boldsymbol{a}_{\mathrm{C}}$,

$$\boldsymbol{a}_{\mathrm{C}}=2\boldsymbol{\omega}\times\boldsymbol{v}'. \tag{25.4}$$

由此可见, 当质点作 "相对" 匀速直线运动时, 尽管它的 "相对" 加速度为零, 与 §24 相同, 但 "绝对" 加速度却不同于 §24, 而多出科里奥利加速度.

那么, 科里奥利加速度是怎么来的呢? 这里只作一粗浅的回答, 详细论述见下册. 原来, 在 §24,"绝对" 速度 $\boldsymbol{v}$ 就等于牵连 $\boldsymbol{v}_{牵}$,"绝对" 加速度也就仅仅是 $\boldsymbol{v}_{牵}$ 的变化率. 然而, 在本节情况下,"绝对" 速度 $\boldsymbol{v}$ 是 "相对" 速度 $\boldsymbol{v}'$ 与牵连速度 $\boldsymbol{v}_{牵}$ 之和, $\boldsymbol{v}=\boldsymbol{v}'+\boldsymbol{v}_{牵}$, 事情就复杂了. 牵连运动与相对运动相互影响, 牵连运动使 $\boldsymbol{v}'$ 的指向 (从 "静止" 系看来) 不停地变化, 相对运动也使 $\boldsymbol{v}_{牵}$ 不停地变化. 这种相互影响是 §24 所没有的, 正是这相互影响导致科里奥利加速度.

上面讨论的是二维的转动系统. 在三维的转动系统中,"相对" 速度 $\boldsymbol{v}'$ 未必与 $\boldsymbol{\omega}$ 垂直. 但这并不引起什么困难. 事实上, 可以将 $\boldsymbol{v}'$ 分解为平行于 $\boldsymbol{\omega}$ 的分量 $\boldsymbol{v}'_{//}$ 与垂直于 $\boldsymbol{\omega}$ 的分量 $\boldsymbol{v}'_{\perp}$. 分量 $\boldsymbol{v}'_{//}$ 即与转动轴平行, 它既不会由于牵连运动 (绕轴转动) 而有所改变, 它也不会引起牵连运动的变化. 这就是说, $\boldsymbol{v}'_{//}$ 完全不引起科里奥利加速度. 至于 $\boldsymbol{v}'_{\perp}$ 的作用, 完全可以仿照二维转动系统加以讨论.

(2) 科里奥利力

运动学的考察已经完成, 可以转入动力学的研究.

相对于 "静止" 参考系, 牛顿运动定律成立. 质点的绝对加速度 $\boldsymbol{a}$ 与质点所受牛顿力 $\boldsymbol{F}$ 满足 $\boldsymbol{F}=m\boldsymbol{a}$, 即

$$\boldsymbol{F}=m\dot{\boldsymbol{\omega}}\times\boldsymbol{r}+m\boldsymbol{\omega}\times(\boldsymbol{\omega}\times\boldsymbol{r})+m\boldsymbol{a}_{\mathrm{C}}. \tag{25.5}$$

质点的 "相对" 加速度 $\boldsymbol{a}'=0$, 相对于转动参考系, 牛顿运动定律显然不成立, $\boldsymbol{F}\neq m\boldsymbol{a}'=0$. 为求得相对于转动参考系的运动定律, 将 (25.5) 移项为

$$\boldsymbol{F}-m\dot{\boldsymbol{\omega}}\times\boldsymbol{r}-m\boldsymbol{\omega}\times(\boldsymbol{\omega}\times\boldsymbol{r})-m\boldsymbol{a}_{\mathrm{C}}=0=m\boldsymbol{a}'. \tag{25.6}$$

这就是说, 相对于转动参考系, 如质点作 "相对" 匀速直线运动, 应当像上一节一样计入 $-m\boldsymbol{\omega}\times(\boldsymbol{\omega}\times\boldsymbol{r})$ 即惯性离心力, 与 $-m\dot{\boldsymbol{\omega}}\times\boldsymbol{r}$ 即切向惯性力. 此外还应计入 $-m\boldsymbol{a}_{\mathrm{C}}$ 这一惯性力. 通常将这惯性力称为**科里奥利力**. 科里奥利力 $\boldsymbol{F}_{\mathrm{C}}$ 的指向与科里奥利加速度 $\boldsymbol{a}_{\mathrm{C}}$ 相反, 而大小则为 m 与 $\boldsymbol{a}_{\mathrm{C}}$ 的乘积, 即

$$\boldsymbol{F}_{\mathrm{C}}=-m\boldsymbol{a}_{\mathrm{C}}=-2m\boldsymbol{\omega}\times\boldsymbol{v}'. \tag{25.7}$$

为解算具体问题, 往往还需要科里奥利力的分量. 当然, 作为矢量, 总可以向坐标轴投影而得出分量. 在较复杂的情况下, 常以如下计算为便: 将 ω 与 $\boldsymbol{v}'$ 都用直角坐标分量表出, $\omega=\omega_{x'}\boldsymbol{i}+\omega_{y'}\boldsymbol{j}+w_{z'}\boldsymbol{k},\boldsymbol{v}'=\dot{x}'\boldsymbol{i}+\dot{y}'\boldsymbol{j}+\dot{z}'\boldsymbol{k}$, 代入 (25.7) 并按分配律展开. 考虑到

$\boldsymbol{i}\times\boldsymbol{i}=\boldsymbol{j}\times\boldsymbol{j}=\boldsymbol{k}\times\boldsymbol{k}=0,\boldsymbol{i}\times\boldsymbol{j}=-\boldsymbol{j}\times\boldsymbol{i}=\boldsymbol{k},\boldsymbol{j}\times\boldsymbol{k}=-\boldsymbol{k}\times\boldsymbol{j}=\boldsymbol{i},\boldsymbol{k}\times\boldsymbol{i}=-\boldsymbol{i}\times\boldsymbol{k}=\boldsymbol{j}$,
很容易得到

$$\begin{aligned}\boldsymbol{F}_{\mathrm{C}}&=-2m(\omega_{x'}\boldsymbol{i}+\omega_{y'}\boldsymbol{j}+\omega_{z'}\boldsymbol{k})\times(\dot{x}'\boldsymbol{i}+\dot{y}'\boldsymbol{j}+\dot{z}'\boldsymbol{k})\\&=\boldsymbol{i}2m(\dot{y}'\omega_{z'}-\dot{z}'\omega_{y'})+\boldsymbol{j}2m(\dot{z}'\omega_{x'}-\dot{x}'\omega_{z'})+\boldsymbol{k}2m(\dot{x}'\omega_{y'}-\dot{y}'\omega_{x'}).\end{aligned}\tag{25.8}$$

(3) 质点作一般的“相对”运动

本节至此一直限于“相对”匀速直线运动. 现在来考察作一般“相对”运动的情况.

首先,

$$\boldsymbol{v}=\boldsymbol{v}'+\boldsymbol{\omega}\times\boldsymbol{r}.\tag{25.9}$$

不同于上面的是, $\boldsymbol{v}'$ 的“相对”变化率即 $\boldsymbol{a}'$ 不再为零, 因此 (25.3) 应修改为

$$\boldsymbol{a}=\boldsymbol{a}'+\dot{\boldsymbol{\omega}}\times\boldsymbol{r}+\boldsymbol{\omega}\times(\boldsymbol{\omega}\times\boldsymbol{r})+2\boldsymbol{\omega}\times\boldsymbol{v}'.\tag{25.10}$$

(25.10) 的 $2\boldsymbol{\omega}\times\boldsymbol{v}'$ 项仍然是科里奥利加速度 $\boldsymbol{a}_{\mathrm{C}}$,

$$\boldsymbol{a}_{\mathrm{C}}=2\boldsymbol{\omega}\times\boldsymbol{v}'.\tag{25.11}$$

对于“静止”参考系, 牛顿运动定律成立,

$$\boldsymbol{F}=m\boldsymbol{a}=m\boldsymbol{a}'+m\dot{\boldsymbol{\omega}}\times\boldsymbol{r}+m\boldsymbol{\omega}\times(\boldsymbol{\omega}\times\boldsymbol{r})+m\boldsymbol{a}_{\mathrm{C}}.\tag{25.12}$$

为求得相对于转动参考系的运动定律, 将 (25.12) 移项为

$$\boldsymbol{F}-m\dot{\boldsymbol{\omega}}\times\boldsymbol{r}-m\boldsymbol{\omega}\times(\boldsymbol{\omega}\times\boldsymbol{r})-m\boldsymbol{a}_{\mathrm{C}}=m\boldsymbol{a}'.\tag{25.13}$$

这就是说, 还是**应当引入惯性离心力、切向惯性力、科里奥利力** $\boldsymbol{F}_{\mathrm{C}}$, 即 $-m\boldsymbol{\omega}\times(\boldsymbol{\omega}\times\boldsymbol{r}),-m\dot{\boldsymbol{\omega}}\times\boldsymbol{r},-m\boldsymbol{a}_{\mathrm{C}}$. 科里奥利力 $\boldsymbol{F}_{\mathrm{C}}$ 的表达式 (25.7)、(25.8) 仍然成立.

(4) 地球自转对地面上物体运动的影响

地球不断地自转, 是一个转动系. 以地球为参考系研究物体的运动, 应该适当地计入惯性力. 研究相对于地球为静止的物体, 应当计入惯性离心力; 至于切向惯性力极为微小可以忽略. 这在上节已加以讨论. 现在来研究相对于地球运动着的物体, 这时除惯性离心力之外, 还应计入科里奥利力.

在北半球, 沿地面运动的物体所受科里奥利力或其水平分力指向运动物体的右侧方, 参看图 3–12(a). 在 A 处, 有一质点沿子午线向北运动, 按 (25.7), $\boldsymbol{F}_{\mathrm{C}}$ 沿纬线指向东方, 即运动指向的右侧. 在 B 处, 有一质点向南运动, 按 (25.7), $\boldsymbol{F}_{\mathrm{C}}$

指向西方, 即运动的右侧. 在 C 处, 有一质点向西运动, 按 (25.7), $\boldsymbol{F}_{\mathrm{C}}$ 垂直地指向地轴, 其在水平面的投影指向北方, 亦即运动的右侧. 在 D 处, 有一质点向东运动, 按 (25.7), $\boldsymbol{F}_{\mathrm{C}}$ 垂直地背离地轴, 其在水平面的投影指向南方, 还是运动的右侧. 在南半球, 情况正好相反, 沿地面运动的物体所受科里奥利力或其水平分力指向左侧方 [参看图 3–12(b)].

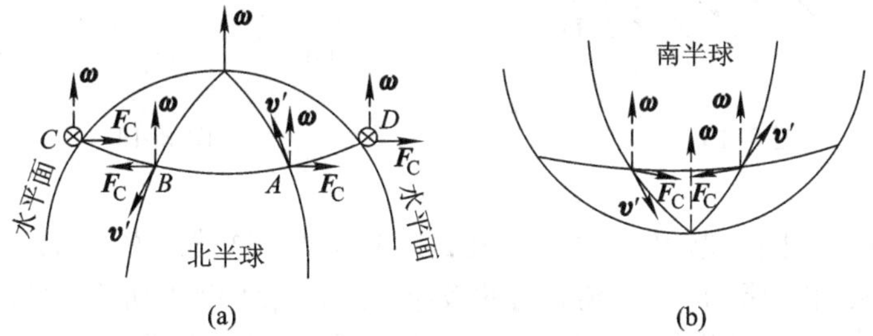

图 3–12

物体在地面上运动, 受科里奥利力作用而自行向右偏转, 这种现象在日常生活中还从来没有观察到. 人在走路时, 也从来不会不自觉地偏到右边去. 这完全是因为科里奥利力正比于地球自转角速度 ω, 而 ω 又很小 $(7.272 \times 10^{-5}\ \mathrm{rad/s})$, 以致科里奥利力也很小, 其效应被其他作用力的效应所掩盖. 科里奥利力的效应只有在长时间累积的条件下, 才容易察觉. 此外, 极精密的测量也能表明科里奥利力.

例如, 自然地理中有一条著名的、从实际观察总结出来的柏尔定律: 北半球河流右岸比较陡峭, 南半球则左岸比较陡峭. 这可以由科里奥利惯性力得到说明. 北半球河水在科里奥利力作用下, 对右岸冲刷甚于左岸, 成千累万年的积累结果, 使右岸比较陡峭. 又如, 信风本是自北而南 (图 3–13), 在 "长途旅行" 中不断受到科里奥利力作用, 累积的结果是, 风向逐渐转为自东北而西南, 最后甚至变为自东而西. 又如, 大气并不是径直对准低气压中心流动, 也不是沿辐射方向从高气压中心流出, 在 "长途旅行" 中科里奥利力作用的累积使得天气图上出现的是气旋、反气旋 [图 3–14(a)、(b)]. 火车在行驶中受到科里奥利力作用, 因而对右轨压力大于对左轨压力, 右轨磨损也就甚于左轨的磨损. 这一效应也需要长年累月之后才能察觉. 但普通单轨铁路上经常有相反方向的火车行驶, 其左右正好相反, 结果两轨磨损还是差不多相等. 对于复轨铁路, 每一组铁轨上只有一定方向的火车行驶, 长年累月后就显出右轨磨损较甚.

这里将惯性离心力与科里奥利力的大小作一比较. 科里奥利力正比于 ω (一阶小量), 惯性离心力则正比于 ω^2 (二阶小量) 与质点离地轴的距离 (很大的量) 的乘积, 它们基本上是同级大小. 但是, 在运动过程中, 质点离地轴的距离的变化

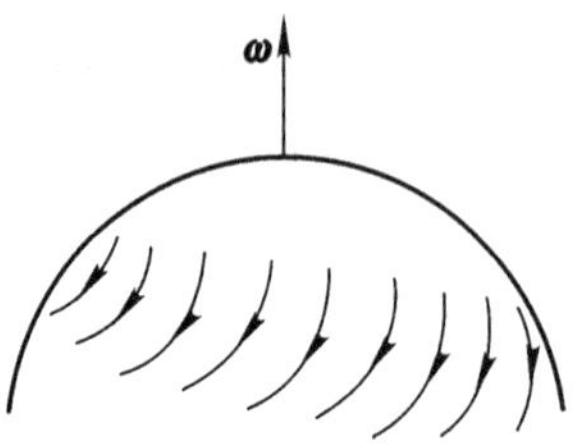

图 3–13

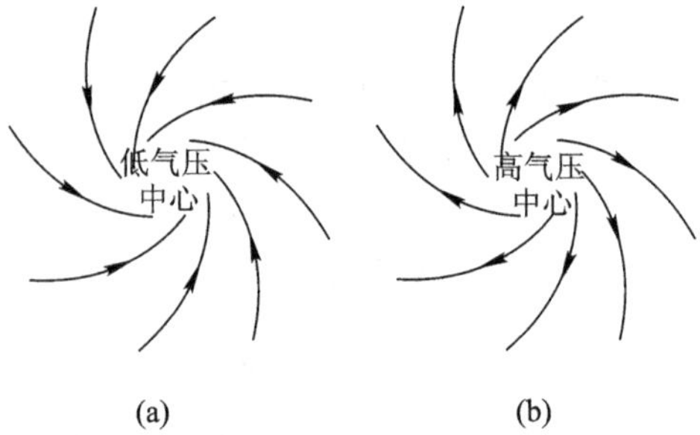

图 3–14

一般并不很大, 因而惯性离心力的变化是二阶小量. 这就是说, 惯性离心力可作为常力看待. 作为常力, 惯性离心力的效应不过是 §24 例 1 所算出的, 使重力的指向偏离地球引力的指向, 使重量小于地球引力. 这样, 只要总是用重力代替地球引力 (其实这中间的微小差别往往可以忽略), 就已包含了惯性离心力的效应在内, 不必另外再提出惯性离心力了. 因此, 在下面计算两个例题时, 就只考虑科里奥利力的影响.

***例 1** 考察地球自转对自由落体的影响 (图 3–15).

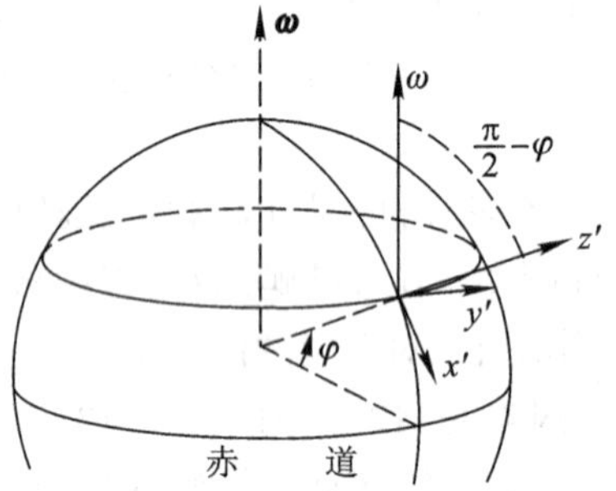

图 3–15

解 ① 本题要求考察落体的运动.

以地球为参考系研究落体的运动. 这是转动参考系, 应当计入惯性力.

落体的运动未知, 正是题所求. 但因地球的非惯性效应很小, 可以估计落体基本上仍沿竖直直线作匀加速运动, 加速度为 g. 但毕竟还有惯性力, 所以实际运动情况与此稍有偏离.

落体的重量为 mg, 竖直向下.

此外还应计入科里奥利惯性力. 由于落体基本上仍沿竖直线运动,"相对" 速度 $\boldsymbol{v}'$ 基本上是竖直向下, 所以科里奥利力 $\boldsymbol{F}_\mathrm{C} = -2m\omega\times\boldsymbol{v}'$ 指向东方, 其大小 $F_\mathrm{C} = 2m\omega v'\sin(\pi/2+\varphi)$, 即 $2m\omega v'\cos\varphi$, 这里 φ 为落体所在处的纬度.

设物体从离地 h 高处落下, 初速为零.

② 取固定于地球的坐标系. 原点在落体初始位置的正下方, x' 轴指向南方, y' 轴指向东方, z' 轴竖直朝上.

落体基本上沿竖直直线落下, 所以 $\dot{x}' \approx 0, \dot{y}' \approx 0, \dot{z}' < 0$.

重力的 x' 分力为 0, y' 分力为 0, z' 分力为 $-mg$.

科里奥利力的 x' 分力为 0, y' 分力为 $-2m\omega\dot{z}'\cos\varphi$, (这里 $\dot{z}' < 0$, 所以 y' 分力的表达式虽有一负号, 实际上却是正的.) z' 分力为 0.

取落体开始下落时刻为 $t=0$. 初始条件成为: 于 $t_0=0$, 有 $x'_0=0, y'_0=0$, $z'_0=h; \dot{x}'_0=0, \dot{y}'_0=0, \dot{z}'_0=0$.

③ 列出运动方程式:

$$\begin{cases} m\ddot{x}' = 0, & (1) \\ m\ddot{y}' = -2m\omega\dot{z}'\cos\varphi, & (2) \\ m\ddot{z}' = -mg. & (3) \end{cases}$$

④ (1) 式很容易积分. 考虑到初始条件 $\dot{x}'_0=0, x'_0=0$, (1) 式积分结果为

$$x' = 0. \tag{4}$$

(2) 式包含 $\dot{z}'$, 为积分 (2) 式, 必须先将 (3) 式积分. 考虑到初始条件 $\dot{z}'_0=0, z'_0=h$, (3) 式积分结果为

$$\dot{z}' = -gt, z' = h - \frac{1}{2}gt^2. \tag{5}$$

以 (5) 代入 (2), 则

$$\ddot{y}' = 2\omega gt\cos\varphi,$$

这就很容易积分了. 考虑到初始条件 $\dot{y}'_0=0, y'=0$, 积分结果为

$$\dot{y}' = \omega gt^2\cos\varphi, y' = \frac{1}{3}\omega gt^3\cos\varphi. \tag{6}$$

⑤ 不计地球自转时, 落体沿竖直直线匀加速运动, 这正如 (5) 式所描述. (4) 式表明, 即使计及地球自转, 落体也不向南北方向偏离. (6) 式表明, 如计及地球自转时, 则**落体向东偏离**.

现在来计算落地处偏东多少. (5) 式的偏离是以时间 t 表出的, 因而还需要先算出落地的时间. 为此, 以 $z'=0$ 代入 (5),

$$0 = h - \frac{1}{2}gt^2,$$

从而求得落地时间

$$t = \sqrt{2h/g}.$$

以此代入 (6) 得落地处偏东距离

$$y' = \frac{1}{3}g\omega\left(\frac{2h}{g}\right)^{3/2}\cos\varphi = \frac{2}{3}\omega\sqrt{\frac{2h^3}{g}}\cos\varphi.$$

让物体从 $h=60$ m 的高度 (大约相当于二十多层楼的高度) 自由落下. 在北京 (纬度 $\varphi\approx 40^\circ$), 物体的落地处偏东 0.78 cm; 在南京 (纬度约 32°), 则偏东 0.86 cm. 由于其他因素 (例如风) 的干扰, 这个偏东现象通常是颇难察觉的.

⑥ 本例一开始曾确认落体基本上不受地球自转影响, 其 "相对" 速度基本上是竖直向下, 从而推论 $\boldsymbol{F}_\text{C}$ 向东, 得出落体偏东的结论. 但正因为偏东, 落体的 "相对" 速度就并非严格竖直向下, 从而 $\boldsymbol{F}_\text{C}$ 并非严格向东, 还有向南的分力. 落体也要偏南, 但偏南的效应既由偏东的效应引起, 因而更为微小.

如要较严格地研究落体问题就应当严格地处理科里奥利力. 角速度 ω 的 x' 分量为 $-\omega\sin(\pi/2-\varphi)$, 即 $-\omega\cos\varphi$, y' 分量为 0, z' 分量为 $\omega\cos(\pi/2-\varphi)$, 即 $\omega\sin\varphi$ (参看图 3–15). 以此代入 (25.8) 即得

$$\begin{cases} F_{\text{C}x'}=2m(\dot{y}'\omega_{z'}-\dot{z}'\omega_{y'})=2m\omega\dot{y}'\sin\varphi,\\ F_{\text{C}y'}=2m(\dot{z}'\omega_{x'}-\dot{x}'\omega_{z'})=-2m\omega\dot{z}'\cos\varphi-2m\omega\dot{x}'\sin\varphi,\\ F_{\text{C}z'}=2m(\dot{x}'\omega_{y'}-\dot{y}'\omega_{x'})=2m\omega\dot{y}'\cos\varphi. \end{cases}\tag{25.14}$$

将科里奥利力的这个表达式列入运动方程式就能较严格地研究落体问题.

***例 2**　试改用 "静止" 参考系重新研究落体偏东问题. 对于 "静止" 参考系, 无需科里奥利力. 这也许有助于看清落体偏东现象的物理实质.

解　由于地球自转角速度 ω 的数值 (7.272×10^{-5} rad/s) 很小, 我们将采用一级近似.

从太空的 "静止" 坐标系 (以下称为 "太空坐标系") 来看, 地面上纬度为 λ 的 A 点的上方高度 h 处的物体 (图 3–16), 在其未下落之前, 为地球带动而绕地轴作半径为 $(R+h)\cos\lambda$ 的圆周运动, 其线速度指向东方, 数值为 $(R+h)\omega\cos\lambda$. 释放后, 物体下落, 下落过程中当然不再为地球带动, 而有其自身的运动方程.

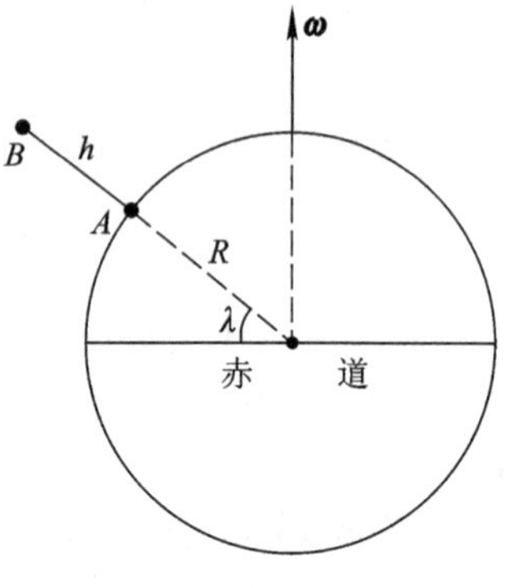

图 3–16

注意物体开始落下那一瞬刻的 A 点的东西向竖直平面 P (图 3–17), 把它作为太空坐标系的 yz 平面 (不跟随地球自转), 以 A 为原点, z 轴指向天顶, y 轴指向东 (图 3–18), x 轴则指向南.

落体的初始位置 B 在 z 轴上, 初始速度 $(R+h)\omega\cos\lambda$ 平行于 y 轴. 如果不计空气阻力, 落体所受唯一的力是重力, 它指向地心. 因此, 落体将在 yz 平面内运动.

落体所受的唯一的力 —— 重力永远指向地心. 在这种情况, 改用平面极坐标比较方便. 以地心为极点, 极轴指向 A 处天顶. 重力总是沿着径向, 落体不受横向力作用, $a_\varphi=0$. 由 (13.18) 可知, $\rho^2\dot{\varphi}$ 保持为常量. (以后将指出这就是动量矩守恒.) $\rho^2\dot{\varphi}$ 的初始值是 $(R+h)^2\omega\cos\lambda$, 所以

$$\rho^2\dot{\varphi}=(R+h)^2\omega\cos\lambda.\tag{1}$$

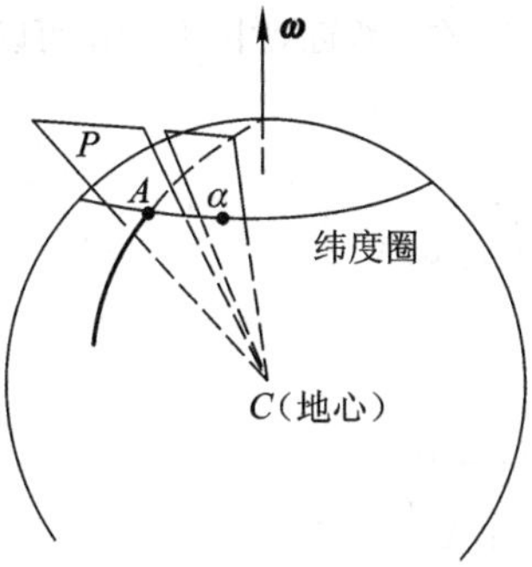

图 3–17

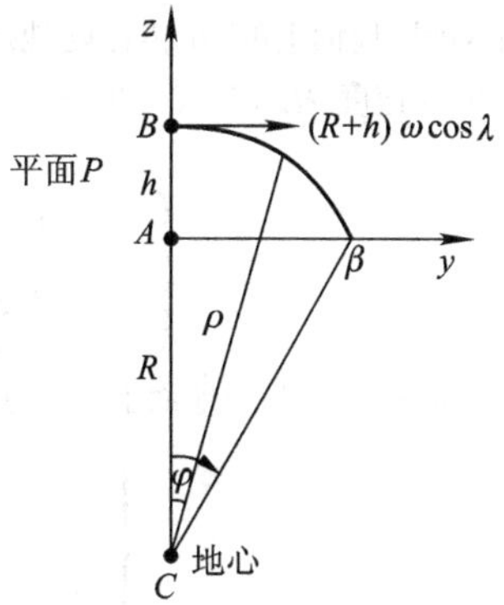

图 3–18

在一级近似下, 径向运动可用自由落体公式描述,

$$\rho = R + z = R + \left(h - \frac{1}{2}gt^2\right), \tag{2}$$

代入 (1) 式即得

$$\begin{aligned}\dot{\varphi} &= \frac{(R+h)^2\omega\cos\lambda}{\left(R+h-\dfrac{1}{2}gt^2\right)^2} = \frac{\omega\cos\lambda}{\left[1-\dfrac{gt^2}{2(R+h)}\right]^2}\\ &= \omega\cos\lambda\left(1+\frac{gt^2}{R+h}+\cdots\right).\end{aligned}$$

积分一次,

$$\varphi = \omega\cos\lambda\left[t + \frac{gt^3}{3(R+h)} + \cdots\right]. \tag{3}$$

现在求落体着地的位置 β (图 3–18). 以 $\rho = R$ 代入 (2) 可求得着地的时刻

$$\tau = \sqrt{\frac{2h}{g}}.$$

因此着地时的 φ 等于

$$\varphi = \omega\cos\lambda\left(\sqrt{\frac{2h}{g}} + \frac{1}{R+h}\frac{2h}{3}\sqrt{\frac{2h}{g}} + \cdots\right). \tag{4}$$

回到直角坐标,

$$\begin{cases} x_\beta = 0, \quad z_\beta = 0, \\ y_\beta = R\varphi = \omega\cos\lambda\left(R\sqrt{\dfrac{2h}{g}} + \dfrac{2h}{3}\sqrt{\dfrac{2h}{g}}\right). \end{cases} \tag{5}$$

这里 x_β 一式是严格的, y_β 与 z_β 两式则是考虑到 $h << R$ 的一级近似式.

在此期间, 地面上的 A 点已随地球的自转移到了 α (图 3–17), 弧 $A\alpha$ 的长等于该点绕地轴转动的线速度 $R\omega\cos\lambda$ 与时间 τ 的乘积 $R\omega\tau\cos\lambda$. 在一级近似中, 弧 $A\alpha$ 可以看作直线, 从而

$$\begin{cases} x_\alpha = 0, \quad z_\alpha = 0, \\ y_\alpha = R\omega\tau\cos\lambda = R\sqrt{\dfrac{2h}{g}}\omega\cos\lambda. \end{cases} \tag{6}$$

这样, 落体着地点 β 偏于地面上的 α 点的东方,

$$\begin{cases} x_\beta - x_\alpha = 0, \quad z_\beta - z_\alpha = 0, \\ y_\beta - y_\alpha = \dfrac{2h}{3}\sqrt{\dfrac{2h}{g}}\omega\cos\lambda. \end{cases}$$

偏东的距离与例 1 的答案相符.

***例 3** 一水平光滑圆盘绕着通过 O 点并垂直于盘面的轴以匀角速 ω 旋转. 盘上有一圆形轨道, 质点被约束在轨道内侧运动. 开始时, 质点以相对速度 v_0 运动, 求此后质点的运动情况. 质点质量为 m, 与轨道的摩擦系数为 μ.

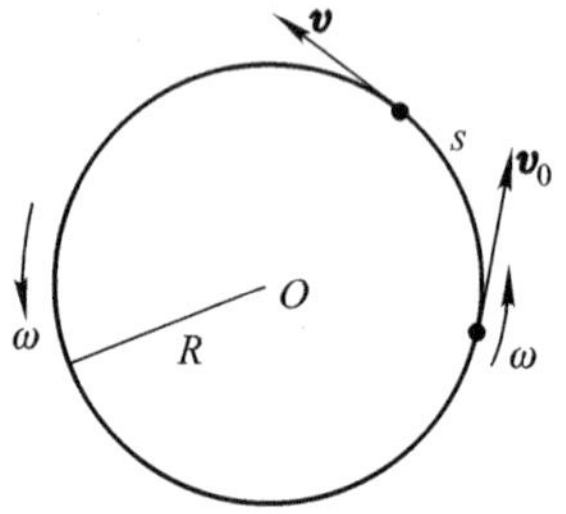

图 3–19

解 取圆盘为参考系, 这是一个转动参考系.

先分析作用在质点上的力. 重力 mg 与盘面支撑力这一对力在竖直方向, 互相抵消, 这里不予考虑. 此外, 在水平面上有: 轨道对质点的约束反力 N, 摩擦力 μN, 惯性离心力 $F_{离}$, 科里奥利力 $F_{\rm C}$.

$$F_{离} = m\omega^2 R,$$

方向沿轨道半径, 指向外方.

$$F_{\rm C} = 2m\omega v,$$

$\boldsymbol{F}_{\rm C}$ 的指向按 $-2m\omega\times\boldsymbol{v}$ 确定, 在本题与惯性离心力指向相同.

质点运动轨道已知, 宜采用自然坐标系. 运动方程为

$$\begin{cases} m\dfrac{{\rm d}v}{{\rm d}t} = -\mu N, & (1) \\ m\dfrac{v^2}{R} = N - m\omega^2 R - 2m\omega v. & (2) \end{cases}$$

由题意可得出初始条件为 $t=0, s=0, v=v_0$. 从 (2), 得

$$\begin{aligned} N &= \frac{m}{R}(v^2 + 2\omega vR + \omega^2 R^2) \\ &= \frac{m}{R}(v+\omega R)^2. \end{aligned} \tag{3}$$

代入 (1) 消去 N,

$$\frac{{\rm d}v}{{\rm d}t} = -\mu\frac{(v+\omega R)^2}{R}. \tag{4}$$

将 (4) 式分离变数,

$$\frac{\mathrm{d}v}{(v+\omega R)^2}=-\frac{\mu}{R}\mathrm{d}t.$$

积分上式, 并代入初始条件, 得

$$v=\frac{R(v_0+\omega R)}{R+\mu t(v_0+\omega R)}-\omega R. \tag{5}$$

又由 $v=\frac{\mathrm{d}s}{\mathrm{d}t}$ 得

$$\frac{\mathrm{d}s}{\mathrm{d}t}=\frac{R(v_0+\omega R)}{R+\mu t(v_0+\omega R)}-\omega R. \tag{6}$$

再次积分, 并代入初始条件 $t=0, s=0$, 得

$$s=\frac{R}{\mu}\ln\frac{R+\mu t(v_0+\omega R)}{R}-\omega Rt. \tag{7}$$

例 4 考察地球自转对单摆运动的影响.

假如没有惯性力, 单摆将在直线 AB 上来回摆动 (图 3–20). 事实上, 单摆从 A 向 B 摆动时, 由于科里奥利力的作用而逐渐向右偏, 并没有达到 B 点而是达到 C 点. 从 C 向回摆动时仍然逐渐向右偏, 结果达到 D 点. 依此推论, 摆动平面将顺着时针方向不断偏转, 如图 3–20 的虚线箭头所示. 应当指出, 图 3–20 是过分夸大了. 科里奥利力是微小的, 所以每一次来回, 摆动平面所偏转的角度是很小的. 必须累积了很多次来回, 才能显出可察觉的偏转.

现在进一步问: 摆动平面偏转的速率怎样?

参阅图 3–21. 设摆原在 A 点, 沿南北方向来回摆动, 即沿 AC 方向来回摆动. 过了短短的 Δt 时间, 由于地球自转, A 点到了 B 点, 摆也随同到了 B 点. 由于惯性, 单摆保持平行于 AC 方向来回摆动, 即沿 BG 方向来回摆动, 在 B 点, 这方向已非南北方向; 在 B 点的南北方向是 BC 方向. 在地球上的人看来, 摆动平面已由南北方向顺时针 “偏转” 到 BG 方向. 让我们来求偏转角 $\angle CBG$.

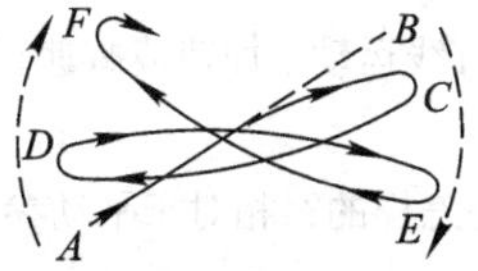

图 3–20

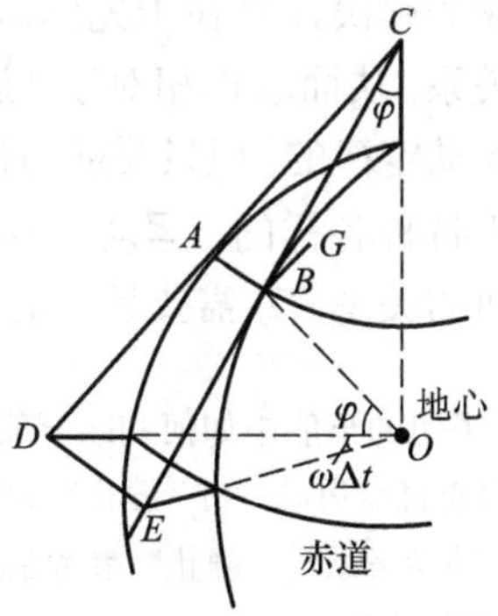

图 3–21

显然 $\angle CBG = \angle ACB$, 我们改求 $\angle ACB$. 由于 Δt 很短, 这些角都是小角, 因此 $\angle ACB \approx DE/CE$. 而

$$DE \approx OE\angle DOE = OE\omega\Delta t, CE \approx OE/\sin\angle ECO = OE/\sin\varphi,$$

φ 为摆所在处的纬度. 这样,

$$\angle CBG = \angle ACB = \frac{DE}{CE} = \frac{OE\omega\Delta t}{OE/\sin\varphi} = (\omega\sin\varphi)\Delta t.$$

所以摆动平面 "偏转" 的速率为

$$\frac{\angle CBG}{\Delta t} = \omega\sin\varphi.$$

这个偏转速率是很小的. 它在两极最大, 但也不过每天 (恒星日) 偏转一圈. 纬度越低, 偏转得越慢. 任何可察觉的偏转角都要求比较长的时间. 普通的单摆完全不能显示这种现象, 因为在其偏转达到可察觉之前, 它早已停止摆动了. 应当用能够长时间摆动的摆. 适应此种要求的, 摆长较大而摆球较重的摆称为**傅科摆**. 傅科当年在巴黎的先哲祠 (Panthéon) 中所用的摆长达 67 m, 质量达 28 kg. 在历史上, 傅科以此第一次直接显示了地球的自转. 今天, 在普及天文知识的机构中, 例如北京天文馆等, 都备有傅科摆. 南京大学天文系门厅设有一个傅科摆. 甚至联合国大厦前也有傅科摆.

傅科摆的摆动平面偏转现象当然也可以从计及科里奥利力的运动方程式解出来. 详细的演算这里就略去了.

复习思考题

在此以前, 可以选取任意参考系研究运动学, 却必须选取 "静止" 参考系研究动力学. 本章则讨论如何用 "运动" 参考系研究质点动力学问题.

问题的解决途径在于先作运动学的研究, 寻找 "绝对" 加速度与 "相对" 加速度的关系, 从而求得相对于 "运动" 参考系的运动定律. 这种运动定律是不同于牛顿运动定律的, 但只要适当计入惯性力, 则复归于牛顿运动定律.

对于各种各样的 "运动" 参考系, 应当掌握 ① "绝对" 加速度与 "相对" 加速度之间的关系, ② 需要计入的惯性力.

*1. 在密闭的车船中如何判断车船是静止的、作匀速直线运动、加速或减速行驶、转弯? "平稳的匀速直线运动" 与 "静止" 为什么区分不出来?

2. 平动参考系与 "静止" 参考系之间的运动学关系是怎样的? 相对于平动参考系, 应计入怎样的惯性力?

*3. 取 "静止" 参考系, 如何理解 "潮汐" 现象?

在宇宙飞船中是否也应出现 "潮汐" 现象?

*4. §23 例 3 说起帽子受到惯性力 3×10^4 N. 既然这是作用于帽子的力, 应该与戴着帽子的人无关, 人毫无特别的感觉. 这样的想法对吗?

*5. 在某个科学宫的密闭房间内有电动秋千. 两个人站在秋千上, 秋千自动荡来荡去, 这两个人正在进行一场争论. 其一认为秋千实际没有动, 是房间转来转去, 另一人认为明明是秋千在动. 试想一办法为他们解决这场争论.

6. 质点相对于转动参考系保持静止. 转动参考系与 “静止” 参考系之间的运动学关系是怎样的? 如何用矢量式推导这一结果?

应计入怎样的惯性力?

7. 质点相对于转动参考系而运动. 什么是科里奥利加速度? 它的物理实质是怎样的?

应计入哪些惯性力?

8. 相对速度如平行于参考系转动轴, 为什么就没有科里奥利加速度? 这一情况在科里奥利加速度的表达式中是如何反映出来的?

*9. 上抛物体在上升阶段受科里奥利力的作用向西偏离, 等到下降阶段则向哪一方偏离?

第四章 质点动力学的运动定理

前两章讨论了质点运动的基本定律, 即牛顿运动定律. 更重要的是, 前两章还着重讨论了如何运用质点运动基本定律解决各种各样的质点动力学问题, 即按问题中的具体条件进行具体分析而得出牛顿运动定律在具体问题中的表达式 —— **运动方程式**, 然后进行运动方程式的解算. 这种从运动方程式出发的方法, 就是**质点动力学的基本方法**.

本章将从基本运动定律导出一些带有普遍意义的关系式 —— 所谓**运动定理**. 在某些问题中, 越过运动方程式, 直接以运动定理作为出发点, 常能或多或少减轻一些计算工作量. 特别是在一定条件下, 运动定理成为各种**守恒定律**. 运用各种守恒定律常使问题的解决变得极为简便. 因此, 就经典力学而论, 运动定理或作为其特例的守恒定律为质点动力学提供了**辅助方法**. 在各种各样的质点动力学问题中, 这些定理不一定都合适, 但只要它能应用, 就常常会带来不少便利.

主要的运动定理有: 动量定理、动量矩定理和动能定理.

应当指出: 在质点动力学中, 动量定理与动量矩定理, 诚然只起辅助作用, 但在刚体动力学中, 它们却起着基本的作用, 是刚体运动的基本定理. 因此, **动量定理与动量矩定理有重大意义**, 它们不仅使质点动力学问题的解决变得简便, 而且还为刚体动力学提供了基础.

又应当指出: 关于功与能的定理远远不限于使质点动力学问题与刚体动力学问题的解决变得简便. 如问题不仅仅涉及机械运动, 而且牵涉到物质运动各种形式的相互转化, 关于功与能的定理起着极为重要的作用. **功与能是物理学中极为基本的概念**.

§26 动 量 定 理

牛顿自己在叙述第二定律时, 不用加速度而用动量. 他将质点的质量 m 与质点的速度 $\boldsymbol{v}$ 的乘积定义为质点的**动量**, 今记作 $\boldsymbol{p}$. 按定义,

$$\boldsymbol{p} = m\boldsymbol{v}. \tag{26.1}$$

动量 $\boldsymbol{p}$ 显然是矢量, 以速度 $\boldsymbol{v}$ 的指向为其指向, 动量的大小则等于质量 m 与速率 v 的乘积. 动量的量纲 $[p] = \mathrm{M}[v] = \mathrm{MLT}^{-1}$.

在经典力学的适用范围内, 质点的质量 m 是常量. 因而牛顿第二定律的表达式 (16.8)、(16.9) 可以改写为

$$\boldsymbol{F}=m\boldsymbol{a}=m\frac{\mathrm{d}\boldsymbol{v}}{\mathrm{d}t}=\frac{\mathrm{d}}{\mathrm{d}t}(m\boldsymbol{v}),$$

即

$$\boldsymbol{F}=\frac{\mathrm{d}}{\mathrm{d}t}\boldsymbol{p}=\dot{\boldsymbol{p}}. \tag{26.2}$$

(26.2) 是牛顿本人所采用的第二定律表达式. 我们将它称为质点的**动量定理**的微分形式. 质点受到其他物体的作用力, 则动量将起变化, 质点动量的时间变化率就等于其他物体施于该质点的力.

我们还可以研究力的时间累积效果, 即力施加于质点而经历一段时间所产生的效果. 为此, 将 (26.2) 式两边对时间积分一次, 得出第一次积分

$$\int_{t_1}^{t_2}\boldsymbol{F}\mathrm{d}t=\boldsymbol{p}_2-\boldsymbol{p}_1=m\boldsymbol{v}_2-m\boldsymbol{v}_1,$$

这里 $\boldsymbol{v}_1$ 与 $\boldsymbol{p}_1$ 指质点在 t_1 时刻的速度与动量, $\boldsymbol{v}_2$ 与 $\boldsymbol{p}_2$ 则指质点在 $\boldsymbol{t}_2$ 时刻的速度与动量. 通常将力对时间的积分称为力的**冲量**, 今记作 $\boldsymbol{I}$. 按定义,

$$\boldsymbol{I}=\int_{t_1}^{t_2}\boldsymbol{F}\mathrm{d}t. \tag{26.3}$$

于是

$$\boldsymbol{I}=\boldsymbol{p}_2-\boldsymbol{p}_1=m\boldsymbol{v}_2-m\boldsymbol{v}_1. \tag{26.4}$$

这就是质点的**动量定理**的积分形式, 从时刻 t_1 到时刻 t_2, 质点动量的改变等于其他物体在这段时间内给予该质点的冲量.

冲量的量纲 $[I]=[F]\mathrm{T}=\mathrm{MLT}^{-1}$, 恰与动量的量纲相同. 冲量显然是矢量. 对于不变的力 $\boldsymbol{F}$, 按定义 (26.3), 冲量 $\boldsymbol{I}$ 归结为 $\boldsymbol{F}\int_{t_1}^{t_2}\mathrm{d}t$, 即 $\boldsymbol{F}(t_2-t_1)$, 这就是力与作用时间的乘积. 即使力 $\boldsymbol{F}$ 随时间而变, 在短时间段中力的变化还是很微小的, 因而极短时间段内的冲量也可以认为就是力与作用时间的乘积.

积分形式的质点动量定理 (26.4) 特别适宜于研究**冲击作用**对质点运动的影响. 所谓冲击作用就是只出现于极短时间内的极为强大的力的作用. 既然冲击所经历的时间极为短暂, 质点在这样短暂的时间内是来不及显著移动的, 确切些说, 它所走的距离是极短的. 这就是说, 在冲击作用下, 质点的位置几乎没有什么改变. 冲击作用刚刚结束的时候, 质点几乎仍停留在冲击作用开始时的位置. 另一方面, 冲击作用使质点的动量从冲击开始时的 $\boldsymbol{p}_1$ 一变而为冲击结束时的 $\boldsymbol{p}_2$, 使质点的速度从冲击开始时的 $\boldsymbol{v}_1$ 一变而为冲击结束时的 $\boldsymbol{v}_2$. 特别应当指出的是, 这种改变只取决于冲量 $\boldsymbol{I}$ 这个总的效果, 无须深究力 $\boldsymbol{F}$ 在短暂的冲击过程中随

时间而变化的细致情况. 这样, 冲击作用对质点运动的影响完全可以用该冲击作用的冲量表明.

假如用 $\boldsymbol{F}=m\boldsymbol{a}$ 或微分形式的质点动量定理 $\boldsymbol{F}=\dot{\boldsymbol{p}}$ 来研究冲击作用, 就不得不考察力 $\boldsymbol{F}$ 在短暂时间内的急剧变化情况, 它如何从零猛然增长为极强大的作用力, 如何变动, 最后又如何突然消失为零. 这样无疑是很不便利的.

考察质点所受的力 $\boldsymbol{F}=0$ 的特例, 此时 $\boldsymbol{I}$ 亦等于 0. 微分形式与积分形式的动量定理分别给出

$$\dot{\boldsymbol{p}}=0, \quad \boldsymbol{p}_2-\boldsymbol{p}_1=0. \tag{26.5}$$

(26.5) 的两式意义相同. 它们指出: 如果质点不受到其他物体的作用, 则质点的动量不随时间而变. 通常将这称为质点的**动量守恒定律**, 其实它只是惯性定律的另一表达方式.

注意动量定理 (26.2) 或 (26.4) 是矢量方程式, 实际上是三个分量方程式

$$F_x=\dot{p}_x, \quad F_y=\dot{p}_y, \quad F_z=\dot{p}_z; \tag{26.6}$$

或

$$\left.\begin{aligned} I_x&=p_{2x}-p_{1x},\\ I_y&=p_{2y}-p_{1y},\\ I_z&=p_{2z}-p_{1z}. \end{aligned}\right\} \tag{26.7}$$

从 (26.6)、(26.7) 可知, 如质点所受的力 $\boldsymbol{F}\neq 0$, 但 $\boldsymbol{F}$ 的某个分量例如 $F_x=0$, 则动量的相应的分量 p_x 守恒, 虽然动量 $\boldsymbol{p}$ 本身并不守恒.

§27 动量矩定理

现在来研究质点相对于某根指定的直线的运动. 将这根直线称为 “轴线”, 也就可以说, 研究质点相对于轴线的运动. 在这种问题中, 往往更着重于考察力矩而不是力.

(1) 力对于轴线的力矩

在中学里我们已经有了力矩概念, 确切些说应该是力对于轴线的力矩. 我们决不会用平行于窗轴的力试图开启或关闭窗户, 因为根据经验, 平行于窗轴的力不可能使窗户开启或关闭. 因此在定义力 $\boldsymbol{F}$ 对于轴线 AB 的力矩 (图 4–1) 时, 应当抛弃其平行于轴线的分力 $F_{//}$, 换句话说, 先将力 $\boldsymbol{F}$ 投影到垂直于轴线的平面 S. 力的这个投影 $F_{\perp}$ 乘以其与轴线 AB 的垂直距离 d (即所谓力臂) 就被定义为**力对于轴线的力矩**. 应当指出, “力乘力臂” 的说法是稍显简单化了.

为便于应用到质点动力学问题起见, 现在, **以力的分量表出力矩**.

在平面 S 内选取极坐标系, 以 AB 与 S 的交点 C 为极点 (图 4–2). 更将 $F_\perp$ 分解为径向分力 F_ρ 与横向分力 F_φ, 分别计算它们的力矩. 径向分力 F_ρ 通过 C 点, 力臂为零, 因而力矩为零. 如力的作用点的坐标记作 ρ, φ, 则横向分力 F_φ 的力臂正是 ρ, 因而力 $\boldsymbol{F}$ 对于轴线 AB 的力矩

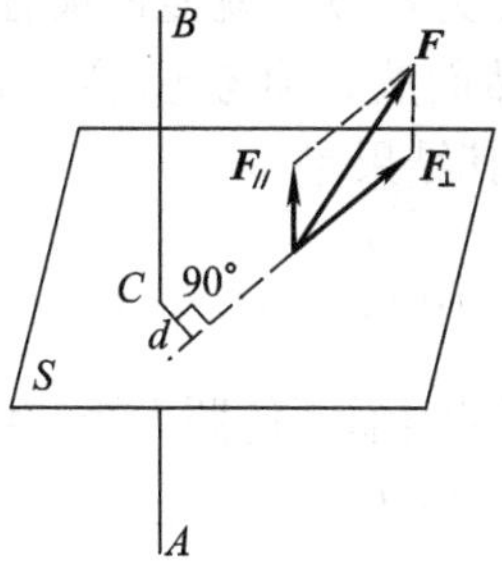

图 4–1

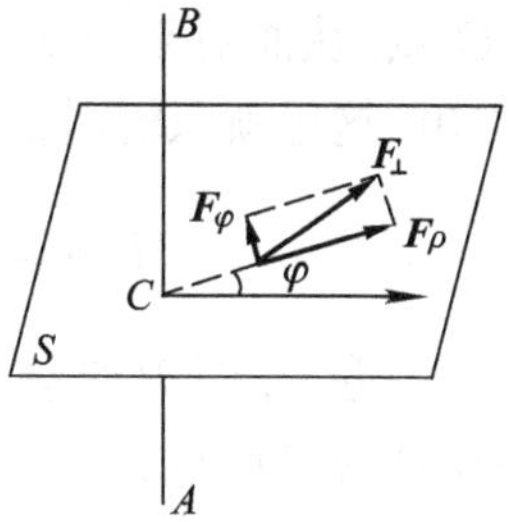

图 4–2

$$M_{AB} = \rho F_\varphi. \tag{27.1}$$

为便于推广起见, 我们还要运用直角坐标系 (图 4–3). 取 AB 线上一点 O 为原点, 以 AB 为 z 轴. 将力的作用点的坐标记作 x, y, z. 更将 $F_\perp$ 分解为 x 分力 F_x 与 y 分力 F_y, 分别计算它们的力矩. 分力 F_x 的力臂为 y, 因而力矩为 yF_x; 分力 F_y 的力臂为 x, 因而力矩为 xF_y. 应当注意这两力矩驱使物体绕 z 轴转动的趋向相反. 通常按右手法则来规定力矩的符号. 将右手四指捏成拳状以表示力矩驱使物体转动的趋向, 如伸直的拇指的指向与 z 轴相同, 这一力矩就规定为正的; 如伸直的拇指的指向与 z 轴相反, 这一力矩就规定为负的. 因此, 力 $\boldsymbol{F}$ 对于 z 轴的力矩

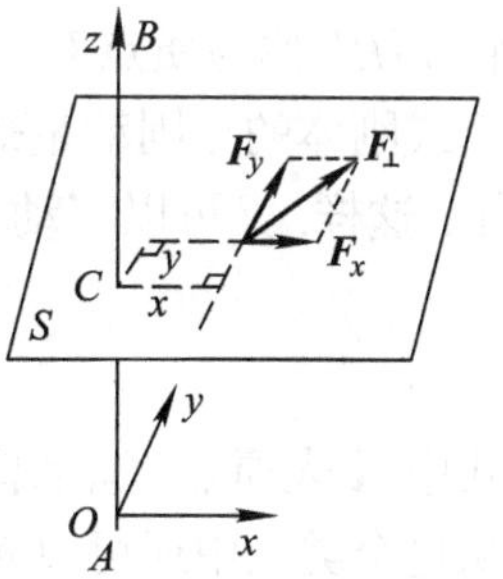

图 4–3

$$M_z = xF_y - yF_x. \tag{27.2}$$

从 (27.1) 或 (27.2) 显然可见力矩的量纲

$$[M] = \mathrm{L}[F] = \mathrm{ML^2T^{-2}}.$$

(2) 对于轴线的动量矩 (角动量) 和动量矩定理

从比较简单的情况开始.

轴线 AB 是一根实体的轴, 质点以某种方式固结于轴 (例如, 用轻而坚实的棒将质点与轴连接起来) 而绕轴转动, 即质点在垂直于轴 AB 的平面 S 内作半

径为 R 的圆周运动, 而圆心在轴 AB 与平面 S 的交点 C. 这样, 质点的法向加速度 $a_n = v^2/R = R\omega^2$, 切向加速度 $a_\tau = \dot{v}$. 这就表明, 质点所受力的法向分量 $F_n = ma_n = mv^2/R = mR\omega^2$; 切向分量 $F_\tau = ma_\tau = m\dot{v}$.

如果不关心质点是怎样固结于轴的, 仅仅关心质点绕轴转动的快慢, 那就无须考虑法向分力 F_n, 只需考虑切向分力 F_τ. 这时, 力矩概念就显得很有用. 法向分力指向 C 点, 从而对于 AB 轴的力矩为零, 自然而然无须考虑. 因此说到对于 AB 轴的力矩, 这里就只需考虑切向分力的力矩, 其结果是

$$M_{AB} = RF_\tau = Rm\dot{v} = \frac{\mathrm{d}}{\mathrm{d}t}(Rmv).$$

mv 是质点的动量 p, 而 R 是动量与 C 点之间的垂直距离. 仿照力矩, 我们将 mv 与 R 的乘积称为质点对于 AB 轴的**动量矩 (角动量)** L_{AB}. 于是

$$M_{AB} = \dot{L}_{AB}.$$

这就是动量矩定理. 试与动量定理比较: 力改变质点的动量, 动量的时间变化率就等于质点所受的力; 力矩改变质点的动量矩, 动量矩的时间变化率就等于质点所受力的力矩.

动量矩 L_{AB} 还可以用质点绕轴转动的角速度 ω 表出, $L_{AB} = Rmv = mR^2\omega$. 将 mR^2 称为质点对 AB 轴的 "转动惯量" I_{AB} (虽然这一名称通常是用于质点组或刚体的), 则动量矩 $L_{AB} = I_{AB}\omega$, 它与动量 $p = mv$ 之间的类比就更为鲜明了. 这样, 又可以将动量矩定理改写为

$$M_{AB} = \frac{\mathrm{d}}{\mathrm{d}t}(I_{AB}\omega) = I_{AB}\dot{\omega} \equiv I_{AB}\alpha.$$

式中 α 表质点绕轴线转动的角加速度. 这又与牛顿第二定律 $F = ma$ 多么相似! 从这个类比中还可以看出, I 与 m 对应. I 反映绕轴线转动的惯性, 所以称为 "转动惯量".

以上只讨论了特例. 现在转而研究一般情况, 质点并非固结于轴线, 轴线也不必是实体的轴, 这就是说, 质点并不一定围绕轴线转动, **问题仅仅是**相对于轴线来研究质点的运动.

力对于轴线的力矩既然只取决于分力 $F_\perp$ 而与分力 $F_\perp$ 无关, 我们就只需考察质点在垂直于轴 AB 的平面 S 上的投影的运动情况.

在平面 S 内引用极坐标系, 极点就选在轴 AB 与平面 S 的交点 C. 质点所受力的径向分量 F_ρ 与横向分量 F_φ 分别使质点 (更确切些说, 质点在平面 S 上的投影) 获得径向加速度 a_ρ 与横向加速度 a_φ, 根据 (13.18) 运动方程式为

$$\begin{cases} F_\rho = ma_\rho = m\ddot{\rho} - m\rho\dot{\varphi}^2, \\ F_\varphi = ma_\varphi = m\rho\ddot{\varphi} + m2\dot{\rho}\dot{\varphi}. \end{cases} \tag{27.3}$$

这里, 着重研究的是力对于 AB 轴的力矩 M_{AB} 对质点运动的影响, 因此以 (27.3) 的第二式代入 (27.1), 得

$$\begin{aligned} M_{AB} &= \rho F_\varphi = \rho m a_\varphi = m\rho^2\ddot{\varphi} + m2\rho\dot{\rho}\dot{\varphi} \\ &= \frac{\mathrm{d}}{\mathrm{d}t}(m\rho^2\dot{\varphi}) = \frac{\mathrm{d}}{\mathrm{d}t}(I_{AB}\dot{\varphi}). \end{aligned} \tag{27.4}$$

为阐明 (27.4) 的含义, 仿照力对于轴线的力矩, 引入质点的动量 p 对于轴线 AB 的动量矩. 首先将动量 $\boldsymbol{p}$ 投影到垂直于轴线 AB 的平面 S, 动量的这个投影 $p_\perp$ 乘以其与轴线的垂直距离, 就定义为质点的动量**对于轴线的动量矩 (角动量)** L.

既在平面 S 内引用以 C 为极点的极坐标系, 就可将 $p_\perp$ 分解为径向动量 p_ρ 与横向动量 p_φ. p_ρ 通过 C 点, 因而其动量矩为零. 至于 p_φ 与轴线的垂直距离正是质点的极径 ρ, 因而质点的动量 $\boldsymbol{p}$ 对子轴线 AB 的动量矩

$$L_{AB} = \rho p_\varphi = \rho m v_\varphi = m\rho^2\dot{\varphi} \equiv I_{AB}\dot{\varphi}. \tag{27.5}$$

显然动量矩的量纲 $[L] = \mathrm{L}[p] = \mathrm{ML^2T^{-1}}$.

这样, (27.4) 即是

$$M_{AB} = \frac{\mathrm{d}}{\mathrm{d}t}(I_{AB}\dot{\varphi}) = \dot{L}_{AB}. \tag{27.6}$$

这就是说, 一旦质点受到力对于轴线 AB 的力矩, 则质点对于该轴线的动量矩将起变化, 动量矩的时间变化率就等于力矩. 这称为质点对于轴线 AB 的**动量矩定理**的微分形式.

注意, 动量矩定理 (27.6), 即 $M = \mathrm{d}L/\mathrm{d}t = \mathrm{d}(I\dot{\varphi})/\mathrm{d}t$, 不宜表为 $M = I\ddot{\varphi}$, 除非质点的 "转动惯量" $I = m\rho^2$ 是常量. 一般说来, 在运动过程中, 极径 ρ 不是常量, 所以 $I = m\rho^2$ 也并非常量.

同理, 在直角坐标系中, 质点的动量 $\boldsymbol{p}$ 对于 $\boldsymbol{z}$ 轴的动量矩按定义可仿照 (27.2) 表为

$$L_z = xp_y - yp_x = mxv_y - myv_x = mx\dot{y} - my\dot{x}. \tag{27.7}$$

于是根据 (27.2),

$$\begin{aligned} M_z &= xF_y - yF_x = xma_y - yma_x = mx\ddot{y} - my\ddot{x} \\ &= (mx\ddot{y} + m\dot{x}\dot{y}) - (my\ddot{x} + m\dot{x}\dot{y}) \\ &= \frac{\mathrm{d}}{\mathrm{d}t}(mx\dot{y}) - \frac{\mathrm{d}}{\mathrm{d}t}(my\dot{x}) = \dot{L}_z. \end{aligned} \tag{27.8}$$

这就是对于 z 轴的动量矩定理的微分形式 (27.6) 的另一表达方式.

我们还可以考察力矩的时间累积效果, 即力矩施加于质点而经历一段时间所产生的效果. 为此, 将 $M_z = \dot{L}_z$ 两边对时间积分一次, 得出第一次积分

$$\int_{t_1}^{t_2} M_z \mathrm{d}t = \int_{t_1}^{t_2} \dot{L}_z \mathrm{d}t = L_{2z} - L_{1z}. \tag{27.9}$$

这里 L_{1z} 与 L_{2z} 分别指质点在时刻 t_1 与时刻 t_2 的动量矩. 力矩对时间的积分称为**冲量矩 (角冲量)**. 从时刻 t_1 到时刻 t_2, 质点的动量矩的改变等于这段时间内质点所受的冲量矩. 这不过是质点对于轴线的**动量矩定理**的积分形式. 积分形式的动量矩定理适宜于研究冲击作用.

(3) 动量矩守恒定律

考察质点所受的力对于 z 轴的力矩 $M_z = 0$ 这一特例, 此时冲量矩亦等于零. 对于 z 轴的动量矩定理的微分形式与积分形式分别给出

$$\dot{L}_z = 0, \quad L_{2z} - L_{1z} = 0. \tag{27.10}$$

两式意义相同. 它们指出: 如果质点所受的力对于某根轴线的力矩为零, 则质点对于该轴线的动量矩不随时间而变. 通常将这称为对于轴线的**动量矩守恒定律**.

在质点固结于轴线的情况下, 动量矩守恒定律

$$L = mR^2\omega = 常量$$

意味着质点绕轴转动的角速度 ω 不变. 这是很明白的: 既然不受力矩作用, 质点就以不变的角速度绕轴转动.

一般说来, 质点并不固结于轴线, 动量矩守恒定律

$$L = m\rho v_\varphi = m\rho^2\dot{\varphi} = 常量 \tag{27.11}$$

导致一个很有趣的结论: 在质点所受的力对于轴线的力矩为零的条件下, 如质点向轴线接近, 则它围绕轴线运动的横向速度 v_φ 与角速度 ω 加快; 如质点离开轴线, 则它围绕轴线运动的横向速度 v_φ 与角速度 ω 减慢.

在舞蹈表演或滑冰表演中, 演员常绕自身的轴线旋转. 演员将两手合抱于胸前, 旋转就加快起来; 演员将两臂伸展出去, 旋转就减慢. 这正是利用了动量矩守恒定律. 为便于讨论起见, 不妨将这个问题简化为下面的例子.

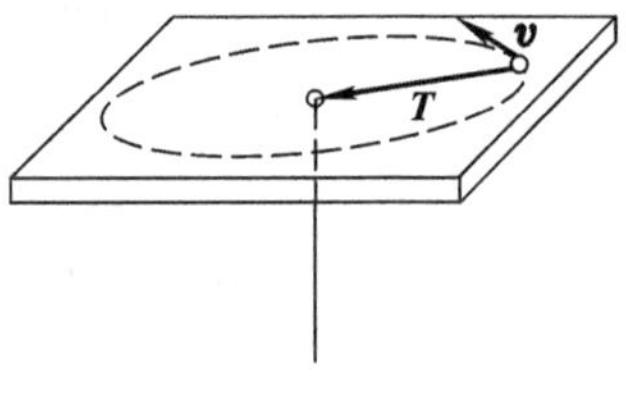

图 4–4

细线穿过光滑水平桌面的小孔, 线端系着小球, 小球绕孔作圆周运动 (图 4–4). 手持小孔下的线端向下拉, 小球运动所循的圆轨

道的半径将逐渐缩小. 小球只受到线的张力 T, 而力 T 对于过孔的中心线的力矩为零, 因此小球对中心线的动量矩守恒, 即小球在圆周上运动的速度 v 与圆周半径成反比, 小球绕中心线的角速度 ω 与半径平方成反比. 由于手拉线端向下, 圆周半径逐渐减小, 结果小球运动逐渐加快.

这里令人迷惑的是: 小球既然没有受到力矩作用, 它绕孔的转动何以竟然越来越快? 或者说, 小球只受到径向的力 T 作用, 它的横向速度何以竟然得以增大?

其实, 问题的这样提法是不正确的. 诚然, 小球没有受到横向力作用, 所以横向加速度 $a_\varphi = 0$. 不过 a_φ 并不就仅仅等于 $\dot{v}_\varphi$, 除了 $\dot{v}_\varphi$ 之外还有对应于径向速度指向变化的 $\dot{\rho}\dot{\varphi}$. 所以, 横向力 $F_\varphi = 0$ 从而横向加速度 $a_\varphi = 0$, 并不意味着横向速度不变. $a_\varphi = \dot{v}_\varphi + \dot{\rho}\dot{\varphi} = 0$ 意味着 $\dot{v}_\varphi = -\dot{\rho}\dot{\varphi}$. 令小球轨道半径缩小, 即 $\dot{\rho} < 0$, 所以 $\dot{v}_\varphi > 0$, 即 v_φ 增大.

事实上, 如果认真考察小球的轨道, 所有的迷惑就会消失. 小球的轨道是缓慢收缩的螺旋线. 张力 T 与螺旋线并不严格垂直, 因而 T 有切向分力, 这切向分力给小球以切向加速度, 即增大其速率.

(4) 对于点的力矩、动量矩、动量矩定理、动量矩守恒定律

在直角坐标系中, 不仅可以对 z 轴定义力矩 M_z 与动量矩 L_z, 也可以定义力对于 x 轴与 y 轴的力矩 M_x 与 M_y. 仿照 (27.2),

$$M_x = yF_z - zF_y, \quad M_y = zF_x - xF_z, \quad M_z = xF_y - yF_x. \tag{27.12}$$

也可以定义质点对于 x 轴与 y 轴的动量矩 L_x 与 L_y. 仿照 (27.7),

$$L_x = my\dot{z} - mz\dot{y}, \quad L_y = mz\dot{x} - mx\dot{z}, \quad L_z = mx\dot{y} - my\dot{x}. \tag{27.13}$$

同样可以导出对于 x 轴与 y 轴的微分形式的动量矩定理

$$M_x = \dot{L}_x, \quad M_y = \dot{L}_y, \quad M_z = \dot{L}_z, \tag{27.14}$$

以及积分形式的动量矩定理

$$\begin{aligned}\int_{t_1}^{t_2} M_x \mathrm{d}t &= L_{2x} - L_{1x},\\ \int_{t_1}^{t_2} M_y \mathrm{d}t &= L_{2y} - L_{1y},\\ \int_{t_1}^{t_2} M_z \mathrm{d}t &= L_{2z} - L_{1z}.\end{aligned} \tag{27.15}$$

注意: 力 F 对于 x 轴、y 轴, z 轴的力矩 (27.12) 恰是矢量

$$\boldsymbol{M} = \boldsymbol{r} \times \boldsymbol{F} \tag{27.16}$$

的三个分量, 质点的动量 $\boldsymbol{p}$ 对于 x 轴、y 轴、z 轴的动量矩 (27.13) 恰是矢量

$$\boldsymbol{L} = \boldsymbol{r} \times \boldsymbol{p} \tag{27.17}$$

的三个分量. 这样, 对于三个坐标轴的微分形式的动量矩定理 (27.14) 三式可以用一个矢量式的形式表出:

$$\boldsymbol{M} = \dot{\boldsymbol{L}}. \tag{27.18}$$

积分形式的动量矩定理 (27.15) 三式也可以用一个矢量式的形式表出:

$$\int_{t_1}^{t_2} \boldsymbol{M} \mathrm{d}t = \boldsymbol{L}_2 - \boldsymbol{L}_1. \tag{27.19}$$

为便于称谓起见, 应当给矢量 $\boldsymbol{M}$、$\boldsymbol{L}$ 以适当的名称.

通常将 $\boldsymbol{M}$ 称为力 $\boldsymbol{F}$ 对于 O 点的力矩, (27.16) 就是它的定义式. 注意这里虽也用 "力矩" 二字, 却完全不是前面所说的那种对于轴线的力矩, 因此这里还加有 "对于 O 点的" 等字以便与 "对于轴线的力矩" 相区别. 在某种意义上, 不妨说力对于 O 点的力矩 $\boldsymbol{M}$ 不过是一个缩写记号, 这个记号代表着 M_x, M_y, M_z 三个力矩.

既然 $\boldsymbol{M}$ 在 x, y, z 轴上的投影即是 M_x, M_y, M_z, 而且 x, y, z 是任意选取的一组指向, 因此一般地讲, **过 O 点任作一直线, 力对于 O 点的力矩 M 在该直线上的投影即是力对于该直线的力矩**.

同样, 通常将 $\boldsymbol{L}$ 称为**质点的动量对于 O 点的动量矩**, (27.17) 就是它的定义式. 这里加有 "对于 O 点的" 等字以便与 "对于轴线的动量矩" 相区别. 在某种意义上, 不妨说质点的动量对于 O 点的动量矩 $\boldsymbol{L}$ 不过是一个缩写记号, 这个记号代表着 L_x, L_y, L_z 三个动量矩. 其实, 一般地讲, **过 O 点任作一直线, 质点的动量对于 O 点的动量矩 L 在该直线上的投影即是质点的动量对于该直线的动量矩**.

这样, 微分形式的**动量矩定理** (27.18) 可以理解为: 质点的动量对于 O 点的动量矩的时间变化率就等于质点所受的力对于 O 点的力矩. 在某种意义上, 不妨说 (27.18) 是 (27.14) 的三个动量矩定理的缩写记号.

积分形式的**动量矩定理** (27.19) 可以理解为: 从时刻 t_1 到时刻 t_2, 质点的动量对于 O 点的动量矩的改变就等于这段时间内质点所受的力对于 O 点的冲量矩. 在某种意义上, 不妨说 (27.19) 是 (27.15) 的三个动量矩定理的缩写记号.

最后还要指出: 引用了矢量记号 (27.16)、(27.17), 不仅可以将动量矩定理表为简洁的形式 (27.18)、(27.19), 而且动量矩定理的推导过程也极为简洁:

$$\begin{aligned}\boldsymbol{M} &= \boldsymbol{r} \times \boldsymbol{F} = \boldsymbol{r} \times m\ddot{\boldsymbol{r}} \\ &= \frac{\mathrm{d}}{\mathrm{d}t}(\boldsymbol{r} \times m\dot{\boldsymbol{r}}) - \boldsymbol{r} \times m\dot{\boldsymbol{r}} = \frac{\mathrm{d}}{\mathrm{d}t}(\boldsymbol{r} \times m\dot{\boldsymbol{r}}) = \frac{\mathrm{d}}{\mathrm{d}t}(\boldsymbol{r} \times \boldsymbol{p}) = \frac{\mathrm{d}}{\mathrm{d}t}\boldsymbol{L}.\end{aligned}$$

这就是微分形式的动量矩定理 (27.18). 两边对时间积分,

$$\int_{t_1}^{t_3} \boldsymbol{M} \mathrm{d}t = \boldsymbol{L}_2 - \boldsymbol{L}_1.$$

这就是积分形式的动量矩定理 (27.19). 短短两三行就简洁地包含了本节的全部内容, 这种简洁性非常有利于推理时的思维活动.

考察质点所受的力 $\boldsymbol{F}$ 对于 O 点的力矩 $\boldsymbol{M}=0$ 的特例, 此时冲量矩亦等于 0. 微分形式与积分形式的动量矩定理分别给出

$$\dot{\boldsymbol{L}}=0, \quad \boldsymbol{L}_2-\boldsymbol{L}_1=0. \tag{27.20}$$

两式意义相同. 它们指出: 如果质点所受的力对于某个 O 点的力矩 $\boldsymbol{M}$ 为零, 则它的动量对于 O 点的动量矩 $\boldsymbol{L}$ 不随时间而变. 这通常称为质点对于点的**动量矩守恒定律**.

如质点的动量对于 O 点的动量矩 $\boldsymbol{L}$ 守恒, 则质点的运动有一很重要的特点. 根据 $\boldsymbol{L}$ 的定义 (27.17), 质点的径矢 $\boldsymbol{r}$ 始终垂直于 $\boldsymbol{L}$, 今 $\boldsymbol{L}$ 的方向又是不变的, 所以径矢 $\boldsymbol{r}$ 始终垂直于这个不变的方向, 即 $\boldsymbol{r}$ 只能在通过 O 点而且垂直于这个不变方向的平面内变动. 简单些说, 质点作**平面运动**.

不用矢量记号, 同样可以得出 "质点作平面运动" 这一结论, 只是结论的得出不很简洁. 这里, 由于

$$M_x=0, \quad M_y=0, \quad M_z=0,$$

从动量矩定理 (27.14) 知

$$L_x=\text{常量}, \quad L_y=\text{常量}, \quad L_z=\text{常量}.$$

按定义 (27.13), 这就是说,

$$\begin{aligned} my\dot{z}-mz\dot{y}&=\text{常量}L_x,\\ mz\dot{x}-mx\dot{z}&=\text{常量}L_y,\\ mx\dot{y}-my\dot{x}&=\text{常量}L_z. \end{aligned}$$

以 x 乘第一式、以 y 乘第二式、以 z 乘第三式, 并相加, 得

$$L_xx+L_yy+L_zz=mxy\dot{z}-mxz\dot{y}+myz\dot{x}-myx\dot{z}+mzx\dot{y}-mzy\dot{x}=0,$$

即

$$L_xx+L_yy+L_zz=0.$$

这是平面方程式, 其法向的方向数为 L_x, L_y, L_z, 可见质点在通过 O 点并且垂直于 $\boldsymbol{L}$ 的平面内运动.

§28 功

某个不变的力 $\boldsymbol{F}$ 作用于某个质点, 而质点沿某直线移动 $\Delta\boldsymbol{r}$ (图 4–5). $\boldsymbol{F}$ 在 $\Delta\boldsymbol{r}$ 方向的投影 $\boldsymbol{F}\cos(\boldsymbol{F},\Delta\boldsymbol{r})$ 与 $|\Delta\boldsymbol{r}|$ 的乘积, 亦即 $\Delta\boldsymbol{r}$ 在 $\boldsymbol{F}$ 方向的投影 $|\Delta\boldsymbol{r}|\cos(\boldsymbol{F},\Delta\boldsymbol{r})$ 与 F 的乘积, 被定义为力 $\boldsymbol{F}$ 对质点所做的**功** W,

$$W=\boldsymbol{F}|\Delta\boldsymbol{r}|\cos(\boldsymbol{F},\Delta\boldsymbol{r}). \tag{28.1}$$

在物理学中常常出现 $F|\Delta \boldsymbol{r}|\cos(\boldsymbol{F}, \Delta \boldsymbol{r})$ 类型的乘积，因此特别给予**标量积**的名称. $\boldsymbol{F}$ 与 $\Delta \boldsymbol{r}$ 的标量积记作 $\boldsymbol{F} \cdot \Delta \boldsymbol{r}$, 所以力 $\boldsymbol{F}$ 对质点所做功 (28.1) 也可写为

$$W = \boldsymbol{F} \cdot \Delta \boldsymbol{r}. \tag{28.2}$$

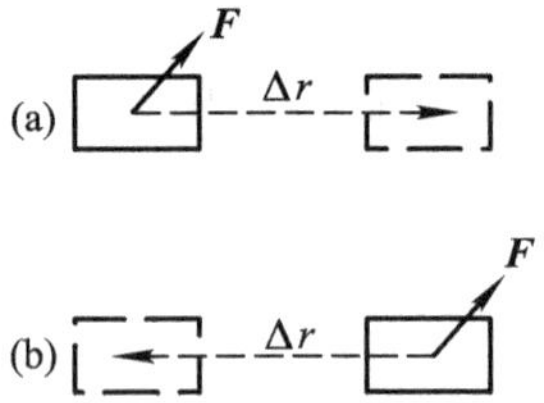

图 4–5

显然 $[W] = [F]\mathrm{L} = \mathrm{ML}^2\mathrm{T}^{-2}$.

“做功” 的概念来自 “完成一定的机械工作”. 如果我们手提重物原地不动, 那么按定义 (28.1) — (28.2), 并未做功. 可能我们会感到很冤枉, 手中费了很多劲, 时间长了还会疲乏, 却并没有做功! 事实上这并没有完成什么机械工作, 一根较结实的绳子就可悬吊该重物, 要多长久就可以多长久. 再如手提重物在光滑水平面上滑行. 施力方向与位移方向垂直, 按定义 (28.1) — (28.2), 并未做功. 事实上, 这也并没有完成什么机械工作, 重物只靠惯性就能在光滑水平面上滑行, 要多远就可以多远. 如力与位移夹一斜角, 可将力分解为平行于位移的分力 $F\cos(\boldsymbol{F}, \Delta \boldsymbol{r})$ 与垂直于位移的分力 $F\sin(\boldsymbol{F}, \Delta \boldsymbol{r})$; 后者既然不完成机械工作, 我们只需要考虑前者, 因而, $W = F|\Delta \boldsymbol{r}|\cos(\boldsymbol{F}, \Delta \boldsymbol{r})$, 这就是定义 (28.1)、(28.2).

如力与位移的夹角小于 90° [图 4–5(a)], 则 $\cos(\boldsymbol{F}, \Delta \boldsymbol{r}) > 0$, 因而按定义 (28.1)、(28.2), $W > 0$, 力对质点做正功. 如力与位移的夹角大于 90° [图 4–5(b)], 则 $\cos(\boldsymbol{F}, \Delta \boldsymbol{r}) < 0$, 因而按定义 (28.1)、(28.2), $W < 0$, 力对质点做负功. 这是可以理解的. 在前一情况下, 施力于质点的物体推动该质点 “向前” 移动, 因而完成了机械工作, 为质点提供了动力. 在后一情况下, 施力于质点的物体并没有推动该质点 “向前” 移动, 反而被该质点拖拽着 “向后” 移动. 施力于质点的物体并没有完成机械工作, 并没有为质点提供动力, 反而是质点完成了机械工作, 由质点提供了动力.

在国际单位制 (SI) 中, 功的单位为牛顿米, 通常称之为焦耳.

定义 (28.1)、(28.2) 有很大的局限性. 例如对于变力 $\boldsymbol{F}$ 或对于质点沿曲线移动的情况, 定义 (28.1)、(28.2) 是无意义的. 现在来研究功的一般定义. 按照物理学中解决变量困难的常用办法, 将曲线轨道划分为许许多多微小的段落 (图 4–6). 微小的曲线段可以当作直线段, 而且力在小段上变化很少, 几乎可以当作不变. 因而按定义 (28.1)、(28.2), 力在小段上对质点所做功 $\mathrm{d}W = \boldsymbol{F} \cdot \mathrm{d}\boldsymbol{r}$. 质点沿着曲线从点 1 移到点 2, 力所做的功很自然被定义为 $W = \Sigma \mathrm{d}W = \Sigma \boldsymbol{F} \cdot \mathrm{d}\boldsymbol{r}$. 为精确起见, 每一小段应无限地小, 所以 $W = \lim \Sigma \mathrm{d}W = \lim \Sigma \boldsymbol{F} \cdot \mathrm{d}\boldsymbol{r}$. 这种累加的极限实际上是定积分, 因此

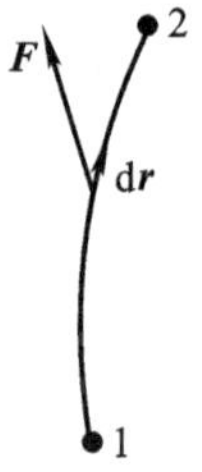

图 4–6

$$W = \int_{(1)}^{(2)} \boldsymbol{F} \cdot \mathrm{d}\boldsymbol{r}. \tag{28.3}$$

如将力 $\boldsymbol{F}$ 与 $\mathrm{d}\boldsymbol{r}$ 都用直角坐标分量表出, $\boldsymbol{F}=F_x\boldsymbol{i}+F_y\boldsymbol{j}+F_z\boldsymbol{k}, \mathrm{d}\boldsymbol{r}=\boldsymbol{i}\mathrm{d}x+\boldsymbol{j}\mathrm{d}y+\boldsymbol{k}\mathrm{d}z$, 代入 $\boldsymbol{F}\cdot\mathrm{d}\boldsymbol{r}$ 并按投影定律 (标量积的分配律) 展开, 考虑到 $\boldsymbol{i}\cdot\boldsymbol{i}=\boldsymbol{j}\cdot\boldsymbol{j}=\boldsymbol{k}\cdot\boldsymbol{k}=1, \boldsymbol{i}\cdot\boldsymbol{j}=\boldsymbol{j}\cdot\boldsymbol{i}=\boldsymbol{i}\cdot\boldsymbol{k}=\boldsymbol{k}\cdot\boldsymbol{i}=\boldsymbol{j}\cdot\boldsymbol{k}=\boldsymbol{k}\cdot\boldsymbol{j}=0$, 很容易将线积分 (28.3) 表为

$$W=\int_{(1)}^{(2)}F_x\mathrm{d}x+F_y\mathrm{d}y+F_z\mathrm{d}z. \tag{28.4}$$

(28.3)、(28.4) 就是**功的一般定义**.

质点如同时受到几个力 $\boldsymbol{F}_1,\boldsymbol{F}_2,\cdots,\boldsymbol{F}_n$ 的作用, 本来完全可以先求出这些力的合力 $\boldsymbol{F}$, 然后再按定义 (28.3)、(28.4) 计算合力 $\boldsymbol{F}$ 所做的功. 但合力的计算是矢量加法, 比较费事, 所以常常改按另一方法计算. 按投影定律 (标量积的分配律),

$$\begin{aligned}W&=\int\boldsymbol{F}\cdot\mathrm{d}\boldsymbol{r}=\int(\boldsymbol{F}_1+\boldsymbol{F}_2+\cdots+\boldsymbol{F}_n)\cdot\mathrm{d}\boldsymbol{r}\\&=\int(\boldsymbol{F}_1\cdot\mathrm{d}\boldsymbol{r}+\boldsymbol{F}_2\cdot\mathrm{d}\boldsymbol{r}+\cdots+\boldsymbol{F}_n\cdot\mathrm{d}\boldsymbol{r})\\&=\int\boldsymbol{F}_1\cdot\mathrm{d}\boldsymbol{r}+\int\boldsymbol{F}_2\cdot\mathrm{d}\boldsymbol{r}+\cdots+\int\boldsymbol{F}_n\cdot\mathrm{d}\boldsymbol{r}.\end{aligned} \tag{28.5}$$

这就是说, **几个力的合力所完成的功等于各个力所分别完成的功的总和**. 这样, 不必先求合力, 可以径直分别计算各个力所做的功, 然后累加起来. 这里遇到的是标量加法, 常常比矢量加法简便.

现在来计算几个具体情况中力所做的功.

例 1 质点在重力场中作高度变动不十分大的运动, 求重力对质点所做的功.

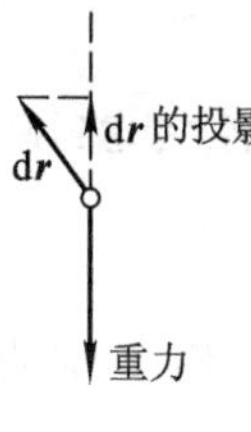

图 4–7

解 取直角坐标系. x、y 轴在水平面内, z 轴竖直向上. 如质点的质量为 m, 则重力的大小为 mg, 指向为竖直向下. 将质点的位移 $\mathrm{d}\boldsymbol{r}$ 投影到重力的方向, 就是说投影到竖直向下的方向, 其结果为 $-\mathrm{d}z$ (图 4–7). 因此按定义 (28.3),

$$\begin{aligned}W&=\int_{(1)}^{(2)}\boldsymbol{F}\cdot\mathrm{d}\boldsymbol{r}=\int_{(1)}^{(2)}-F\mathrm{d}z=-mg\int_{(1)}^{(2)}\mathrm{d}z\\&=-mg(z_2-z_1).\end{aligned} \tag{28.6}$$

或者, 考虑到重力的分力 $F_x=0, F_y=0, F_z=-mg$, 按定义 (28.4),

$$W=\int_{(1)}^{(2)}0\mathrm{d}x+0\mathrm{d}y-mg\mathrm{d}z=\int_{(1)}^{(2)}-mg\mathrm{d}z=-mg(z_2-z_1).$$

***例 2** 质点在重力场中作高度变动很大的运动, 求重力对质点所做的功.

解 由于质点高度变动很大, 它所受的重力不再是不变的. 重力基本上是地球对物体的引力, 而据万有引力定律, 引力的大小与距离平方成反比. 因此质点所受重力的大小为 mgR^2/ρ^2,

这里 R 是地球半径, ρ 是质点距地心的距离. 重力的指向为直指地心. 将质点的位移 $\mathrm{d}\boldsymbol{r}$ 投影到重力的方向, 就是说投影于直指地心的方向, 其结果为 $-\mathrm{d}\rho$. 因此按定义 (28.3),

$$\begin{aligned} W &= \int_{(1)}^{(2)} \boldsymbol{F} \cdot \mathrm{d}\boldsymbol{r} = \int_{(1)}^{(2)} -\frac{mgR^2}{\rho^2}\mathrm{d}\rho = \left.\frac{mgR^2}{\rho}\right|_{(1)}^{(2)} \\ &= -\left[\left(-\frac{mgR^2}{\rho_2}\right) - \left(-\frac{mgR^2}{\rho_1}\right)\right]. \end{aligned} \tag{28.7}$$

(28.6) 是 (28.7) 的特例. 如限于在距地面不太高的范围内运动, 则 ρ_1 与 ρ_2 都近似等于地球半径 R, 这时 (28.7) 化为

$$\begin{aligned} W &= \frac{mgR^2}{\rho_2} - \frac{mgR^2}{\rho_1} = \frac{mgR^2}{\rho_1\rho_2}(\rho_1 - \rho_2) \\ &\approx mg(\rho_1 - \rho_2) = -(mg\rho_2 - mg\rho_1), \end{aligned}$$

归结于 (28.6).

*__例 3__　弹簧沿水平面, 一端固定, 另一端系着一个质点 (图 4–8). 质点在光滑水平面上作直线运动. 求弹簧中的弹性力对质点所做的功.

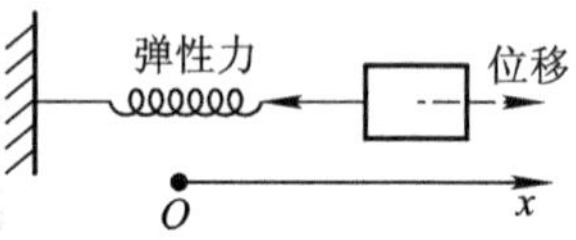

图 4–8

解　既然是直线运动, 只需取一维坐标系. 取平行于弹簧的 $\boldsymbol{x}$ 轴, 指向弹簧伸长的方向. 取弹簧为自然长度时质点所在位置为原点. 弹性力的大小为 kx, 指向与 x 相反. 将质点的位移 $\mathrm{d}\boldsymbol{r}$ 投影到弹性力的方向, 即投影到 $-x$ 方向, 其结果为 $-\mathrm{d}x$. 因此, 按定义 (28.3),

$$W = \int_{(1)}^{(2)} \boldsymbol{F} \cdot \mathrm{d}\boldsymbol{r} = \int_{(1)}^{(2)} -kx\mathrm{d}x = -\left[\left(\frac{1}{2}kx_2^2\right) - \left(\frac{1}{2}kx_1^2\right)\right]. \tag{28.8}$$

或者, 考虑到弹性力的 x 分力为 $-kx$, 按定义 (28.4),

$$W = \int_{(1)}^{(2)} -kx\mathrm{d}x + 0\mathrm{d}y + 0\mathrm{d}z = -\left[\left(\frac{1}{2}kx_2^2\right) - \left(\frac{1}{2}kx_1^2\right)\right]. \tag{28.9}$$

例 4　质点在粗糙水平面内运动, 求摩擦力对质点所做的功.

解　摩擦力 $\boldsymbol{f}$ 的大小为 μN, 在本例中为常量. $\boldsymbol{f}$ 沿切向而与质点速度的指向相反. 将质点的位移 $\mathrm{d}\boldsymbol{r}$ 投影到 $\boldsymbol{f}$ 的方向, 即投影到向 “后” 的切向, 其结果为 $-\mathrm{d}s$. 因此, 按定义 (28.3)

$$\begin{aligned} W &= \int_{(1)}^{(2)} \boldsymbol{f} \cdot \mathrm{d}\boldsymbol{r} = \int_{(1)}^{(2)} -f\mathrm{d}s = -f\int_{(1)}^{(2)}\mathrm{d}s \\ &= -f \times [\text{从点 1 到点 2 的曲线距离}]. \end{aligned}$$

例 4 与例 1—3 有极为重大的差别.

前三例之中, 力所做的功只取决于点 1 与点 2 的位置, 而与中间所通过的途径无关. 从点 1 起, 不论是循着途径 $1A2$ 或途径 $1B2$ (图 4–9) 到达点 2, 力所做的功总是一定的. 在例 4 之中, 摩擦力所做的功取决于路程. 途径 $1A2$ 与途径 $1B2$ 的曲线距离不同, 因而质点循 $1A2$ 或循 $1B2$ 运动, 摩擦力所做的功不相同.

也可以换一个方式来表达这个重大差别. 考虑质点循着闭合途径 $1A2B1$ (图 4–9) 运行一周过程中力所做的功 W_{1A2B1},

$$\begin{aligned} W_{1A2B1} &= \int_{1A2B1} \boldsymbol{F}\cdot \mathrm{d}\boldsymbol{r} = \int_{1A2} \boldsymbol{F}\cdot \mathrm{d}\boldsymbol{r} + \int_{2B1} \boldsymbol{F}\cdot \mathrm{d}\boldsymbol{r} \\ &= \int_{1A2} \boldsymbol{F}\cdot \mathrm{d}\boldsymbol{r} - \int_{1B2} \boldsymbol{F}\cdot \mathrm{d}\boldsymbol{r} = W_{1A2} - W_{1B2}. \end{aligned}$$

在前三例中 $W_{1A2} = W_{1B2}$, 所以 $W_{1A2B1} = 0$; 质点循闭合途径运行一周, 力所做的功为零. 在例 4 中, $W_{1A2} \neq W_{1B2}$, 所以 $W_{1A2B1} \neq 0$; 质点循闭合途径运行一周, 力所做的功并不为零.

如力所做的功与中间途径无关, 或者换个方式说, 如质点循闭合途径运行一周, 力所做的功为零, 这种力就称为**保守力**; 如力所做的功与中间途径有关, 或者换个方式说, 如质点循闭合途径运行一周, 力所做的功并不为零, 这种力就称为**非保守力**, 如摩擦力.

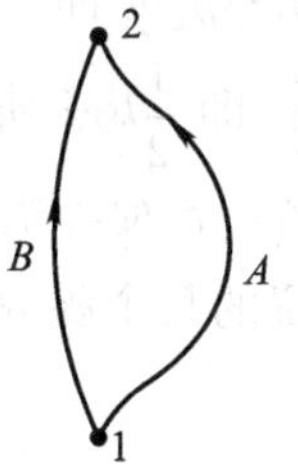

图 4–9

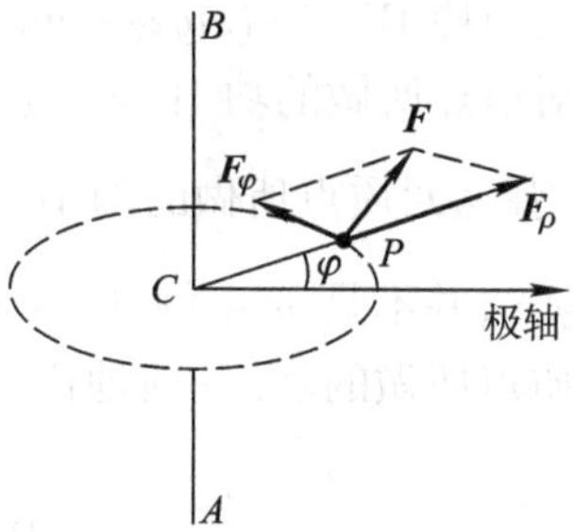

图 4–10

力所做的功为线积分 (28.3)、(28.4) 所定义, 按线积分理论可证明, 线积分 (28.3)、(28.4) 与中间途径无关的判据是

$$\frac{\partial F_z}{\partial y} - \frac{\partial F_y}{\partial z} = 0, \quad \frac{\partial F_x}{\partial z} - \frac{\partial F_z}{\partial x} = 0, \quad \frac{\partial F_y}{\partial x} - \frac{\partial F_x}{\partial y} = 0. \tag{28.10}$$

这就是**保守力的判据**. 如引用矢量记号, 上列三式可以作为一个矢量式表出, 即

$$\boldsymbol{\nabla} \times \boldsymbol{F} = 0 \quad \text{或} \mathbf{curl}\ \boldsymbol{F} = 0. \tag{28.11}$$

最后谈一谈所谓 "**力矩所做的功**". 质点在力 $\boldsymbol{F}$ 作用下绕 AB 轴线作圆周运动 (图 4–10). 就很短的时间段而言, 力 $\boldsymbol{F}$ 对质点所做的功

$$\mathrm{d}W = \boldsymbol{F}\cdot \mathrm{d}\boldsymbol{r} = \boldsymbol{F}\cdot \dot{\boldsymbol{r}}\mathrm{d}t$$

将 $\boldsymbol{F}$ 投影于 $\dot{\boldsymbol{r}}$ 的方向得 F_φ, 至于 $\dot{\boldsymbol{r}}$ 的大小则为 $\rho\dot{\varphi}$, 所以

$$\mathrm{d}W = F_\varphi \rho\dot{\varphi}\mathrm{d}t = F_\varphi \rho \mathrm{d}\varphi = M_{AB}\mathrm{d}\varphi. \tag{28.12}$$

就有限的时间段而言, 力 $\boldsymbol{F}$ 对质点所做的功

$$W=\int_{(1)}^{(2)}\mathrm{d}W=\int_{(1)}^{(2)}M_{AB}\mathrm{d}\varphi. \tag{28.13}$$

通常将 (28.12)、(28.13) 称为力矩所做的功. **所谓“力矩所做的功”其实还是力所做的功**, 不过它不是以力与位移的乘积表出, 而是以力矩与角位移的乘积表出而已.

§29 势 能

(1) 势能的概念

考察 §28 例 1—3 的 (28.6) — (28.8) 式. 质点高度变动不十分大时, 重力对质点所做的功 $W=-(mgz_2-mgz_1)$, 即 mgz 所减少的值. 质点高度变动很大时, 则重力对质点所做的功 $W=-[(-mgR^2/\rho_2)-(-mgR^2/\rho_1)]$, 即 $-mgR^2/\rho$ 所减少的值. 弹簧对质点所做的功 $W=-\left(\dfrac{1}{2}kx_2^2-\dfrac{1}{2}kx_1^2\right)$, 即 $\dfrac{1}{2}kx^2$ 所减少的值.

其实这并不是 §28 例 1—3 特有的性质. 凡是质点在保守力场中运动, 保守力对质点所做的功, 一般地说, 必可表为质点的位置的某个函数 $V(\boldsymbol{r})$ 所减少的值,

$$W=-(V_2-V_1), \tag{29.1}$$

这里 V_1 与 V_2 分别为函数 $V(\boldsymbol{r})$ 在点 1 与点 2 的值. 由此, 引出“**质点在保守场中的势能**”这一概念. 我们认为质点在保守力场中各个地点各具有一定的势能, 从点 1 到点 2, 质点所减少的势能被定义为保守力对质点所做的功 (29.1). 换句话说, 按定义, 出现于 (29.1) 的函数 $V(\boldsymbol{r})$ 就是质点在该保守力场中的势能. 显然, 势能的单位与功的单位相同, $[V]=[W]=\mathrm{ML^2T^{-2}}$.

引入势能, 以势能的减少来表达保守力所做的功, **这样做的优点**在于功的计算极为简便. 只要一次求出了势能 $V(\boldsymbol{r})$, 以后按 (29.1) 进行代数减法就可以算出保守力所做的功, 无须按功的定义 (28.3)、(28.4) 进行矢量的线积分计算. 以后, 我们将常常用势能的变化来表达保守力的功. 势能减少, 意味着保守力对质点做了功; 158 页将给出确切说法, 以保守力互相作用的物体所构成的系统 (如 §28 例 1—2 的地球与质点系统, §28 例 3 的弹簧与质点系统) 做出了功. 正是考虑到系统做出了功, 所以定义为势能的减少. 另一方面, 势能增加则意味着系统外的物体对系统做出了功; 正因系统外物体对系统做出了功, 所以定义为势能的增加.

谈到势能, 应当强调: 这时力对质点所做的功必须与途径无关; 换句话说, **只有对于保守力, 才谈得上势能**. 非保守力所做的功与途径有关, 假如要说什么“势

能" 的话, 按 (29.1), 这种 "势能" 的差与途径有关, 因而不可能认为质点在一定位置具有一定势能. **对于非保守力, 根本谈不上势能**.

还应当强调指出: (29.1) **所确切定义的仅仅是势能的差, 势能本身并未被确切定义**. 将保守场中各处的势能普遍加或减同一个任意常量, 势能的差保持不变, (29.1) 也就保持成立. 在某种意义上, 可以认为这个任意常量是积分 (28.3)、(28.4) 的积分常量. 既然引入势能是为了表达保守力所做的功, 而这表达又是由势能的减少给出, 因此我们所着重的也只是势能的差, 并不是势能本身. 势能普遍加减同一任意常量, 并不影响势能的差, 对问题也就没有实质的影响.

在上面各例中, ① 依 (28.6) 及定义 (29.1), 质点高度变动不十分大的情况下, 质点在重力场中的势能, 所谓**重力势能**为 $mgz+$ 常量. *② 依 (28.7) 及定义 (29.1), 质点高度变动很大的情况下, 质点在重力场中的势能, 所谓**重力势能**为 $-mgR^2/\rho+$ 常量. *③ 依 (28.8) 及定义 (29.1), 质点在弹簧的弹性力作用下的势能, 所谓**弹性势能**为 $\dfrac{1}{2}kx^2+$ 常量.

为确定势能所包含的常量, 换句话说, **为使势能取确定值, 只需将质点在某个指定地点 $\boldsymbol{r}_0$ 处的势能值规定为某个指定的值 V_0**. 这样, 势能所包含的常量不再为任意常量, 势能的值就确定了. 换个方式来说, 因为势能的差是确定的, 只要规定了质点在 $\boldsymbol{r}_0$ 的势能值, 它在所有各处的势能值也就随之而定. 例如:

① 在质点高度变动不十分大的情况下, 通常将质点在高度 $z=0$ 处的势能规定为零, 则质点的**重力势能**为

$$V=mgz. \tag{29.2}$$

*② 在质点高度变动很大的情况下, 通常将质点距地心无限远处的势能规定为零, 则质点的**重力势能**为

$$V=-mgR^2/\rho. \tag{29.3}$$

*③ 质点在弹簧的弹性力作用下运动, 通常将弹簧既不伸长也不压缩时质点的势能规定为零, 则质点的**弹性势能**为

$$V=\frac{1}{2}kx^2. \tag{29.4}$$

在上节和本节中, 我们研究给定的力场对质点所做的功, 以及质点在给定的力场中的势能. 但这些力场实际上往往不过是其他物体 (以下称为 "甲方") 对所考察的质点 (以下称为 "乙方") 的作用力, 只是我们把甲方看作不动的而研究乙方相对于甲方的运动罢了. 例如上节例 1 和例 2 就把地球看作不动而计算出地球对质点的作用力的功 (28.6) 或 (28.7), 式中 z 或 ρ 是质点相对于地球的坐标. 其实, 就一般情况而论, 甲方也在运动, 乙方对甲方的反作用力也要做功. 可以

证明只要把 z 和 ρ 仍理解为质点相对于地球的坐标, 则 (28.6) 或 (28.7) 所给出的其实是甲方与乙方相互作用的一对作用力与反作用力的功之和. 照这样看来, 本节所说的 "质点 (在势力场中) 的势能" 严格说来, 乃是相互作用的物体与质点所组成的系统的势能. 例如, 质点的重力势能 (29.2) 或 (29.3), 严格地说, 是质点 – 地球这个系统的势能. 按照类似的道理, 质点的弹性势能 (29.4), 严格地说, 是变形的弹簧系统的势能.

(2) 如何计算质点在已知的保守力场中的势能

质点在已知的保守力场中的势能可以用两种方法算出, 这两种方法实质上是一样的.

第一种方法: 先按 (28.3)、(28.4) 计算质点在保守力场中运动时, 保守力对质点所做的功 W, 然后将 W 表为 (29.1) 的形式, 其中的 V 加减以任意常量即是势能. 将质点在指定地点 $\boldsymbol{r}_0$ 处的势能规定为 V_0, 据此确定势能所包含的常量, 势能就被确定了.

第二种方法: 质点在指定地点 $\boldsymbol{r}_0$ 处的势能规定为 V_0, 我们的任务是计算质点在任意的给定地点 $\boldsymbol{r}$ 的势能 V. 质点从 $\boldsymbol{r}_0$ 移到 $\boldsymbol{r}$, 势能的减少 $V_0 - V$ 按定义等于保守力所做的功 W, 所以

$$V - V_0 = -W = -\int_{r_0}^{r} \boldsymbol{F} \cdot \mathrm{d}\boldsymbol{r} \tag{29.5}$$

$$= -\int_{(x_0,y_0,z_0)}^{(x,y,z)} F_x \mathrm{d}x + F_y \mathrm{d}y + F_z \mathrm{d}z \tag{29.6}$$

(3) 质点在保守力场中的势能为已知, 如何计算相应的保守力

先考察质点只沿 x 轴方向作微小位移 Δx 的情况. 按定义, 势能的减少 $-\Delta V$ 等于保守力所做的功 $F_x \mathrm{d}x + F_y 0 + F_z 0$, 这就是说, $\Delta V = -F_x \Delta x$. 因此

$$-F_x = \lim_{\substack{\Delta x \to 0 \\ (y,z\ \text{不变})}} \frac{\Delta V}{\Delta x}.$$

这种极限在数学上称为 "偏导数", 记作 $\partial V / \partial x$. 于是

$$F_x = -\frac{\partial V}{\partial x}.$$

这给出了 x 分力的计算方法. 至于 y 分力和 z 分力, 当然可以按同样方法计算, 于是得

$$F_x = -\frac{\partial V}{\partial x}, \quad F_y = -\frac{\partial V}{\partial y}, \quad F_z = -\frac{\partial V}{\partial z}. \tag{29.7}$$

如引用矢量记号, 上列三式可以作为一个矢量式表出, 即

$$\boldsymbol{F} = -\boldsymbol{\nabla} V \quad 或 \boldsymbol{F} = -\mathbf{grad}\, V. \tag{29.8}$$

根据矢量分析中关于梯度的理论, 力 $\boldsymbol{F}$ 是沿 V 降低得最快的方向, 即垂直于等势面的方向.

例 1 已知在质点高度变动不十分大的情况下, 重力势能为 $V=mgz$. 按 (29.7), 质点所受的重力为

$$F_x=-\frac{\partial V}{\partial x}=0,\quad F_y=-\frac{\partial V}{\partial y}=0,\quad F_z=-\frac{\partial V}{\partial z}=-mg.$$

***例 2** 已知在质点在高度变动很大的情况下, 重力势能为

$$V=-\frac{mgR^2}{\rho}=-\frac{mgR^2}{\sqrt{x^2+y^2+z^2}},$$

这里 x,y,z 为质点的直角坐标, 以地心为坐标原点. 按 (29.7), 质点所受的重力为

$$F_x=-\frac{\partial V}{\partial x}=-\frac{mgR^2x}{(x^2+y^2+z^2)^{3/2}},$$
$$F_y=-\frac{\partial V}{\partial y}=-\frac{mgR^2y}{(x^2+y^2+z^2)^{3/2}},$$
$$F_z=-\frac{\partial V}{\partial z}=-\frac{mgR^2z}{(x^2+y^2+z^2)^{3/2}}.$$

重力的大小 $F=\sqrt{F_x^2+F_y^2+F_z^2}=mgR^2/(x^2+y^2+z^2)=mgR^2/\rho^2$.

***例 3** 质点的弹性势能已知为 $V=\dfrac{1}{2}kx^2$. 按 (29.7), 质点所受弹性力为

$$F=-\frac{\mathrm{d}V}{\mathrm{d}x}=-kx.$$

(4) 惯性力 “势能”

在非惯性参考系中, 质点的运动并不遵从牛顿运动定律. 要想沿用牛顿运动定律, 必须引入惯性力. 在各种类型的惯性力中, 有的力属于保守力. 对于非惯性参考系, 当我们从能量的观点出发研究质点的运动时, 通常引入相应的惯性力 “势能”, 利用惯性力 “势能” 分析某些力学问题, 会带来很大方便.

在加速度为 $\boldsymbol{a}_0$ 的平动参考系中, 质点受到惯性力 $-m\boldsymbol{a}_0$ 的作用. 这惯性力的出现, 正好像出现了重力加速度大小为 $\boldsymbol{a}_0$, 而方向与 $\boldsymbol{a}_0$ 相反的某种 “附加重力场”, 因而质点在这种参考系具有某种 “附加重力势能”.

这里有一个有趣的例子. 手托广口瓶, 瓶中有半满的水, 水面上静止地漂浮着一个乒乓球. 现在把广口瓶向前加速推出, 试问瓶中乒乓球将如何运动?

大家知道, 在重力场中, 氢气球脱手后将上升. 从能量的角度来说, 氢气球上升的总效果是: 原来处于较低位置的氢气球与原来处于较高位置的同体积而稍重的一团空气交换了位置. 这样, 氢气球的势能增加 $m_{氢}g\Delta h$, 那团空气势能减少 $m_{空气}g\Delta h$; 由于 $m_{空气}>m_{氢}$, 所以势能的总和减少. 与此类似, 在广口瓶中出

现“附加重力”, 指向后方, 因而瓶中乒乓球应向前运动, 使整个系统的“附加重力势能”减少.

在角速度为 ω 的转动参考系中, 质点所受到的惯性力中, 惯性离心力 $-m\omega\times(\omega\times\boldsymbol{r})$ 就是一种保守力, 垂直地指向转轴, 而大小为 $m\omega^2R$, R 是距转轴的距离. [弹簧的弹性力 $-kx$ 正比于 x, 这里则正比于 R, 两者类似.] 我们可以引入惯性离心势能 V'. 由势能定义, 并规定转轴上为势能零点, 得

$$V'(R)=-\int_0^R m\omega^2R\mathrm{d}R=-\frac{1}{2}m\omega^2R^2. \tag{29.9}$$

§30 动能 动能定理

(1) 动能

静止的锤压在钉上, 即使是比较重的锤, 也不能将钉压入木块. 挥锤击钉, 即使是比较轻的锤, 也能将钉敲入木块. 敲钉入木块, 需要以力施于钉, 并使钉沿锤所施力的方向移动, 即是说, 需要对钉做功. 挥动着的锤可以做出这样的功, 而静止的锤却不能.

由此, 引出“**运动质点的动能**”这一概念. 我们认为以某一速度运动着的质点具有一定的动能. 为给动能以确切定义, 应当研究运动质点速度改变而做出的功.

运动质点以力 $\boldsymbol{f}$ 施于他物, 并使后者位移, 则运动质点对他物做出的功 W' 即为

$$W'=\int_{(1)}^{(2)}\boldsymbol{f}\cdot\mathrm{d}\boldsymbol{r}. \tag{30.1}$$

既然运动质点以力 $\boldsymbol{f}$ 施于他物, 他物亦必以力 $\boldsymbol{F}$ 施于运动质点. 力 $\boldsymbol{f}$ 与 $\boldsymbol{F}$ 为作用力与反作用力, $\boldsymbol{F}=-\boldsymbol{f}$. 运动质点在力 $\boldsymbol{F}$ 的作用下将改变其速度, 运动方程式为

$$F_x=m\ddot{x},\quad F_y=m\ddot{y},\quad F_z=m\ddot{z}. \tag{30.2}$$

以 $\mathrm{d}x$ 即 $\dot{x}\mathrm{d}t$ 乘第一式, 以 $\mathrm{d}y$ 即 $\dot{y}\mathrm{d}t$ 乘第二式, 以 $\mathrm{d}z$ 即 $\dot{z}\mathrm{d}t$ 乘第三式, 并且相加, 以计算力所做的功,

$$\begin{aligned}F_x\mathrm{d}x+F_y\mathrm{d}y+F_z\mathrm{d}z&=m\dot{x}\ddot{x}\mathrm{d}t+m\dot{y}\ddot{y}\mathrm{d}t+m\dot{z}\ddot{z}\mathrm{d}t\\&=m\dot{x}\mathrm{d}\dot{x}+m\dot{y}\mathrm{d}\dot{y}+m\dot{z}\mathrm{d}\dot{z},\end{aligned} \tag{30.3}$$

即

$$f_x\mathrm{d}x+f_y\mathrm{d}y+f_z\mathrm{d}z=-m\dot{x}\mathrm{d}\dot{x}-m\dot{y}\mathrm{d}\dot{y}-m\dot{z}\mathrm{d}\dot{z}. \tag{30.4}$$

两边积分,

$$\begin{aligned}&\int_{(1)}^{(2)} f_x \mathrm{d}x + f_y \mathrm{d}y + f_z \mathrm{d}z\\&= -\int_{(1)}^{(2)} \mathrm{d}\left(\frac{1}{2}m\dot{x}^2 + \frac{1}{2}m\dot{y}^2 + \frac{1}{2}m\dot{z}^2\right),\end{aligned}$$

即

$$W' = -\frac{1}{2}mv^2\bigg|_{(1)}^{(2)} = \frac{1}{2}mv_1^2 - \frac{1}{2}mv_2^2. \tag{30.5}$$

这就是说, 运动质点的 $\frac{1}{2}mv^2$ 值的减少正等于它所做出的功.

用**矢量运算的方法**, 可以简洁地导出同一结论. 质点的运动方程式为

$$\boldsymbol{F} = m\ddot{\boldsymbol{r}}.$$

两方标乘以 $\mathrm{d}\boldsymbol{r}$ 即 $\dot{\boldsymbol{r}}\mathrm{d}t$, 以计算力所做的功,

$$\boldsymbol{F} \cdot \mathrm{d}\boldsymbol{r} = m\dot{\boldsymbol{r}} \cdot \ddot{\boldsymbol{r}}\mathrm{d}t = m\dot{\boldsymbol{r}} \cdot \mathrm{d}\dot{\boldsymbol{r}},$$

即

$$\boldsymbol{f} \cdot \mathrm{d}\boldsymbol{r} = -m\dot{\boldsymbol{r}} \cdot \mathrm{d}\dot{\boldsymbol{r}}.$$

两边积分,

$$\int_{(1)}^{(2)} \boldsymbol{f} \cdot \mathrm{d}\boldsymbol{r} = -\int_{(1)}^{(2)} \mathrm{d}\left(\frac{1}{2}m\dot{\boldsymbol{r}} \cdot \dot{\boldsymbol{r}}\right),$$

即

$$W' = -\frac{1}{2}mv^2\bigg|_{(1)}^{(2)} = \frac{1}{2}mv_1^2 - \frac{1}{2}mv_2^2.$$

既然运动质点的 $\frac{1}{2}mv^2$ 值的减少正等于它所做出的功, 我们就将动能的减少定义为 $\frac{1}{2}mv^2$ 的减少. 将静止质点的动能规定为零, 于是运动质点的动能 T 就被定义为 $\frac{1}{2}mv^2$,

$$T = \frac{1}{2}mv^2. \tag{30.6}$$

显然 $[T] = \mathrm{M}[v^2] = \mathrm{ML}^2\mathrm{T}^{-2}$, 与功的量纲相同. 动能的单位与功的单位相同.

应当指出, 动能只与速度的大小即速率有关, 与速度的指向无关.

(2) 动能定理

上面讨论了运动质点所做出的功, 现在来研究其他物体对这质点所做的功. 这是很容易的, 我们只需直接对 (30.3) 进行积分,

$$
\begin{aligned}
&\int_{(1)}^{(2)} F_x \mathrm{d}x + F_y \mathrm{d}y + F_z \mathrm{d}z \\
=&\int_{(1)}^{(2)} m\dot{x}\mathrm{d}\dot{x} + m\dot{y}\mathrm{d}\dot{y} + m\dot{z}\mathrm{d}\dot{z} \\
=&\int_{(1)}^{(2)} \mathrm{d}\left(\frac{1}{2}m\dot{x}^2 + \frac{1}{2}m\dot{y}^2 + \frac{1}{2}m\dot{z}^2\right) \\
=&\int_{(1)}^{(2)} \mathrm{d}\left(\frac{1}{2}mv^2\right) = \int_{(1)}^{(2)} \mathrm{d}T.
\end{aligned}
$$

上式左方即其他物体对这质点所做的功 W, 因此

$$T_2 - T_1 = W. \tag{30.7}$$

运动质点的动能的增长即等于其他物体对它所做的功. 这称为**动能定理**.

例 质量为 $m = 10$ g 的子弹, 以 v_0=200 m/s 的速度射入木块. 木块的阻力平均为 $F = 5\times 10^3$ N. 求子弹射入深度 (即 §19 例 1).

解 子弹原来的动能为 $T_1 = \frac{1}{2}mv_0^2$; 子弹射入木块一定深度而停止, 动能变为零. 在这过程中, 只有木块阻力对子弹做功. 如以 s 表射入深度, 则阻力所做的功为 $-Fs$. 依动能定理,

$$0 - \frac{1}{2}mv_0^2 = -Fs,$$

所以

$$s = \frac{1}{2}\frac{mv_0^2}{F}.$$

采用国际单位制, 以 m=0.010 kg, v_0=200 m/s, $F = 5\times 10^3$ N 代入, 得出射入深度

$$s = \frac{1}{2}\times\frac{0.010\times 200^2}{5\times 10^3}\mathrm{m} = 0.04\ \mathrm{m}.$$

§31 机械能守恒定律

作用于质点的力如全为保守力, 则其对质点所做的功 W 可用势能的减少即 $-(V_2 - V_1)$ 表达. 动能定理 (30.7) 可改写为

$$T_2 - T_1 = -(V_2 - V_1). \tag{31.1}$$

质点动能的增长即等于质点势能的减少，动能的减少则等于势能的增加. (31.1) 还可以更进一步改写为

$$T_2 + V_2 = T_1 + V_1. \tag{31.2}$$

动能与势能的总和称为**机械能**. (31.2) 指出，保守力场中运动质点的机械能保持不变. 这称为**机械能守恒定律**.

如果虽有非保守力作用，但非保守力并不做功，则机械能守恒定律显然也成立.

质点在重力场中运动而高度变动不十分大的情况下，机械能守恒定律的具体形式就是

$$\frac{1}{2}mv^2 + mgz = 常量. \tag{31.3}$$

很容易验证，§21 例 1 的 (6) 式、§21 例 2 的 (3) 式恰恰就是它.

质点在重力场中运动而高度变动很大的情况下，机械能守恒定律的具体形式就是

$$\frac{1}{2}mv^2 - \frac{mgR^2}{\rho} = 常量. \tag{31.4}$$

§19 例 6 的 (1) 式正好就是它.

质点在弹簧作用下运动，机械能守恒定律的具体形式为

$$\frac{1}{2}mv^2 + \frac{1}{2}kx^2 = 常量. \tag{31.5}$$

§19 例 7 的 (2) 式正好就是它.

在谐振动的折回点:x = 振幅 $A; v = 0$. 于是 (31.5) 给出: 总能量 $= \dfrac{1}{2}kA^2$. 所以谐振动的总能量正比于振幅平方.

上面提到 §19 与 §21 的几个例子，在那些例中都是将运动方程式乘以 $\dot{x}\mathrm{d}t$ 即 $\mathrm{d}x$，或乘 $\dot{\rho}\mathrm{d}t$ 即 $\mathrm{d}\rho$，并积分而得出 (31.3) — (31.5). 这种运算原来只是单纯作为解微分方程的一种技巧而提出的. 现在可以指出，这种运算正是计算力所做的功，亦即从 (30.2) 通过 (30.3) 而达到 (30.7)，其结果自然是动能定理或其特例机械能守恒定律.

机械能守恒定律 (31.2) 就是质点在保守力场中的运动方程式 (30.2) 的第一次积分. 既然经过一次积分，导数的阶数就降低一阶. 越过运动方程式，直接从机械能守恒定律出发自然简便得多. 例如刚刚所提到的 §19 例 6、例 7 和 §21 例 1、例 2 就都完全可以直接从机械能守恒定律的具体表达式出发而求得解决.

特别是涉及质点在保守力场中的位置 (这与势能有关) 与速率 (这与动能有关) 的关系的问题，用机械能守恒定律能够极简便地直接解出.

***例 1** 从地球上发射出去的物体，应具有怎样的初速度 v_0，才不再回到地球上？这样的速度称为第二宇宙速度.

解　题中的抛射体能够到达距地无限远处，问题是它在地面这样的位置上的速度应当为多大. 这可以用机械能守恒定律极为简便地直接解出.

抛射体在无限远处的势能 $= (-mgR^2/\rho)|_{\rho=\infty} = 0$, 而动能也至少为零, 因此抛射体如能到达距地无限远处, 它的机械能至少为零.

在地面上, 抛射体的势能 $= (-mgR^2/\rho)|_{\rho=R} = -mgR$, 动能为 $\frac{1}{2}mv_0^2$, v_0 为所求.

据机械能守恒定律, 抛射体从地面出发时的机械能亦应至少为零, 即

$$-mgR + \frac{1}{2}mv_0^2 \geqslant 0.$$

所以 $$v_0 \geqslant \sqrt{2gR} \approx \sqrt{2 \times 6.4 \times 10^6 \times 9.8}\ \mathrm{m/s} = 11.2\ \mathrm{km/s}.$$

这里的结果并不仅仅是 §19 例 6 的重复. §19 例 6 研究的是竖直上抛的抛射体, 本例则具有更普遍的意义. 不论向什么方向发射, 速度都至少要达到 11.2 km/s 才不再回到地球.

例 2　飞车演员从光滑的倾斜轨道自由滑下, 并进入半径为 R 的竖直圆形轨道(图 4–11). 问出发点高度 h_0 最小应为多少才得以通过竖直轨道而不掉落下来? (参阅 §24 例 2.)

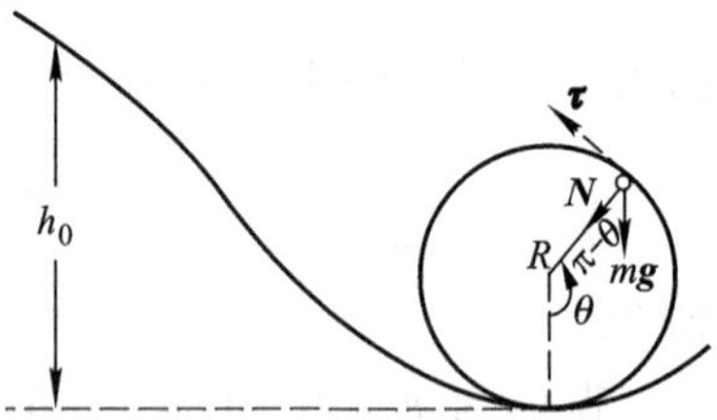

图 4–11

解　① 竖直圆形轨道给演员以单侧约束. 它限制演员不得移向圆外, 给演员以指向圆内的约束反力; 至于移向圆内却是完全自由的, 轨道并不给予演员以指向圆外的约束反力. 先假定始终作约束运动, 计算约束反力, 如求出的约束反力指向圆外即标志着实际上发生掉落现象. 可见问题在于计算约束反力. (这并不能仅仅用机械能守恒定律解决. 但下面将要指出, 机械能守恒定律将给我们颇大帮助.)

将演员隔离出来.

演员受到重力 mg, 竖直向下. 演员只与轨道接触, 所以除重力外他只受到轨道的约束反力 N, 这是法向的, 指向圆心.

以轨道为参考系研究演员的运动, 而轨道相对于地球是静止的. 演员既作圆周运动, 他就具有向心加速度 v^2/R, 这是法向的, 并指向圆心. 演员在圆周上的运动不是匀速的, 还应有切向加速度 $\mathrm{d}v/\mathrm{d}t$.

② 这是平面运动, 应取二维坐标系. 考虑到约束反力始终为法向的, 我们将加速度矢量与力矢量都投影到法向与切向, 换句话说, 取自然坐标系.

重力的法向分力为 $mg\cos(\pi-\theta)$, 即 $-mg\cos\theta$; 切向分力为 $-mg\sin(\pi-\theta)$, 即 $-mg\sin\theta$.

约束反力的法向分力为 N, 切向分力为零.

法向加速度为 v^2/R, 切向加速度为 $\mathrm{d}v/\mathrm{d}t$.

③ 列出运动方程式

$$\begin{cases} m\dfrac{v^2}{R} = -mg\cos\theta + N, & (1) \\ m\dfrac{dv}{dt} = -mg\sin\theta & (2) \end{cases}$$

④ 本当从切向运动方程式 (2) 解出质点在轨道上的运动情况, 代入法向运动方程式 (1) 求 N. 但是从 (1) 求得 N, 我们所需要的仅仅是速率 v. 考虑到约束反力不做功而重力是保守力, 完全可以利用机械能守恒定律来求速率 v.① 规定在圆心那个高度的重力势能为零, 则按机械能守恒定律.

$$\frac{1}{2}m0^2 + mg(h_0 - R) = \frac{1}{2}mv^2 + mgR\sin\left(\theta - \frac{\pi}{2}\right),$$

所以

$$v^2 = 2gh_0 - 2gR(1-\cos\theta). \tag{3}$$

以 (3) 代入 (1) 求得约束反力

$$N = \frac{mv^2}{R} + mg\cos\theta = 2mg\frac{h_0}{R} - 2mg + 3mg\cos\theta.$$

⑤ 演员不致掉落的条件为 $N \geqslant 0$, 即

$$2mg\frac{h_0}{R} - 2mg + 3mg\cos\theta \geqslant 0.$$

为使演员在轨道上任意地点都不掉落, 上式应对任意 θ 成立. 上式左方随 θ 而定, 于 $\theta=\pi$ (圆周最高点) 最小; 只要上式对 $\theta=\pi$ 成立, 它就对任意 θ 成立. 以 $\theta=\pi$ 代入上式, 得

$$2mg\frac{h_0}{R} - 2mg - 3mg \geqslant 0,$$

所以

$$h_0 \geqslant \frac{5}{2}R.$$

由于演员在轨道上的速率可用机械能守恒定律求出, 所以在分析演员受力情况与运动情况时, 完全可以只考虑法向而将切向置之不理. 由于在圆周最高点掉落的危险性最大, 完全可以一开始就考察 $\theta=\pi$, 而不必考察一般的 θ 的情况.

***例 3** 半径为 R 的圆环状细管在水平面内以匀角速 ω 绕 A 点转动 (图 4–12). 管的内壁是光滑的. 求解质点 M 与管的相互作用和在管内的运动情况; 并求质点 M 在其相对平衡位置附近作小振动的周期.

---

① 参照 §14 例 1, (2) 式其实即 $mv\mathrm{d}v/\mathrm{d}s = -mg\mathrm{d}y/\mathrm{d}s$, 亦即 $mv\mathrm{d}v = -mg\mathrm{d}y$, 两边分别积分的结果正是机械能守恒定律.

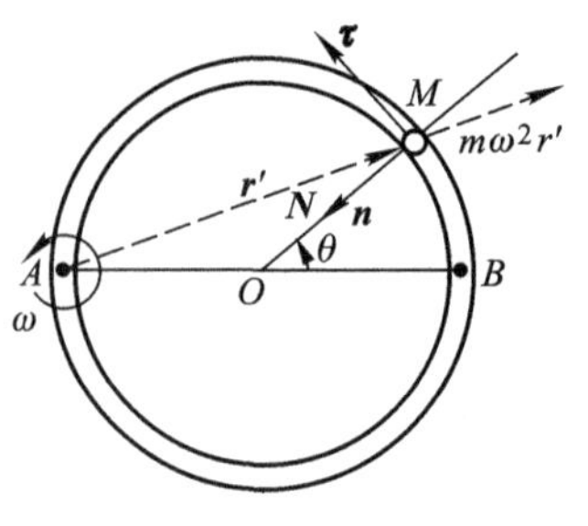

图 4–12

解 ① 问题已明确提出: 求解在细管中质点 M 的运动情况及其与细管的相互作用力. 将质点 M 隔离出来.

以绕 A 点转动的细圆管为参考系, 质点在细圆管中作半径为 R 的圆周运动.

质点 M 受到重力, 竖直向下, 大小为 Mg. 质点与细管内壁接触, 受到细管的作用力, 因圆管内壁光滑, 圆管对质点 M 的作用力必垂直于圆管的切向. 细管制止质点 M 在竖直方向运动, 这就是说, 圆管对质点作用力竖直分量与质点 M 的重量平衡; 至于其水平分力 N 则迫使质点作圆周运动. 这些就是质点所受到的牛顿力.

由于选用了绕 A 点的转动参考系, 还必须考虑到惯性力. 因为 $\mathrm{d}\omega/\mathrm{d}t = 0$; 所以切向惯性力 $-M\mathrm{d}\omega/\mathrm{d}t \times \boldsymbol{r}' = 0$; 但惯性离心力沿着 $\boldsymbol{r}'$ 方向, 大小为 $M\omega^2\boldsymbol{r}'$; 而科里奥利力为 $-2M\omega \times \boldsymbol{v}'$, 其大小为 $2M\omega v'$, 其方向为外法向.

② 因是平面运动, 选取自然坐标系, 质点 M 偏离半径 OB 的角为 θ, 从质点 M 指向环心 O 为法向, 垂直于法向而指向 θ 增加方向的为切向.

质点 M 的 "相对" 速度 $v' = R\dot{\theta}$, 其指向为切向; 其切向加速度为 $R\ddot{\theta}$; 其法向加速度为 $v'^2/R = R\dot{\theta}^2$.

细管对质点 M 的水平分力大小为 N, 指向为法向. 惯性离心力沿 $\boldsymbol{r}'$ 方向, 大小为 $M\omega^2 r'$, 即 $2M\omega^2 R\cos(\theta/2)$, 其法向分量为 $-2M\omega^2 R\cos^2(\theta/2)$, 切向分量为 $-2M\omega^2 R\cos(\theta/2)\cdot\sin(\theta/2)$, 即 $-M\omega^2 R\sin\theta$. 科里奥利力为法向, 其大小为 $-2M\omega v'$, 即 $-2M\omega R\dot{\theta}$.

③ 列出质点 M 的切向和法向运动方程式

$$MR\ddot{\theta} = -M\omega^2 R\sin\theta, \tag{1}$$

$$Mv'^2/R = N - 2M\omega^2 R\cos^2(\theta/2) - 2M\omega v'. \tag{2}$$

④ 切向运动方程式 (1) 化简为

$$\ddot{\theta} = -\omega^2\sin\theta. \tag{3}$$

在 $\theta = 0$, 此式给出 $\ddot{\theta} = 0$. 若 $\dot{\theta}$ 的初始值为零, 则 $\ddot{\theta} = 0$ 使 $\dot{\theta}$ 值保持为零. 可见 $\theta = 0$ 为质点的相对平衡位置. 若考虑质点在平衡位置附近的小振动, 则 (3) 简化为 $\ddot{\theta} + \omega^2\theta = 0$. 由此可见, θ 作谐振动, 其角频率为 ω, 周期为 $2\pi/\omega$.

在一般情况下, 本当从方程 (1) 解出质点运动情况代入方程 (2) 求圆管对质点 M 的约束反力 N. 但用 (2) 求 N 所需要的仅仅是速率 v'. 在转动参考系中, 重力、约束反力、科里奥利力不做功, 而惯性离心力又为保守力, 完全可以用机械能守恒来求速率 v'. 考虑到 (29.9) 式, 按机械能守恒,

$$E_0 = \frac{1}{2}Mv'^2 - \frac{1}{2}M\omega^2 r'^2 = \frac{1}{2}Mv'^2 - 2M\omega^2 R^2 \cos^2\frac{\theta}{2}.$$

所以

$$v'^2 = \frac{2E_0}{M} + 4\omega^2 R^2 \cos^2\frac{\theta}{2} \tag{4}$$

将 (4) 代入 (2) 求得约束反力

$$N = \frac{2E_0}{R} + 6M\omega^2 R\cos^2\frac{\theta}{2} \pm 2M\omega\sqrt{\frac{2E_0}{M} + 4\omega^2 R\cos^2\frac{\theta}{2}}.$$

⑤ 值得注意的是, 如果以 “静止” 的水平面为参考系, 则在此惯性参考系中, 质点 M 的运动速度 $\boldsymbol{v} = \boldsymbol{v}' + \omega \times \boldsymbol{r}'$, 而约束反力 $\boldsymbol{N}$ 虽垂直于 $\boldsymbol{v}'$ 却不垂直于速度 $\boldsymbol{v}$, 所以约束反力 $\boldsymbol{N}$ 做的功并不为零, 而 $\boldsymbol{N}$ 又说不上是保守力, 所以机械能并不守恒. 这说明机械能是否守恒与参考系的选取有关.

§32 功 能 原 理

如果作用于质点的力所做的功没有用或不可用势能的变化来表达, 动能定理自然不能归结为机械能守恒定律.

作用于质点的力 $\boldsymbol{F}$ 包括两部分, 其中一部分 $\boldsymbol{F}_\mathrm{c}$ 所做的功 W_c 可用势能的减少来表达, 其余部分 $\boldsymbol{F}_\mathrm{d}$ 所做的功 W_d 不可用势能的减少来表达, 或出于某些考虑本可用而没有用势能的减少来表达. 在这种情况下, 动能定理 (30.7) 为

$$T_2 - T_1 = W_\mathrm{c} + W_\mathrm{d}. \tag{32.1}$$

既然 W_c 用势能的减少即 $-(V_2 - V_1)$ 表达, 则

$$T_2 - T_1 = -(V_2 - V_1) + W_\mathrm{d}.$$

即

$$(T_2 + V_2) - (T_1 + V_1) = W_\mathrm{d}. \tag{32.2}$$

这就是说, 由于其他物体对质点做功 W_d, 质点的机械能并不守恒. 如 $\boldsymbol{F}_\mathrm{d}$ 做正功, $W_\mathrm{d} > 0$, 则机械能增长, 所增长的恰等于 W_d. 如 $\boldsymbol{F}_\mathrm{d}$ 做负功, $W_\mathrm{d} < 0$, 则机械能减少, 所减少的恰等于 W_d 的绝对值. 我们将 (32.2) 称为**功能原理**.

人们还进一步发现: 使机械能增加的功并不是凭空出来的, 它需要消耗其他形式的能量, 所增加的机械能实际上是由其他形式的能量转化而来. 机械能减少

时, 所少掉的机械能也并非化为乌有, 它只是转化为其他形式的能量, 例如热能. 在广泛的意义上, 能量 (并不限于机械能) 总是守恒的, 它只是从一种形式转化为另一种形式. 这称为**能量守恒及转化定律**. 能量守恒及转化定律标志着物质的运动不会凭空产生也不会凭空消失, 物质的运动只是从一种形式转化为另一种形式.

单就力学而言, 动能定理以及作为其特例的机械能守恒定律与功能原理, 提供了解决动力学问题的辅助性方法. 若就物理学各部门的联系而言, 就物质运动的转化而言, 功与能是极为重要的概念, 能量守恒及转化定律是物理学中最为基本的定律.

§33 功 率

完成了多少机械工作, 做出了多少功, 固然是重要的问题; 但在很多情况下, 更重要的问题还在于完成机械工作的快慢怎样. 例如, 为表征各种机械 (动力机、机床等等) 的特点, 很重要的一点就是指出它们做功的快慢, 即**功率**.

所完成的功 W 与完成这些功所用的时间 t 之比称为该时间内的**平均功率** $\overline{P}$,

$$\overline{P}=\frac{W}{t}. \tag{33.1}$$

(显然 $[\overline{P}]=[W]\mathrm{T}^{-1}=\mathrm{ML}^2\mathrm{T}^{-3}$.) 如这比值不是恒定的, 则应取 t 到 $t+\Delta t$ 的小时间段来考察而得**瞬时功率** P,

$$P=\lim_{\Delta t\to 0}\frac{\Delta W}{\Delta t}=\frac{\mathrm{d}W}{\mathrm{d}t}=\dot{W}. \tag{33.2}$$

显然 $[P]=[W]\mathrm{T}^{-1}=\mathrm{ML}^2\mathrm{T}^{-3}$.

在国际单位制中, 功率的单位焦耳每秒称为瓦特, 符号为 W.

功率还可以用速度表出,

$$P=\lim_{\Delta t\to 0}\frac{\Delta W}{\Delta t}=\lim_{\Delta t\to 0}\frac{\boldsymbol{F}\cdot\Delta\boldsymbol{r}}{\Delta t}=\boldsymbol{F}\cdot\boldsymbol{v}. \tag{33.3}$$

如力 $\boldsymbol{F}$ 与 $\boldsymbol{v}$ 指向相同, 则 $P=Fv$. 在汽车发动机提供一定功率的条件下, 使用低挡 (慢速) 则牵引力比较大, 使用高挡 (快速) 则牵引力比较小. 在启动或爬坡时, 驾驶员总是采用低挡, 道理即在于此.

如质点在力 $\boldsymbol{F}$ 作用下绕轴线 AB 作圆周运动, 则利用 (28.12), 还可以用力矩表出功率 P,

$$P=\frac{\mathrm{d}W}{\mathrm{d}t}=\frac{M_{AB}\mathrm{d}\varphi}{\mathrm{d}t}=M_{AB}\frac{\mathrm{d}\varphi}{\mathrm{d}t}=M_{AB}\omega. \tag{33.4}$$

这里 ω 即角速度 $\dot{\varphi}$.

§34 有 心 力

(1) 有心力

人造天体围绕地球运转, 其所受的力几乎仅仅就是地球的引力, 这引力的作用线几乎是始终通过地心的. 行星绕太阳运动, 两者都可以看作质点, 行星所受的力主要就是太阳的引力, 这引力始终通过太阳. 一般地说, 如果运动质点所受力的作用线始终通过某个定点, 我们就说质点所受的力是有心力, 而这个定点则称为**力心**.

在有心力作用下, 质点在通过力心的平面内运动. 这是不难看出的: 在某个"初始" 时刻, 质点具有一定的初始速度. 而质点的加速度指向力心. 既然加速度表征着速度的变化, 所以下一瞬时质点的速度必在初始速度与加速度所决定的平面中, 即在通过力心与初始速度的平面中, 而此一瞬时的加速度必又在该平面中, 从而再下一瞬时的速度必仍在该平面中. 如此继续推论下去, 可知质点的速度始终在该平面中, 从而质点始终在该平面中运动.

(2) 研究有心力问题的基本方程

既然质点作平面运动, 就只需二维坐标系. 考虑到 "有心力的作用线始终通过力心" 这一特点, 很自然**选用以力心为极点的极坐标系**. 在这样的坐标系中, 有心力 $\boldsymbol{F}$ 始终为径向的, 亦即只有径向分力 $\boldsymbol{F}$ 而没有横向分力,

$$\boldsymbol{F} = F\boldsymbol{r}/r. \tag{34.1}$$

质点的运动方程式, 或者说, 研究有心力问题的两个**基本方程**是

$$\begin{cases} m\ddot{\rho} - m\rho\dot{\varphi}^2 = F, & (34.2) \\ m\rho\ddot{\varphi} + 2m\dot{\rho}\dot{\varphi} = 0. & (34.3) \end{cases}$$

试考察 (34.3) 式, 很容易验证, 它可以改写为

$$\frac{1}{\rho}\frac{\mathrm{d}}{\mathrm{d}t}(m\rho^2\dot{\varphi}) = 0,$$

即

$$\frac{\mathrm{d}}{\mathrm{d}t}(m\rho^2\dot{\varphi}) = 0.$$

这不过是 (27.4) 的特例. 将上式积分一次, 即得 $m\rho^2\dot{\varphi}$ 为常量, 今记作 mh, 则

$$m\rho^2\dot{\varphi} = mh. \tag{34.4}$$

参看 (27.5), 上式左边不过是动量矩. 因此 (34.4) 不过是**动量矩守恒定律**的表达式.

动量矩守恒定律 (34.4) 是横向运动方程式 (34.3) 的第一次积分. 因为已经积分一次, 所以就只出现一阶导数, 而在 (34.3) 中还出现二阶导数. 用 (34.4) 当然比用 (34.3) 方便. 这样, 在研究有心力问题时, 通常不是从径向与横向运动方程式 (34.2)、(34.3) 出发, 而是改以径向运动方程式 (34.2) 与动量矩守恒定律 (34.4) 作为**两个基本方程**

$$\begin{cases} m\ddot{\rho} - m\rho\dot{\varphi}^2 = F, & (34.2) \\ \rho^2\dot{\varphi} = h. & (34.4) \end{cases}$$

有心力的大小 F 通常只取决于距力心的距离 ρ, 而与方位角 φ 无关, 也与时间无关. 现在来证明, 这样的有心力是保守力. 先计算有心力对质点所做的功

$$W = \int_{r_0}^{r} \boldsymbol{F} \cdot \mathrm{d}\boldsymbol{r}.$$

将 $\mathrm{d}\boldsymbol{r}$ 投影到 $\boldsymbol{F}$ 的方向, 亦即投影到径向, 其结果是 $\mathrm{d}\rho$. 因此,

$$W = \int_{r_0}^{r} \boldsymbol{F} \cdot \mathrm{d}\boldsymbol{r} = \int_{\rho_0}^{\rho} F(\rho)\mathrm{d}\rho.$$

这个定积分只取决于起点与终点的极径, 而与中间所通过的途径无关. 这就证明了有心力是保守力.

于是, 有心力对质点所做的功可用势能 V 的减少来表达,

$$-(V - V_0) = \int_{\rho_0}^{\rho} F(\rho)\mathrm{d}\rho. \tag{34.5}$$

显然, 势能 V 也只取决于极径 ρ, 而与方位角 φ 无关.

既然有心力是保守力, 就有机械能守恒定律

$$\frac{1}{2}m\dot{\rho}^2 + \frac{1}{2}m(\rho\dot{\varphi})^2 + V(\rho) = E. \tag{34.6}$$

其中 E 为质点的机械能, 它是常量. (34.6) 其实是运动方程式 (34.2)、(34.3) 的第一次积分, 其中只出现一阶导数, 用它来代替含有二阶导数的 (34.2) 当然, 比较方便. 这样, 研究有心力问题的**两个基本方程**就是

$$\begin{cases} \rho^2\dot{\varphi} = h, & (34.4) \\ \dfrac{1}{2}m\dot{\rho}^2 + \dfrac{1}{2}m(\rho\dot{\varphi})^2 + V(\rho) = E. & (34.6) \end{cases}$$

例 1 质量为 m 的人造地球卫星在环绕地球的圆轨道上, 轨道半径为 ρ, 求卫星的势能、动能、机械能. 计算中不妨忽略空气阻力.

解 卫星的势能 V 由 (29.3) 给出,

$$V = -mgR^2/\rho. \tag{1}$$

现在的问题是计算卫星的动能 $T=mv^2/2$. 为此, 先求卫星的运行速度 v.

卫星所受的唯一的力是地球对它的引力 mgR^2/ρ^2, 而在圆轨道上运行的向心加速度为 v^2/ρ. 于是, 列出运动方程

$$mv^2/\rho=mgR^2/\rho^2. \tag{2}$$

由此解得

$$v^2=gR^2/\rho, \tag{3}$$

而

$$T=mv^2/2=mgR^2/2\rho. \tag{4}$$

最后, 卫星的机械能

$$E=T+V=-mgR^2/2\rho. \tag{5}$$

*例 2 人造地球卫星虽然在高空运行, 仍然难免遭受微弱的空气阻力. 试计及空气阻力 f 而研究人造卫星的运动.

解 设某一瞬时, 卫星在半径为 ρ 的圆轨道环绕地球运行, 其运行速度为 v. 由于微弱空气阻力, 假如卫星保持在原来的轨道上, 运行速度 v 必将减小. 这一来, 例 1 的 (2) 式左边的绝对值减小, 右边则不变, (2) 式不再成立. 这是说, 卫星不可能保持在原轨道上. 地球对卫星的引力 mgR^2/ρ^2 超过了维持在原轨道上所需的向心力 mv^2/ρ, 所以卫星的高度下降. 这样, 卫星的轨道应是缓慢趋向地球的螺旋线 [图 4–13(a)].

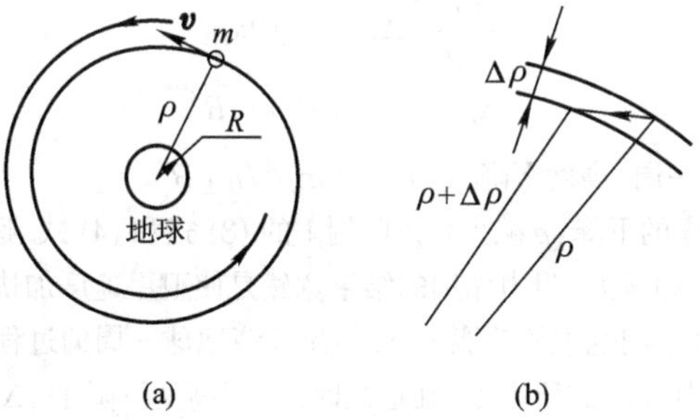

图 4–13

我们不妨改用较为严密的数学语言重新论述一下. 由于存在微弱的阻力 f, 已不再是单纯的有心力问题. 不过, 我们仍然可取地心作为极坐标的极点. 当然, 横向运动方程式不再是 (34.3) 而应代之以

$$m\rho\ddot{\phi}+2m\dot{\rho}\dot{\phi}=-f.$$

在这里, 我们认为阻力基本上是横向的. 不难验证, 上式亦即

$$\frac{\mathrm{d}}{\mathrm{d}t}(m\rho^2\dot{\phi})=-\rho f \tag{1}$$

假若 ρ 不变, 则上式给出 $\mathrm{d}\dot{\phi}/\mathrm{d}t=-f/m\rho<0$, 即环绕地球运行的速度 $v=\rho\dot{\phi}$ 减小. 再看径向运动方程 (34.2)

$$m\ddot{\rho}-m\rho\dot{\phi}^2=-mgR^2/\rho^2, \tag{2}$$

即 $$m\ddot{\rho}-mv^2/\rho=-mgR^2/\rho^2.$$

不难看出, 例 1 的 (2) 式就是上式在 $\ddot{\rho}=0$ 的情况下的特例. 假若 ρ 不变, 而 v 减小, 上式给出 $\ddot{\rho}<0$. 如果说卫星原来沿着圆轨道运动, $\dot{\rho}=0$, 那么 $\ddot{\rho}=\mathrm{d}\dot{\rho}/\mathrm{d}t<0$ 将使 $\dot{\rho}$ 变为负的, 卫星不能保持在原来的圆轨道上. 在环绕地球运行的过程中, 高度将缓缓下降.

那么, 卫星的轨道方程究竟是怎样的? 答案需从方程 (1) 和 (2) 解出, 这在数学上相当麻烦. 但考虑到阻力是微弱的, 我们作如下近似处理. 既然阻力微弱, 卫星高度的下降应是很缓慢的. 这样, 我们可以认为在任何一段不很长的时间里, 卫星沿着圆轨道运动, 只是圆的半径 ρ 随着时间的流逝而缓慢缩小罢了. 在动能的计算中, 可以只考虑环绕地球运行的速度, 而忽略高度下降的速度. 换句话说, 例 1 的各式仍然可用.

我们要计算卫星环绕地球一周所降低的高度 [图 4–13(b)]. 在环绕一周的过程中, 阻力做的功是 $-f2\pi\rho$. 按照功能原理 (32.2),

$$\Delta E=-f2\pi\rho. \tag{1}$$

以例 1 的 (5) 式代入上式左边,

$$\Delta(-mgR^2/2\rho)=-f2\pi\rho,$$

增量可用微分代替,

$$\frac{mgR^2}{2\rho^2}\Delta\rho=-f2\pi\rho,$$

从而 $$\Delta\rho=-f4\pi\rho^3/mgR^2. \tag{2}$$

这样, 卫星每环绕地球一周, 高度下降 $|\Delta\rho|=f4\pi\rho^3/mgR^2$.

有趣的是, 随着高度的下降 (ρ 减少), 按照例 1 的 (3) 式和 (4) 式, 运行速度 $v=\sqrt{gR^2/\rho}$ 与动能 $T=mgR^2/2\rho$ 却增大. 阻力作用的结果竟然是使卫星速度加快! 这是怎么回事?

让我们仔细考察这个问题中的功能关系. 卫星环绕地球一周的过程中, 阻力做负功, 这导致卫星的机械能减少, 如 (1) 式所指出. 在这同时, 卫星高度下降了 $|\Delta\rho|$, 因而地球对卫星的引力做正功

$$W_{引}=(mgR^2/\rho^2)|\Delta\rho|=-(mgR^2/\rho^2)\Delta\rho>0.$$

这通常也表述为势能的减少即

$$\Delta V=\Delta(-mgR^2/\rho)=(mgR^2/\rho^2)\Delta\rho=-W_{引}<0.$$

于是, 动能的改变量

$$\begin{aligned}\Delta T&=\Delta E-\Delta V=-f2\pi\rho-(mgR^2/\rho^2)\Delta\rho\\&=-f2\pi\rho+(mgR^2/\rho^2)f4\pi\rho^3/mgR^2=-f2\pi\rho+f4\pi\rho\\&=f2\pi\rho>0.\end{aligned}$$

以上是就卫星环绕地球一周进行的讨论, 但其实轨道上的任何一小段都可以按同样的方式加以讨论.

这样, 人造地球卫星在阻力作用下反而加速的物理图像就清楚了: 虽然阻力做负功, 但这导致卫星高度下降, 而在高度下降过程中, 地球的引力做正功, 其值为阻力负功的绝对值的二倍. 从而总的功是正的, 所以卫星加速.

例 3 从地球表面, 与竖直方向成 α 角的方向上发射一质量为 m 的抛射体, 初速度 v_0 等于 $\sqrt{gR}$, 忽略空气阻力和地球转动的影响, 问抛射体上升多高? R 为地球半径.

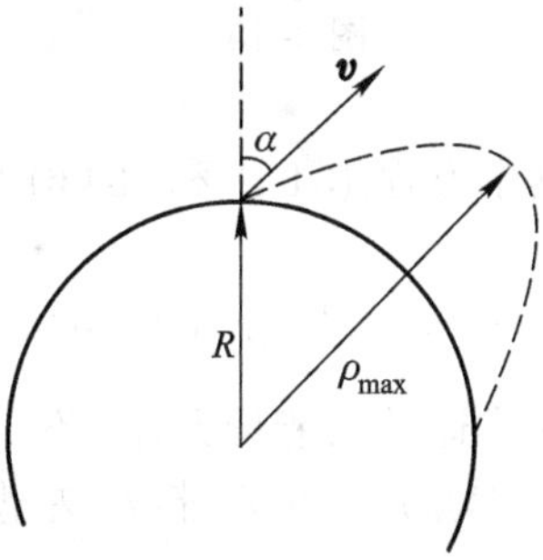

图 4–14

解 抛射体受到地球的有心保守力作用, 因此动量矩与机械能都守恒.

将抛射体在最高点时与地心的距离记作 $\rho_{\max}$, 在最高点的速度记作 v, 则动量矩守恒给出

$$mv_0R\sin\alpha = mv\rho_{\max}, \tag{1}$$

而机械能守恒给出

$$mv_0^2/2 - mgR = mv^2/2 - mgR^2/\rho_{\max}.$$

将 $v_0 = \sqrt{gR}$ 代入上式, 化简求得

$$v^2 = gR(2R - \rho_{\max})/\rho_{\max}. \tag{2}$$

将 (1) 式两边平方, 并利用 (2) 消去 v^2, 化简得

$$\rho_{\max}^2 - 2R\rho_{\max} + R^2\sin^2\alpha = 0.$$

解得 $\rho_{\max} = R \pm R\cos\alpha$. 其中 $\rho_{\max} = R - R\cos\alpha$ 与题意不合, 应舍去. 这样最终求得抛射体上升最高 $R + R\cos\alpha$.

(3) 有效势能

质点的有心力问题用力心为极点的极坐标系描述较为适宜. 在极坐标系中, 质点的运动表述为极径 ρ 和极角 ϕ 随时间的变化 [图 4–15(a)]. 由动量矩守恒定律 (34.4) 知道, 只要找到 ρ 随时间的变化, 就可以解出 ϕ 随时间的变化, 这样也就掌握了质点的详尽情况. 由此可见. 解决质点有心力问题的关键是寻找 ρ 随时间的变化.

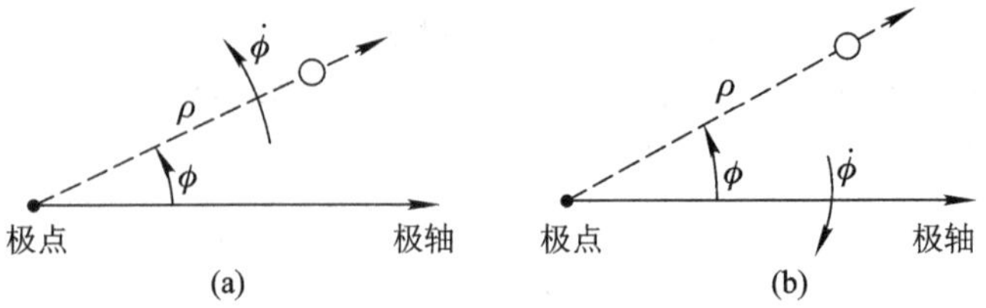

图 4–15

由研究有心力问题的基本方程 (34.4) 和 (34.6) 消去 $\dot{\phi}$ 可得极径 ρ 的微分方程

$$m\dot{\rho}^2/2 + mh^2/2\rho^2 + V(\rho) = E. \tag{34.7}$$

这方程完全类似于质点作一维运动的能量方程, 不妨称为径向运动的等效能量方程. 左边第一项 $m\dot{\rho}^2/2$ 当然是质点的动能 T, 左边的第二项与第三项则称为径向运动的 "有效势能",

$$V_{\text{有效}}(\rho) = mh^2/2\rho^2 + V(\rho). \tag{34.8}$$

这样, (34.7) 就简化为

$$m\dot{\rho}^2/2 + V_{\text{有效}}(\rho) = E. \tag{34.9}$$

由方程 (34.9) 可以解得 ρ 对时间 t 的依赖关系, 从而获得质点径向运动的情况.

其实, (34.9) 也可作为一种转动参考系的能量方程而推导出来. 取转动参考系, 其转轴通过极点, 并且垂直于质点运动的平面, 转动系的角速度 ω 等于 $\dot{\phi}$, [在此系中, 则极轴以 $-\dot{\phi}$ 转动如图 4–15(b)] 质点的径向运动, 从这个转动系来看, 成为直线运动.

研究质点的径向运动. 这个转动系是非惯性参考系, 在径向, 质点除受牛顿有心力 $\boldsymbol{F} = F\boldsymbol{r}/r$ 外, 还受到惯性离心力 $-m\boldsymbol{\omega}\times(\boldsymbol{\omega}\times\boldsymbol{r}) = m\rho\dot{\phi}^2\boldsymbol{r}/r$ 的作用. 若有心力为保守力, 质点在有心力场中势能 $V(\rho)$ 由 (34.5) 给出. 惯性离心力也是保守力, 若规定 $\rho\to\infty$ 为其势能零点, 考虑到 (34.4), 惯性离心力势能为

$$V_{\text{离心力}}(\rho) = -\int_{\infty}^{\rho} m\rho\dot{\phi}^2\mathrm{d}\rho = -\int_{\infty}^{\rho} m\rho(h/\rho^2)^2\mathrm{d}\rho = mh^2/2\rho^2. \tag{34.10}$$

在这转动参考系中, 质点的机械能守恒,

$$m\dot{\rho}^2/2 + mh^2/2\rho^2 + V(\rho) = E. \tag{34.7}$$

因 $m(\rho\dot{\phi})^2/2 = mh^2/2\rho^2$, 可知 (34.7) 与 (34.6) 是完全等价的. 这转动参考系中的惯性离心力势能从惯性参考系看来实是质点横向动能. 由于惯性离心力势能

仅是 ρ 的函数, 因此由质点的机械能守恒可得形式上只包含一个独立变数 ρ 的微分方程. 但是, 必须指出, (34.7) 式不仅取决于质点总能量 E, 而且还取决于质点的动量矩 mh. 正是多出的 $mh^2/2\rho^2$ 这一项把质点的径矢 $\boldsymbol{r}$ 在实际运动中不断地改变方向这一事实考虑在内了.

现在让我们把能量图线应用于内容丰富的行星问题. 围绕太阳运行的行星质量为 m, 太阳的质量为 M, 因为 $M \gg m$, 我们可以将太阳看作不动, 在行星轨道平面内选取极坐标系, 以太阳为极点, 按万有引力定律, 行星所受引力为

$$F = -GMm/\rho^2. \tag{34.11}$$

将上式代入 (34.5) 以计算势能. 通常规定质点距力心无限远 ($\rho_0 \to \infty$) 的势能 V_0 为零. 于是

$$V(\rho) = -GMm/\rho. \tag{34.12}$$

将 (34.12) 代入 (34.8), 得行星的径向运动的有效势能

$$V_{有效}(\rho) = mh^2/2\rho^2 - GMm/\rho. \tag{34.13}$$

在上式中, 若 $h \neq 0$, 则在 ρ 很小时, 惯性离心力势能占主导地位, 而 ρ 很大时引力势能占主导地位. 图 4–16 表示出行星的有效势能曲线以及几个不同数值的总能量.

行星径向运动动能 $T = E - V_{有效}(\rho)$, 而 T 只能 $\geqslant 0$, 所以径向运动必然限制在 $E \geqslant V_{有效}$ 的区域内. 这样, 运动的性质由总能量 E 来决定.

① $E > 0$. 参看图 4–16, $V_{有效}(\rho) = E$ 只有一个根. ρ 必须 $\geqslant$ 这个根, 才可以使径向运动动能 $T = E - V_{有效}(\rho) \geqslant 0$. 因此, 这个根是 ρ 的最小值. 至于 ρ 的无限增大并不违背条件 $T \geqslant 0$, 所以行星的径向运动是无界的.

② $E = 0$. 参看图 4–16, ρ 有一个最小值, 而又可以无限增大, 行星的径向运动亦是无界的, 与情况 ① 相同. 但只要 E 稍稍减小一点, 我们就要遇到有界的径向运动如情况 ③.

③ $V_{\min} < E < 0$. 参看图 4–16, $V_{有效}(\rho) = E$ 有两个根. ρ 必须在这两根之间或等于这两根之一, 才可以使径向运动动能 $T = E - V_{有效}(\rho) \geqslant 0$, 行星的径向运动是有界的.

④ $E = V_{\min}, \rho$ 被限制为一个不变的数值.

本书下册将要论证: 情况 ① 相当于行星在双曲线轨道上运动, 情况 ② 相当于抛物线运动, 情况 ③ 相当于椭圆运动, 情况 ④ 相当于圆运动.

从理论上说, 还有另一种可能性, 即 $h = 0$. 不过, $h = 0$ 是说行星相对于太阳的动量矩为零, 即行星沿着通过太阳的直线运动并落入太阳, 所以通常不讨论这种情况.

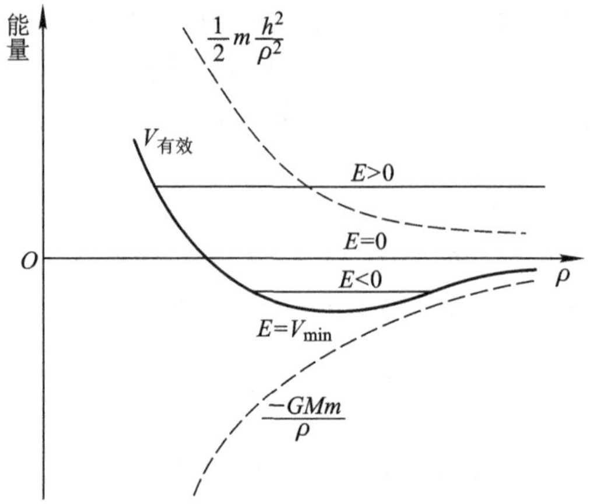

图 4–16

例 4 质量为 m 的人造地球卫星, 在地球的引力作用下, 作半径为 ρ_0 的圆周运动. 卫星中的发动机朝着地球中心作短时间点火, 改变了卫星的能量而不改变其动量矩, 卫星的新轨道将是怎样的?

解 卫星受到的是地球引力, 卫星的能量如图 4–16 所示, 发动机径向点火, 动量矩 mh 不变, 故不引起有效势能曲线的变化, 只使卫星总能量从起始值 $E_{\rm i}=V_{\min}$ 增加到 $E_{\rm f}$ 值, 只要 $E_{\rm f}$ 仍 <0, 卫星将从圆运动变成椭圆运动. 若 $E_{\rm f}$ 比 $E_{\rm i}$ 大得不多, 由能量图线可以看出, 曲线 $V_{有效}(\rho)$ 在 $V_{\min}$ 附近的一小段可以近似地用抛物线代替, 亦即用弹性势能曲线代替, 因而卫星的径向运动就相当于弹簧振子在 ρ_0 附近作谐振动.

***例 5** 质点 m 在其势能为 $-km/\rho^n$ 的有心力作用下, 沿半径为 ρ_0 的圆轨道运动. 试证, 如 $0<n<2$, 则圆轨道在微扰下是稳定的.

解 质点 m 在有心力作用下, 其动量矩守恒.

$$m\rho^2\dot{\phi}=mh. \tag{1}$$

由 (34.8) 得

$$V_{有效}(\rho)=mh^2/2\rho^2+V(\rho)=mh^2/2\rho^2-km/\rho^n. \tag{2}$$

引用有效势能就可以把径向运动当作一维运动处理. 半径为 ρ_0 的圆轨道运动对应于一维运动中的 $\rho=\rho_0$ 不变, 这就是说有效势能 $V_{有效}(\rho)$ 在 $\rho=\rho_0$ 取极值,

$$[{\rm d}V_{有效}(\rho)/{\rm d}\rho]_{\rho=\rho_0}=0.$$

由此得圆轨道半径 ρ_0 的大小:

$$\rho_0^{n-2}=kn/h^2. \tag{3}$$

因 ρ_0 为正, 上式指出 $n>0$. 又, 假如 $n=2$, 则 ρ_0 不出现于 (3), 即圆轨道一般不可能, 故 $n\neq 2$.

如圆轨道是稳定的, 则有效势能 $V_{有效}(\rho)$ 在 $\rho=\rho_0$ 应为极小而非极大,

$$[\mathrm{d}^2 V_{有效}(\rho)/\mathrm{d}\rho^2]_{\rho=\rho_0} > 0,$$

即

$$3mh^2/\rho_0^4-(n+1)kmn/\rho_0^{n+2} > 0. \tag{4}$$

以 (3) 代入 (4) 得 $n+1 < 3$, 即

$$n < 2.$$

因此, 圆轨道的稳定条件是 $0<n<2$.

本例只限于讨论轨道的稳定性, 不讨论运动的稳定性. 后者不适合在初等课程中讨论.

复习思考题

本章讨论质点动力学的一种辅助方法, 即利用运动定理来解决质点动力学问题. 我们应当掌握: ① 有关的基本概念、如动量、力或动量对于轴线的力矩或动量矩、力或动量对于点的力矩或动量矩、功、势力、势能、动能等. 力或动量对于点的力矩或动量矩还是第一次接触到的新概念. ② 动量定理、动量矩定理, 动能定理的基本内容. 动量定理与动量矩定理还有微分形式、积分形式两种表达方式, 应当了解这两种形式实质上是一样的, 应当会熟练地从一种形式得出另一形式. ③ 动量守恒定律、动量矩守恒定律、机械能守恒定律. 这几个守恒定律往往使某些问题解决得极为简便迅速. 应当注意这三个守恒定律各自的成立条件.

本章还利用运动定理讨论了有心力问题. 应当掌握: ① 解决有心力问题的基本方程式. ② 质点在有心力作用下的有效势能方法的应用.

1. 什么叫做动量? 动量定理 (微分形式与积分形式) 的内容是怎样的? 动量守恒定律的内容与条件是怎样的?

2. 什么叫做冲击作用? 冲击作用有什么特点? 与此相适应, 我们处理冲击作用的方法又是怎样的?

3. 什么叫做力或动量对于轴线的力矩或动量矩? 其表达式是怎样的?

4. 什么叫做力或动量对于点的力矩或动量矩? 它们与 “力或动量对于轴线的力矩或动量矩” 有什么联系?

5. 动量矩守恒定律的内容与条件是怎样的?

*图 4–4 的问题, 按力学基本方法应如何解决? 试与应用动量矩守恒定律的解法比较其优缺点. 其动能的增长从何而来?

6. 功的一般定义是怎样的? 做功的意义如何? 做正功或做负功又是什么意思? 什么叫力矩所做的功?

*摩擦力是否一定做负功? 先回答, 再参考 §20 例 2.

7. 什么叫做保守力? 保守力的判据是什么?

8. 什么是势能? 势能存在的条件是什么?

为什么可以任取一个地点而规定势能在该处的值?

9. 如何从已知的保守力场求出质点在场中各处的势能?

质点的重力势能、弹性势能的常用表达式是怎样的? 这些表达式已经对保守能的值作了何种规定?

10. 质点在势力场中的势能已经知道, 如何求出相应的保守力?

11. 什么是动能? 动能的表达式是怎样的? 动能定理的内容是怎样的?

12. 机械能守恒定律的内容与条件是怎样的? 功能原理的内容是怎样的?

13. 什么叫有心力? 质点在有心力作用下, 适用哪些守恒定律?

14. 解决有心力问题的基本方程式是什么?

15. 有心力作用下的有效势能的形式是怎样的? 如何应用?

*16. 荡秋千的人在经过竖直位置时站起来, 而在折回点蹲下去. 试将秋千的每一次往返分为若干阶段, 分别用适当的运动定理加以研究. 并说明何以秋千能越荡越高?

如果不是在秋千架上荡来荡去, 而是手握单杠来回荡, 应该怎样动作才可以越荡越高?

*17. 相对于非惯性参考系, 本章的各个运动定理是否成立?

*18. 参看 §34 例 1. 离地越高 (ρ 越大) 的环绕卫星速度越小. 这样看来, 似乎离地越高的卫星越容易发射. 对吗?

第五章　质点系动力学的运动定理

§35　质点系动力学的困难所在　两体问题

(1) 质点系动力学的困难所在

在质点力学的几章中, 不仅研究了单个 “质点” 的动力学问题, 还研究了一些同时涉及几个 “质点” 的动力学问题. 这些问题虽同时涉及几个 “质点”, 但这些 “质点” 相互接触处的接触情况在运动过程中保持不变, 因而相互作用着的接触力是不变的; 或接触情况虽有所变化, 但变动规律很简单, 因而相互作用着的接触力的变动规律很简单. 对这样的问题, 运用隔离物体法, 分别列出各个 “质点” 的运动方程式, 其解算比起质点动力学的解算并没有什么新的困难出现. 这些问题基本上还是属于质点动力学的范畴.

一般地说, 质点间的相互作用往往随着质点的运动情况而变, 其变动规律常常不是那么简单. 例如, 每两质点间万有引力的指向随着质点的相对方位而变, 大小随两质点间的距离而变. 从原则上讲, 对这些问题也可以运用隔离物体法, 分别列出各质点的运动方程式, 并进行运动方程式的解算, 从而使问题解决. 但实际上, 这些运动方程式是微分方程组, 其解算在数学上会遇到极大困难. 比方说, 10 个质点有 10 个矢量的运动方程式, 即 30 个分量的二阶微分方程组. 按通常的消去法, 将得到 60 阶微分方程, 其解算几乎是不可想象的, 除非运用电子计算机求数值解.

前一种情况基本上属于质点动力学的范畴; 平常讲到**质点系动力学问题**, 总是指后一种情况而言. **质点系动力学问题的困难**在于运动方程组的解算. 通常也就并不要求质点系动力学问题的严格解决.

虽然质点系动力学问题还不能严格解出, 但是借助于动量定理、动量矩定理、动能定理等运动定理, 却能**了解质点系运动的总趋向及其某些特征**. 这对于掌握质点系运动情况具有很重大意义. 本章的任务就在于讨论质点系的运动定理.

在以下几节关于运动定理的讨论中, 将发现外力与内力的区分是重要的. 它们在运动定理中起着不同的作用. 质点系内各质点的相互作用力称为**内力**. 内力以作用力、反作用力的形式成对地存在. 每一对内力是质点系内两个质点的相互作用, 所以它们作用于不同的质点, 但都是作用于质点系内质点的. 质点系以外的物体对质点系内质点的作用力称为**外力**. 外力的反作用力是质点系内质点作用于质点系以外物体的. 应注意的是外力虽也成对存在, 但只有其一是作用于质点系内质点的, 其反作用力则并非作用于质点系内的质点.

同一个力对某个质点系而言是外力, 对范围更大的质点系而言却可能是内力. 例如推动汽车向前行驶的摩擦力对汽车而言是外力, 对 "汽车 – 地球" 系统而言却又是内力.

至于说到惯性力, 则根本谈不上反作用力, 因此质点系内质点所受的**惯性力应该当作外力看待**.

(2) 两体问题

两体问题是质点系动力学的一个特殊问题, 它可以归结为质点动力学问题. 所谓**两体问题**指的是两个质点所组成的质点系, 它们彼此以内力相互作用, 并不受外力作用 (或者所受的外力指向一致且大小正比于各自的质量).

例如单个行星绕太阳运行的问题. 太阳的质量虽说远远超过行星的质量, 但毕竟不是无限大, 所以太阳并不是绝对不动, 行星并不是在 "静止" 的力心作用下运动. 应当考虑为太阳与行星都在对方的引力作用下运动, 这正是两体问题.

将质点 2 施于质点 1 的作用力记作 $\boldsymbol{F}_{12}$, 质点 1 施于质点 2 的作用力记作 $\boldsymbol{F}_{21}$, 这两力是作用力与反作用力, 大小相等而指向相反. 分别列出质点的运动方程式

$$\begin{cases} m_1\ddot{\boldsymbol{r}}_1 = \boldsymbol{F}_{12}, & (35.1) \\ m_2\ddot{\boldsymbol{r}}_2 = \boldsymbol{F}_{21}. & (35.2) \end{cases}$$

这里, 我们并不企图直接进行 (35.1)、(35.2) 的解算.

(3) 质心的运动

先研究两质点运动的总趋向. 将 (35.1) 与 (35.2) 相加,

$$\frac{\mathrm{d}^2}{\mathrm{d}t^2}(m_1\boldsymbol{r}_1 + m_2\boldsymbol{r}_2) = \boldsymbol{F}_{12} + \boldsymbol{F}_{21} = 0.$$

为说明这式的含义, 我们先将它改写为

$$(m_1 + m_2)\frac{\mathrm{d}^2}{\mathrm{d}t^2}\left(\frac{m_1\boldsymbol{r}_1 + m_2\boldsymbol{r}_2}{m_1 + m_2}\right) = 0. \tag{35.3}$$

可以看出 (35.3) 是某个 "质点" 的运动方程式, 这一 "质点" 的质量

$$m_0 = m_1 + m_2, \tag{35.4}$$

这一 "质点" 的径矢

$$\boldsymbol{r}_0 = \frac{m_1\boldsymbol{r}_1 + m_2\boldsymbol{r}_2}{m_1 + m_2}. \tag{35.5}$$

这个 "质点" 称为质点 1 与 2 的**质量中心**, 简称**质心**. (35.4) 与 (35.5) 就是质心的定义; (35.4) 规定了质心的质量是两质点质量的和, (35.5) 则规定了质心的位置是两质点位置的 "平均" 位置. 当然, 这两质点不应同等看待, 质量较大的质点应当具有较大的重要性, 所以 (35.5) 所规定的并非简单的平均 $(\boldsymbol{r}_1+\boldsymbol{r}_2)/2$, 而是所谓带 "权" 平均. "权" 是标志重要性的, 这里即以质量为其 "权". 这样, (35.3) 可表为

$$m_0\ddot{\boldsymbol{r}}_0=0. \tag{35.6}$$

不管质点 1 或 2 怎样运动, 不管它们各自的运动怎样复杂, 它们的质心的运动却很简单, 总是保持 "静止" 或作匀速直线运动. 虽然各个质点的运动情况并不能由此知道, 但可以认为质心的运动情况描绘了这两质点所构成的质点系的**运动的总趋向**. 例如 (35.6) 表明 "太阳 – 行星" 系统在太空中作匀速直线运动, 虽然太阳与行星各自的运动比较复杂.

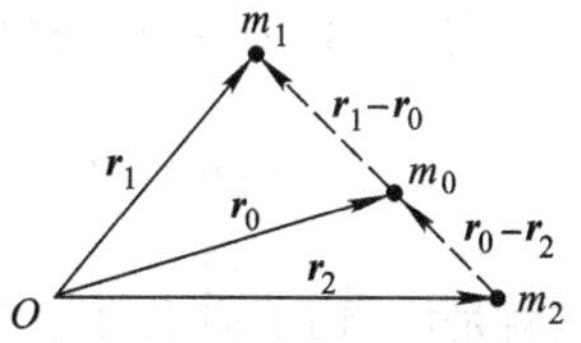

图 5–1

说到两质点的质心的位置, 我们还应指出, 质心是在两质点连接线上, 其与质点 1、2 的距离反比于质点 1、2 的质量. 要证实这一点, 只需计算 $\boldsymbol{r}_1-\boldsymbol{r}_0$ 与 $\boldsymbol{r}_0-\boldsymbol{r}_2$ (图 5–1). 利用 (35.5),

$$\begin{aligned}\boldsymbol{r}_1-\boldsymbol{r}_0&=\boldsymbol{r}_1-\frac{m_1\boldsymbol{r}_1+m_2\boldsymbol{r}_2}{m_1+m_2}\\&=\frac{(m_1\boldsymbol{r}_1+m_2\boldsymbol{r}_1)-(m_1\boldsymbol{r}_1+m_2\boldsymbol{r}_2)}{m_1+m_2}\\&=\frac{m_2}{m_1+m_2}(\boldsymbol{r}_1-\boldsymbol{r}_2),\end{aligned}$$

$$\begin{aligned}\boldsymbol{r}_0-\boldsymbol{r}_2&=\frac{m_1\boldsymbol{r}_1+m_2\boldsymbol{r}_2}{m_1+m_2}-\boldsymbol{r}_2\\&=\frac{(m_1\boldsymbol{r}_1+m_2\boldsymbol{r}_2)-(m_1\boldsymbol{r}_2+m_2\boldsymbol{r}_2)}{m_1+m_2}\\&=\frac{m_1}{m_1+m_2}(\boldsymbol{r}_1-\boldsymbol{r}_2).\end{aligned}$$

这两矢量平行. 由此可见, 质心在两质点连线上. 这两矢量的长度之比 $|\boldsymbol{r}_1-\boldsymbol{r}_0|/|\boldsymbol{r}_0-\boldsymbol{r}_2|=m_2/m_1$. 由此可见, 质心与质点 1、2 的距离反比于质点 1、2 的质量.

(4) 相对的运动

现在来研究另一方面的问题. 虽然两质点都在运动, 但不妨取随质点 2 (例如说, 太阳) 平动的参考系, 将质点 2 当作 "静止" 的, 而研究质点 1 (例如说, 行

星) 相对于质点 2 的运动. 这就是说, 我们所选取的参考系为非惯性系, 其牵连加速度为 $\ddot{\boldsymbol{r}}_2$. 这样, 研究质点 1 的运动, 不仅应考虑其受到的牛顿力 $\boldsymbol{F}_{12}$, 还应计入 $-m_1\ddot{\boldsymbol{r}}_2$ 这一惯性力. 质点 1 的运动方程式就成为

$$m_1\ddot{\boldsymbol{r}}_1' = \boldsymbol{F}_{12} - m_1\ddot{\boldsymbol{r}}_2, \tag{35.7}$$

这里 $\boldsymbol{r}_1'$ 是质点 1 相对于质点 2 的相对径矢, 即

$$\boldsymbol{r}_1' = \boldsymbol{r}_1 - \boldsymbol{r}_2. \tag{35.8}$$

利用 (35.2), 我们还可以将相对运动的运动方程式 (35.7) 简化,

$$m_1\ddot{\boldsymbol{r}}_1' = \boldsymbol{F}_{12} - \frac{m_1}{m_2}\boldsymbol{F}_{21} = \boldsymbol{F}_{12} + \frac{m_1}{m_2}\boldsymbol{F}_{12} = \frac{m_1+m_2}{m_2}\boldsymbol{F}_{12}. \tag{35.9}$$

这就是说, 由于质点 2 也在运动, 相对于质点 2 来研究质点 1 的运动, 就好像质点 1 所受到的力不是 $\boldsymbol{F}_{12}$, 而是 $\boldsymbol{F}_{12}(m_1+m_2)/m_2$.

一般的力学书籍不用 (35.9) 形式的相对运动方程式, 而是将它改写为

$$\frac{m_1 m_2}{m_1+m_2}\ddot{\boldsymbol{r}}_0' = \boldsymbol{F}_{12}. \tag{35.10}$$

这就是说, 相对于质点 2 来研究质点 1 的运动, 就好像质点 1 所受的力仍为 $\boldsymbol{F}_{12}$, 只是质量好像从 m_1 减为 $m_1m_2/(m_1+m_2)$. 通常将这质量称为**约化质量**, 今以 m' 记之,

$$m' = \frac{m_1 m_2}{m_1+m_2} \quad 或 \quad \frac{1}{m'} = \frac{1}{m_1} + \frac{1}{m_2}. \tag{35.11}$$

一般力学书籍推导 (35.10) 的方法也不同于这里的方法. 现介绍一般力学书籍的方法如下: 以 m_1 除 (35.1), 以 m_2 除 (35.2) 并相减, 得

$$\frac{\mathrm{d}^2}{\mathrm{d}t^2}(\boldsymbol{r}_1 - \boldsymbol{r}_2) = \frac{1}{m_1}\boldsymbol{F}_{12} - \frac{1}{m_2}\boldsymbol{F}_{21} = \left(\frac{1}{m_1} + \frac{1}{m_2}\right)\boldsymbol{F}_{12},$$

即

$$\frac{m_1 m_2}{m_1+m_2}\frac{\mathrm{d}^2}{\mathrm{d}t^2}(\boldsymbol{r}_1 - \boldsymbol{r}_2) = \boldsymbol{F}_{12}.$$

以单个行星绕太阳运行为例. 事实上, 太阳也运动, 而太阳与行星的质心 (这其实很接近太阳) 才是 "静止" 的, 或者一般地说, 作匀速直线运动. 至于行星相对于太阳的运动, 按 (35.9) 或 (35.10), 仍然是有心力作用下的运动, 因而开普勒行星运动第二定律仍然成立. 并且这有心力仍是平方反比引力, 因而开普勒行星运动第一定律仍然成立. 行星相对于太阳的轨道仍然是以太阳为焦点的椭圆. 另一方面, 我们知道, 太阳与行星分居于质心两方, 它们与质心的距离反比于各自

的质量. 因此, 太阳与行星都绕质心作椭圆运动, 并且都以质心为焦点, 而椭圆的大小则反比于各自的质量. 最后, 考察开普勒行星运动第三定律. 考虑到太阳的运动, 从 (35.9) 知行星所受的引力 $F = Gm_2m_1/\rho^2$ 应为 $F = Gm_2m_1^2/m'\rho^2$ 所代替, 本书下册将证明

$$\frac{T^2}{a^3} = \frac{4\pi^2 m'}{Gm_1m_2} = \frac{4\pi^2}{G(m_1+m_2)} \tag{35.12}$$

即行星公转周期平方与轨道半长轴立方之比并非常量, 而与该行星的质量有关. 开普勒第三定律不成立, 但因太阳的质量 $m_2 \gg m_1$, 所以 (35.12) 可以近似地简化为

$$\frac{T^2}{a^3} = \frac{4\pi^2}{Gm_2}$$

即开普勒行星运动第三定律近似成立. 不过要注意的是它并非严格成立.

两体问题实际上归结为质点动力学问题 (35.6) 与 (35.9), 即质心运动方程式与相对运动方程式. 以后将指出, 甚至动能也可以归结为质心动能与相对运动动能, 如 (39.5).

其他的质点系动力学问题则不能归结为质点动力学问题. 例如三体问题至今还未能一般地解出 (某些特例已解出).

§36 质心运动定理 —— 动量定理

考虑 N 个质点的质点系. 将第 i 个质点所受外力记作 $\boldsymbol{F}_i$, 又将第 k 个质点施于第 i 个质点的内力记作 $\boldsymbol{F}_{ik}$. 分别列出质点系内各个质点的运动方程式

$$\begin{cases} m_1\ddot{\boldsymbol{r}}_1 = \boldsymbol{F}_1 + \boldsymbol{F}_{12} + \boldsymbol{F}_{13} + \cdots + \boldsymbol{F}_{1,N-1} + \boldsymbol{F}_{1N}, \\ m_2\ddot{\boldsymbol{r}}_2 = \boldsymbol{F}_2 + \boldsymbol{F}_{21} + \boldsymbol{F}_{23} + \cdots + \boldsymbol{F}_{2,N-1} + \boldsymbol{F}_{2N}, \\ \cdots\cdots\cdots\cdots \\ m_N\ddot{\boldsymbol{r}}_N = \boldsymbol{F}_N + \boldsymbol{F}_{N1} + \boldsymbol{F}_{N2} + \boldsymbol{F}_{N3} + \cdots + \boldsymbol{F}_{N,N-1}. \end{cases} \tag{36.1}$$

我们并不企图解算运动方程组 (36.1), 这在数学上是很困难的.

将一团绳索抛出去. 绳上各质点的运动错综复杂, 但就总的趋向来说, 绳是沿抛物线轨道运动, 就和一块抛出去的小石子一样. 注意这仅仅是总的趋向, 若就绳上各点而论, 绝大部分的质点都不是沿抛物线运动, 而是沿着很复杂的轨道运动.

质点系各质点运动的详尽情况既然难以解出, 那么了解质点系运动的总趋向就有很大意义. 现在试给质点系运动总趋向以确切的表达.

将 (36.1) 两方分别累加起来. 内力以作用力、反作用力的形式成对地存在, 其矢量和为零, 因而不出现于累加中. 于是

$$\frac{\mathrm{d}^2}{\mathrm{d}t^2}(m_1\boldsymbol{r}_1+m_2\boldsymbol{r}_2+\cdots+m_N\boldsymbol{r}_N)=\boldsymbol{F}_1+\boldsymbol{F}_2+\cdots+\boldsymbol{F}_N. \tag{36.2}$$

为说明这式的含义, 我们先将它改写为

$$(m_1+m_2+\cdots+m_N)\frac{\mathrm{d}^2}{\mathrm{d}t^2}\left(\frac{m_1\boldsymbol{r}_1+m_2\boldsymbol{r}_2+\cdots+m_N\boldsymbol{r}_N}{m_1+m_2+\cdots+m_N}\right)$$
$$=\boldsymbol{F}_1+\boldsymbol{F}_2+\cdots+\boldsymbol{F}_N. \tag{36.3}$$

可以看出 (36.3) 是某个“质点”的运动方程式, 这一“质点”的质量

$$m_0=m_1+m_2+\cdots+m_N=\sum_{i=1}^{N}m_i, \tag{36.4}$$

这一“质点”的径矢

$$\boldsymbol{r}_0=\frac{m_1\boldsymbol{r}_1+m_2\boldsymbol{r}_2+\cdots+m_N\boldsymbol{r}_N}{m_1+m_2+\cdots+m_N}=\sum_{i=1}^{N}m_i\boldsymbol{r}_i\Big/\sum_{i=1}^{N}m_i, \tag{36.5}$$

亦即

$$x_0=\frac{\Sigma m_ix_i}{\Sigma m_i},\quad y_0=\frac{\Sigma m_iy_i}{\Sigma m_i},\quad z_0=\frac{\Sigma m_iz_i}{\Sigma m_i}.$$

这个“质点”称为质点系的**质量中心**, 简称**质心**. (36.4)、(36.5) 就是质心的定义; (36.4) 规定了质心的质量是全系质量的总和, (36.5) 则规定了质心的位置是全系质点位置的“平均”位置. 这里并不是将所有质点同等看待而简单地加以平均. 质量越大的质点重要性越大, (36.5) 是带“权”平均, 以质量为“权”. 这样, (36.3) 可表为

$$m_0\ddot{\boldsymbol{r}}_0=\boldsymbol{F}_1+\boldsymbol{F}_2+\cdots+\boldsymbol{F}_N. \tag{36.6}$$

质心的运动情况就好像全系的质量都集中在质心, 全系各质点所受外力也就集中地施于质心. 这个结论称为**质心运动定理**.

一团绳索抛出去. 绳上各质点的运动错综复杂. 至于说到这一团绳索的质心的运动, 就好像全绳的质量集中在质心, 全绳所受外力亦即全绳的重量集中地施于质心. 因此, 质心的运动就和一块小石子被抛出去的运动一样. 这样, 在质点系的错综复杂的运动中, 质心运动定理揭示了总的运动趋向.

在质点动力学中, 我们所研究的“质点”, 其实就是物体的质心.

关于质心, 还有一点补充说明. 如按 (35.4)、(35.5) 求出质点 1、2 的质心, 再按 (35.4)、(35.5) 求出这一质心与质点 3 的质心, 又按 (35.4)、(35.5) 求出这后一质心与质点 4 的质心, 如此进行到质点 N, 可以自行验证, 其结果正是 (36.4), (36.5).

质心运动定理 (36.6) 还可以表为质点系的动量定理. (36.6) 本来是 (36.2), 亦即

$$\frac{\mathrm{d}}{\mathrm{d}t}(m_1\boldsymbol{v}_1+m_2\boldsymbol{v}_2+\cdots+m_N\boldsymbol{v}_N)=\boldsymbol{F}_1+\boldsymbol{F}_2+\cdots+\boldsymbol{F}_N,$$

即

$$\frac{\mathrm{d}}{\mathrm{d}t}(\boldsymbol{p}_1+\boldsymbol{p}_2+\cdots+\boldsymbol{p}_N)=\boldsymbol{F}_1+\boldsymbol{F}_2+\cdots+\boldsymbol{F}_N. \tag{36.7}$$

很自然地将质点系各质点动量的矢量和 $\boldsymbol{p}_1+\boldsymbol{p}_2+\cdots+\boldsymbol{p}_N$ 定义为质点系的动量, 以 $\boldsymbol{p}$ 记之. (36.7) 就成为

$$\dot{\boldsymbol{p}}=\boldsymbol{F}_1+\boldsymbol{F}_2+\cdots+\boldsymbol{F}_N. \tag{36.8}$$

质点系受到**外力**作用, 质点系的动量将起变化. 质点系动量的时间变化率即等于质点系各质点所受外力的矢量和. 这就是质点系的**动量定理**的微分形式.

(36.1) 的各式其实就是质点系内各质点的动量定理, 将 (36.1) 各式累加起来即得质点系的动量定理 (36.8).

(36.8) 还可以改用积分形式表出:

$$\begin{aligned}\boldsymbol{p}|_{t=t_2}-\boldsymbol{p}|_{t=t_1}&=\int_{t_1}^{t_2}\boldsymbol{F}_1\mathrm{d}t+\int_{t_1}^{t_2}\boldsymbol{F}_2\mathrm{d}t+\cdots+\int_{t_1}^{t_2}\boldsymbol{F}_N\mathrm{d}t\\&=\boldsymbol{I}_1+\boldsymbol{I}_2+\cdots+\boldsymbol{I}_N.\end{aligned} \tag{36.9}$$

从时刻 t_1 到时刻 t_2, 质点系动量的改变即等于质点系各质点在这段时间内所受外力的冲量的矢量和. 这就是质点系**动量定理**的积分形式.

这里我们要强调: 在质心运动定理与动量定理中所说的力是**外力**.

如作用于质点系各质点的外力的矢量和为零, 则动量定理 (36.8) 或 (36.9) 给出

$$\dot{\boldsymbol{p}}=0, \quad 或\ \boldsymbol{p}|_{t=t_2}-\boldsymbol{p}|_{t=t_1}=0. \tag{36.10}$$

内力不可能改变质点系的动量. 通常将这称为质点系的**动量守恒定律**. 需要声明的是, 这里说的是质点系的动量守恒, 至于质点系各个质点的动量完全不一定守恒. 各质点的动量可以有所改变, 但它们的矢量和, 亦即质点系的动量则不变.

在质点系所受外力的矢量和为零的条件下, 质心运动定理 (36.6) 给出

$$\frac{\mathrm{d}}{\mathrm{d}t}(m_0\boldsymbol{v}_0)=0. \tag{36.11}$$

即质心的动量守恒. (36.11) 不过是 (36.10) 的另一种表达方式. 这是不难验证的, 将定义 (36.5) 式对时间微分一次, 得

$$\boldsymbol{v}_0=\frac{m_1\boldsymbol{v}_1+m_2\boldsymbol{v}_2+\cdots+m_N\boldsymbol{v}_N}{m_0},$$

即

$$\begin{aligned}m_0\boldsymbol{v}_0&=m_1\boldsymbol{v}_1+m_2\boldsymbol{v}_2+\cdots+m_N\boldsymbol{v}_N\\&=\boldsymbol{p}_1+\boldsymbol{p}_2+\cdots+\boldsymbol{p}_N=\boldsymbol{p}.\end{aligned} \tag{36.12}$$

质点系的动量就等于其质心的动量. 质心的动量守恒也就意味着质点系的动量守恒.

内力不可能改变质点系的动量. 在静水的水面上浮着一只小船, 小船以及船上的人都是静止的. 经验告诉我们, 如船上的人向船头走去, 小船就向后退. 这是可以理解的. 人走动时, 他的脚必定向后抵船, 船在这个力的作用下获得向后的动量. 同时, 人受到船的反作用力获得向前的动量. 至于说到船与人的总的运动情况, 亦即将船与人当作质点系看待, 则这一对力是内力, 质点系的动量, 即船与人的动量和, 不因此而变. 尽管船的动量改变了, 人的动量改变了, 船与人的总动量却不变, 保持为零. 船与人的质心也保持静止于原处不动. 同理, 人向船尾走去, 小船就向前动. 但并不能用这个办法使小船向前航行, 因为质心始终保持静止, 而且人走到船尾之后也不得不停止行走. 又如, 汽车的引擎无论功率多么强大, 只能使主动轮转动; 没有主动轮与地面之间的摩擦力, 不论主动轮怎样转动, 汽车始终不能行驶. 而主动轮与地面之间的摩擦力, 对汽车而言是外力. 汽车凭借了这外力而行驶. 如将考察的范围从汽车扩大为 "汽车 – 地球" 系统, 则主动轮与地面之间的摩擦力是内力, "汽车 – 地球" 系统的动量并不因此而变. 汽车获得向前的动量的同时, 地球获得向 "后" 的动量, 两者动量和并不改变. 又, 大力士无论力气多大, 也不可能将自己提起来, 因为这里所涉及的是内力.

最后, 应当指出, 动量定理 (36.8) 或 (36.9) 是矢量方程式, 实际上是三个分量方程式. 因此, 如质点系所受外力的矢量和并不为零, 但外力在某个方向的分力之和, 例如说 x 分力之和为零, 则质点系的动量的相应分量 $\boldsymbol{p}_x$ 守恒, 虽然 $\boldsymbol{p}$ 本身并不守恒.

***例 1** 两个完全相同的滑块 a 和 b, 其质量均为 m, 用轻弹簧将它们连接在一起, 弹簧的原长为 l, 劲度系数为 k. 将整个系统放在一光滑的水平直轨上, 并保持静止. 在某个时刻 (记作 $t=0$), 突然给滑块 a 一个冲量, 使它获得向右的初速度 v_0, 求解它们的运动.

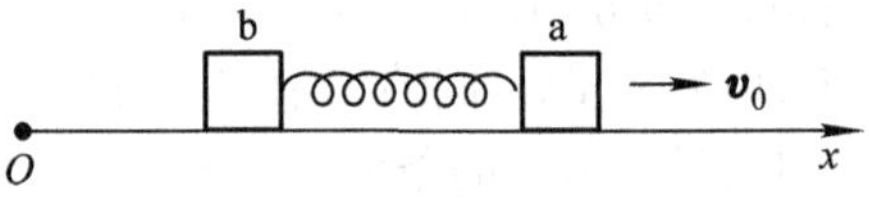

图 5–2

解 取地面为参考系, 取滑块运动的直轨为 x 轴, 向右为正. 滑块 a 和 b 的坐标分别记作 $x_{\rm a}$ 和 $x_{\rm b}$, 则弹簧中的张力为 $k(x_{\rm a}-x_{\rm b}-l)$, 两滑块的运动方程分别是

$$\begin{cases} m\ddot{x}_{\rm a} = -k(x_{\rm a}-x_{\rm b}-l), & (1) \\ m\ddot{x}_{\rm b} = +k(x_{\rm a}-x_{\rm b}-l). & (2) \end{cases}$$

两个方程都是既有未知变量 $x_{\rm a}$ 又有未知变量 $x_{\rm b}$, 求解不那么方便.

其实, 这是典型的不受外力作用的两体问题. 先研究它们的质心 x_0 的运动,

$$x_0 = \frac{mx_{\mathrm{a}} + mx_{\mathrm{b}}}{m+m} = \frac{1}{2}(x_{\mathrm{a}} + x_{\mathrm{b}}). \tag{3}$$

按照质心运动定理, 系统不受外力作用时, 其质心的加速度为零, 即质心的速度

$$\dot{x}_0 = \frac{1}{2}(\dot{x}_{\mathrm{a}} + \dot{x}_{\mathrm{b}}) \tag{4}$$

保持不变. 在 $t=0$ 时, $\dot{x}_{\mathrm{a}} = v_0, \dot{x}_{\mathrm{b}} = 0$, 所以质心的初速度

$$\dot{x}_0 = \frac{1}{2}v_0, \tag{5}$$

从而系统的质心 x_0 保持此速度向右作匀速运动

$$\dot{x}_0 = \frac{1}{2}(\dot{x}_{\mathrm{a}} + \dot{x}_{\mathrm{b}}) = \frac{1}{2}v_0. \tag{6}$$

下面我们以滑块 b 为参考系, 研究滑块 a 相对于滑块 b 的运动. 在此参考系中, 将坐标原点取在弹簧既不伸长也不缩短时滑块 a 所在位置, 并记滑块 a 的坐标为 x'_a. (不难看出, $x'_{\mathrm{a}} = x_{\mathrm{a}} - x_{\mathrm{b}} - l$), 滑块 a 所受的力只有弹簧的弹性力

$$F = -kx'_{\mathrm{a}} \tag{7}$$

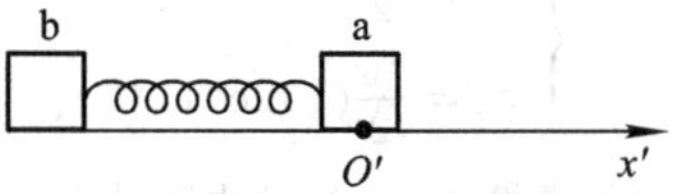

图 5–3

由两体问题的相对运动方程得

$$-kx'_{\mathrm{a}} = m'\ddot{x}'_{\mathrm{a}}, \tag{8}$$

式中 m' 为约化质量. 因

$$\frac{1}{m'} = \frac{1}{m} + \frac{1}{m},$$

所以

$$m' = \frac{1}{2}m. \tag{9}$$

而相对运动方程 (8) 成为

$$-kx'_{\mathrm{a}} = \frac{1}{2}m\ddot{x}'_{\mathrm{a}} \tag{10}$$

即

$$\ddot{x}'_{\mathrm{a}} + \frac{2k}{m}x'_{\mathrm{a}} = 0$$

这是典型的谐振动方程, 其解为

$$x'_{\mathrm{a}} = A\cos(\omega t + \varphi)\left(\omega^2 = \frac{2k}{m}\right), \tag{11}$$

A 和 φ 为由初始条件决定的待定常量.

由初始条件 $t=0, x'_{\rm a}=0, \dot{x}'_{\rm a}=v_0$, 即

$$\begin{cases} 0 = A\cos\varphi, \\ v_0 = -A\omega\sin\varphi, \end{cases} \tag{12}$$

解得

$$A = v_0/\omega, \quad \varphi = -\pi/2.$$

于是得滑块 a 相对于滑块 b 的运动

$$x'_{\rm a} = \frac{v_0}{\omega}\cos(\omega t - \pi/2) = \frac{v_0}{\omega}\sin\omega t. \tag{13}$$

相对运动的速度为

$$\dot{x}'_{\rm a} = v_0\cos\omega t. \tag{14}$$

回到地面参考系. 由 (6) 与 (14), 得

$$\begin{cases} \dot{x}_{\rm a} + \dot{x}_{\rm b} = v_0, & (15) \\ \dot{x}_{\rm a} - \dot{x}_{\rm b} = v_0\cos\omega t. & (16) \end{cases}$$

解得

$$\begin{cases} \dot{x}_{\rm a} = \dfrac{v_0}{2}(1+\cos\omega t), & (17) \\ \dot{x}_{\rm b} = \dfrac{v_0}{2}(1-\cos\omega t). & (18) \end{cases}$$

(17) 与 (18) 式有一个共同的常量项 $v_0/2$, 这也正是质心的速度, 即系统的整体运动速度. (17) 与 (18) 还有一个符号相反的余弦项, 它表示滑块 a 与 b 相对于质心各作简谐振动, 它们的相位正好相反.

由于 $|\cos\omega t| \leqslant 1$, 所以 (17) 与 (18) 给出的 $\dot{x}_{\rm a}$ 与 $\dot{x}_{\rm b} \geqslant 0$. 这是说, 滑块 a 与 b 都只能向右行进或暂时静止, 而决不会向左运动. 特别有趣的是: 每逢 $t=\pi/\omega$ 的奇数倍时, $\cos\omega t=-1$, 而 $v_{\rm a}=0, v_{\rm b}=v_0$, 即滑块 a 暂时静止, 而滑块 b 以最大速度 v_0 向右运动, 形成 b 推 a 的景象; 每逢 $t=\pi/\omega$ 的偶数倍时, $\cos\omega t=1$, 而 $v_{\rm a}=v_0, v_{\rm b}=0$, 即滑块 b 暂时静止, 而滑块 a 以最大速度 v_0 向右运动, 形成 a 拉 b 的景象. 这样, 我们将看到 a 与 b 交替地一推一拉.

***例 2** 长为 l 质量为 m 的软绳, 自静止下落. 开始 $(t=0)$ 时, 绳的下端与桌面恰相接触, 求下落过程中桌面对绳的反作用力.

解 以地面为参考系. 坐标原点即取在桌面上, 取 z 轴竖直向上.

整根绳子可以看作一个质点系, 它的线密度为 $\rho=m/l$. 在下落过程中, 部分绳子已落在桌面上, 部分尚在空中. 把后者的长度记作 z, 则落在桌面上的绳长为 $l-z$ (图 5–4).

分析此质点系所受外力. 重力 mg 指向负 z 方向, 桌面的反作用 N 指向正 z 方向 (图 5–5). 于是, 由质心运动定理,

$$N - mg = ma_0. \tag{1}$$

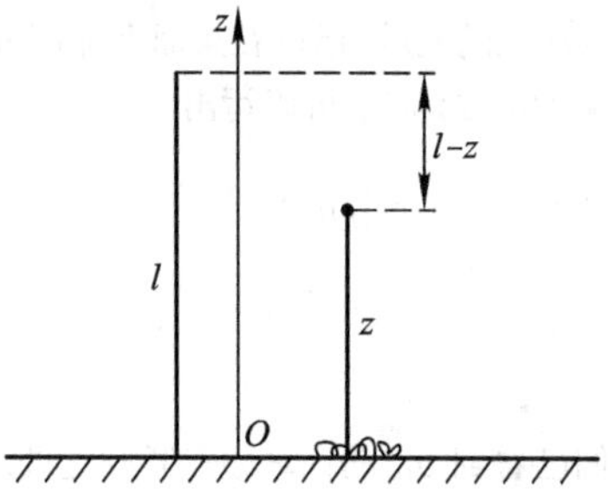

图 5–4

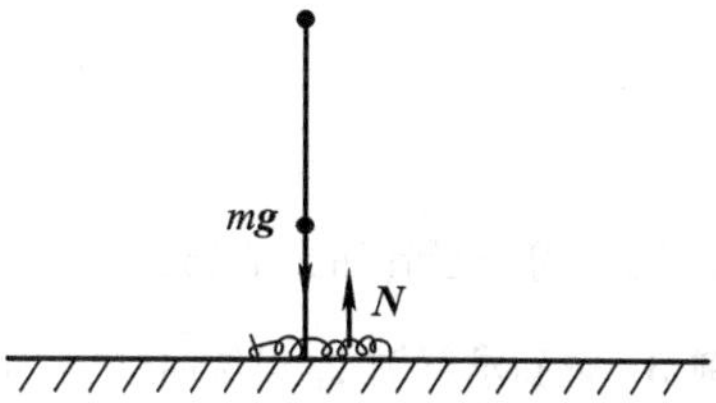

图 5–5

式中 a_0 是整根绳子的质心加速度. 只要求出 a_0, (1) 就给出桌面反作用力 N.

为求 a_0, 可以先求整根绳子的质心坐标 z_0. 然后对时间求导两次. 已经落在桌面上那部分绳子的坐标是零, 质量是 $(l-z)\rho$; 尚在空中那部分绳子的质心坐标是 $z/2$, 质量是 $z\rho$. 这样, 按照质心坐标公式 (36.5), 整根绳子的质心坐标

$$\begin{aligned} z_0 &= [(l-z)\rho\cdot 0 + z\rho\cdot z/2]/m \\ &= z^2\rho/2m = z^2/2l. \end{aligned} \tag{2}$$

将上式对时间求导两次,

$$v_0 = z\dot{z}/l, \tag{3}$$

$$a_0 = (\dot{z}^2 + z\ddot{z})/l. \tag{4}$$

式中除 z 以外还出现 $\dot{z}$ 和 $\ddot{z}$. 尚在空中的绳长 z 也就是绳的上端点的坐标 (图 5– 6), 从而 $\dot{z}$ 和 $\ddot{z}$ 是绳的上端点的速度和加速度. 取绳的上端很小一段来考察. 软绳下落时, 尚在空中的部分的运动同于自由落体, 即 $\ddot{z}=-g$. 又, 上端点坐标为 z 时, 它已落下距离 $l-z$, 按自由落体公式, $\dot{z}=-\sqrt{2g(l-z)}$. 将上述 $\dot{z}$ 和 $\ddot{z}$ 代入 (4) 求得

$$a_0 = (2l-3z)g/l. \tag{5}$$

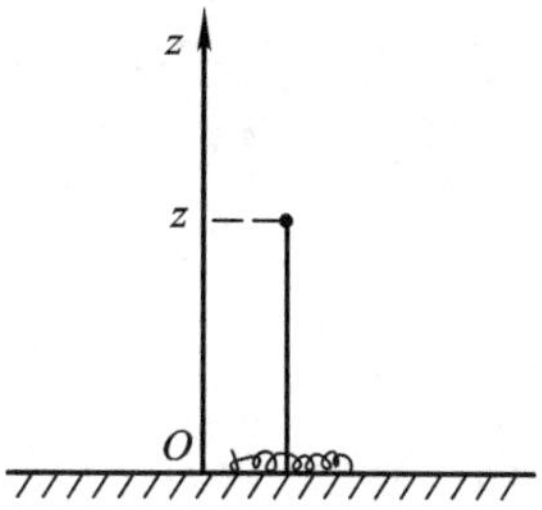

图 5–6

将 (5) 代入质心运动定理 (1),

$$N - mg = m(2l-3z)g/l.$$

由此解出桌面对绳的反作用力

$$N = 3mg(1-z/l). \tag{6}$$

(6) 是一般的结论. 现在把它用到一个特例, 即绳子刚好全部落到桌面的一瞬间, 这时 $z=0$, 从而

$$N = 3mg.$$

绳子与桌面的相互作用力竟是绳重的三倍!

最后, 关于整根绳子的质心加速度 a_0 有一个值得注意的问题. 已落在桌面上那部分绳子的加速度是零, 尚在空中那部分绳子的加速度是 $-g$. 模仿 (2) 似乎可以写出

$$\begin{aligned} a_0 &= [(l-z)\rho\cdot 0 + z\cdot\rho(-g)]/m \\ &= -z\rho g/m = -zg/l. \end{aligned} \tag{7}$$

(7) 与 (5) 不符, 是错误的. 它错在哪儿呢?

例 3 重新求解例 2, 设法回避 a_0 的计算. (我们已看到 a_0 的计算颇有微妙之处, 如不注意就容易弄错.)

解 桌面反作用力 N 是作用于已落在桌面的那部分绳子的, 与那尚在空中的部分绳子没有**直接的**关系. 让我们考察已落在桌面的绳子, 这就回避了 $\boldsymbol{a}_0$ 的计算.

不过, 这样一来, 又出现了一个新的问题. 所谓"已落在桌面的绳子"时时有"新到者"加入进来, 其质量随之增大, 形成**变质量**质点系. 当然, 在经典力学中, 质量是不会变的, 这里所说的"变"仅仅是由于新到者的加入. (同理, "尚在空中的部分"也是变质量质点系, 那是由于时时有离去者.)

处理变质量问题的**基本方法**是设法回归到质量不变的问题. 按照这个思路, 我们应考察"已落在桌上的绳子"与"即将落下的一小段绳"(图 5–7 中的 $\mathrm{d}m$) 所组成的系统, 这系统的质量是不变的.

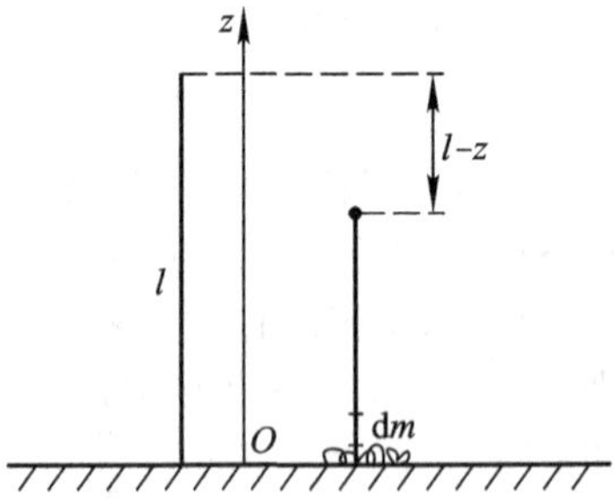

图 5–7

软绳已落下的距离是 $l-z$, 所以, 包括 $\mathrm{d}m$ 在内的"尚在空中的部分"的速度

$$v = -\sqrt{2g(l-z)}.$$

这样, $\mathrm{d}m$ 段的动量为 $v\mathrm{d}m$, 已落在桌面上的绳的动量为零, 两者动量和就等于 $v\mathrm{d}m$.

$\mathrm{d}m$ 段的长度 $\mathrm{d}l = \mathrm{d}m/\rho = (l\mathrm{d}m)/m$, 经过时间 $\mathrm{d}t = \mathrm{d}l/v = l\mathrm{d}m/mv$ 将全部落在桌面上, 动量变为零. 于是, 按照积分形式的动量定理 (36.9),

$$\begin{aligned} v\mathrm{d}m - 0 &= \left(N - \frac{l-z}{l}mg - g\mathrm{d}m\right)\mathrm{d}t \\ &= \left(N - \frac{l-z}{l}mg - g\mathrm{d}m\right)\frac{l\mathrm{d}m}{mv}. \end{aligned}$$

略去二阶小量 $(\mathrm{d}m)^2$ 项,

$$v\mathrm{d}m = \left(N - \frac{l-z}{l}mg\right)\frac{l\mathrm{d}m}{mv}.$$

由此解得

$$\begin{aligned} N &= \frac{mv^2}{l} + \frac{l-z}{l}mg = \frac{m2g(l-z)}{l} + \frac{l-z}{l}mg \\ &= \frac{3mg}{l}(l-z) = 3mg(1-z/l), \end{aligned}$$

与例 2 解得的答案一致.

例 4 有 N 个人站在铁路上静止的平板车上, 每人的质量为 m, 平板车的质量为 M. 他们以相对于平板车的速度 u 跳离平板车的某端, 平板车无摩擦地沿相反方向滑动 (图 5–8).

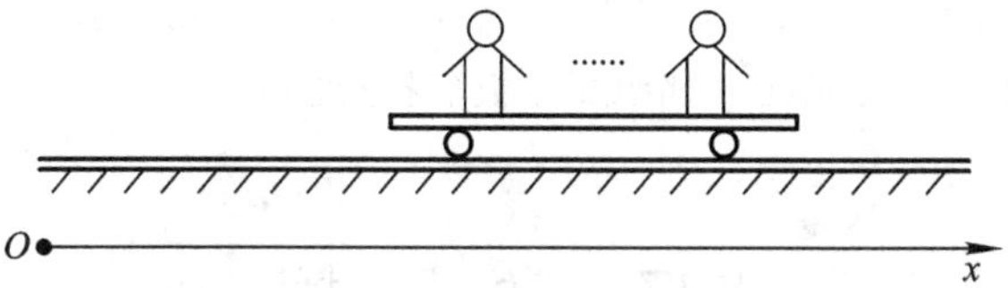

图 5–8

(i) 若所有的人同时跳车, 平板车的最终速度是多少?

(ii) 若他们一个一个地跳离, 平板车的最终速度又是多少?

(iii) 情况 (i) 和 (ii) 哪一个最终速度大.

解 由 N 个人和平板车组成一质点系. 这个质点系在水平方向不受外力作用. 所以质点系的 x (水平) 方向的动量守恒. 起初, 车和 N 个人处于静止状态, 质点系的初始动量为零, 因此它就始终保持为零.

(i) N 个人同时以相对速度 u 跳离时. 设车的 x 方向速度为 v, 由质点系的动量守恒得

$$Mv + Nm(v+u) = 0.$$

求得

$$v = -Nmu/(M+Nm). \tag{1}$$

(ii) N 个人一个一个地以相对速度 u 跳离平板车. 第一个人跳离, 设车的速度为 v_1, 由质点系动量守恒得

$$[M+(N-1)m]v_1 + m(v_1+u) = 0.$$

求得

$$v_1 = -mu/(M+Nm). \tag{2}$$

第一个人跳离车后, 车和 $(N-1)$ 个人的动量不为零, 此时它们的动量为

$$[M+(N-1)m](-mu)/(M+Nm).$$

第二个人跳离, 设车的速度为 v_2, 由动量守恒得

$$\begin{aligned}&[M+(N-2)m]v_2+m(v_2+u)\\&=[M+(N-1)m](-mu)/(M+Nm).\end{aligned}$$

求得

$$v_2=-mu/(M+Nm)-mu/[M+(N-1)m].$$

依此类推, 第 N 个人跳离车时, 车的速度为

$$v_N=\sum_{n=1}^{N}\frac{-mu}{M+(N+1-n)m}. \tag{3}$$

(iii) 对于 $n=1,2,\cdots,N$, 总是有 $M+(N+1-n)m\leqslant M+Nm$, 所以, 情况 (ii) 给出的平板车末速度 (3) 快于情况 (i) 给出的平板车末速度 (1).

§37　碰　　撞

碰撞问题是很重要的问题. 在工程技术中常需考虑机器或建筑能否经受一定的撞击; 在分子动理论中就以分子碰撞来阐述气体的各种性质.

(1) 对心碰撞 (正碰)

两球沿着连心线运动而发生碰撞, 叫做**对心碰撞 (或正碰)**.

参看图 5–9. 两球质量各为 m_1 与 m_2, 原来的速度各为 u_1 与 u_2. 这里 u_1 必须大于 u_2, 否则两球相距越来越远, 根本不可能发生碰撞. (如两球相向而行, 肯定能发生碰撞; 这时 u_2 取负值, 还是符合 $u_1>u_2$ 的要求.)

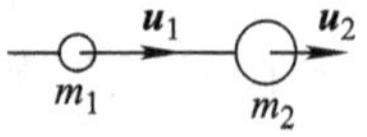

图 5–9

让我们来求它们在碰撞后的速度 v_1 与 v_2.

碰撞过程历时极短; 在这极短的时间中两球以强大的冲击力相互作用. 与强大的冲击力相比, 其他的作用力, 例如重力等都可以忽略; 事实上其他力既非强大的冲击力, 在短短的碰撞过程中来不及使球的运动受到多大的影响. 在碰撞问题中, 我们只考虑两球的相互冲击力.

球 1 冲击球 2, 球 1 的速度减慢, 亦即球 1 获得向 "后" 的动量; 球 2 在球 1 的冲击作用下, 速度加快, 亦即球 2 获得向 "前" 的动量. 就球 1–2 这个质点系来说, 冲击力是内力, 质点系的动量守恒, 即两球动量的矢量和不变. 因为所有的动量都沿同一直线, 即两球连心线, 所以不必用矢量式, 而只需写出标量形式的动量守恒定律:

$$m_1u_1+m_2u_2=m_1v_1+m_2v_2. \tag{37.1}$$

(37.1) 表明两球运动的总趋向不变, 或者说, 两球质心的速度不变. 它并不能给出质点系运动的详尽情况, 只利用 (37.1) 还不能解决碰撞问题. 从数学的角度来说, (37.1) 这一个方程式不足以决定 v_1 与 v_2 两个未知数. 为解决碰撞问题, 让我们细致地考察碰撞过程.

球 1 赶上了球 2, 两球相接触的瞬刻, 碰撞开始. 碰撞开始时, 球 1 的速度 $u_1 >$ 球 2 的速度 u_2. 因此, 球 1 向前推挤球 2, 球 2 向后抵挡球 1, 两球相互压扁. 既然两球相互压扁, 就引起了弹性力, 在弹性力作用下, 球 1 的速度逐渐减小, 球 2 的速度逐渐增加. 但只要球 1 的速度还比球 2 的速度大, 两者就要进一步压缩. 这样, 从两球接触的瞬刻开始, 两球相互压扁, 而且压扁的程度越来越高, 直到两球具有相等的速度 v 之时为止. 这是碰撞过程的第一阶段, 即**压缩阶段**.

只要两球保持接触, 两者就以弹性力相互作用, 球 1 的速度就要继续减小, 球 2 的速度就要继续增大. 这样, 从两球具有相等的速度 v 之时开始, 球 1 的速度就小于球 2 的速度, 两球开始有分开的趋势, 相互压扁的程度逐渐降低. 这就开始了碰撞过程的第二阶段, 即**恢复阶段**. 在恢复阶段, 球 1 继续减慢, 球 2 继续加快, 压扁程度继续降低. 直到两球脱离接触之时为止, 恢复阶段结束, 整个碰撞过程也就结束.

以上是对碰撞过程的细致分析. 实际上, 这一切都在很短的时间内完成.

在压缩阶段, 两球互相给以大小相等、指向相反的冲量. 根据积分形式的质点动量定理,

$$\begin{cases} m_1 v - m_1 u_1 = I, \\ m_2 v - m_2 u_2 = -I. \end{cases} \tag{37.2}$$

这里 v 是压缩阶段结束时两球的共同速度, 它与我们的问题无关, 应设法消去, 以 m_1 除第一式, 以 m_2 除第二式并相减, 就消去了 v,

$$-(u_1 - u_2) = I\left(\frac{1}{m_1} + \frac{1}{m_2}\right). \tag{37.3}$$

这其实就是 $I = -m'(u_1 - u_2)$, m' 是 (35.11) 所定义的约化质量. 不难看出, 这正是从相对运动方程式 (35.10) 所导出的积分形式的动量定理. 因此, 也可以越过 (37.2) 而直接写出 (37.3).

在恢复阶段, 两球也互相给以大小相等、指向相反的冲量. 根据积分形式的质点动量定理,

$$\begin{cases} m_1 v_1 - m_1 v = I_1 \\ m_2 v_2 - m_2 v = -I_1 \end{cases} \tag{37.4}$$

以 m_1 除第一式, 以 m_2 除第二式并相减, 就消去了 v,

$$v_1 - v_2 = I_1\left(\frac{1}{m_1} + \frac{1}{m_2}\right). \tag{37.5}$$

这其实就是 $I_1 = m'(v_1 - v_2)$, 正是从相对运动方程式 (35.10) 所导出的积分形式的动量定理. 可以越过 (37.4) 而直接写出 (37.5).

牛顿提出, 用给定材料做成的两个球, 不论其运动速度怎样, 恢复冲量 I_1 与压缩冲量 I 之比为常数, 即

$$I_1/I = e. \tag{37.6}$$

这个常数 e 称为这两种给定材料之间的**恢复系数**. 但是, (37.6) 不易用实验加以检验. 以 (37.3) 与 (37.5) 所给出的 I 与 I_1 代入 (37.6), 得

$$v_2 - v_1 = e(u_1 - u_2). \tag{37.7}$$

经实地检验, (37.7) 确实成立. 这样, 用给定材料做成的两个球, 不论其运动速度怎样, 碰撞后相互离开的速度 $v_2 - v_1$ 与碰撞前相互接近的速度 $u_1 - u_2$ 之比为常数, 这就是两种给定材料之间的**恢复系数**.

实验测出, 恢复系数的值处于 0 与 1 之间. $e = 1$ 的极限情况称为**完全弹性碰撞**, $e = 1$ 表示碰撞后的离开速度等于碰撞前的接近速度, 也意味着恢复冲量等于压缩冲量, 即碰撞后两球完全恢复到碰撞前的形状. $e = 0$ 的极限情况称为**完全无弹性碰撞**, $e = 0$ 表示碰撞后的离开速度为零, 两球一同运动不再分离, 这也意味着恢复冲量为零, 即没有恢复阶段, 压缩之后不再恢复. 实际的物体既不像完全弹性体那样完全恢复原状, 也不像完全无弹性体那样完全不恢复; 实际的恢复系数在 0 与 1 之间.

动量守恒定律 (37.1) 与恢复系数的定义式 (37.7) 是**研究对心碰撞问题的两个基本方程式**. 从 (37.1) 与 (37.7) 可解出碰撞后的速度 v_1 与 v_2. 这只不过是代数运算. 演算结果是

$$\begin{cases} v_1 = \dfrac{m_1u_1 + m_2u_2}{m_1 + m_2} - e\dfrac{m_2(u_1 - u_2)}{m_1 + m_2}, \\ v_2 = \dfrac{m_1u_1 + m_2u_2}{m_1 + m_2} + e\dfrac{m_1(u_1 - u_2)}{m_1 + m_2}. \end{cases} \tag{37.8}$$

(37.8) 两式右方第一项相同, 它其实就是质心的速度. 由于动量守恒, 质心的速度在碰撞过程中不改变. (37.8) 两式右方第二项分别表示两球滞后于质心或超前于质心的速度.

既知碰撞后的速度 v_1 与 v_2, 就可以计算碰撞后两球的动能. 这也是简单的代数演算. 演算结果表明: 碰撞后的动能一般都小于碰撞前的动能, 只有在 $e = 1$

的情况下碰撞前后的动能相等. 这是完全可以理解的. 两球在碰撞后并不能完全恢复到碰撞前的形状, 部分动能转化为变形球的势能、转化为热、转化为球的振动并因而转化为声波的能量等. 只有 $e=1$ 的极限情况下, 两球恢复到碰撞前的形状, 碰撞后的动能等于碰撞前的动能. 上面我们只是谈了谈演算的结果, 并未给出具体的演算, 这是因为利用 (37.8) 来一般地计算动能虽很简单但很冗长. 在 §39 中, 借助于柯尼希定理 (39.5), 碰撞后动能的一般计算可以很简便地完成, 并从而可得出对心碰撞过程中动能损失的一般表达式 (39.6).

现在考察 $m_2 \gg m_1$ 而且球 2 碰撞前的速度 $u_2=0$ 的特例. 这时 (37.8) 简化为

$$\begin{cases} v_1 = \dfrac{m_1u_1}{m_1+m_2} - e\dfrac{m_2u_1}{m_1+m_2} \approx \dfrac{m_1u_1}{m_2} - e\dfrac{m_2u_1}{m_2} \approx 0 - eu_1 = -eu_1, \\ v_2 = \dfrac{m_1u_1}{m_1+m_2} + e\dfrac{m_1u_1}{m_1+m_2} \approx \dfrac{m_1u_1}{m_2} + e\dfrac{m_1u_1}{m_2} \approx 0+0=0. \end{cases} \tag{37.9}$$

这就是说球 2 保持不动; 既然 $m_2 \gg m_1$, 这是完全可以理解的. $v_1=-eu_1$ 的负号表明球 1 向相反方向弹回去, 弹回的速度小于投去的速度, 前者为后者的 e 倍. 这样, 我们获得一个测定物体与地面相碰的恢复系数的简便方法. 令物体从高度 H 自由落下, 其落到地面的速度为 $u_1=\sqrt{2gH}$, 即以此速度与地面相碰撞. 碰撞后的反跳速度 v_1 难以直接量度, 但可以观察其上升的最大高度 h, 而 $h=v_1^2/2g$. 于是恢复系数

$$e = \frac{|v_1|}{|u_1|} = \frac{\sqrt{2gh}}{\sqrt{2gH}} = \sqrt{\frac{h}{H}} \tag{37.10}$$

可由高度 H 与 h 很简便地求得.

(2) 斜碰

两球并非沿连心线运动而发生碰撞的情况 (图 5–10) 称为斜碰. 如两球是光滑的, 那么斜碰问题是不难解决的. 将碰撞时的连心线选为 x 轴, 其垂直方向选为 y 轴. 在 y 方向, 两球各自运动, 显然根本不可能沿 y 方向相互压缩, 更谈不上恢复阶段. 两球的 y 方向分速度各自保持不变. 在 x 方向, 两球相互压缩, 并在压缩后恢复, x 方向分速度完全可以按正碰的情况处理.

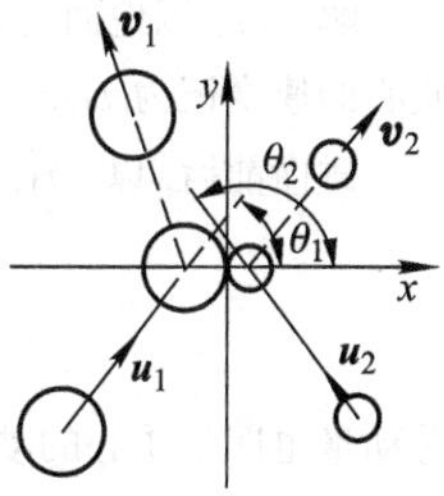

图 5–10

既然在 y 方向亦即**在垂直于连心线的方向两球各自运动**, y 方向分速度各自保持不变, 则

$$\begin{cases} v_{1y} = u_{1y} = u_1\sin\theta_1, & (37.11) \\ v_{2y} = u_{2y} = u_2\sin\theta_2, & (37.12) \end{cases}$$

既然在 x 方向亦即**在连心线方向两球相互压缩然后恢复**, 可按正碰的情况处理, 两个基本的方程式为动量守恒定律

$$m_1u_{1x}+m_2u_{2x}=m_1v_{1x}+m_2v_{2x}, \tag{37.13}$$

与恢复系数的定义式

$$v_{2x}-v_{1x}=e(u_{1x}-u_{2x}). \tag{37.14}$$

由 (37.13)、(37.14) 可解出碰撞后的 x 方向分速度

$$\begin{cases} v_{1x}=\dfrac{m_1u_{1x}+m_2u_{2x}}{m_1+m_2}-\dfrac{em_2(u_{1x}-u_{2x})}{m_1+m_2} \\ \quad\;\;=\dfrac{m_1u_1\cos\theta_1+m_2u_2\cos\theta_2}{m_1+m_2}-\dfrac{em_2(u_1\cos\theta_1-u_2\cos\theta_2)}{m_1+m_2}, & (37.15) \\ v_{2x}=\dfrac{m_1u_{1x}+m_2u_{2x}}{m_1+m_2}+\dfrac{em_1(u_{1x}-u_{2x})}{m_1+m_2} \\ \quad\;\;=\dfrac{m_1u_1\cos\theta_1+m_2u_2\cos\theta_2}{m_1+m_2}+\dfrac{em_1(u_1\cos\theta_1-u_2\cos\theta_2)}{m_1+m_2}. & (37.16) \end{cases}$$

其实将 (37.8) 中所有的速度都换为 x 方向分速度, 也就直接得出 (37.15)、(37.16).

(37.11) 与 (37.15) 给出球 1 在碰撞后的速度 $\boldsymbol{v}_1$ 的 x 分量与 y 分量, 从而给出了 $\boldsymbol{v}_1$. (37.12) 与 (37.16) 给出球 2 在碰撞后的速度 $\boldsymbol{v}_2$ 的 x 分量与 y 分量, 从而给出了 $\boldsymbol{v}_2$.

例 质点 m_1 及 m_2 发生弹性对心碰撞, 且 $m_2=3m_1, m_1$ 的初速为 v_0, m_2 原为静止. 试以地面参考系和质心坐标系来分别研究这次碰撞.

解 (1) 以地面为参考系, m_1 及 m_2 碰前的速度记为 v_0 及 0, 碰后的速度记为 v_1 及 v_2, 质心的速度记为 v_C.

碰撞前后, 以 m_1 及 m_2 组成的质点系不受外力作用, 所以总动量守恒,

$$m_1v_0+m_2\times 0=m_1v_1+m_2v_2. \tag{1}$$

总动量也即是质心的动量, 所以

$$(m_1+m_2)v_C=m_1v_0+m_2\times 0. \tag{2}$$

又因碰撞为完全弹性的, 所以机械能守恒, 恢复系数 $e=1$, 即

$$v_2-v_1=v_0. \tag{3}$$

联立 (1) — (3), 解出

$$\begin{cases} v_1 = -\dfrac{1}{2}v_0, & (4) \\ v_2 = \dfrac{1}{2}v_0, & (5) \\ v_C = \dfrac{1}{4}v_0. & (6) \end{cases}$$

(2) 改用质心系. 碰撞前后质心速度当然均为零. 碰前, m_1 的速度为

$$v_1' = v_0 - v_C = \frac{3}{4}v_0,$$

m_2 的速度不是零而是

$$v_2' = 0 - v_C = -\frac{1}{4}v_0.$$

碰后, m_1 及 m_2 的速度分别是

$$v_1' = v_1 - v_C = -\frac{3}{4}v_0,$$
$$v_2' = v_2 - v_C = \frac{1}{4}v_0.$$

由以上的计算可以看出, 碰撞前后 m_1 及 m_2 的速度大小不变, 只是方向各自反转.

(3) 图 5–11 表示在两种不同参考系中的运动情况.

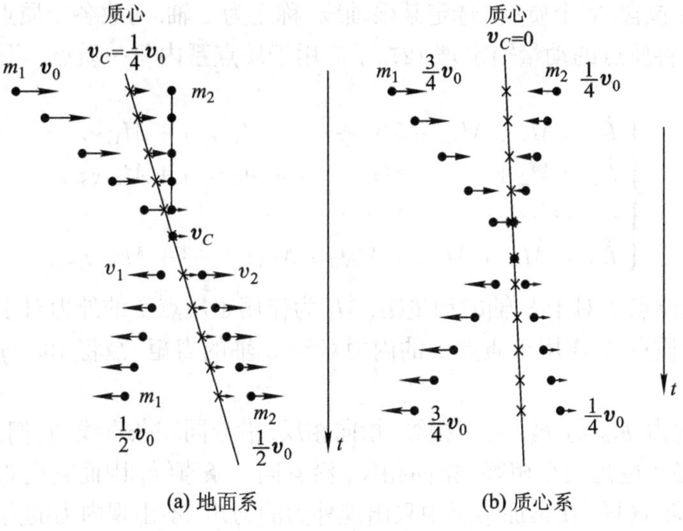

图 5–11

若以上碰撞为完全非弹性碰撞则图 5–11 应修改为图 5–12.

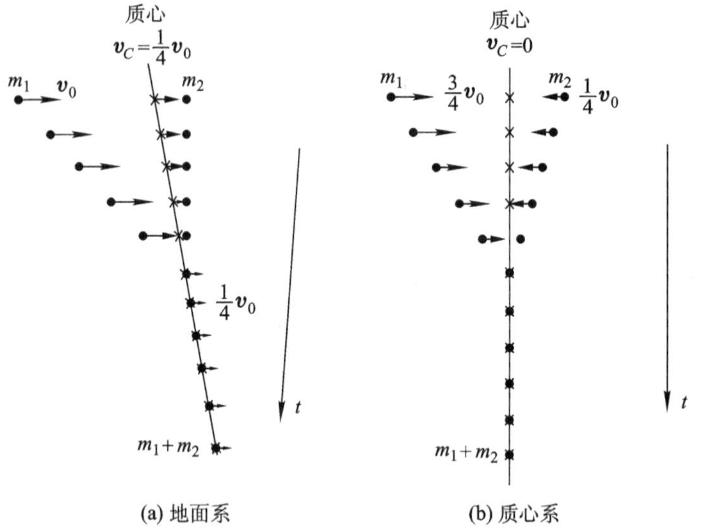

图 5–12

§38 动量矩定理

(1) 对于轴线的动量矩定理

质点系包含 N 个质点. 选定某根轴线, 称之为 z 轴, 考察各个质点对于 z 轴的动量矩. 将质点的动量矩定理 (27.8) 应用于质点系内每一质点, 可得 N 个方程式

$$\begin{cases} \dot{L}_1 = M_1 + M_{12} + M_{13} + \cdots + M_{1,N-1} + M_{1,N}. \\ \dot{L}_2 = M_2 + M_{21} + M_{23} + \cdots + M_{2,N-1} + M_{2,N}, \\ \cdots\cdots\cdots\cdots \\ \dot{L}_N = M_N + M_{N1} + M_{N2} + M_{N3} + \cdots + M_{N,N-1}. \end{cases} \tag{38.1}$$

这里 L_i 为质点 i 对于 z 轴的动量矩, M_i 为作用于质点 i 的外力对于 z 轴的力矩, M_{ik} 为质点 k 作用于质点 i 的内力对于 z 轴的力矩. 兹将 (38.1) 各式累加起来.

注意内力 $\boldsymbol{F}_{ik}$ 与 $\boldsymbol{F}_{ki}$ 大小相等, 指向相反, 沿着同一条直线, 它们在 xy 平面中的投影必然也是大小相等, 指向相反, 沿着同一条直线, 因而它们对 z 轴的力矩之和为零. 这样, 在累加结果中只出现外力的力矩, 不出现内力的力矩,

$$\frac{\mathrm{d}}{\mathrm{d}t}(L_1 + L_2 + \cdots + L_N) = M_1 + M_2 + \cdots + M_N. \tag{38.2}$$

很自然地将质点系各质点对 z 轴的动量矩之和 $L_1 + L_2 + \cdots + L_N$ 定义为质点

系对于 z 轴的动量矩, 并以 L 记之, (38.2) 就成为

$$\dot{L} = M_1 + M_2 + \cdots + M_N. \tag{38.3}$$

质点系受到**外力**的力矩作用, 动量矩将起变化. 质点系对于 z 轴的动量矩的时间变化率就等于质点系各质点所受**外力**对 z 轴的力矩的和. 这就是质点系对于轴线的**动量矩定理**的微分形式.

(38.3) 还可以改用积分形式表出:

$$L|_{t=t_2} - L|_{t=t_1} = \int_{t_1}^{t_2} M_1 \mathrm{d}t + \int_{t_1}^{t_2} M_2 \mathrm{d}t + \cdots + \int_{t_1}^{t_2} M_N \mathrm{d}t. \tag{38.4}$$

从时刻 t_1 到时刻 t_2, 质点系对于 z 轴的动量矩的改变就等于质点系各质点在这段时间内所受**外力**对于 z 轴的冲量矩的和. 这就是质点系对于轴线的**动量矩定理**的积分形式.

同理, 对于 x 轴与 y 轴也可以得出质点系动量矩定理的微分形式如 (38.3) 与积分形式如 (38.4).

(2) 质点系的动量矩与质心的动量矩

(36.12) 指出质点系的动量就等于其质心的动量. 这里我们要着重指出, 质点系对于轴线的动量矩一般却并不等于质心对于该轴线的动量矩. 具体算一算就很容易验证这一点.

质点系对于 z 轴的动量矩为

$$L = \sum_{i=1}^{N} m_i (x_i \dot{y}_i - y_i \dot{x}_i).$$

过质心引 x', y', z' 轴, 分别平行于 x, y, z 轴 (图 5–13). 将质点 i 相对于 $x'y'z'$ 坐标系的坐标记作 x_i', y_i', z_i'. 于是

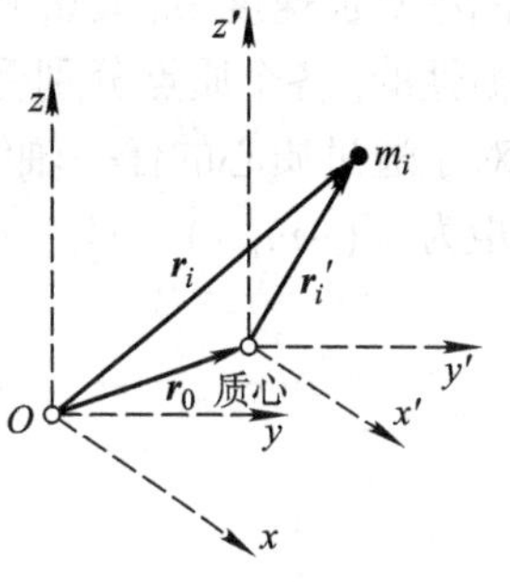

图 5–13

$$\begin{aligned} L &= \sum_i m_i [(x_0 + x_i')(\dot{y}_0 + \dot{y}_i') - (y_0 + y_i')(\dot{x}_0 + \dot{x}_i')] \\ &= (x_0 \dot{y}_0 - y_0 \dot{x}_0) \sum_i m_i + x_0 \sum_i m_i \dot{y}' + \dot{y}_0 \sum_i m_i x_i' \\ &\quad - \dot{x}_0 \sum_i m_i y_i' - y_0 \sum_i m_i \dot{x}_i' + \sum_i m_i (x_i' \dot{y}_i' - y_i' \dot{x}_i') \\ &= m_0 (x_0 \dot{y}_0 - y_0 \dot{x}_0) + x_0 m_0 \dot{y}_0' + \dot{y}_0 m_0 x_0' - \dot{x}_0 m_0 y_0' \\ &\quad - y_0 m_0 \dot{x}_0' + \sum_i m_i (x_i' \dot{y}_i' - y_i' \dot{x}_i'). \end{aligned}$$

式中 x_0' 与 y_0' 为质心相对于 $x'y'z'$ 坐标系的坐标, $\dot{x}_0'$ 与 $\dot{y}_0'$ 为质心相对于 $x'y'z'$ 坐标系的速度; 既然这坐标系的原点就是质心, 显然 $x_0' = 0, y_0' = 0, \dot{x}_0' = 0, \dot{y}_0' = 0$.

于是

$$L = m_0(x_0\dot{y}_0 - y_0\dot{x}_0) + \sum_i m_i(x_i'\dot{y}_i' - y_i'\dot{x}_i').$$

上式右方第一项为质心对于 z 轴的动量矩 L_0, 第二项则为质点系对于 z' 轴的动量矩 L'. 这样,

$$L = L_0 + L'. \tag{38.5}$$

以上道理对于 x 轴或 y 轴也都同样适用. 一般地说, 质点系对于某轴线的动量矩 L 并不等于质心对于该轴线的动量矩 L_0, 前者等于后者再加上质点系对于通过质心的平行轴的动量矩 L'.

(3) 参考系的选择

相对于什么参考系来确定质点系各质点的动量, 相对于什么轴线来计算动量矩, 按理根本不成为问题, 动量矩定理总是成立的. 但应注意: 选取了非惯性参考系就应计入惯性力, 而惯性力应该当作外力看待, 在动量矩定理中必须计入惯性力的力矩. 惯性力的力矩的计算往往引起一些麻烦.

为了避免计算惯性力的力矩, 通常选取惯性参考系或质心坐标系.

选取惯性参考系, 当然根本不发生惯性力的问题.

所谓质心坐标系是跟随质心而平动的坐标系, 并且就以质心为原点. 如质心的绝对加速度 $\boldsymbol{a}_0 = 0$, 则质心坐标系也是惯性的. 如 $\boldsymbol{a}_0 \neq 0$ 则质心坐标系为非惯性的, 各个质点分别受到惯性力 $-m_i\boldsymbol{a}_0$ 的作用. 现在来计算这样的惯性力系对于通过质心的任一轴线的力矩. 作用于质点 i 的惯性力 $-m_i\boldsymbol{a}_0$ 对于 z' 轴的力矩为 $x'(-m_i\ddot{y}_0) - y_i'(-m_i\ddot{x}_0)$, 因而惯性力系对 z' 轴的力矩

$$\begin{aligned}
M_{z'}^{(\text{惯})} &= \sum_{i=1}^{N}[x_i'(-m_i\ddot{y}_0) - y_i'(-m_i\ddot{x}_0)] \\
&= -\ddot{y}_0\sum_i m_i x_i' + \ddot{x}_0\sum_i m_i y_i' \\
&= -\ddot{y}_0 m_0 x_0' + \ddot{x} m_0 y_0' \\
&= -\ddot{y}_0 m_0 0 + \ddot{x}_0 m_0 0 = 0.
\end{aligned}$$

于是, 选取了质心坐标系, 就不必计及惯性力系的力矩.

以后 (§41) 将要指出: 凡是选取平动参考系, 则惯性力系的合力作用于质心. 这样, 惯性力系对于通过质心的任一轴线的力矩为零, 就毫不足怪了.

(4) 动量矩守恒定律

这里我们要强调: 在动量矩定理 (38.3)、(38.4) 中所说的力是**外力**.

如质点系各质点所受外力对于 AB 轴线的力矩的和为零, 则 (38.3) 或 (38.4) 给出

$$L_{AB}=0 \quad \text{或}\ L_{AB}|_{t=t_2}-L_{AB}|_{t=t_1}=0. \tag{38.6}$$

内力的力矩不可能改变质点系的动量矩. 这就是质点系对于 AB 轴线的**动量矩守恒定律**.

猫从高处跌下不致摔伤, 这是因为它“善于”利用动量矩守恒定律. 在跌落过程中, 它转动其后肢. 由于这仅仅是内力矩的作用, 总的动量矩应当守恒, 这就是说, 猫的身体同时向相反的方向转动. 只要掌握转动速率适当, 总可以使足先着地. 猫足有很厚的肉掌, 因此不致摔伤.

这里我们要特别说一说质点系内所有质点以同一角速度 ω 绕 AB 轴线运动的情况. 按 (27.5), 在这种情况下, 质点系对于 AB 轴线的动量矩

$$L_{AB}=\sum_i m_i\rho_i^2\omega=\left(\sum_i m_i\rho_i^2\right)\omega=I_{AB}\omega. \tag{38.7}$$

如外力对 AB 轴线的力矩的和为零, 则如 (38.6) 所指出, 质点系对于 AB 轴线的动量矩守恒; 而按 (38.7), 这就是说,

$$\frac{\mathrm{d}}{\mathrm{d}t}(I_{AB}\omega)=0,$$

或

$$(I_{AB}\omega)|_{t=t_2}-(I_{AB}\omega)|_{t=t_1}=0. \tag{38.8}$$

§27 讲过, 在舞蹈或滑冰表演中, 演员利用手臂的动作能使旋转加快或减慢. 这正是利用了 (38.8) 这一原理.

内力矩不可能改变质点系的动量矩; 要改变动量矩, 必须有外力矩作用. 停止着的电动机的动量矩当然为零. 通电后, 由于电磁力的作用, 转子转动起来 (图 5–14), 电动机获得了动量矩. 看起来好像没有外力矩, 电动机的动量矩就变了. 仔细考察一下, 就会发现这个想法不对, 电动机的动量矩之所以能够改变还是由于有外力矩参加作用. 事情是这样的: 如果仅仅有电磁力作用, 则由于电磁力是内力, 有作用力也有反作用力, 定子将按图 5–14 虚线所示方向旋转, 使电动机总体的动量矩保持为零. 但定子实际上固定于底座, 不可能旋转. 仔细分析起来, 定子的旋转趋势使定子施于底座的压力并不是均匀地分布在接触面上. 在 A 点, 定子比较紧地压在底座上; 在 B 点, 定子比较轻地压在底座上. 在接触面上各处的弹性变形也就不相同. 在 A 点弹性变形较大, 引起较大的弹性力, 底

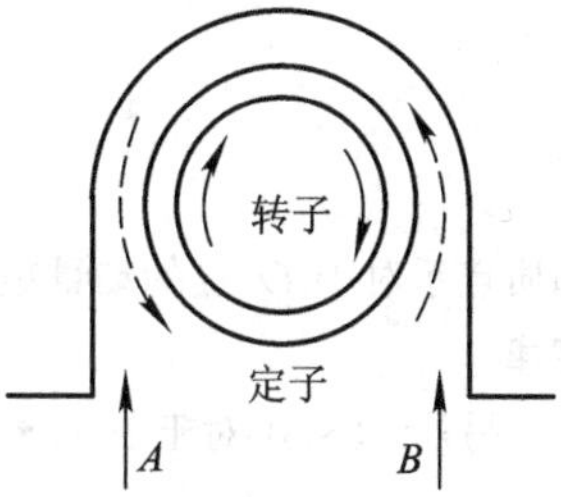

图 5–14

座以较大的力支持定子; 在 B 点, 弹性变形较小, 引起较小的弹性力, 底座以较小的力支持定子. 支持力既不是均匀地分布在接触面上, 它对于电动机转轴的力矩就并不为零, 正是这个力矩阻止了定子的旋转, 使电动机总体的动量矩得以改变. 而这力矩对电动机而言是外力矩. 其实不仅在电动机启动时, 而且在电动机停车时, 或一般地说, 凡是电动机转速有所变化时都是依靠这种外力矩来改变其动量矩的.

(5) 对于点的动量矩定理

微分形式的动量矩定理 (38.3) 对于 x, y, z 轴线都能成立, 而且这三式可以合并为矢量式

$$\dot{\boldsymbol{L}} = M_1 + M_2 + \cdots + M_N. \tag{38.9}$$

这就是质点系对于 O 点的动量矩定理的微分形式. 或者, 将质点对于 O 点的动量矩定理 (27.18) 应用于质点系内每一质点, 得出 N 个方程式

$$\begin{cases} \dot{\boldsymbol{L}}_1 = \boldsymbol{r}_1 \times \boldsymbol{F}_1 + \boldsymbol{r}_1 \times \boldsymbol{F}_{12} + \boldsymbol{r}_1 \times \boldsymbol{F}_{13} + \cdots + \boldsymbol{r}_1 \times \boldsymbol{F}_{1,N-1} + \boldsymbol{r}_1 \times \boldsymbol{F}_{1N}, \\ \dot{\boldsymbol{L}}_2 = \boldsymbol{r}_2 \times \boldsymbol{F}_2 + \boldsymbol{r}_2 \times \boldsymbol{F}_{21} + \boldsymbol{r}_2 \times \boldsymbol{F}_{23} + \cdots + \boldsymbol{r}_2 \times \boldsymbol{F}_{2,N-1} + \boldsymbol{r}_2 \times \boldsymbol{F}_{2N}, \\ \cdots\cdots\cdots\cdots \\ \dot{\boldsymbol{L}}_N = \boldsymbol{r}_N \times \boldsymbol{F}_N + \boldsymbol{r}_N \times \boldsymbol{F}_{N1} + \boldsymbol{r}_N \times \boldsymbol{F}_{N2} + \boldsymbol{r}_N \times \boldsymbol{F}_{N3} + \cdots + \boldsymbol{r}_N \times \boldsymbol{F}_{N,N-1}. \end{cases}$$

将它们累加起来. 考虑到内力对于 O 点的力矩的和为零,① 亦可得到 (38.9).

(38.9) 还可以表为积分形式:

$$\boldsymbol{L}|_{t=t_2} - \boldsymbol{L}|_{t=t_1} = \int_{t_1}^{t_2} \boldsymbol{M}_1 \mathrm{d}t + \int_{t_1}^{t_2} M_2 \mathrm{d}t + \cdots + \int_{t_1}^{t_2} \boldsymbol{M}_N \mathrm{d}t. \tag{38.10}$$

质点系各质点所受外力对于 O 点的力矩的矢量和如为零, 则 (38.9) 或 (38.10) 给出

$$\dot{\boldsymbol{L}} = 0,$$

或

$$\boldsymbol{L}|_{t=t_2} - \boldsymbol{L}|_{t=t_1} = 0. \tag{38.11}$$

即质点系对于 O 点的动量矩不随时间而变. 通常将这称为质点系对于 O 点的**动量矩守恒定律**.

另外, (38.5) 对于 x, y, z 轴线都能成立, 而且这三式可以合并为矢量式

$$\boldsymbol{L} = \boldsymbol{L}_0 + \boldsymbol{L}'. \tag{38.12}$$

这就是说, 质点系对于 O 点的动量矩 $\boldsymbol{L}$ 一般并不等于质心对于 O 点的动量矩 $\boldsymbol{L}_0$, 前者等于后者再加上质点系对于质心的动量矩 $\boldsymbol{L}'$.

---

① $\boldsymbol{r}_i \times \boldsymbol{F}_{ik} + \boldsymbol{r}_k \times \boldsymbol{F}_{ki} = \boldsymbol{r}_i \times \boldsymbol{F}_{ik} - \boldsymbol{r}_k \times \boldsymbol{F}_{ik} = (\boldsymbol{r}_i - \boldsymbol{r}_k) \times \boldsymbol{F}_{ik}$. 既然 $\boldsymbol{F}_{ik}$ 与 $\boldsymbol{r}_i - \boldsymbol{r}_k$ 平行, 上式 =0. 可见内力的力矩的和为零.

§39 动能定理

(1) 动能定理

质点系包含 N 个质点. 将质点的动能定理 (30.7) 应用于质点系内每一质点, 可得 N 个方程式

$$\begin{aligned} &T_i|_{t=t_2} - T_i|_{t=t_1} \\ &\quad = W_i^{(外)} + W_{i1} + W_{i2} + \cdots + W_{i,i-1} + W_{i,i+1} + \cdots + W_{iN}, \\ &\qquad (i = 1, 2, 3, \cdots, N) \end{aligned} \tag{39.1}$$

这里 $W_i^{(外)}$ 是外力 $\boldsymbol{F}_i$ 对质点 i 所做的功, W_{ik} 则为内力 $\boldsymbol{F}_{ik}$ 对质点 i 所做的功. 兹将 (39.1) 各式累加起来.

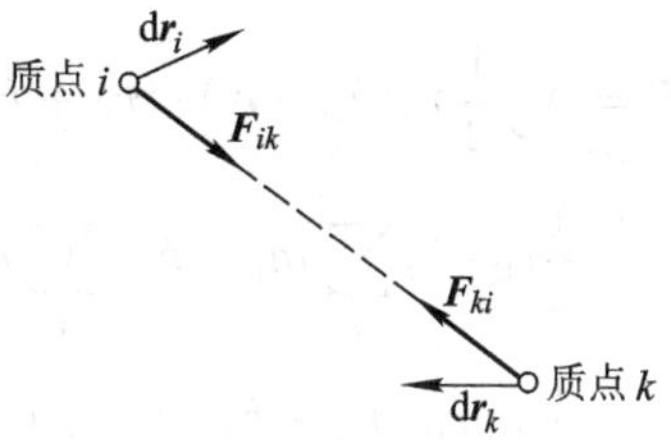

图 5–15

这里要注意的是, 内力所做的功的和并不为零. 例如图 5–15, 内力 $\boldsymbol{F}_{ik}$ 对质点 i 做正功, 其反作用力 $\boldsymbol{F}_{ki}$ 对质点 k 也做正功, 正功与正功的和自然不可能为零. 因此, 在累加中不仅出现外力所做的功, 还出现内力所做的功,

$$\sum_i T_i|_{t=t_2} - \sum_i T_i|_{t=t_1} = \sum_i W_i^{(外)} + \sum_i \sum_{k \neq i} W_{ik}. \tag{39.2}$$

很自然地将质点系各质点动能的和定义为质点系的动能, 以 T 记之. 又将外力所做功的和 $\sum\limits_i W_i^{(外)}$ 记作 $W^{(外)}$,将内力所做功的和 $\sum\limits_i \sum\limits_{k \neq i} W_{ik}$ 记作 $W^{(内)}$. (39.2) 就成为

$$T|_{t=t_2} - T|_{t=t_1} = W^{(内)} + W^{(外)} \tag{39.3}$$

质点系动能的增长即等于外力、内力对质点系所做功的总和, 这就是质点系的**动能定理**.

在动能定理中, 不仅要考虑外力, 还应考虑内力; **内力可以改变质点系的动能**. 这是不同于动量定理与动量矩定理的. 在动量定理与动量矩定理中, 只需考虑外力; 内力可以改变各个质点的动量或动量矩, 却不能改变质点系的动量或动量矩. 举例来说, 站在静止着的小车内的人完全不借助外力, 在小车内拨弄来拨弄去, 可以使车的各部分相对地动起来 (动能增加), 却不可能使小车作为整体行驶起来 (动量保持为零).

(2) 质点系的动能与质心的动能

(36.12) 指出, 质点系的动量就等于其质心的动量. (38.5) 指出质点系对于轴线的动量矩一般并不等于其质心对于该轴线的动量矩, 前者等于后者再加上质点系对于通过质心的平行轴的动量矩. 这里我们要着重指出, 质点系的动能一般也不等于其质心的动能. 具体算一算就很容易验证这一点.

质点系的动能

$$T=\sum_{i=1}^{N}T_i=\sum_i\frac{1}{2}m_iv_i^2=\sum_i\frac{1}{2}m_i\dot{\boldsymbol{r}}_i\cdot\dot{\boldsymbol{r}}_i.$$

将质点 i 相对于质心的相对径矢 $\boldsymbol{r}_i-\boldsymbol{r}_0$ 记作 $\boldsymbol{r}_i'$ (图 5–16), 则

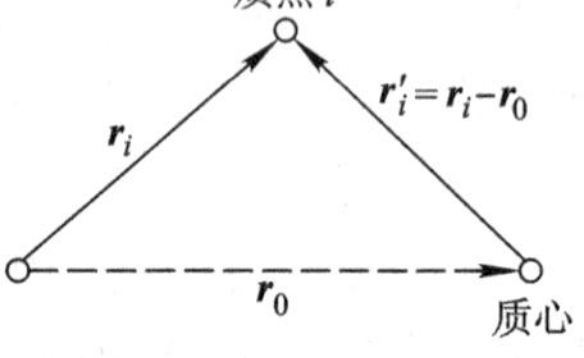

图 5–16

$$\begin{aligned}T&=\sum_i\frac{1}{2}m_i(\dot{\boldsymbol{r}}_0+\dot{\boldsymbol{r}}_i')\cdot(\dot{\boldsymbol{r}}_0+\dot{\boldsymbol{r}}_i')\\&=\frac{1}{2}\dot{\boldsymbol{r}}_0\cdot\dot{\boldsymbol{r}}_0\sum_i m_i+\dot{\boldsymbol{r}}_0\cdot\sum_i m_i\dot{\boldsymbol{r}}_i'+\sum_i\frac{1}{2}m_i\dot{\boldsymbol{r}}_i'\cdot\dot{\boldsymbol{r}}_i'\\&=\frac{1}{2}m_0\dot{\boldsymbol{r}}_0\cdot\dot{\boldsymbol{r}}_0+\dot{\boldsymbol{r}}_0\cdot m_0\dot{\boldsymbol{r}}_0'+\sum_i\frac{1}{2}m_i\dot{\boldsymbol{r}}_i'\cdot\dot{\boldsymbol{r}}_i'\end{aligned}$$

式中 $\dot{\boldsymbol{r}}_0'$ 为质心的相对速度, 这里所谓 "相对" 又是相对于质心而言的, 从而显然 $\dot{\boldsymbol{r}}_0'=0$. 于是

$$T=\frac{1}{2}m_0v_0^2+\sum_i\frac{1}{2}m_iv_i'^2.$$

上式右方第一项为质心的动能 T_0, 第二项为质点系相对于质心的相对运动动能 T'. 这就是说, 质点系的动能 T 一般并不等于质心的动能 T_0, 前者等于后者再加上质点系相对于质心的相对运动动能 T',

$$T=T_0+T'. \tag{39.4}$$

通常将这称为**柯尼希定理**.

将质点系的动能 T 划分为质心的动能 T_0 与质点系相对于质心的动能 T' 两部分, 这样一种做法是有益的. 例如在冰冻路面上, 由于路面太滑, 汽车的轮子 "空转" 而车身原地不动. 汽车, 作为质点系看, 这时其动能也许还相当大. 但这动能完全是汽车内部机件的相对运动动能, 或者说, 各部分相对于质心的动能 T', 它完全不反映汽车行驶的快慢. 汽车的质心的动能 T_0 才反映汽车的行驶快慢; 在本例 $T_0=0$.

对于两体问题, 还可以将质点系相对于质心的动能 T' 表为简单的形式:

$$\begin{aligned} T' &= \frac{1}{2}m_1 v_1'^2 + \frac{1}{2}m_2 v_2'^2 \\ &= \frac{1}{2}m_1(\boldsymbol{v}_1 - \boldsymbol{v}_0)\cdot(\boldsymbol{v}_1 - \boldsymbol{v}_0) + \frac{1}{2}m_2(\boldsymbol{v}_2 - \boldsymbol{v}_0)\cdot(\boldsymbol{v}_2 - \boldsymbol{v}_0). \end{aligned}$$

以 $\boldsymbol{v}_0 = (m_1\boldsymbol{v}_1 + m_2\boldsymbol{v}_2)/(m_1 + m_2)$ 代入, 并经简单的代数运算即得

$$\begin{aligned} T' &= \frac{1}{2}m_1 \frac{m_2^2(\boldsymbol{v}_1 - \boldsymbol{v}_2)\cdot(\boldsymbol{v}_1 - \boldsymbol{v}_2)}{(m_1 + m_2)^2} + \frac{1}{2}m_2 \frac{m_1^2(\boldsymbol{v}_2 - \boldsymbol{v}_1)\cdot(\boldsymbol{v}_2 - \boldsymbol{v}_1)}{(m_1 + m_2)^2} \\ &= \frac{m_1 m_2}{2(m_1 + m_2)} v'^2 = \frac{1}{2}m'\boldsymbol{v}'^2, \end{aligned}$$

式中 $\boldsymbol{v}' = \boldsymbol{v}_1 - \boldsymbol{v}_2$ 是质点 1 相对于质点 2 的相对速度, m' 是 (35.11) 所定义的约化质量.

于是, 对于两体问题, 柯尼希定理 (39.4) 又可表为

$$T = T_0 + T' = \frac{1}{2}m_0 v_0^2 + \frac{1}{2}m' v'^2. \tag{39.5}$$

作为应用例子, 现在来计算对心碰撞的动能损失.

由于动量守恒, 质心速度不变, 从而 T_0 不变, 所以我们只需计算相对运动的动能 T' 的改变.

碰撞前的相对运动的动能

$$T' = \frac{1}{2}m' u'^2 = \frac{1}{2}m'(u_1 - u_2)^2.$$

据 (37.7), 碰撞后的相对速度

$$v' = -e(u_1 - u_2).$$

于是, 碰撞后的相对运动的动能

$$T' = \frac{1}{2}m' v'^2 = e^2 \frac{1}{2}m'(u_1 - u_2)^2.$$

因此, 碰撞前后的动能改变

$$\Delta T = \Delta T' = (e^2 - 1)\frac{1}{2}m'(u_1 - u_2)^2. \tag{39.6}$$

对于完全弹性碰撞, $e = 1, \Delta T = 0$, 两球动能之和保持不变. 但完全弹性碰撞是一种理想化了的极限情况. 对于实际的碰撞, $e < 1$, 于是 (39.6) 指出 $\Delta T < 0$. 这就是说, 动能有所损失. 这是可以理解的. 完全弹性碰撞的结果, 两球完全恢复原状, 内力在压缩阶段所做功与内力在恢复阶段所做功相消, 两球动能之和保持不变. 实际的碰撞结果, 两球多少带有残余的变形, 而球的变形需要做功, 因而动能有所损失. 内力在压缩阶段所做功与内力在恢复阶段所做功并不相消.

(3) 机械能守恒定律与功能原理

作用于质点系的力如全为保守力, 其对质点系所做的功可用势能的减少, 即 $-(V|_{t=t_2} - V|_{t=t_1})$ 来表达. 于是动能定理 (39.3) 可改写为

$$T|_{t=t_2} - T|_{t=t_1} = -(V|_{t=t_2} - V|_{t=t_1}). \tag{39.7}$$

质点系动能的增长即等于质点系势能的减少, 动能的减少则等于势能的增加. (39.7) 还可以更进一步改写为

$$(T+V)|_{t=t_2} = (T+V)|_{t=t_1}. \tag{39.8}$$

在保守力作用下, 质点系的机械能保持不变. 这称为质点系的**机械能守恒定律**. 注意**这里所说的机械能应当包括内力的势能在内**. 如果虽有耗散力作用, 但耗散力并不做功, 则机械能守恒定律显然也成立.

设作用于质点系的外力与内力所做的功 $W^{(外)} + W^{(内)}$ 之中有一部分可用势能的减少表达, 其余的部分 W_d 不可用势能的减少来表达, 或本可用势能的减少来表达, 但由于某些考虑而没有用势能的减少来表达, 则动能定理 (39.3) 自然不能归结为机械能守恒定律, 但可改写为

$$T|_{t=t_2} - T|_{t=t_1} = -(V|_{t=t_2} - V|_{t=t_1}) + W_\mathrm{d}.$$

即

$$(T+V)|_{t=t_2} - (T+V)|_{t=t_1} = W_\mathrm{d}. \tag{39.9}$$

由于功 W_d, 质点系的机械能并不守恒. 如力做正功, $W_\mathrm{d} > 0$, 则机械能增长, 所增长的恰等于 W_d. 如力做负功, $W_\mathrm{d} < 0$, 则机械能减少, 所减少的恰等于 W_d 的绝对值. (39.9) 称为质点系的功能原理. 应当注意: 这里 W_d 可以包括某些外力所做的功, 也可以包括某些内力所做的功; 内力也可以使质点系的机械能增加或减少.

(4) 参考系的选择

选择什么参考系来研究质点系各质点的运动, 相对于什么参考系来计算质点系各质点的动能, 按理根本不成为问题, 动能定理总是成立的. 但应注意: 选取了非惯性参考系, 就应计入惯性力, 在动能定理中必须计及惯性力所做的功.

为了避免计算惯性力所做的功, 通常选取惯性参考系或质心坐标系.

选取惯性参考系, 当然根本不发生惯性力的问题.

如质心的 "绝对" 加速度 $\boldsymbol{a}_0 = 0$, 则质心坐标系也是惯性的. 如 $\boldsymbol{a}_0 \neq 0$, 则质心坐标系为非惯性的, 它是具有加速度 $\boldsymbol{a}_0$ 的平动坐标系. 如选取质心坐标系, 则所有质点普遍受到惯性力. 现在来计算这样的惯性力系所做的功. 作用于质点

i 的惯性力为 $-m_i\boldsymbol{a}_0$, 这个力对质点 i 所做的功为 $\int -m_i\boldsymbol{a}_0\cdot \mathrm{d}\boldsymbol{r}_i'$, 这里 $\boldsymbol{r}_i'$ 是质点 i 相对于质心的径矢. 惯性力所做功的和

$$\begin{aligned}W^{(惯)} &= \sum_{i=1}^{N}\int_{(1)}^{(2)} -m_i\boldsymbol{a}_0\cdot \mathrm{d}\boldsymbol{r}_i' \\ &= -\int_{(1)}^{(2)}\boldsymbol{a}_0\cdot\sum_i m_i \mathrm{d}\boldsymbol{r}_i' \\ &= -\int_{(1)}^{(2)}\boldsymbol{a}_0\cdot \mathrm{d}\left(\sum_i m_i\boldsymbol{r}_i'\right) \\ &= -\int_{(1)}^{(2)}\boldsymbol{a}_0\cdot \mathrm{d}(m_0\boldsymbol{r}_0').\end{aligned}$$

既然选用的是质心坐标系, 显然质心的径矢 $\boldsymbol{r}_0'=0$, 因而惯性力所做功的和

$$W^{(惯)} = -\int_{(1)}^{(2)}\boldsymbol{a}_0\cdot \mathrm{d}(m_0\boldsymbol{r}_0') = 0.$$

这样, 选取了质心坐标系, 就不必计及惯性力所做的功.

在某些问题中, 选用质心坐标系比选用惯性参考系还要好.

例 1 在地面上将质量为 m=1 kg 的物体以 v'=4 m/s 的速率掷出去. 物体的速率从 0 变为 4 m/s, 动能的增长 $=\frac{1}{2}\times 1\times 4^2$ J = 8 J. 据动能定理, 需对它做功 8 J. 现在又在速率为 v_0=2 m/s 的轮船上将同一物体以同一速率 v' 向前掷去 [图 5–17(a)]. 如选用 "静止" 参考系, 物体的速率 $v=v'+v_0$ 从 2 m/s 变为 6 m/s, 动能的增长 $=\frac{1}{2}\times 1\times 6^2$ J$-\frac{1}{2}\times 1\times 2^2$ J = 16 J. 据动能定理, 需对它做功 16 J. 现在又在那只轮船上将同一物体以同一速率向后掷去, 即 $v'=-4$ m/s [图 5–17(b)]. 选用 "静止" 参考系, 物体的速率 $v=v'+v_0$ 从 +2 m/s 变为 −2 m/s, 动能的增长 =0. 据动能定理, 不需对它做功. 由此可以得出结论: 在轮船上抛掷物体所需的功与在岸上抛掷物体所需的功完全不同, 向前掷与向后掷又是大不相同; 在轮船上进行任何球类比赛都几乎是不可能的, 因为两方都是在完全不同的条件下向对方掷球的, 经验表明, 以上结论与事实完全不符合.

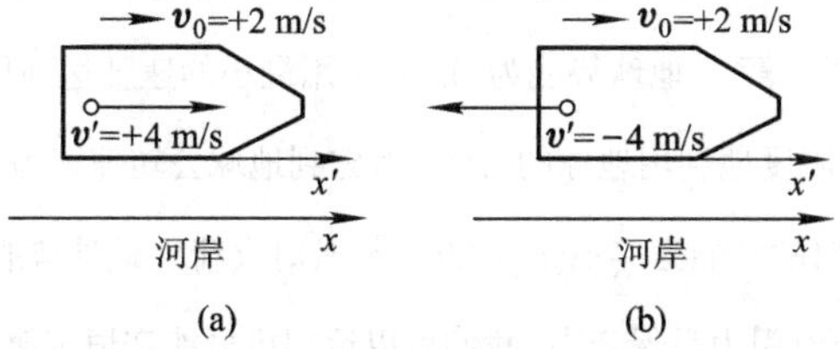

图 5–17

问题在于: 由于作用与反作用定律, 物体被抛掷出去, 轮船相对于 “静止” 参考系的速率也随之而变. 轮船的速率将从 v_0 变为 v_0+u, u 的确切数值可利用 “轮船 – 抛掷体” 系的动量守恒定律算出, 这里不去算它了. 既然轮船的质量 $M >>$ 抛掷体的质量 m, 不算也可以知道 u 是一个很小的量. 另一方面, 也正因为轮船的质量很大, 尽管速率的改变 u 很小, 而动能的改变 $\frac{1}{2}M(v_0+u)^2-\frac{1}{2}Mv_0^2=Mv_0u+\frac{1}{2}Mu^2\approx Mv_0u$ 却是颇为可观的. 相对于 “静止” 参考系, 物体动能的增长诚然是 16 J [图 5–17(a) 的情况] 或 0 J [图 5–17(b) 的情况], 然而这并不等于所需做的功. 所需做的功应等于 “轮船 – 抛掷体” 系的动能的增长; 必须计及轮船的动能的改变, 才可以得出正确的结果. 为了计算抛掷物体所需的功, 竟需要计及轮船的运动情况的改变, 这无疑是很不方便的.

选取 “轮船 – 抛掷体” 系的质心坐标系则比较方便. 因为轮船质量远远超过物体的质量, “轮船 – 抛掷体” 系的质心实际上也就是轮船的质心. 轮船相对于它自己的质心, 当然是始终静止的. 在质心坐标系中, 轮船的动能始终是零, 无需特别计及轮船动能. 在质心坐标系中, 物体的速率也就是它相对于轮船的速率, 不论向前掷或向后掷, 物体的速率都是从 0 变为 4 m/s, 动能的增长都是 8 J. 据动能定理, 应对它做功 8 J, 与在岸上抛掷物体的情况相同. 这里可以看到质心坐标系的优越处: 无需计算轮船运动情况的改变就能得出正确的结果.

例 2 计算第三宇宙速度. 从地面出发的火箭如具有**第三宇宙速度**, 那就不仅能够脱离地球, 而且可以逃逸出太阳系.

首先, 火箭一旦逸出太阳系, 能量 E 至少应等于 0. 这里的 E 指的是火箭的动能 $mv^2/2$, 以及太阳 – 火箭的势能 $-GMm/\rho$. 由于机械能守恒, 在地球这样的距离上, E 也应至少等于零,

$$\frac{1}{2}mv^2-\frac{GMm}{R_1}=0,$$

这里 R_1 为地球与太阳的距离. 由上式解得

$$v=\sqrt{2GM/R_1}\approx 42.2\ \mathrm{km/s}.$$

这就是说, 在地球这样的距离上, 一个物体必须具有 42.2 km/s 的速率才可以逃逸出太阳系而飞往其他恒星. 但这里还没有计及地球的引力, 上面所说的 42.2 km/s 应当是已脱离了地球引力范围时的速率. 那么火箭从地面出发时相对于地球的速率 v' 应当多大呢?

先选用 “静止”(相对于太阳为静止) 参考系. 火箭已脱离了地球引力范围时的动能应为 $\frac{1}{2}m(42.2\ \mathrm{km/s})^2$, 其时火箭 – 地球势能为 0. 为了用最小的速度达到目的, 应当沿地球公转方向发射火箭, 以最大限度地利用地球的公转. 考虑到地球公转速率为 29.8 km/s, 火箭以相对速率 v' 从地面出发时的动能为 $\frac{1}{2}m(v'+29.8)^2$, 其时火箭 – 地球势能为 $(-mgR^2/\rho)|_{\rho=R}$, R 为地球半径. 因为万有引力是保守力, 我们可以运用机械能守恒定律,

$$\frac{1}{2}m(v'+29.8\ \mathrm{km/s})^2-\left.\frac{mgR^2}{\rho}\right|_{\rho=R}=\frac{1}{2}m(42.2\ \mathrm{km/s})^2.$$

由此求得

$$v' = (\sqrt{42.2^2 + 11.2^2} - 29.8)\ \text{km/s}$$
$$= (42.5 - 29.8)\text{km/s} = 12.7\ \text{km/s}.$$

但这结果是完全错误的.

类似于前一个例子, 在火箭逸出地球引力范围的过程中, 地球相对于 "静止" 参考系的速率也随之而变. 由于地球质量很大, 这个速率变化很小. 另一方面, 正因为地球质量很大, 尽管速率变化很小, 动能的改变却颇为可观. 必须计及地球的动能的改变, 才可以得出正确的结果. 为了计算火箭的速率, 竟需要计及地球运动情况的改变, 这是太不方便了.

选取 "地球 – 火箭" 系的质心坐标系则比较方便. 因为地球的质量远远超过火箭的质量, "地球 – 火箭" 系的质心实际上也就是地球的质心. 地球相对于它自己的质心, 当然是始终静止的. 在质心坐标系中, 地球的动能始终为零, 无需特别计及地球的动能. 在质心坐标系中, 火箭已脱离了地球引力范围时的动能应为 $\frac{1}{2}m(42.2\ \text{km/s} - 29.8\ \text{km/s})^2$, 其时地球 – 火箭势能为零. 火箭以相对速率 v' 从地面出发时的动能为 $\frac{1}{2}mv'^2$, 其时地球 – 火箭势能为 $(-mgR^2/\rho)\Big|_{\rho=R}$. 因为万有引力是保守力, 根据机械能守恒定律,

$$\frac{1}{2}mv'^2 - \frac{mgR^2}{\rho}\Big|_{\rho=R}$$
$$= \frac{1}{2}m(42.2\text{km/s} - 29.8\text{km/s})^2.$$

由此解得第三宇宙速度

$$v' = \sqrt{(42.2 - 29.8)^2 + 11.2^2}\ \text{km/s}$$
$$= \sqrt{12.4^2 + 11.2^2}\ \text{km/s} = 16.7\ \text{km/s}.$$

这样, 无需计算地球运动情况的改变, 就能求得正确的第三宇宙速度.

复习思考题

上一章结束了质点动力学的研究. 本章转入质点系动力学的研究. 质点系的运动方程组很难严格解出. 但借助于运动定理, 却能够了解质点系运动的总趋向及其某些特征, 这具有重大意义.

应当掌握：① 质点系的动量、动量矩、动能等概念, 质心的概念, 质心的动量、动量矩、动能的概念及其与质点系的相应的物理量之间的关系. ② 质心运动定理, 即质点系的动量定理 (微分形式与积分形式), 质点系的动量矩定理 (微分形式与积分形式), 动能定理. 特别注意内力在这三个定理中所起的作用不同.

③ 动量守恒定律, 动量矩守恒定律, 机械能守恒定律. 这些守恒定律能使某些问题解决得极为简便迅速. 应当注意这些守恒定律的成立条件. ④ 参考系的选择问题, 哪些情况下可以不计及惯性力的效应.

本章还利用动量定理研究了碰撞问题. 应当掌握研究对心碰撞与斜碰的方法.

本章又利用动量定理研究了变质量质点的动力学问题. 应掌握解决此类问题的基本思路.

1. 什么叫做两体问题? 两体问题如何归结为质点动力学问题?

2. 什么叫做质心? 质心的位置如何计算?

质心运动定理的内容是怎样的? 它具有什么重要性? 内力在这定理中何以不起作用?

3. 质心的动量与质点系的动量有什么关系?

质心运动定理何以就是质点系的动量定理?

*4. 选取质心坐标系, 在动量定理中是否需要计入惯性力?

5. 质点系的动量守恒定律的内容与条件是怎样的?

6. 什么叫做质点系的动量矩? 它与质心的动量矩有什么关系?

7. 质点系的动量矩定理的内容是怎样的? 内力在这定理中何以不起作用?

8. 选取什么样的参考系, 在动量矩定理中可以不计惯性力?

9. 从相对于惯性参考系的动量矩定理出发, 试利用 (38.5) 或 (38.12) 导出相对于质心坐标系统的动量矩定理.

10. 质点系的动量矩守恒定律的内容与条件是怎样的?

*11. 没有外力, 动量守恒, 因而静止的车船只靠内力不能改变位置. 没有外力, 动量矩守恒, 靠内力却能将转台转到任意方位; 这如何实现? 两者何以不同?

12. 什么叫做质点系的动能? 它与质心的动能有什么关系? (柯尼希定理.) 这种划分有什么好处?

13. 质点系动能定理的内容如何? 内力在这定理中起不起作用? 为什么?

14. 选取什么样的参考系, 在动能定理中可以不计惯性力?

15. 从相对于惯性参考系的动能定理出发, 试利用柯尼希定理导出相对于质心坐标系统的动能定理.

16. 质点系的机械能守恒定律的内容与条件是怎样的?

*17. 有人认为: 动量守恒就意味着速度守恒, 速度守恒就意味着动能守恒, 因此动量与动能总是同时守恒的. 你认为这看法对吗?

*18. 再次研究荡秋千越荡越高的问题, 将它作为质点系动力学问题看待. 那么, 能量的增长从何而来?

19. 研究对心碰撞问题的基本方程式是怎样的?

恢复系数的意义是怎样的? 何以碰撞总是使动能有所损失?

*20. 在 $m_2 >> m_1$ 的情况下, 对心碰撞的结果已由 (37.9) 给出, 即 $v_1 = -eu_1$. 以 $u_2 = 0, v_2 = 0$ 代入 (37.7), 就很简便地引出这个结果. 但是却不能由 (37.1) 引出这个结果.

为什么会这样?

21. 如何研究斜碰问题?

*22. 在斜碰问题中, $\boldsymbol{v}_2 - \boldsymbol{v}_1 = e(\boldsymbol{u}_1 - \boldsymbol{u}_2)$ 是否成立?

23. 变质量质点动力学如何从质点系动力学引出? 解决此类问题的基本思路是怎样的?

*24. 在弹性散射实验中, “球” 1 射向静止的 “球” 2 [参看图 5–10, (37.15) 和 (37.16), 但其中 $u_2 = 0$] 而发生弹性碰撞. 试论证 ① 如 $m_1 > m_2$, 则碰撞后两 “球” 速度指向之间的夹角 $< \pi/2$; ② 如 $m_1 = m_2$, 则这个角 $= \pi/2$; ③ 如 $m_1 < m_2$, 则这个角 $> \pi/2$.

*25. 跨栏运动员腾起后, 为什么上身总是尽量向前俯?

*26. 从力学的角度说明跳高姿势的演变: 古老的跨越式被俯卧式代替, 近年则又发展了背越式.

跳高过杆时, 身体已过杆部分为什么应向上抬?

*27. 跳远的腾空阶段采用跨步式 (好像在空中走路, 手脚由上方向前, 由下方向后) 有什么好处? 着地时, 为什么两臂应迅速向前挥?

第六章 刚 体 力 学

§40 刚体 —— 一种质点系

(1) 刚体

质点是作为抽象模型而引入的. 如问题不涉及转动, 或物体的大小远远不及问题中所涉及的距离, 可以将实际的物体抽象为质点.

"质点", 这就根本谈不上在空间中的取向, 也根本谈不上转动. 问题如涉及转动, 就不能不考虑到物体的大小与形状, 不能再将物体抽象为质点, 不能再采用质点这一模型.

既然谈到物体的大小与形状, 那就还应指出: 在运动过程中, 物体的大小与形状常要改变.

试仔细分析一下图 6–1 所示的情况. 在水平推力 $\boldsymbol{F}$ 的作用下, 整个物体获得水平的加速度. 初看起来, 这是极为自然、极为简单的现象. 可是我们要问: 力 $\boldsymbol{F}$ 只作用在物体的 A 部分, 至于别的部分并没有受到推力 $\boldsymbol{F}$ 的作用, 为什么它们竟然也获得加速度呢? 这个问题不难解决. 考虑到力是接触作用, "所有各部分都获得加速度" 这一点可以用各部分的相互推力来说明: Z 受到 Y 的推力, Y 受到 X 的推力 …… D 受到 C 的推力, C 受到 B 的推力, B 受到 A 的推力. 这里我们还要进一步问: 这种推力是什么力? 这种推力是如何发生的? 这也不难解决. 开始时, 力 $\boldsymbol{F}$ 施于 A 使 A 加速, B 则未受力作用而保持原速. 于是 A 的速度超过 B, A 与 B 势必相互压缩. 压缩了的 A 与 B 力图恢复, 就沿着分界面彼此互推; 这是一种弹性力. B 受到这种推力, 也就获得了加速度. B 既加速, 速度超过 C, B 与 C 势必又相互压缩. 压缩了的 B 与 C 力图恢复, 沿着分界面彼此互推; 这还是弹性力. C 受到这种推力, 也就获得了加速度. 按这一方式逐步推论下去, 我们就可以说明, 整个物体都获得了加速度. (精确些说, 物体除了获得整体的加速度之外, 各部分之间还发生了振动.) 这里, 关键在于各部分的相互压缩引起了弹性力. 假如不考虑物体的大小与形状的改变, 就连这样一个极为自然, 极为简单的现象也是无法理解的.

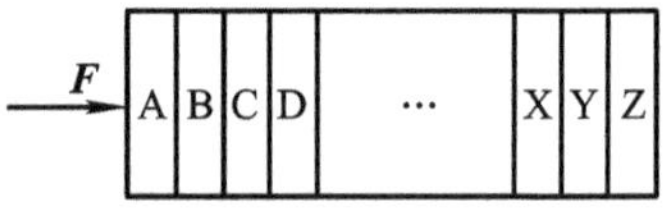

图 6–1

但是在很多情况下, 物体各部分的弹性形变都很微小, 并且我们也并不深究物体各部分相互作用的本质, 仅仅要求研究物体的整体运动, 那就完全可以忽略物体的大小与形状的改变, 认为物体具有不变的大小与不变的形状. 大小与形状都不变的物体称为刚体. 这样, 实际物体就抽象为刚体.

刚体也是一种抽象模型. 不同于质点, 刚体具有大小与形状, 只是其大小与形状始终不变.

(2) 刚体是一种质点系, 有六个自由度

为研究刚体的运动, 可以设想将刚体划分为许许多多极小的部分. 拿每一个部分来说, 既然是极小的, 就完全可以看作质点. 刚体就由这许许多多质点组成. 换句话说, **刚体是一种质点系**. 研究质点系的方法以及由此引出的一般结论全都适用于刚体.

但刚体又不是随便的一种质点系, 它具有自己的特点; 这就是: 刚体的大小与形状始终不变; 换句话说, 刚体各部分保持一定的相对位置. 既然各部分保持一定的相对位置, 任意两点间的距离也就保持不变; 反过来说, 如果任意两点间距离保持不变, 则各部分也就保持一定的相对位置. 因此, **刚体是这样一种质点系, 系内任意两质点间的距离都保持不变**.

刚体的这一特点使刚体力学大大不同于一般的质点系力学. 一般的质点系力学问题不能严格解决, 我们只能要求了解其运动的总趋向及某些特征; 刚体力学问题虽不是每个都能解决, 但有不少是能够解决的.

为便于说明这一差异的原因, 我们引入自由度这一概念. 所谓力学系统的**自由度**指的是, 为确定该力学系统的位置所需要的独立变数的个数.

一个自由的质点显然有三个自由度. N 个自由的质点所组成的质点组显然有 $3N$ 个自由度. 每个质点有一个矢量的运动方程式, N 个质点共有 N 个矢量的运动方程式, 亦即 $3N$ 个分量的运动方程式. 方程式个数与自由度数符合. 在原则上讲, 可以从运动方程式组解出质点系的运动情况. 但是大数目的微分方程所组成的微分方程组是很难解出的. 质点系力学问题之所以一般不能严格解出, 就是因为微分方程个数太多, 换句话说, 质点系力学的困难正在于自由度数太大.

刚体虽然由大量质点组成, 但由于任意两质点间的距离保持不变, 刚体的自由度数却并不大. 具体地说, 为表明刚体的位置, 应当先指出其中某一质点的位置, 这需要三个独立变数; 其次, 应指出第二个质点的位置, 因为它与第一个质点的距离是一定的, 所以只需要两个独立变数; 又其次, 应指出第三个质点的位置 (不在前两质点的连线上), 因为它与前两个质点的距离是一定的, 所以只需要一个独立变数. 既已给定不在一直线上的三个质点的位置之后, 任一其他质点与这三个质点的距离是一定的, 因而其位置就完全确定了. 既然任一质点的位置都已确定, 刚体的位置也就完全确定了. 因此, 刚体的自由度数 $=3+2+1=6$. **刚体只有六个自由度**.

刚体的自由度数还可以换用一个比较直接的方式来说明. 为表明刚体在空

间中的位置, 应当先指出其中某一质点的位置, 这需要三个变数; 其次, 应指出整个刚体相对于这一质点的取向, 这需要指明通过该点的某一直线的方向 (三个方向余弦, 但三个方向余弦的平方和等于一, 所以只有两个独立变数), 并且需要指明刚体相对于这一直线的方位 (绕该直线所转过的角度, 一个独立变数). 仍然得到同一结论: **刚体只有六个自由度**.

简单地说, **刚体有三个移动自由度** (为指出刚体中某一质点的位置需要三个独立变数), **三个转动自由度** (为指出刚体相对于该质点的取向又需要三个独立变数).

刚体既然只有六个自由度, 它的运动定律也就可以归结为六个独立方程式. 果然, 质心运动定理确定刚体质心的运动, 而动量矩定理确定刚体在空间中的取向与方位随时间变化的情况; 这样, 这两个定理 (两个矢量方程式, 即六个分量方程式) 就完全确定了刚体的运动, 因此它们在刚体动力学中起着极为基本的作用, 其重要性正犹如质点动力学中的牛顿运动定律. 质心运动定理与动量矩定理在具体问题中的表达式也就不妨称为刚体的**运动 (微分) 方程式**. 作为对照, 我们还应当记得, 在质点系动力学中, 质心运动定理与动量矩定理只给出质点系运动的总趋向与特征, 并不足以确定质点系的运动情况.

(3) 刚体的质心

质心运动定理显然与质心有密切不可分的联系. 为着应用动量矩定理, 也常常选用质心坐标系, 所以就连动量矩定理也常与质心有密切联系. 既然刚体的运动方程式 (质心运动定理与动量矩定理) 与质心紧密相关, 研究刚体力学必须先知道**如何计算刚体的质心**.

质心质量的定义式 (36.4) 很容易直接应用于刚体. 质心的质量 m_0 就等于整个刚体的质量 m,

$$m_0 = m. \tag{40.1}$$

质心位置的定义式 (36.5) 不便直接应用于刚体. 问题在于: (36.5) 所规定的是一个个分立的质点所组成的质点系的质心, 但刚体一般是由连续分布的质点所组成的质点系.

如果刚体具有对称中心, 问题就很简单了. 质心显然就在对称中心.

如果刚体并无对称中心, 但可划分为几个部分, 而每一部分都有对称中心, 问题也还是比较简单. 各部分的质心就在其对称中心, 这些质心形成分立质点的质点系; 刚体的质心就归结为这一质点系的质心, 其位置可按 (36.5) 算出.

例 1 均匀薄板如图 6–2 所示. 试求其质心所在.

解 这一薄板, 并无对称中心. 但如图中虚线所示, 它可以划分为 I 与 II 两部分, 而两部分都有对称中心. I 部分的对称中心 C_1 的坐标显然为 x_1 =6 cm, y_1=7 cm, 这就是 I 部分的

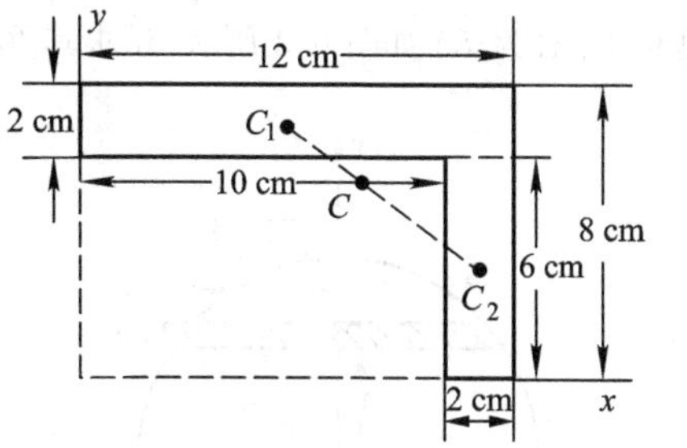

图 6–2

质心. Ⅱ 部分的对称中心 C_2 的坐标显然为 x_2=11 cm, y_2=3 cm; 这就是 Ⅱ 部分的质心. 问题归结为计算 C_1 与 C_2 的质心.

Ⅰ 与 Ⅱ 的面积各为 24 cm^2 与 12 cm^2, 所以 C_1 与 C_2 的质量比为 24:12. 依 (36.5) 式, C_1 与 C_2 的质心 C 的坐标为

$$x_0=\frac{24\times 6+12\times 11}{24+12}\text{ cm}=\frac{2\times 6+1\times 11}{2+1}\text{ cm}=\frac{23}{3}\text{ cm},$$
$$y_0=\frac{24\times 7+12\times 3}{24+12}\text{ cm}=\frac{2\times 7+1\times 3}{2+1}\text{ cm}=\frac{17}{3}\text{ cm}.$$

这也就是整个均匀薄板的质心的位置.

质点系质心的位置完全可以不与系内任一质点的位置重合; 刚体质心的位置也就完全可以不与刚体内任一质点的位置重合. 换句话说, **刚体的质心完全可以在刚体之外**. 例 1 的情况正是如此. 又因为刚体各部分始终保持一定的相对位置, 所以不管质心在刚体之内或刚体之外, 刚体的质心总与刚体保持一定的相对位置. 换句话说, 不管刚体的质心在体内或体外, 刚体质心的位置总是固结于刚体的.

如果刚体没有对称中心, 并且也不能划分为各自具有对称中心的几个部分, 那就需要将 (36.5) 式适当修改以适应连续分布的质点系. 设想将刚体划分为许许多多极小的部分, 每一部分都可以看作质点. 于是刚体就归结为许许多多分立质点所构成的质点系, 可以应用 (36.5) 来计算其质心的位置. 为了将每个小部分看作一个质点, 划分越细结果越精确. 因此, 应当将刚体划分为无限多的部分, 每一部分又是无限的小. 这样, (36.5) 式中的累加实际上是定积分:

$$\boldsymbol{r}_0=\frac{\int \boldsymbol{r}\mathrm{d}m}{\int \mathrm{d}m}. \tag{40.2}$$

这里的积分应遍及于刚体的全部. 在实地计算时, 我们常用其分量

$$x_0=\frac{\int x\mathrm{d}m}{\int \mathrm{d}m}, y_0=\frac{\int y\mathrm{d}m}{\int \mathrm{d}m}, z_0=\frac{\int z\mathrm{d}m}{\int \mathrm{d}m} \tag{40.3}$$

*例 2 半圆形均匀薄板 (半径为 R) 如图 6–3 所示. 试求其质心所在.

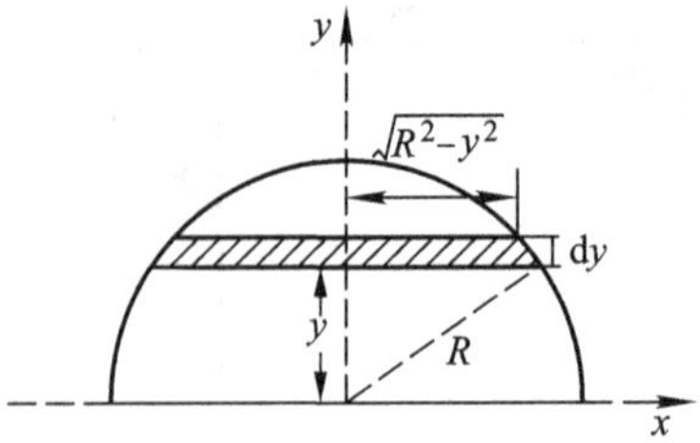

图 6–3

解 取半圆形的直线边为 x 轴, 过圆心的垂直线为 y 轴.

从对称性考虑, 立刻可以知道质心的横坐标为零, 即 $x_0=0$. 问题在于计算质心的纵坐标 y_0.

为此, 先将半圆划分为许多平行于 x 轴的窄条, 每一窄条中各点具有相同的 y. 先看图中用斜线标明的那一窄条. 这一窄条的面积为 $2\sqrt{R^2-y^2}\mathrm{d}y$, 因此 $\mathrm{d}m\propto 2\sqrt{R^2-y^2}\mathrm{d}y$, 而

$$y\mathrm{d}m\propto 2y\sqrt{R^2-y^2}\mathrm{d}y,$$

于是依 (40.3)

$$y_0=\frac{2\int_0^R y\sqrt{R^2-y^2}\mathrm{d}y}{2\int_0^R\sqrt{R^2-y^2}\mathrm{d}y}.$$

作代换, 令 $y=R\sin\theta$, 则

$$\begin{aligned}y_0&=\frac{2\int_0^R R\sin\theta R\cos\theta\mathrm{d}(R\sin\theta)}{2\int_0^R R\cos\theta\mathrm{d}(R\sin\theta)}=\frac{2R^3\int_0^{\pi/2}\sin\theta\cos^2\theta\mathrm{d}\theta}{2R^2\int_0^{\pi/2}\cos^2\theta\mathrm{d}\theta}\\&=\frac{2R^3\int_0^1\cos^2\theta\mathrm{d}(\cos\theta)}{2R^2\int_0^{\pi/2}\left(\frac{1}{2}+\frac{1}{2}\cos 2\theta\right)\mathrm{d}\theta}=\frac{2R^3/3}{\pi R^2/2}=\frac{4}{3\pi}R.\end{aligned}$$

分母 $2\int_\theta^R\sqrt{R^2-y^2}\mathrm{d}y$ 是半圆的面积, 其实不用计算就可以知道应为 $\frac{\pi}{2}R^2$.

(4) 对于刚体, 内力所做功的和为零

质心运动定理与动量矩定理在刚体力学中起着极为基本的作用, 甚至可以称为刚体的运动方程式. 这是上面所已指出的. 至于另一运动定理, 即动能定理, 以及它的特例, 机械能守恒定律或功能原理, 虽不能说是刚体的运动方程式, 却也能使某些刚体动力学问题解决得极为简便迅速.

将动能定理应用于刚体时, 应注意刚体的一个特点: **内力所做功的和为零**. 这是不难加以验证的. 试考察刚体的第 i 个质点与第 k 个质点相互作用的 $\boldsymbol{F}_{ik}$ 与 $\boldsymbol{F}_{ki}$ 这一对内力. 如刚体稍微改变其位置, 第 i 个质点与第 k 个质点的位移各

为 $\mathrm{d}\boldsymbol{r}_i$ 与 $\mathrm{d}\boldsymbol{r}_k$, 则力 $\boldsymbol{F}_{ik}$ 所做功为 $\boldsymbol{F}_{ik}\cdot\mathrm{d}\boldsymbol{r}_i$, 力 $\boldsymbol{F}_{ki}$ 所做功则为 $\boldsymbol{F}_{ki}\cdot\mathrm{d}\boldsymbol{r}_k$. 这一对内力所做功的和也就等于

$$\begin{aligned}\boldsymbol{F}_{ik}\cdot\mathrm{d}\boldsymbol{r}_i+\boldsymbol{F}_{ki}\cdot\mathrm{d}\boldsymbol{r}_k&=\boldsymbol{F}_{ik}\cdot\mathrm{d}\boldsymbol{r}_i-\boldsymbol{F}_{ik}\cdot\mathrm{d}\boldsymbol{r}_k\\&=\boldsymbol{F}_{ik}\cdot(\mathrm{d}\boldsymbol{r}_i-\mathrm{d}\boldsymbol{r}_k)=\boldsymbol{F}_{ik}\cdot\mathrm{d}(\boldsymbol{r}_i-\boldsymbol{r}_k).\end{aligned}$$

这里 $\boldsymbol{r}_i-\boldsymbol{r}_k$ 是质点 i 相对于质点 k 的相对径矢, 兹以 $\boldsymbol{r}_i'$ 记之. $\mathrm{d}(\boldsymbol{r}_i-\boldsymbol{r}_k)$, 亦即 $\mathrm{d}\boldsymbol{r}_i'$, 显然是质点 i 的相对位移. 既然刚体内任意两质点间的距离保持不变, 质点 i 与质点 k 之间的距离当然也就保持不变. 这就是说, 相对于质点 k, 质点 i 只能在以质点 k 为球心的某个球面上运动; 相对径矢总是沿球的半径方向, 相对位移则总是沿着球面的切向. 因此相对位移 $\mathrm{d}\boldsymbol{r}_i'$ 与相对径矢 $\boldsymbol{r}_i'$ 垂直,① 即

$$\boldsymbol{r}_i'\cdot\mathrm{d}\boldsymbol{r}_i'=0.$$

内力 $\boldsymbol{F}_{ik}$ 必沿着质点 i 与质点 k 的连线, 因此 $\boldsymbol{F}_{ik}\|\boldsymbol{r}_i'$. 这样 $\boldsymbol{F}_{ik}$ 与 $\boldsymbol{F}_{ki}$ 这一对内力所做功的和等于

$$\begin{aligned}\boldsymbol{F}_{ik}\cdot\mathrm{d}\boldsymbol{r}_i+\boldsymbol{F}_{ki}\cdot\mathrm{d}\boldsymbol{r}_k&=\boldsymbol{F}_{ik}\cdot\mathrm{d}(\boldsymbol{r}_i-\boldsymbol{r}_k)\\&=\boldsymbol{F}_{ik}\cdot\mathrm{d}\boldsymbol{r}_i'=\frac{\boldsymbol{F}_{ik}}{\boldsymbol{r}_i'}\boldsymbol{r}_i'\cdot\mathrm{d}\boldsymbol{r}_i'=0.\end{aligned}$$

每一对内力所做功的和为零, 所有内力所做功的总和自然也就为零.

这样, 对于刚体, **动能定理** (39.3) 就成为

$$T|_{t=t_2}-T|_{t=t_1}=W^{(外)}.\tag{40.4}$$

如作用于刚体的外力全是保守力, 其所做的功 $W^{(外)}$ 用势能的减少来表达, 则动能定理可表为**机械能守恒定律**

$$(T+V)|_{t=t_2}=(T+V)|_{t=t_1}.\tag{40.5}$$

如果虽有耗散力作用, 但耗散力并不做功, 则机械能守恒定律显然也成立.

如作用于刚体的外力所做的功没有或不可以全用势能的变化来表达, 则动能定理可表为**功能原理**

$$(T+V)|_{t=t_2}-(T+V)|_{t=t_1}=W_{\mathrm{d}}.\tag{40.6}$$

W_{d} 是外力所做功中未用势能变化来表达的那一部分.

对于刚体, 不仅在质心运动定理与动量矩定理中无需计及内力, 就连在动能定理中也无须计及内力. 这是不同于一般质点系的.

① 也可以用矢量运算的方法得出这一结论. 首先, 质点 i 与质点 k 之间的距离不变, 即 $\boldsymbol{r}_i'$ 的长度 $|\boldsymbol{r}_i'|$ 不变, 亦即 $\boldsymbol{r}_i'\cdot\boldsymbol{r}_i'=$ 常量. 微分一次, $\boldsymbol{r}_i'\cdot\mathrm{d}\boldsymbol{r}_i'+\mathrm{d}\boldsymbol{r}_i'\cdot\boldsymbol{r}_i'=0$, 即 $\boldsymbol{r}_i'\cdot\mathrm{d}\boldsymbol{r}_i'=0$. 这就是说, 相对位移 $\mathrm{d}\boldsymbol{r}_i'$ 与相对径矢 $\boldsymbol{r}_i'$ 垂直.

§41 施于刚体的力系的简化

在质点力学中, 实际物体被抽象为质点. 既然物体本身都已当作一点, 施于物体的各个力自然被看作施于同一点; 施于同一点的力可以归结为一个力, 即其合力. 质点的运动就取决于这个合力. 在刚体力学中, 实际物体被抽象为刚体, 并不能当作一点. 施于刚体的许多力 (所谓力系) 是否也能归结为一个力呢? 如果不能归结为一个力, 又应归结为怎样的一些要素呢? 刚体的运动又如何取决于这些要素呢?

在刚体力学的开始, 研究一下这些问题, 是很有意义的.

(1) 滑移矢量

首先, 应当着重指出, 施于刚体的力有这样的特点: 一定指向与一定大小的力, 施于刚体的某一点或改施于刚体的另一点, 其对刚体运动的影响可能完全不同. 例如图 6–4(a), 力 $\boldsymbol{F}$ 施于刚体的 A 点, 可能使物体整体获得水平的加速度. 图 6–4(b), 同是这个力 $\boldsymbol{F}$, 改施于刚体的 B 点, 则可能使物体如虚线所示倾倒. 因此, **施于刚体的某个点的力, 决不可以随便移到另一点去**. 这就是说, 施于刚体的力不是自由矢量.

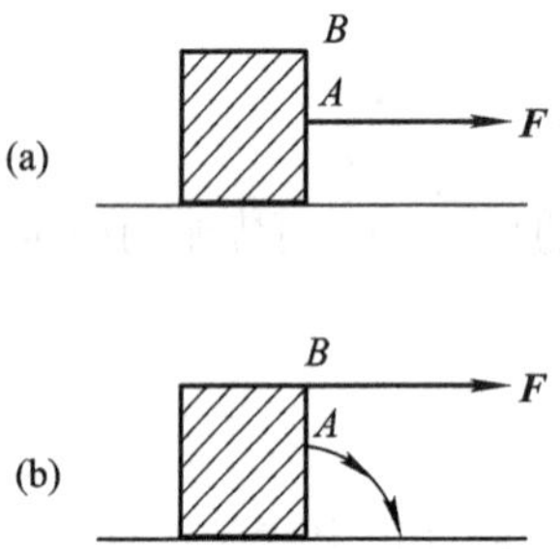

图 6–4

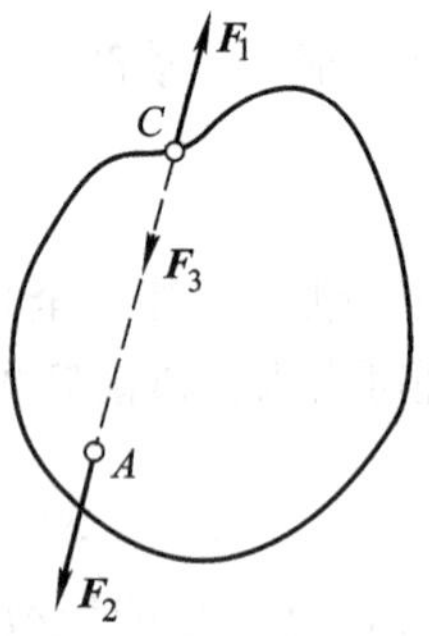

图 6–5

另一方面, 实验表明, 施于刚体的 A 与 C 两点的两个力 $\boldsymbol{F}_1$ 与 $\boldsymbol{F}_2$, 只要大小相等, 方向相反, 并且作用线沿着同一条直线, 就能保持刚体平衡 (图 6–5). 这就是说, $\boldsymbol{F}_2$ 可与 $\boldsymbol{F}_1$ 相消. 但是同施于 C 点的力 $\boldsymbol{F}_3$ 与 $\boldsymbol{F}_1$ 显然可以相消. 可见 $\boldsymbol{F}_3$ 的作用与 $\boldsymbol{F}_2$ 相同, 施于 A 点的力 $\boldsymbol{F}_2$ 可用施于 C 点的力 $\boldsymbol{F}_3$ 代替. 因此, **施于刚体的力可以沿着其作用线滑移, 其所起的力学作用完全不因此而改变.**

为了强调施于刚体的力的这一特点, 即其作用点不可随便移到另一点, 只能沿着力的作用线滑移, 通常说施于刚体的力是**滑移矢量**.

(2) 特例: 共点力系、平行力系

如果力系中所有各力的作用线相交于一点, 就称为**共点力系**. 将各力分别沿着各自的作用线滑移到交点, 就很容易按矢量合成法则求得它们的合力.

如果力系中所有各力的作用线彼此平行, 就称为**平行力系**. 在中学里已经知道如何求出平行力的合力.

已给两个平行力 $\boldsymbol{F}_1$ 与 $\boldsymbol{F}_2$, 则其合力 $\boldsymbol{F}$ 的作用线也与它们平行, 并且就在 $\boldsymbol{F}_1$ 与 $\boldsymbol{F}_2$ 的作用线所决定的平面中.

(1) 如 $\boldsymbol{F}_1$ 与 $\boldsymbol{F}_2$ 指向相同, 则合力 $\boldsymbol{F}$ 夹在 $\boldsymbol{F}_1$ 与 $\boldsymbol{F}_2$ 之间, 其与 $\boldsymbol{F}_1$、$\boldsymbol{F}_2$ 的距离反比于 $\boldsymbol{F}_1$、$\boldsymbol{F}_2$ 的大小; $\boldsymbol{F}$ 的指向同于 $\boldsymbol{F}_1$ 与 $\boldsymbol{F}_2$ 的指向, 大小为 $\boldsymbol{F}_1$ 与 $\boldsymbol{F}_2$ 的大小之和.

(2) 如 $\boldsymbol{F}_1$ 与 $\boldsymbol{F}_2$ 指向相反, 则合力 $\boldsymbol{F}$ 在 $\boldsymbol{F}_1$ 与 $\boldsymbol{F}_2$ 中较大一力的外侧, 其与 $\boldsymbol{F}_1$、$\boldsymbol{F}_2$ 的距离反比于 $\boldsymbol{F}_1$、$\boldsymbol{F}_2$ 的大小; $\boldsymbol{F}$ 的指向与较大的一力的指向相同, 大小为 $\boldsymbol{F}_1$ 与 $\boldsymbol{F}_2$ 的大小之差.

不妨将合力 $\boldsymbol{F}$ 沿其作用线滑移, 使它的作用点正好落于 $\boldsymbol{F}_1$ 与 $\boldsymbol{F}_2$ 的作用点的连线上.

(3) 如 $\boldsymbol{F}_1$ 与 $\boldsymbol{F}_2$ 指向相反 (但作用线并不重合) 而大小相等, 这样的一对平行力称为**力偶**. 力偶的作用是驱使物体 (绕着垂直于力偶所在平面的轴线) 转动, 因而根本不存在合力. 很容易验证, 力偶对于相互平行的各轴线的力矩都是一样的. 特别是, 力偶对于与力偶平面垂直的轴线的力矩就称为**力偶矩**, 它等于其中一力的大小乘以两力的垂直距离 (所谓力偶臂). 力偶矩表征力偶驱使物体转动的效应的大小.

这样, 平行力系 (如果不是力偶) 的合力是不难求出的. 只要先求得其中两力的合力, 再求这合力与第三力的合力, 然后又求这合力与第四力的合力 ······ 如此进行下去, 终于求得整个平行力系的合力.

这里将着重谈谈两个例子.

第一个例子是所谓**重心**. 在地球上的两质点, 如散布在不大的范围内, 则这两质点所受重力是指向相同的平行力, 其大小正比于各该质点的质量. 于是重力的合力的作用点, 即所谓重心, 在两质点连接线上, 其与两质点的距离反比于各该质点的质量. 试与 §35 关于质心位置的说明作一比较, 立刻知道, 两质点的重心恰好落于质心. 这个结论很容易推广于任意的物体或物体系: 散布在地球上不大范围内的物体或物体系的重心恰好落于质心. 另一方面也应指出, 质心的意义比重心更广泛. 比如说, 太空中某一物体的 "重心" 没有什么意义, 但它的质心还是有意义的. 地球本身的 "重心" 也没有什么意义, 但地球的质心还是有意义的.

第二个例子是: 选取平动参考系研究物体的运动时, 物体各点所受惯性力系. 这也是平行力系, 指向全部相同, 各力的大小正比于各该质点的质量, 就好像是出现了某种“附加的重力场”. 这种“附加的重力”的合力自然也是作用于重心, 亦即作用于质心. 这就是说, **凡是选取平动参考系统时, 物体所受惯性力系的合力总是作用于质心**. 从而惯性力系对于通过质心的任一轴线的力矩当然为零, 这是我们在 §38 所已经知道的. 必须**注意**, 以上结论完全不适用于转动参考系统, 因为那种情况下的惯性力系根本不是平行力系.

(3) 力系简化的困难及其克服

现在来研究施于刚体的力系的简化问题. 结果表明, 力系一般不能归结为单个的力 (即不存在所谓合力) 而是归结为一个力和一个力偶: 这个力作用在刚体内任意指定的一点 (称为**约化中心**), 并且就等于力系中所有各力的矢量和; 对于通过约化中心任一轴线, 这个力偶的力矩就等于所有各力的力矩之和. 这个力称为力系的**主矢**, 这个力偶的力矩称为力系的**主矩**.

滑移矢量的作用线很可能既不相交也不平行. 凡是两力的作用线既不相交也不平行, 就不能归结为合力; 合力不存在. 这就是**施于刚体的力系简化的困难所在**. 假如力是自由矢量, 可以任意移动, 那么这个困难也就不存在了.

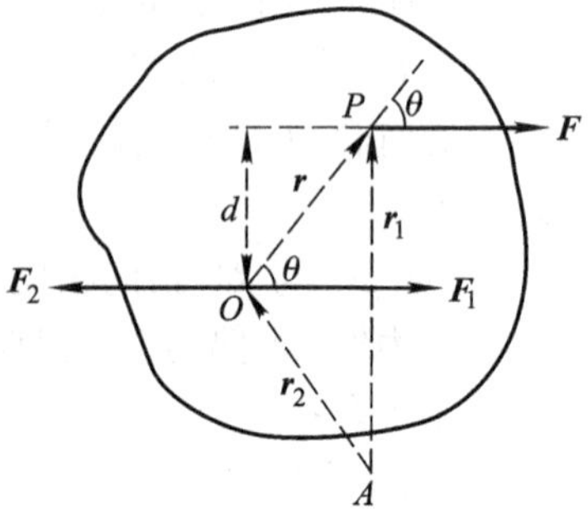

图 6–6

既然困难的根源在于不能随便将一个力移到另一点去, 那么是否可以有条件地将一个力移到另一点去呢? 例如力 $\boldsymbol{F}$ 施于刚体的 P 点 (图 6–6). 今在刚体内任意选定一点 O, 并尝试有条件地将力 $\boldsymbol{F}$ 移到 O 点. 设想在 O 点添加 $\boldsymbol{F}_1$、$\boldsymbol{F}_2$ 两力, 它们都平行于 $\boldsymbol{F}$, 只是 $\boldsymbol{F}_1$ 的指向与 $\boldsymbol{F}$ 相同, 而 $\boldsymbol{F}_2$ 的指向与 $\boldsymbol{F}$ 相反, 至于其大小则都与 $\boldsymbol{F}$ 相等. 这种添加当然是允许的, 因为 $\boldsymbol{F}_1$ 与 $\boldsymbol{F}_2$ 其实是互相消去的. 这样, 在刚体上有 $\boldsymbol{F}, \boldsymbol{F}_1, \boldsymbol{F}_2$ 三个力作用, 其中 $\boldsymbol{F}$ 与 $\boldsymbol{F}_2$ 组成所谓力偶. 于是, 施于 P 点的力 $\boldsymbol{F}$ 可以移到 O 点成为 $\boldsymbol{F}_1$, 只要同时附加以 $\boldsymbol{F}$ 与 $\boldsymbol{F}_2$ 所组成的力偶就行了.

将力 $\boldsymbol{F}$ 换成了力 $\boldsymbol{F}_1$ 以及 $\boldsymbol{F}$ 与 $\boldsymbol{F}_2$ 所组成的力偶, 而力 $\boldsymbol{F}_1$ 又与 $\boldsymbol{F}_2$ 互相消去, 结果仍旧只剩下 $\boldsymbol{F}$, 这种做法初看起来, 实在没有多大意思. 然而事实上并非如此. 由于力偶的特点, 上面的做法已经使我们在力系的简化工作上取得了很大的进展, 甚至可以说, 已经基本上克服了力系简化工作的困难. 现在让我们来研究力偶的特点.

力偶的全部特征都可以用一个矢量简明地表出. 这个矢量垂直于力偶所在平面, 以表明力偶驱使物体绕什么样的轴转动, 它的指向则按右手法则表明力偶驱动物体向哪一方转动, 它的长短就等于力偶的力矩, 以表明力偶驱动物体旋转的效应的大小. 这个矢量也称为**力偶矩. 力偶矩充分表明了力偶的性质**.

如引用力对于点的力矩这个概念, 力偶矩不过就是力偶对于任一点的力矩. 仍以图 6–6 为例. 任取 A 点, 试计算力偶对于 A 点的力矩, 亦即组成力偶的 $\boldsymbol{F}$ 与 $\boldsymbol{F}_2$ 两力对于 A 点的力矩的和 $\boldsymbol{M}$,

$$\boldsymbol{M} = \boldsymbol{r}_1 \times \boldsymbol{F} + \boldsymbol{r}_2 \times \boldsymbol{F}_2 = \boldsymbol{r}_1 \times \boldsymbol{F} - \boldsymbol{r}_2 \times \boldsymbol{F} = (\boldsymbol{r}_1 - \boldsymbol{r}_2) \times \boldsymbol{F} = \boldsymbol{r} \times \boldsymbol{F}. \qquad (41.1)$$

不论 A 点取的是哪一点, 结果总是等于 $\boldsymbol{r}\times\boldsymbol{F}$. 很容易验证: $\boldsymbol{r}\times\boldsymbol{F}$ 的方向、指向正同于上面所说的力偶矩的方向、指向; 其大小等于 $rF\sin\theta=F(r\sin\theta)=Fd$, 正是力偶的力矩. 可见 $\boldsymbol{M}=\boldsymbol{r}\times\boldsymbol{F}$ 正是力偶矩.

既然力偶矩充分表明了力偶的特性, 两个力偶只要具有相同的力偶矩, 不论这两力偶是否在同一平面内, 不论组成力偶的力的指向如何不同、也不论组成力偶的力的大小如何不同, 这两力偶就具有同样的特性, 所起的力学作用也相同, 因此这两力偶完全相当, 可以互相代替. 这样, **凡是讲到力偶的时候, 完全不必具体指出是哪两个力所组成的, 只要指出其力偶矩就够了**.

根据力偶的这个特点, 我们可以将前面的结果重新叙述如下: 施于刚体的 P 点的力 $\boldsymbol{F}$ 可以移到 O 点去, 只要同时附加一个力偶, 其力偶矩等于 $\boldsymbol{r}\times\boldsymbol{F}$ ($\boldsymbol{r}$ 指的是径矢 $\overrightarrow{OP}$) 就行了. 应当指出, 附加的力偶矩 $\boldsymbol{r}\times\boldsymbol{F}$ 恰恰即是力 $\boldsymbol{F}$ 未移动前对于 O 点的力矩. 这就是有条件地**将一个力移到另一点的方法**.

(4) 力系的简化

于是, 刚体上力系的简化问题中的困难终于克服.

在刚体上任取一点 O, 将施于刚体的各个力 $\boldsymbol{F}_i(i=1,2,3,\cdots)$ 一一移到 O 点去. 这个 O 点因而称为**约化中心**. 每将一个力 $\boldsymbol{F}_i$ 移到约化中心, 必须同时附加一个力偶, 其力偶矩即等于该力未移动前对于约化中心 O 的力矩

$$\boldsymbol{M}_i=\boldsymbol{r}_i\times\boldsymbol{F}_i. \tag{41.2}$$

$\boldsymbol{r}_i$ 指的是从约化中心 O 到力 $\boldsymbol{F}_i$ 本来作用点的径矢.

所有的力 $\boldsymbol{F}_i$ 既然都已移到同一点, 可按矢量合成法则求出其和

$$\boldsymbol{S}=\sum_i\boldsymbol{F}_i. \tag{41.3}$$

$\boldsymbol{S}$ 称为力系的**主矢**.

可以证明, 力偶的全部特征由力偶矩表示, 并且两个力偶可以合并为一个力偶, 只要把它们的力偶矩按平行四边形法则相加就行. 因此, 我们可以将附加的力偶矩 (41.2) 合并为一个力偶矩

$$\boldsymbol{M}=\sum_i\boldsymbol{M}_i. \tag{41.4}$$

$\boldsymbol{M}$ 称为力系对约化中心 O 的**主矩**. 事实上, 它正好等于所有各力未移动前对于 O 点的力矩之和.

只要 $\boldsymbol{M}\neq 0$, 作用于约化中心 O 的主矢 $\boldsymbol{S}$ 就不能称为力系的合力. 一般说来, 力系的合力并不存在.

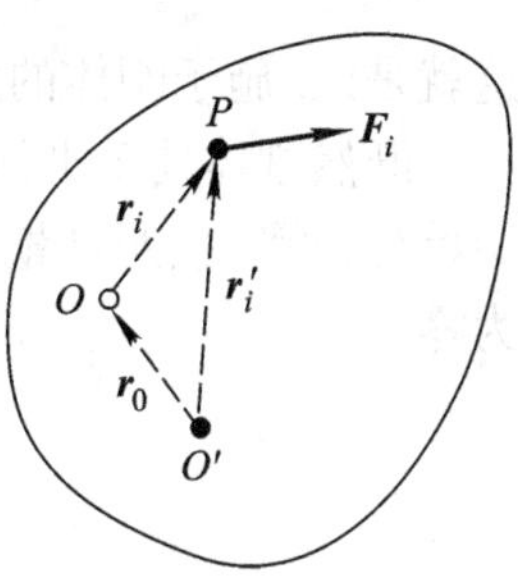

图 6–7

力系**存在合力的条件**是 $\boldsymbol{M}\cdot\boldsymbol{S}=0$. 证明如下 (图 6–7): 取点 O', 从 O' 到 O 的径矢 $\boldsymbol{r}_0=\boldsymbol{M}\times\boldsymbol{S}/S^2$. 现在改以 O' 作为约化中心, 就是说, 将 $\boldsymbol{S}$ 从 O 移到 O'. 在这移动过程中, 应附加一个力偶, 其力偶矩为 $\boldsymbol{r}_0\times\boldsymbol{S}$. 这样, 改以 O' 为约化中心, 则主矩

$$\begin{aligned}\boldsymbol{M}'&=\boldsymbol{M}+\boldsymbol{r}_0\times\boldsymbol{S}=\boldsymbol{M}+(\boldsymbol{M}\times\boldsymbol{S})\times\boldsymbol{S}/S^2\\&=\boldsymbol{M}+[(\boldsymbol{M}\cdot\boldsymbol{S})\boldsymbol{S}-S^2\boldsymbol{M}]/S^2=(\boldsymbol{M}\cdot\boldsymbol{S})\boldsymbol{S}/S^2=0.\end{aligned}$$

既然 $\boldsymbol{M}'=0$, 作用于新的约化中心 O' 的 $\boldsymbol{S}$ 就是力系的合力.

施于刚体的力系归结为主矢 $\boldsymbol{S}$ 与主矩 $\boldsymbol{M}$ 这两个要素. 刚体的运动又如何取决于这两个要素呢? 显然, 按照质心运动定理 (36.6), **主矢 $\boldsymbol{S}$ 决定刚体的质心的运动**. 按照动量矩定理 (38.3), 主矩 $\boldsymbol{M}$ 决定刚体对于约化中心 O 的动量矩 $\boldsymbol{L}$ 的变化情况, 亦即**主矩 $\boldsymbol{M}$ 决定刚体相对于 O 点的运动**. 注意, 如果点 O 既非刚体的质心又非相对于惯性系静止, 那么, 主矩 $\boldsymbol{M}$ 应包括施于刚体各点的惯性力对于 O 点的力矩.

§42 刚体的平衡

(1) 刚体的平衡问题

现在来研究刚体的平衡问题.

既然刚体处于平衡中, 刚体的质心就始终是 "静止" 的, 当然也就没有加速度. 按照质心运动定理, 这表明施于刚体的力系的主矢 $\boldsymbol{S}$ 为零.

$$\boldsymbol{S}=\sum_i \boldsymbol{F}_i=0. \tag{42.1}$$

如采用直角坐标系, 上面这个矢量方程式就表为三个分量方程式

$$S_x=\Sigma F_x=0,\quad S_y=\Sigma F_y=0,\quad S_z=\Sigma F_z=0. \tag{42.2}$$

这就是说, 施于刚体的力系是力偶.

既然刚体处于平衡中, 刚体既不平动又不转动, 它对于不论哪一轴线的动量矩始终为零. 按照动量矩定理, 这表明施于刚体的力系对于不论哪一轴线的力矩为零.

$$\begin{cases} M_x=\Sigma(yF_z-zF_y)=0,\\ M_y=\Sigma(zF_x-xF_z)=0,\\ M_z=\Sigma(xF_y-yF_x)=0. \end{cases} \tag{42.3}$$

这三个式子不妨合并为一个矢量式子

$$\boldsymbol{M}=\sum_i \boldsymbol{M}_i=\sum_i \boldsymbol{r}_i\times\boldsymbol{F}_i=0. \tag{42.4}$$

这也是完全可以理解的. 既然刚体既不平动又不转动, 它对于不论哪一点的动量矩 $\boldsymbol{L}$ 始终为零. 按照对于点的动量矩定理, 这表明施于刚体的力系对于不论哪一点的主矩 $\boldsymbol{M}$ 为零, 即 (42.4) 式.

这样的力系称为**零力系**. 简化零力系的结果, 所有的力互相消去, 所有的力偶也互相消去, 什么也不剩下. 刚体如处于平衡中, 施于刚体的力系必为零力系.

刚体有六个自由度. 力的平衡 (42.2) 与力矩的平衡 (42.3) 正好包含六个分量方程式, 它们完整地给出了六个自由度的刚体的平衡条件. 它们称为**刚体平衡方程式**.

很多情况下, 刚体并非自由的, 而是受到某些约束, 这时刚体的自由度减少, 小于六. 因而往往不必使用全套的六个平衡方程式, 完全可能从 (42.2) 与 (42.3) 之中选取较少个数的方程式来解决受约束的刚体的平衡问题. 但是这种做法意味着承认刚体受约束而不追究刚体如何被约束, 换句话说, 对于约束反力弃置不加研究, 因而不可能求出约束反力. 如果问题正好需要**求出约束反力**, 那么虽然刚体的自由度小于六, 仍然必须使用全套的六个平衡方程式.

例 1 研究天平两端的重量稍有不等的时候, 指针的平衡位置. 这也就是说, 研究天平的灵敏度问题.

解 ① 指针不过用来表示横梁的位置 (图 6–8). 因此, 问题在于研究横梁的平衡. 横梁可以看作刚体, 这一刚体只能绕刀刃 O 摆动, 只有一个自由度. 本例无需全套的平衡方程式. 既然横梁可能的运动是摆动, 可以只考虑力矩的平衡. 又因这一摆动只能绕固定的轴进行, 在三个力矩平衡方程式中可以只考虑其中一个, 即对于摆动轴线的力矩的平衡方程式.

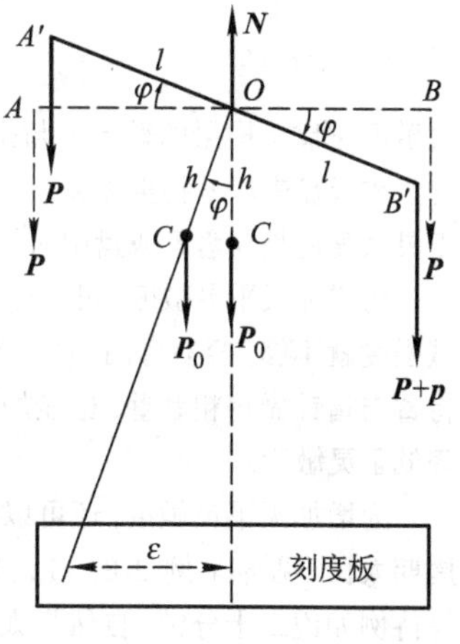

图 6–8

将横梁隔离出来.

横梁在两端所受的力分别等于各该端盘重以及该盘所承物重, 图中以 $\boldsymbol{P}$ 与 $P+p$ 表之. 这里 p 是一个小的量, 用以表明两端重量稍有不等. 横梁还受到刀刃 O 的作用力 N, 但这力正好在转轴上, 其对于转轴的力矩为零, 所以不必考虑.

如果只有上述几个力, 那么只要天平两端重量稍有不等, 横梁就一直向一方倾斜, 直到完全掉下来为止. 事实上, 如天平两端重量稍有不等, 横梁仍然有某个平衡位置; 这里很重要的一个因素是横梁本身的重量 P_0. P_0 可以看作施于质心 C. 天平两端重量相等的时候, 横梁水平, C 恰在刀刃 O 的正下方. 两端重量稍有不等, 横梁倾斜, $\boldsymbol{C}$ 也随之偏移到较轻的一方, 因而 P_0 对于刀刃的力矩是阻止天平倾斜的, 横梁终于在某个倾斜位置达到平衡.

横梁的平衡位置是我们所应求的. 今将横梁与水平方向所夹角记作 φ, φ 即题所求.

② 取固定于横梁支架的坐标系. 选取 O 点为坐标原点, x 轴水平向右, y 轴竖直向上, 横梁的摆动轴为 z 轴. 本题只需 $M_z=0$ 这一个力矩平衡方程式.

兹规定使 φ 角增大的转动方向为正的转动方向.

较重的一端所受力 $P+p$ 的力矩为 $(P+p)l\cos\varphi$; 较轻的一端所受力 P 的力矩为

$-Pl\cos\varphi$; 横梁本身的重量的力矩为 $-P_0h\sin\varphi$. 这里 h 为横梁质心 C 与刀刃 O 的距离.

③ 列出平衡方程式

$$(P+p)l\cos\varphi - Pl\cos\varphi - P_0h\sin\varphi = 0.$$

④ 解出 φ,

$$\tan\varphi = pl/P_0h.$$

这里的结果用角度 φ 表出, 与实际情况是不很符合的. 实际上决不会用量角器去量横梁与水平方向所夹的角度, 那种做法准确度太差了.

实际上采用的是指针在刻度板上的读数 ε, 我们应将结果改用 ε 表出. 如以 L 表示刻度板与刀刃 O 的垂直距离, 则读数

$$\varepsilon = L\tan\varphi = \frac{lL}{P_0h}p.$$

⑤ 读数 ε 与重量差 p 成正比. 这是可以理解的. 两端差得越多, 横梁就倾斜得越厉害. ε 与 p 的比值为 lL/P_0h. 对于一定的重量差 p, 这个比值越大, 则读数 ε 越大, 即横梁倾斜越甚, 换句话说, 天平越灵敏. 因此, ε 与 p 的比值标志着天平的灵敏程度, 通常称之为**灵敏度**.

$$\text{天平的灵敏度} = \frac{lL}{P_0h}.$$

灵敏度正比于横梁的臂长 l 与指针长 L, 反比于横梁重量 P_0 与质心 C 低于刀刃的距离 h, 与盘重或盘中所承物重无关. 不过, 应当声明, 这里假定了 A, O, B 三个刀刃在一直线上, 否则灵敏度还是与盘重或盘中所承物重有关.

为增加天平灵敏度, 可以增加横梁的臂长与指针的长. 不过, 臂或指针加得过分长了, 机械强度就不够, 容易弯曲, 使结果不可靠, 这就不仅仅是灵敏或不灵敏的问题了. 当然, 只要将臂与指针做得粗壮些, 也能加强它们的机械强度; 不过这样一来, 横梁的重量 P_0 增大, 又降低了灵敏度.

为增加天平灵敏度, 还可以减小 h, 即提高横梁的质心的位置. 但这样一来, 横梁摆动的周期太长 [见 §44 例 2 的 (1) 式], 因而需要很长时间才得停下来. 为读取一个平衡读数, 要等待例如说二十分钟, 自然是太不方便了. (使用灵敏的分析天平时并不等待指针停止, 而是读取其几次摆动中几个相继的最大偏转读数, 从而推算其平衡读数. 见有关的实验教材.)

如 h 小到为零, 则灵敏度 $=\infty$. 其实这样反而根本不可能进行任何称衡. 两端重量不可能绝对相等, 而在 $h=0$ 的情况下, 只要两端不是绝对相等, 较重的一方将一直下沉, 横梁转向竖直方向, 终于从刀刃 O 上掉下来. 天平过于灵敏就不稳定了.

上面未考虑到转轴上的摩擦. 为减小摩擦的影响, 通常用坚硬材料制成刀刃以承担横梁与两端的盘. 在刀刃上集中地承担着重量, 压强是很大的. 为防止刀刃损伤, 所称衡的物体必须较轻. 因此, **比较灵敏的天平决不可用来称衡重物**.

本例只用了一个平衡方程式 $M_z=0$. 另一平衡方程式 $S_y=0$, 即

$$N-(P+p)-P-P_0=0$$

则给出刀刃 O 给予横梁的约束反力 $N=2P+p+P_0$. 其余四个平衡方程式 $S_x=0$, $S_z=0, M_x=0, M_y=0$ 都是恒等式 $0=0$, 没有什么价值.

例 2 一架匀质的梯子, 重为 P, 长为 $2\,l$, 上端靠于光滑墙上, 下端置于粗糙地面上. 梯与地面的摩擦系数为 μ . 有一体重为 P_1 的人攀登到距梯下端 h 的地方 (图 6–9). 问梯是否滑动?

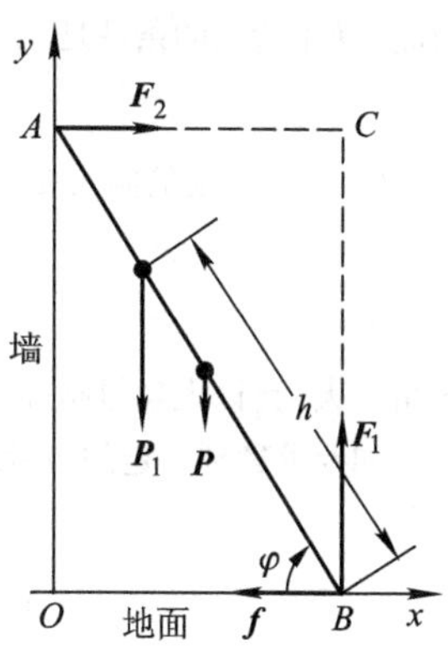

图 6–9

解 ① 为判断梯子是否滑动, 应当先假定梯子并未滑动, 而计算其所要求的梯与地面之间的摩擦力 f 以及梯与地面之间的正压力 F_1. 不滑动所要求的摩擦力 f 如不超过最大静摩擦力 μF_1, 则这摩擦力是实际上可能实现的, 梯子确实不滑动. 不滑动所要求的 f 如超过最大静摩擦力 μF_1, 则梯与地面的摩擦不可能提供这样大的摩擦力, 实际上梯子是滑动的.

可见, 问题在于计算地面给予梯的约束反力. 因此, 需要使用全套的平衡方程式, 虽然梯只有一个自由度 (梯的位置可用 φ 这一个变量表明).

将梯隔离出来.

梯所受重力为 P, 施于梯的中点, 竖直向下.

梯与墙、地面、人接触. 墙是光滑的, 所以梯所受墙的作用力 F_2 垂直于墙面, 即 F_2 为水平方向; 其作用点自然在梯与墙接触处, 即梯的上端. 地面是粗糙的, 所以地面施于梯的力不一定与地面垂直. 地面施于梯的力的指向与大小都是未知的, 但我们总可以将它分解为竖直分力 F_1 与水平分力 f, F_1 即正压力, f 即摩擦力. 因人静止于梯上, 所以人施于梯的力即等于人的体重 P_1, 竖直向下.

梯既假定不滑动, 它就是平衡的, 其位置用角度 φ 表明.

② 取固定于地面的坐标系. 取 $\boldsymbol{x}$ 轴、$\boldsymbol{y}$ 轴如图 6–9 所示, 取 $\boldsymbol{z}$ 轴垂直于图面. 规定使 φ 角增大的转动方向为正的转动方向.

③ 从力的平衡方程式 $S_x=0$ 与 $S_y=0$ 得

$$F_2-f=0, \tag{1}$$

$$F_1-P-P_1=0. \tag{2}$$

力的平衡方程式 $S_z=0$ 则为 $0=0$, 没有什么价值.

力矩的平衡方程式 $M_x=0$ 与 $M_y=0$ 都是 $0=0$, 没有什么价值. 我们只需考虑 $M_z=0$. 今取通过 $\boldsymbol{C}$ 点而平行于 z 轴的直线为轴线, 这是因为 $\boldsymbol{F}_1$ 与 $\boldsymbol{F}_2$ 两力对于这轴线的力矩均为零, 计算比较简单一些. 对于这一轴线的力矩平衡方程式为

$$f2\,l\sin\varphi-Pl\cos\varphi-P_1h\cos\varphi=0. \tag{3}$$

④ 从 (1)—(3) 式解得

$$\begin{cases} F_1=P+P_1, \\ f=\dfrac{Pl+P_1h}{2\,l}\cot\varphi, \\ F_2=\dfrac{Pl+P_1h}{2\,l}\cot\varphi. \end{cases}$$

因此, 梯不滑动的条件是

$$\frac{Pl+P_1h}{2\,l}\cot\varphi<\mu P+\mu P_1. \tag{4}$$

⑤ 对于一定的倾角 φ, 人所能攀登的高度为

$$h<\frac{2\,l\mu(P+P_1)}{P_1}\tan\varphi-\frac{Pl}{P_1}. \tag{5}$$

φ 角越大, 允许人攀得越高; μ 越大允许人攀得越高.

如要求攀到一定的 h, 则梯的倾角

$$\varphi>\arctan\frac{Pl+P_1h}{2\,l\mu(P+P_1)}. \tag{6}$$

h 越小允许 φ 越小, μ 越大允许 φ 越小.

这里得出的几个平衡条件 (4)—(6) 都是不等式, 而非等式. 这就是说, 物体并不是只有一个平衡位置而是在一定范围内都能平衡. 就和质点动力学中的 §20 例 1 所指出的一样, 根本原因在于静摩擦力可以在一定范围内自行调整. 以条件 (6) 为例. 在 $\varphi=90°$ 时, 梯根本没有滑动趋势, 梯本是平衡的. 如 φ 比 $90°$ 略小一些, 则梯有一微小的滑动趋势, 静摩擦力取微小的值, 梯就能平衡. φ 逐渐减小, 滑动趋势随之增长, 静摩擦力随之加大, 梯子始终保持平衡. 如 φ 减小到 $\arctan[(Pl+P_1h)/2l\mu(P+P_1)]$, 则静摩擦力已增大到等于最大静摩擦力. 如 φ 进一步减小, 静摩擦力并不可能进一步增大, 梯子终于滑动.

摩擦使物体有一系列连续的平衡位置. 如希望物体保持平衡, 摩擦自然是有利的. 但如发生于测量仪表, 在同样条件下, 仪表的指针并不指示一个确定的读数而可以停留在一定的范围之内, 即所谓停滞现象. 摩擦所引起的停滞现象使测量结果的可靠性受到严重损害. 在测量仪表中必须尽量设法消除停滞现象. 天平之所以采用刀刃的原因也正在于此.

本例的墙与梯之间的摩擦如果也不能忽略, 则多出墙与梯的摩擦力这个未知数. 未知数个数共计为四, 而方程个数仍然只有三个, 不能求得确定的解答. 这类问题称为**静不定问题**. 静不定问题的物理实质在于: 物体的弹性与变形对问题有实质的影响, 刚体这个模型已不能充分反映问题的实质. 必须计及物体的弹性与变形, 问题才得以解决.

(2) 平衡的稳定性问题

将铅笔削尖, 使它尖端朝下地站立在桌面上. 从理论上讲, 这是可以实现的, 铅笔有某个平衡位置; 当铅笔所受重力的作用线通过其与桌面接触的尖端时, 铅笔就达到了平衡位置, 它应当就能够站住. 事实上, 经验表明, 这是很难实现的, 甚至可以说是无法实现的. 问题在于: 我们不能绝对准确地将铅笔放在平衡位置, 而且即使已在平衡位置, 也不可避免会有各种各样的偶然因素 (例如微风吹拂或桌面轻微振动) 使物体稍稍偏离平衡位置, 并且只要铅笔稍稍偏离了平衡位置, 重力就使这个偏离不断增大, 以致铅笔倾倒. 铅笔尖端朝下站立虽说是平衡的, 实际上却不能实现. 通常说, 铅笔的这种平衡是不稳定的.

重要的问题还在于平衡的稳定性. 由于种种偶然因素的影响, 即使物体已在平衡位置, 仍然会稍稍偏离其平衡位置. 这里重要的问题是, 物体一旦偏离平衡

位置, 施于它的力究竟迫使它回复平衡位置, 还是迫使它作更大的偏离. 前一情况称为稳定的平衡, 后一情况称为不稳定的平衡. 如物体既不回复原来的位置, 也不更远地偏离, 则称为中性平衡. 只有当平衡是稳定的情况下, 物体才会真正停留在平衡位置.

施于物体的各力如全是保守力, 平衡以及平衡的稳定性都可用势能来很方便地判明.

首先谈平衡条件. 仿照 (29.7), 可知 $S_x = -\partial V/\partial x, S_y = -\partial V/\partial y, S_z = -\partial V/\partial z$. 于是力的平衡条件 (42.2) 可表为

$$\frac{\partial V}{\partial x} = 0, \quad \frac{\partial V}{\partial y} = 0, \quad \frac{\partial V}{\partial z} = 0. \tag{42.5}$$

既然力矩所做的功 $\mathrm{d}W = M\mathrm{d}\varphi$, 我们可以仿照 (29.7) 的推导引出 $M_x = -\partial V/\partial\theta_x$, $M_y = -\partial V/\partial\theta_y, M_z = -\partial V/\partial\theta_z$, 这里 $\theta_x, \theta_y, \theta_z$ 分别表示刚体绕 x, y, z 轴转动的角度. 于是力矩的平衡条件 (42.3) 可表为

$$\frac{\partial V}{\partial \theta_x} = 0, \quad \frac{\partial V}{\partial \theta_y} = 0, \quad \frac{\partial V}{\partial \theta_z} = 0. \tag{42.6}$$

(42.5)、(42.6) 即是刚体在保守力作用下的平衡方程式. 显然, 它们表明, **刚体在平衡位置的势能为极大或极小**.

再谈平衡的稳定性. 在稳定平衡的情况下, 物体一偏离平衡位置, 施于它的有势力就迫使它返回. 换句话说, 物体从平衡位置偏离时是逆着保守力进行的, 保守力对物体做负功, 势能增加. 物体只要偏离稳定平衡位置, 势能就增加, 可见物体在稳定平衡位置的势能为极小. 因此, **稳定平衡的条件是**

$$V\text{为极小}. \tag{42.7}$$

同理, 物体从不稳定平衡位置偏离, 施于它的保守力迫使它继续偏离; 偏离是顺着保守力进行的, 保守力对物体做正功, 势能减小. 物体只要偏离不稳定平衡位置, 势能就减小, 可见物体在不稳定平衡位置的势能为极大. 至于说到中性平衡, 既不回复也不偏得更远, 可见势能应为常量.

例 1 曾说起减小 h 可以提高天平的灵敏度, 但这就牺牲了稳定度. h 减到零, 灵敏度提高到 ∞, 而稳定度也降低到了零.

(3) 桁架问题

如平衡问题涉及几个物体, 自然应当运用**隔离物体法**. 这是我们早已熟悉了的方法; 关于隔离物体法的一般应用, 这里就不多说了.

这里主要讨论一下静定桁架问题.

若干根钢杆在其各端点铆接而成的结构称为桁架结构. 因钢杆所承受的应力远远大于钢杆自身的重量, 所以在各种问题中常可忽略钢杆本身的重量. 现在来考察这样一种情况, 所有载荷都是施于结构的结点上. 这类问题称为桁架问题.

在桁架问题中, 各根钢杆都只在端点受力作用. 由此规定了**桁架问题的特点**: 各杆只被拉伸或压缩, 并不弯曲或扭转; 换句话说, 各杆中只有拉力或压力作用, 并无挠曲或扭转的力矩. 这是不难验证的. 从桁架结构中将一根钢杆 MN 隔离出来看 (图 6–10). 它只在两端受到结点所给予的力 $\boldsymbol{F}$ 与 $\boldsymbol{f}$. 这两个未知的力在图上假定处于不同方向. 但既然钢杆是平衡的, 力系的主矢应为零, 即 $\boldsymbol{F}$ 与 $\boldsymbol{f}$ 大小相等, 指向相反; 又力系的主矩应为零, 即 $\boldsymbol{F}$ 与 $\boldsymbol{f}$ 应沿着同一条作用线, 这只能是沿着杆身. 这就证实了杆中只有拉力或压力的论断. 正是这一特点使得工程技术中广泛采用桁架结构.

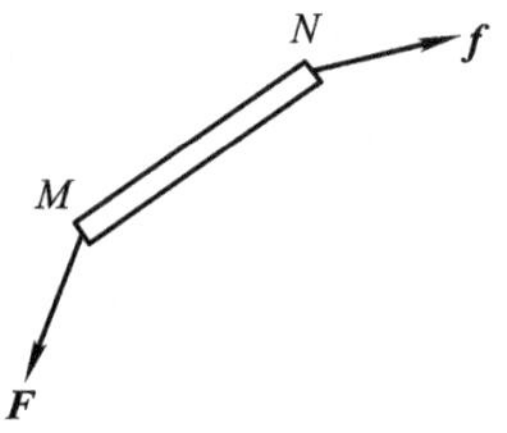

图 6–10

运用一般的隔离物体法, 当然可以解决桁架问题. 但由于桁架结构的广泛应用, 在工程技术中发展了好几种特定的解法, 这些方法都是特别针对桁架问题的. 我们既非专门研究工程技术问题, 这里也就不必一一详细论述这些方法. 下面只介绍**桁架问题的一种解法**.

先考虑桁架整体的平衡, 由此解得基础给予桁架的作用力. 然后逐个考察各个结点的平衡. 结点的考察应按一定的次序进行. 每取一个结点, 汇交于该结点的各个钢杆中的未知拉力或压力个数应该不超过两个, 于是未知的拉力或压力就可从该结点的平衡方程式解得. 各根钢杆中究竟为拉力或压力, 常不能预先判定; 我们不妨假定全是拉力, 如某些拉力的值解得为负值, 则实际上是压力.

例 3 图 6–11 是七根长度相等的钢杆组成的桁架桥. 有一质量为 m 的汽车正驶经 C 点. 试求各杆所受的力. (见图 6–11; 右图是该桁架桥的鸟瞰图.)

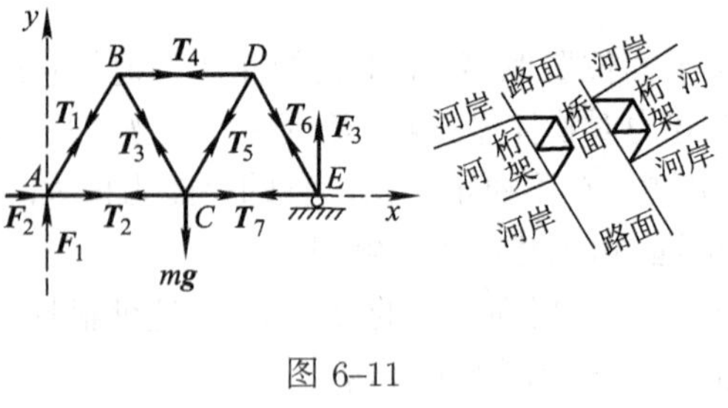

图 6–11

随着气温的变动, 桁架桥的长度也随之而变. 假如将桥两端固定起来, 不允许桥梁长度有所改变, 则钢杆中将出现巨大的应力, 甚至可能严重损伤桥梁. 因此, 桥的一端 E 置于轮上, 以便桥的长度可以随着气温的变动而自由伸缩.

解 ① 就桥的整体而言, 它与两端基础、汽车接触. 桥的 $\boldsymbol{E}$ 端置于轮上, 其在水平方向的运动是自由的, 所以基础给予桥的力 F_3 只能是竖直向上的. 桥的 A 端固定, 基础给予桥的力的指向与大小都不知道, 但总可以分解为竖直分力 F_1 与水平分力 F_2. 因汽车没有竖直方向加速度, 所以汽车施于桥的力就等于汽车的重量 mg.

至于各个结点则受到汇交于该点各钢杆的力. 详见图, 在此不一一列举. 我们假定各杆都受拉力作用, 而各杆对结点的作用也就全为拉力.

注意图 6–11 所标出的各力是钢杆对结点的作用力, 不是结点对钢杆的作用力. 注意到这一点就不至于将图 6–11 误解为各杆受压力作用. 说到钢杆所受的力, 应当将图中所有箭头反过来画, 梁受拉力作用就显得很明白了.

② 取 x 轴水平向右, y 轴竖直向上, z 轴垂直于图面.

③ ④ 先考虑桁架的整体的平衡. 从 $S_x=0, S_y=0$, 得

$$F_2=0$$

$$F_1+F_3-mg=0.$$

取 z 轴通过 A 点, 从 $M_z=0$ 得

$$F_3\,l-mg\frac{l}{2}=0,$$

式中 l 为桥长. 其余 $S_z=0, M_x=0, M_y=0$ 均为恒等式 $0=0$, 没有什么价值.

从平衡方程式解得

$$F_2=0,\quad F_1=\frac{1}{2}mg,\quad F_3=\frac{1}{2}mg. \tag{1}$$

考察结点 A 的平衡, 这里只有两个未知数. A 点的平衡方程式为

$$\begin{cases} T_2+T_1\cos 60^\circ=0,\\ T_1\sin 60^\circ+\dfrac{1}{2}mg=0. \end{cases}$$

由此解得

$$T_1=-\frac{1}{2}mg\frac{1}{\sin 60^\circ},\quad T_2=\frac{1}{2}mg\frac{1}{\tan 60^\circ}. \tag{2}$$

再考察结点 B 的平衡, 这里也是只有两个未知数. B 点的平衡方程式为

$$\begin{cases} T_4-T_1\cos 60^\circ+T_3\cos 60^\circ=0,\\ T_1\sin 60^\circ+T_3\sin 60^\circ=0. \end{cases}$$

由此解得

$$T_3=\frac{1}{2}mg\frac{1}{\sin 60^\circ},\quad T_4=-\frac{1}{2}mg\frac{1}{\sin 60^\circ}. \tag{3}$$

接下去可以考察结点 C 或结点 D 的平衡. 但由于对称性, 其实已不必继续算下去, 可以直接写出

$$T_5=T_3,\quad T_6=T_1,\quad T_7=T_2. \tag{4}$$

从所得的符号, 知 AB, BD, DE 三根钢杆中并非拉力而是压力, 其余各杆中确实为拉力.

§43 刚体的平动

刚体的最简单的一种运动就是平动.

所谓**刚体的平动**, 指的是这样一种运动: 刚体中任一根直线始终保持平行于其自身. 图 6–12 中, 以矩形示意地代表某个刚体. 在平动过程中, 刚体的 A, B, C 三点以及所有各点的轨道都是全同形. 刚体的各点在任意长短的同一时间段 Δt 内具有同样的位移, 所以刚体各点在同一时刻又具有同样的速度和加速度. 可以说这就是刚体的速度、加速度. 后面各节将要指出, 如刚体不是作平动, 则根本谈不上什么刚体的速度、加速度; 一般地说 "刚体的速度、加速度" 是无意义的.

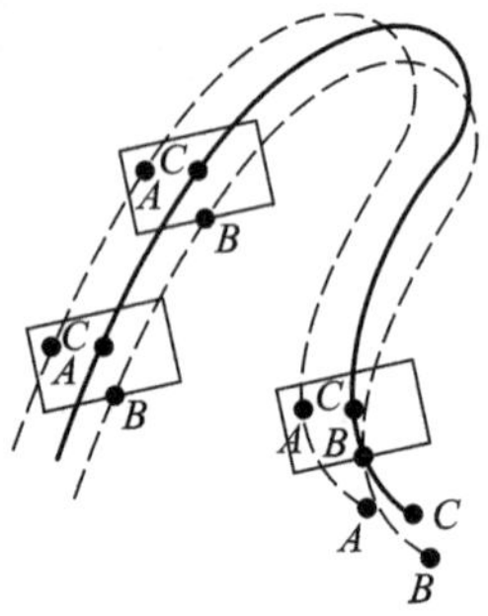

图 6–12

由此看来, 在刚体作平动的情况下, 只要知道了刚体内随便哪一点的运动情况, 也就是知道了整个刚体的运动情况. 这里很自然地想到质心. 质心运动定理确定刚体质心的运动, 它也就给出整个刚体的平动. 这是完全合理的. 平动的刚体最多只有三个自由度, 而质心运动定理包含三个分量方程式, 所以运用质心运动定理完全足以解决刚体平动问题. **只要先肯定了刚体作平动, 刚体的运动也就归结为质心的运动**. 其实, 第一章到第四章所研究的对象与其说是质点的运动, 倒不如说是刚体的平动.

但是, 刚体之所以平动往往是由于各种约束反力的作用. 先肯定刚体作平动, 这意味着, 承认刚体受约束而不追究刚体如何被约束, 将约束反力弃置不加研究, 因而不可能求出约束反力. 如果问题正好需要**求出约束反力**, 那就需要考察约束反力的作用, 这时仍然必须使用全套的方程式, 即除了质心运动定理之外, 还要动量矩定理.

使用动量矩定理时, 如选取固着于刚体某一点并随着刚体平动的坐标系, 则刚体动量矩显然恒为零 (既然刚体相对于这个坐标系是始终保持静止的), 动量矩定理就成为力矩的平衡方程式. 但于此应当注意计及惯性力系的力矩, 这个力矩是不难算出的, 因为如 §41 所指出, 这种情况下的惯性力系的合力作用于质心. 但如选取质心坐标系则惯性力系的力矩为零, 这是 §38 所早已指出的.

例 汽车质量为 m. 前后轮相距 $2\,l$, 质心在前、后轮中点, 离地高度为 h (图 6–13). 汽车为后轮传动的. 发动机使汽车获得加速度 a. 问地面与后轮的摩擦系数 μ 最小多少, 才得以避免“打滑”？(“打滑”指轮的着地点相对于地面有滑动.) 可略去前轮所受摩擦力以及机件各部分的摩擦.

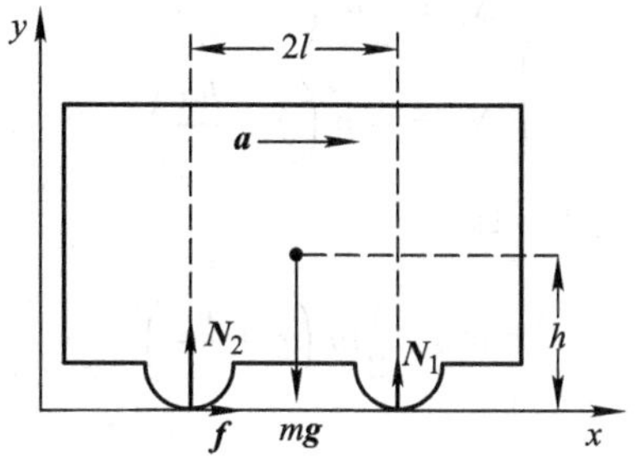

图 6–13

解 ① 为判断汽车是否打滑, 应当先假定汽车并未打滑而计算其所要求的汽车后轮与地面之间的摩擦力 f, 以及后轮与地面之间的正压力 N_2. 不打滑所要求的 $\boldsymbol{f}$ 如不超过最大静摩擦力 μN_2, 则这摩擦力是实际上可能实现的, 汽车确实不打滑. 不打滑所要求的 $\boldsymbol{f}$ 如超过最大静摩擦力 μN_2, 则后轮与地面之间的摩擦不可能提供这样大的摩擦力, 实际上已发生打滑.

可见, 问题在于计算地面给予汽车的约束反力. 因此, 虽然汽车作平动, 也需要使用全套的方程式.

将汽车隔离出来.

以地面为标准来研究汽车 (的质心) 的运动, 但相对于质心坐标系来运用力矩的平衡方程式.

汽车的加速度是已知的, 指向水平, 大小为 a.

汽车所受重力 mg 施于质心, 竖直向下.

汽车的前、后两轮与地面接触. 地面给前轮竖直向上的正压力 N_1, 题已指明略去前轮所受摩擦力. 地面给予后轮竖直向上的正压力 N_2. 发动机使汽车后轮加速转动, 这就给后轮的着地点以向后滑动趋势, 所以地面给予后轮以向前的摩擦力.

② 取固定于地面的坐标系. x 轴水平向前, y 轴竖直向上, z 轴垂直于图面.

③ 从质心运动定理得

$$f = ma, \tag{1}$$

$$N_1 + N_2 - mg = 0. \tag{2}$$

相对于质心坐标系列出力矩的平衡方程式. 从 $M_z = 0$ 得

$$fh + N_1 l - N_2 l = 0. \tag{3}$$

至于 z 方向的质心运动定理与 $M_x = 0, M_y = 0$ 均为恒等式 $0 = 0$, 没有什么价值.

④ 从 (1)—(3) 解得

$$\begin{cases} f = ma, \\ N_2 = \dfrac{1}{2}m\left(g + \dfrac{ha}{l}\right), \\ N_1 = \dfrac{1}{2}m\left(g - \dfrac{ha}{l}\right) \end{cases} \tag{4}$$

⑤ 不打滑的条件为 $f \leqslant \mu N_2$, 即

$$ma \leqslant \mu\frac{1}{2}m\left(g + \frac{ha}{l}\right),$$

所以

$$\mu \geqslant \frac{2\,la}{gl + ha}. \tag{5}$$

如地面与后轮之间的摩擦系数不及 $2la/(gl + ha)$, 则将发生打滑.

从 (4) 可以看出, 随着 a 的增大, N_2 增大而 N_1 减小. 这就是说后轮对地面的压力增加、前轮与地面的压力减小. 这又意味着, 后轮钢板弹簧压紧, 前轮钢板弹簧放松, 即车尾下沉, 车头上抬. 这是完全可以理解的. 使汽车加速的力是摩擦力, 而摩擦力作用于汽车下面, 因此开始时, 汽车下半部已加速而上半部尚未加速. 汽车下半部跑得比上半部快, 结果自然是车头上抬而车尾下沉. 地面又约束着汽车使它不能这样转下去, 结果后轮更紧地压于地面, 前轮则较轻地压于地面. 当然, 汽车上、下两部分并非分割开的, 上半部也将加速而赶上了下半部. 这里为清晰起见进行了一步一步的详细分析, 其实这一切过程都在很短的时间内完成.

反之, 在汽车减速时, 车尾上抬, 车头下沉, 后轮对地面压力减轻, 前轮对地面压力加大.

这种车头上抬或下沉现象以小轿车更为显著, 这是因为小轿车的钢板弹簧比较软, 即劲度系数比较小.

如汽车加速度太大, 以致 $a > gl/h$, 则 $N_1 < 0$. 但 $N_1 < 0$ 是不合理的. 事实上, 这表明地面对前轮的约束已经解除, 即前轮已离地而腾起. 反之, 如汽车过猛地刹车, 以致 $|a| > gl/h$, 则 $N_2 < 0$, 即意味着后轮离地而腾起.

⑥ 动量矩定理当然也可以相对于惯性参考系统来运用, 只是这时动量矩定理并不归结为力矩的平衡方程式.

本例中, 汽车相对于 z 轴的动量矩可利用 (38.5) 很方便地算出. 由于 $L' = 0, L_0 = -mvh$, 所以 $L = L_0 + L' = -mvh$. 于是, 相对于 z 轴, 动量矩定理为

$$\frac{\mathrm{d}}{\mathrm{d}t}(-mvh) = N_1(x + l) + N_2(x - l) - mgx.$$

利用 (2), 可将上式改写为

$$-mah = N_1 l - N_2 l. \tag{6}$$

这样, 代替方程组 (1)—(3), 应当求解方程组 (1), (2), (6).

不难看出, (3)$-h\times$ (1) 正是 (6). 这就是说, 方程组 (1), (2), (6) 完全等价于方程组 (1)—(3).

§44 刚体的定轴转动

(1) 定轴转动的运动学

刚体的一种较简单的运动就是定轴转动.

所谓**刚体的定轴转动**, 指的是这样一种运动: 刚体中有某根确定的直线始终保持不动, 整个刚体绕着这根直线转动. 这根直线称为转动轴. 因为转动轴是始终一定而不变的, 所以称为定轴.

在转动情况下, 刚体内各点的速度、加速度一般是各个不同的, 因而根本谈不上什么刚体的速度、加速度. **应当将"刚体的运动"与"刚体内各点的运动"区分开来**.

刚体转动时, 尽管各点的位移各个不同, 但各点所转过的角度却是全都一样的. 可见, **在定轴转动中, 应当用角度来描述刚体的运动**.

刚体在任一时刻 t 的位置可以用角坐标来表明. 取刚体的某个特定位置作为标准, 从这个标准位置到时刻 t 的位置所转过的角度 $\varphi(t)$ 就称为刚体的**角坐标**. 角坐标的变更称为**角位移**. $\dot{\varphi}(t)$ 称为在时刻 t 的**角速度** $\omega(t)$,

$$\omega(t) = \dot{\varphi}(t). \tag{44.1}$$

$\ddot{\varphi}(t)$ 则称为在时刻 t 的**角加速度**$\alpha(t)$,

$$\alpha(t) = \ddot{\varphi}(t). \tag{44.2}$$

(44.1)、(44.2) 表明, 用**微分运算**, 可以从各时刻的角坐标求得各时刻的角速度, 从各时刻的角速度求得各时刻的角加速度. 反之, 用**积分运算**, 可以从各时刻的角加速度求得各时刻的角速度, 从各时刻的角速度求得各时刻的角坐标:

$$\omega(t) = \omega(t_0) + \int_{t_0}^{t} \alpha(\tau)\mathrm{d}\tau, \tag{44.3}$$

$$\varphi(t) = \varphi(t_0) + \int_{t_0}^{t} \omega(\tau)\mathrm{d}\tau. \tag{44.4}$$

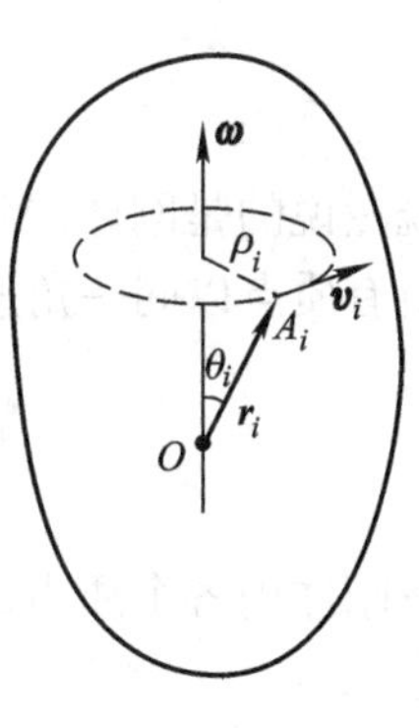

图 6–14

现在来考虑"**刚体内各点的运动**"的描述问题.

刚体内任一点, 例如 A_i 点 (图 6–14), 绕转动轴作圆周运动. 因此, A_i 点的速度 $\boldsymbol{v}_i$ 沿着圆周切线而指向运动的"前"方; A_i 点速度的大小, 亦即 A_i 点的速率 v_i, 显然等于 $\omega\rho_i$, 这里 ρ_i 是 A_i 点与转动轴的垂直距离. 至于说到 A_i 点的加速度, 首先因为作圆周运动, 它具有向心加速度 $\boldsymbol{a}_n$, 垂直地指向转动轴, 其大

小 $a_n = v_i^2/\rho_i = \omega^2\rho_i$. 其次, 如刚体转动角速度 ω 随时间而变, 则刚体内任一点的圆周运动的速率也随之而变, 因而具有切向加速度. 在刚体转动加快 $(a > 0)$ 的情况下, 拿 A_i 点来说, 其切向加速度 $\boldsymbol{a}_\tau$ 沿着圆周的切线而指向运动的 "前" 方, 其大小 $a_\tau = \dot{v}_i = \dot{\omega}\rho_i = \alpha\rho_i$. 其实, 上述结论在刚体转动减慢 $(a < 0)$ 的情况下也是对的, 这是因为 $a_i = \alpha\rho_i$ 在此情况下为负, 正好自动表明 $\boldsymbol{a}_\tau$ 指向运动的 "后" 方.

A_i 点的速度 v_i 还可以用矢量式表出. 为此, 在转动轴上任取一个 O 点. 以 O 点为起点引一矢号沿着转动轴, 其指向按右手法则与刚体的转向联系起来; 其长短即为刚体的角速度 ω. 通常就将这一矢号也称作**角速度**, 并以 $\boldsymbol{\omega}$ 记之. 以径矢 $\boldsymbol{r}_i = \overrightarrow{OA_i}$ 表示 A_i 点的位置, 则不难验证矢量 $\boldsymbol{\omega} \times \boldsymbol{r}_i$ 的指向、大小正好同于 A_i 点的速度的指向、大小. 因此 A_i 点的速度 $\boldsymbol{v}_i$ 可表为

$$\boldsymbol{v}_i = \boldsymbol{\omega} \times \boldsymbol{r}_i. \tag{44.5}$$

用矢量运算方法, 又可以从 A_i 点的速度 (44.5) 求出 A_i 点的加速度. 将 (44.5) 对时间 t 微分一次, 即得 A_i 点的加速度

$$\boldsymbol{a}_i = \dot{\boldsymbol{\omega}} \times \boldsymbol{r}_i + \boldsymbol{\omega} \times \dot{\boldsymbol{r}}_i = \dot{\boldsymbol{\omega}} \times \boldsymbol{r}_i + \boldsymbol{\omega} \times \boldsymbol{v}_i = \dot{\boldsymbol{\omega}} \times \boldsymbol{r}_i + \boldsymbol{\omega} \times (\boldsymbol{\omega} \times \boldsymbol{r}_i). \tag{44.6}$$

不难验证, (44.6) 的第一项正是 A_i 点的切向加速度 a_τ, 第二项正是 A_i 点的法向加速度 $\boldsymbol{a}_n$.

(2) 定轴转动的动力学基本方程式

作定轴转动的刚体的位置可用一个变量 $\varphi(t)$ 表出, 这就是说, 定轴转动的刚体只有一个自由度. 因此只要用一个动力学方程式就能够解决刚体定轴转动问题.

既然是转动问题, 很自然想到用动量矩定理. 既然是绕定轴的转动, 很自然采用对于这个转动轴的动量矩定理 (38.3),

$$\boldsymbol{M} = \dot{\boldsymbol{L}}. \tag{44.7}$$

既然说的是刚体的定轴转动, 那么, 各个质点与转动轴的距离都保持不变, 并且所有质点以同一角速度 ω 绕轴转动. 这就是说, 按 (27.5), 刚体的动量矩

$$L = \sum_i m_i\rho_i^2\omega = (\sum_i m_i\rho_i^2)\omega = (\sum_i I_i)\omega.$$

将刚体内各个质点的 "转动惯量", I_i 之和称为刚体对于该定轴的**转动惯量**, 记作 I,

$$I = \sum_i I_i = \sum_i m_i\rho_i^2, \tag{44.8}$$

则整个刚体绕转动轴的动量矩

$$L = I\omega. \tag{44.9}$$

于是动量矩定理 (44.7) 可表为

$$M = \frac{\mathrm{d}}{\mathrm{d}t}(I\omega).$$

刚体绕定轴转动时, 转动惯量 I (44.8) 显然是不变的, 因此

$$M = I\dot{\omega} = I\alpha. \tag{44.10}$$

动量矩定理在定轴转动情况下的表达式 (44.10) 提供了解决定轴转动问题的基本方法.

试将 (44.10) 与牛顿第二定律 $\boldsymbol{F} = m\boldsymbol{a}$ 比较. 定轴转动问题中的 M, I, α 分别对应于质点动力学中的 $\boldsymbol{F}, m, \boldsymbol{a}$, 它们是多么类似! I 对应于质点的惯性质量 m, 于此可见 I 反映了刚体在转动中的惯性, 它被称为转动惯量正是为此.

顺便可以指出, (44.9) 与质点动力学的 $\boldsymbol{p} = m\boldsymbol{v}$ 也是极为类似的.

(3) 转动惯量的计算

但是, 要运用 (44.10), 首先需要知道如何计算转动惯量.

转动惯量 I, 按定义 (44.8) 不仅取决于刚体的总质量 m, 更重要的是取决于刚体内各质点与转动轴的距离, 换句话说, 取决于刚体的质量的分布. **同样质量的刚体, 由于形状不同, 其转动惯量也就不同**; 如质量较多地分布在远离转轴的地方, 则转动惯量比较大.

例如, 不论蒸汽机或内燃机, 其所提供的驱动力矩在每一循环的某些冲程中比较大, 另一些冲程中比较小. 力矩的这种脉动将引起火车、汽车或其他机床运动的脉动, 这是不适宜的. 为消除这种脉动, 通常都引入转动惯量很大的轮子, 即所谓 “飞轮”. 飞轮的边缘很厚而轮心较薄, 质量分布是尽可能远离转轴的, 因此转动惯量较大. 这样, 转速就不至于迅速脉动而是比较平稳.

完全一样的刚体, 相对于不同的转动轴来讲, 其质量分布是不一样的. 因此, **同一刚体对于不同的转动轴具有不同的转动惯量**.

现在来讨论对质量连续分布的刚体如何计算转动惯量的问题. 设想将刚体划分为许许多多极小的部分, 每一小部分可看作一个质点. 其中一个质点的质量记为 $\mathrm{d}m$, 它与转轴距离记为 ρ, 这一质点的转动惯量即为 $\rho^2\mathrm{d}m$; 整个刚体的转动惯量即为 $\Sigma\rho^2\mathrm{d}m$. 但为了将每个小部分看作一个质点, 划分得越细结果越精确. 因此, 应当将刚体划分为无限多的部分, 每一部分是无限小. 这样, 累加实际上是定积分:

$$I = \int \rho^2 \mathrm{d}m, \tag{44.11}$$

积分应遍及于刚体的全部.

为了熟悉转动惯量的计算方法, 下面举几个计算转动惯量的例子.

① 半径为 R 的匀质细圆环, 轴垂直于环面, 并通过环心.

将环分成许多小块 $\mathrm{d}m$, 每一小块与轴的距离 ρ 都等于 R, 所以

$$I = \int R^2 \mathrm{d}m = R^2 \int \mathrm{d}m = mR^2. \tag{1}$$

② 半径为 R 的匀质圆盘, 轴垂直于盘面, 并通过盘心.

将盘划分为许多同心圆环 (图 6–15). 先看图中用斜线标明的那一环. 该环的面积为 $2\pi\rho\mathrm{d}\rho$. 如以 σ 表单位面积的质量, 则该环的质量为 $\sigma 2\pi\rho\mathrm{d}\rho$. 依 (1), 这环的转动惯量为 $\sigma 2\pi\rho^3\mathrm{d}\rho$. 因而全盘的转动惯量为

$$I = \int_0^R \sigma 2\pi\rho^3 \mathrm{d}\rho = \sigma\frac{\pi R^4}{2} = \frac{1}{2}(\sigma\pi R^2)R^2 = \frac{1}{2}mR^2. \tag{2}$$

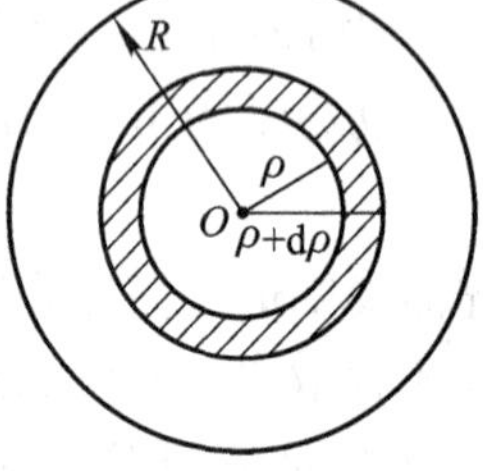

图 6–15

③ 匀质的宽圆环, 其内、外半径各为 R_1 与 R_2, 轴垂直于盘面并通过盘心.

显然, 半径为 R_2 的圆盘的转动惯量减去半径为 R_1 的圆盘的转动惯量就是所求转动惯量. 如以 m_2、m_1 分别表半径为 R_2、R_1 的圆盘的质量, 以 σ 表单位面积的质量, 则

$$\begin{aligned} I = I_2 - I_1 &= \frac{1}{2}m_2R_2^2 - \frac{1}{2}m_1R_1^2 = \frac{1}{2}(\sigma\pi R_2^2)R_2^2 - \frac{1}{2}(\sigma\pi R_1^2)R_1^2 \\ &= \frac{1}{2}\sigma\pi(R_2^4 - R_1^4) = \frac{1}{2}\sigma\pi(R_2^2 - R_1^2)(R_2^2 + R_1^2) \\ &= \frac{1}{2}(m_2 - m_1)(R_2^2 + R_1^2) = \frac{1}{2}m(R_2^2 + R_1^2). \end{aligned} \tag{3}$$

粗心的初学者往往认为: 既然空心圆盘的转动惯量等于半径为 R_2 的圆盘的转动惯量减去半径为 R_1 的圆盘的转动惯量, 结果应当是 $I = \frac{1}{2}m(R_2^2 - R_1^2)$. 这是错误的! 如上所述, 实际上 $I = \frac{1}{2}m_2\, R_2^2 - \frac{1}{2}m_1R_1^2$, 其结果是 $I = \frac{1}{2}m(R_2^2 + R_1^2)$.

将圆盘一个一个叠起来就成为圆柱. 以上关于圆盘的结果也适用于圆柱.

④ 长为 l 的匀质细杆, 轴垂直于杆并通过杆的中点.

将杆划分为许多小段 (图 6–16), 图中用斜线表明的一小段的转动惯量为 $\rho^2\sigma\mathrm{d}\rho$ (σ 为单位长度的质量). 全杆的转动惯量为

$$I = \int_{-l/2}^{+l/2} \sigma\rho^2 \mathrm{d}\rho = \left.\frac{\sigma\rho^3}{3}\right|_{-l/2}^{+l/2} = \frac{\sigma l^3}{12} = \frac{1}{12}\sigma l l^2 = \frac{1}{12}ml^2. \tag{4}$$

⑤ 同理, 长为 l 的匀质细杆, 轴垂直于杆并通过杆的一端, 则转动惯量为

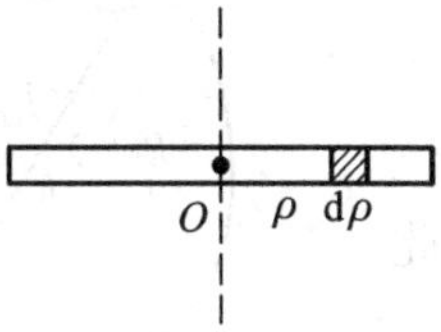

图 6–16

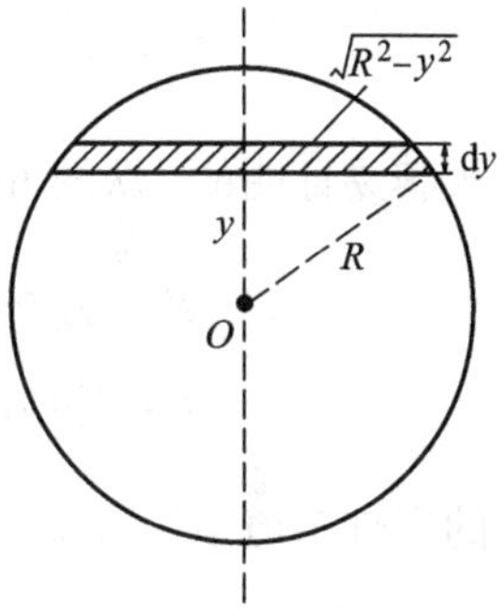

图 6–17

$$I = \int_0^l \sigma\rho^2 \mathrm{d}\rho = \left.\frac{\sigma\rho^3}{3}\right|_0^l = \frac{1}{3}ml^2. \tag{5}$$

⑥ 半径为 R 的匀质球, 轴通过球心.

将球划分为一系列垂直于轴的圆盘 (图 6–17). 图中用斜线标明的圆盘的半径为 $\sqrt{R^2-y^2}$, 厚度为 $\mathrm{d}y$, 所以它的体积为 $\pi(R^2-y^2)\mathrm{d}y$. 如以 σ 表单位体积的质量, 则它的质量为 $\sigma\pi(R^2-y^2)\mathrm{d}y$. 据 (2), 这一圆盘的转动惯量为 $\frac{1}{2}\sigma\pi(R^2-y^2)\mathrm{d}y$. 而整个球的转动惯量为

$$\begin{aligned}I &= \int_{-R}^{+R}\frac{1}{2}\sigma\pi(R^2-y^2)^2\mathrm{d}y = \int_{-R}^{+R}\frac{1}{2}\sigma\pi(R^4-2R^2y^2+y^4)\mathrm{d}y \\ &= \left[\frac{1}{2}\sigma\pi\left(R^4y-\frac{2}{3}R^2y^3+\frac{1}{5}y^5\right)\right]_{-R}^{+R} = \frac{1}{2}\sigma\pi\left(2R^5-\frac{4}{3}R^5+\frac{2}{5}R^5\right) \\ &= \frac{8}{15}\sigma\pi R^5 = \frac{2}{5}\left(\frac{4}{3}\sigma\pi R^3\right)R^2 = \frac{2}{5}mR^2. \end{aligned} \tag{6}$$

可以注意到, 转动惯量的量纲为 ML^2, 因而所有的转动惯量必可表为刚体的质量 m 与某个长度 k 的平方的乘积 mk^2.k 称为**回转半径**. 例如, 与 (1)—(6) 式对应的回转半径即为 R、$R/\sqrt{2}$、$\sqrt{R_2^2+R_1^2}/\sqrt{2}$、$l/\sqrt{12}$, $l/\sqrt{3}$、$R\sqrt{2}/\sqrt{5}$.

下面两个定理对于转动惯量的计算往往很有帮助. 特别是定理一.

(38.5) 指出, 质点系对于某轴线的动量矩并不等于质心对该轴线的动量矩, 前者等于后者再加上质点系对于通过质心的平行轴的动量矩. 与此相应, 我们有下述平行轴定理.

定理一　平行轴定理　刚体对于某一轴线的转动惯量 I 并不等于质心对于该轴线的转动惯量 I_0, 前者等于后者再加上刚体对于通过质心的平行轴的转动惯量 I'.

$$I = I_0 + I'.$$

如质心与所说轴线的距离为 h, 则 $I_0 = mh^2$, 平行轴定理还可写为

$$I = mh^2 + I'. \tag{44.12}$$

这是很容易证明的. 从图 6–18 可以看出

$$I' = \Sigma\rho'^2 \mathrm{d}m,$$
$$I = \Sigma\rho^2 \mathrm{d}m.$$

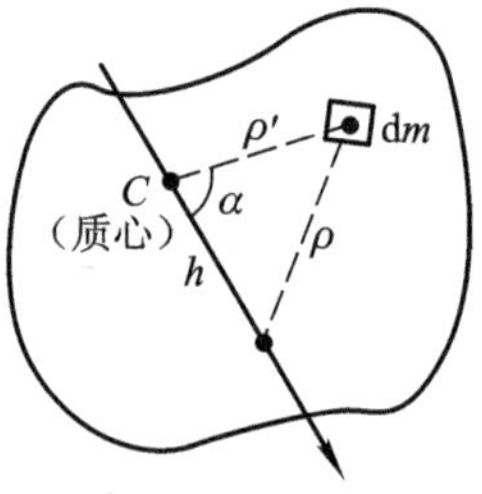

图 6–18

从三角学的定理知道 $\rho^2 = \rho'^2 + h^2 - 2\rho' h\cos\alpha$. 因此,

$$\begin{aligned} I &= \Sigma(\rho'^2 + h^2 - 2\rho' h\cos\alpha)\mathrm{d}m \\ &= \Sigma\rho'^2\mathrm{d}m + \Sigma h^2 \mathrm{d}m - \Sigma 2\rho' h\cos\alpha \mathrm{d}m \\ &= I' + mh^2 - \Sigma 2\rho' h\cos\alpha\mathrm{d}m. \end{aligned}$$

问题在于右端最后一项, 我们将证明它为零.2 与 h 为常数, 可以不必考虑. 过质心与所取的轴作 x' 轴, 原点取于质心. 于是

$$\Sigma\rho'\cos\alpha\mathrm{d}m = \Sigma x'\mathrm{d}m = m_0 x_0'.$$

质心的坐标 x_0' 已定为零, 所以这一项为零. 证毕.

例如, 半径为 R 的匀质圆环, 轴垂直于环面并通过环上一点, 转动惯量依平行轴定理为

$$I = I' + mR^2 = mR^2 + mR^2 = 2mR^2. \tag{7}$$

又如长为 l 的匀质细杆, 轴垂直于杆并通过杆端, 利用 (4), 转动惯量依平行轴定理为

$$I = I' + m\left(\frac{l}{2}\right)^2 = \frac{1}{12}ml^2 + \frac{1}{4}ml^2 = \frac{1}{3}ml^2,$$

正与 (5) 相符合.

再如半径为 R 的匀质球, 轴与球相切, 转动惯量依平行轴定理为

$$I = I' + mR^2 = \frac{2}{5}mR^2 + mR^2 = \frac{7}{5}mR^2. \tag{8}$$

定理二 有一个平面物体 (此平面称为 xy 平面), 过物体中任一点引三条互相垂直的 x 轴、y 轴、z 轴. 相对于 z 轴的转动惯量 I_z 为相对于 x 轴的转动惯量 I_x 与相对于 y 轴的转动惯量 I_y 的和,

$$\boldsymbol{I}_x + \boldsymbol{I}_y = \boldsymbol{I}_z. \tag{44.13}$$

这也是不难证明的. 从图 6–19 可以看出,

$$I_x = \Sigma y^2 \mathrm{d}m,$$
$$I_y = \Sigma x^2 \mathrm{d}m,$$
$$I_z = \Sigma \rho^2 \mathrm{d}m.$$

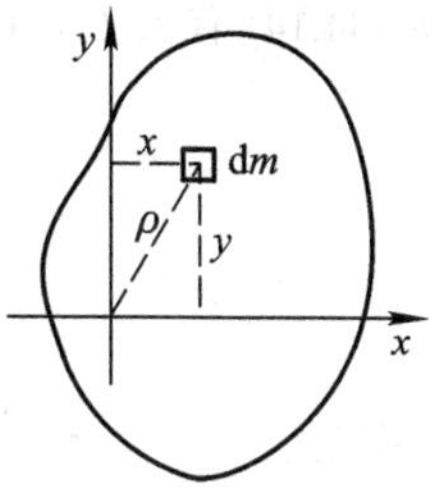

图 6–19

既然 $\rho^2 = x^2 + y^2$, 那么 $I_z = I_x + I_y$. 证毕.

例如求匀质薄圆盘相对于其直径的转动惯量 I. 如在盘面另引一垂直的直径, 则从对称性的考虑可知, 圆盘相对于后一直径的转动惯量仍为 I. 于是依 (44.13), 知

$$I + I = \frac{1}{2}mR^2,$$

所以

$$I = \frac{1}{4}mR^2. \tag{9}$$

(4) 惯量张量　惯量主轴

现在来研究这样一个问题: 通过刚体中的某个点, 例如说 O 点, 可以引许许多多轴线; 怎样计算刚体对于通过 O 点的各根轴线的转动惯量?

当然, 对于每一根轴线都可以按 (44.11) 进行计算. 但是, 让我们试试看, 能不能找到一个一般的公式, 免得对每一根轴线都要计算一次.

任意取定通过 O 点的某根轴线, 例如 OA (图 6–20), 计算刚体相对于这根轴线的转动惯量.

以 O 点为原点建立坐标系 $Oxyz$. 轴线 OA 的指向可用它的方向余弦 α, β, γ 来表明; α, β, γ 又是 OA 轴上单位矢量 $\boldsymbol{n}$ 的分量.

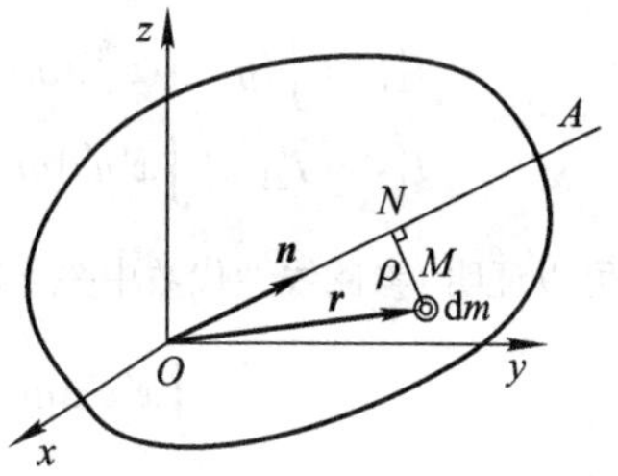

图 6–20

将刚体划分为许许多多的小质点. 试取位于 M 点而质量为 $\mathrm{d}m$ 的质点来考察. 首先需要求出它与 OA 轴的垂直距离 ρ.

按勾股定理,

$$\begin{aligned}
\rho^2 = \overline{OM^2} - \overline{ON^2} = r^2 - (\boldsymbol{r}\cdot\boldsymbol{n})^2 &= x^2 + y^2 + z^2 - (\alpha x + \beta y + \gamma z)^2 \\
= +\alpha^2(y^2+z^2) \quad &- \alpha\beta xy \qquad\quad - \alpha\gamma xz \\
-\alpha\beta xy \qquad\quad &+ \beta^2(z^2+x^2) \quad - \beta\gamma yz \\
-\alpha\gamma xz \qquad\quad &- \beta\gamma yz \qquad\quad + \gamma^2(x^2+y^2).
\end{aligned} \tag{44.14}$$

将 (44.14) 代入 $I=\int\rho^2\mathrm{d}m$, 即得

$$\begin{aligned}I=&+\alpha^2I_{11}-\alpha\beta I_{12}-\alpha\gamma I_{13}\\&-\alpha\beta I_{21}+\beta^2I_{22}-\beta\gamma I_{23}\\&-\alpha\gamma I_{31}-\beta\gamma I_{32}+\gamma^2I_{33},\end{aligned}\tag{44.15}$$

其中记号

$$I_{11}=\int(y^2+z^2)\mathrm{d}m,\quad I_{22}=\int(z^2+x^2)\mathrm{d}m,\quad I_{33}=\int(x^2+y^2)\mathrm{d}m,\tag{44.16}$$

$$I_{12}=I_{21}=\int xy\mathrm{d}m,\quad I_{13}=I_{31}=\int xz\mathrm{d}m,\quad I_{23}=I_{32}=\int yz\mathrm{d}m.\tag{44.17}$$

只要一次算出 (44.16)、(44.17) 的九个量 (实际上只有六个独立的), 刚体相对于通过 O 点的任一轴线的转动惯量都可以按 (44.15) 很方便地求出. 这九个量

$$\begin{Vmatrix}+I_{11}&-I_{12}&-I_{13}\\-I_{21}&+I_{22}&-I_{23}\\-I_{31}&-I_{32}&+I_{33}\end{Vmatrix}$$

就称为刚体相对于 O 点的**惯量张量**. 如 (44.16) 所表明, I_{11},I_{22},I_{33} 分别正是刚体相对于 x 轴、y 轴、z 轴的转动惯量;(44.17) 的六个量 (实际上只有三个独立的) 则称为惯量积.

如果选用另一坐标系 $Ox'y'z'$, 则**组成惯量张量的九个量**的表达式 (44.16)、(44.17) 相应地变为

$$I'_{11}=\int(y'^2+z'^2)\mathrm{d}m,\quad I'_{22}=\int(z'^2+x'^2)\mathrm{d}m,\quad I'_{33}=\int(x'^2+y'^2)\mathrm{d}m,$$

$$I'_{12}=I'_{21}=\int x'y'\mathrm{d}m,\quad I'_{13}=I'_{31}=\int x'z'\mathrm{d}m,\quad I'_{23}=I'_{32}=\int y'z'\mathrm{d}m.$$

可以证明 (参阅线性代数中关于矩阵对角化的部分), 至少可以找到一个坐标系 $Ox'y'z'$, 使得

$$\int x'y'\mathrm{d}m=0,\quad \int x'z'\mathrm{d}m=\theta,\quad \int y'z'\mathrm{d}m=0,\tag{44.18}$$

即惯量积为零. 这种坐标系的三根坐标轴称为刚体在 O 点的**惯量主轴**. 虽然本书并不详细研究寻找惯量主轴的方法, 但是应当指出, **通过 O 点的任一根对称轴线必是在 O 点的一根惯量主轴**, 因为 (44.18) 显然得以满足. 刚体相对于惯量主轴的转动惯量称为**主转动惯量**, 以下将不记作 I'_{11},I'_{22},I'_{33}, 而简单地记作 I_1,I_2,I_3, 因为这里已没有必要用两个指标了.

采用惯量主轴作为坐标轴, 由于惯量积为零, (44.15) 就大大简化而成为

$$I=\alpha^2I_1+\beta^2I_2+\gamma^2I_3.\tag{44.19}$$

例如, 有一匀质薄圆盘, 转动轴通过盘心而与盘面法向作 $\dfrac{1}{6}\pi$ 的角, 试求圆盘的转动惯量 (图 6–21). 这里, 如果按 (44.11) 直接进行计算将是很麻烦的. 考虑到对称性, 通过盘心并沿盘面法向的轴线是一根惯量主轴, 将它取作 x' 轴 $\left(相应的I_1=\dfrac{1}{2}mR^2\right)$. 又由于对称性, 盘面的每一直径都是惯量主轴; 今将转动轴在盘面的投影取作 y' 轴, 与它垂直的直径取作 z' 轴

$\left(相应的 I_2 = I_3 = \dfrac{1}{4}mR^2\right)$. 转动轴的方向余弦为 $\cos\left(\dfrac{1}{6}\pi\right), \cos\left(\dfrac{1}{3}\pi\right), 0$. 亦即 $\dfrac{1}{2}\sqrt{3}, \dfrac{1}{2}, 0$. 于是利用 (44.19) 得

$$I = \left(\frac{1}{2}\sqrt{3}\right)^2\left(\frac{1}{2}mR^2\right) + \left(\frac{1}{2}\right)^2\left(\frac{1}{4}mR^2\right) + 0 = \frac{7}{16}mR^2.$$

(5) 刚体定轴转动问题举例

例 1 试研究图 6–22 所示的阿特伍德机的运动. 滑轮可看作匀质圆盘, 轴上摩擦可略去不计.

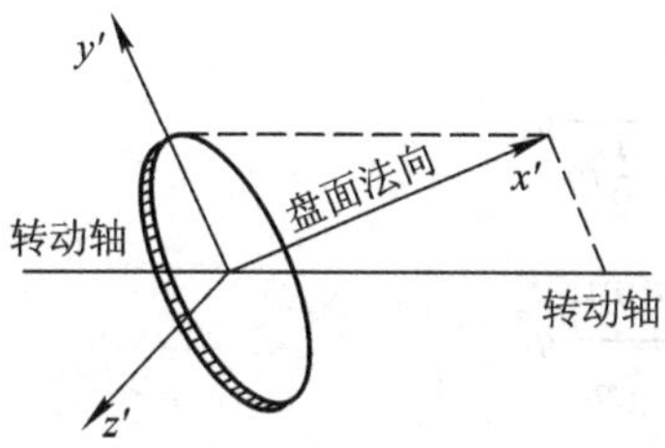

图 6–21

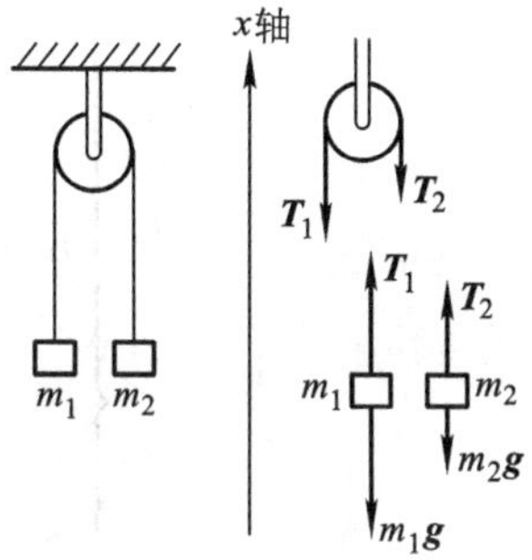

图 6–22

解 ① 初看起来, 滑轮两方的物体一上一下, 似乎是质点动力学的问题. 但是, 要知道绳并不是在滑轮上滑过去, 而是通过摩擦带动滑轮旋转. 既然有摩擦, 滑轮两方绳中张力并不相等, 其差与滑轮的转动有关. 问题既涉及滑轮的转动, 就不是质点动力学问题, 而是刚体动力学问题了.

问题牵涉好几个物体, 必须运用隔离物体法. 将滑轮及两方所挂物体分别隔离出来.

以地面为标准研究各物体的运动.

滑轮作定轴转动, 其角加速度 α 未知, 质量为 m, 所受的重力施于轴心上, 对于转轴的力矩为零, 不必考虑. 支架给予滑轮的力也是施于轴心上, 对于转轴的力矩也为零, 可不必考虑. 滑轮还受两方的绳的张力 T_1 与 T_2, 它们都是竖直向下的.

质量较大的物体 m_1 竖直向下加速平动, 其加速度 a 未知. 它受到竖直向下的重力 m_1g 与竖直向上的张力 T_1.

物体 m_2 竖直向上加速平动, 加速度也是未知的, 但其绝对值与物体 m_1 的加速度必相等, 因为绳长可以认为是不变的. 物体 m_2 受到竖直向下的重力 m_2g 与竖直向上的张力 T_2.

滑轮的转动与物体的平动不是独立进行的, 物体加速度的绝对值等于滑轮的角加速度与滑轮半径的乘积.

② 选取固定于地面的坐标系. 因两物体均在竖直方向运动, 只需一维的坐标系. 今取 x 轴竖直向上.

又, 取逆时针的方向为正的转动方向.

③ 列出运动方程式

$$\begin{cases} T_1R - T_2R = \dfrac{1}{2}mR^2\alpha, & (1) \\ -m_1g + T_1 = -m_1a, & (2) \\ T_2 - m_2g = m_2a. & (3) \end{cases}$$

又, 滑轮的角加速度与物体的加速度之间有关系式

$$a = R\alpha. \tag{4}$$

④ 解方程组 (1)—(4) 得

$$\begin{cases} a = \dfrac{m_1 - m_2}{m_1 + m_2 + \dfrac{1}{2}m}g, \\ \alpha = \dfrac{1}{R}\dfrac{m_1 - m_2}{m_1 + m_2 + \dfrac{1}{2}m}g, \\ T_1 = \dfrac{2m_1m_2 + \dfrac{1}{2}mm_1}{m_1 + m_2 + \dfrac{1}{2}m}g, \\ T_2 = \dfrac{2m_1m_2 + \dfrac{1}{2}mm_2}{m_1 + m_2 + \dfrac{1}{2}m}g. \end{cases} \tag{5}$$

⑤ 从解答 (5) 可知, 如滑轮的质量 m 较小, 则 $T_1 \approx T_2$, 而 $a \approx \dfrac{(m_1 - m_2)g}{(m_1 + m_2)}$, 滑轮转动的效应就可以完全忽略, 问题可以近似作为质点动力学问题来处理.

***例 2** 刚体支于不通过重心的水平轴, 在重力作用下作定轴转动, 就称为复摆 (物理摆). 试研究复摆的运动.

解 ① 复摆绕 O 点的轴作定轴运动 (图 6–23). 题已明确提出要求研究复摆的运动情况.

将复摆隔离出来.

以地面为标准研究复摆的运动, 运动情况未知, 正为题所求.

复摆所受重力 mg 竖直向下, 施于质心 C.

复摆只与支架接触. 但支架支持复摆的力施于转轴上, 其对转轴的力矩为零, 可不必考虑.

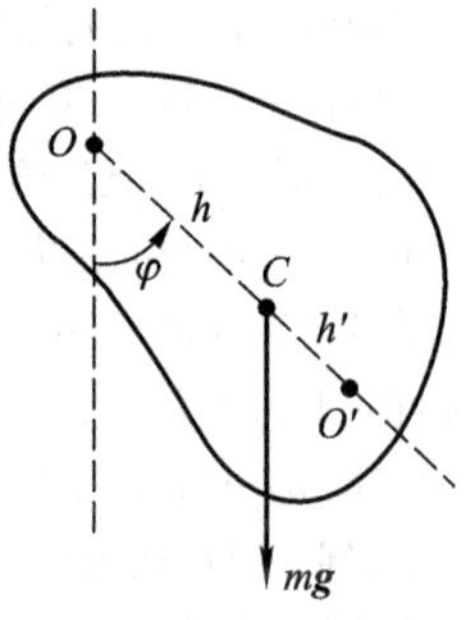

图 6–23

② 以 OC 线偏离竖直方向的角度 φ 表明摆的位置. 规定使 φ 增大的方向为正的转动方向.

③ 列出运动方程式 (在这里即动量矩定理)

$$I\ddot{\varphi} = -mgh\sin\varphi.$$

④ 这一运动方程式与单摆的内禀运动方程式 [§21 例 1 的 (1) 式] 是完全类似的. 因此无需解算下去, 完全可以直接引用单摆的结果.

如只作小角度的摆动, 则运动方程式简化为

$$I\ddot{\varphi} = -mgh\varphi,$$

这是谐振动方程式, 其周期

$$T = 2\pi\sqrt{\frac{I}{mgh}}, \tag{1}$$

与振幅无关.

如作大角度的振动, 则振动不是简谐的, 周期与振幅有关. 如初始能量过大, 甚至可能不作振动而绕轴作单方向的转动.

⑤ 我们只讨论小角度摆动. 周期公式 (1) 可以改写为

$$T = 2\pi\sqrt{\frac{I}{mh} \,/\, g}.$$

这正是摆长为 I/mh 的单摆的周期公式. 因此, 将 I/mh 称为等值摆长, 记作 l_0,

$$l_0 = \frac{I}{mh}. \tag{2}$$

利用平行轴定理, 则

$$l_0 = \frac{I' + mh^2}{mh} = h + \frac{I'}{mh}. \tag{3}$$

摆的重要性在于: 量度了周期 T 就可从 (1) 式确定当地的重力加速度 g. 但是转动惯量 $\boldsymbol{I}$ 的计算很难精确, 由之算出的 g 的精确度也就不高. 为此, 通常又用所谓 “可倒摆”, 即在 OC 延长线上另找一点 O', 使摆绕 O' 摆动的周期同于其绕 O 摆动的周期. 这确实是可以做到的: 绕 O' 摆动的周期

$$T' = 2\pi\sqrt{\frac{I' + mh'^2}{mgh'}}.$$

令它与摆绕 O 摆动的周期 $T = 2\pi\sqrt{\dfrac{I' + mh^2}{mgh}}$ 相等, 则

$$h + \frac{I'}{mh} = h' + \frac{I'}{mh'}.$$

由这个二次代数方程式解出两个根

$$h' = h \quad 或 h' = \frac{I'}{mh}.$$

前一根表示 O' 与 O 对于质心 C 对称, 绕 O' 摆动的情况完全同于绕 O 摆动的情况, 于问题并无补益. 在 “可倒摆” 实验中总是弃去这一情况而取后一根所表示的情况. 既然 $h' = I'/mh$, 则

$$OO' 的距离 = h + h' = h + \frac{I'}{mh},$$

据 (3), 这正好就是等值单摆长 l_0. 这样, 只要找到 O、O' 两点, 并量度 OO' 之间的距离 l_0, 就可以从

$$T = 2\pi\sqrt{\frac{l_0}{\boldsymbol{g}}}$$

算出 g, 无需涉及转动惯量 I 的精确度问题.

用可倒摆进行 g 的精密测定是一个很细致的工作, 需要几乎是一整套实验室的复杂装置, 在操作过程中还需要很大的细心与耐心.

g 值的精密测定具有很大实际意义. 经过海拔高度、纬度等校正后, 将各地的 g 值标在地图上, 得出重力图. 图上 g 值的地方性变异往往标志着地下有大密度矿层. 此外, 地下岩层的起伏也能影响到 g 值, 所以从重力图可以探索地下岩层起伏情况, 从而判断是否形成可能储积石油的馒头状 "构造". ("构造" 只是储积石油的必要条件, 并不是充分条件; 找到 "构造" 后, 应当结合其他的地质条件加以考虑, 最后还要实地钻探是否有石油.) 这一切都要求精密测量出 g 在 $10^{-6}\ \mathrm{m/s^2}$ 以内的变动. 但实际的重力勘探工作中不可能在野外每隔几十米就装设一整套复杂装置以进行 g 的绝对量度, 而是在基地精密测出 g 值之后, 到野外各处只作 g 的相对量度 (即与基地的 g 相差多少). 为此目的使用的现代重力仪是很轻便和灵敏的, 在楼上与楼下的 g 值的差都能觉察出来.

(6) 动能定理的应用

在某些问题中, 应用动能定理及其在特殊情况下的表达式, 即机械能守恒定律或功能原理, 常使问题解决得简便迅速.

首先, 应当知道如何计算**定轴转动的动能**. 这是很容易的:

$$\begin{aligned} T &= \sum_i \frac{1}{2}m_i v_i^2 = \sum_i \frac{1}{2}m_i(\rho_i\omega)^2 = \frac{1}{2}\left(\sum_i m_i\rho_i^2\right)\omega^2 \\ &= \frac{1}{2}I\omega^2 \end{aligned} \tag{44.20}$$

试与质点的动能 $T = \dfrac{1}{2}mv^2$ 比较, 又是多么相似!

其次, 计算刚体作定轴转动时外力对刚体所做的功. 取柱坐标系, 就以转动轴为 z 轴,

$$\begin{aligned} W^{(外)} &= \sum_i \int_{(1)}^{(2)} F_{i\varphi}\mathrm{d}s_i = \sum_i \int_{\varphi_1}^{\varphi_2} F_{i\varphi}\rho_i\mathrm{d}\varphi = \sum_i \int_{\varphi_1}^{\varphi_2} M_i\mathrm{d}\varphi \\ &= \int_{(1)}^{(2)} \sum_i M_i\mathrm{d}\varphi = \int_{(1)}^{(2)} M\mathrm{d}\varphi. \end{aligned} \tag{44.21}$$

即, 外力所做的功可表为所谓 "力矩所做的功".

§40 已指出, 对于刚体, 内力所做功的和为零, 不必考虑. 于是刚体的动能定

理 (40.4) 在定轴转动情况下成为

$$\frac{1}{2}I\omega_2^2-\frac{1}{2}I\omega_1^2=\int_{\varphi_1}^{\varphi^2}M\mathrm{d}\varphi. \tag{44.22}$$

如作用于刚体的力全是保守力, 则功还可以用势能的减少即 $-(V_2-V_1)$ 来表达. 于是动能定理 (44.22) 就成为

$$T_2-T_1=-(V_2-V_1),$$

即机械能守恒定律

$$T_2+V_2=T_1+V_1. \tag{44.23}$$

如果虽有耗散力作用, 但耗散力并不做功, 则机械能守恒定律显然也成立.

举一个关于保守力做功的例子. 刚体绕水平轴作定轴转动 (图 6–24), 计算重力对它做的功. 重力作用于质心 C, 距离转轴 h, 故力臂为 $h\sin\varphi$. 重力的力矩使角 φ 减小, 因此其力矩应取负值,$M=-mgh\sin\varphi$. 据 (44.21), 重力所做的功

$$\begin{aligned}W^{(\text{重})}&=\int_{\varphi_1}^{\varphi_2}-mgh\sin\varphi\mathrm{d}\varphi=\Big[mgh\cos\varphi\Big]_{\varphi_1}^{\varphi_2}\\&=(-mgh\cos\varphi_1)-(-mgh\cos\varphi_2).\end{aligned} \tag{44.24}$$

这里 $(-h\cos\varphi_1)-(-h\cos\varphi_2)$ 恰为重心的高度所降低的值, 而 (44.24) 也就正是重心势能的减小值 (若将 O 点高度处的势能规定为零, $V=-mgh\cos\varphi$). 在这种情况下, 机械能守恒定律成立, 可具体表为

$$\frac{1}{2}I\omega_2^2-mgh\cos\varphi_2=\frac{1}{2}I\omega_1^2-mgh\cos\varphi_1. \tag{44.25}$$

例 3 长为 l 的匀质细杆, 可绕杆端的水平轴作定轴转动 (图 6–24). 先用手持杆使之水平并静止. 放手任其转动, 试求杆通过竖直位置时的角速度.

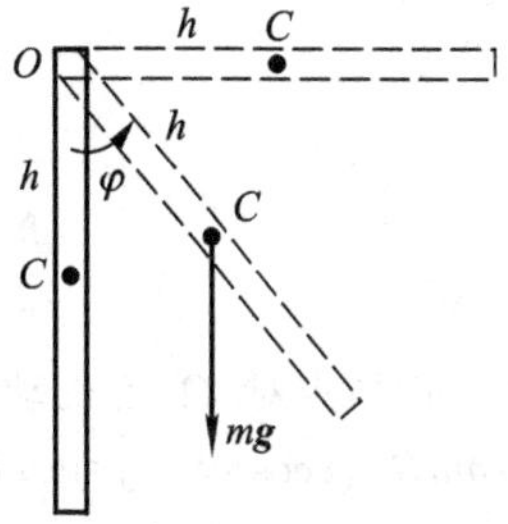

图 6–24

解 本来可以像例 2 那样, 列出运动方程式

$$I\ddot{\varphi}=-mg\frac{1}{2}l\sin\varphi, \tag{1}$$

再从运动方程式求解. 但既然问题仅仅涉及杆的角速度与位置的关系, 借助于动能定理可以得到极简便的解决. 考虑到重力是保守力, 直接运用机械能守恒定律

根据机械能守恒定律 (44.25)①,

$$\frac{1}{2}I\omega_2^2-mg\frac{l}{2}=0. \tag{2}$$

① 其实, 将运动方程式 (1) 改写为 $I\dot{\varphi}\mathrm{d}\dot{\varphi}/\mathrm{d}\varphi=-mg\frac{1}{2}l\sin\varphi$, 分离变量并分别积分, 其结果正是机械能守恒定律 (44.25).

由此解得

$$\omega_2=\sqrt{\frac{mgl}{I}}=\sqrt{\frac{mgl}{\frac{1}{3}ml^2}}=\sqrt{\frac{3g}{l}}.$$

例 4 由长为 R、质量可忽略的轻质杆把质点 m 固定于竖直轻质轴上, 构成一简单刚体 (图 6–25). 此刚体绕竖直轴作匀角速 ω 转动. 若假定固定竖直轴的两轴承各自到质点圆轨道中心的距离都为 a, 试计算这个刚体对 x,y,z 轴的动量矩, 对 O 点的动量矩以及所受的外力矩.

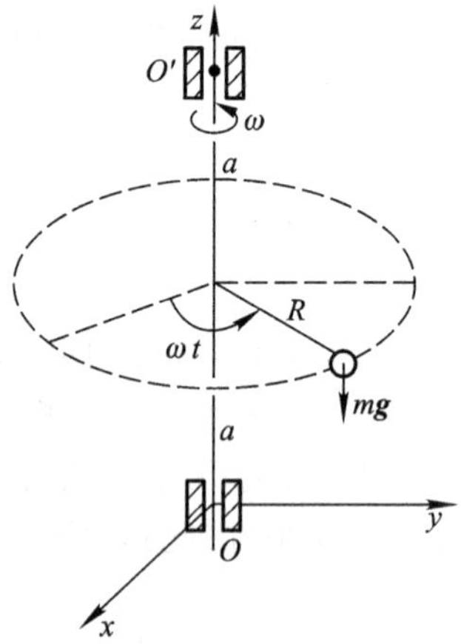

图 6–25

解 选取如图所示的 "静止" 坐标系 $Oxyz$, z 轴为竖直轴, 其指向同于角速度 ω.

本题所研究的刚体作定轴转动, 实际上, 就是质点 m 在 $z=a$ 的水平面上, 作半径为 R 的匀速圆周运动.

设在 $t=0$ 时, 质点的坐标为 $(R,0,a)$, 这样, 质点的径矢 $\boldsymbol{r}=x\boldsymbol{i}+y\boldsymbol{j}+z\boldsymbol{k}$, 其中

$$x=R\cos\omega t, y=R\sin\omega t, z=a.$$

质点的速度 $\boldsymbol{v}=\dot{\boldsymbol{r}}=\dot{x}\boldsymbol{i}+\dot{y}\boldsymbol{j}+\dot{z}\boldsymbol{k}$, 其中

$$\dot{x}=-R\omega\sin\omega t, \dot{y}=R\omega\cos\omega t, \dot{z}=0.$$

这个简单刚体 (即质点 m) 对 x,y,z 轴的动量矩, 按 (27.2) 分别是

$$\begin{aligned}L_x&=my\dot{z}-mz\dot{y}=-maR\omega\cos\omega t,\\L_y&=mz\dot{x}-mx\dot{z}=-maR\omega\sin\omega t,\\L_z&=mx\dot{y}-my\dot{x}=mR^2\omega\cos^2\omega t+mR^2\omega\sin^2\omega t\\&=mR^2\omega=I_z\omega.\end{aligned}$$

而质点对 O 点的动量矩 $\boldsymbol{L}$ 按定义 (27.17), 即是 $\boldsymbol{L}=\boldsymbol{i}\boldsymbol{L}_x+\boldsymbol{j}\boldsymbol{L}_y+\boldsymbol{k}\boldsymbol{L}_z=-maR\omega(\boldsymbol{i}\cos\omega t+\boldsymbol{j}\sin\omega t)+\boldsymbol{k}I_z\omega$.

这样, 在刚体定轴转动问题中, 就转动轴 (在本例就是 z 轴) 而言, 动量矩 $L_z=I_z\omega$, 与 (44.9) 相符. 于是, 动量矩定理 (44.10) 给出对转动轴的外力矩 $M_z=I_z\alpha=0$. 这很容易理解.

值得注意的是, 虽然刚体并未绕 x 轴或绕 y 轴转动, 但刚体对 x 轴和 y 轴的动量矩 L_x 和 L_y 并不为零, (44.9) 不适用, 本书 §47 还要详细讨论这个有趣的问题. **特别要注意**, 就一般情况而论, 切不可把 (44.9) 推广为 $\boldsymbol{L}=I\boldsymbol{\omega}$. 事实上, 在本例, $\boldsymbol{L}=-maR\omega(\boldsymbol{i}\cos\omega t+\boldsymbol{j}\sin\omega t)+\boldsymbol{k}I_z\omega$ 与 $\boldsymbol{\omega}=\boldsymbol{k}\omega$ 两者根本不平行, 完全谈不上 $\boldsymbol{L}=I\boldsymbol{\omega}$.

既然 (44.9) 只适用于转动轴, 而不适用于 x 轴和 y 轴, 那么 (44.10) 形式的动量矩定理也就只适用于转动轴而不适用于 x 轴和 y 轴. 事实上,

$$M_x = \frac{\mathrm{d}}{\mathrm{d}t}L_x = maR\omega^2 \sin \omega t,$$
$$M_y = \frac{\mathrm{d}}{\mathrm{d}t}L_y = -maR\omega^2 \cos \omega t,$$

这是说, 这个定轴匀速转动刚体**并非不受外力矩作用**. 那么, 对 x 轴和 y 轴的外力矩是什么外力的力矩呢? 重力对 x 轴的力矩是 $-mgR\sin \omega t$, 对 y 轴的力矩是 $mgR\cos \omega t$. 由此可见, M_x 和 M_y 并非仅仅是重力的力矩, 必定还包含了另外的力的力矩. 另外的力是什么力呢? 它只可能是 O' 处的轴承对转动轴的作用力. 同理, 如果把坐标系的原点取在 O', 我们可以发现 O 处的轴承也对转动轴施加作用力. 事实上, 正是轴承对转动轴的这种作用力约束着转动轴, 使刚体得以作定轴转动.

(7) 约束反力问题与动平衡问题

刚体之所以作定轴转动, 是由于轴承对轴的约束作用. 以上, 先肯定了刚体作定轴转动, 对于转动轴的动量矩定理 (44.10) 就足以解决刚体定轴转动问题. 但是先肯定了刚体作定轴转动, 这意味着承认刚体受约束而不追究刚体如何被约束, 即将约束反力弃置不加研究. 事实上, 动量矩定理 (44.10) 与约束反力无关, 约束反力在 (44.10) 之中得不到反映. 因而不可能求出约束反力. 如果问题正好需要**求出约束反力**, 那么虽然刚体的定轴转动只有一个自由度, 仍然必须使用全套的方程式, 即除了动量矩定理之外, 还要质心运动定理.

例 5 刚体可绕 O 点处的轴转动 (图 6–26). 今在与 O 点相距 l 的 P 点施以巨大的冲力 $\boldsymbol{F}$, 其指向与 OP 线垂直. 试求刚体给予轴承的冲力.

解 ① 我们不来求刚体给予轴承的力, 而求轴承给予刚体的力. 这样做是可以的, 因为这两个力是作用力与反作用力, 其大小是相等的, 只是其指向相反. 轴承对刚体的作用力就是约束反力. 题正要求约束反力, 所以不可仅仅依靠动量矩定理 (44.10), 还要用到质心运动定理.

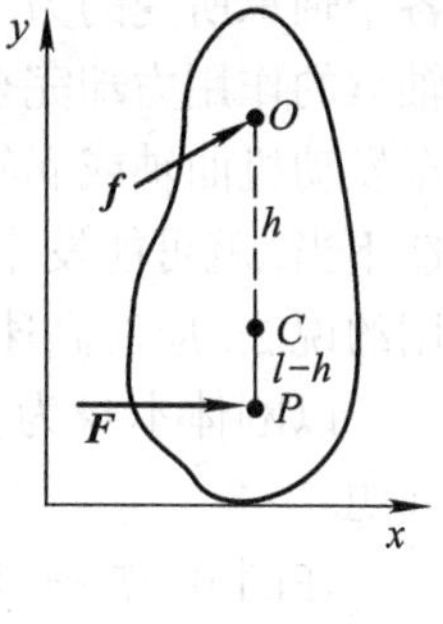

图 6–26

将刚体隔离出来.

以地面为标准研究刚体的运动.

刚体绕 O 点处的轴转动, 其角加速度 $\ddot{\varphi}$ 是未知的. 质心绕 O 而运动, 其加速度也不知道. 但知质心的切向加速度的指向与 $\boldsymbol{F}$ 相同, 而大小 $= h\ddot{\varphi}$. 由于冲击过程短, 刚体所获角速度 ω 不大, 所以质心的法向加速度 $\omega^2 h$ 可以忽略不计.

刚体受到已知的冲力 $\boldsymbol{F}$. 刚体又受到轴承所给予的约束反力 $\boldsymbol{f}$, 其指向与大小均是未知的, 正为题所求. 与巨大的冲力相比较, 刚体的重量可以略而不计.

② 取 x 轴同于 $\boldsymbol{F}$ 的指向, y 轴则与之垂直.

取逆时针方向为正的转动方向.

③ 列出运动方程式

$$\begin{cases} I\ddot{\varphi} = Fl, & (1) \\ mh\ddot{\varphi} = F + f_x, & (2) \\ 0 = f_y. & (3) \end{cases}$$

④ 从动量矩定理 (1) 解得

$$\ddot{\varphi} = Fl/I.$$

以之代入质心运动定理 (2)—(3), 解得约束反力

$$\begin{cases} f_y = 0, \\ f_x = \dfrac{mhFl}{I} - F = F\left(\dfrac{mhl}{mk^2} - 1\right) = F\left(\dfrac{hl}{k^2} - 1\right). \end{cases}$$

这里 k 是刚体对于 O 点处转动轴的回转半径.

⑤ 使 $\boldsymbol{F}$ 的作用点 P 与转轴 O 的距离 l 恰恰等于 k^2/h, 则 $\boldsymbol{f} = 0$.

这样的 P 点称为**打击中心**. 在使用撞击工具 (例如锻工的榔头或打垒球的球棍) 时, 应该尽可能使冲力落在打击中心上, 或至少是接近打击中心. 这样, 手所受的震动就比较小. 可以注意到例 2 的 (2) 式正是条件 $l = k^2/h$, 所以图 6–23 的 O' 点正是以 O 为支点时的打击中心.

我们知道, 两点决定一根直线. 为使刚体的轴线不动而整个刚体绕之而转, 需要使轴线上至少两点保持不动. 实际上也常将转动部件的转动轴的两端各置于一个轴承中. 例 5 所求出的仅仅是刚体对两个轴承的作用力的总和, 并未给出各个轴承所受的力. 即使刚体对两轴承的作用力的矢量和并不大, 但刚体对各个轴承的作用力却完全可能非常巨大, 甚至足以损伤轴承. 高速转动部件 (例如汽车发动机曲轴或涡轮机的曲轴, 后者的转速可以达到每分钟几万转) 如设计或制造不当, 就可能发生这一情况. 应当防止高速转动部件发生这种情况, 或者按通用的说法, 应使高速转动部件达到动平衡.

以刚体本身为参考系, 借助于惯性离心力的概念, 很容易理解所谓动平衡问题.

在图 6–27 中, 刚体的质心 C 不在转动轴上 (注意图上画有两种转动轴, 右方为曲轴). 这样的刚体必须质心恰在转动轴的正下方才可能静止. 按通常的说法, 这样的刚体连静平衡也没有达到. 没有达到静平衡的刚体在转动时, 惯性离心力系的主矢 $\boldsymbol{S}$ 不为零. 在轴承上, 除了由于刚体的重力而引起的静压力之外, 还有由于 $\boldsymbol{S}$ 而引起的附加压力, 这附加压力是一种动效应. 由于刚体的重量所引起的压力是一种静效应, 很容易利用杠杆原理求出; 在以下的讨论中, 将不计入这部分静效应.

在图 6–28 中, 刚体的质心 C 在转动轴上, 刚体能够静止于任意方位. 按通常的说法, 这样的刚体已经达到了**静平衡**. 这里, 惯性离心力系的主矢 $\boldsymbol{S}$ 虽为零,

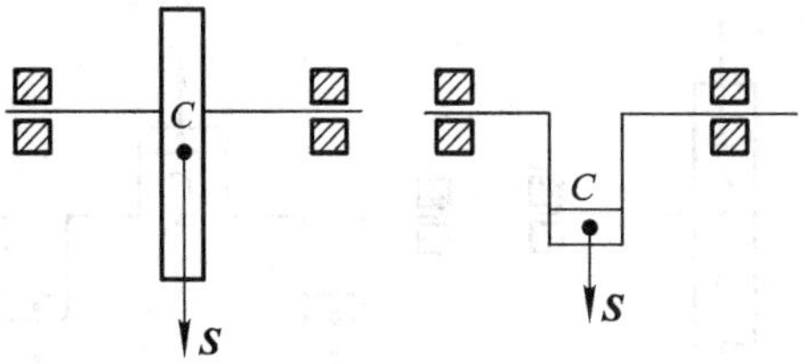

图 6–27

主矩却不为零. 惯性离心力系的主矩有驱使刚体按虚线箭头转动的趋势. 这个转动趋势是不能实现的, 因为轴 AB 的这种转动趋势被轴承所抵制. 于是, 轴与轴承相互施以压力. 图中标明的是轴承对轴的压力. 注意图 6–28 是绕着 AB 轴不断旋转的, 所以这种附加压力也跟随着刚体绕轴不断旋转, 即附加压力相对于轴承不断变动指向. 轴承中既有这种附加压力的动效应, 按通常的说法, 刚体还没有达到动平衡. 因惯性离心力正比于角速度的平方, 所以对于高速转动刚体, 这种附加压力可能极为强大. 还有, 由于这种附加压力相对于轴承的指向在改变, 所以就轴承的任一指定点而言, 刚体每转一次, 这指定点只在某时刻受到附加压力一次; 这就是说, 轴承中任一指定点都受着周期性冲击式的压力. 这样, 高速转动部件, 如未达到动平衡, 轴承中将出现极为巨大的附加压力, ①而且这附加压力又是冲击式的, 很可能给机械造成损伤, 引起事故②.

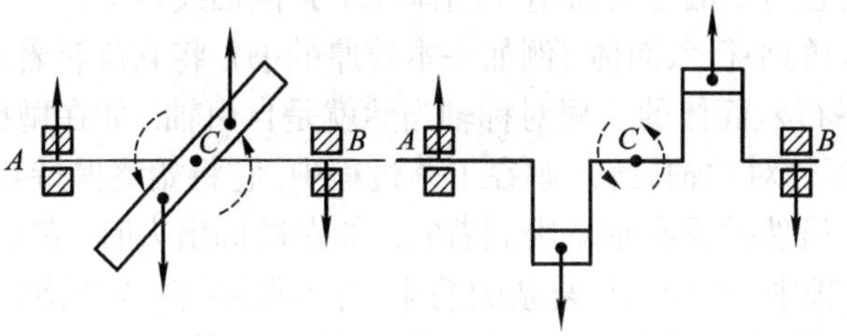

图 6–28

在图 6–29 中, 不仅惯性离心力系的主矢为零, 就连惯性离心力系的主矩也为零, 换句话说, 惯性离心力系为零力系. 在轴承中就不会出现附加压力. 按通常的说法, 这样的刚体已达到了**动平衡**.

生产单位制造高速转动部件, 必须进行动平衡的检查. 将部件放在动平衡

① 例如, 均匀圆盘质量为 20 kg, 半径为 0.2 m, 只要误使转动轴与盘面法向相差 1°, 则当机器转数为 12 000 r/min 之时, 相距 1 m 的两轴承分别各受约 5×10^4 N 的附加压力!

② 在力图折断一根棒而自己的力量又不很够的时候, 我们常常将棒反复地弯过来又弯过去, 最后就可能折断它. 可见, 同样大小的力, 冲击式的作用比不变的力的作用更容易给物体造成损坏.

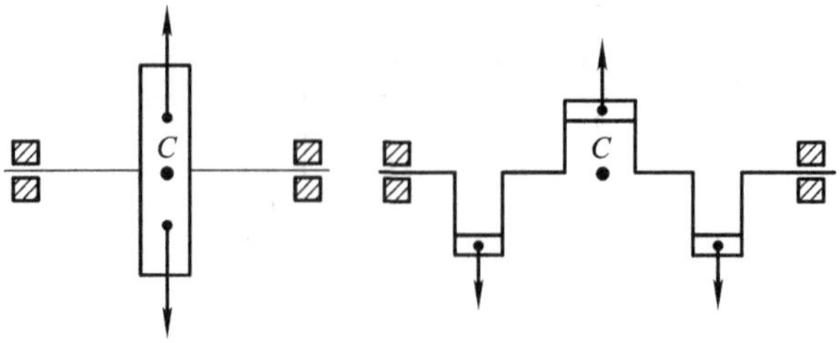

图 6-29

机上转动, 而量度有无附加压力以判断是否动平衡. 如没有达到动平衡, 就要加以校正, 或在不影响部件的机械强度的地方切削或焊上一些材料以改变部件的质量分布. 直到在动平衡机上显示出没有附加压力或附加压力很小, 才认为部件合格.

刚体绕对称轴的转动显然是动平衡的. 当然, 动平衡并不限于绕对称轴的转动.

关于轴上附加压力的计算表明: 刚体绕惯量主轴的转动都是动平衡的.

刚体绕某一轴线的转动如是动平衡的, 轴承上就不出现附加压力. 既然轴承上并无附加压力, 刚体一旦绕这种轴线转动, 即使没有轴承加以约束, 也能保持继续绕这种轴转动, 这样的轴因此称为**自由轴**. 对于非自由轴则不然, 如无轴承的约束, 惯性离心力系的主矩将迫使刚体改绕其他轴线转动.

取一个均匀的平行六面体 (例如一本较厚的书), 将它旋转着抛掷到空中, 任其自由下落. 平行六面体的三根对称轴当然就是自由轴. 如在抛掷出去时, 它是绕着最长或最短的对称轴旋转, 则在下落过程中, 它将始终保持着绕最长或最短的对称轴旋转, 虽然并没有轴承限制着它. 如在抛掷出去时, 它是绕其他轴线旋转, 则在下落过程中, 它翻出很复杂的筋斗, 并不保持绕一定的轴线旋转. 这个极简单的实验很鲜明地揭示出自由轴与非自由轴的区别.

平行六面体的第三根对称轴, 即既非最长也非最短的那根对称轴, 在理论上说也是自由轴. 但是我们很难使平行六面体绝对精确地以它为转动轴, 而只要转动轴与它有微小的偏离, 偏离就会越来越大 (参阅本书下册关于欧拉 - 潘索定点运动的部分), 因而这根自由轴实际上是很难实现的.

§45 刚体的平面平行运动

(1) 平面平行运动的运动学

刚体的又一种运动方式是平面平行运动.

所谓**刚体的平面平行运动**, 指的是这样一种运动: 刚体内所有的点都平行于某一平面而运动. 因此, 刚体内垂直于该平面的任一直线, 在运动中始终保持垂直于该平面, 而且在垂线上各点的运动显然是相同的, 因此, 为研究这种运动, 只需取平行于该平面的任一剖面加以研究就够了. **本节从这里起, 凡说到"刚体"的时候, 其实指的就是这种剖面**.

在平面平行运动中, 刚体内各点的位移、速度、加速度是各不相同的, 因而根本谈不上什么刚体的位移、速度、加速度. **应当将"刚体的运动"与"刚体内各点的运动"区分开来**.

作平面平行运动的刚体具有三个自由度. 事实上, 为表明**刚体的位置**, 需要指出刚体的某一点 A 在此平面内的位置 x_A 与 y_A, 还需要指出整个刚体相对于 A 点的方位角 φ . 共需三个独立变数. 为此而选取的 A 点称为**基点**. 基点的选取是任意的.

现在来研究**刚体位置的改变**. 在时刻 t, 刚体的位置为 ABC (图 6–30); 过了一些时间, 到了时刻 $t+\Delta t$, 刚体的位置变为 $A'B'C'$. 刚体位置的改变可以这样来描述: 刚体先随基点 A 平动, 位移为 $\boldsymbol{d}_A$, 再绕基点 A 转一定的角度 φ . 既然基点的选取是任意的, 我们完全可以选取另一点, 例如 C, 作为基点. 刚体随 C 点平动, 再绕 C 点转动. 刚体随 C 点平动的位移 $\boldsymbol{d}_c$ 不同于它随 A 点平动的位移 $\boldsymbol{d}_A$, 刚体绕 C 转动的角度则同于刚体绕 A 转动的角度. 就图 6–30 而言, 不论取 A 点或取 C 点为基点, 刚体都是逆时针转 90°. 这是毫不奇怪的; 不论随 A 点平动或随 C 点平动, 刚体都保持着原来的方位, 将它从这种方位转到新的方位所需要转过的角度自然是一定的.

令 $\Delta t\to 0$, **刚体在一瞬刻的运动情况**可以这样来描述: 刚体随着基点 A 以速度 $\boldsymbol{v}_A$ 平动 ($\boldsymbol{v}_A$ 即基点 A 的速度), 并以角速 ω 绕基点 A 转动. 平动的速度 $\boldsymbol{v}$ 即基点的速度, 与基点的选取有关, 转动的角速度 ω 则与基点的选取无关.

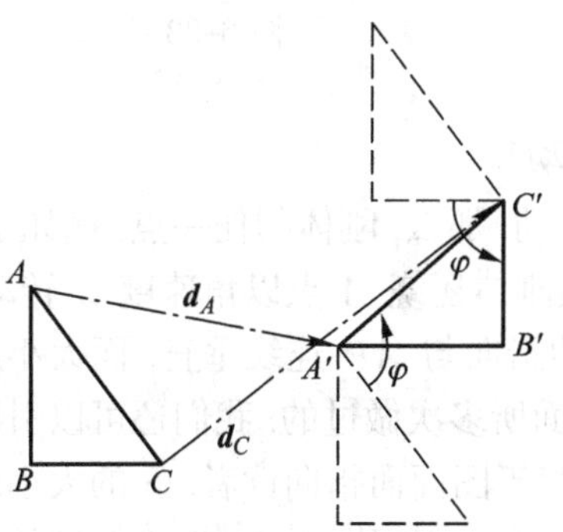

图 6–30

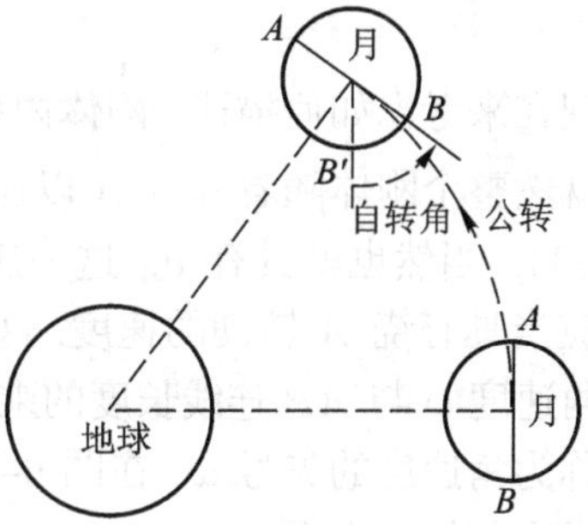

图 6–31

必须**强调指出**: 说到刚体的角位移或角速度, 指的是刚体中任一直线的指向的改变或速率的改变. 例如, 月亮绕地球运行时, 始终以其同一面朝着地球, 在地球上永远看不到月亮的另一面. 这绝不是说, 月亮只有公转而没有自转. 参看图 6–31(图未按比例来画). 取月球中心为基点研究月球的运动, 整个月球随着月心绕地球运行, 这就是月球的公转 (一种平动!). 与此同时, 月球任一指定的半径在空间中的指向也在改变, 这就是月球的自转. 问题在于, 月球的自转周期恰好同于其完成一次公转的时间, 以致地球上永远看不到它的背面. 再如, 从正午 (或子夜) 到次日正午 (或子夜) 的时间 (称为 "太阳日") 并非地球自转周期 (称为 "恒星日"). 参看图 6–32(这图也未按比例来画). 取定地球的某根半径, 于某时刻它直指太阳, 这就是该处地面上的正午. 经过一次自转, 亦即经过一个恒星日, 该半径在太空中 (相对于恒星) 的指向扫过一圈而还原. 但由于地心已沿公转轨道移到另一点, 此时刻半径并不直指太阳; 再过 3 分 56 秒, 才第二次直指太阳而达到正午. 日常计时以太阳日为准, 星辰起落则以恒星日为准. 每晚观看星空, 可以察觉, 所有星辰每天提早 3 分 56 秒升起、中天、下落. 所以, 在晚间固定时刻 (太阳时) 观看星象, 就能知道时届哪一季节.

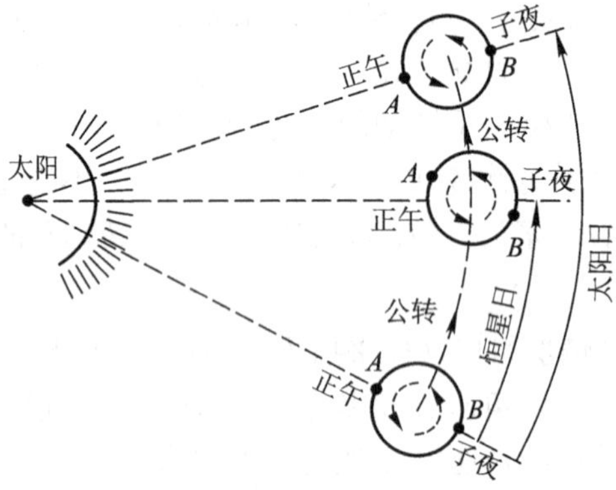

图 6–32

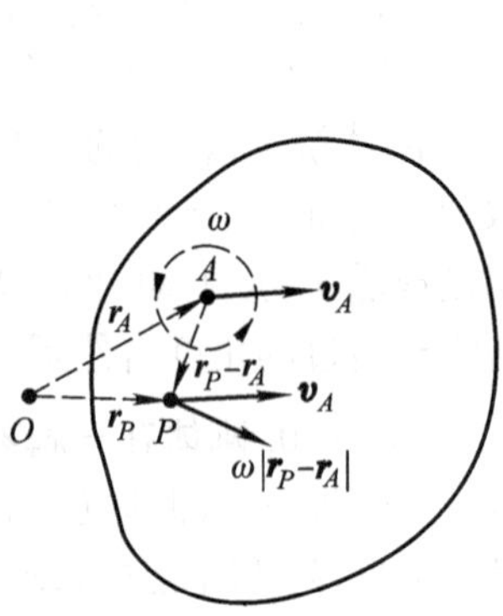

图 6–33

现在来考虑如何描述 "**刚体内各点的运动**".

既然整个刚体随着基点 A 以速度 $\boldsymbol{v}_A$ 平动, 那么, 刚体的任一点, 例如 P 点 (图 6–33), 当然也就具有 $\boldsymbol{v}_A$ 这一速度. 既然刚体还绕 A 点以角速度 ω 转动, P 点还应当具有绕 A 转动的速度. 这一速度的指向与 AP 连线垂直, 而大小应当等于角速度 ω 与 AP 连线长度的乘积. 如前面所多次做过的, 我们还可以引用一个也称为**角速度**的矢号 $\boldsymbol{\omega}$. 在图 6–33, $\boldsymbol{\omega}$ 垂直于图面而指向读者, $\boldsymbol{\omega}$ 的大小就等于 ω. 不难验证, 矢量 $\boldsymbol{\omega}\times(\boldsymbol{r}_P-\boldsymbol{r}_A)$ 的指向、大小正好同于 P 绕 A 转动的速度的指向、大小, 因此 P 绕 A 转动的速度可以表为 $\boldsymbol{\omega}\times(\boldsymbol{r}_P-\boldsymbol{r}_A)$. 这样, P 点的

速度 $\boldsymbol{v}_P$ 应当是

$$\boldsymbol{v}_P=\boldsymbol{v}_A+\boldsymbol{\omega}\times(\boldsymbol{r}_P-\boldsymbol{r}_A). \tag{45.1}$$

至于说到 P 点的加速度 $\boldsymbol{a}_P$, 显然它应当由下列三部分组成: 随基点 A 运动的加速度 $\boldsymbol{a}_A$($\boldsymbol{a}_A$ 即基点 A 的加速度)、绕基点转动的切向加速度 (其绝对值等于 $\dot{\omega}|\boldsymbol{r}_P-\boldsymbol{r}_A|$) 与法向加速度 (其绝对值等于 $\omega^2|\boldsymbol{r}_P-\boldsymbol{r}_A|$). 不难验证, 所说的加速度 $\boldsymbol{a}_P$ 可以表为

$$\boldsymbol{a}_P=\boldsymbol{a}_A+\dot{\boldsymbol{\omega}}\times(\boldsymbol{r}_P-\boldsymbol{r}_A)-\omega^2(\boldsymbol{r}_P-\boldsymbol{r}_A). \tag{45.2}$$

用矢量运算的方法也可以导出 (45.2). 将 (45.1) 对时间 t 微分一次, 即得

$$\begin{aligned}\boldsymbol{a}_P&=\boldsymbol{a}_A+\dot{\boldsymbol{\omega}}\times(\boldsymbol{r}_P-\boldsymbol{r}_A)+\omega\times(\dot{\boldsymbol{r}}_P-\dot{\boldsymbol{r}}_A)\\&=\boldsymbol{a}_A+\dot{\omega}\times(\boldsymbol{r}_P-\boldsymbol{r}_A)+\omega\times(\boldsymbol{v}_P-\boldsymbol{v}_A)\\&=\boldsymbol{a}_A+\dot{\omega}\times(\boldsymbol{r}_P-\boldsymbol{r}_A)+\omega\times[\omega\times(\boldsymbol{r}_P-\boldsymbol{r}_A)].\end{aligned} \tag{45.3}$$

又将 (45.3) 的最后一项展开,

$$\boldsymbol{a}_P=\boldsymbol{a}_A+\dot{\omega}\times(\boldsymbol{r}_P-\boldsymbol{r}_A)+[\omega\cdot(\boldsymbol{r}_P-\boldsymbol{r}_A)]\omega-[\omega^2(\boldsymbol{r}_P-\boldsymbol{r}_A)],$$

因为 ω 垂直于图面, 而 $\boldsymbol{r}_P-\boldsymbol{r}_A$ 在图面内, 所以 $\omega\cdot(\boldsymbol{r}_P-\boldsymbol{r}_A)=0$. 于是

$$\boldsymbol{a}_P=\boldsymbol{a}_A+\dot{\boldsymbol{\omega}}\times(\boldsymbol{r}_P-\boldsymbol{r}_A)-\omega^2(\boldsymbol{r}_P-\boldsymbol{r}_A),$$

这正是 (45.2).

我们要着重指出, 在每一瞬时, 刚体中总有这么一点, 其即时速度为零.

过基点 A 引垂直于 $\boldsymbol{v}_A$ 的一直线 (图 6–34). 考察在这直线上适当的一点如 C. C 点既具有速度 $\boldsymbol{v}_A$, 又具有绕 A 转动的速度, 而这两速度的指向恰好相反. C 绕 A 转动的速度大小为 ωR, 这里 R 为 CA 的距离. 如选取 C 点使 $R=v_A/\omega$, 则这两速度恰好相消, C 点的即时速度为零.

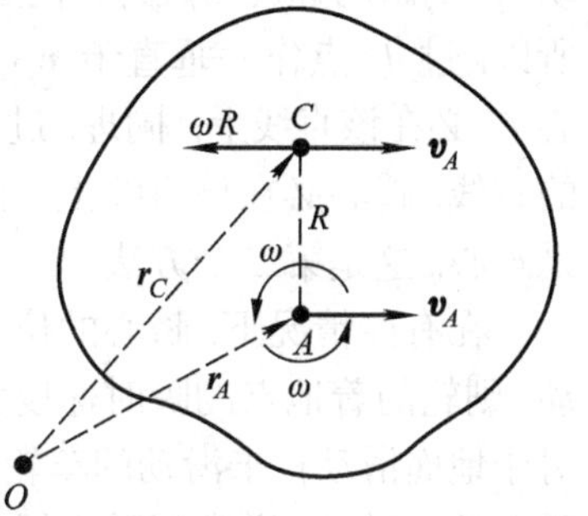

图 6–34

这个结果也可用矢量方式导出. 不难验证, 如上所选的 C 点的径矢 $\boldsymbol{r}_C$ 正是

$$\boldsymbol{r}_C=\boldsymbol{r}_A+\frac{1}{\omega^2}\boldsymbol{\omega}\times\boldsymbol{v}_A. \tag{45.4}$$

根据 (45.1), 这个点的速度 $\boldsymbol{v}_C$ 应为

$$\begin{aligned}\boldsymbol{v}_C&=\boldsymbol{v}_A+\boldsymbol{\omega}\times(\boldsymbol{r}_C-\boldsymbol{r}_A)=\boldsymbol{v}_A+\boldsymbol{\omega}\times\frac{1}{\omega^2}(\boldsymbol{\omega}\times\boldsymbol{v}_A)\\&=\boldsymbol{v}_A+\frac{1}{\omega^2}[(\boldsymbol{\omega}\cdot\boldsymbol{v}_A)\boldsymbol{\omega}-\omega^2\boldsymbol{v}_A]\\&=\boldsymbol{v}_A+\frac{1}{\omega^2}[0-\omega^2\boldsymbol{v}_A]=\boldsymbol{v}_A-\boldsymbol{v}_A=0,\end{aligned}$$

果然是零.

既然基点的选取是任意的, 我们当然也可以就取这个 C 点为基点. 选这个点为基点, 则刚体的运动情况的描述颇为简便. 事实上, 既然刚体随基点运动并绕基点转动, 而这个基点的速度为零, 可见刚体就是简单地绕这基点转动. 因此, C 点是刚体的转动中心. 前已指出, 我们所研究的仅仅是刚体的一个剖面, 所以事实上, 不仅 C 点的瞬时速度为零, 而且在通过 C 点而垂直于所研究剖面的直线上所有各点的瞬时速度都为零. 刚体就是简单地绕这直线转动, 这直线即是转动轴线. 这里切勿与定轴转动混淆起来. 仅仅在这个瞬时, C 点的瞬时速度才为零, 它是刚体的转动中心; 在别的瞬时, C 点的瞬时速度就未必是零, 因此 C 点也就未必是刚体的转动中心. 所以, 确切些说, C 点应称为**瞬心**. 通过 C 点而垂直于所研究剖面的直线应称为**瞬轴**

以瞬心 C 为基点, 刚体就简单地绕基点转动, 因而刚体内任一点 P 的速度 $\boldsymbol{v}_P$ 应表为

$$\boldsymbol{v}_P = \boldsymbol{\omega} \times (\boldsymbol{r}_P - \boldsymbol{r}_C). \tag{45.5}$$

现在来谈一谈**寻找瞬心的几个方法**. 首先, 当然可以按图 6–34 的方法, 亦即 (45.4) 式的方法来找. 这是第一个方法. 其次, 只要知道刚体内任意两点 P 与 Q 的瞬时速度的方向, 也就很容易找出瞬心 C, 参看图 6–35. 在该瞬时, 整个刚体绕 C 点转动, P 的瞬时速度 $\boldsymbol{v}_P$ 的方向必定垂直于 CP 连线. 所以, 过 P 点作一垂直于 $\boldsymbol{v}_P$ 的直线, 瞬时转动中心 C 必在该直线上. 同理, 过 Q 点作一垂直于 $\boldsymbol{v}_Q$ 的直线, 瞬心必在该直线上. 两直线的交点当然就是瞬心. 这是第二个方法.

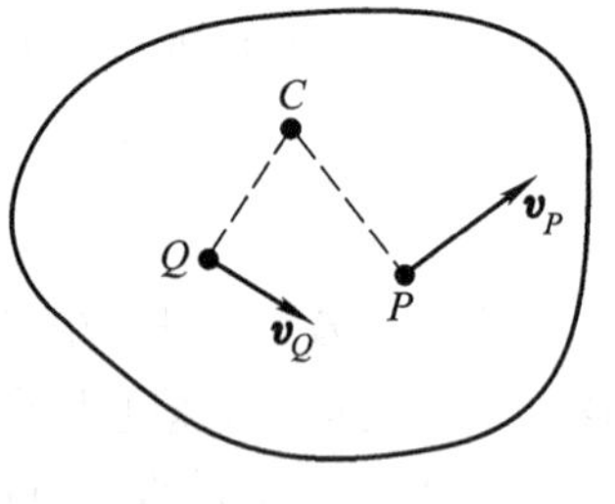

图 6–35

在有些情况下, 瞬心的位置一眼就可看出. 例如行驶中的车轮, 如不发生滑动, 则轮的着地点的瞬时速度为零 (如着地点的瞬时速度不为零, 则着地点必相对于地面滑动). 未滑动的车轮的着地点就是轮的瞬心. 在每一瞬时, 轮都是绕着其着地点转动. 说来似乎奇怪, 既然轮绕其着地点而转动, 轮的上半部就应比下半部运动得快. 实际上, 车的行驶速度适当的时候, 可以观察到上半部的辐条已连成一片, 而下半部辐条还隐约可辨. 这就证实了上述论断.

在车轮不滑动的情况下, 取瞬心 (轮的着地点) 为基点, 整个轮以角速度 ω (角速度与基点的选择无关) 绕它转动, 所以轮心的速度应为

$$v = R\omega. \tag{45.6}$$

如车轮 "打滑", 即其着地点相对于地面发生滑动, 着地点的速度不为零, 着地点

不是瞬心, 则 (45.6) 不成立. 因此, (45.6) 是**滚动着的物体不“打滑”的运动学判据**. 将 (45.6) 对时间微分一次, 还可以得到 $\dot{v} = R\dot{\omega}$.

瞬心也可能在刚体的外面. 如发生这种情况, 可以这样理解: 这个在刚体外面的瞬心好像刚性地连接于刚体, 而刚体则瞬时地绕它转动.

(2) 平面平行运动的动力学

作平面平行运动的刚体具有三个自由度, 需要三个方程式来解决刚体的平面平行运动问题.

刚体的质心当然也在平面内运动, 我们很自然就会想到使用质心运动定理在这平面内的分量, 计有两个分量方程式. 刚体绕垂直于剖面的轴线转动, 很自然就使我们想到使用对于这种轴线的动量矩定理, 这里计有一个方程式. 总共三个独立方程式, 正足以解决刚体的平面平行运动问题.

使用动量矩定理研究刚体的转动时, 为了避免计算惯性力系的力矩, 如 §38 所指出, 应当 (I) 选取质心坐标系. 这就是说, 以质心为基点描述刚体的运动, 并以通过质心的直线为轴线计算力矩. 或者 (II) 选取惯性参考系. 这就是说, 相对于某个“静止”的物体来描述刚体的运动, 并相对于“静止”轴线来计算力矩.

例 1 半径为 R、质量为 m 的匀质圆柱, 沿倾角为 α 的静止斜面滚下 (图 6–36). 斜面与柱之间的摩擦系数为 μ. 试求圆柱滚下的加速度.

解 圆柱可能无滑动滚下, 也可能既滚且滑. 我们应当分别加以考察, 并从而探求这两种情况发生的条件.

第一种可能: 无滑动滚下

① 假定圆柱无滑动滚下, 题所求的是它滚下的加速度.

将圆柱隔离出来.

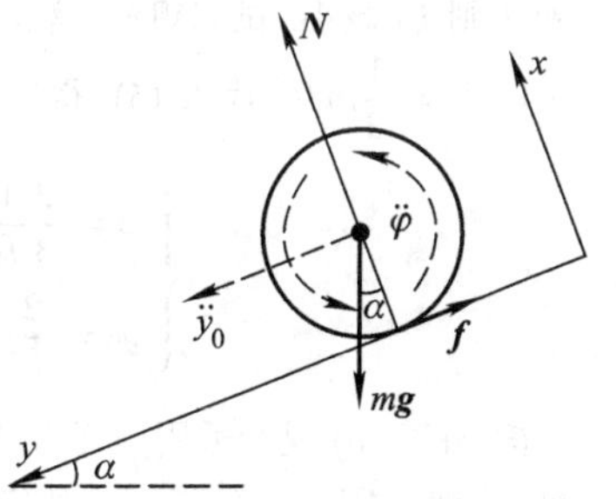

图 6–36

以斜面为参考系统描述质心的运动. 质心的加速度平行于斜面向下, 其值未知, 正为题所求.

用质心坐标系描述圆柱相对于质心的转动. 圆柱的角加速度未知. 根据无滑动滚下的假定, 质心的加速度与圆柱的角加速度满足不打滑的运动学判据.

圆柱受重力 mg, 施于质心, 竖直向下.

圆柱只与斜面接触. 圆柱受到斜面的正压力 N, 垂直于斜面而向上; 又受到斜面的静摩擦力 f, 沿斜面而向上.

② 取固定于斜面的坐标系. x 轴垂直于斜面向上, y 轴沿斜面向下.

质心加速度 $\ddot{x}_0 = 0, \ddot{y}_0$ 则为所求.

取逆时针方向为正的转动方向.

柱的角加速度 $\ddot{\varphi}$ 也是未知的. 但 $\ddot{y}_0$ 与 $\ddot{\varphi}$ 由不打滑的运动学判据联系起来.

③ 列出质心运动定理

$$\begin{cases} mg\sin\alpha - f = m\ddot{y}_0, & (1)\\ N - mg\cos\alpha = 0. & (2)\end{cases}$$

相对于质心坐标系, 列出动量矩定理

$$fR = I'\ddot{\varphi}, \tag{3}$$

这里 I' 为圆柱对于通过质心的水平轴的转动惯量, 即 $\frac{1}{2}mR^2$.

又, 不打滑的运动学判据

$$\ddot{y}_0 = R\ddot{\varphi}. \tag{4}$$

④ 从方程组 (1)—(4) 解得

$$\begin{cases} \ddot{\varphi} = \dfrac{mR}{I' + mR^2} g\sin\alpha,\\ \ddot{y}_0 = \dfrac{mR^2}{I' + mR^2} g\sin\alpha; \end{cases} \qquad \begin{cases} f = \dfrac{I'}{I' + mR^2} mg\sin\alpha,\\ N = mg\cos\alpha. \end{cases} \tag{5}$$

可以看到,$\ddot{y}_0 < g\sin\alpha$, 即滚下物体的加速度 $\ddot{y}_0$ 小于光滑物体滑下的加速度 $g\sin\alpha$. 这是可以理解的. 既然是滚动, 必定有摩擦力作用; 既有摩擦力, 加速度自然变小. 又可以看出, I' 越大则 $\ddot{y}_0$ 越小. 试想想看, 这又是为什么?

以 $I' = \frac{1}{2}mR^2$ 代入 (5), 得出具体结果

$$\begin{cases} \ddot{\varphi} = \dfrac{2}{3}\dfrac{1}{R} g\sin\alpha,\\ \ddot{y}_0 = \dfrac{2}{3} g\sin\alpha; \end{cases} \qquad \begin{cases} f = \dfrac{1}{3} mg\sin\alpha,\\ N = mg\cos\alpha. \end{cases} \tag{6}$$

⑤ 解答 (5) 是否适用, “无滑动滚下” 的假定是否成立, 需要加以检查. 解答 (5) 适用的条件, 亦即 “无滑动滚下” 这个假定成立的条件是 $f \leqslant \mu N$, 即

$$\frac{I'}{I' + mR^2} mg\sin\alpha \leqslant \mu mg\cos\alpha,$$

所以

$$\mu \geqslant \frac{I'}{I' + mR^2}\tan\alpha. \tag{7}$$

以 $I' = \frac{1}{2}mR^2$ 代入 (7), 得出

$$\mu \geqslant \frac{1}{3}\tan\alpha. \tag{8}$$

⑥ 作为比较, 我们将列出圆柱体相对于静止的 z 轴 (垂直于图面的轴线) 的动量矩定理, 以代替圆柱体相对于质心坐标系的动量矩定理 (3).

利用 (38.5), $L = L_0 + L' = m\dot{y}_0 R + I'\dot{\varphi}$. 于是列出动量矩定理

$$m\ddot{y}_0 R + I'\ddot{\varphi} = -Ny_0 + mg(y_0\cos\alpha + R\sin\alpha).$$

利用 (2) 可将上式改写为

$$m\ddot{y}_0 R + I'\ddot{\varphi} = mgR\sin\alpha. \tag{9}$$

这样, 代替方程组 (1)—(4), 应当求解方程组 (1), (2), (4), (9).

不难看出, (3)+ R (1) 正是 (9). 这就是说, 方程组 (1), (2), (4), (9) 完全等价于方程组 (1)—(4).

最后, 还要提出一个颇有兴味的问题. 借助于 (4), 可将 (9) 表为

$$(mR^2 + I')\ddot{\varphi} = mgR\sin\alpha.$$

形式上, 这正是相对于瞬轴的动量矩定理. 可以证明, 对于刚体的平面平行运动, 如刚体的质心与瞬轴的距离保持不变, 则相对于瞬轴的动量矩定理成立; 但一般情况下, 未必能够成立. 关于这个问题, 这里不准备深入追究了.

第二种可能: 既滚且滑

① 假定圆柱既滚且滑. 题要求圆柱质心的加速度.

将圆柱隔离出来.

以斜面为参考系描述质心的运动. 质心的加速度平行于斜面向下, 其值未知, 正为题所求.

用质心坐标系描述圆柱相对于质心的转动. 圆柱的角加速度未知. 根据既滚且滑的假定, 质心的加速度与圆柱的角加速度是各自独立的, 并不满足不打滑的运动学判据.

圆柱受重力 mg, 施于质心, 竖直向下.

圆柱只与斜面接触. 圆柱受到斜面的正压力 N, 垂直于斜面而向上; 又受到斜面的动摩擦力 $f = \mu N$. 因柱的接触斜面处沿斜面向下滑, 所以动摩擦力 $\boldsymbol{f}$ 沿斜面向上.

② 取固定于斜面的坐标系. x 轴垂直于斜面向上, y 轴沿斜面向下.

质心加速度 $\ddot{x}_0 = 0, \ddot{y}_0$ 则为所求.

取逆时针方向为正的转动方向.

柱的角加速度 $\ddot{\varphi}$ 也是未知的. $\ddot{y}_0$ 与 $\ddot{\varphi}$ 是各自独立的.

③ 列出质心运动定理

$$\begin{cases} mg\sin\alpha - \mu N = m\ddot{y}_0, & (1) \\ N - mg\cos\alpha = 0. & (2) \end{cases}$$

在质心坐标系中, 列出动量矩定理

$$\mu NR = I'\ddot{\varphi}, \tag{3}$$

这里 I' 为圆柱对于通过质心的水平轴的转动惯量, 即 $\dfrac{1}{2}mR^2$.

④ 从方程组 (1)—(3) 解得

$$\begin{cases} \ddot{\varphi} = \dfrac{mR}{I'}\mu g\cos\alpha, \\ \ddot{y}_0 = g(\sin\alpha - \mu\cos\alpha); \end{cases} \quad \begin{cases} f = \mu mg\cos\alpha, \\ N = mg\cos\alpha. \end{cases} \tag{4}$$

可以看到 $\ddot{y}_0$ 仍然 $< g\sin\alpha$, 即小于光滑物体滑下的加速度. 这自然也还是由于有摩擦力的作用. 又可以看出, $\ddot{y}_0$ 与 I' 无关.

以 $I'=\frac{1}{2}mR^2$ 代入 (4), 得出具体结果

$$\begin{cases}\ddot{\varphi}=\frac{2}{R}\mu g\cos\alpha,\\ \ddot{y}_0=g(\sin\alpha-\mu\cos\alpha);\end{cases}\qquad \begin{cases}f=\mu mg\cos\alpha,\\ N=mg\cos\alpha.\end{cases}\tag{5}$$

⑤ 解答 (4) 是否适用, "既滚且滑" 的假定是否成立, 需要加以检查. 解答 (4) 适用的条件, 亦即 "既滚且滑" 的假定成立的条件是, 柱的接触斜面处相对地向下滑, 即该处速度向下, 亦即 $\ddot{y}_0>R\ddot{\varphi}$, 即

$$g(\sin\alpha-\mu\cos\alpha)>\frac{mR^2}{I'}\mu g\cos\alpha,$$

所以

$$\mu<\frac{I'}{I'+mR^2}\tan\alpha.\tag{6}$$

以 $I'=\frac{1}{2}mR^2$ 代入 (6), 得出

$$\mu<\frac{1}{3}\tan\alpha.\tag{7}$$

例 2 例 1 的圆柱起先静止于高度 h 处, 沿着斜面无滑动地滚下, 试求其滚到斜面底端时的速度.

解 当然, 可以按例 1 的方法求出加速度 $\ddot{y}_0$, 然后再运用运动学方法求圆柱到达斜面底端的速度. 但既然问题仅仅涉及圆柱的速率与位置的关系, 借助于动能定理就可以求得极简便的解决. 考虑到本题的具体条件, 可以运用机械能守恒定律.

首先, 应当说明为什么可以运用机械能守恒定律. 施于圆柱的力有: 重力、正压力 N, 静摩擦力 f. 重力是保守力; N 与 $\boldsymbol{f}$ 的作用点的速度为零, 因而 N 与 f 总是不做功. 因此尽管有摩擦力, 机械能守恒定律仍然适用.

今规定圆柱在斜面底端处的势能为零.

开始时圆柱动能为零, 势能为 mgh, 所以开始时机械能等于 mgh.

圆柱到达斜面底端, 势能为零. 圆柱以角速 ω 绕质心转动, 质心又以速率 v_0 运动. 依柯尼希定理 (39.4), 圆柱的动能应为 $\frac{1}{2}mv_0^2+\frac{1}{2}I'\omega^2$. 这也就是圆柱到达斜面底端的机械能.

根据机械能守恒定律

$$mgh=\frac{1}{2}mv_0^2+\frac{1}{2}I'\omega^2,\tag{1}$$

这里 v_0 与 ω 不是独立的, 它们满足不打滑的运动学判据 $v_0=R\omega$, 所以 (1) 式可改写为

$$mgh=\frac{1}{2}mv_0^2+\frac{1}{2}I'\left(\frac{v_0}{R}\right)^2=\frac{1}{2}(mR^2+I')\frac{v_0^2}{R^2}.\tag{2}$$

由此解得

$$v_0=\sqrt{2\frac{mR^2}{mR^2+I'}gh}.\tag{3}$$

以 $I'=\frac{1}{2}mR^2$ 代入 (3), 得出

$$v_0=\sqrt{\frac{4}{3}gh}.\tag{4}$$

为了计算圆柱到达斜面底端的动能, 也可改以瞬时转动中心为基点. 圆柱绕瞬时转动中心作单纯的转动, 其角速为 ω, 所以圆柱的动能为 $\dfrac{1}{2}I\omega^2$. 于是机械能守恒定律应表为

$$mgh = \frac{1}{2}I\omega^2. \tag{5}$$

依平行轴定理,$I = I' + mR^2$; 又按不打滑的运动学判据, $v_0 = R\omega$. (5) 式可改写为

$$mgh = \frac{1}{2}(I' + mR^2)\frac{v_0^2}{R^2},$$

与 (2) 式完全一样, 其解答自然就还是 (3) 或 (4).

例 3 籐圈操运动员将环状的籐圈抛出, 使环获得图 6–37 所示的初速 v_0 与初始角速度 ω_0, 这是一种连滚带滑的运动. 已知 $v_0 < R\omega_0$. 试研究环如何运动.

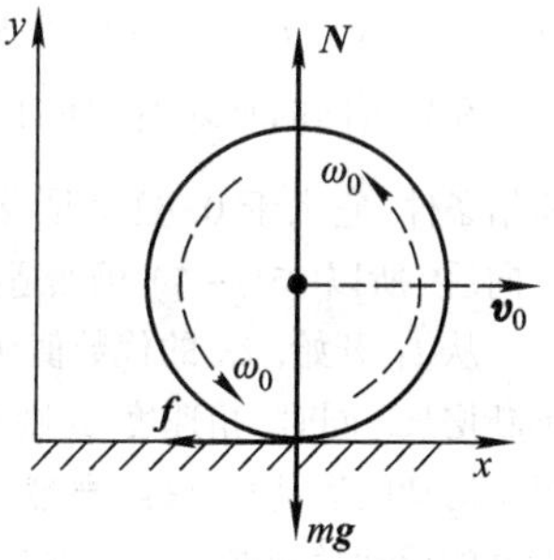

图 6–37

解 ① 题的要求很明确, 研究环的运动.

以地面为标准描述环心的运动. 环心具有水平加速度, 其值未知.

用质心坐标系描述环相对于环心的转动. 环的角加速度未知.

环受重力 mg, 施于环心, 竖直向下.

环只与地面接触. 环受地面正压力 N, 竖直向上. 环受到地面的动摩擦力 $f = \mu N$. 环的着地点向前滑动, 所以动摩擦力 f 向后.

② 取固定于地面的坐标系. x 轴水平向前, y 轴竖直向上.

环心加速度 $\ddot{x}_0$, 未知, $\ddot{y}_0 = 0$.

规定与 ω_0 相同的方向为正的转动方向.

环的角加速度 $\ddot{\varphi}$ 也是未知的. $\ddot{x}_0$ 与 $\ddot{\varphi}$ 各自独立.

③ 列出质心运动定理

$$\begin{cases} -\mu N = m\ddot{x}_0, & (1) \\ N - mg = 0. & (2) \end{cases}$$

相对于质心坐标系, 列出动量矩定理 $-\mu NR = I'\ddot{\varphi}$. 这里 $I' = mR^2$, 所以

$$-\mu NR = mR^2\ddot{\varphi}. \tag{3}$$

④ 解方程 (1) — (3), 得

$$\begin{cases} \ddot{x}_0 = -\mu g, \\ \ddot{\varphi} = -\dfrac{1}{R}\mu g. \end{cases} \tag{4}$$

有了 (4) 以及初始条件, 研究环的运动就单纯是个运动学问题了. (4) 表明环心作匀加速运动, 根据 (7.9) 与 (7.10) 可得环心的速度与坐标

$$\begin{cases} \dot{x}_0 = v_0 - \mu g t, & (5) \\ x_0 = v_0 t - \dfrac{1}{2}\mu g t^2, & (6) \end{cases}$$

同样可得环的角速度

$$\dot{\varphi} = \omega_0 - \frac{1}{R}\mu g t. \tag{7}$$

⑤ 从 (5) 可知, 在较早的时刻, $\dot{x}_0 > 0$, 环继续前行. 到了时刻

$$t_1 = \frac{v_0}{\mu g}, \tag{8}$$

$\dot{x}_0 = 0$. 从此, $\dot{x}_0 < 0$, 环竟向后退行!

在环折回的时刻 t_1, 环的角速度 $\dot{\varphi} = \omega_0 - \frac{1}{R}\mu g t_1 = \omega_0 - \frac{1}{R}\mu g \frac{v_0}{\mu g} = \omega_0 - \frac{v_0}{R}$. 根据题所给条件, 它大于 0. 这就是说, 在时刻 t_1, 环的着地点仍然向前滑动, 所以动摩擦力 $\boldsymbol{f}$ 仍然指向后. 所以 (5)—(7) 仍然适用.

从 t_1 开始, $\dot{x}_0$ 的代数值从零继续减小, 换句话说, $\dot{x}_0$ 的绝对值增大. 环向后退行的速率不断增长. 同时, 角速度 $\dot{\varphi}$ 则继续减小. 刚刚折回时, $|\dot{x}_0| \approx 0$, 而 $\dot{\varphi} \neq 0$, 两者不配合, 不满足不滑动的运动学判据. 既然 $|\dot{x}_0|$ 增长, 而 $\dot{\varphi}$ 减小, 必定有某个时刻 t_2, 两者相配合, 满足不滑动的运动学判据 $|\dot{x}_0| = R\dot{\varphi}$, 即

$$-\dot{x}_0 = R\dot{\varphi}. \tag{9}$$

注意这里的负号! 以 (5) 与 (7) 代入上式, 得

$$-(v_0 - \mu g t_2) = R\left(\omega_0 - \frac{1}{R}\mu g t_2\right),$$

由此解出

$$t_2 = \frac{1}{2}\frac{v_0 + R\omega_0}{\mu g}. \tag{10}$$

从时刻 t_2 开始, 环的着地点不再有滑动趋势, 因而不再有摩擦力. 于是球的运动不再遵守 (5)—(7), 而是匀速地持续滚下去, 最后又回到运动员手边.

***例 4** 长度为 $2\,l$ 的细杆斜靠在竖直的光滑墙与光滑水平地面之间, 无初速下滑 (图 6–38). 试证明: 当细杆上端的高度降为初始高度的 2/3 时, 该端便与墙脱离接触.

解 ① 首先确定墙对细杆上端的约束反力怎样随着细杆的运动而变化. 这约束反力变为零, 即标志细杆上端开始脱离墙.

将细杆隔离出来, 细杆受到重力 mg 作用, 作用点在质心, 竖直向下. 由于细杆与墙、地面都是光滑接触, 墙施于细杆上端的约束反力 N_1 垂直于墙壁, 指向右方; 而地面给予细杆下端的约束反力为 N_2, 竖直向上.

以地面为参考系, 在竖直平面内描述细杆质心的运动, 用质心坐标系描述细杆相对于质心的转动.

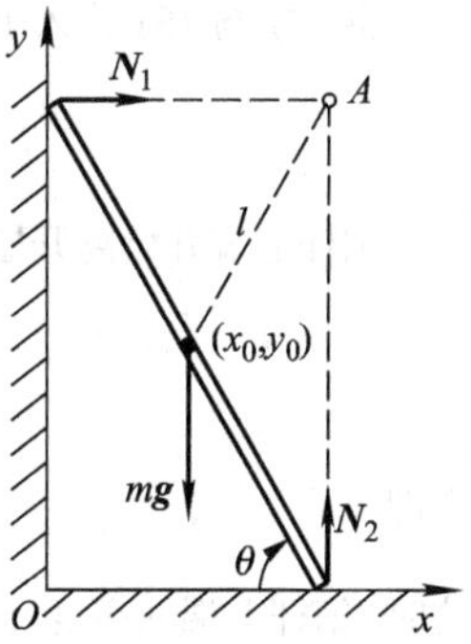

图 6–38

在初始时刻, 质心速度为零, 细杆倾角为 θ_0, 细杆绕质心转动角速度 $\dot{\theta}_0 = 0$.

② 取固定于地面的坐标系,x 轴沿地面向右, y 轴沿墙壁竖直向上.

质心的加速度记为 $\ddot{x}_0$ 和 $\ddot{y}_0$.

取顺时针方向为正的转动方向. 细杆的转动角速度记为 $\dot{\theta}$, 角加速度记为 $\ddot{\theta}$, 由图可看出质心加速度与 $\ddot{\theta}$ 之间存在约束关系.

③ 列出质心运动定理

$$\begin{cases} N_1 = m\ddot{x}_0, & (1) \\ N_2 - mg = m\ddot{y}_0. & (2) \end{cases}$$

在质心坐标系中, 列出动量矩定理

$$N_1 l \sin\theta - N_2 l \cos\theta = I'\ddot{\theta}, \tag{3}$$

这里 I' 为细杆对于通过质心的水平轴的转动惯量,$I' = m(2l)^2/12 = ml^2/3$.

又, 约束条件

$$\begin{cases} x_0 = l\cos\theta, \\ y_0 = l\sin\theta. \end{cases}$$

由此,

$$\begin{cases} \dot{x}_0 = -l\,\dot{\theta}\sin\theta, \\ \dot{y}_0 = l\,\dot{\theta}\cos\theta; \end{cases} \qquad \begin{cases} \ddot{x}_0 = -l\,\dot{\theta}^2\cos\theta - l\,\ddot{\theta}\sin\theta, \\ \ddot{y}_0 = -l\,\dot{\theta}^2\sin\theta + l\,\ddot{\theta}\cos\theta. \end{cases} \tag{4}$$

④ 将 (4) 代入 (1)、(2) 得

$$N_1 = m\ddot{x}_0 = -m(l\,\dot{\theta}^2\cos\theta + l\,\ddot{\theta}\sin\theta) \tag{5}$$

$$N_2 = mg + m\ddot{y}_0 = mg + m(-l\,\dot{\theta}^2\sin\theta + l\,\ddot{\theta}\cos\theta) \tag{6}$$

将 (5)、(6) 代入 (3), 并将 I' 具体写出,

$$\begin{aligned} ml^2\ddot{\theta}/3 &= -ml^2(\dot{\theta}^2\sin\theta\cos\theta + \ddot{\theta}\sin^2\theta) \\ &\quad -mgl\cos\theta - ml^2(\ddot{\theta}\cos^2\theta - \dot{\theta}^2\sin\theta\cos\theta) \\ &= -ml^2\ddot{\theta} - mgl\cos\theta. \end{aligned}$$

化简得

$$4l\ddot{\theta}/3 = -g\cos\theta. \tag{7}$$

将 $\ddot{\theta}$ 改写为 $\dot{\theta}\mathrm{d}\dot{\theta}/\mathrm{d}\theta$, 分离变数并积分, 考虑到初始条件 "于 $t=0, \theta=\theta_0, \dot{\theta}_0 = 0$", 得

$$\int_0^{\dot{\theta}} \dot{\theta}\mathrm{d}\dot{\theta} = -(3/4)\int_{\theta_0}^{\theta} (g/l)\cos\theta\mathrm{d}\theta,$$

即

$$\dot{\theta}^2 = (3g/2l)(\sin\theta_0 - \sin\theta). \tag{8}$$

将 (7) 与 (8) 代入 (5), 得 N_1 随 θ 变化的表达式

$$N_1=(9\sin\theta/4-3\sin\theta_0/2)mg\cos\theta. \tag{9}$$

细杆上端开始离开墙壁的标志是 $N_1=0$, 即

$$9\sin\theta/4=3\sin\theta_0/2,$$

亦即
$$\sin\theta=(2/3)\sin\theta_0.$$

这时, 细杆上端的高度 $2\,l\sin\theta$ 为初始高度 $2\,l\sin\theta_0$ 的 2/3.

⑤ 其实, $\dot{\theta}$ 和 $\ddot{\theta}$ 的表达式还可直接用机械能守恒定律很方便地求得.

因作用于细杆的约束反力 N_1 和 N_2 与其所作用的质点的位移垂直, 所以它们不做功, 而重力为保守力, 故此, 细杆的机械能守恒,

$$(m/2)(\dot{x}_0^2+\dot{y}_0^2)+I'\dot{\theta}^2/2+mgl\sin\theta=mgl\sin\theta_0.$$

将 $\dot{x}_0, \dot{y}_0$ 的表达式代入, 并将 I' 具体写出,

$$(1/2)m(l^2\dot{\theta}^2\sin^2\theta+l^2\dot{\theta}^2\cos^2\theta)+(1/6)ml^2\dot{\theta}^2=mgl(\sin\theta_0-\sin\theta)$$

化简,
$$\dot{\theta}^2=(3g/2l)(\sin\theta_0-\sin\theta).$$

将上式对时间 t 求导, 得

$$2\dot{\theta}\ddot{\theta}=-(3g/2l)\dot{\theta}\cos\theta.$$

化简即得 $\ddot{\theta}=-(3g/4l)\cos\theta$. 这方法较为简便.

另外, 在细杆运动时, 由于细杆的质心与瞬轴 A 的距离始终保持为 l, 故可相对于瞬轴 A 使用动量矩定理,

$$-mgl\cos\theta=(I'+ml^2)\ddot{\boldsymbol{\theta}}.$$

将 I' 具体写出, 即得

$$-mgl\cos\theta=4ml^2\ddot{\theta}/3$$

这就更简便地得到 $\ddot{\theta}=-3g\cos\theta/4l$.

***例 5** 两根相同的均匀杆 AB 和 BC, 每根杆的质量各为 m, 长度各为 $2a$. 在 B 点用光滑铰链连接 (图 6–39). 杆 AB 可在竖直平面内绕固定端 A 自由转动, C 端可沿一光滑水平轨道自由滑动. 系统从静止开始释放, 在初始时刻 ABC 成水平直线.

(i) 记 $\angle BAC=\theta\left(\theta<\dfrac{\pi}{2}\right)$, 试证:

$$\dot{\theta}^2=\frac{3g}{2a}\frac{\sin\theta}{4-3\cos^2\theta}.$$

(ii) 求系统对通过 A 而垂直于图面的水平轴的动量矩.

(iii) 轨道对 C 点的约束反力 (表示为 θ 的函数).

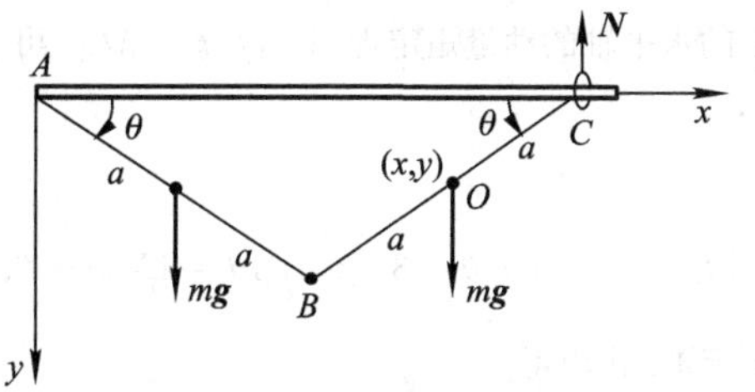

图 6–39

解 (i) 选取光滑水平轨道为参考系, 建立如图所示的直角坐标系. 两杆 AB 与 BC 组成的力学系统只有一个自由度 θ. 规定顺时针方向为 $\angle BAC=\theta$ 的正方向,

杆 BC 的质心 O 的坐标

$$\begin{cases} x=3a\cos\theta, \\ y=a\sin\theta. \end{cases}$$

其速度

$$\begin{cases} \dot{x}=-3a\dot{\theta}\sin\theta, \\ \dot{y}=a\dot{\theta}\cos\theta. \end{cases} \tag{1}$$

两杆系统所受的各力中, 重力为保守力, 在 A 与 C 两端所受约束反力不做功, B 点为光滑铰链连接, 对两杆约束反力的做功之和为零, 故系统的机械能守恒,

$$(1/2)I_A\dot{\theta}^2+(1/2)m(\dot{x}^2+\dot{y}^2)+(1/2)I_0\dot{\theta}^2-2mga\sin\theta=0, \tag{2}$$

其中 I_A 为杆 AB 绕通过 A 的水平轴的转动惯量, $I_A=m(2a)^2/3=4ma^2/3, I_O$ 为杆 BC 绕通过其质心 O 的水平轴的转动惯量, $I_O=m(2a)^2/12=ma^2/3$.

将 I_A、I_O 的表达式及 (1) 代入 (2) 得

$$\begin{aligned}(1/2)(4ma^2/3)\dot{\theta}^2 &+ (m/2)(9a^2\dot{\theta}^2\sin^2\theta+a^2\dot{\theta}^2\cos^2\theta) \\ &+ (1/2)(ma^2/3)\dot{\theta}^2=2mga\sin\theta,\end{aligned}$$

化简证得

$$\dot{\theta}^2=\frac{3g}{2a}\frac{\sin\theta}{4-3\cos^2\theta}. \tag{3}$$

(ii) 系统对过 A 的水平轴的动量矩

$$L_A=L_{AB}+L_{BC},$$

其中 $L_{AB}=I_A\dot{\theta}=(4/3)ma^2\dot{\theta}$,

$$L_{BC}=L_O+L'=m(x\dot{y}-y\dot{x})-(1/12)m(2a)^2\dot{\theta}.$$

请注意上式第二项的负号, 这是因为杆 BC 绕 O 转动的方向与杆 AB 转动方向相反. 将 (1) 代入上式便得 $L_{BC}=(8/3)ma^2\dot{\theta}$. 于是

$$L_A=L_{AB}+L_{BC}=4ma^2\dot{\theta}.$$

(iii) 根据对通过 A 的水平轴的动量矩定理 $\mathrm{d}L_A/\mathrm{d}t = M_A$, 可求出轨道对 C 点的约束反力.

相对于 A 的外力矩

$$M_A = mga\cos\theta + 3mga\cos\theta - 4Na\cos\theta,$$

将 L_A、M_A 代入动量矩定理, 化简得

$$ma\ddot{\theta} = mg\cos\theta - N\cos\theta. \tag{4}$$

将 (3) 中 $\dot{\theta}^2$ 对 θ 求导, 化简得

$$\ddot{\theta} = \frac{3g}{4a}\frac{(3\cos^2\theta - 2)\cos\theta}{(4-3\cos^2\theta)^2}. \tag{5}$$

将 (5) 代入 (4) 得

$$N = mg - \frac{ma\ddot{\theta}}{\cos\theta} = mg - \frac{3}{4}mg\frac{(3\cos^2\theta - 2)}{(4-3\cos^2\theta)^2}.$$

例 6　质量为 m 的小球, 以速度 v_0 在水平冰面上运动, 撞在与小球运动方向垂直的一根横木一端, 并黏附在横木上 (图 6–40). 设横木的质量为 M, 长度为 l.

(i) 忽略冰的摩擦, 定量地描述小球附在横木上以后, 系统的运动情况.

(ii) 刚刚发生碰撞之后, 横木上有一点 $\boldsymbol{P}$ 是瞬时地静止的, 问该点在何处?

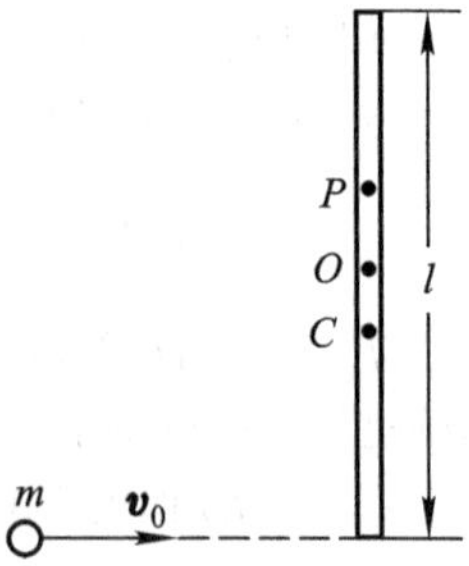

图 6–40

解　小球与横木的碰撞是完全非弹性碰撞. 在碰撞过程中, "小球 – 横木" 系统不受水平外力作用, 因此碰撞前后系统的动量守恒.

设 C 为系统的质心, O 为横木质心, $\overline{OC}$ 等于 $(m/M+m)(L/2)$. 又设 v_0 为系统质心的速度, 选取冰面为参考系, 以小球初始运动方向为正方向, "小球 – 横木" 系统的动量守恒,

$$mv_0 = (M+m)v_C.$$

碰撞前后, 系统质心的速度 $v_C = mv_0/(M+m)$.

研究 "小球 – 横木" 系统的动量矩. 碰撞前: 小球相对于系统质心 C 的速度

$$v_0 - v_C = v_0 - mv_0/(M+m) = Mv_0/(M+m),$$

故小球相对于过系统质心 C 的竖直轴的动量矩

$$m(v_0 - v_C)\frac{M}{M+m}\frac{l}{2} = m\frac{M^2v_0}{(M+m)^2}\frac{l}{2}. \tag{1}$$

横木相对于系统质心 C 速度

$$0 - v_C = -mv_0/(M+m),$$

故横木相对于过系统质心 C 的竖直轴的动量矩

$$Mv_C \frac{m}{M+m}\frac{l}{2} = M\frac{m^2 v_0}{(M+m)^2}\frac{l}{2}. \tag{2}$$

而在碰撞后: 设绕通过质心 C 的竖直轴的角速度为 ω. 记系统的转动惯量为 I, 它是小球与横木转动惯量之和

$$I = m\left(\frac{M}{M+m}\right)^2\frac{l^2}{4} + \frac{1}{12}Ml^2 + M\left(\frac{m}{M+m}\right)^2\frac{l^2}{4}, \tag{3}$$

于是系统绕通过质心 C 的竖直轴的动量矩

$$L = I\omega. \tag{4}$$

"小球 – 横木" 系统, 在碰撞过程中, 水平方向并无外力作用, 也就没有外力矩作用, 故碰撞前后动量矩守恒,

$$m\frac{M^2 v_0}{(M+m)^2}\frac{l^2}{2} + M\frac{m^2 v_0}{(M+m)^2}\frac{l}{2} = I\omega. \tag{5}$$

将 (3) 代入 (5) 解得

$$\omega = \frac{6v_0}{l}\frac{m}{M+4m},$$

其方向为绕通过 C 的竖直轴逆时针转.

设小球与横木刚刚发生碰撞后, 横木上瞬时地静止的点 P 的位置在 C 点的另一方距 C 为 l_0. 根据 $v_C - \omega l_0 = 0$, 即

$$\omega l_0 = mv_0/(M+m)$$

解得

$$l_0 = \frac{M+4m}{M+m}\frac{l}{6}.$$

(3) 滚动摩擦

在例 3 的末尾说到, 自由滚动的物体, 只要质心的速度与滚动角速度满足不滑动的判据, 就匀速地持续滚下去. 现在对这论点作一详细的申述.

首先研究滑动**趋势**. 为此, 假定没有摩擦力, 考察物体如何运动. 这是自由滚动的物体, 其所受的力只有重力 mg, 施于质点, 竖直向下; 地面支持力 N, 施于着地点, 竖直向上 (图 6–41). 物体没有竖直方向的加速度, 所以这两力大小相等. 又, 两力作用线显然叠合. 因此, 两力相消. 物体不受力作用. 依动量守恒定律, 质心速度保持为 v_0 不变; 依动量矩守恒定律, 物体滚动角速度保持为 ω_0 不变. 既然质心速度与滚动角速度都保持不变, 不滑动的判据当然也保持满足. 这就是说, 假定没有摩擦力, 物体也不会滑动, 没有滑动**趋势**.

因为不存在滑动趋势, 所以没有摩擦力. 因而物体质心速度确实保持为 v_0 不变, 物体滚动角速度确实保持为 ω_0 不变. 物体永远匀速地滚下去.

"没有摩擦力作用" 这个结论也可以直接看出来. 摩擦力 f, 假如存在, 只能或则指向 "前" 或则指向 "后". 如摩擦力 f 指向 "前"[图 6–42(a)], 则依质心运动定理, 质心速度增长. 另一方面, f 对于质心的力矩的方向与物体滚动方向相反, 依动量矩定理, 滚动角速度降低. 质心速度增长而滚动角速度降低, 物体的着地点相对于地面向 "前" 滑动. 摩擦力的作用竟然是使本来不滑动的物体发生滑动! 这是不合理的. 同样, 如摩擦力 f 指向 "后" [图 6–42(b)], 则质心速度降低而滚动角速度增长, 物体的着地点相对于地面向 "后" 滑动. 本来不滑动的物体在摩擦力作用下竟发生了滑动! 这也是不合理的. 不论摩擦力指向 "前", 或指向 "后", 都不合理, 所以没有摩擦力.

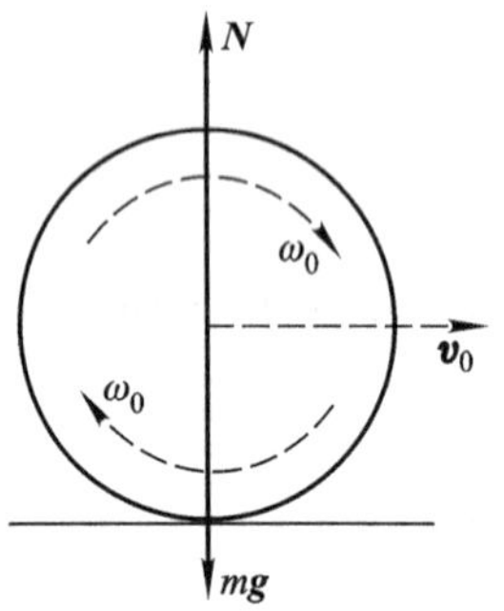

图 6–41

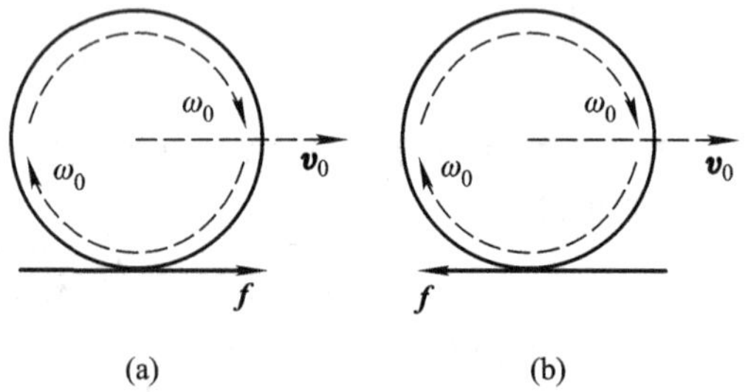

图 6–42

但是, 实际上, 物体并不能永远滚下去. 物体越滚越慢, 最终停止. 这又是为什么呢?

问题在于还有另一种摩擦 ——**滚动摩擦**, 此前未曾计及.

当物体滚动时, 地面支持它的力 N 并不通过质心, 而偏于质心的前面 [图 6–43(a)] 于是力 N 与力 mg 并不相消, 而是组成力偶. 这一力偶使物体滚动角速度降低. 这个力偶的力矩称为滚动摩擦力矩. 滚动摩擦力矩与正压力之比称为滚动摩擦系数.

由于滚动摩擦力矩的存在, "没有滑动趋势" 这个结论不再正确. 滚动摩擦力矩降低物体滚动角速度, 却不影响质心的速度, 所以物体的着地点有向前滑动的趋势. 于是还出现摩擦力 f, 指向 "后". 这里 f 也有两种可能: 静摩擦或滑动摩擦, 需要分别加以考察.

滚动摩擦的本原, 在力学中不能进行深入的讨论. 简单地说, 物体滚动时, 物体与地面都将变形 [图 6–43(b)], 因而地面施于物体的力 R 并非竖直向上. R 的竖直分力即上面所说到的 N, 水平分力即上面所说到的 f.

滚动摩擦一般远远小于滑动摩擦. 使用轮轴、使用滚珠轴承都是为了以滚动摩擦代替滑动摩擦.

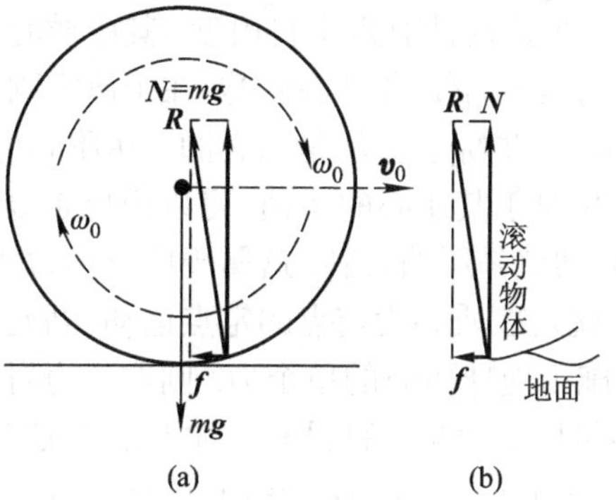

图 6–43

§46 刚体的定点运动

刚体的一种较复杂的运动是定点运动.

所谓**刚体的定点运动**, 指的是这样一种运动: 在运动过程中, 刚体的某一点始终保持"静止". 自由的刚体本有六个自由度, 现在既然固定了一点, 因此刚体的定点运动就只剩下三个自由度.

刚体的定点运动有些性质初看起来是很"奇怪"的. 本节将限于进行定性的讨论, 揭示这些"奇怪"性质的物理实质. 本节将不研究刚体定点运动的严格理论.

(1) 没有外加力矩的定点运动

将刚体装在所谓"常平架"(图 6–44) 上. 刚体可绕 AC 轴转动. 转轴 AC 装在内环 $ABCD$ 上, 环 $ABCD$ 又可绕水平的 BD 轴转动, 从而带动刚体的转轴 AC 在竖直面内运动. BD 轴则装在外环 $BEDF$ 上, 环 $BEDF$ 又可绕竖直的 EF 轴转动, 从而带动刚体的转轴 AC 在水平面内运动. 这样, 刚体共有三个自由度. 这三种运动都不改变刚体质心的位置, 刚体的运动是以质心为定点的定点运动. 刚体受重力作用, 而重力作用于质心, 其对于质心的力矩为零. 常平架对刚体转轴作何取向并不施加任何限制, 所以在轴承上只有由于刚体的重量而引起的静压力. 由于对称性, 这种静压力对于质心的力矩为零. 因此, 刚体在常平架上的运动是一种没有外加力矩的定点运动, 定点指的是质心.

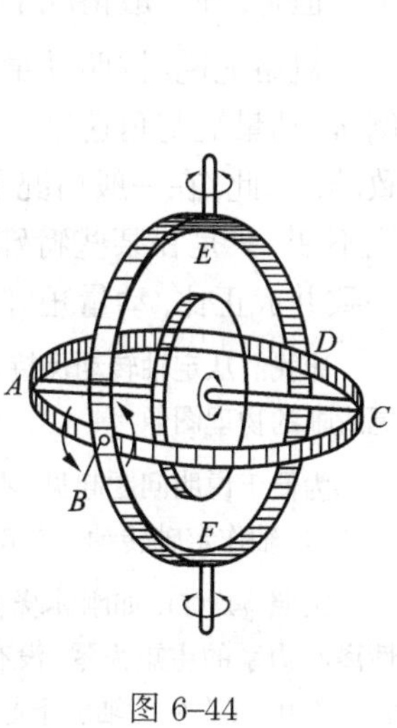

图 6–44

刚体不受约束的自由运动计有六个自由度, 其中质心运动的三个自由度用质心运动定理加以研究是很简便的, 问题主要在于研究刚体相对于质心运动的三个自由度. 为此, 用质心坐标系显然是适宜的. 在质心坐标系中, 质心当然是“静止”的. 自由刚体相对于其质心的运动, 可以说也是以质心为定点的定点运动. 例如地球质心的运动就是所谓公转, 这属于质点动力学. 地球相对于其质心的运动, 即所谓自转, 就是以质心为定点的定点运动. 暂且认为太阳或月亮对地球的引力可以归结为施于地球质心的单个力, 则这个力对于地球质心的力矩为零. 因此, 地球的自转可以认为是一种没有外加力矩的定点运动, 以质心为定点.

人们往往这样想: 既然没有外加力矩作用, 刚体一旦以某直线为轴线作转动, 就应保持以该直线为轴线作匀速转动, 转动轴线既不变, 转速也不变.

对于某些特殊情况, 上述想法成立. 例如, 刚体有对称轴, 一旦绕对称轴转动起来, 在没有外加力矩的条件下, 转动轴线保持不变, 转速也不变. 这在技术上有很重要的应用. 在急速爬高、俯冲、侧滚的飞机中, 由于惯性力的作用, 人们将发生错觉, 例如人们所认为的竖直方向很可能并不是真正的竖直方向 (参见 §23 例 1). 因此单凭驾驶员的感觉来掌握飞机的俯仰角度、转弯度数, 是不很可靠的. 因此出现一些人造地平之类的**定向指示仪表**. 这些仪表的主要部分都是装在常平架上绕其对称轴高速转动的圆盘. 不论飞机的运动如何复杂, 圆盘的轴在空间中保持一定指向, 不受飞机运动的影响, 驾驶员从圆盘的轴相对于飞机的角度就可以正确地知道飞机在空中的指向. 由于圆盘的转速很高, 仪表的指示是很稳定可靠的. 鱼雷的**定向运动机构**也是基于同样道理.

但是, 在一般情况下, 前述简单想法并不成立. 这是为什么呢?

概略地说, 按照动量矩定理, 没有外加力矩意味动量矩守恒. 可是, 参看 §44 例 4, 动量矩与角速度一般并无简单正比关系, 首先, 两者的指向一般就是不一致的. 因此, 在一般情况下, 动量矩守恒并不意味角速度的不变, 并不意味转动轴线不变. 只是在某些特殊情况下, 例如刚体绕对称轴转动, 动量矩与角速度指向一致并成正比, 动量矩守恒意味角速度守恒.

让我们从定轴转动保持动平衡与否的角度较详细地讨论这个问题. 这样做或许可以获得更清晰的物理图像.

为便于说明问题起见, 不妨暂且这样设想: 不仅 O 是定点, 在 O' 点还有一个轴承, 刚体绕 OO' 轴作定轴转动 (图 6–45).

按照 §44(7), 如刚体绕 OO' 的转动是动平衡的, 换句话说, OO' 是刚体的自由轴, 则惯性离心力系的主矩为零, 没有任何驱使 OO' 轴运动的趋势, O' 处的轴与轴承也就没有任何相互作用. O' 处的轴承不起任何作用. 既然如此, 撤销 O' 处的轴承丝毫不会影响刚体的运动, 刚体始终绕 OO' 作定轴转动. 因此得出结论: **在没有外加力矩作用的情况下, 具有一个定点的刚体一旦绕某根自由轴转动, 就保持绕该轴转动**, 转速当然也是不变的.

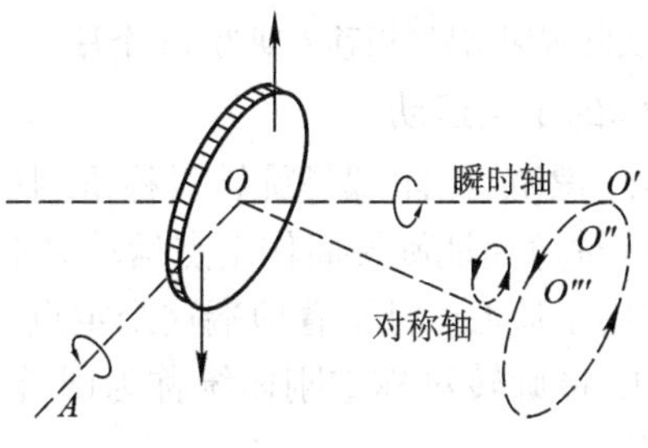

图 6–45

如刚体绕 OO' 的转动不是动平衡的, 换句话说, OO' 不是刚体的自由轴, 则惯性离心力系的主矩有驱使 OO' 轴运动的趋势, O' 处的轴与轴承相互作用, 出现约束反力. 就是靠了轴承的约束作用, 刚体才作定轴转动. 撤销 O' 处的轴承, 刚体运动情况将大受影响, 不再作定轴转动. 那么, 刚刚撤销了 O' 处的轴承之后的短时间段内, 刚体究竟怎样运动呢?

参照 §44(7) 关于动平衡的讨论, 这里也采用转动参考系. 具体地说, 参考系的转轴重合于刚体在该 "瞬时" 的瞬轴 OO', 转速就等于刚体在该 "瞬时" 的瞬时角速度.

就图 6–45 而论, 惯性离心力系是力偶, 这力偶驱动刚体绕 OA 轴转动. 这样, 刚体既绕 OO' 轴转动, 又绕 OA 轴转动, 因而其合成运动是绕着 OO' 与 OA 之间的某个 OO'' 转动.① 瞬轴从 OO' 变为 OO''.

这之后, 当然依旧没有达到动平衡, 惯性离心力的力偶仍然存在, 仍然要驱动轴继续运动. 但是要注意, 刚体已绕其轴转了一个小角度, 惯性离心力的指向也随着刚体转了一个小角度, 或者说, 惯性离心力的力偶矩已随着刚体转了一个小角度. 因此, 在下一个短时间段内, 转动轴的端点并不是按原来的 $O'O''$ 方向继续运动, 而是偏过一个小角度改向 O''' 运动. 按这样的方式推论下去可知, 转动轴描出锥面. 所以得出结论: **在没有外加力矩的情况下, 具有一个定点的刚体除非是绕着自由轴转动, 否则不会作定轴转动, 其转轴在空间中描绘锥面.**

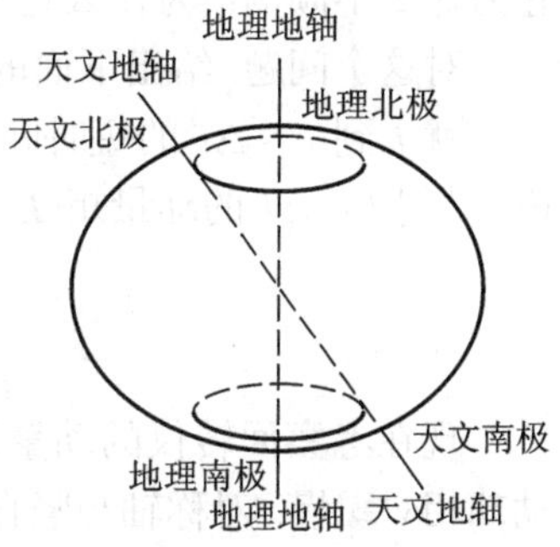

图 6–46

显然, 如刚体的转动虽未达到动平衡, 但是很接近动平衡, 则图 6–45 的虚线圆圈很小, 或者说刚体的轴所描出的锥面的顶角很小, 特别是如果刚体转速很高的话.

没有外加力矩的定点运动也存在于自然界中. 地球是一个扁球体. (为显著起见, 图 6–46 作了过分的夸大.) 地球的自转并不绕着对称轴进行, 自转轴与对称轴差一个角度. (图 6–46 将这角度过分夸大了.) 因此, 应当区分两种地轴: 地球的对称轴称为**地理地轴**, 地球的自转轴称为**天文地轴**. 根据上面的讨论可知, 天文地轴描出圆锥面. 天文南、北极绕地理南、北极

① 精确些说, 将刚体绕 OO' 轴的转动与绕 OA 轴的转动分别用角速度矢量表出, 这两个角速度矢量的矢量和就是表征合成运动的角速度矢量.

运动. 这种现象称为**极移**. 实际观测结果, 极移周期为 14 个月.

(2) 旋转对称重刚体的定点运动

我们都看过儿童做陀螺游戏. 陀螺是旋转对称重刚体. 其轴的下端着地, 这是个定点. 陀螺绕其对称轴急速地旋转而作定点运动 (图 6–47), 它所受的重力作用于质心, 对于着地端这个定点, 力矩不为零. 在力学中, 将旋转对称重刚体统称为回转仪. 陀螺就是一种回转仪.

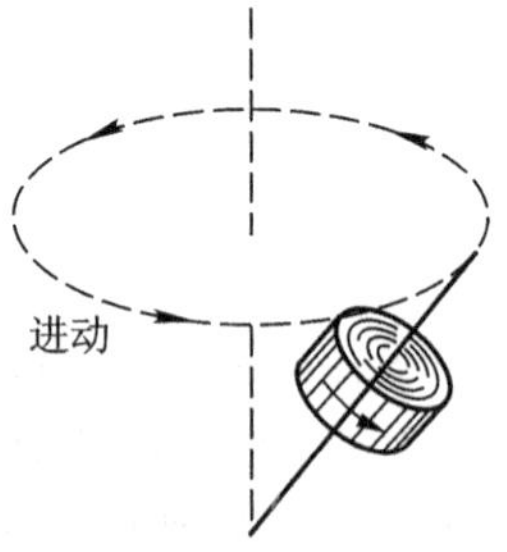

图 6–47

回转仪绕其对称轴的回转是动平衡的. 如果没有外加力矩, 回转仪将保持其转轴的方向不变而作匀速转动. 不过, 这里正是要研究它在外加力矩作用下的运动.

回转仪一旦回转起来, 它在外加力矩作用下的行为十分令人惊异. 以图 6–47 的陀螺为例, 尽管受到重力的力矩的作用, 陀螺并不因此倾倒; 重力的力矩的效果倒是使陀螺的轴描出圆锥面, 这种运动称为 "进动". 回转仪又是很 "不听话" 的. 试图用手指去压陀螺的轴的上端, 它并不被压低, 倒是加快了进动. 试图用手指去抬陀螺的轴的上端, 它并不被抬高, 而是减慢其进动. 试图加快它的进动, 也不能达到目的, 倒是它的轴的上端升高. 试图减慢它的进动, 也不能达到目的, 倒是它的轴的上端降低.

回转仪的这些奇怪行径的物理本质是什么呢? 特别是, 在外加力矩作用下, 它为什么不倾倒? 为什么它会进动?

对这个问题, 给出下面的粗略回答.

就 t 到 $t+\Delta t$ 的短时间段而言, 动量矩定理 (38.3) 给出 $\Delta \boldsymbol{L}=\boldsymbol{M}\Delta t$. 这是说, 时刻 $t+\Delta t$ 的动量矩 $\boldsymbol{L}+\Delta\boldsymbol{L}$ 等于时刻 t 的动量矩 $\boldsymbol{L}$ 与 $\boldsymbol{M}\Delta t$ 之和,

$$\boldsymbol{L}+\Delta\boldsymbol{L}=\boldsymbol{L}+\boldsymbol{M}\Delta t. \tag{46.1}$$

现在考察回转仪的动量矩. 按实际情况, 回转仪绕其对称轴的回转很急, 进动却相对缓慢. 对称轴与竖直方向之间的夹角如果有什么变化 (这种变化称为**章动**), 与回转相比也是缓慢的. 因此, 我们只考虑回转角速度而忽略进动角速度和章动角速度. 既然回转是绕对称轴进行的, 动量矩的指向同于角速度的指向. 换句话说, 我们认为回转仪的动量矩就沿着其对称轴.

为简单起见, 设陀螺的对称轴在某时刻 t 是水平的. 此时, $\boldsymbol{L}$ 的指向重合于对称轴, 沿 z' 轴, 重力的力矩 $\boldsymbol{M}$ 的指向按右手法则沿 x' 轴, $\boldsymbol{M}\Delta t$ 当然也沿 x' 轴. 按 (46.1), 到了时刻 $t+\Delta t$, 动量矩为 $\boldsymbol{L}+\Delta\boldsymbol{L}$, 它等于 $\boldsymbol{L}$ 与 $\boldsymbol{M}\Delta t$ 的矢量和, 图 6–48 已标出这个矢量. 按上一段所说, 这矢量的方向就是 $t+\Delta t$ 时刻的对称轴方向. 对称轴方向的这种改变就是进动. 进动驱使 $\boldsymbol{L}$ 向 $\boldsymbol{M}$ 靠拢. 但是, 按图

6–47, 重力的力矩应保持与对称轴垂直. 对称轴进动, 重力的力矩 $\boldsymbol{M}$ 随之而改变指向, 而对称轴又继续向 $\boldsymbol{M}$ 靠拢. 这样, 回转仪就不停地进动.

这个简单解说不仅给出进动的方向, 而且也给出进动角速度的大小 Ω. 事实上, 据 (24.2), $\dot{\boldsymbol{L}} = \boldsymbol{\Omega} \times \boldsymbol{L}$, 其中 $\boldsymbol{L}$ 按上面的说法等于 $I\boldsymbol{\omega}$ (这里 $\boldsymbol{\omega}$ 是回转角速度, I 是回转仪相对于对称轴的转动惯量), 故 $\dot{\boldsymbol{L}} = \boldsymbol{\Omega} \times I\boldsymbol{\omega}$. 于是, 动量矩定理在这种情况下可表为

$$\boldsymbol{\Omega} \times I\boldsymbol{\omega} = \boldsymbol{M}. \tag{46.2}$$

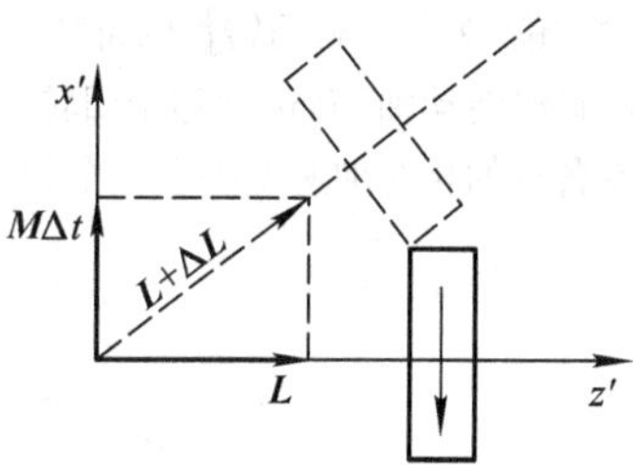

图 6–48

这提供了一个计算旋转角速度 Ω 的公式. 对于这里进动轴与对称轴垂直的情况, 上式简化为

$$\Omega = M/I\omega. \tag{46.3}$$

上面的论说确实比较简明, 但也还有值得讨论之处. 不回转的陀螺在重力的力矩作用下倾倒, 可是一旦急速回转起来, 虽然仍受重力的力矩作用, 陀螺却不倾倒. 这是陀螺运动最使人迷惑不解的特点, 恰恰是这一点, 上面的论说并没有作出令人满意的解释. 事实上, 上面的简明论说的前提之一是忽略陀螺对称轴与竖直方向之间夹角的变化. 但这夹角如果持续增大, 即使其增大速率与回转相比是缓慢的, 那也会相当快地向下倾倒. 由此可见, 在研究陀螺是否倾倒的问题时, 这个夹角的缓慢变化并不能忽略. 上面的简明论说忽略了这个夹角的变化, 实质上是从一开始就把对称轴的向下倾倒排除于考虑之外. 这样, 上面的简明论说并没有证明陀螺不向下倾倒, 它仅仅证明: 陀螺不向下倾倒而作进动, 这与动量矩定理没有矛盾, 因而是可能的运动方式之一.

如果考虑到陀螺对称轴向下倾倒的可能性, 我们或许可对图 6–48 作另一种解释: 到了时刻 $t + \Delta t$, 陀螺回转角动量与时刻 t 时相同, 即仍然是图中的 $\boldsymbol{L}$, 而 $\boldsymbol{M}\Delta t$ 则是陀螺向下倾倒的角动量, 总的角动量是两者之和, 即图中的 $\boldsymbol{L} + \Delta\boldsymbol{L}$. 这也与动量矩定理没有矛盾, 也是可能的运动方式之一.

那么, 究竟为什么陀螺不倾倒而作进动呢?

在图 6–49(a) 中, 回转仪支持在 O 点作定点运动. 为说明简便起见, 我们认为回转仪的回转轴是水平的, (其实, 转轴不是水平的话, 对问题的讨论也没有影响.) 将转轴称作 z' 轴, 与转轴垂直的水平方向称作 x' 轴, 竖直方向称作 y' 轴.

回转仪受到重力作用, 重力的力矩有驱使回转仪绕 x' 轴转动而向下倾倒的趋势. 诚然, 在开始的时候, 回转仪确实绕 x' 轴稍稍向下倾侧, 其转动轴倾侧到如图中虚线所示. (图中的倾侧角过分夸大了.)

现在来考察在这倾侧过程的某个短时间段内回转仪各点的加速度. 在图 6–49(a) 中, 标明了 A, B, C, D 四点的速度, 以及倾侧之后 A', B', C', D' 四点的速度. 很明显, A 与 A' 的速度都是水平的, 所以 A 点没有加速度. 同理, C 点也没有加速度. 至于说到 B 点, 其速度

的指向与倾侧后 B' 的速度的指向不同 [图 6–49(a)、(b)], 所以 B 点有加速度. 从图 6–49(b) 可以看出, B 点的加速度与运动着的 z' 轴指向相反. 同理, D 点的加速度与 z' 轴指向相同.

上面讲到的加速度是由于回转仪倾侧而引起的"绝对"加速度. 参照 §44(7) 关于动平衡的讨论, 为了理解回转仪的奇特行径, 最好采用转动参考系, 其转轴重合于回转仪在该"瞬时"的瞬时转动轴, 转速就等于回转仪在该"瞬时"的瞬时角速度. 相对于这个参考系, 回转仪所有各点的相对加速度差不多全为零.

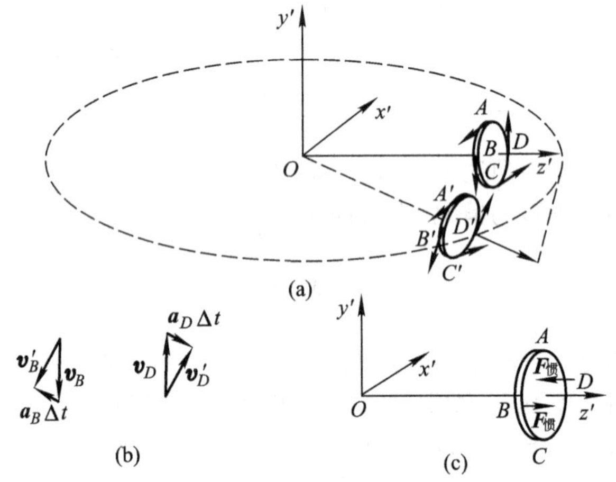

图 6–49

既然 A、C 两点的"绝对"加速度同于"相对"加速度, 所以研究 A、C 的运动, 只需计入牛顿力, 无须计入惯性力. 既然 B、D 两点的"绝对"加速度有别于"相对"加速度, 所以研究 B、D 的运动, 除了牛顿力之外, 还应计入惯性力. B 点所受的惯性力与 z' 轴指向相同, D 点所受惯性力与 z' 轴指向相反. 这已标明在图 6–49 (c) 之中. B 与 D 两点所受的惯性力组成一个力偶, 它驱使刚体绕 y' 轴转动.

以上只考察了作为代表的 A, B, C, D 四点. 将回转仪所有各点一一加以考察, 将得到惯性力系. 这个力系显然还是力偶, 其力偶矩称为**回转力矩**. 这回转力矩驱使刚体绕 y' 轴转动, 其转向按右手螺旋规则可用 y' 轴的正指向表明. 这种转动称为**进动**. 这样, 在重力驱使刚体绕 x' 轴向下倾倒的同时, 刚体竟然"出人意料"地绕着竖直的 y' 轴转动起来!

除了重力和定点的支托力之外, 施于回转仪的牛顿力就只有内力, 而内力对刚体的整体运动不起影响. 我们只需考虑回转力矩. 重力使回转仪倾侧, 就引起了回转力矩, 回转力矩驱使回转仪**进动**. 这就是**进动的物理实质**.

但是, "回转仪为什么终于还是不被重力的力矩所倾倒?" 这个问题比进动更令人迷惑不解. 这个性质的物理实质又是什么呢? 还需要继续研究这个问题.

现在来考察在进动过程的某个短时间段内回转仪各点的加速度. 图 6–50(a) 是从 y' 轴来观察回转仪的情况, y' 轴通过图中 O 点垂直于图面而指向读者. 图中已标明了 A、C 两点的速度, 以及稍稍朝前进动之后 A'、C' 两点的速度. 这些速度都是水平的, 即在图面中. B 与

B' 的速度都是竖直向下, 即垂直于图面向内, 所以 B 点没有加速度. 同理, D 点也没有加速度. 至于说到 A 点, 其速度的指向与进动后 A' 点的速度的指向不同, 所以 A 点有加速度. 从图 6–50(b) 可以看出, A 点的加速度与 z' 轴指向相同. 同理, C 点的加速度与 z' 轴指向相反.

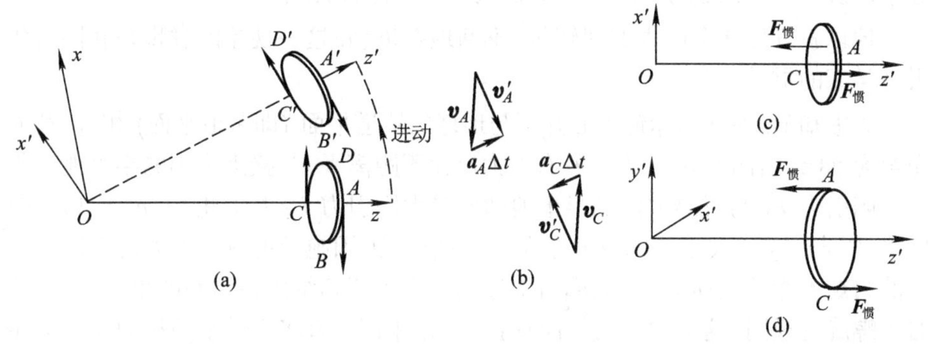

图 6–50

这里讲到的是由于回转仪进动而引起的 “绝对” 加速度. 这里, 最好也采用转动参考系, 其转轴重合于回转仪在该 “瞬时” 的瞬轴, 转速就等于回转仪在该 “瞬时” 的瞬时角速度. 相对于这个参考系, 回转仪所有各点的相对加速度差不多全为零.

既然 A、C 两点的 “绝对” 加速度有别于 “相对” 加速度, 所以研究 A、C 的运动应计入惯性力. A 点所受惯性力与 z' 轴指向相反, C 点所受惯性力指向与 z' 轴相同. 这已标明在图 6–50(c) 之中. 如用图 6–49 的同样角度观察回转仪, 图 6–50(c) 应改画为图 6–50(d) C 与 A 两点所受惯性力组成一个力偶, 这个力偶的力偶矩指向与 x' 轴相反. 以上只考察了 A, B, C, D 四点. 将回转仪所有各点一一加以考察, 将得到惯性力系. 这个力系显然还是力偶, 这就又得出一种**回转力矩**. 由进动而引起的这个回转力矩有驱使刚体绕 x' 轴转动的趋势, 其转向恰与重力的力矩所引起的转向相反, 将回转仪的轴向上抬升.

但是, 开始的时候, 进动还不够快, 由进动而引起的这种回转力矩不够大, 还小于重力的力矩, 因而回转仪的转轴并不能抬升, 它倒是为重力的力矩所作用而进一步向下倾侧. 图 6–49 与图 6–50 所表明的现象进一步发展. 在发展中, 进一步的倾侧引起较快的进动, 由进动而引起回转力矩也就随之增长. 终于在某个时刻, 由进动所引起的回转力矩增长到与重力的力矩相等, 回转仪就不再倾侧 (确切些说, 回转仪还要作章动, 参见后面关于章动的讨论), 而进动则由于惯性保持下去.

回转仪不倾倒的物理实质在于: 进动所引起的回转力矩支持着它, 使它不倾倒.

从以上的讨论还可以知道, 如刚体回转速度不够快, 则远在进动所引起的回转力矩增长到足以抵消重力的力矩之前, 刚体就已经倾倒. 这就说明了, **不回转的刚体, 或回转得不够快的刚体将为重力的力矩所倾倒, 不显示进动.**

上面, 经过长篇讨论才弄清楚了 “重力力矩使回转轴倾侧 $\rightarrow$ 回转力矩 $\rightarrow$ 进动 $\rightarrow$ 另一回转力矩 $\rightarrow \cdots$ (反复发展)$\cdots \rightarrow$ 进动所引起的回转力矩与重力力矩相抵消, 回转轴不再倾侧 $\rightarrow$ 继续进动” 这个过程. 而实际上, 这全部过程在很短的时间内就完成了.

从上面的讨论中可以归纳出一个关于**回转仪的进动方向的规则**. 在图 6–49 中: 回转仪的回转角速度 ω 的指向沿 z' 轴; 外加力矩是重力的力矩, 按右手螺旋的规则, 这个外加力矩的指向沿 x' 轴; 进动是绕 y' 轴进行的, 其方向是使 z' 轴有向 x' 轴靠拢的趋势. 因此, 回转仪的进动使其回转角速度的指向具有向外加力矩的指向靠拢的趋势.

地球就好像一个巨大的回转仪, 不断地在进动. 这一现象的发现是我国古代天文学家的贡献.

大家知道, 地球的赤道平面并不与地球的轨道平面 (即黄道平面) 相合, 黄赤交角为 $23°27'$ (图 6–51). 因为万有引力反比于距离平方, 接近太阳的半个地球所受太阳引力 F_1 与背离太阳的半个地球所受太阳引力 F_2 并不相等, $F_1 > F_2$. (图中将 F_1 与 F_2 的大小差别过分夸大了.) 因此, 太阳施于地球的引力对于地球质心的力矩不为零. (所以说, 太阳对地球的引力不能归结为在质心的单个力.) 按右手螺旋的规则, 这个力矩的指向垂直于图面向内, 有将赤道平面拉向黄道平面的趋势. 但是另一方面, 地球绕地轴自转, 就好像一个回转仪. 因此, 太阳的引力并不能真将赤道平面拉向黄道平面, 它只是使地球进动. 按进动规则, 进动方向为自东向西. 其实, 不仅太阳的引力, 就是月亮的引力, 甚至其他行星的引力都会使地球进动.

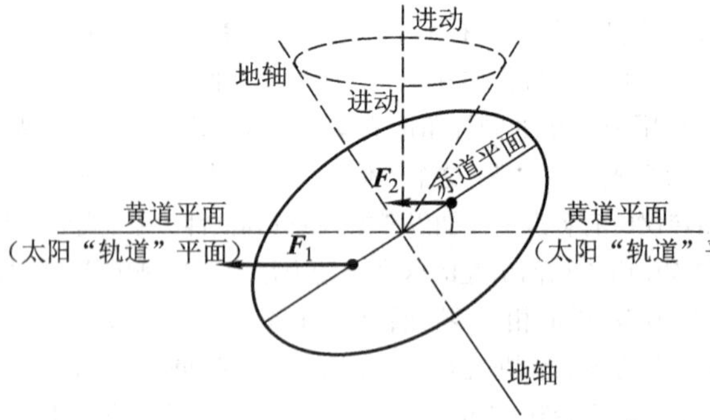

图 6–51

黄道本是地球绕太阳运动的轨道, 但从球面天文学或古代天文学家的观点, 不妨认为是太阳绕地球“运动”的“轨道”. 太阳在黄道上自西向东“运行”. 将地球的赤道平面向天穹伸展, 与黄道 (太阳的“轨道”) 相交于两点, 这两个交点称为春分点与秋分点 (图 6–52). 既然地球作进动, 赤道平面就随之作自东向西的进动. 春分点与秋分点也就在黄道上自东向西移动. 太阳到达春、秋分点的时间即历书上的春分、秋分. 既然春、秋分点迎着太阳进动, 从春分到春分或从秋分到秋分的时间就小于太阳“绕”地球一周的时间. 因此, 应当区分两种“年”: 太阳从春分到春分或从秋分到秋分的时间称为一个“太阳年”, 也就是平常所说的"年"; 太阳"绕"地球一周的时间称为"恒星年". 古代不知道这一差别, 以恒星年为年, 结果实际的季节逐年提早到来, 虽然每年提早得很少, 多年积累下来, 实际季节与历书上的季节就有了很显著的差别. 后来天文家发现这一现象, 将历法加以订正, 就消除了这种现象. 春、秋分点在黄道上自东向西的移动, 因此称为**分点岁差**, 或简称**岁差**. 前汉刘歆与后汉贾逵就已发现了分点的岁差, 晋朝虞喜最先确定了岁差的数值. (在外文中, "岁差"与"进动"是同一个字, 英文为 precession, 俄文为прецессия. 但在汉语中, 根据古代天文学的传统, 将分点的进动特别称作岁差.) 根据实测, 分点在黄道上每年西行 50.2″. 以此推算, 地球进动周期约为 25 800 年.

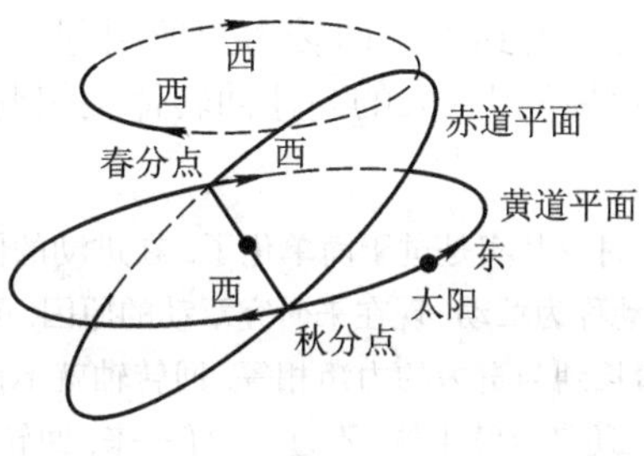

图 6–52

天穹中, 地轴所指向的点称为天极. 天极也有南、北两个极. 既然地球作进动, 地轴就随之进动, 南、北两个天极也就随之进动. 现代的北天极在勾陈一 (小熊座 α 星) 的附近, 通常就将勾陈一称作北极星. 但 4700 多年前埃及天文学家却以右枢星 (天龙座 α 星) 为北极星, 3000 年前周朝的天文学家却以帝星 (小熊座 β 星) 为北极星. 12000 年后, 北天极将接近织女星 (天琴座 α 星), 到那时不妨将织女星称为北极星.

回转仪不向外加力矩"屈服", 而是作进动, 这个性质在工程技术中有重要的应用. 例如曾经采用大型回转仪作为船舶的减震器. 但这种高速回转物体对于船舶来说, 不够安全. 现代的船舶减震器, 已经不采用回转仪型的, 而改为利用耦合振动.

自行车也是靠了回转仪效应才得以保持稳定. 自行车行驶时, 按右手螺旋的规则, 其车轮的角速度指向人的左方. 设车身稍稍向左倾斜, 按右手螺旋的规则, 重力的力矩指向车后. 由于车轮回转, 自行车并不向重力的力矩"屈服", 只是车轮进动. 进动方向应使车轮角速度的指向靠拢重力的力矩的指向, 即轮向左转. 当然, 后轮不能作这一进动, 只有前轮才这样进动. 前轮既向左转, 自行车就左转弯, 结果出现向右的惯性离心力; 车身本来稍稍向左倾斜, 于此获得校正, 车身竖直. 同理, 设车身稍稍向右倾斜, 则前轮向右转, 自行车右转弯行驶, 出现向左的惯性离心力, 车身的右倾于此获得校正.

回转力矩的出现, 在设计与制造车船中高速回转体的时候应当加以注意. 图 6–53 是从车船的后面观察车船的情况. 回转体的回转方向已用矢号表明. 设车船左转弯, 因而回转体被携带着进动, 由此引起回转力矩. 这个回转力矩有使回转体转动的趋势, 转向如图中虚线箭头所示. 但这种转动为轴承所抵制, 不可能实现. 因此, 轴与轴承相互压紧, 图中 f_1 与 f_2 即表明轴承对轴的作用力. 对于高速回转体, 回转力矩很巨大, 从而轴与轴承的相互压力也很大. 在设计与制造时, 除了考虑到静压力之外, 还应当考虑到由于回转力矩所引起的巨大压力. 在车船中安装体积巨大的高速回转体会引起巨大的回转力矩, 所以是不安全的.

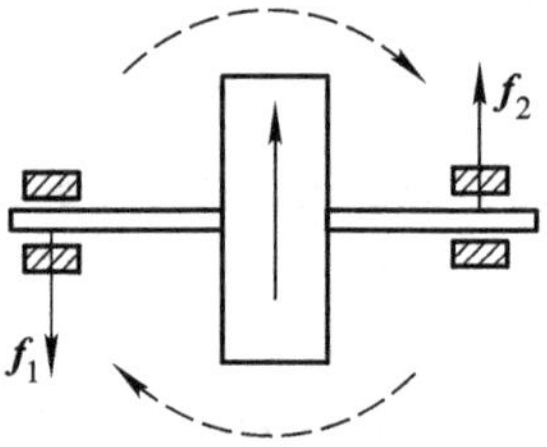

图 6–53

上面关于回转仪运动的讨论其实是过于简单化了. 在进动的同时, 回转轴还会交替地向下倾侧与向上抬升. 这种运动称为**章动**. 现在来研究章动的原因. 前面曾经说到, 在某个时刻, 由进动所引起的回转力矩增长到与重力的力矩相等, 回转轴就不再向下倾侧. 其实, 由于惯性, 就连在这个时刻, 回转轴还是继续下倾. 不过, 这样一来, 回转力矩就超过了重力的力矩, 所以下倾逐渐减慢, 最后停止下倾. 但由于回转力矩超过重力力矩, 回转轴于此开始上升. 随着回转轴的上升, 回转力矩减小. 于某个时刻, 回转力矩减小到与重力力矩相等; 但由于惯性, 回转轴还要继续上升. 不过, 这样一来, 回转力矩就不及重力的力矩, 所以上升逐渐减慢, 最后停止上升. 而由于回转力矩不及重力力矩, 回转轴于此又开始下倾. 按此推论, 回转轴交替地下倾与上升. 这就形成章动. 图 6–54 描绘了回转轴的进动与章动. 天文观测指出地球也作

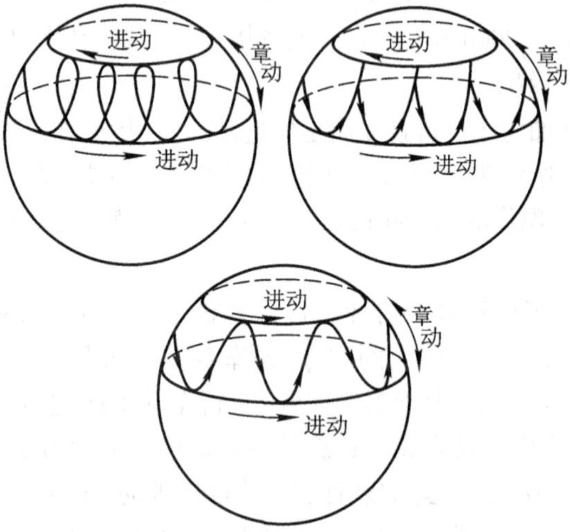

图 6–54

章动, 其周期约 19 年. 19 年在我国古代历法中恰好称为一"章", 所以将这种运动称为章动. 这就是 "章动" 一词的来源.

(3) 两个自由度回转刚体的定点运动

取消常平架的内环, 将回转刚体的回转轴直接装在外环上 (图 6–55). 刚体就少了一个自由度. 事实上, 回转轴只能在垂直于外环的轴的平面内转动. 这一平面通常称之为轴面. 刚体又可以绕回转轴回转. 所以刚体计有两个自由度.

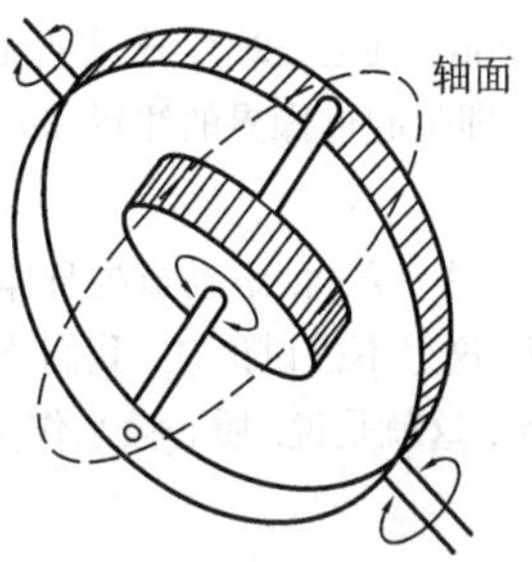

图 6–55

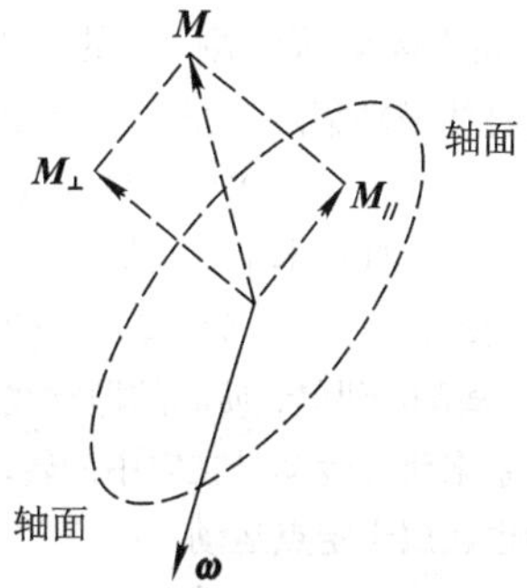

图 6–56

将两个自由度的回转刚体放在转台上, 外环的轴是倾斜的, 与转台的轴作某个角度 (图 6–56). 转动转台, 整个仪器连带着绕转台的轴转动. 通过摩擦力, 转台以力矩 $\boldsymbol{M}$ 施于仪器, $\boldsymbol{M}$ 的指向同于转台的轴. 我们可以将力矩 $\boldsymbol{M}$ 分解为垂直于轴面 (亦即平行于外环的轴) 的 $\boldsymbol{M}_\perp$ 与在轴面内的 $\boldsymbol{M}_{//}$ 两个分量. 力矩 $\boldsymbol{M}_\perp$ 使刚体进动, 进动的方向应使回转轴上 $\boldsymbol{\omega}$ 的指向靠拢 $\boldsymbol{M}_\perp$ 的指向, 即靠拢外环的轴的指向. 但这种进动为外环的轴承所抵制 (图 6–55), 不能实现. 力矩 $\boldsymbol{M}_{//}$ 则是有效的, 它使回转轴在轴面内进动, 使 $\boldsymbol{\omega}$ 靠拢 $\boldsymbol{M}_{//}$ 的指向, 亦即回转轴向转台的轴在轴面内的投影靠拢.

其实, 地球本身可以说就是一个大转台, 转台的轴就是地轴. 具有水平轴面的二自由度回转刚体的回转轴, 向地轴在水平面内的投影靠拢, 即向南北方向靠拢 (图 6–57). 这就是现代轮船中回转罗盘的原理. 回转罗盘是现代轮船的必需设备; 轮船上的大量铁质使磁性罗盘完全失效. 近代回转罗盘封闭于球内, 球浮于水银池中 (通常是无摩擦地浮于另一个稍稍大一些的球内水银池中). 回转罗盘其实并不采用外环之类的装置, 而是在回

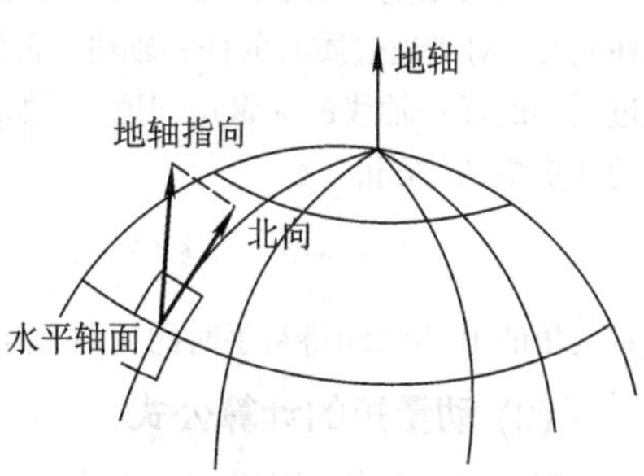

图 6–57

转罗盘下方固结一个小球. 如果回转轴偏离水平方向, 小球也就偏离罗盘的正下方, 因而迫使罗盘转动直到回转轴恢复水平为止. 这样, 就保证了轴面为水平面.

§47 单杠的"晚旋"

本节研究一个很有实际意义的问题, 即单杠运动员下杠时的"晚旋"技术. 这可归结为"刚体"的定点运动, 而"刚体"的形状发生突然的改变.

围绕身体横轴翻两个筋斗, 并且围绕身体纵轴转体 360° 甚至 720°, 这就叫做"**旋**"或"**旋 720°**". 单杠旋在 1972 年第一次出现于国际比赛, 立即引起体操界的注意和兴趣. 现在, 会不会旋已是单杠技术水平高低的一个标志.

作旋的动作时, 一方面, 运动员的质心沿抛物线移动, 另一方面, 运动员的身体在空中转动, 这包括横翻和纵转. 质心的抛物线运动属于质点力学, 这里不去讨论它. 我们着重的是用质心坐标系来研究运动员在空中的转动. 采用质心坐标系, 这就是说, 质心被当作定点, 运动员的转动也就属于定点运动.

运动员临下杠之前, 在单杠上作大回环 (以单杠为轴线的转动), 这已经包含了横翻. 撒手后在空中的横翻可说是大回环中的横翻的继续. 可是, 在大回环中并没有纵转, 撒手后的转体是怎样产生的呢? 外国的一些运动员采用很短时间内两手先后撒开的办法, 一手已撒开而另一手尚握住单杠时自然就形成纵转, 等另一手也撒开后, 纵转由于惯性而继续下去.

我国运动员起初也是模仿这种先后撒手的办法, 后来在实践中发现这个办法的缺点, 并摸索出另一种做法, 就是两手同时撒开, 因而只有横翻, 到横翻将近一周, 上体向上立的时候, 右手迅速上举而产生向左的纵转. 由于转体开始得较晚, 所以我国体育界把它叫做"**晚旋**"至于先撒手的则叫做"**早旋**". 据我国运动员的体会, 晚旋的优点是横翻和纵转的速度快, 运动员在空中的方向概念比较清楚, 纵转一转到底干净利落, 落地平稳.

在晚旋技术中, 右手向上举怎样能造成纵转呢?

(1) 动量矩守恒

运动员在空中所受的唯一的外力是重力. 重力可认为集中作用于重心, 而重心实际上就在质心. 对于通过质心的任一轴线, 重力的力臂为零, 从而其力矩为零. 这样, 运动员对于通过质心的任一轴线的动量矩守恒. 例如, 右手迅速上举的过程中, 对于纵轴 (以下记作 z 轴) 的动量矩 L_z 守恒,

$$L_z = L_z^{(0)}. \tag{47.1}$$

右上角的 0 表示即将举手时的所谓"初始值".

(2) 动量矩的计算公式

有些初学者喜欢引用 (44.9) 作为计算动量矩的公式, 在这里, 它就是

$$L_z = I_{33}\omega_z, \tag{47.2}$$

式中 I_{33} 是运动员的身体对于纵轴的转动惯量, ω_z 是纵转的角速度. 按照 (47.2), 动量矩守恒 (47.1) 可表为

$$I_{33}\omega_z = I_{33}^{(0)}\omega_z^{(0)}. \tag{47.3}$$

既然举手前只有横翻没有纵转, $\omega_z^{(0)} = 0$. 以此代入 (47.3) 即得

$$\omega_z = 0.$$

这就是说, 不管运动员举起右手或者无论做出什么样的技术动作, 运动员的纵转角速度 ω_z 保持为零. 换句话说, 晚旋的转体动作是不可能的. 可是, 运动员的实践证明上述结论完全错误. 那么, 错误出在哪里呢?

原来, (44.9) 只能用来计算刚体对于转动轴的动量矩. 就 (47.2) 而言, 它只适用于刚体单纯绕 z 轴转动的情况. 例如, 刚体绕 x 轴或绕 y 轴转动, 则 $\omega_z = 0$, 从而 (47.2) 给出 $L_z = 0$, 但这是不正确的, L_z 并不一定是零. 下面用一个简单的例子来说明.

一个质点以角速度 ω_x 绕 x 轴转动, 其转向按右手法则跟 x 轴的正指向相联系 (图 6–58). 质点速度 $\boldsymbol{v}$ 的指向见图, 其大小 $v = \sqrt{y^2+z^2}\omega_x$. 至于质点的动量 $\boldsymbol{p}$ 的指向与 $\boldsymbol{v}$ 相同, 其大小 $p = mv = m\sqrt{y^2+z^2}\omega_x$ 动量 $\boldsymbol{p}$ 平行于 yz 平面, 与 x 轴的垂直距离是 $\sqrt{y^2+z^2}$, 从而质点对于转动轴即 x 轴的动量矩

$$L_x = \sqrt{y^2+z^2}p = m(y^2+z^2)\omega_x, \tag{47.4}$$

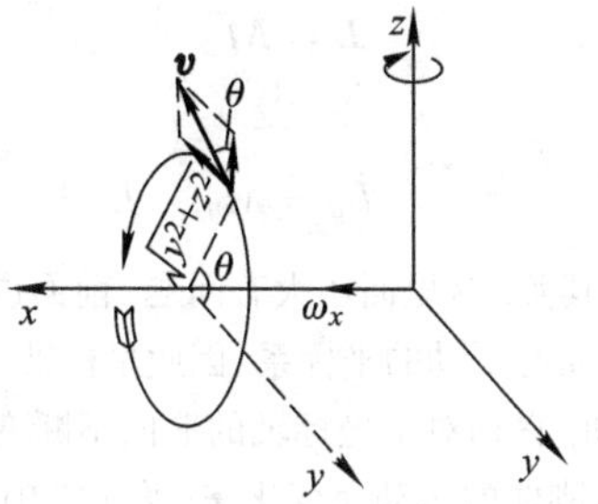

图 6–58

与 (44.9) 符合.

为计算质点对于 z 轴的动量矩, 先要把 $\boldsymbol{p} = m\boldsymbol{v}$ 投影于 xy 平面. 这投影 $= mv\sin\theta = mvz/\sqrt{y^2+z^2} = mz\omega_x$, 它与 z 轴的垂直距离是 x, 从而质点对于 z 轴的动量矩

$$L_z = -x(mv\sin\theta) = -mxz\omega_x, \tag{47.5}$$

并不为零! (47.2) 不适用! (47.5) 里的负号表示质点相对于 z 轴的转向 (参看图中围着 z 轴的环形矢号) 按右手法则跟 z 轴的负指向相联系.

现在研究刚体以角速度 ω_x 绕 x 轴转动的情况. 设想把刚体划分为许许多多极小的部分, 每一个小部分可看作一个质点, 其质量记作 $\mathrm{d}m$. 刚体的动量矩就是这许许多多质点的动量矩的和. 按照 (47.4), 对于 x 轴的动量矩

$$L_x = I_{11}\omega_x, \tag{47.6}$$

其中 $I_{11} = \Sigma(y^2+z^2)\mathrm{d}m = \int(y^2+z^2)\mathrm{d}m$ 是刚体对于 x 轴的转动惯量. 按照 (47.5), 对于 z 轴的动量矩

$$L_z = -I_{31}\omega_x, \tag{47.7}$$

其中 $I_{31} = \Sigma xz\mathrm{d}m = \int xz\mathrm{d}m$ 叫做**惯量积**. 虽然 $\omega_z = 0, L_z$ 却并不一定为零, 除非 $I_{31} = 0$. 惯量积 $I_{31} = \int xz\mathrm{d}m$ 一般不等于零. 在某些特定情况下, 例如刚体对于 yz 平面对称, 则绝对值相同而符号相反的 x 在积分号下成对地出现, 从而 $I_{31} = 0$. 同理, 如果刚体对于 xy 平面对称, 也有 $I_{31} = 0$. 当然, 刚体并不具有对称性而 $I_{31} = \int xz\mathrm{d}m = 0$ 也是可能的.

综合 (47.6) 和 (47.7) 可知, 在一般情况下, 刚体以角速度 ω_x 绕 x 轴转动, 以角速度 ω_y 绕 y 轴转动, 以角速度 ω_z 绕 z 轴转动, 则动量矩的计算公式应是

$$\begin{cases} L_x = +I_{11}\omega_x - I_{12}\omega_y - I_{13}\omega_z, \\ L_y = -I_{21}\omega_x + I_{22}\omega_y - I_{23}\omega_z, \\ L_z = -I_{31}\omega_x - I_{32}\omega_y + I_{33}\omega_z. \end{cases} \tag{47.8}$$

有了动量矩计算公式 (47.8), 似乎只要运用动量矩定理

$$\dot{\boldsymbol{L}} = \boldsymbol{M} \tag{47.9}$$

即

$$\dot{L}_x = M_x, \quad \dot{L}_y = M_y, \quad \dot{L}_z = M_z$$

就不难解算刚体的定点运动. 其实, 这里面还大有问题. 前面说过 [§38.(3)] 要用质心坐标系, 就是以质心为原点而坐标轴随质心平动的坐标系, 因此坐标轴在空间中的指向应保持不变. 既然刚体相对于质心作定点运动, 它相对于坐标轴的取向不断变化, 从而对于各个坐标轴的转动惯量以及各个惯量积都随着刚体的运动而变化, 这给 (47.9) 的解算造成困难. 为了使转动惯量和惯量积保持不变, 可把坐标轴固定于刚体而随着刚体一同运动, 但这样的坐标系是转动坐标系, 在 (47.9) 的右边应该计及惯性力的力矩, 而惯性力又随着坐标系的转动亦即随着刚体的运动而变, 这就使动量矩定理显得复杂起来.

不过, 这里研究的是晚旋运动员把右手上举为什么能造成向左的转体, 所以着重研究的是运动员举手的那 "一瞬间", 而对于 "一瞬间" 来说, 上述困难并不存在, 因为在我们所研究的 "一瞬间", 运动员的横轴和纵轴是 "来不及" 随运动员的转动而变化的. 这时, 可以把运动员举手的时刻记作 t_0, 从 $t_0 - 0$ (运动员即将举手的时刻) 到 $t_0 + 0$ (运动员刚刚举起右手的时刻), 把 (47.9) 对时间积分,

$$\int_{t_0-0}^{t_0+0} \frac{\mathrm{d}\boldsymbol{L}}{\mathrm{d}t}\mathrm{d}t = \int_{t_0-0}^{t_0+0} \boldsymbol{M}\mathrm{d}t.$$

由此得

$$\boldsymbol{L}|_{t_0+0} - \boldsymbol{L}|_{t_0-0} = \boldsymbol{M}|_{t_0}[(t_0+0)-(t_0-0)].$$

只要 $\boldsymbol{M}|_{t_0}$ 是有限的, 上式右边的乘积为零, 于是

$$\boldsymbol{L}|_{t_0+0} - \boldsymbol{L}|_{t_0-0} = 0.$$

这正是动量矩守恒, 它的 z 分量就是 (47.1).

(3) 晚旋的纵转是怎样产生的

现在运用 (47.1) 和 (47.8) 研究晚旋.

在时刻 t_0-0, 运动员只作后空翻, 只是绕横轴 x 在空中横翻 [图 6–59(a) 是侧视图, 图 6–59(b) 是从 y 轴顶端看过去的样子],

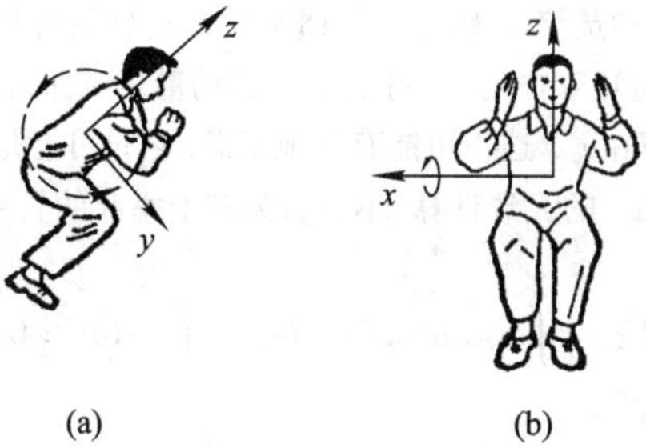

图 6–59

$$\omega_x^{(0)} \neq 0, \quad \omega_y^{(0)} = 0, \quad \omega_z^{(0)} = 0.$$

由于身体对 yz 平面对称, 含 x 项的惯量积

$$I_{12}^{(0)} = 0, \quad I_{13}^{(0)} = 0.$$

又由于身体前后的尺度 (y 坐标) 小于左右的尺度 (x 坐标), 更远远小于上下的尺度 (z 坐标), 含 y 的惯量积

$$I_{23}^{(0)} \approx 0.$$

于是, 按照 (47.8) 得到动量矩的初始值

$$\begin{cases} L_x^{(0)} = I_{11}^{(0)}\omega_x^{(0)}, \\ L_y^{(0)} = 0, \\ L_z^{(0)} = 0. \end{cases} \tag{47.10}$$

在 t_0+0, 如图 6–60 所示, 运动员的身体不再对 yz 平面对称,

$$I_{13} = \int xz\mathrm{d}m \neq 0.$$

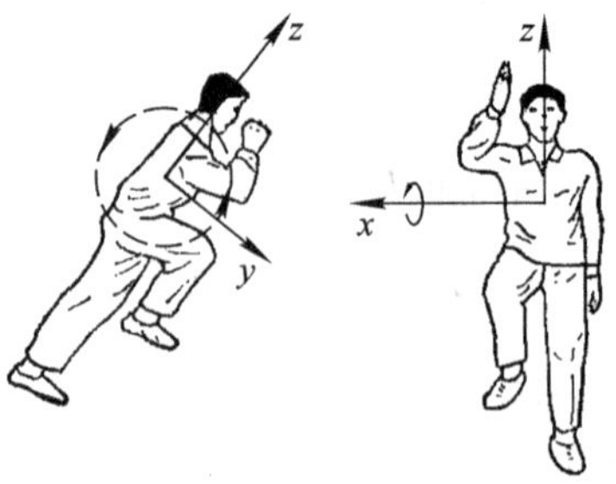

(a) (b)

图 6–60

这样一来, 按照 (47.7), 运动员绕 x 轴进行的横翻使运动员具有对于 z 轴的动量矩, 其数值是 $-I_{31}\omega_x$. 但是, 按照动量矩守恒定律, 对于 z 轴的动量矩应保持为零. 由此可见, 必定出现了相反的动量矩以抵消 $-I_{31}\omega_x$. 这不可能有其他来源, 它只可能是运动员整体的向左纵转.

下面给出纵转角速度 ω_z 的大致计算. 不妨认为向上举起的右手 (或者最好还把右脚向上缩) 仍在 xz 平面里,

$$I_{12}=\int xy\mathrm{d}m\approx 0,\quad I_{23}=\int yz\mathrm{d}m\approx 0.$$

于是, 按照 (47.8) 得到动量矩

$$\begin{cases}L_x=I_{11}\omega_x-I_{13}\omega_z,\\ L_y=I_{22}\omega_y,\\ L_z=-I_{31}\omega_x+I_{33}\omega_z.\end{cases}\tag{47.11}$$

既然动量矩守恒, (47.11) 应与 (47.10) 相等, 即

$$\begin{cases}I_{11}\omega_x-I_{13}\omega_z=I_{11}^{(0)}\omega_x^{(0)}, & (47.12)\\ I_{22}\omega_y=0, & (47.13)\\ -I_{31}\omega_x+I_{33}\omega_z=0. & (47.14)\end{cases}$$

由(47.13),

$$\omega_y=0.$$

这就是说, 运动员对于 y 轴 (从背后指向前面) 仍然没有转动, 由 (47.12) 和 (47.14) 解得

$$\begin{cases}\omega_x=\dfrac{I_{33}}{I_{11}I_{33}-I_{13}^2}I_{11}^{(0)}\omega_x^{(0)}, & (47.15)\\ \omega_z=\dfrac{I_{13}}{I_{11}I_{33}-I_{13}^2}I_{11}^{(0)}\omega_x^{(0)}. & (47.16)\end{cases}$$

从计算结果 (47.16) 来看, 纵转角速度 ω_z 正比于横翻动量矩 L_x 的初始值 $L_x^{(0)}=I_{11}^{(0)}\omega_x^{(0)}$. 要是没有原来的后空翻 (即 $\omega_x^{(0)}=0$), 也就不会有后来的转体 ($\omega_z=0$). 原来的后空翻动量矩 $I_{11}^{(0)}\omega_x^{(0)}$ 越大, 纵转也就越快.

纵转的产生是靠了惯量积 $I_{13} \neq 0$. 从 (47.16) 可以看出, I_{13} 越大则纵转越快. 由于 $I_{13} = \int xz\mathrm{d}m$, 为使 I_{13} 大, 应使手尽量地举高 (z 较大) 并向外张开 (x 较大). 不过, 也不宜过分张开, 以免 $I_{33} = \int(x^2+y^2)\mathrm{d}m$ 过分增大, 因为 I_{33} 的增大使纵转减慢.

总的说来, 人体各部分跟纵轴 z 的距离比较近, 跟横轴 x 的距离比较远, 所以转动惯量 I_{33} 比 I_{11} 小得多. 由于没有具体数据, 这里只能作个粗略的估计: I_{13} 可能与 I_{33} 相近, 这是因为 $I_{33} = \int(x^2+y^2)\mathrm{d}m$ 虽然是对全身各部分进行积分, 但 x^2 和 y^2 总的说来比较小, $I_{13} = \int xz\mathrm{d}m$ 虽然只就身体不对称的部分积分, 但这不对称部分的 x 和 z 比较大. 由 (47.14) 知

$$\omega_x : \omega_z = I_{33} : I_{13}.$$

按照上述粗略的估计, 这式表明纵转角速度 ω_z 与横翻角速度 ω_x 相近.

从 (47.15) 还知道 $\omega_x \neq \omega_x^{(0)}$, 就是说, 运动员纵转的产生对横翻角速度是有影响的. 不过,

$$\frac{\omega_x}{\omega_x^{(0)}} = \frac{I_{11}^{(0)} I_{33}}{I_{11}I_{33} - I_{13}^2} \approx \frac{I_{11}^{(0)} I_{13}}{I_{11}I_{33}} \approx \frac{I_{11}^{(0)}}{I_{11}}.$$

按照上述粗略的估计, 这式表明 ω_x 与 $\omega_x^{(0)}$ 仍然相近.

以上讨论了晚旋技术的一种最简单的动作. 实际的动作比这复杂. 不过, 虽然动作复杂些, 具体计算也更复杂, 但原理基本上还是一样的.

本节的原理也可用于跳水的晚旋. 对于跳水运动员来说, 在空中的时间比单杠运动员来得宽裕得多.

复习思考题

本章研究刚体的运动. 这就是说, 研究物体的运动, 考虑到物体具有大小与形状, 但其大小与形状在运动过程中并不改变.

应当掌握: ① 处理刚体问题的基本思想: 将刚体当作质点系, 这种质点系中任意两个质点的距离保持不变. 这也就是解决刚体力学问题的依据. 注意质点系的运动定理应用于刚体时有些什么特点. ② “刚体作为整体的运动” 的描述与 “刚体内各点的运动” 的描述的区分, 以及其相互联系. ③ 施于刚体的力系的特点、简化方法、归结为哪些要素. 这些要素与运动定理有何联系. ④ 质心运动定理与动量矩定理计六个分量方程式, 是解决刚体力学问题的基本方程式. 在何种具体情况下, 如何从中选取较少个数的方程式解决问题. 但不论在什么具体情况下, 如要求彻底解决问题, 研究该问题的所有各个方面, 仍然需要全套的六个分量方程式. ⑤ 某些情况下, 动能定理的应用.

1. “质点” 模型有何不足之处? “刚体” 模型又是如何抽象出来的?

2. 刚体如何可以当作质点系？这种质点系的特点是什么？因而，刚体力学基本运动定律是什么？

研究刚体力学，为什么质心是很重要的？如何计算刚体的质心？

质点系的运动定理应用于刚体有哪些特点？

3. 施于刚体的力系有何特点？何以简化有困难？困难如何克服？最后归结的哪些要素？这些要素与运动定理有何联系？

4. 刚体的平衡条件是怎样的？与质点的平衡条件有何不同？

平衡问题为什么要特别注意稳定性？如何判断稳定性？灵敏性与稳定性有何矛盾？

5. 桁架问题有何特点？何以广泛应用？如何解决桁架问题？

6. 刚体平动问题如何解决？约束反力如何求？在刚体平动问题中，选取“静止”参考系，刚体的动量矩定理是否也归结为力矩的平衡方程式？

7. 刚体作定轴转动，如何描述其运动？刚体内各点的运动又如何描述？

8. 刚体定轴转动问题如何求解？转动惯量如何计算？

试将刚体定轴转动所有公式与质点动力学相应公式列表对比.

约束反力如何求？动平衡问题的物理实质是什么？

*9. 在“爬云梯”的杂技表演中，一个演员用双肩承托长长的梯子，另外几个演员则爬上梯子，并在其上端做出各种动作. 梯子的长度与表演的难易有什么关系？

10. 刚体作平面平行运动，如何描述其运动？刚体内各点的运动又如何描述？

11. 刚体平面平行运动问题如何求解？

*12. 物体沿斜面无滑动滚下的线加速度与物体的转动惯量有关，这是为什么？物体沿斜面既滚且滑的向下运动的线加速度与物体的转动惯量无关，这又是为什么？

13. 具有一个定点的刚体在不受外加力矩的情况下，为什么并不一定作定轴转动？在什么条件下作定轴转动？

14. 回转仪运动有些什么奇怪的性质？这些性质的物理本质在于什么？

* 试图加快或减慢回转仪的进动，结果并不能达到目的，只是使回转轴上升或下倾. 试详细分析这个现象.

15. 回转罗盘的原理是怎样的？

第七章 振动与波

一个物理系统, 如果处于某个稳定平衡位置, 稍受扰动后就围绕着平衡位置来回振动. 振动在介质中的传播就形成波. 因此, 振动与波是自然界和科学技术中极为常见的现象.

本章虽然主要研究机械振动和机械波, 但是有关的概念和分析问题的方法常常可用以研究其他领域里的振动与波.

§48 一个自由度的振动

(1) 谐振动

这里把 §19 例 7, §21 例 1 和 §7 例 3 综合起来加以论述.

图 7–1 的 "弹簧振子" 有一个平衡位置 O. 在那个位置, 弹簧既没有伸长也没有缩短, 对物体不施加作用力, 物体得以平衡. 图 7–1 的单摆也有一个平衡位置, 即摆球在悬挂点的正下方 O. 在那个位置, 摆球所受的重力与悬绳的拉力平衡.

试把物体或摆球从平衡位置移开, 例如移到 P 点 [图 7–1(a)], 然后放手, 将会发生什么情况呢?

物体在位置 P, 弹簧被拉长, 拉长的弹簧有收缩的趋势, 它施加于物体的作用力驱动物体向平衡位置 O 移动. 摆球在位置 P, 重力的切向分力驱动摆球向平衡位置 O 移动. 这种驱动物体向平衡位置移动的力叫做**恢复力**.

在恢复力作用下, 物体或摆球向 O 移动并达到 O [图 7–1(b)]. 虽然 O 是平衡位置, 物体或摆球并不停留在 O, 这是因为从 P 向 O 的移动是加速的, 到达 O 时具有相当的速度, 由于**惯性**必然越过 O 继续运动.

物体或摆球越过平衡位置 O, **恢复力**企图阻止物体或摆球偏离, 所以越过 O 的运动是减速的. 到达对称位置 Q, 物体或摆球的速率终于减小到零 [图 7–1(c)]. Q 并不是平衡位置, 物体或摆球不可能保持静止, 恢复力驱使它回头向平衡位置 O 移动.

在恢复力作用下, 物体或摆球向 O 移动并再次达到 O [图 7–1(d)], 到达 O 时具有相当的速度 [方向与图 7–1(b) 相反], 由于**惯性**必然再次越过 O 继续运动.

恢复力企图阻止物体或摆球偏离, 所以越过 O 的运动是减速的. 重新来到位置 P 时, 物体或摆球的速率终于减小到零 [图 7–1(e)]. 到此, 物体经历了一次完整的振动, 回到了开始时的状况, 以后, 上面描述的过程将重复循环进行.

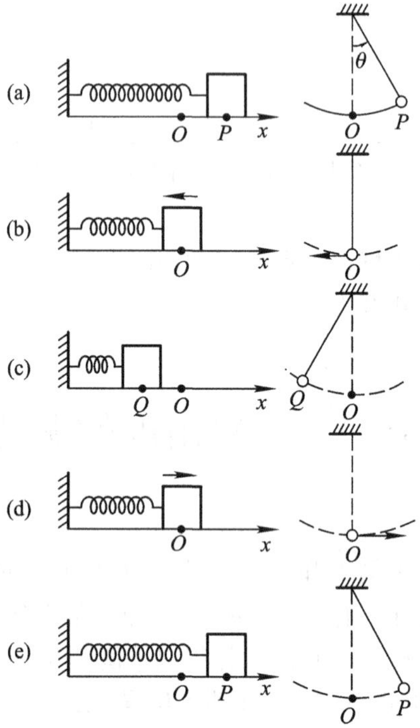

图 7–1

这样看来, 恢复力和惯性这一对矛盾不断斗争, 它们的作用交替消长, 力学系统就在平衡位置左右一定范围内来回振动.

图 7–1 的 "弹簧振子" 和单摆两者都作振动, 这是它们的共同点. 但是, 它们也有不同的特点.

弹簧振子的恢复力是弹簧的弹性力, 其大小正比于弹簧的伸长或缩短. 如图 7–1 所示. 选取 x 轴, 以平衡位置 O 为原点, 则物体的坐标 x 正好代表弹簧的伸长 (当 $x>0$) 或缩短 (当 $x<0$), 从而弹性力可记为 $-kx$, 负号表明恢复力的指向与 x 的指向正相反. 于是, 物体的运动方程式为

$$m\ddot{x}=-kx, \tag{48.1}$$

它的解是

$$x=A\cos(\omega t+\varphi_0)\left(\omega=\sqrt{\frac{k}{m}}\right), \tag{48.2}$$

或

$$x = B_1 \cos \omega t + B_2 \sin \omega t \left(\omega = \sqrt{\frac{k}{m}} \right). \tag{48.3}$$

二阶常微分方程 (48.1) 的解有两个积分常数, 即 (48.2) 里的 A 和 φ, 或 (48.3) 里的 B_1 和 B_2, 它们之间的关系是

$$\begin{cases} B_1 = A \cos \varphi_0, \\ B_2 = A \sin \varphi_0; \end{cases} \qquad \begin{cases} A = \sqrt{B_1^2 + B_2^2}, \\ \varphi_0 = \arctan \dfrac{B_2}{B_1}. \end{cases} \tag{48.4}$$

读者应当一看到 (48.1) 这种类型的运动方程式, **立刻就认出**这是用谐函数 (正弦函数、余弦函数) 描写的振动即谐振动. 读者还应当知道怎样用初始条件确定积分常数.

单摆的恢复力是重力的切向分力. 把悬绳与竖直线之间夹角记作 θ, 则重力的切向分力可记为 $-mg \sin \theta$, 负号表明它是恢复力. 于是, 摆球的切向运动方程式为

$$ml\ddot{\theta} = -mg \sin \theta,$$

即

$$l\ddot{\theta} = -g \sin \theta. \tag{48.5}$$

方程 (48.5) 并不属于 (48.1) 那种类型, 恢复力并非正比于 θ 而是正比于 $\sin \theta$. 这样, 单摆虽然也振动, 却不是谐振动.

不过, 如果单摆只作小角度的摆动, θ 保持很小而 $\sin \theta \approx \theta$, 恢复力 $-mg \sin \theta \approx -mg\theta$ 正比于 θ. 这种正比恢复力叫做**准弹性力**, 在这种情况下, 运动方程式 (48.5) 可以简化为

$$l\ddot{\theta} = -g\theta. \tag{48.6}$$

方程 (48.6) 属于 (48.1) 那种类型, 它的解是谐振动

$$\theta = A \cos(\omega t + \varphi_0) \quad \left(\omega = \sqrt{\frac{g}{l}} \right), \tag{48.7}$$

或

$$\theta = B_1 \cos \omega t + B_2 \sin \omega t \quad \left(\omega = \sqrt{\frac{g}{l}} \right). \tag{48.8}$$

谐振动, 比如 (48.2) 或 (48.7), 坐标 x 或角坐标 θ 的值在 $-A$ 与 $+A$ 之间作周期性的变化. A 是振动的幅度, 因而叫做**振幅**. 每秒钟里重复变化的次数 $f = \omega/2\pi$ 叫做**频率**, 频率的单位是 "每秒", 这有个专门的名称**赫兹**, 简称**赫**. 每次重复所需时间 $\tau = 1/f = 2\pi/\omega$ 叫做**周期**. $\omega = 2\pi f$, 则叫做**圆频率**.

谐振动是变速运动. 事实上, 以 (48.2) 的 $x = A\cos(\omega t+\varphi_0)$ 为例

$$v = \dot{x} = -A\omega\sin(\omega t+\varphi_0),$$

确是变速. 再计算加速度,

$$a = \dot{v} = -A\omega^2\cos(\omega t+\varphi_0), \tag{48.9}$$

也是变的. 研究变加速运动自然比较麻烦. 不过, 谐振动表示式里的 $\cos(\omega t+\varphi_0)$ 提示我们可以把它当作某种投影, 这样一来, 变加速运动的研究就可以转化为匀速运动的研究, 就是说难转化为易.

设谐振动 $x = A\cos(\omega t+\varphi_0)$ 在图 7–2 的 x 轴上进行, 原点 O 为平衡点. 以 O 为圆心作半径为 A 的圆, 这圆叫做谐振动的**参考圆**. 设想参考圆上另有一质点逆着时针方向作匀速运动, 它相对于圆心的角速度为 ω, 因而速度为 $A\omega$. 更设这质点相对于 x 轴的 "方位角" 在开始时是 φ_0, 等到时刻 t, 它又转过角 ωt, 它的 "方位角" 成为 $\omega t+\varphi_0$. 于是, 它在 x 轴上的投影点的坐标是 $A\cos(\omega t+\varphi_0)$, 这正是我们所研究的谐振动.

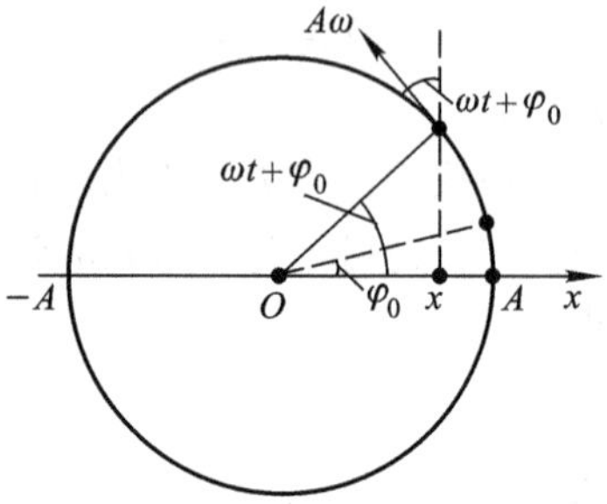

图 7–2

从图 7–2 还可以看出, 参考圆上的质点的速度 $A\omega$ 在 x 轴上的投影是 $-A\omega\sin(\omega t+\varphi_0)$, 这正是我们所研究的谐振动的速度.

这样, 为了研究谐振动这种变加速运动, 只需研究参考圆上的匀速运动, 参考圆上的点在 x 轴上的投影正是我们所研究的谐振动.

用参考圆描写谐振动的方法还可加以变通. 从平衡点 O 直到参考圆上那个质点作一矢量, 称为**振幅矢量**, 这矢量当然就以角速度 ω 绕 O 点作匀速转动. 更设这矢量与 x 轴的夹角在开始时是 φ_0, 则在时刻 t 的夹角成为 $\omega t+\varphi_0$. 于是, 这矢量的 x 分量是 $A\cos(\omega t+\varphi_0)$, 这正是我们所研究的谐振动. 这种做法的好处是免除了画参考圆的手续.

月亮在每个朔望月里有 "新月"、"上弦月"、"满月"、"下弦月" 等变化. 上述 "新月" 等词表示月亮圆缺**变化所达到的阶段**, 它们就叫做月**相**. 谐振动作为一种周期性的变化, 我们当然也希望掌握它的变化所达到的阶段. 为此, 有的书采用 "达到最大偏离后经过几分之几周期" 的说法, 并把这叫做**谐振动的相位** (简称相) 但比较通行的却是采用图 7–2 的角 $\omega t+\varphi_0$ 作为**相**, 以下把它记作 φ,

$$\varphi = \omega t+\varphi_0. \tag{48.10}$$

这两种说法实质上是一回事. 例如, $\varphi = \pi/2$ 亦即四分之一周期, 参看图 7–2, 这表示经过平衡点 O 沿 x 轴的负指向运动; $\varphi = \pi$ 亦即二分之一周期, 这表示达

到极小亦即负的极大; $\varphi = 3\pi/2$ 亦即四分之三周期, 这表示经过平衡点 O 沿 x 轴的正指向运动; $\varphi = 2\pi$ 亦即一个周期, 这表示达到极大.

显然, φ_0 是相 φ 在初始时刻 $(t = 0)$ 的值, 因而叫做**初相.**

相 (48.10) 的时间变化率

$$\frac{\mathrm{d}\varphi}{\mathrm{d}t} = \omega,$$

这是说, 相 (48.10) 的变化是匀速的. 这给谐振动的研究带来便利.

例如, 谐振动 $x = A\cos\frac{1}{12}\pi t$ 的振幅是 A, 圆频率 $\omega = \pi/12$, 周期 $\tau = 2\pi/\omega = 24$ s. 从 $x=A$ 到 $x=0$ 需时四分之一周期即 6 秒. 而从 $x = A$ 到 $x = A/2$ 所需时间并非 6 秒的一半, 这是因为谐振动并非匀速运动. 事实上, $x = A$ 对应于相 $\varphi = 0, x = A/2$ 对应于 $\varphi = 60°, x = 0$ 对应于 $\varphi = 90°$, 相的变化是匀速的, 既然从 $\varphi = 0$ 到 $\varphi = 90°$ 需时 6 秒, 那么按比例, 从 $\varphi = 0$ 到 $\varphi = 60°$ 需时 4 秒.

现在以 (48.2) 的 $x = A\cos(\omega t + \varphi_0)$ 为例计算谐振动的机械能. 谐振动的势能

$$\begin{aligned} V &= \frac{1}{2}kx^2 = \frac{1}{2}kA^2\cos^2(\omega t + \varphi_0) \\ &= \frac{1}{2}m\omega^2A^2\cos^2(\omega t + \varphi_0), \end{aligned}$$

动能

$$\begin{aligned} T &= \frac{1}{2}mv^2 = \frac{1}{2}m\omega^2A^2\sin^2(\omega t + \varphi_0) \\ &= \frac{1}{2}kA^2\sin^2(\omega t + \varphi_0), \end{aligned}$$

从而机械能

$$E = T + V = \frac{1}{2}kA^2 = \frac{1}{2}m\omega^2A^2. \tag{48.11}$$

这就验证了谐振动的机械能守恒.

参看图 7–1. 在图 7–1(a) 没有动能, 机械能表现为势能; 图 7–1(b), 势能转化为动能; 图 7–1(c), 动能转化为势能; 图 7–1(d), 势能再次转化为动能; 图 7–1(e), 动能再次转化为势能. 在转化过程中, 机械能即动能与势能之和保持恒定.

注意 (48.11) 指出, 谐振动的机械能正比于振幅平方. 因此, 振幅平方可作为谐振动强度的标志.

(2) 阻尼振动

机械能守恒的谐振动是在一定条件下的科学抽象. 实际上, 往往不可避免地存在着各种各样的损耗因素. 随着机械能不断损耗, 作为振动强度的标志的振幅平方也就逐渐减小. 各种损耗因素之中, 最常见的是摩擦和介质阻力, 它把机械能转化为热. 此外, 振动系统的机械能往往会传给周围的物体, 这虽然只是机械能的转移, 但在所研究的振动系统来说, 也是一种损耗. 如果损耗很轻微, 或者所研究的时间比较短, 因而总损耗很小, 在这些条件下, 不妨忽略损耗, 把实际的振动系统抽象为无损耗的振动系统, 其振动抽象为谐振动. 但是, 有些振动系统的损耗比较显著, 或者所研究的时间比较长, 因而总损耗比较大, 那就不能不考虑机械能的损耗了. 随着机械能的逐渐损耗, 即随着振动强度逐渐减弱, 振动的振幅也就逐渐减小, 这种振动叫做**阻尼振动** (或衰减振动).

在阻尼运动之中, 研究得比较多的是阻力正比于速度的情况. 例如, 物体运动速度不太大的情况下, 湿摩擦力和介质阻力就是正比于速度的, 它可表为 $-hv$, 比例常量 h 叫做**阻力系数**. 计及速度正比阻力, 运动方程 (48.1) 应修改为

$$m\ddot{x} = -kx - hv,$$

即

$$\ddot{x} + 2\beta\dot{x} + \omega_0^2 x = 0, \qquad (48.12)$$

其中 $\beta = h/2m$ 叫做**阻尼因子**, $\omega_0 = \sqrt{k/m}$ 叫做**自然圆频率**, ω_0 是不存在阻尼时的谐振动圆频率.

现在用试探法求解运动方程式 (48.12). 考虑到振幅逐渐减小, 并考虑到在阻力作用下振动变慢, 圆频率不再是 ω_0, 取

$$x = A\mathrm{e}^{-\Gamma t}\cos(\omega t + \varphi_0)$$

作为试探解

把试探解代入运动方程式 (48.12) 得

$$\begin{aligned} &A\mathrm{e}^{-\Gamma t}[(\omega_0^2 - 2\beta\Gamma - \omega^2 + \Gamma^2)\cos(\omega t + \varphi_0) \\ &+2\omega(\Gamma - \beta)\sin(\omega t + \varphi_0)] = 0. \end{aligned}$$

上式对任意时刻都成立, 方括号里的两项必须各自等于零,

$$\begin{cases} \omega_0^2 - 2\beta\Gamma - \omega^2 + \Gamma^2 = 0, \\ \Gamma - \beta = 0. \end{cases}$$

由此解得 $\Gamma = \beta, \omega = \sqrt{\omega_0^2 - \beta^2}$. 这样, 试探法果然成功, 运动方程式 (48.12) 的解是

$$x = A\mathrm{e}^{-\beta t}\cos(\omega t + \varphi_0) \quad (\omega = \sqrt{\omega_0^2 - \beta^2}). \qquad (48.13)$$

初始振幅 A 与初相 φ_0 是两个积分常数.

只要 $\beta < \omega_0$, 解 (48.13) 就有意义, 它描写一种振动 (图 7–3), 其振幅 $A\mathrm{e}^{-\beta t}$ 随时间而衰减, 其 "圆频率" ω 从无阻尼的 ω_0 降到 $\sqrt{\omega_0^2 - \beta^2}$, 其 "周期" 相应地从无阻尼的 $2\pi/\omega_0$ 拉长到 $\tau = 2\pi/\sqrt{\omega_0^2 - \beta^2}$. 既然振幅不断减小, (48.13) 已经不是严格意义上的周期运动, 所以我们给 "圆频率"、"周期" 等词加上引号.

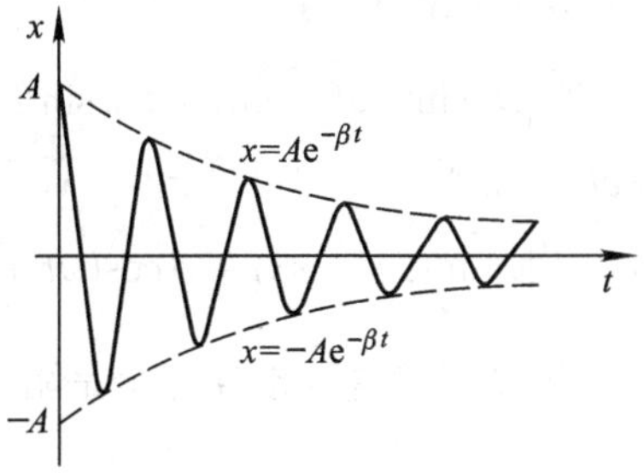

图 7–3

为了表明振幅减小的快慢, 通常引用某个时刻的 x 值与一个 "周期" τ 之后的 x 值之比值, 即

$$A\mathrm{e}^{-\beta t}\cos(\omega t + \varphi_0) : A\mathrm{e}^{-\beta(t+\tau)}\cos(\omega t + \varphi_0) = 1 : \mathrm{e}^{-\beta\tau} = \mathrm{e}^{\beta\tau}.$$

或者简洁些, 采用这个比值的对数 $\ln \mathrm{e}^{\beta\tau}$ 即 $\beta\tau$, 并把它称为**对数减缩**. 阻尼因子 β 越大, 则 "周期" $\tau = 2\pi/\sqrt{\omega_0^2 - \beta^2}$ 越长, 从而对数减缩 $\beta\tau$ 越大, 也就是说振幅衰减越快.

现在计算阻尼振动 (48.13) 的机械能. 先算势能

$$\begin{aligned} V &= \frac{1}{2}kx^2 = \frac{1}{2}m\omega_0^2A^2\mathrm{e}^{-2\beta t}\cos^2(\omega t + \varphi_0) \\ &= \frac{1}{2}mA^2\mathrm{e}^{-2\beta t}(\omega^2 + \beta^2)\cos^2(\omega t + \varphi_0). \end{aligned}$$

再算动能

$$\begin{aligned} T &= \frac{1}{2}m\dot{x}^2 = \frac{1}{2}mA^2\mathrm{e}^{-2\beta t}[-\beta\cos(\omega t + \varphi_0) - \omega\sin(\omega t + \varphi_0)]^2 \\ &= \frac{1}{2}mA^2\mathrm{e}^{-2\beta t}[\beta^2\cos^2(\omega t + \varphi_0) + \beta\omega\sin 2(\omega t + \varphi_0) \\ &\quad +\omega^2\sin^2(\omega t + \varphi_0)]. \end{aligned}$$

于是, 阻尼振动 (48.13) 的机械能

$$\begin{aligned} E = T + V = &\frac{1}{2}mA^2\mathrm{e}^{-2\beta t}[\omega^2 + 2\beta^2\cos^2(\omega t + \varphi_0) \\ &+\beta\omega\sin 2(\omega t + \varphi_0)], \end{aligned} \tag{48.14}$$

并不守恒. 让我们计算机械能的时间变化率,

$$\begin{aligned}\frac{\mathrm{d}E}{\mathrm{d}t} &= -mA^2\mathrm{e}^{-2\beta t}\beta[\omega^2+2\beta^2\cos^2(\omega t+\varphi_0)+\beta\omega\sin 2(\omega t+\varphi_0)]\\ &\quad -mA^2\mathrm{e}^{-2\beta t}[2\beta^2\omega\cos(\omega t+\varphi_0)\sin(\omega t+\varphi_0)\\ &\quad -\beta\omega^2\cos 2(\omega t+\varphi_0)]\\ &= -2m\beta A^2\mathrm{e}^{-2\beta t}[\omega^2\sin^2(\omega t+\varphi_0)+\beta\omega\sin 2(\omega t+\varphi_0)\\ &\quad +\beta^2\cos^2(\omega t+\varphi_0)]\\ &= -2m\beta A^2\mathrm{e}^{-2\beta t}[\omega\sin(\omega t+\varphi_0)+\beta\cos(\omega t+\varphi_0)]^2<0.\end{aligned}$$

就是说机械能一直在减少. 机械能的这种损耗完全是阻力造成的. 事实上, 上面算出的 $\mathrm{d}E/\mathrm{d}t$ 可改写为

$$\begin{aligned}\frac{\mathrm{d}E}{\mathrm{d}t} &= -2m\beta\{A\mathrm{e}^{-\beta t}[\omega\sin(\omega t+\varphi_0)+\beta\cos(\omega t+\varphi_0)]\}^2\\ &= -h\dot{x}^2=-(-hv)v,\end{aligned}$$

这正是阻力的功率.

振动系统在某时刻的能量与它在一个“周期”内的能量损耗之比, 乘以 2π, 叫做系统的**品质因子**, 通常记作 Q, 因而有时简直就把它叫做“Q 值”. 如果损耗比较小, 则 (48.14) 的方括号里可以只保留第一项, 即 $E\approx\frac{1}{2}mA^2\omega^2\mathrm{e}^{-2\beta t}$. 而在一个“周期”内的能量损耗

$$\begin{aligned}|\Delta E| &\approx \frac{1}{2}mA^2\omega^2\mathrm{e}^{-2\beta t}-\frac{1}{2}mA^2\omega^2\mathrm{e}^{-2\beta(t+\tau)}\\ &= \frac{1}{2}mA^2\omega^2\mathrm{e}^{-2\beta t}(1-\mathrm{e}^{-2\beta\tau})\\ &= \frac{1}{2}mA^2\omega^2\mathrm{e}^{-2\beta t}\left[1-1+2\beta\tau-\frac{(2\beta\tau)^2}{2!}+\cdots\right]\\ &\approx \frac{1}{2}mA^2\omega^2\mathrm{e}^{-2\beta t}2\beta\tau.\end{aligned}$$

于是, 品质因子

$$Q=2\pi\frac{E}{|\Delta E|}\approx 2\pi\frac{1}{2\beta\tau}=\frac{\pi}{\beta\tau}=\frac{\omega}{2\beta}\approx\frac{\omega_0}{2\beta}. \tag{48.15}$$

阻尼因子 β 越大, 则对数减缩 $\beta\tau$ 越大, 因而品质因子越低.

表 品质因子的某些典型数值

大地 (对于地震波)	250~1 400
钢琴弦、提琴弦	10^3
铜质微波谐振腔	10^4
超导微波谐振腔	10^{11}

以上假定了 $\beta < \omega_0$. 因为在 $\beta < \omega_0$ 的条件下, 解 (48.13) 才有意义. 我们知道, 阻尼越强, β 越大, 对数减缩越大, 振幅衰减越快. 如果阻尼达到某个临界值即 $\beta = \omega_0$, 则 "圆频率" $\omega = \sqrt{\omega_0^2 - \beta^2} = 0$, "周期" $\tau = 2\pi/\omega = \infty$, 换句话说, 振动的特点完全消失. 事实上, 虽然恢复力驱使物体向平衡位置移动, 但由于阻尼太强, 向平衡位置的移动并不能加速, 反而是减速, 所以只能逐渐逼近平衡位置, 不可能往复振动. $\beta = \omega_0$ 的情况叫做**临界阻尼**. 如果阻尼超过上述临界值即$\beta > \omega_0$, 则 "圆频率" $\omega = \sqrt{\omega_0^2 - \beta^2}$ 为负数的平方根即虚数, "周期" τ 也是虚数, 换句话说, 根本不发生振动. 事实上, 阻尼超过临界, 当然更不可能振动, 只能逐渐逼近平衡位置, 而且这种逼近比临界阻尼下的逼近来得慢. $\beta > \omega_0$ 的情况叫做**过阻尼**.

如果希望系统在较长的一段时间内保持振动, 那就应使阻尼因子 β 小. 例如, 傅科摆必须维持较长时间的摆动, 才能够显示出地球的自转, 为此应使 $\beta = h/2m$ 小. 因为 $h \propto$ 摆球横截面 $\propto$ (摆球半径)^2, 而 $m \propto$ 摆球体积$\propto$ (摆球半径)^3, 所以 $\beta \propto 1/$ 摆球半径, 这是说, 傅科摆的摆球要做得大一些, 并且最好用密度比较大的材料制作.

如果并不希望系统长时间振动, 那就应使阻尼因子适当大一些, 最好是临界阻尼. 例如, 天平的指针老是摆动不停, 或者万用电表的指针老是摆动不停, 读取读数就太花时间了. 这就应加进适当的阻尼. 在临界阻尼的情况下, 指针较快地逼近正确的读数. 在过阻尼的情况下, 指针也逼近正确的读数, 但比临界阻尼慢.

(3) 受迫振动

上面讨论的是给振动系统一个初始偏离或初始速度, 总之, 是供给它一定的初始能量, 后来就不再管它, 不再向它提供能量. 如果没有损耗, 振动系统保持着它的初始能量不变, 即保持不变的振幅, 这是谐振动. 如果有损耗, 振动系统不能保持它的初始能量, 即振幅随时间而衰减, 这是阻尼振动. 这些统称为**自由振动**.

但是, 在不少振动系统的振动过程中, 始终有外力作用, 外力对它做功, 同它交换能量, 这类振动叫做**受迫振动**, 作用着的外力叫做驱动力. 例如, 火车的车厢是通过弹簧而与车轮的轴相连接的, 它们组成一个振动系统. 火车行驶时, 每经过铁轨的接头处就受到一次撞击, 在不断撞击下, 车厢上下振动, 这就是一种受迫振动.

先谈谈驱动力恒定不变的情况. 例如, 把图 7–1 的水平弹簧振子改为竖直悬挂, 如图 7–4 所示. 如果仍然把弹簧既不伸长也不缩短时的物体位置 O 取作原点, 则弹性力仍应记为 $-kx$. 又设阻力仍可记作 $-hv$. 除了这些以外, 现在还有重力 mg, 这重力 mg 就是恒定不变的驱动力. 于是, 物体的运动方程式为

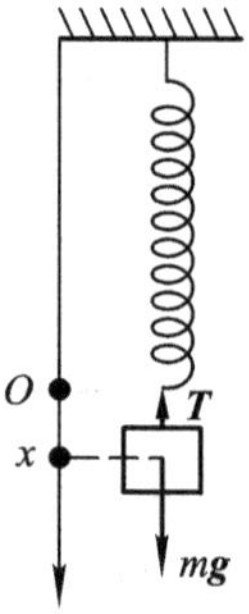

图 7–4

$$m\ddot{x} = -kx - hv + mg,$$

即

$$m\ddot{x} + h\dot{x} + kx = mg. \tag{48.16}$$

方程 (48.16) 很明显有一个特解 $x = mg/k$. 为了撇开这个特解, 令

$$x = mg/k + X, \text{即 } X = x - mg/k. \tag{48.17}$$

把 (48.17) 代入 (48.16) 即得 X 的方程

$$m\ddot{X} + h\dot{X} + kX = 0.$$

这正是自由振动的运动方程式 (48.12). 这样, 只要按照 (48.17) 用 X 代替 x, 恒定不变的驱动力就不再出现于运动方程式之中. 至于 (48.17) 的意义也是很明白的, 它不过是说, 改取点 O 下方 mg/k 的那一点作为新的原点, 采用新的原点之后, 本来坐标为 x 的点的新坐标 X 正是 $x - mg/k$. 我们还要进一步指出, 这新的原点其实就是弹簧振子在重力作用下的平衡点, 因为在运动方程式中令 $\dot{x} = 0$ (静止) 且 $\ddot{x} = 0$ (保持静止) 就得到 $x = mg/k$.

既然恒定不变的外力的作用仅仅在于改变振动系统的平衡点, 取平衡点作为坐标原点, 恒定不变的外力就不再出现于运动方程式之中, 因此我们将不再讨论这种恒定不变的外力.

这样, 通常只考虑随时间变化的驱动力, 尤其着重的是考虑周期性变化的驱动力. 这是因为在许多实际问题里都有周期性的驱动力. 特别是在电路问题里面, 驱动力的 “化身” 是电动势, 交流电路的电动势当然是交变的即周期性变化的.

在周期性驱动力作用下, 受迫振动的强弱跟驱动力的频率有很密切的关系. 这里就以图 7–1 的弹簧振子为例来研究这个关系.

设想每隔一定时间对弹簧振子施加一个短促推力, 这是一种周期性的外力.

如果每当物体经过平衡位置时, 我们都顺着它的运动方向推它, 那么, 每次推动都对物体做正功, 就是说, 每次推动都传输给物体一定的能量. 物体积累的能量越来越多, 振动越来越剧烈, 振幅越来越大. 这叫做**共振**. 这里, 驱动力的频

率就等于弹簧振子自由振动的频率即所谓**本征频率**. [如果计及能量损耗, 共振频率算出来跟本征频率稍有差别, 见后面 (48.22) 式.]

如果驱动力的频率不等于本征频率, 那么, 推力跟弹簧振子的振动步调不一致, 不可能每次推动都是顺着物体的运动方向. 有时, 推动是顺着物体运动方向, 对物体做正功, 向物体提供能量; 有时, 推动是逆着物体运动方向, 对物体做负功, 从物体取出能量. 这样, 收支相抵, 物体净收入的能量不是太多, 振动比较微弱, 振幅比较小.

那么, 在共振的情况下, 振幅的不断增大有没有限度呢? 实际的振动系统总是存在着能量损耗, 而且振动越剧烈, 损耗越严重. 因此, 振幅增大达到一定程度时, 外界传输给系统的能量全部都损耗掉, 这时振幅就不再增大了.

在无线电技术中往往尽量利用电磁振荡的共振. 例如转动收音机的 "调谐" 旋钮以选择电台时, 就是在改变输入回路的本征频率 (这是通过改变可变电容器的电容而达到的). 例如把输入回路的本征频率调到 639 kHz, 中央人民广播电台 639 kHz 的电波就在其中引起强烈共振, 其他广播电台由于频率不同而不能引起共振, 这样就可以收到中央人民广播电台 639 kHz 的广播而不受到其他电台广播的影响.

机械共振却往往应力求避免. 例如振动强度比较大的机器往往垫以较软的垫片然后安装, 以降低它的本征频率, 使之远远低于外加振动的频率, 以避免共振, 避免损坏机器. 又如人爬梯子时, 由于手脚的周期性动作, 不免对梯子施加周期性的力, 如果手脚动作频率碰巧等于梯子的本征频率, 就会引起共振并造成危险. 有经验的人爬梯时快时慢, 就可以避免共振. 传说国外古代有一队士兵步伐整齐地走过一座桥, 竟然引起共振, 造成断桥事故. 因此列队过桥时, 不要齐步行进.

在受迫振动中, 研究得比较多的是驱动力随时间作谐变化的情况, 即驱动力为 $F_0 \cos \Omega t$, 其中 F_0 是驱动力变化幅度, Ω 是驱动力变化的圆频率. 如果仍只考虑阻力正比于速度的情况, 则运动方程式为

$$m\ddot{x} = -kx - hv + F_0 \cos \Omega t,$$

即

$$m\ddot{x} + h\dot{x} + kx = F_0 \cos \Omega t. \tag{48.18}$$

包含交流电源的振荡电路形式上与 (48.18) 完全相同, 不妨说就是 (48.18) 在电学里的 "化身".

运动方程式 (48.18) 所说的受迫振动包含两个方面. 一方面, 系统可能具有初始能量 (由于具有初始速度或初始偏离), 这能量反复地从动能转化为势能, 又从势能转化为动能, 换句话说, 这是一种振动. 实际的系统总是有损耗的, 这种振

动当然是阻尼振动, 或迟或早终究是要消失的. 另一方面, 驱动力对系统做功, 向系统传输能量, 造成另一振动. 这种振动是从零开始的, 逐渐增强, 最后稳定在一定的强度. 这样说来, 存在着一个过渡阶段, 在这个阶段中, 初始能量所造成的振动逐渐消失, 驱动力所造成的振动则逐渐增长到一定的强度而稳定下来. 这过渡阶段称为暂态过程.

在很多情况下, 并不要求研究过渡阶段. 因此, 说到受迫振动往往是指过渡阶段结束以后, 当初始能量所造成的振动已经消失, 驱动力所造成的那一部分振动已经稳定时的振动. 反映在数学上, 就是并不要求微分方程 (48.18) 的完整的解答, 只要求对应于稳定振动的那一部分解答.

可以预期, 稳定振动的频率应同于驱动力的频率 $\varOmega$, 取

$$x = A\cos(\varOmega t + \varPhi_0) \tag{48.19}$$

作为试探解. 注意这里的 $\varPhi_0$ 不是初相, 而是受迫振动与驱动力之间的相差. 把试探解代入运动方程式 (48.18) 得

$$(-m\varOmega^2 + k)A\cos(\varOmega t + \varPhi_0) - h\varOmega A\sin(\varOmega t + \varPhi_0) = F_0\cos\varOmega t.$$

即

$$[(k - m\varOmega^2)A\cos\varPhi_0 - h\varOmega A\sin\varPhi_0 - F_0]\cos\varOmega t$$

$$-A[(k - m\varOmega^2)\sin\varPhi_0 + h\varOmega\cos\varPhi_0]\sin\varOmega t = 0.$$

上式对任意时刻都成立, 两个方括号必须各自等于零, 即

$$\begin{cases}(k - m\varOmega^2)\cos\varPhi_0 - h\varOmega\sin\varPhi_0 = F_0/A,\\ h\varOmega\cos\varPhi_0 + (k - m\varOmega^2)\sin\varPhi_0 = 0.\end{cases}$$

从这两个方程式可 “解出”

$$\cos\varPhi_0 = \frac{(k - m\varOmega^2)F_0/A}{(k - m\varOmega^2)^2 + h^2\varOmega^2}, \quad \sin\varPhi_0 = \frac{-h\varOmega F_0/A}{(k - m\varOmega^2)^2 + h^2\varOmega^2}.$$

这里 “解出” 的 $\cos\varPhi_0$ 和 $\sin\varPhi_0$ 必须满足 $\cos^2\varPhi_0 + \sin^2\varPhi_0 = 1$, 由这个条件可确定振幅 A 的值

$$A = \frac{F_0}{\sqrt{(k - m\varOmega^2)^2 + h^2\varOmega^2}} = \frac{F_0/m}{\sqrt{(\omega_0^2 - \varOmega^2)^2 + 4\beta^2\varOmega^2}}, \tag{48.20}$$

其中 $\omega_0 = \sqrt{k/m}$ 是系统不计阻尼时的本征圆频率, $\beta = h/2m$ 是前述的阻尼因子.

振幅 A 的值既已确定, 相差 $\varPhi_0$ 的值当然也就得以确定,

$$\begin{cases} \cos\varPhi_0 = \dfrac{k - m\varOmega^2}{\sqrt{(k-m\varOmega^2)^2 + h^2\varOmega^2}}, \\ \sin\varPhi_0 = \dfrac{-h\varOmega}{\sqrt{(k-m\varOmega^2)^2 + h^2\varOmega^2}}, \\ \tan\varPhi_0 = \dfrac{-h\varOmega}{k - m\varOmega^2} = \dfrac{-2\beta\varOmega}{\omega_0^2 - \varOmega^2}. \end{cases} \tag{48.21}$$

这样, 试探法果然成功, 运动方程式 (48.18) 的解是 (48.19), 其中振幅 A 和相差 $\varPhi_0$ 分别由 (48.20) 和 (48.21) 给出.

注意, 这里的振幅 A 和相差 $\varPhi_0$ 并不是取决于初始条件的积分常数, 它们具有 (48.20) 和 (48.21) 所给出的数值, 与初始条件无关. 这是因为 (48.19) 并不是方程 (48.18) 的完整的解答, 只是对应于稳定振动的那一部分, 其中已经抛弃了初始能量所造成的振动, 而积分常数正是包含在被抛弃的部分里.

振幅 A 作为 $\varOmega$ 的函数, 其图像大致如图 7–5(a) 所示. 驱动力的圆频率 $\varOmega$ 太高或太低, 振幅 A 都比较小. 运用高等数学里关于求函数极值的方法, 读者不难自己证明, 当驱动力的圆频率等于

$$\varOmega_0 = \sqrt{\omega_0^2 - 2\beta^2} \tag{48.22}$$

时, 振幅 A 最大. 这就是前面所说的 (振幅)**共振.** $\varOmega_0$ 叫做**共振圆频率**, 它稍小于本征圆频率. 在阻尼因子 β 很小的情况下,

$$\varOmega_0 = \sqrt{\omega_0^2 - 2\beta^2} \approx \omega_0$$

至于速度

$$v = \dot{x} = -\varOmega A \sin(\varOmega t + \varPhi_0)$$

的变化幅度 $v_0 = -\varOmega A$, 见图 7–5(b), 它的极大值出现于 $\varOmega = \omega_0$. 换句话说, 速度共振的圆频率就等于 ω_0.

现在继续讨论振幅 A 的曲线 [图 7–5(a)], 这曲线在共振附近好像一个山峰, 一般就把它叫做**共振峰.** 以 (48.22) 代入 (48.20) 就求得共振峰的高度, 即共振振幅

$$A_0 = \frac{F_0}{2m\beta\sqrt{\omega_0^2 - \beta^2}} \approx \frac{F_0}{2m\beta\omega_0} = \frac{F_0}{h\omega_0}. \tag{48.23}$$

阻尼因子 β 越小, 共振峰越高, 两侧越陡, 就是说共振峰越尖锐. 也就是说, 为使系统发生共振, 对驱动力频率的选择性越强. 比方说, 收音机输入回路的共振峰如果比较尖锐, 那就只有所选电台的电波才能引起较大振幅的电磁振荡, 至于频率相近的电台的电波则引起很小振幅的电磁振荡, 所以这时就只听到选定电台

的广播, 不致与邻台混杂. 相反, 若共振峰矮而平坦, 那么不但所选电台的电波引起较大振幅的电磁振荡, 邻台的电波也引起振幅差不多的电磁振荡, 这就是通常收音机中所谓 "混台" 或 "窜台".

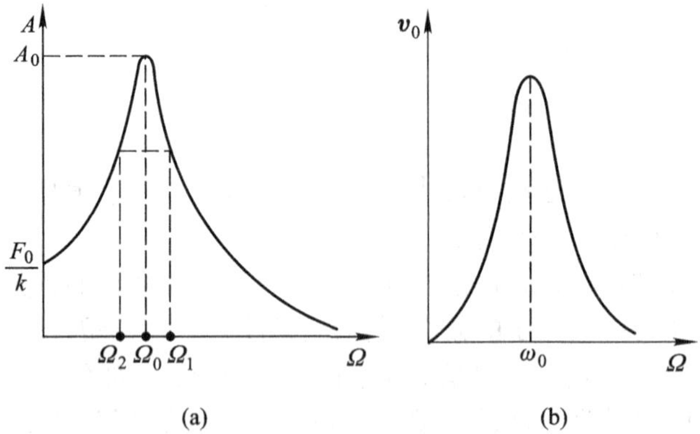

图 7–5

振动系统的共振峰的尖锐程度, 或者说, 系统的选择性, 通常用频带宽度作为标志. **频带宽度**是指频率差 $\Delta\Omega = \Omega_1 - \Omega_2$, Ω_1 与 Ω_2 则是这样的频率, 其相应的受迫振动振幅平方为共振振幅平方之半 [图 7–5(a)], 即

$$\frac{1}{2} = \frac{A^2}{A_0^2} = \frac{4\beta^2(\omega_0^2 - \beta^2)}{(\omega_0^2 - \Omega^2)^2 + 4\beta^2\Omega^2}.$$

在阻尼因子 β 很小的情况下, 上式可以略去 β^4 项而简化为

$$\frac{1}{2} = \frac{4\beta^2\omega_0^2}{(\omega_0^2 - \Omega^2)^2 + 4\beta^2\Omega^2} = \frac{\omega_0^2/\Omega^2}{(\omega_0^2 - \Omega^2)^2/4\beta^2\Omega^2 + 1}$$
$$\approx \frac{1}{(\omega_0^2 - \Omega^2)^2/4\beta^2\Omega^2 + 1}.$$

于是
$$(\omega_0^2 - \Omega^2)^2/4\beta^2\Omega^2 = 1,$$

即
$$(\Omega^2 + 2\beta\Omega - \omega_0^2)(\Omega^2 - 2\beta\Omega - \omega_0^2) = 0,$$

这给出 Ω 的四个根. 抛弃两个负根, 保留两个正根, 得

$$\begin{cases} \Omega_1 = \beta + \sqrt{\beta^2 + \omega_0^2}, \\ \Omega_2 = -\beta + \sqrt{\beta^2 + \omega_0^2}. \end{cases}$$

这样, 频带宽度

$$\Delta\Omega = \Omega_1 - \Omega_2 = 2\beta. \tag{48.24}$$

就是说, 阻尼因子 β 越小, 则频带越窄, 选择性越强.

还可以采用频带宽度的相对值, 即 $\Delta\Omega$ 与共振频率之比

$$\frac{\Delta\Omega}{\Omega_0}\approx\frac{2\beta}{\omega_0}. \tag{48.25}$$

拿上式同 (48.15) 比较, 可以看出, 频带宽度的相对值正是品质因子 Q 的倒数. 这是说, 品质因子高的系统频带窄, 品质因子低的系统频带宽.

相差 $\varPhi_0$, 作为 Ω 的函数, 其图像大致如图 7–6 所示. 由 (48.21) 知 $\sin\varPhi_0<0$, 因而 $\varPhi_0$ 总是负的, 这就是说, 受迫振动的相总是滞后于驱动力的相, 即受迫振动的步调总是落在驱动力的后面.

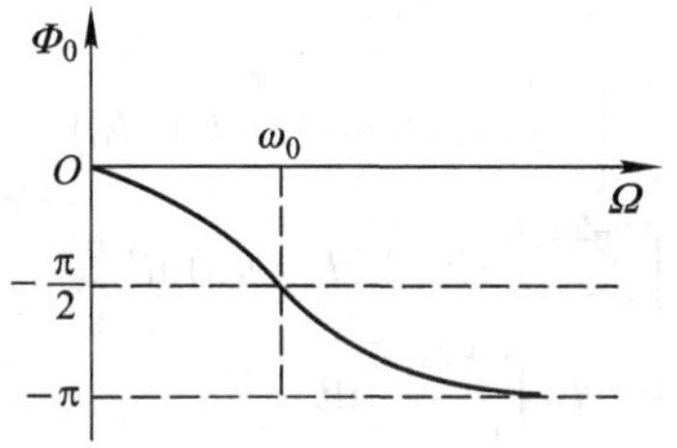

图 7–6

共振圆频率 $\Omega_0=\sqrt{\omega_0^2-2\beta^2}$, 以此代入 (48.21) 可得共振情况下的相差

$$\tan\varPhi_0=-\frac{\sqrt{\omega_0^2-2\beta^2}}{\beta}.$$

在阻尼因子 β 很小的情况下, 上式成为 $\tan\varPhi_0=-\infty$, 即

$$\varPhi_0=-\frac{\pi}{2}.$$

这是说, 在共振的情况下, 受迫振动的相滞后于驱动力 $\pi/2$, 即

$$x=A\cos\left(\Omega t-\frac{\pi}{2}\right)=A\sin\Omega t.$$

于是

$$v=\dot{x}=A\Omega\cos\Omega t$$

与驱动力同步 (相差为零, 步调一致). 因而驱动力对系统做功的功率

$$(F_0\cos\Omega t)v=F_0A\Omega\cos^2\Omega t\geqslant 0,$$

即驱动力始终对系统做正功 (至少为零), 传输给系统的能量最多, 正因为这样才造成共振.

这里就来研究一下受迫振动系统的能量问题. 按 (48.19), $x = A\cos(\Omega t + \Phi_0), v = \dot{x} = -A\Omega\sin(\Omega t + \Phi_0)$. 驱动力对系统做功的功率

$$\begin{aligned} P_1 &= (F_0\cos\Omega t)[-A\Omega\sin(\Omega t + \Phi_0)] \\ &= -\frac{1}{2}F_0A\Omega[\sin(2\Omega t + \Phi_0) + \sin\Phi_0], \end{aligned}$$

阻力对系统做功的功率

$$P_2 = (-hv)v = -h\dot{x}^2 = -hA^2\Omega^2\sin^2(\Omega t + \Phi_0).$$

总的功率 $P_1 + P_2$ 是时间的函数, 随时间而变, 这说明系统的机械能时增时减. 试在一个周期 $2\pi/\Omega$ 上把 P_1 与 P_2 平均,

$$\begin{aligned} \overline{P}_1 &= \frac{1}{2\pi/\Omega}\int_t^{t+2\pi/\Omega}\left[-\frac{1}{2}F_0A\Omega\sin(2\Omega t + \Phi_0) - \frac{1}{2}F_0A\Omega\sin\Phi_0\right]\mathrm{d}t \\ &= -\frac{1}{4\pi}F_0A\Omega^2\int_t^{t+2\pi/\Omega}\sin(2\Omega t + \Phi_0)\mathrm{d}t \\ &\quad -\frac{1}{4\pi}F_0A\Omega^2\sin\Phi_0\int_t^{t+2\pi/\Omega}\mathrm{d}t \\ &= 0 - \frac{1}{4\pi}F_0A\Omega^2(\sin\Phi_0)\frac{2\pi}{\Omega} = -\frac{1}{2}F_0A\Omega\sin\Phi_0 \\ &= \frac{1}{2}F_0A\Omega|\sin\Phi_0|, \\ \overline{P}_2 &= \frac{1}{2\pi/\Omega}\int_t^{t+2\pi/\Omega} - hA^2\Omega^2\sin^2(\Omega t + \Phi_0)\mathrm{d}t \\ &= -hA^2\Omega^2\int_t^{t+2\pi/\Omega}\frac{1}{2\pi/\Omega}\sin^2(\Omega t + \Phi_0)\mathrm{d}t \\ &= -hA^2\Omega^2\frac{1}{2}. \end{aligned}$$

于是,

$$\begin{aligned} \overline{P}_1 + \overline{P}_2 &= \frac{1}{2}F_0A\Omega|\sin\Phi_0| - \frac{1}{2}hA^2\Omega^2 \\ &= \frac{1}{2}A\Omega(F_0|\sin\Phi_0| - hA\Omega). \end{aligned} \tag{48.26}$$

把 (48.20) 所给出的 A 与 (48.21) 所给出的 $\sin\Phi_0$ 代入上式右方括弧内得零. 这就说明, 达到稳定以后的受迫振动在每个周期里能量收支两抵. 事实上, 正因为能量收支两抵, 才得以维持一个稳定的振幅.

(48.26) 又指出 $\overline{P}_1 \propto A, \overline{P}_2 \propto A^2$. 既然共振时的振幅最大, 可见共振时的 $\overline{P}_1$ 与 $\overline{P}_2$ 都特别大. 这样, 在共振的条件下, 系统一方面强烈地从振源吸收能量, 因而共振时振动最剧烈; 另一方面, 系统又大量地消耗能量用于克服阻力, 这可以解释为什么共振时振幅并不进一步增大.

(4) 谐波分析 频谱

本节一开始以弹簧振子和单摆为例说明: 力学系统如果有某个平衡位置, 并且这平衡位置是稳定的 (当偏离平衡位置时, 出现恢复力, 驱使系统向平衡位置移动), 则在初始扰动 (初始偏离或初始速度) 后, 就围绕着平衡位置来回振动. 这振动可以是谐振动 (如弹簧振子), 而一般说来却未必是谐振动 (如单摆). 但如振动幅度较小, 总可认为是谐振动.

以上论断可以在一般形式下加以证明. 本节研究的是一个自由度的情况, 并把这个自由度的变数记作x, 稳定平衡位置则记作$x = 0$.

参看 (42.7), 力学系统在稳定平衡位置的势能 V 应为极小, 这是说

$$\left.\frac{\mathrm{d}V}{\mathrm{d}x}\right|_{x=0} = 0, \qquad \left.\frac{\mathrm{d}^2V}{\mathrm{d}x^2}\right|_{x=0} > 0. \tag{48.27}$$

在稳定平衡位置 $x = 0$ 的附近, 把势能 V 展开为泰勒级数,

$$V(x) = V_0 + \frac{1}{2}kx^2 + \frac{1}{3}\alpha x^3 + \frac{1}{4}\beta x^4 + \cdots. \tag{48.28}$$

在势能展开式 (48.28) 中, 不出现 x 项, 这是由于 (48.27) 的第一式. 势能展开式 (48.28) 的 x^2 项的系数 $k/2 > 0$, 这是由于 (48.27) 的第二式. 至于 x^3 项的系数 $\alpha/3, x^4$ 项的系数 $\beta/4$ 等, 其正负不能一概而论, 须视具体情况而定.

如果恢复力是弹性力或准弹性力, 势能的表达式是

$$V(x) = V_0 + \frac{1}{2}kx^2.$$

这可看作 (48.28) 的特殊情况, 这时 x^3 项及以上各项的系数为零. 即使恢复力并非弹性力, 也非准弹性力, 只要振动幅度较小, 即保持偏离 x 较小, 则 x 的高次幂可以忽略, 在势能展开式 (48.28) 里只保留到 x^2 项, 则 (48.28) 也可归结为

$$V(x) = V_0 + \frac{1}{2}kx^2.$$

对于这种只包含 x 的零次和二次幂的势能, 恢复力

$$F(x) = -\frac{\mathrm{d}V}{\mathrm{d}x} = -kx,$$

运动方程式

$$m\ddot{x} = F = -kx$$

是谐振动方程式. 这样, 我们就一般地证明了: 如果恢复力是弹性力或准弹性力, 或者恢复力并非弹性力或准弹性力, 但振动幅度比较小, 围绕稳定平衡位置的振动总是谐振动.

一般说来, 振动不一定是谐振动, 很可能是复杂的振动. 参看图 7–7, 三根曲线都是频率为 264 的 C 调 “do”, 但形状各不相同. 图 7–7(a) 是 C 调 “do” 音叉的振动, 它是谐振动. 图 7–7(b) 是某个提琴奏出的 C 调 “do”, 图 7–7(c) 是某人唱出的 C 调 “do”, 它们远非谐振动.

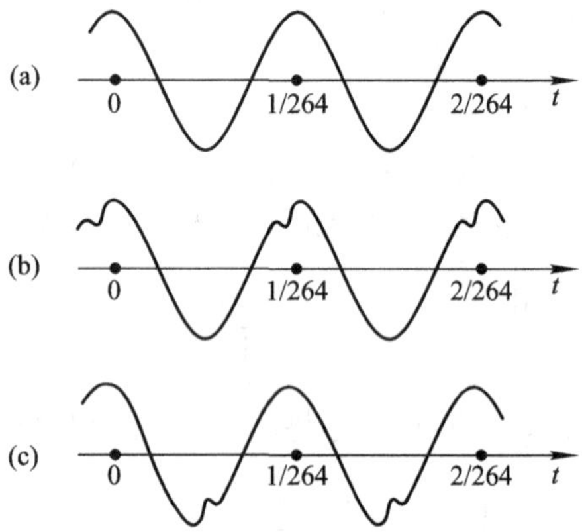

图 7–7

同一频率的复杂振动是多种多样的, 几乎不计其数, 要逐个加以研究是不可能的. 其实, 逐个研究复杂振动也是不必要的.

大家都熟悉天空里的彩虹, 这是太阳光照射到小水滴发生折射而造成的. 彩色光并不是小水滴制造出来的, 它们本来就存在于太阳光之中, 太阳光正是由这些彩色光组成的. 这就是说, 太阳光这种复杂的电磁振动是可以分解为各种单色光的, 而单色光就是谐振动. 太阳光分解而成的彩带叫做太阳光的光谱.

人们在数学上建立了傅里叶级数理论. 按照傅里叶级数理论, 任何一个复杂振动可以分解为一系列谐振动的叠加, 这些谐振动的频率等于该复杂振动的频率或其整倍数, 因而叫做该复杂振动的**基频振动**或**倍频振动**. 这种分解叫做**谐波分析**. 这样说来, 由于复杂振动经过谐波分析之后总可以归结为谐振动, 谐振动的研究就为复杂振动的研究提供了基础.

为了表明复杂振动所包含的谐振动成分, 人们常把谐波分析的结果表为图 7–8 的形式. 横轴表示频率, 在相应于各个谐振动成分的频率处的直线的长短则表示该谐振动成分的振幅大小. 这样的图形叫做**频谱**. 光谱就是频谱的一种.

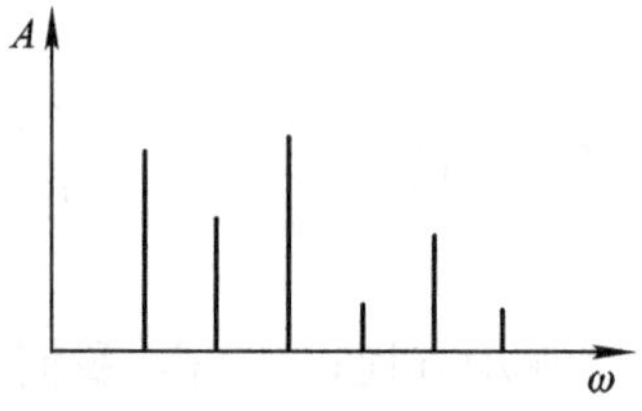

图 7–8

谐波分析不仅是数学运算, 而且也是实际的物理过程. 例如耳的柯蒂氏器官包含一系列本征频率各不相同的纤维. 声振动达到柯蒂氏器官, 各个谐振动成分分别激励相应的纤维，使之共振从而把信息传入大脑. 这样，听觉器官可说是声振动的频谱分析器，“听”可说是声振动的谐波分析. 至于在电子学中，电磁振荡的谐波分析，有选择地与某个谐振动成分共振，等等，更是不可或缺的手段.

人们在数学上建立了傅里叶级数理论. 按照傅里叶级数理论，任何一个复杂的周期振动 $F(t)$ 可以分解为一系列谐振动的叠加，

$$F(t) = A_0 + A_1\cos(\omega t + \varphi_1) + A_2\cos(2\omega t + \varphi_2) + \cdots + A_n\cos(n\omega t + \varphi_n) + \cdots,$$

式中 $\omega = 2\pi f = 2\pi/T$，而 f 和 T 分别是该复杂振动的频率和周期. 这样，这一系列谐振动的频率等于该复杂振动的频率 (称为**基频**) 或其整倍数 (称为**倍频**)，因而这些谐振动叫做该复杂振动的**基频振动**或**倍频振动**，这种分解叫做**谐波分析**. 既然复杂振动经过谐波分析之后总可以归结为谐振动，所以对谐振动的研究也就为复杂振动的研究提供了基础.

基频振动和倍频振动的振幅 $A_0, A_1, A_2, \cdots, A_n, \cdots$ 也由傅里叶级数理论给出. 在一般情况下，高次倍频振动的振幅较小，所以可根据实际问题所要求的精度，只取前几项而略去后面的高次倍频振动.

例如，矩形振动 (见图 7–9 的 s_∞，此图只画出一个周期) 的傅里叶级数展开式是

$$F(t) = \frac{4}{\pi}\left(\sin\omega t + \frac{1}{3}\sin 3\omega t + \frac{1}{5}\sin 5\omega t + \cdots\right).$$

矩形振动是不断跃变的，它竟然可以用正弦函数的级数表示! 为了阐明级数怎样逼近矩形振动，我们作图 7–9. s_n 指的是到 $\sin n\omega t$ 项为止的前几项之和. 可以看到，随着 n 的增大，s_n 逐渐逼近矩形振动.

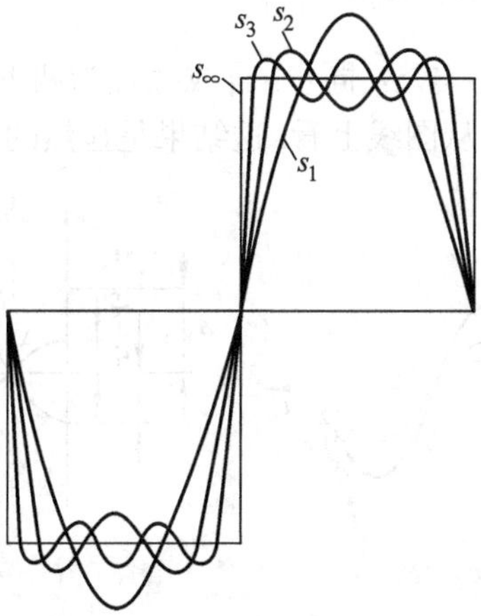

图 7–9

§49 谐振动的合成

在实际问题中, 常常需要处理几个振动的合成问题. 例如书末习题 15.14, 在急剧震动的房间内, 为防止精密仪器震坏, 把仪器用软弹簧悬挂起来. 仪器的振动情况 $x(t)$ 就是房顶振动情况 $x_1(t)$ 与弹簧振动情况 $x_2(t)$ 合成的结果, 即 $x(t)=x_1(t)+x_2(t)$. 经过计算知道, 用了软弹簧, $x_2(t)$ 跟 $x_1(t)$ 的相相反 (就是说相差为 π), 而振幅相近, 合成的振动就很微弱, 仪器可得到很好的保护.

(1) 方向相同, 频率相同

物体同时参与同一方向 (以下记作 x 方向) 的两个同频率的谐振动 x_1 与 x_2, 我们把 x_1 和 x_2 的初相分别记作 φ_0 和 $\varphi_0+\delta$,

$$\begin{cases} x_1=A_1\cos(\omega t+\varphi_0), \\ x_2=A_2\cos(\omega t+\varphi_0+\delta), \end{cases} \tag{49.1}$$

δ 是 x_1 和 x_2 的初始相差. 其实, 在频率相同的条件下, 这两个谐振动在任一时刻的相差 $\varphi_2-\varphi_1=(\omega t+\varphi_0+\delta)-(\omega t+\varphi_0)=\delta$ 总是 δ, 不随时间而变.

先讨论 $\delta=0$ 的情况, 即 x_1 与 x_2 的相始终相同, 这叫做 x_1 与 x_2 **同步**. 参看图 7–10, 虚线描绘的是 $x_1(t)$, 点划线描绘的是 $x_2(t)$, 两者同时达到正向最大偏离并折回, 同时经过零点沿负指向运动, 同时达到负向最大偏离并折回, 同时经过零点沿正指向运动, 如是等等, 确实是步调一致. 合成振动

$$\begin{aligned} x(t)&=x_1(t)+x_2(t)=A_1\cos(\omega t+\varphi_0)+A_2\cos(\omega t+\varphi_0) \\ &=(A_1+A_2)\cos(\omega t+\varphi_0). \end{aligned}$$

就是说, 合成振动也跟 x_1 与 x_2 同步, 合成振幅为两振幅 A_1 与 A_2 之和, 如图 7–10 所示的实线所描绘. 从图线上看, 这结果是显然的.

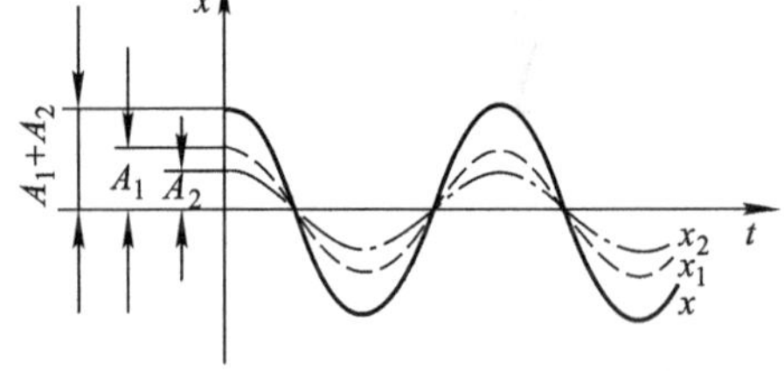

图 7–10

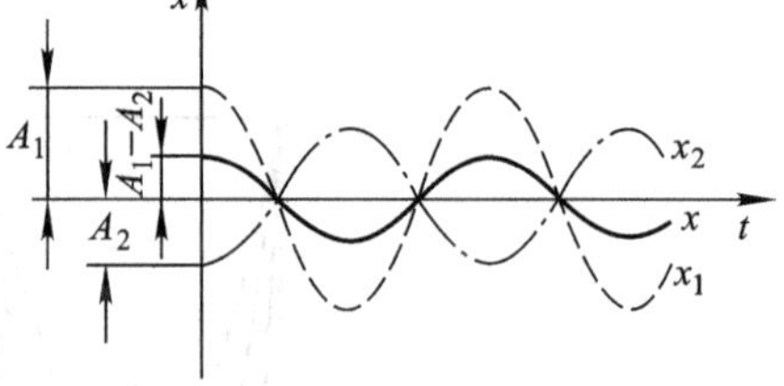

图 7–11

再讨论 $\delta=\pi$ 的情况, 这也叫做**反相**. 参看图 7–11, 虚线和点划线分别描绘 $x_1(t)$ 和 $x_2(t)$, 其一达到正向最大偏离时另一达到负向最大偏离, 其一经过零点

沿负指向运动时另一经过零点沿正指向运动, 确实是步调相反. 合成振动

$$\begin{aligned}x(t) &= x_1(t) + x_2(t)\\&= A_1\cos(\omega t+\varphi_0) + A_2\cos(\omega t+\varphi_0+\pi)\\&= A_1\cos(\omega t+\varphi_0) - A_2\cos(\omega t+\varphi_0)\\&= (A_1 - A_2)\cos(\omega t+\varphi_0).\end{aligned}$$

这就是说, 合成振动跟振幅较大的那个振动同步, 合成振幅为两振幅 A_1 与 A_2 之差, 如图 7–11 所示的实线所描绘. 从图线上看, 这结果是显然的.

现在讨论 δ 未必是零或 π 的**一般情况**. 合成振动

$$\begin{aligned}x(t) &= x_1(t) + x_2(t)\\&= A_1\cos(\omega t+\varphi_0) + A_2\cos(\omega t+\varphi_0+\delta).\end{aligned} \tag{49.2}$$

上式仅仅记述了合成振动是 x_1 与 x_2 之和, 并没有揭示出合成振动的特征. 为此, 把 (52.2) 的右边按 $\cos\omega t$ 和 $\sin\omega t$ 展开, 并且把同类项加以合并,

$$\begin{aligned}x = &[A_1\cos\varphi_0 + A_2\cos(\varphi_0+\delta)]\cos\omega t\\&-[A_1\sin\varphi_0 + A_2\sin(\varphi_0+\delta)]\sin\omega t.\end{aligned} \tag{49.3}$$

(49.3) 右边的两个同频率谐振动 $\cos\omega t$ 和 $\sin\omega t$ 可以合并为一项. 要做到这一步, 只需把 (49.3) 右边的两个方括号看作某个矢量的 x 分量和 y 分量. 把这矢量的大小记作 A, 这矢量与 x 轴的夹角记作 $\varPhi_0$,

$$\begin{cases}A\cos\varPhi_0 = A_1\cos\varphi_0 + A_2\cos(\varphi_0+\delta),\\A\sin\varPhi_0 = A_1\sin\varphi_0 + A_2\sin(\varphi_0+\delta).\end{cases} \tag{49.4}$$

把这两个式子的两边各自平方, 然后相加, 就解出 A,

$$\begin{aligned}A &= \sqrt{[A_1\cos\varphi_0 + A_2\cos(\varphi_0+\delta)]^2 + [A_1\sin\varphi_0 + A_2\sin(\varphi_0+\delta)]^2}\\&= \sqrt{A_1^2 + A_2^2 + 2A_1A_2\cos\delta}.\end{aligned} \tag{49.5}$$

于是, 很容易解出 $\varPhi_0$,

$$\begin{aligned}\cos\varPhi_0 &= \frac{A_1\cos\varphi_0 + A_2\cos(\varphi_0+\delta)}{A},\\\sin\varPhi_0 &= \frac{A_1\sin\varphi_0 + A_2\sin(\varphi_0+\delta)}{A}.\end{aligned} \tag{49.6}$$

既已求得 A 和 $\varPhi_0$, 那就不难把 (49.3) 右边的两项合并,

$$x = A\cos\varPhi_0\cos\omega t - A\sin\varPhi_0\sin\omega t = A\cos(\omega t+\varPhi_0). \tag{49.7}$$

这就是说, 合成振动是同一频率的谐振动, 其振幅 A 由 (49.5) 给出, 初相 Φ_0 由 (49.6) 给出.

以上是通过三角学运算求得合成振动, 这并不难. 不过, 如果运用 §48(1) 谐振动的矢量表示法, 就更容易掌握谐振动的合成.

参看图 7–12. 谐振动 x_1 可用矢量 $\boldsymbol{A}_1$ 表示, 它在初始时刻同 x 轴夹角为 φ_0, 以角速度 ω 绕原点 O 逆时针转动, $\boldsymbol{A}_1$ 在 x 轴上的投影正是 x_1. 谐振动 x_2 可用矢量 $\boldsymbol{A}_2$ 表示, 它在初始时刻同 x 轴夹角为 $\varphi_0+\delta$, 以同一角速度 ω 绕原点 O 逆时针转动, $\boldsymbol{A}_2$ 在 x 轴上的投影正是 x_2. 合成振动 $x=x_1+x_2$ 是 $\boldsymbol{A}_1$ 与 $\boldsymbol{A}_2$ 在 x 轴上的投影之和, 这也就是矢量 $\boldsymbol{A}_1$ 与 $\boldsymbol{A}_2$ 的合矢量 $\boldsymbol{A}$ 在 x 轴上的投影. 问题转化为求合矢量 $\boldsymbol{A}=\boldsymbol{A}_1+\boldsymbol{A}_2$. 既然 $\boldsymbol{A}_1$ 和 $\boldsymbol{A}_2$ 以同样的角速度 ω 转动, 它们之间的夹角 (即谐振动 x_1 与 x_2 的相差) 保持不变, 以 $\boldsymbol{A}_1$ 和 $\boldsymbol{A}_2$ 为邻边的平行四边形在转动中保持不变的形状. 这样, $\boldsymbol{A}$ 的大小保持不变, $\boldsymbol{A}$ 的转动角速度也是 ω, 这就是说, 合成振动是同一频率的谐振动. 需要计算的是 $\boldsymbol{A}$ 的大小 A (合成振动的振幅) 以及它在初始时刻跟 x 轴的夹角 Φ_0 (合成振动的初相).

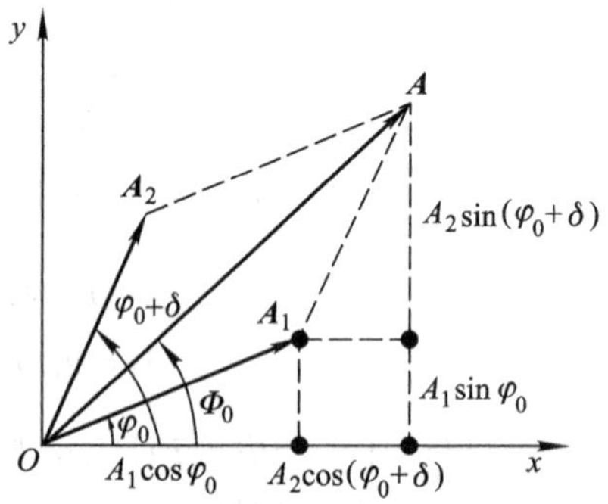

图 7–12

参看图 7–12, 它是按初始时刻画出的. 采用直角坐标系, 对矢量分量的计算常常是比较方便的. 这里,

$$\begin{cases} A_x = A_{1x}+A_{2x} = A_1\cos\varphi_0 + A_2\cos(\varphi_0+\delta), \\ A_y = A_{1y}+A_{2y} = A_1\sin\varphi_0 + A_2\sin(\varphi_0+\delta). \end{cases}$$

有了这两个分量, 就很容易计算 A 和 Φ_0,

$$\begin{aligned} A &= \sqrt{A_x^2+A_y^2} \\ &= \sqrt{[A_1\cos\varphi_0 + A_2\cos(\varphi_0+\delta)]^2 + [A_1\sin\varphi_0 + A_2\sin(\varphi_0+\delta)]^2} \\ &= \sqrt{A_1^2+A_2^2+2A_1A_2\cos\delta}, \end{aligned}$$

$$\cos\Phi_0 = \frac{A_x}{A} = \frac{A_1\cos\varphi_0 + A_2\cos(\varphi_0+\delta)}{A},$$

$$\sin\Phi_0 = \frac{A_y}{A} = \frac{A_1\sin\varphi_0 + A_2\sin(\varphi_0+\delta)}{A},$$

完全同于 (49.5) 和 (49.6).

回头再看 (49.3), 那里的两个方括号正是这里的 A_x 和 A_y, 那里接下去所说的 “某个矢量” 正是这里的 $\boldsymbol{A}$.

由公式 (49.5), 或者由图 7–12 容易看出, 如相差为零或 2π 的整倍数, 合成振幅最大 (等于 A_1+A_2), 振动最强; 如相差为 π 的奇倍数, 合成振幅最小 (等于 $|A_1-A_2|$), 振动最弱.

(2) 方向相同, 频率不同

物体同时参与 x 方向的频率不同的两个谐振动

$$\begin{cases} x_1 = A_1\cos(\omega_1 t+\varphi_0), \\ x_2 = A_2\cos(\omega_2 t+\varphi_0), \end{cases} \tag{49.8}$$

试求合成振动

$$x(t)=x_1(t)+x_2(t)=A_1\cos(\omega_1 t+\varphi_0)+A_2\cos(\omega_2 t+\varphi_0).$$

这里仍然可以运用图 7–12, 但是这时矢量 $\boldsymbol{A}_1$ 和 $\boldsymbol{A}_2$ 分别以角速度 ω_1 和 ω_2 绕 O 点转动. 既然 $\boldsymbol{A}_1$ 和 $\boldsymbol{A}_2$ 的转速不同, 它们之间的夹角 δ 就随时间而变. 每当 $\delta=0$ 或 2π 的整倍数, 合成振幅最大 (等于 A_1+A_2), 合成振动最强; 每当 $\delta=\pi$ 的奇倍数, 合成振幅最小 (等于 $|A_1-A_2|$), 合成振动最弱. 这样, 频率不同的两个谐振动的合成振动时强时弱. 那么, 这种强弱变化是否有节奏? 如果有节奏, 又是怎样的节奏呢?

有这样一些时刻, 其时 $\delta=0$ 即 $\boldsymbol{A}_1$ 和 $\boldsymbol{A}_2$ 重叠, (49.8) 就是取 $\boldsymbol{A}_1$ 和 $\boldsymbol{A}_2$ 重叠的时刻作为初始时刻, 并把它们在这时刻同 x 轴所夹的角记作 φ_0. 在这时刻, 合成振幅最大 (等于 A_1+A_2). 为确定起见, 设 $\omega_2>\omega_1$. 于是, $\boldsymbol{A}_2$ 将赶到 $\boldsymbol{A}_1$ 的前面去, $\boldsymbol{A}_2$ 领先的角度亦即 $\boldsymbol{A}_1$ 滞后的角度 δ 越来越大. 经过时间 $\pi/(\omega_2-\omega_1)$, δ 从 0 增大到 π, $\boldsymbol{A}_2$ 领先半圈, 换句话说, $\boldsymbol{A}_1$ 和 $\boldsymbol{A}_2$ 指向相反. 这时, 合成振幅最小 (等于 $|A_1-A_2|$). 又经过时间 $\pi/(\omega_2-\omega_1)$, δ 从 π 增大到 2π, $\boldsymbol{A}_2$ 领先一整圈, 换句话说, $\boldsymbol{A}_2$ 比 $\boldsymbol{A}_1$ 多转一圈而再次和 $\boldsymbol{A}_1$ 重叠. 这时, 合成振幅最大 (等于 A_1+A_2). 然后就重复以上过程.

振动强度有节奏地时强时弱, 这种现象叫做**拍**. 一次强弱变化叫做**一拍**. 每秒钟的拍数叫做**拍频**. 如上所述, 同方向而圆频率分别为 ω_1 与 ω_2 的两个谐振动的合成振动有拍的现象, 每一拍的时间是 $2\pi/(\omega_2-\omega_1)$, 而

$$\text{拍频}=\frac{\omega_2-\omega_1}{2\pi}=\frac{\omega_2}{2\pi}-\frac{\omega_1}{2\pi}=f_2-f_1, \tag{49.9}$$

即两个谐振动的频率差.

图 7–13 给出一个具体例子. 图 7–13(a) 是谐振动 $x_1(t)$ 的图像, 图 7–13(b) 是谐振动 $x_2(t)$ 的图像. 为作图简单起见, 这里以比较低的频率为例, x_2 的频率 $f_2=8$ Hz, x_1 的频率 $f_1=6$ Hz.

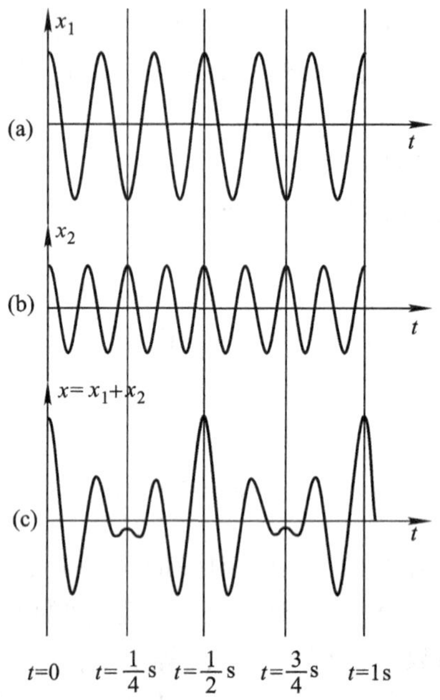

图 7–13

设在时刻 $t=0, x_1$ 和 x_2 都达到正向最大偏离, 合成振动 $x=x_1+x_2$ 的振幅最大.

等到时刻 $t=(1/4)$s, x_1 完成了 (6/4) 次即一次半振动, 达到负向最大偏离; x_2 则完成了 (8/4) 次即二次振动, 达到正向最大偏离. 合成振动的振幅最小.

再过 (1/4)s, 到了时刻 t=(1/2)s, x_1 完成了 (6/2) 次即三次振动, 达到正向最大偏离; x_2 完成了 (8/2) 次即四次振动, 也达到正向最大偏离. 合成振动的振幅再次达到最大.

这样, 在半秒钟里有一次强弱变化, 出现一拍. 每秒的拍数也就应为 2, 拍频正好等于 f_2-f_1.

合成振动也可以通过三角学运算求得. 为简单起见, 这里以 $A_1=A_2$ 的情况为例,

$$\begin{aligned}x=x_1+x_2&=A_1\cos(\omega_1 t+\varphi_0)+A_2\cos(\omega_2 t+\varphi_0)\\&=2A_1\cos\left[\frac{1}{2}(\omega_2-\omega_1)t\right]\cos\left[\frac{1}{2}(\omega_1+\omega_2)t+\varphi_0\right].\end{aligned}\tag{49.10}$$

上式右边有两个余弦因子, 第一个的圆频率 $\frac{1}{2}(\omega_2-\omega_1)$ 远小于第二个的圆频率 $\frac{1}{2}(\omega_1+\omega_2)$, 所以 (49.10) 随时间的变化主要是由于第二个余弦因子. 这

样, (49.10) 主要是圆频率为 $\frac{1}{2}(\omega_1+\omega_2)$ 的 "谐" 振动, 但这 "谐" 振动的振幅 $\left|2A_1\cos\left[\frac{1}{2}(\omega_2-\omega_1)t\right]\right|$ 随时间作有节奏的变化. 振幅从最大 (等于 $2A_1$) 变到最小 (等于零) 所需时间 $=\frac{\pi}{2}\Big/\frac{1}{2}(\omega_2-\omega_1)=\pi/(\omega_2-\omega_1)$, 这是半拍. 一拍的时间则是 $2\pi/(\omega_2-\omega_1)$, 从而拍频 $=(\omega_2-\omega_1)/2\pi=f_2-f_1$, 同前面所得结果相同.

校正乐器, 例如说校正钢琴, 往往拿待校的钢琴同已校好的钢琴作比较, 弹奏两架钢琴的同一个音键, 细听有无拍的现象. 如果听得出有拍的现象, 说明尚未校准, 必须再校, 使得拍频越来越小直到拍完全消失为止, 这一音键才算校准.

(3) 方向垂直, 频率相同

物体同时参与互相垂直的 x 向和 y 向的两个同频率的谐振动

$$\begin{cases} x=A_1\cos(\omega t+\varphi_0), \\ y=A_2\cos(\omega t+\varphi_0+\delta). \end{cases} \tag{49.11}$$

试求合成振动.

这里说的合成振动并不是指 $x+y$, 因为 x 和 y 是互相垂直的两方向上的偏离, 它们是不能作代数相加的. 事实上, 物体既有 x 方向的偏离又有 y 方向的偏离, 合成运动是在 xy 平面上进行的. 说到合成振动, 我们所关心的是 xy 平面上的轨迹, 以及沿着轨迹怎样运动.

其实, (49.11) 可说是轨迹的参数方程式, 消去参数 t 很容易得到轨迹方程式. 不过, 这里将采用另一方法即参考圆的方法来研究合成振动. 适当地选定初始时刻可使 (49.11) 里的 $\varphi_0=0$. 选取 $\delta=90^\circ$ 的情况为例, 此时 (49.11) 成为

$$\begin{cases} x=A_1\cos\omega t, \\ y=A_2\cos(\omega t+\pi/2). \end{cases}$$

参看图 7–14. 谐振动 x 可用参考圆 C_1 上的匀速运动描写, 谐振动 y 用参考圆 C_2 上的匀速运动描写. 为了画面的清晰, 参考圆的圆心没有放在坐标原点 O, 而是分别移到 y 轴上某个 O_1 点和 x 轴上某个 O_2 点.

因为 x 的初相为零, 所以参考圆 C_1 上的初始位置即点 1 相对于 x 轴的 "方位角" 取为零, 就是说点 1 在 x 轴上. 因为 y 的初相为 90°, 所以参考圆 C_2 上的初始位置即点 1 相对于 y 轴的 "方位角" 取为 90°.

既然 x 和 y 的频率相同, 所以把 C_1 和 C_2 同样分为几个等分, 例如说同样分为八等分. 从点 1 起, 按逆时针的方向, 把这些分点依次注上 2, 3, $\cdots$, 8 等编号. 这样, 当参考圆 C_1 上的质点经过某一编号的分点 (例如说点 3) 时, 参考圆 C_2 上的质点必定经过同一编号的分点 (例如说也是点 3).

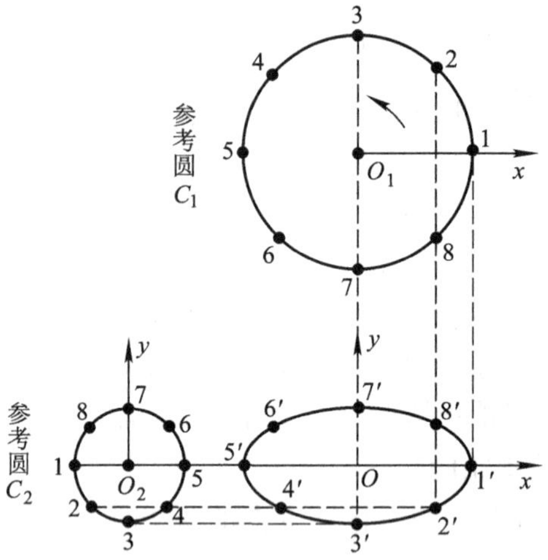

图 7–14

把参考圆 C_1 上的点 1 向 x 轴投影, 把参考圆 C_2 上的点 1 向 y 轴投影, 这两根投影线的交点可注上编号 "1′ " 这是合成振动的初始位置. 同样, 把 C_1 上的点 2 向 x 轴投影, 把 C_2 上的点 2 向 y 轴投影, 两投影线的交点编号为 "2′". 照这办法, 依次定出编号为 3′、4′、⋯ 、8′ 的各个点.

把 1′、2′、⋯ 、8′ 各点依次连起来, 就看到一个椭圆, 其中心在原点 O, 两轴沿着坐标轴, 半轴长各是 A_1 和 A_2. 这样, 相差 $\delta = 90°$ 的情况下, 合成振动是一种**椭圆振动**, 如图 7–14 所示, 这种椭圆振动是顺时针进行的. 如果 x 的振幅 A_1 与 y 的振幅 A_2 相等, 则椭圆成为圆, 合成振动是一种**圆振动.**

相差 δ 为其他数值的情况完全可以仿照上面的办法求得合成振动, 这里就不一一细说了. 图 7–15 给出了某些结果.

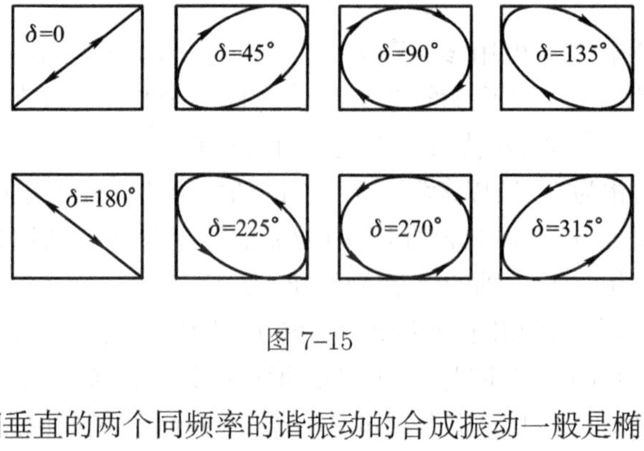

图 7–15

这样, 互相垂直的两个同频率的谐振动的合成振动一般是椭圆振动, 至于椭圆轴的取向和长短, 或者说椭圆的形状和方位, 取决于 δ 的具体数值. 在 $\delta = 0$

和 $\delta = 180°$ 的情况下, 椭圆收缩成直线. 对于 $0 < \delta < 180°$, 椭圆振动是顺时针的, 对于 $180° < \delta < 360°$, 椭圆振动是逆时针的. 在 $\delta = 90°$ 和 $\delta = 270°$ 的情况下, 如果振幅 A_1 等于振幅 A_2, 椭圆成为圆, 合成振动是圆振动.

单相感应电动机里, 把单相 "劈" 为两相, 从而有互相垂直的两个同频率同幅度的谐变磁场, 相差为 $90°$, 则合成磁场作圆振动, 就是说合成磁场是**旋转磁场**, 这个旋转磁场带动转子跟随着它旋转, 这大致上就是单相感应电动机的原理.

光是一种电磁波. 如果光波里的电场强度作椭圆振动, 就叫做**椭圆偏振光**. 根据以上讨论, 椭圆偏振光可以分解为电场强度沿 x 方向作谐振动和沿 y 方向作谐振动的两个成分, 这两个成分各叫做**平面偏振光.**

上面的结论也可通过计算得出.

$$\begin{cases} x = A_1\cos(\omega t + \varphi_0), & (1)\\ y = A_2\cos(\omega t + \varphi_0 + \delta). & (2)\end{cases}$$

由 (1) 式得

$$\frac{x}{A_1} = \cos\omega t\cos\varphi_0 - \sin\omega t\sin\varphi_0. \tag{3}$$

由 (2) 式得

$$\frac{y}{A_2} = \cos\omega t\cos(\varphi_0 + \delta) - \sin\omega t\sin(\varphi_0 + \delta). \tag{4}$$

(3) 乘以 $\cos(\varphi_0 + \delta)$, (4) 乘以 $\cos\varphi_0$, 两者相减得

$$\frac{x}{A_1}\cos(\varphi_0 + \delta) - \frac{y}{A_2}\cos\varphi_0 = \sin\omega t\sin\delta. \tag{5}$$

(3) 乘以 $\sin(\varphi_0 + \delta)$, (4) 乘以 $\sin\varphi_0$, 两者相减得

$$\frac{x}{A_1}\sin(\varphi_0 + \delta) - \frac{y}{A_2}\sin\varphi_0 = \cos\omega t\sin\delta. \tag{6}$$

(5) 与 (6) 分别平方然后相加, 得

$$\frac{x^2}{A_1^2} + \frac{y^2}{A_2^2} - \frac{2xy}{A_1A_2}\cos\delta = \sin^2\delta, \tag{7}$$

一般情况下, 这是椭圆方程, 所以合成振动一般是椭圆振动.

以下分别考虑几种特殊情况.

(1) $\delta = 0$. 方程 (7) 成为

$$\frac{x^2}{A_1^2} + \frac{y^2}{A_2^2} - \frac{2xy}{A_1A_2} = 0,$$

即

$$\frac{x}{A_1} - \frac{y}{A_2} = 0.$$

这表示直线振动 (图 7–16). 质点在此直线上的振动情况可由下式描写:

$$s = \sqrt{x^2 + y^2} = \sqrt{A_1^2 + A_2^2}\cos(\omega t + \varphi_0)$$

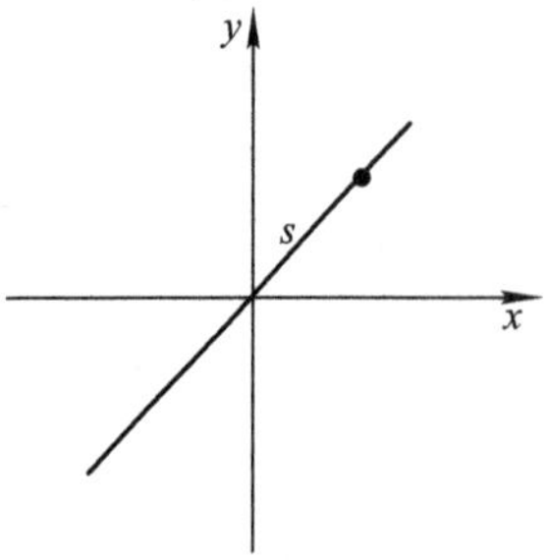

图 7–16

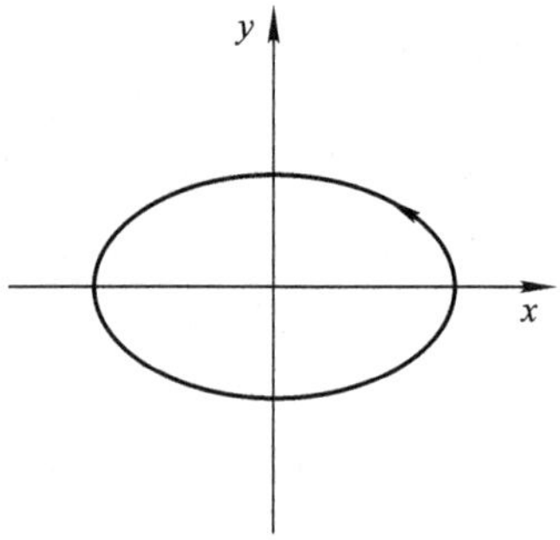

图 7–17

(2) $\delta=\pi/2$. 方程 (7) 成为

$$\frac{x^2}{A_1^2}+\frac{y^2}{A_2^2}=1.$$

这是正椭圆 (图 7–17). 质点在轨道上运动方向为顺时针.

(3) $\delta=\pi$. 方程 (7) 成为

$$\frac{x}{A_1}+\frac{y}{A_2}=0.$$

这也表示直线振动 (图 7–18) 且

$$s=\sqrt{A_1^2+A_2^2}\cos(\omega t+\varphi_0).$$

(4) $\delta=3/2\pi$. 方程 (7) 成为

$$\frac{x^2}{A_1^2}+\frac{y^2}{A_2^2}=1.$$

这也是正椭圆 (图 7–19), 但质点在轨道上的运动方向与 $\delta=\pi/2$ 的情况相反, 为逆时针方向.

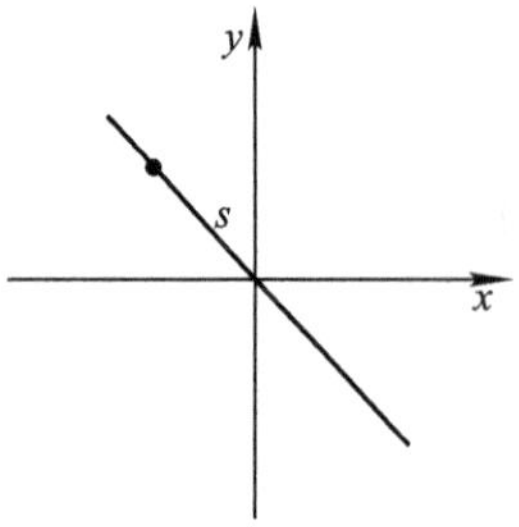

图 7–18

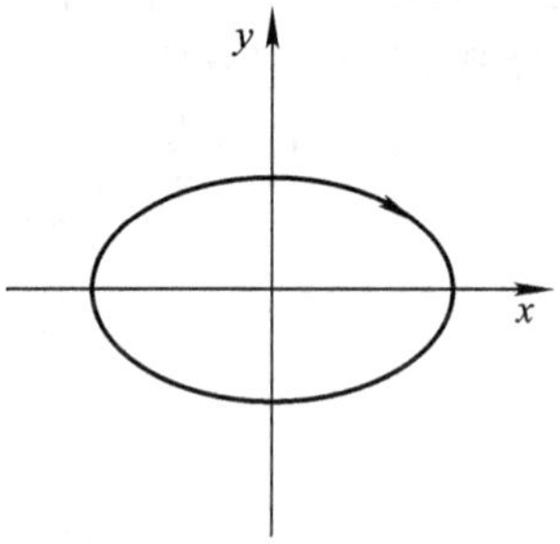

图 7–19

(4) 方向垂直, 频率不同

在水平横杆的 A 和 B 两点各系一轻线, 两线在 C 点合并, 下挂一小球 (图 7–20). 小球的 x 向摆动是以 l_1 为摆长, y 向的摆动则是以 l_2 为摆长. 这样, 小球在 x 向和 y 向的摆动频率不相同.

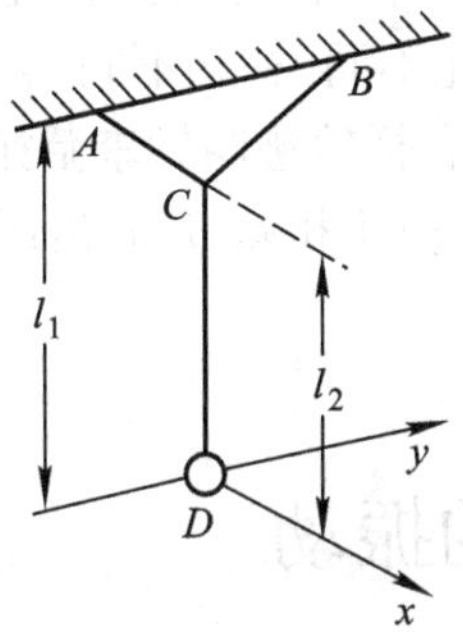

图 7–20

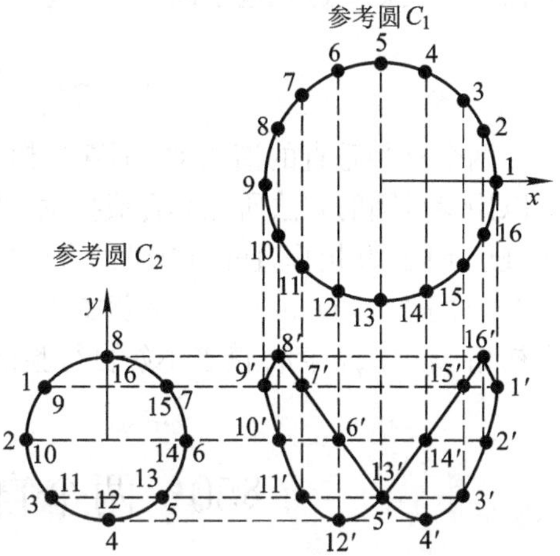

图 7–21

物体同时参与互相垂直的 x 向和 y 向的频率不同的两个谐振动

$$\begin{cases} x = A_1 \cos(\omega_1 t + \varphi_0), \\ y = A_2 \cos(\omega_2 t + \varphi_0 + \delta). \end{cases} \tag{49.12}$$

这里也用参考圆的方法来研究合成振动.

以 $\omega_1 : \omega_2 = 1 : 2$ 为例. 为确定起见, 令 $\varphi_0 = 0, \delta = 45°$. 这时, (49.12) 成为

$$\begin{cases} x = A_1 \cos \dfrac{1}{2}\omega t, \\ y = A_2 \cos(\omega t + \pi/4). \end{cases}$$

参看图 7–21. 谐振动 x 借助于参考圆 C_1 上的匀速运动描写; 由于初相为零, 所以初始位置即点 1 相对于 x 轴的 “方位角” 为零. 谐振动 y 借助于参考圆 C_2 上的匀速运动描写; 由于初相为 45°, 所以初始位置即点 1 相对于 y 轴的 “方位角” 为 45°. 这些做法完全同于图 7–14.

不同于图 7–14 的是, 这里 x 的频率只有 y 的频率的一半. 因此, 如果参考圆 C_2 分为八等分, 那么参考圆 C_1 就应分为加倍的等分数即十六等分. 从点 1 起, 按逆时针方向, 把这些分点依次注上 $2, 3, \cdots, 16$ 等编号. 在参考圆 C_2 上, 编号 9 和编号 1 是同一点, 编号 10 和编号 2 是同一点, 其余依此类推. 从参考圆

C_1 和 C_2 上编号相同的两点分别向 x 轴和 y 轴投影, 两投影线的交点也注上同样序号. 这些交点所连成的蝴蝶形复杂曲线就是合成振动的轨迹, 各点的编号则是经过各该点的先后次序.

在图面内, 垂直于 x 轴的任一直线交这蝴蝶形轨迹于两个点, 而垂直于 y 轴的任一直线则交这轨迹于四个点. 这二与四之比反映了频率之比, 即

$$\omega_1 : \omega_2 = 2 : 4 = 1 : 2.$$

两个互相垂直的谐振动, 不管其频率比如何, 不管各自的初始相位怎样, 总可以用参考圆的方法研究其合成振动. 当然, 频率比不同, 初相不同, 合成振动的轨迹也不同. 互相垂直的谐振动的合成振动的各种各样轨迹叫做**李萨如图形.** 请注意, 对于给定的 $\omega_1 \neq \omega_2$, 李萨如图形并非仅仅取决于相差 δ, 而是还取决于两个初相 φ_0 与 $\varphi_0 + \delta$. 读者不妨自行验证.

§50 两个自由度的振动

实际的力学系统往往不止一个自由度, 而是有多个自由度. 研究多自由度系统的振动, 采用简正坐标是比较方便的. 本节以耦合摆这种两自由度系统为例介绍简正坐标的概念.

两个单摆由一根弹簧耦合起来 (图 7–22), 就叫做**耦合摆**. 确定这个系统的位置, 需要两个变数, 例如 θ_1 和 θ_2. 图中箭头指明 θ_1 和 θ_2 的正向. 为简便计, 设两个单摆的摆长相等, 两个摆球的质量相等.

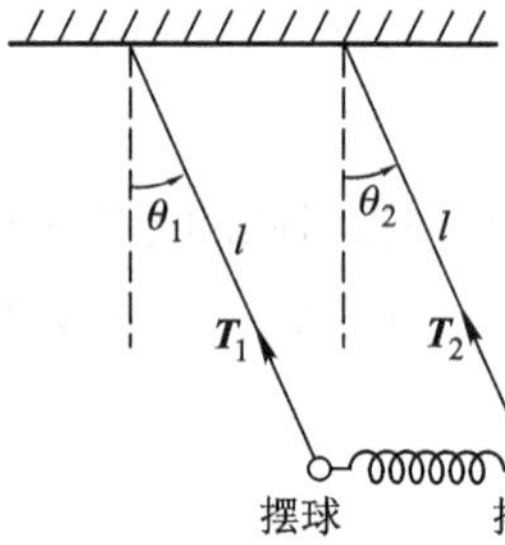

图 7–22

我们限于研究小幅度的振动. 在这条件下, 摆球的水平位移 $x = l\sin\theta \approx l\theta$, 竖直位移 $y = l - l\cos\theta = l(1-\cos\theta) \approx 0$. 既然两个摆球的竖直位移都是零, 那么弹簧必然保持水平. 如果两个摆球竖直悬垂时, 弹簧既不伸长也不缩短, 那么当两球分别具有水平位移 $x_1 = l\theta_1$ 和 $x_2 = l\theta_2$ 时, 弹簧的伸长为 $x_2 - x_1 = l(\theta_2 - \theta_1)$.

现在写出两个摆球的运动方程式

$$\begin{cases} m\ddot{x}_1 = -k(x_1 - x_2) - T_1 \sin\theta_1, \\ m\ddot{y}_1 = T_1 \cos\theta - mg; \end{cases}$$

$$\begin{cases} m\ddot{x}_2 = -k(x_2 - x_1) - T_2 \sin\theta_2, \\ m\ddot{y}_2 = T_2 \cos\theta - mg. \end{cases}$$

对于小幅度振动, 这些运动方程式简化为

$$\begin{cases} ml\ddot{\theta}_1 = -kl(\theta_1-\theta_2) - T_1\theta_1, \\ 0 = T_1 - mg; \end{cases} \quad \begin{cases} ml\ddot{\theta}_2 = -kl(\theta_2-\theta_1) - T_2\theta_2, \\ 0 = T_2 - mg. \end{cases}$$

消去 T_1 和 T_2,

$$\begin{cases} ml\ddot{\theta}_1 + mg\theta_1 = -kl(\theta_1-\theta_2), & (50.1) \\ ml\ddot{\theta}_2 + mg\theta_2 = -kl(\theta_2-\theta_1). & (50.2) \end{cases}$$

求解微分方程组 (50.1) 和 (50.2) 的常用办法是令

$$\theta_1 = A\cos(\omega t+\varphi_0), \quad \theta_2 = B\cos(\omega t+\varphi_0),$$

代入 (50.1) 和 (50.2), 即得 A 和 B 的代数方程组

$$\begin{cases} (-ml\omega^2+mg+kl)A - klB = 0, \\ -klA + (-ml\omega^2+mg+kl)B = 0. \end{cases} \tag{50.3}$$

这是齐次联立代数方程组, 它显然有 $A=B=0$ 这样的解, 但这意味着两个摆球都竖直悬垂而保持不动. 这种解实在没有多大意义. 试问还有没有另外的解呢? 齐次联立代数方程组, 存在着 A 和 B 不都是零的解是有条件的, 这条件就是系数行列式为零,

$$\begin{vmatrix} -ml\omega^2+mg+kl & -kl \\ -kl & -ml\omega^2+mg+kl \end{vmatrix} = 0,$$

即

$$(-ml\omega^2+mg+kl)^2 = (kl)^2.$$

由此解得

$$\omega^2 = \frac{g}{l}, \quad 或\ \frac{g}{l}+\frac{2k}{m}.$$

以 $\omega^2 = g/l$ 代入 (50.3) 可求出 $A:B=+1$. 这样就求得第一个特解

$$\theta_1^{(1)} = A_1\cos\left(\sqrt{\frac{g}{l}}t+\varphi_0^{(1)}\right), \quad \theta_2^{(1)} = A_1\cos\left(\sqrt{\frac{g}{l}}t+\varphi_0^{(1)}\right).$$

以 $\omega^2 = g/l+2k/m$ 代入 (50.3) 可求出 $A:B=-1$. 这样就求得第二个特解

$$\theta_1^{(2)} = A_2\cos\left(\sqrt{\frac{g}{l}+\frac{2k}{m}}t+\varphi_0^{(2)}\right),$$

$$\theta_2^{(2)} = -A_2\cos\left(\sqrt{\frac{g}{l}+\frac{2k}{m}}t+\varphi_0^{(2)}\right).$$

于是, 问题的通解是

$$\begin{cases} \theta_1 = A_1 \cos\left(\sqrt{\frac{g}{l}}t + \varphi_0^{(1)}\right) + A_2 \cos\left(\sqrt{\frac{g}{l} + \frac{2k}{m}}t + \varphi_0^{(2)}\right), \\ \theta_2 = A_1 \cos\left(\sqrt{\frac{g}{l}}t + \varphi_0^{(1)}\right) - A_2 \cos\left(\sqrt{\frac{g}{l} + \frac{2k}{m}}t + \varphi_0^{(2)}\right). \end{cases} \tag{50.4}$$

角坐标 θ_1 和 θ_2 分别是两个谐振动叠加而成的复杂振动. 那么, 有没有办法简化这种描写方式?

就第一个特解而论, 显然有 $\theta_1 - \theta_2 = 0$ 而

$$\theta_1 + \theta_2 = 2A_1 \cos\left(\sqrt{\frac{g}{l}}t + \varphi_0^{(1)}\right).$$

就第二个特解而论, 显然有 $\theta_1 + \theta_2 = 0$ 而

$$\theta_1 - \theta_2 = 2A_2 \cos\left(\sqrt{\frac{g}{l} + \frac{2k}{m}}t + \varphi_0^{(2)}\right).$$

把 $\theta_1 + \theta_2$ 记作 ξ_1, 把 $\theta_1 - \theta_2$ 记作 ξ_2, 则第一个特解可记作

$$\xi_1 = 2A_1 \cos\left(\sqrt{\frac{g}{l}}t + \varphi_0^{(1)}\right), \xi_2 = 0,$$

第二个特解可记作

$$\xi_1 = 0, \quad \xi_2 = 2A_2 \cos\left(\sqrt{\frac{g}{l} + \frac{2k}{m}}t + \varphi_0^{(2)}\right).$$

通解也就可以记作

$$\begin{cases} \xi_1 = 2A_1 \cos\left(\sqrt{\frac{g}{l}}t + \varphi_0^{(1)}\right), \\ \xi_2 = 2A_2 \cos\left(\sqrt{\frac{g}{l} + \frac{2k}{m}}t + \varphi_0^{(2)}\right). \end{cases} \tag{50.5}$$

注意 A_1 和 A_2 是两个独立的积分常数. (50.5) 指出 ξ_1 和 ξ_2 各自独立地作谐振动.

对于 N 自由度系统, 如果能找到 N 个独立的变数, 它们可以确定系统的位置, 并且当系统振动时, 这些变数各自独立地作谐振动, 这些变数就叫做系统的**简正坐标**. 各个简正坐标的谐振动频率叫做**简正频率**. 某一简正坐标作谐振动, 其他简正坐标保持为零, 就叫做振动系统的一个**模式**或简称**模**.

$\xi_1=\theta_1+\theta_2$ 和 $\xi_2=\theta_1-\theta_2$ 正是耦合摆的两个简正坐标. 其实, 这两个简正坐标具有很明白的物理意义: $\xi_1=\theta_1+\theta_2$ 是两个摆球的质心的角坐标; $\xi_2=\theta_1-\theta_2$ 是 θ_1 相对于 θ_2的角坐标, 也可说是代表弹簧的变形程度.

耦合摆的振动模式之一是

$$\xi_2=0,\quad \xi_1=2A_1\cos\left(\sqrt{\frac{g}{l}}t+\varphi_0^{(1)}\right).$$

这里 $\xi_2=0$ 意味着两个摆球没有相对运动, 弹簧不变形, 就是说两个摆球和弹簧作为不变形的整体而运动. ξ_1 作谐振动意味着质心作谐振动, 在这里就是两个摆球和弹簧作为不变形的整体而作谐振动, 既然弹簧不变形, 它就相当于弹簧不起作用, 因而简正圆频率 $\omega_1=\sqrt{g/l}$ 是很容易理解的.

耦合摆的另一振动模式是

$$\xi_1=0,\quad \xi_2=2A_2\cos\left(\sqrt{\frac{g}{l}+\frac{2k}{m}}t+\varphi_0^{(2)}\right).$$

这里 $\xi_1=0$ 意味着两个摆球的质心保持不动, 就是说两个摆球对称地相向而运动或相背而运动. ξ_2 作谐振动意味着两球的相对运动是谐振动, 在这里就是两球对称地时而相向时而相背作谐振动. 既然两球对称地拉伸弹簧或对称地压缩弹簧, 弹簧中的弹性力必然是一端固定情况下弹性力的二倍, 因而简正圆频率 $\omega_2=\sqrt{g/l+2k/m}$ 也是很容易理解的.

上面是在求得通解 (50.4) 之后才引入简正坐标. 其实, 完全可以从一开始就引入简正坐标. 事实上, (50.1) 和 (50.2) 相加给出

$$ml\frac{\mathrm{d}^2}{\mathrm{d}t^2}(\theta_1+\theta_2)+mg(\theta_1+\theta_2)=0.$$

这是说, $\theta_1+\theta_2$ 满足谐振动方程, 所以 $\theta_1+\theta_2$ 是一个简正坐标, 相应的简正圆频率为 $\sqrt{g/l}$. 又, (50.1) 和 (50.2) 相减给出

$$ml\frac{\mathrm{d}^2}{\mathrm{d}t^2}(\theta_1-\theta_2)+mg(\theta_1-\theta_2)=-2kl(\theta_1-\theta_2),$$

即

$$ml\frac{\mathrm{d}^2}{\mathrm{d}t^2}(\theta_1-\theta_2)+(mg+2kl)(\theta_1-\theta_2)=0.$$

这就是说, $\theta_1-\theta_2$ 满足谐振动方程, 所以 $\theta_1-\theta_2$ 是一个简正坐标, 相应的简正圆频率为 $\sqrt{g/l+2k/m}$.

应当指出, 如 (50.4) 所示, 两个摆球的角坐标 θ_1 和 θ_2 分别是频率不同的两个谐振动的叠加, 它们各自有拍的现象. (50.4) 的两式, 一个是相加, 一个是相减, 所以 θ_1 和 θ_2 的拍正好错开, 其一振动最强的时候, 另一振动恰好最弱.

§51 一维波的形成

§48—§50 研究的是给定系统的振动. 这里开始研究振动的传播 —— 波.

(1) 绳上波的形成

取一根较长的柔软绳, 把它的一端固定起来, 用手拿着它的另一端轻轻拉直. 手上下抖动一次, 就会看到一个 "峰" 和一个 "谷" 在绳上移动 (图 7–23). 如果手不停地上下抖动, 就有一连串的 "峰" 和 "谷" 在绳上移动. 这种振动的传播现象叫做**波**. 手持端是**波源**, 绳是传播波的**介质**.

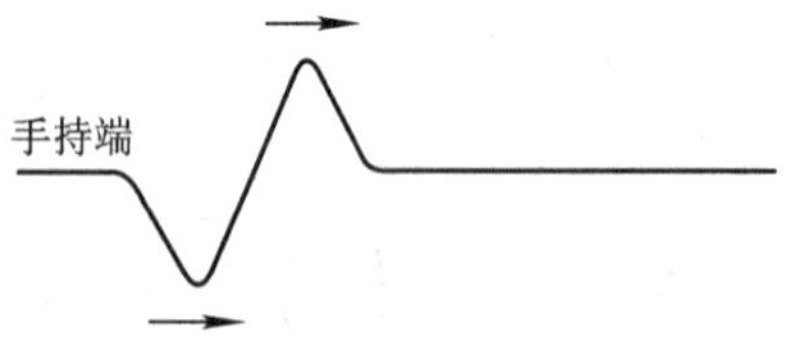

图 7–23

那么, 振动是怎样在绳上传播的呢? 绳上的波是怎样形成的呢?

绳子可以看作一连串相互联系着的质点, 如图 7–24(a) 所示. 图中把这些质点编了号, 从手持端开始, 依次是 0, 1, 2, $\cdots$. 这些质点互相拉紧, 这互相拉紧的力就是平常所说的张力. 在张力作用下, 绳的平衡形相是一条直线.

现在开始抖动绳头. 质点 0 开始向某一侧 (以下称作 "正向") 移动, 于是不再跟质点 1 排齐. 只要质点 0 和 1 不是排齐的, 它们之间的张力就有驱使它们恢复排齐的趋势. 这是说, 一方面, 质点 1 从后面拉质点 0, 这就是我们抖动绳头时所感受的阻力; 另一方面, 质点 0 也从前面拉质点 1, 带动它也朝正向移动. 当然, 质点 1 的 "步调" 到底还是稍稍滞后于质点 0 (否则就没有抖动的阻力, 而且也谈不上质点 0 带动质点 1). 同样道理, 质点 1 带动质点 2, 质点 2 带动质点 3 $\cdots\cdots$ 依此类推.

经过 $\dfrac{1}{4}$ 周期, 如图 7–24(b) 所示. 质点 0 正好到达正向最大偏离, 质点 1 落在后面一点, 质点 2 又落在质点 1 的后面, 而质点编号为 (比方说) 3 的刚要移动, 编号在 3 以后的各质点显然都还没有开始运动.

质点 0 到达正向最大偏离时掉头, 然后朝平衡位置运动. 经过 $\dfrac{1}{4}$ 周期, 如图 7–24(c) 所示. 质点 0 正好通过平衡位置朝负向运动. 质点 1 被它带动, 也在到达正向最大偏离时掉头, 然后朝平衡位置运动, 但还没有到达平衡位置. 质点 2 落在质点 1 后面一些. 质点 3 刚好到达正向最大偏离, 正要掉头. 质点 4 是被质点 3 带动的, 尚未到达正向最大偏离. 质点 5 落在质点 4 的后面. 质点 6 刚要开始

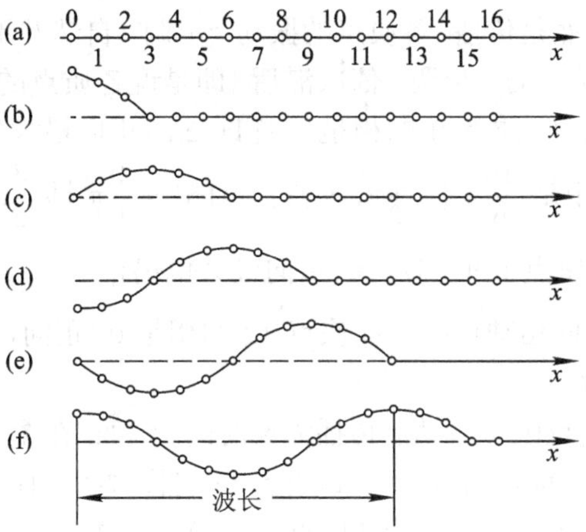

图 7–24

移动. 编号在 6 以后的各质点还没有开始运动.

质点 0 通过平衡位置后继续负向运动. 经过 $\frac{1}{4}$ 周期, 如图 7–24(d) 所示. 质点 0 正好到达负向最大偏离. 质点 1 和 2 依次落在后面, 质点 3 更后一些, 正在通过平衡位置. 质点 4 和 5 又依次落在后面, 还没有来得及到达平衡位置, 还在正向的一侧, 正朝着平衡位置移动. 质点 6 刚到达正向最大偏离. 质点 7 和 8 又依次落在后面. 质点 9 刚要开始移动. 编号在 9 以后的各质点还没开始运动.

质点 0 到达负向最大偏离时掉头, 然后朝平衡位置移动. 经过 $\frac{1}{4}$ 周期, 如图 7–24(e) 所示. 质点 0 再次通过平衡位置, 只是这次是朝正向运动, 它完成了一次振动. 质点 1 和 2 也跟着朝平衡位置移动, 质点 3 才到达负向最大偏离. 质点 6 正在通过平衡位置. 质点 9 才到达正向最大偏离. 其他质点如 1, 2, 4, 5, 7, 8, 10 和 11 等又各依次落在相应质点的后面. 这样, 质点 0 完成一次振动, 绳上出现一个 “峰” 和一个 “谷”, 或者说出现一个波.

质点 0 继续运动, 再次到达正向最大偏离, 如图 7–24(f) 所示. 绳上有 $1\frac{1}{4}$ 个波. 以后的情况则依此类推.

总之, 绳中有张力, 就是说, 绳的相邻部分互相拉紧, 有恢复排齐的趋势. 这样, 每当绳的某一部分发生振动, 必然带动它的邻近部分, 而邻近部分又带动它自己的邻近部分, 如此等等, 振动就这样逐步传播出去, 形成了波. 因此, 绳中张力即相邻部分之间的作用力和反作用力这对矛盾, 是绳上形成波的根据或者说内因.

显然, 质点本身并没有传播. 事实上, 每一个质点只是围绕着平衡位置来回振动, 而且这振动方向同传播方向是垂直的. 传播着的是 —— 振动, 或者说得明确些, 振动状态. 既然是传播, 各质点的振动"步调"自然并不一致, 顺着波传播的指向看过去, 各质点的"步调"依次滞后, 即是说各质点的相依次滞后. 以图 7–24(f) 所示时刻为例, 质点 0 的相是 0 亦即 2π (正向最大偏离), 质点 1 的相是 $\frac{11}{6}\pi$, 质点 2 的相是 $\frac{10}{6}\pi$ 即 $\frac{5}{3}\pi$, 质点 3 的相是 $\frac{9}{6}\pi$ 即 $\frac{3}{2}\pi$ (通过平衡位置朝正向运动), ……, 质点 6 的相是 π (负向最大偏离), ……, 质点 9 的相是 $\frac{1}{2}\pi$ (通过平衡位置朝负向运动), ……, 质点 12 的相是 0 (正向最大偏离) 也可说是 2π, ……, 如此等等.

相依次滞后, 这反映了振动的传播需要时间. 例如, 在图 7–24(b) 中, 振动才传到质点 3; 在图 7–24(c) 中振动传到质点 6; 在图 7–24(d) 中振动传到质点 9; ……, 在图 7–24(f) 中, 振动已传到质点 15. 换个说法, 振动传播的速度是有限的. 振动传播的速度叫做**波速**. 不难想象, 绳的张力越大, 即每个质点带动下一质点的力越大, 下一质点的"步调"就跟得越紧, 振动传播得也就越快; 绳子越轻, 即各个质点的惯性越小, "步调"也会跟得越紧, 亦即波速越大. 理论研究证实了这个想法并指出, **绳上波速**

$$v_{\text{波}} = \sqrt{\frac{T}{\rho_{\text{线}}}}, \tag{51.1}$$

这里 T 是绳中张力, $\rho_{\text{线}}$ 是绳的线密度, 即单位长度绳的质量.

图 7–24(a), 设质点 0 开始振动的相是 $\frac{3}{2}\pi$ (通过平衡位置朝正向运动). 经过 $\frac{1}{4}$ 周期, 振动传到质点 3[图 7–24(b)], 质点 3 的相这时也是 $\frac{3}{2}\pi$. 又经过 $\frac{1}{4}$ 周期, 振动传到质点 6 [图 7–24(c)] 质点 6 的相这时也是 $\frac{3}{2}\pi$. 因此, 上面所说的波速是相传播的速度, 更确切些应该叫做**相速**.

在传播着的波里, 各个质点的振动频率都是一样的, 可以说这个振动频率也就是波的**频率**, 以下记作 f. 各个质点的振动周期自然也就可说是波的**周期**, 以下记作 τ. 我们已经熟悉 $\tau = 1/f$.

绳上相速公式 (51.1) 跟波的频率无关. 相速跟频率无关的波叫做**无色散的波**, 绳上波就是一种无色散的波. "色散"一词是从光学里借用来的. 各种不同色彩 (即各种不同频率) 的光波在一些介质例如水滴或玻璃中的相速各不相同, 从而折射率不同. 因此, 包含各种色光的复杂光例如太阳光, 经空中的水滴或玻璃的三棱镜折射后, 各种色光分散开来形成彩虹. 色散, 就是复杂波在一定条件下分解为各种频率成分的现象. 相速与频率无关的波, 当然也就不会有色散产生.

在图 7–24(f) 里, 质点 0 和质点 12 恰好达到正向最大偏离 (相为 0), 恰好达到正向最大偏离的地点叫做**波峰**. 两个相邻波峰之间的距离叫做波长. 恰好达到

负向最大偏离 (相为 π) 的地点叫做**波谷**. 两个相邻波谷之间的距离也是一个波长. 其实, 任意两个相邻的同相的点 [例如图 7–24(f) 里相都是 $\frac{11}{6}\pi$ 的点 1 和点 13] 之间的距离都可以叫做**波长**, 以下记作 λ.

波速、波长, 周期之间有一个很简单的关系. 从图 7–24(a) 到图 7–24(e), 质点 0 完成一次振动, 就是说经历了一个周期 τ 的时间, 在此期间正好传播出去一个波长 λ, 因而波速

$$v_{相} = \frac{\lambda}{\tau} \tag{51.2}$$

(51.2) 可以改表为波速、波长、频率之间的简单关系. 对于频率为 f 的振动, 质点 0 每秒钟完成 f 次振动, 从而传播出去 f 个波长, 每个波长为 λ, 因而波速

$$v_{相} = \lambda f. \tag{51.3}$$

既然 τ 和 f 互为倒数, (51.2) 和 (51.3) 完全是一回事.

就无色散的波而论, (51.3) 的左边是常量, 因而这个式子的意思是频率 f 跟波长 λ 成反比, "高频" 就是 "短波", "低频" 就是 "长波".

我们已经指出绳上质点的振动方向垂直于波的传播方向. 凡是介质里的振动方向垂直于波的传播方向, 这种波就叫做**横波**. 绳上波是横波的一种.

(2) 固体弹性介质里横波的形成

上面以绳上波为例分析了波的形成. 通过分析知道, 波形成的根据在于介质的各部分有恢复排齐的趋势. 对柔软绳来说, 这趋势来源于张力. 不过, 并不是只有张力才能够引起恢复排齐的趋势.

图 7–25(a) 画的是一块固体. 可以设想把它划分为许多薄层. 如果在右侧面施加向下的力, 结果这块固体右侧面下移, 各层之间不再排齐, 如图 7–25(b) 所示 (图中虚线表示原来的形状, 以便比较). 固体的这种变形叫做切变. 发生切变的固体有恢复原状的趋势, 即各层之间有恢复排齐的趋势, 这种性质叫做**切变弹性**. 切变弹性具体体现在相邻两层之间的 "切向" 相互作用力. 以图 7–25(b) 而论, 左边的薄层对右边的薄层施加向上的力, 右边的薄层对左边的薄层施加向下的力. 这种发生切变时出现的 "切向" 恢复力叫做**切变弹性力**.

固体的切变弹性说明各部分有恢复排齐的趋势, 这正是横波在固体里传播的根据或者说内因.

图 7–26(a) 代表某种固体介质, 设想把它划分为许多薄层, 依次编上号码 0, 1, 2, $\cdots$. 现在, 层 0 开始作横向振动, 它同层 1 之间发生切变, 因而出现切变弹性力. 切变弹性力是一对作用力和反作用力. 薄层 1 对薄层 0 施加的是阻力; 薄层 0 对薄层 1 则施加拉力, 这力促使薄层 1 跟随薄层 0 的运动. 当然, 薄层 1 的 "步调" 到底还是稍稍落在薄层 0 的后面. 同样道理, 薄层 1 带动薄层 2, 薄层 2

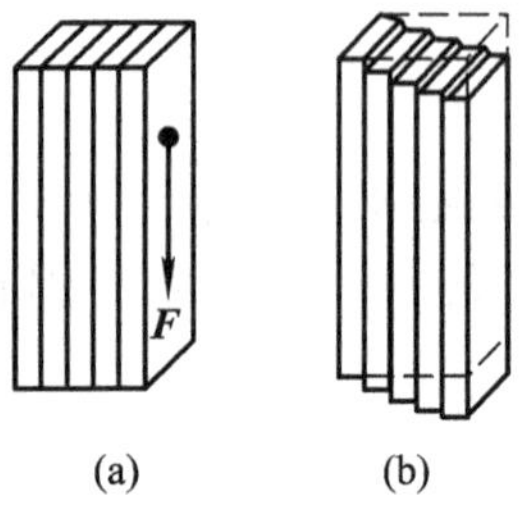

图 7–25

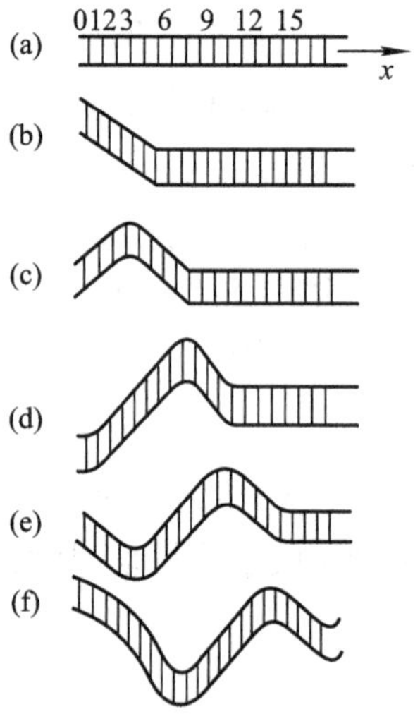

图 7–26

带动薄层 3, ⋯⋯, 振动就逐步传播出去, 如图 7–26 所示. 这个传播过程跟图 7–24 是完全一样的.

不难想象, 固体介质的切变弹性越强, 介质越轻, 则各个薄层之间互相带动越容易, 亦即波速越大. 理论研究证实这想法并指出, **固体弹性介质里横波的波速**

$$v_{相}=\sqrt{\frac{n}{\rho}}, \tag{51.4}$$

其中 n 是固体介质的切变模量, 这模量标志介质切变弹性的强弱 (其确切定义参看本节附二), ρ 是介质的密度, 即单位体积的质量. 固体弹性介质里的横波是无色散的波.

公式 (51.2) 和 (51.3) 是一般适用的, 当然也适用于固体弹性介质里的横波.

液体和气体有流动性, 各薄层之间相对错开时并没有恢复排齐的趋势, 就是说没有切变弹性. 因此, 在液体和气体里不可能传播横波.

液体表面有趋于一定形状之势, 所以石子击水也可以使水面上出现 “横波”. (水面波中的水质点在平行于传播方向的竖直平面里作圆周运动, 水面波其实并不完全是横波. 这是个较复杂的问题, 这里不准备加以讨论.)

(3) 弹性介质里纵波的形成

如果介质里的振动方向平行于波的传播方向, 这种波就叫做**纵波**. 纵波又是怎样形成的呢?

图 7–27 把介质当作一连串相互联系着的质点, 并编了号码 0, 1, 2, ⋯. 现在, 质点 0 开始作纵向振动. 它先朝质点 1 移动 (以下把这叫做正向移动), 同质

点 1 相互压紧. 不管固体、液体或气体, 在压紧时都有恢复趋势. 这样, 互相压紧的质点 0 和 1 之间出现推力. 一方面, 质点 1 对质点 0 施加的是阻力; 另一方面, 质点 0 推质点 1, 促使质点 1 跟随质点 0 运动. 当然, 质点 1 的 "步调" 到底还是稍稍落在质点 0 的后面. 同样道理, 质点 1 又推动质点 2.

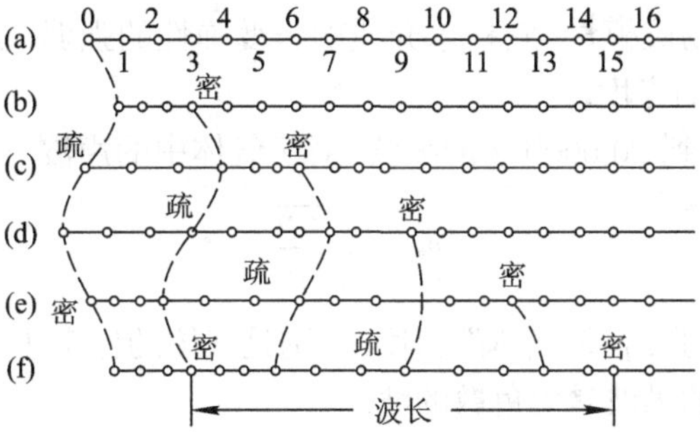

图 7–27

经过 $\frac{1}{4}$ 周期, 如图 7–27(b) 所示, 质点 0 到达正向最大偏离, 质点 1 和 2 依次移动, 但各有滞后, 还没有达到最大偏离; 而质点编号为 (比方说) 3 的质点刚要开始移动. 编号在 3 以后的各质点都还没有开始运动.

质点 0 到达正向最大偏离时掉头, 然后朝平衡位置运动. 这时质点 0 和 1 又相互拉开. 介质的两部分相互拉开时也有恢复趋势. 这样, 质点 0 和 1 之间出现拉力. 一方面, 质点 1 对质点 0 施加的是阻力; 另一方面, 质点 0 拉质点 1, 促使质点 1 跟随质点 0 朝负向运动. 经过 $\frac{1}{4}$ 周期, 如图 7–27(c) 所示, 质点 0 正好通过平衡位置朝负方向运动. 质点 1 也朝负方向运动, 但还没到达它自己的平衡位置, 仍然偏在正的一边, 质点 2 又滞后一些, 质点 3 才到达正向最大偏离. 质点 4 和 5 还在朝着正向最大偏离运动. 质点 6, 则刚要开始运动.

其实, 只要设想把图 7–27 里各个质点的位移 (这位移是从各自的平衡位置算起的) 逆时针转过 90°, 图 7–27 就变得跟图 7–24 完全一样了. 因此, 图 7–27(d)、(e)、(f) 完全可以仿照图 7–24(d)、(e)、(f) 加以说明, 这里就不细说了.

由于质点作纵向运动, 所以不出现峰和谷, 而是出现疏部和密部. 从图 7–27(a) 到图 7–27(e), 质点0完成一次振动, 介质里出现一个疏部和一个密部, 或者说出现一个波. 如果质点 0 不停地振动, 介质里就出现一个又一个的传播着的疏部和密部, 这就形成了纵波, 或叫**疏密波**.

伸长和压缩这种变形叫做**张变** (或拉伸应变). 发生张变的固体、液体、气体都有恢复趋势, 这种性质叫做**张变弹性**. 张变弹性正是纵波在介质里传播的根据或者说内因.

不难想象, 介质的张变弹性越强, 介质越轻, 则各部分之间互相带动越容易, 亦即波速越大. 理论研究证实这想法并指出, **弹性介质里纵波的波速**

$$v_{\text{相}} = \sqrt{\frac{Y}{\rho}}, \tag{51.5}$$

其中 Y 是介质的杨氏模量, 它标志介质的张变弹性的强弱 (其确切定义参看本节附一), ρ 是介质的密度.

声波是 20 Hz 到 20 000 Hz 的纵波. 对于气体中的声波, (51.5) 可具体写为

$$v_{\text{相}} = \sqrt{\frac{\gamma p}{\rho}},$$

其中 p 是气体的压强, ρ 是气体的密度, γ 则是气体的比定压热容与比定容热容之比. 弹性介质里的纵波是无色散的波.

两个相邻密部之间的距离 [图 7–27(f)] 叫做波长. 其实, 两个相邻疏部, 或者任意两个相邻同相的点之间的距离都可以叫做**波长**. 公式 (51.2) 和 (51.3) 既适用于一般的波, 当然也适用于弹性介质里的纵波.

(4) 谐波的解析表达式

以上分析了波的形成过程, 并描画了波的图像. 现在研究怎样用解析表达式描写波.

如果波源作谐振动, 则介质中各质点也随之作谐振动, 这种波叫做**谐波**. 但一般说来, 波源的振动可能是复杂振动, 相应的波也就是复杂波. 不过, 既然一切复杂振动都可以看作是由一系列频率各不相同的谐振动合成起来的, 同理, 一切复杂波都可以看作是由一系列频率各不相同的谐波所合成. 因此, 我们这里将限于研究谐波的解析表达式.

在图 7–24、7–26 和 7–27 里, 我们把介质看作沿 x 轴排列的一系列质点 (或薄层), 这些质点用编号 0, 1, 2, $\cdots$ 来识别, 波就是这些质点依次滞后的振动. 但是, 一段连续的介质究竟应划分为多少质点呢? 这其实是完全任意的. 事实上, 对于连续介质, 更恰当的做法是用这些质点的平衡位置的坐标 x 来识别它们. 这里, 坐标 x 是连续变量, 不像编号是跳变的. 这样, 波的描写就归结为给出以平衡位置 x 来识别的各点的振动情况, 亦即给出各质点相对于平衡位置的位移 u 随时间变化的情况. 对于横波, 位移 u 垂直于 x 轴; 对于纵波, 位移 u 平行于 x 轴.

既然波就是振动的传播, 那么只要知道介质中某一质点 (例如波源) 的振动情况, 根据这一振动情况的传播, 不难求得任一质点的运动情况. 设已知平衡位置为原点 $x = 0$ 的质点的振动情况可由下式描写.

$$u|_{x=0} = A\cos\omega t. \tag{51.6}$$

其他质点必定作同一频率的振动. 图 7–24、7–26 和 7–27 已假定没有能量损耗, 这时, 每个质点的振幅都等于 (51.6) 的振幅 A. 但各个质点的振动 “步调” 并不一致. 在这几幅图里, 波是沿 x 正指向传播的. 现在考察介质中各个质点的运动情况. 任意指定一质点, 其平衡位置为 x, 这个质点的振动比式 (51.6) 有所推迟, 这个推迟的时间就是波从原点传到该点所需时间, 即 $x/v_{相}$. 于是, 把 (51.6) 里的 t 换成 $t-x/v_{相}$, 就得到平衡位置为 x 的质点的振动.

$$u(x,t)=A\cos\omega(t-x/v_{相}). \tag{51.7}$$

任意指定 $x=x_0$, 代入 (51.7), 得到 x_0 处的振动, 在图 7–28 中以实线表示; 又指定 $x=x_0+\Delta x$, 而 $\Delta x=v_{相}\Delta t$, 代入 (51.7), 得到 $x_0+\Delta x$ 处的振动, 在同一图中以虚线表示. 由图可以看出, x_0 处质点的振动情况由 $x_0+\Delta x$ 处的质点重新演出, 只是后者推迟了时间 Δt. 换句话说, 振动情况朝前推移了 Δx, 即波沿 x 轴正向传播了 $\Delta x=v_{相}\Delta t$.

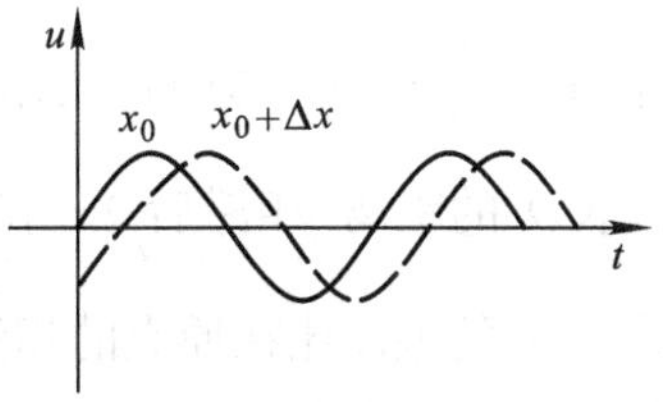

图 7–28

换个角度来看 (51.7). 任意指定 $t=t_0$, 代入 (51.7), 得到 t_0 时刻的 u 随 x 而异的波形 $u=A\cos\omega(t_0-x/v_{相})$, 如图 7–29 所示的余弦曲线. 再考察稍迟的时刻 $t_0+\Delta t$, 此时的波形 $u=A\cos\omega(t_0+\Delta t-x/v_{相})$ 如图 7–30 的虚线所示. 这当然不同于图 7–29 的波形. 不过, 如将图 7–29 的曲线向右移动 Δx 且 $\Delta x=v_{相}\Delta t$, 则曲线上各点的横坐标的新值 $x_{新}=x+\Delta x$, 以此代入波形曲线方程,

$$\begin{aligned}u&=A\cos\omega[t_0-(x_{新}-\Delta x)/v_{相}]\\&=A\cos\omega(t_0+\Delta x/v_{相}-x_{新}/v_{相})\\&=A\cos\omega(t_0+\Delta t-x_{新}/v_{相}).\end{aligned}$$

这正是 $t_0+\Delta t$ 时刻的波形曲线. 可见 (51.7) 描述的波在 Δt 的一段时间里确实朝 x 轴正向推进 $\Delta x=v_{相}\Delta t$, 其推进速度 $\Delta x/\Delta t=v_{相}$.

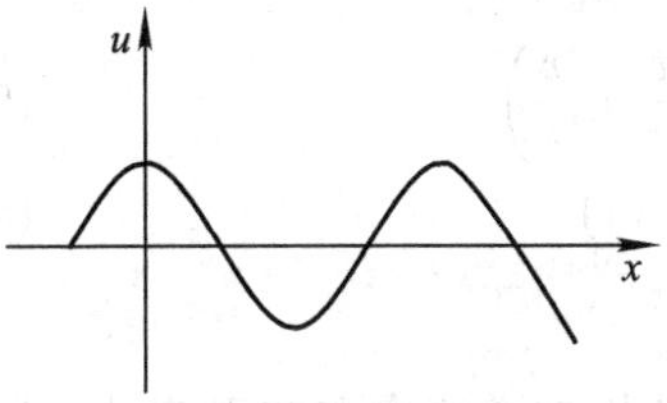

图 7–29

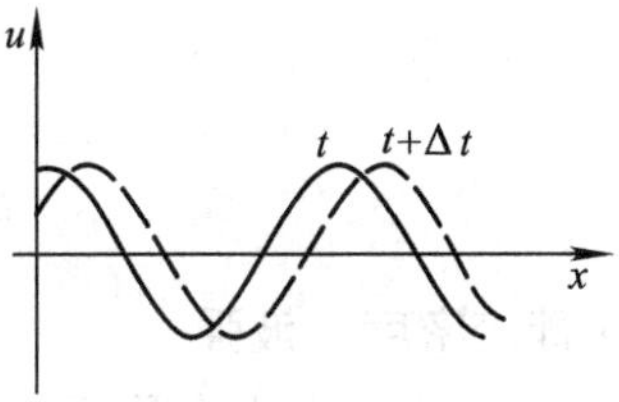

图 7–30

波的解析表达式 (51.7) 还可以改写为各种形式, 例如

$$u(x,t)=A\cos\frac{2\pi}{\tau}\left(t-\frac{x}{v_{相}}\right)=A\cos2\pi\left(\frac{t}{\tau}-\frac{x}{v_{相}\tau}\right),$$

以 (51.2) 代入上式右边得

$$u(x,t)=A\cos2\pi\left(\frac{t}{\tau}-\frac{x}{\lambda}\right). \tag{51.8}$$

这个式子是很容易理解的. 一方面, 振动的相随时间 t 而增大. 每经历一个周期 τ, 相增加 2π, 换句话说, 每单位时间内相增加为 $\frac{2\pi}{\tau}$. 这样, 经历时间 t 之后, 相应增加 $\frac{2\pi}{\tau}t$. 另一方面, 波作为振动状态的传播, 相随地点 x 而异. 每经过一个波长 λ 的距离, 相滞后 2π, 换句话说, 每单位距离内相滞后为 $\frac{2\pi}{\lambda}$. 这样, 在坐标为 x 处的振动比在原点的相滞后 $\frac{2\pi}{\lambda}x$. 把这两方面综合起来看, 在 x 处的相是 $2\pi\left(\frac{t}{\tau}-\frac{x}{\lambda}\right)$, 这就给出 (51.8).

每单位时间内相增加 $\frac{2\pi}{\tau}$ 即 $2\pi f$, 亦即 ω, 这正是圆频率 (又称角频率). 至于每单位距离内相滞后 $\frac{2\pi}{\lambda}$, 也值得专门起个名字, 这个名字就是**角波数** (它的矢量称为**波矢**), 通常记作 k,

$$k=\frac{2\pi}{\lambda}. \tag{51.9}$$

这样, 沿 x 轴正指向传播的波的解析表达式 (51.8) 可以改记作

$$u(x,t)=A\cos(\omega t-kx). \tag{51.10}$$

有时还需要描写沿 x 轴负指向传播的波. 在这种情况下, 在坐标 x 处的振动跟在原点的振动相比较, 在时间上不是推迟, 而是超前 $x/v_{相}$. 于是, 应把 (51.6) 里的 t 换成 $t+x/v_{相}$, 得到沿 x 轴负指向传播的波的解析表达式

$$u(x,t)=A\cos\omega\left(t+\frac{x}{v_{相}}\right) \tag{51.11}$$

$$=A\cos2\pi\left(\frac{t}{\tau}+\frac{x}{\lambda}\right) \tag{51.12}$$

$$=A\cos(\omega t+kx). \tag{51.13}$$

(5) 能流密度　波强

我们已经分析了波的形成过程. 从这个分析知道能量在波里流动, 或者说, 波传播能量. 事实上, 在图 7–24、7–26 和 7–27 里, 质点 (或薄层) 1 从后面拉质

点 (或薄层) 0, 就是说, 质点 1 对质点 0 做负功, 耗费质点 0 的能量; 质点 0 从前面拉质点 1, 就是说, 质点 0 对质点 1 做正功, 向质点 1 提供能量. 总之, 质点 0 向质点 1 传递能量. 同样道理, 质点 1 向质点 2 传递能量, 质点 2 又向质点 3 传递能量, ⋯⋯. 能量就这样流动. 那么, 这种能量流动的流量 (简称能流) 是多大呢? 这是说, 每单位时间传递多少能量呢?

现在以图 7–24 的绳上波为例进行计算.

图 7–31 画出绳的一小段. 设以某个 x 处的截面为准, 把绳划分为 "上游" 和 "下游" 两方. 两方之间的相互作用力就是张力, 图中画的是 "上游" 对 "下游" 的作用力 T. 但使绳传播横波而有效地做功的只是 T 的平行于 u 轴的横向分力, 以下记作 $F, F = T\sin\theta$. 对于小振动, $\sin\theta \approx \tan\theta$,

$$F = T\sin\theta \approx T\tan\theta = -T\frac{\partial u}{\partial x}. \tag{51.14}$$

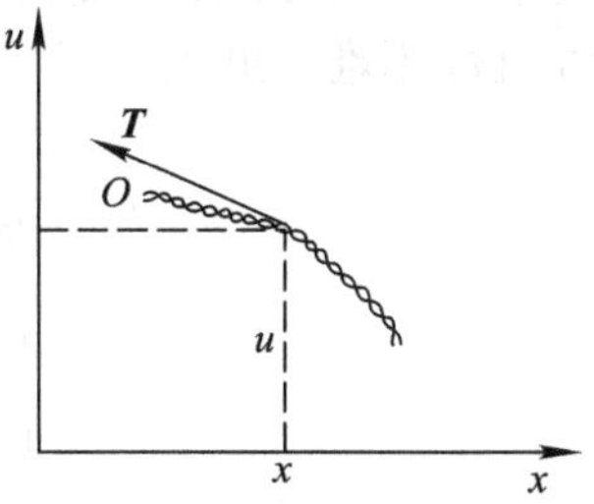

图 7–31

问题在于计算 "上游" 对 "下游" 做功的功率 P. 按照 (33.4),

$$P = F\frac{\partial u}{\partial t} = -T\frac{\partial u}{\partial x}\frac{\partial u}{\partial t}. \tag{51.15}$$

对于用 (51.10) 描写的谐波, (51.15) 给出

$$\begin{aligned} P &= -Tk(-\omega)A^2\sin^2(\omega t - kx) = T\frac{k}{\omega}\omega^2A^2\sin^2(\omega t - kx) \\ &= T\frac{1}{v_{相}}\omega^2A^2\sin^2(\omega t - kx) = T\frac{1}{v_{相}^2}v_{相}\omega^2A^2\sin^2(\omega t - kx). \end{aligned}$$

分母里的 $v_{相}^2$ 用 (51.1) 代入, 就得

$$P = T\frac{\rho_{线}}{T}v_{相}\omega^2A^2\sin^2(\omega t - kx) = \rho_{线}v_{相}\omega^2A^2\sin^2(\omega t - kx).$$

波的 "上游" 对 "下游" 做功的功率 P 也就是每单位时间里 "上游" 向 "下游" 传递的能量, 亦即能流, 所以

$$能流 = \rho_{线}v_{相}\omega^2A^2\sin^2(\omega t - kx). \tag{51.16}$$

这式子还可以稍为改写. 如这个截面的面积为 S, 而绳的体密度为 ρ, 则绳的线密度 $\rho_{线}$ 即每单位长度绳的质量等于 $S\rho$. 这样, (51.16) 改写为

$$能流 = S\rho v_{相}\omega^2A^2\sin^2(\omega t - kx).$$

既然能流正比于截面的面积, 很自然引入**能流密度**的概念, 即每单位面积截面上通过的能流, 亦即每单位时间里穿过每单位面积截面传递的能量, 以下记作 I,

$$I = \rho v_{相}\omega^2 A^2 \sin^2(\omega t - kx). \tag{51.17}$$

(51.16) 和 (51.17) 给出的能流和能流密度随时间而作周期性变化. 在实际应用中常常取能流密度在一个周期 $\tau = 2\pi/\omega$ 上的平均值 $\overline{I}$, 这叫做**波强**. 根据 (51.17) 不难算出 $\overline{I}$,

$$\begin{aligned}\overline{I} &= \frac{1}{2\pi/\omega}\int_0^{2\pi/\omega} \rho v_{相}\omega^2 A^2 \sin^2(\omega t - kx)\mathrm{d}t \\ &= \rho v_{相}\omega^2 A^2 \frac{1}{2\pi/\omega}\int_0^{2\pi/\omega} \sin^2(\omega t - kx)\mathrm{d}t \\ &= \frac{1}{2}\rho v_{相}\omega^2 A^2.\end{aligned} \tag{51.18}$$

波强正比于介质密度、波的相速、频率的平方以及振幅的平方.

对于固体弹性介质里的横波, (51.14) 应代之以

$$\frac{F}{S} = -n\frac{\partial u}{\partial x}. \tag{51.19}$$

(关于这式的来历可参看本节附二), 式中 n 为固体弹性介质的切变模量. 对于弹性介质里的纵波, (51.14) 应代之以

$$\frac{F}{S} = -Y\frac{\partial u}{\partial x}. \tag{51.20}$$

(关于这式的来历可参看本节附一), 式中 Y 为弹性介质的杨氏模量. 从 (51.19) 和 (51.20) 出发, 同样可以导出波强公式 (51.18). 当然, 推导过程中, 相速公式 (51.1) 也应代之以 (51.4) 或 (51.5).

声波的波强叫做声强. 声强必须超过一定的限度, 才能为人耳所感觉. 这个限度叫做闻阈. 闻阈随频率而异, 例如, 1 000 Hz 的闻阈最低, 约在 $I_0 = 10^{-12}\ \mathrm{W/m^2}$. 在声学中, 通常并不用绝对声强 I 而是采用它与 I_0 的比值. 人耳对弱的声波较为灵敏, 对强的声波不太灵敏, 大致说来, 人耳所感觉到的响度并非正比于声强, 而是正比于声强的对数. 考虑到听觉的这一特点, 在声学中通常采用 $\lg(I/I_0)$ 表征声波的强度, 并称之为**声强级**, 记作 L,

$$L = \lg\frac{I}{I_0}. \tag{51.21}$$

声强级 (51.21) 的单位是**贝尔**, 简称**贝**. 贝这个单位太大, 常用它的 1/10 即**分贝**. 声强每增大到 10 倍, 声强级即增加 1 贝即 10 分贝; 声强每增大到百倍, 声强级即增加 2 贝即 20 分贝.

适中正常的声音的声强级约为 40 ~ 60 分贝. 声强级在 100 分贝以上的声音就使人觉得震耳.

[附] 弹性模量

一、杨氏模量 Y

发生张变的物体有恢复趋势, 这种性质叫做**张变弹性**.

中学物理讲过胡克定律: 物体伸长 (或压缩) 不超过一定限度 (叫做比例限度), 弹性恢复力即物体中的张力 (或压力) 的大小 F 正比于物体的伸长 (或压缩) Δl,

$$F = k\Delta l, \tag{1}$$

其中 k 是劲度系数, 它标志着物体张变弹性的强弱.

用同样材料做两根棒, 长度相等而一粗一细, 粗的一根拉伸 (或压缩) 比较困难. 这就是说, 同样材料做成的物体, 越粗则劲度系数越大. 如用同样材料做成另外两根棒, 粗细相同而一长一短, 则短的一根拉伸 (或压缩) 同样长度比较困难. 这就是说, 同样材料做成的物体, 越短则劲度系数越大. 这样, 劲度系数不仅跟材料有关而且跟物体的具体尺寸有关, 它不能作为材料的张变弹性强弱的标志.

由于物体长短各有不同, 绝对伸长 Δl 并不能描写物体的伸长 (或压缩) 程度. 为描写物体伸长 (或压缩) 程度, 应该采用相对伸长, 即绝对伸长 Δl 同原长 l 之比 $\Delta l/l$. 这叫做**张应变**.

由于物体粗细各有不同, 物体中的张力 (或压力) F 并不能描写物体恢复趋势的强弱. 为描写物体恢复趋势的强弱, 应该采用单位截面上的恢复力, 即张力 (或压力) F 与截面面积之比 F/S. 这叫做**张应力**.

于是, 胡克定律就可表为: 张应力正比于张应变, 即

$$\frac{F}{S} = Y\frac{\Delta l}{l} \tag{2}$$

其中比例系数 Y 叫做**杨氏模量**, 它跟物体的尺寸无关, 它是材料的张变弹性强弱的标志.

把 (2) 改写成 $F = (YS/l)\Delta l$ 并跟 (1) 比较, 得

$$k = Y\frac{S}{l}. \tag{3}$$

这是说, 劲度系数 k 正比于材料的杨氏模量, 正比于物体的截面面积, 反比于物体的长度.

在图 7–27 的纵波里, 取相近的 x 和 $x+\Delta x$ 两点. 在这两点的位移差 $\Delta u = u(x+\Delta x) - u(x)$ 正是 x 和 $x+\Delta x$ 之间的一小段介质的绝对伸长, 而 $\Delta u/\Delta x$ 则是相对伸长. 在这种情况下, (2) 式成为

$$\frac{F}{S} = Y\frac{\Delta u}{\Delta x}. \tag{4}$$

既然 x 和 $x+\Delta x$ 相近, $\Delta u/\Delta x$ 就是 u 对 x 的导数. u 不仅是坐标 x 的函数, 而且也是时间 t 的函数; 不过, (4) 式是就各个瞬时而言的, 它并不牵涉到时间 t 的变化. 因此, $\Delta u/\Delta x$ 不叫做 u 对 x 的导数而叫做 u 对 x 的偏导数, 不记作 $\dfrac{\mathrm{d}u}{\mathrm{d}x}$ 而记作 $\dfrac{\partial u}{\partial x}$. 于是

$$\frac{F}{S} = Y\frac{\partial u}{\partial x}.$$

这正是 (51.20)

二、切变模量

发生切变的固体有恢复趋势, 这种性质叫做**切变弹性**.

参看图 7–25(b). 固体切变的大小可用上底面或下底面的偏转角 θ (以弧度为单位) 表示. 这叫做**切应变**.

仍然看图 7–25(b). 相邻两薄层之间有弹性恢复力, 左边的薄层对右边的薄层施加向上的力 F, 右边则对左边施加向下的力 F. 这力 F 显然跟两薄层的分界面面积 S 成正比. 总之, 固体发生切变时, 平行于切变的任一截面两方之间互相施加 "切向" 弹性力 F. 作为固体切变恢复趋势强弱的标志, 通常取单位截面上的 "切向" 弹性力 F/S. 这叫做**切应力**. 注意, 张应力是 "法向" 的, 切应力是 "切向" 的.

实验证实, 对于切变, 胡克定律也成立, 就是说, 在比例限度内, 切应力正比于切应变, 即

$$\frac{F}{S}=n\theta, \tag{5}$$

其中比例系数 n 叫做**切变模量**, 它跟物体的尺寸无关, 它是材料的切变弹性强弱的标志.

在图 7–26 的横波里, 取相近的 x 和 $x+\Delta x$ 两点. 在这两点的位移差 $\Delta u=u(x+\Delta x)-u(x)$ 与 Δx 之比是这两点之间一段横波的斜率, 亦即介质的切应变, 在这种情况下, (5) 式成为

$$\frac{F}{S}=n\frac{\Delta u}{\Delta x}.$$

既然 x 和 $x+\Delta x$ 相近, $\Delta u/\Delta x$ 就是 u 对 x 的偏导数 $\dfrac{\partial u}{\partial x}$. 于是

$$\frac{F}{S}=n\frac{\partial u}{\partial x}.$$

这正是 (51.19).

§52 一维波传播的一些问题

(1) 特征阻抗

公式 (51.14) 指出, 对于绳上波, 绳的截面左方对右方的作用力的横向分力 $F=-T\dfrac{\partial u}{\partial x}$. 如果波是从左向右传播的, 那么这个力就是波的 "上游" 带动 "下游" 的力, 其反作用力 F' 则是波的 "下游" 对 "上游" 的阻力, 这阻力当然可写为

$$F'=T\frac{\partial u}{\partial x}. \tag{52.1}$$

让我们研究谐波, 例如 (51.10) 所描写的 $u=A\cos(\omega t-kx)$. 读者不难验证, 对谐波 (51.10) 取偏导数,

$$\frac{\partial u}{\partial x}=-\frac{k}{\omega}\frac{\partial u}{\partial t}.$$

于是, (52.1) 成为

$$F' = -\frac{T}{v_{相}}\frac{\partial u}{\partial t}$$

这样看来, 在传播着的波里任一地点, “下游” 一方对 “上游” 一方的阻力是正比于速度 $\frac{\partial u}{\partial t}$ 的. 令阻力与速度之比值叫做介质的特征阻抗, 记作 Z. 这样, 对于绳上波, 绳的特征阻抗

$$Z = \frac{T}{v_{相}} = \frac{T}{\sqrt{T/\rho_{线}}} = \sqrt{T\rho_{线}}. \tag{52.2}$$

跟相速公式 (51.1) 对照, 很容易记住特征阻抗的公式 (52.2).

按照特征阻抗 Z 的定义, “上游” 带动 “下游” 的力

$$F = -F' = \frac{T}{v_{相}}\frac{\partial u}{\partial t} = Z\frac{\partial u}{\partial t}.$$

把这代入 “上游” 对 “下游”, 做功的功率公式

$$P = F\frac{\partial u}{\partial t},$$

即得

$$P = Z\left(\frac{\partial u}{\partial t}\right)^2. \tag{52.3}$$

机械运动往往可跟直流或交流电路问题类比. 通常, 速度 $\frac{\partial u}{\partial t}$ 类比于电流 I, 力 F 类比于电动势 $\mathscr{E}$, 那么, 力学的阻抗 $Z = F/\frac{\partial u}{\partial t}$ 就应类比于 $\mathscr{E}/I$ 即直流电路的电阻或交流电路的 (电) 阻抗. 功率公式 (52.3) 显然是可以类比于直流电路的功率 $P = I^2R$.

对于固体弹性介质里的横波和弹性介质里的纵波, 介质的特征阻抗可定义为单位截面的 “下游” 一方对 “上游” 一方的阻力 F/S 与速度之比. 请读者自己验证, 固体弹性介质对横波的特征阻抗

$$Z = \sqrt{n\rho}, \tag{52.4}$$

弹性介质对纵波的特征阻抗

$$Z = \sqrt{Y\rho}. \tag{52.5}$$

跟相速公式 (51.4) 和 (51.5) 对照, 很容易记住特征阻抗的公式 (52.4) 和 (52.5).

再来研究绳上波. 设在某个 x_0 处把绳截断, 并把 “下游” 的绳弃去, 但在截断处接上 “负载” 即某个阻尼器 (图 7–32). 阻尼器是一种元件, 它对运动有阻力,

而且阻力正比于运动速度. 例如, 浸在黏性流体中的活塞就可以作为阻尼器.① 阻尼器的阻力与速度之比叫做阻尼器的**阻抗**. 如果阻尼器的阻抗等于绳的特征阻抗, 那么, 阻尼器对波的反应就跟没有截断的绳对波的反应完全一样. 这样, 从截断点的 "上游" 看来, 就好像绳并没有截断, 一切如常. "负载" 的阻抗等于绳的特征阻抗, 这个情况很重要, 因而需要一个专门的术语. 这个术语就是**阻抗匹配**. 下面证明, 阻抗不匹配必将出现反射.

(2) 反射波

这里研究阻抗不匹配的情况, 参看图 7–32. 所谓阻抗不匹配是说负载的阻抗 Z_2 不等于绳的阻抗 Z_1.

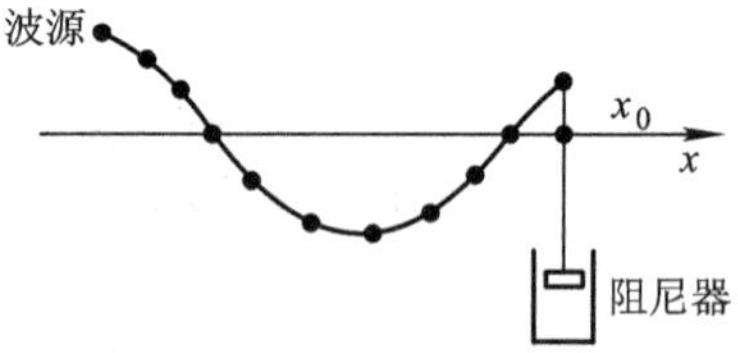

图 7–32

假定一切如常, 仍然只有正向传播的谐波 $u = A\cos(\omega t - kx)$. 于是, 截断点的 "上游" 带动负载的力是

$$F = -T\frac{\partial u}{\partial x} = T\frac{k}{\omega}\frac{\partial u}{\partial t} = \frac{T}{v_{相}}\frac{\partial u}{\partial t} = Z_1\frac{\partial u}{\partial t}.$$

但负载对 "上游" 的阻力却是

$$F' = -Z_2\frac{\partial u}{\partial t}.$$

这一对作用力与反作用力的大小竟然不相等! 这说明 "一切如常, 只有正向传播波" 的假定是不正确的, 不可能只有正向传播的波.

果然, 计及反射波, "作用力与反作用力的大小竟然不相等" 的问题就可以纠正. 这就是说, 除了考虑正向传播的入射波

$$u_{入} = A_{入}\cos(\omega t - kx) \tag{52.6}$$

之外, 还应考虑到反向传播的反射波

$$u_{反} = A_{反}\cos(\omega t + kx + \varphi_0). \tag{52.7}$$

于是, 截断点的 "上游" 带动负载的力是

$$F = -T\frac{\partial u}{\partial x} = -T\frac{\partial u_{入}}{\partial x} - T\frac{\partial u_{反}}{\partial x}.$$

对于入射波 (52.6),

$$\frac{\partial u_{入}}{\partial x} = -\frac{k}{\omega}\frac{\partial u_{入}}{\partial t};$$

① 这里假定活塞的质量可以忽略. 如果活塞质量不能忽略, 则由于活塞的惯性, 阻力与速度有相的差异, 两者不成简单的正比关系, 虽然阻力的变化幅度与速度变化幅度仍有正比关系.

对于反射波 (52.7),

$$\frac{\partial u_{反}}{\partial x}=\frac{k}{\omega}\frac{\partial u_{反}}{\partial t}.$$

因此,

$$F=\frac{kT}{\omega}\frac{\partial u_{入}}{\partial t}-\frac{kT}{\omega}\frac{\partial u_{反}}{\partial t}=Z_1\frac{\partial u_{入}}{\partial t}-Z_1\frac{\partial u_{反}}{\partial t}.$$

负载对“上游”的阻力是

$$F'=-Z_2\frac{\partial u}{\partial t}=-Z_2\frac{\partial u_{入}}{\partial t}-Z_2\frac{\partial u_{反}}{\partial t}.$$

F 和 F' 是作用力和反作用力, 必须大小相等而指向相反, 即 $F=-F'$, 亦即

$$Z_1\frac{\partial u_{入}}{\partial t}-Z_1\frac{\partial u_{反}}{\partial t}=Z_2\frac{\partial u_{入}}{\partial t}+Z_2\frac{\partial u_{反}}{\partial t}\quad (在\ x=x_0),$$

从上式解得

$$\frac{\partial u_{反}}{\partial t}=\frac{Z_1-Z_2}{Z_1+Z_2}\frac{\partial u_{入}}{\partial t}\ (在\ x=x_0),$$

即

$$-A_{反}\omega\sin(\omega t+kx_0+\varphi_0)=-\frac{Z_1-Z_2}{Z_1+Z_2}A_{入}\omega\sin(\omega t-kx_0).$$

上式对任意时刻都成立, 这必须

$$A_{反}=\frac{Z_1-Z_2}{Z_1+Z_2}A_{入},\quad kx_0+\varphi_0=2\pi n-kx_0\quad (n\ 为某整数).$$

按照这里求得的 $A_{反}$ 和 φ_0, **反射波** (52.7) 可具体写为

$$u_{反}=\frac{Z_1-Z_2}{Z_1+Z_2}A_{入}\cos(\omega t+kx-2kx_0).\tag{52.8}$$

计及反射波 (52.8), 作用力和反作用力 F 和 F' 确实大小相等而指向相反.

反射波的振幅与入射波振幅之比叫做**反射系数**, 记作 R_{12}, 则

$$R_{12}=\frac{Z_1-Z_2}{Z_1+Z_2}.\tag{52.9}$$

现在研究另一情况. 在点 x_0, 把绳截断, 并把“下游”的绳弃去而换上特征阻抗不同的绳. 这样, 在点 x_0 的“上游”一方, 绳的特征阻抗为 Z_1; 在“下游”一方, 绳的特征阻抗为 Z_2. 既然“下游”一方的绳的特征阻抗为 Z_2, 它就相当于阻抗为 Z_2 的负载. 入射波 (52.6) 到达点 x_0 同样要发生反射, 反射波由 (52.8) 给出, 反射系数由 (52.9) 给出. 除了反射到“上游”去的反射波之外, 在“下游”也激励起波动, 这叫做透射波. 透射波振幅与入射波振幅之比叫做**透射系数**, 记作 T_{12}.

入射波的能流，一部分转化为反射波的能流，其余部分则转化为透射波的能流. 运用能流公式 (52.3) 可写出

$$Z_1\left(\frac{\partial u_{入}}{\partial t}\right)^2=Z_1\left(\frac{\partial u_{反}}{\partial t}\right)^2+Z_2\left(\frac{\partial u_{透}}{\partial t}\right)^2,$$

不难算出

$$T_{12}=1+R_{12}=\frac{2Z_1}{Z_1+Z_2}. \tag{52.10}$$

(3) 驻波

以上研究的是传播的波. 但是，演奏弦乐器 (胡琴、小提琴等) 时却看不到波形的传播. 这是怎么回事呢? 原来，弦绷得很紧 (张力 T 大)，相比之下，弦是很轻的 (线密度 $\rho_{线}$ 小)，所以弦上波速很大 (达到几百米每秒). 弓在弦上拉动时，振动几乎立刻传到弦上各处，而振动传到弦的端点发生反射. 这样，弦上既有弓所激起的波，又有反射波，情况就比较复杂了.

现在研究相反传播的两列同频率的波 (例如入射波和反射波) 的合成问题.

为计算简便，设这两列波振幅相等，

$$u_1=A\cos(\omega t-kx),\quad u_2=A\cos(\omega t+kx).$$

于是，合成波为

$$\begin{aligned}u&=u_1+u_2=A\cos(\omega t-kx)+A\cos(\omega t+kx)\\&=2A\cos kx\cos\omega t.\end{aligned} \tag{52.11}$$

合成波的解析表达式 (52.11) 是因子 $2A\cos kx$ 与因子 $\cos\omega t$ 的乘积. 第一个因子跟时间 t 无关. 合成波与时间的关系完全包含在第二个因子里. 而这第二个因子 $\cos\omega t$ 又跟坐标 x 无关. 这就是说，所有各点振动的 "步调" 一致，相相同 (关于这一点，下面还有补充说明)，并没有依次滞后的现象，即并无波形传播现象，因而叫做**驻波**. 第一个因子 $2A\cos kx$ 即 $2A\cos 2\pi\dfrac{x}{\lambda}$ 则是振幅 (关于这一点，下面还有补充说明)，它在各点 (各个 x) 是不一样的. 在 $x=\dfrac{1}{4}\lambda,\dfrac{3}{4}\lambda,\dfrac{5}{4}\lambda,\cdots$，一般地说，在 $x=\dfrac{2n+1}{4}\lambda$ (n 为任一整数)，振幅 $2A\cos 2\pi\dfrac{x}{\lambda}=2A\cos\left(n+\dfrac{1}{2}\right)\pi=0$. 换句话说，这些点根本不振动，它们叫做**波节** [图 7–33(a)]. 相邻的波节之间的距离为半个波长. 在相邻波节的中点，即在 $x=0,\dfrac{1}{2}\lambda,\lambda,\cdots$，一般地说，在 $x=\dfrac{n}{2}\lambda$ (n 为任一整数)，振幅

$$2A\cos 2\pi\frac{x}{\lambda}=2A\cos n\pi=\pm 2A,$$

振幅绝对值最大, 振动最激烈, 这些点叫做**波腹** [图 7–33(a)]. 相邻的波腹之间的距离为半个波长.

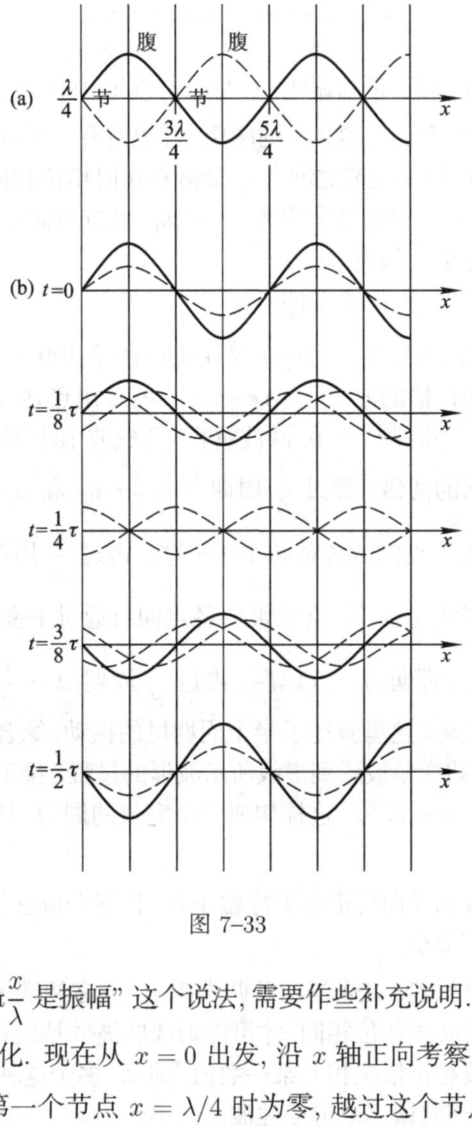

图 7–33

关于 "$2A\cos 2\pi\frac{x}{\lambda}$ 是振幅" 这个说法, 需要作些补充说明. 事实上, $2A\cos 2\pi\frac{x}{\lambda}$ 随着 x 而作周期变化. 现在从 $x=0$ 出发, 沿 x 轴正向考察 $2A\cos 2\pi\frac{x}{\lambda}$ 的变化. 它先是正的, 到达第一个节点 $x=\lambda/4$ 时为零, 越过这个节点后是负的; 在下一个节点 $x=(3/4)\lambda$ 为零, 越过之后成为正的; 在下一个节点 $(5/4)\lambda$ 为零, 越过之后再次成为负的; …… 总之, 每越过一个节点, 振幅 $2A\cos 2\pi\frac{x}{\lambda}$ 变一次符号. 那么, 负的振幅是什么意思呢? 在振幅 $2A\cos kx$ 为负的那些段上, 可把 (52.11) 改写为

$$u=-|2A\cos kx|\cos\omega t.$$

显然, 这不过是说反向偏离而已. 如果不喜欢 “负的振幅” 这种提法, 还可以把上式再改为

$$u = |2A\cos kx|\cos(\omega t + \pi).$$

这样, 负的振幅终于改成了正的振幅, 只是相位差了 180°, 或者说, 相位相反.

总起来说, 我们得到图 7–33(a) 的图像: 合成波有一系列彼此相距半个波长的波节, 它们不振动. 相邻波节之间各点振幅不同但相位相同, 每一波节两边则相位相反. 所有各点同时到达最大偏离 (有正向, 也有负向), 同时通过平衡位置, 同时达到另一方面的最大偏离.

跟驻波相对照, 传播着的波叫做**行波**.

鉴于驻波概念的重要, 图 7–33(b) 又用描图法给出驻波在各个时刻的形象. 图中用虚线描画正向传播的波 $u_1 = A\cos(\omega t - kx)$, 用点划线描画反向传播的波 $u_2 = A\cos(\omega t + kx)$. 在时刻 $t = 0$, 两波重合, 合成波 (图中粗线) 中每一点都达到两波各自最大偏离的两倍. 经过 $\frac{1}{8}$ 周期, $t = \frac{1}{8}\tau, u_1$ 和 u_2 分别向右和向左移动 $\frac{1}{8}$ 波长, 合成波每一点的偏离都减小了一些. 再过 $\frac{1}{8}$ 周期, $t = \frac{1}{4}\tau, u_1$ 和 u_2 分别再向右和向左移动 $\frac{1}{8}$ 波长, 合成波中各点同时通过平衡位置. 再过 $\frac{1}{8}$ 周期, $t = \frac{3}{8}\tau$, 合成波中各点都向另一方偏离. 再过 $\frac{1}{8}$ 周期, $t = \frac{1}{2}\tau$, 合成波中各点又达到另一方的最大偏离. 这里叙述了半个周期里的振动, 综合起来这半个周期就是从图 7–33(a) 的实线所示波形到虚线所示波形的过程. 接下去半个周期则是从虚线所示波形到实线所示波形. 这样构成一个完整的周期. 其后反复重演这个周期过程.

如正向传播的波和反向传播的波振幅不等, 仍然合成驻波, 但波节的振幅不为零而是振幅绝对值最小.

回过头来说说弦乐器. 弦乐器的弦两端固定, 波在两端多次来回反射. 在同一端点的各次反射波必须相位相同, 才可能形成驻波并持续存在下去. 如果在同一端点的各次反射波相位依次相差某一数值, 那么, 多个这种反射波的合成结果总的说来必然是零, 当然谈不上形成驻波.

那么, 在怎样的条件下, 才能够满足上述相位要求呢? 其实, 换个角度来看, 这个问题是很容易解决的. 弦的两端既然固定, 它们必须是波节. 就是说, 弦长 l 应等于半波长或半波长的整倍数,

$$l = n\frac{\lambda}{2} \quad (n \text{ 为任一整数}).$$

利用 (51.3), 上式可改写为

$$l = n\frac{1}{2}\frac{v_{相}}{f}, \quad 即\ f = n\frac{v_{相}}{2l}.$$

弦上波速 $v_{相}$ 由 (51.1) 给出, 所以

$$f = n\frac{1}{2l}\sqrt{\frac{T}{\rho_{线}}}. \tag{52.12}$$

只有频率为 (52.12) 所给出的那些振动能够在弦上形成驻波并持续存在下去. 这些频率就是弦的**本征频率**. 一般说来, 在各种驻波中, 以 $n=1$ 的那一驻波为主要振动方式. 演奏弦乐器时, 用手指揿在弦上, 弓所激发的弦振动只到手指揿处为止, 这就改变了弦的实际长度 l. 手指揿的位置不同, 弦的实际长度 l 也不同. 按照 (52.12), 这是说, 弦振动的频率也不同.

无线电电子学的微波谐振腔里存在着电磁波的驻波, 这里就不谈了.

(4) 多普勒效应

火车在飞奔. 当它自远而近开来时, 汽笛声的音调高; 当它自近而远离去时, 汽笛声的音调低. 一般地说, 当波源或波动接收器相对于介质运动时, 接收器接收到的振动的频率不同于波源的频率. 这现象叫做**多普勒效应**.

先研究**纵向**多普勒效应, 这就是说, 波源或接收器的速度沿着它们的连线. 我们选取这连线作为坐标轴, 其正指向为从波源到接收器.

先研究接收器以速度 u 运动的情况 (图 7–34). 假如接收器 O 保持静止, 则在单位时间里, 长为 $v_{相}$ 的一段波列进入接收器. 现在, 接收器并非静止而是以速度 u 运动, 则单位时间里, 只有长为 $v_{相}-u$ 的一段波列进入接收器. 这段波列所包含的波长个数为 $(v_{相}-u)/\lambda$, 这也就是接收器所接收到的振动的频率 f'. 因此,

$$f' = \frac{v_{相}-u}{\lambda} = \frac{v_{相}-u}{v_{相}/f} = \frac{v_{相}-u}{v_{相}}f = \left(1-\frac{u}{v_{相}}\right)f. \tag{52.13}$$

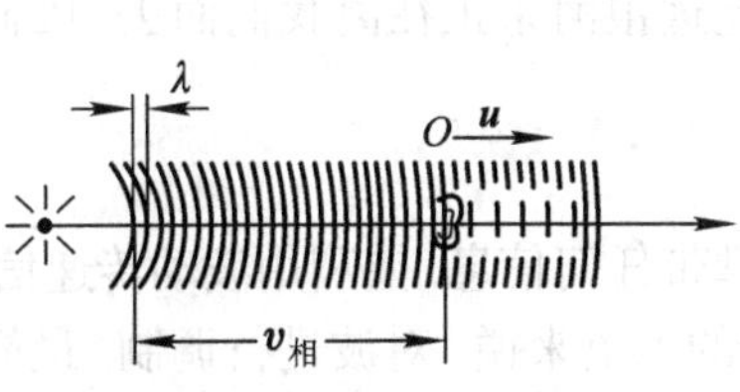

图 7–34

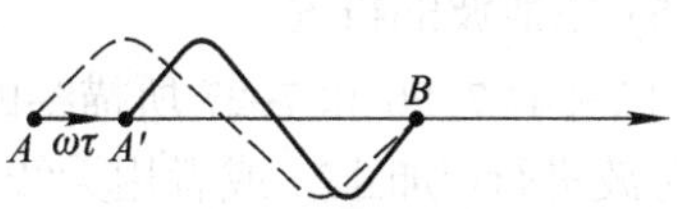

图 7–35

再研究波源以速度 w 运动的情况 (图 7–35). 假如波源静止于 A 点, 它发射的波于一个周期 τ 之内到达 B 点, 则 AB 就是波长 λ. 现在, 波源并非静止而是

以速度 w 运动, 于一个周期 τ 里, 波源移动 $w\tau$ 而到达 A' 点. 它在一个周期 τ 内所发射的波并非散布在 AB 之间而是挤在 $A'B$ 之间, 因而这种情况下的波长 $\lambda' = \lambda - w\tau$. 单位时间进入接收器的一段波列长度仍是 $v_{相}$, 这段波列所包含的波长个数为 $v_{相}/\lambda'$, 这也就是接收器接收到的振动的频率 f'. 因此,

$$f' = \frac{v_{相}}{\lambda'} = \frac{v_{相}}{\lambda - w\tau} = \frac{v_{相}}{v_{相}/f - w/f} = \frac{v_{相}}{v_{相} - w}f. \tag{52.14}$$

如果接收器以速度 u 运动, 同时波源又以同一指向的速度 w 运动, 那就既要考虑到单位时间里所接收的那段波列长度的改变, 又要考虑到波长的改变, 结果

$$f' = \frac{v_{相} - u}{v_{相} - w}f. \tag{52.15}$$

以上研究的是纵向多普勒效应. 其实, 即使波源或接收器的运动并非纵向, 即它们的运动并非沿着它们的连线, 公式 (52.13)—(52.15) 仍然可以适用, 只是其中 u 和 w 应理解为波源和接收器的速度的纵向分量. 横向运动没有多普勒效应.

如果所研究的波是光波, 或者波源、接收器的速度接近光速, 经典力学不再适用, 多普勒效应的公式应当加以修改. 按照狭义相对论, 纵向多普勒效应的公式是

$$f' = \sqrt{\frac{1-\beta}{1+\beta}}f, \tag{52.16}$$

其中 β 是波源和接收器的相对速度与光速 c 之比. 不同于经典力学的是, 横向运动也有多普勒效应, 公式是

$$f' = \sqrt{1-\beta^2}f. \tag{52.17}$$

通过天文观测, 人们发现, 来自遥远银河系的光, 其光谱可与地面光源的光谱相比, 但前者显著地偏于红的方面, 即是说偏于低频方面, 这叫做**红移**. 一般认为这红移是一种多普勒效应, 就是说, 这些遥远银河系正在离我们而去, 因而频率显得偏低.

(5) 色散波的群速

图 7–24、7–26 和 7–27 所描绘的谐波不携带任何信息. 要利用波动传递信息, 必须对波进行 "加工", 或者用无线电电子学的术语来说, 对波进行**调制**. 最简单的调制方式见图 7–36(a), 长的波列代表 "划", 短的波列代表 "点", "点" 和 "划" 适当组合构成电码, 电码适当组合构成 "字", "字" 的组合构成信息. 广播电台播送语言或音乐, 常采用图 7–36(b) 的方式. 这时波的振幅是变化的, 其轮廓正是所播送的语言或音乐的波形. 这种调制叫做**调幅**. 电视台播送电视图像, 常采

用图 7–36(c) 的方式, 波的振幅不变, 频率则随所播送的信息而变. 这种调制叫做**调频**. 被调制的波叫做**载波**, 其频率叫做**载波频率**. 我国中波广播的载波频率在 550 kHz 到 1 600 kHz 之间. 载波经过调幅就叫做调幅波, 经过调频则叫做调频波. 调幅波的振幅变化频率, 或者, 调频波的频率变化频率, 叫做调制频率, 调制频率应当就是所播送的语言、音乐或图像的频率.

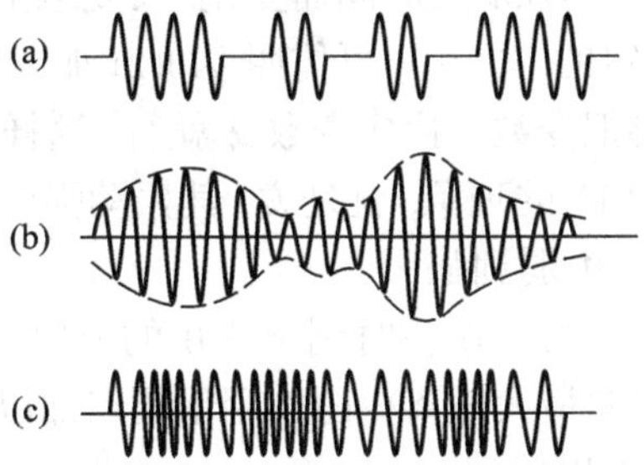

图 7–36

经过调制的波不再是谐波而是复杂波. 我们知道, 复杂波可以看作由一系列频率各不相同的谐波合成起来. 对于无色散的波, 各种不同频率的谐波以同一速度传播, 由不同频率的谐波合成起来的调制波当然也以同一速度传播, 从而信息以同一速度传递. 本节的绳上波、固体弹性介质里的横波、弹性介质里的纵波都是无色散的波. 真空中的光波也是无色散的波, 不论什么颜色 (不论什么频率) 的光波, 在真空中的速度都是 3.0×10^8 m/s, 准确地说是 299 792 458 m/s.

但是, 有些波是色散波. 例如, 在水、玻璃或其他介质中, 不同频率的光波速度不相同. 又如对于深水的水面波,

$$\omega^2 = gk + \frac{\sigma}{\rho}k^3, \tag{52.18}$$

其中 g 是重力加速度, σ 是水的表面张力系数, 约为 7.2×10^{-2} N/m (表面张力系数指水的表面上每米长的直线两侧互相拉紧的力), ρ 是水的密度 10^3 kg/m^3. 由此得到相速

$$v = \lambda/\tau = \omega/k = \sqrt{g/k + \sigma k/\rho}$$

跟 k 有关. 因而深水的水面波是色散波.

对于色散波, 不同频率的谐波的相速各不相同, 那么, 由不同频率的谐波合成起来的调制波的速度是怎样的呢? 换个说法, 信息传递的速度是怎样的呢?

考虑一种简单的调幅波, 它是由频率不同的两个谐波

$$u_1 = A_1 \cos(\omega_1 t - k_1 x) \quad 和 u_2 = A_2 \cos(\omega_2 t - k_2 x)$$

合成起来的,

$$u = u_1 + u_2 = A_1\cos(\omega_1 t - k_1 x) + A_2\cos(\omega_2 t - k_2 x). \tag{52.19}$$

这里研究的是色散波, u_1 的相速 $v_1 = \omega_1/k_1$ 与 u_2 的相速 $v_2 = \omega_2/k_2$ 不相等.

对于空间中任一指定地点, x 是给定的, (52.19) 是 §49(2) 已经研究过的, 它有拍的现象, 就是说, 其振动强弱随时间而变化, 反复地由强变弱再由弱变强. 对于任一指定时间, t 是给定的, (52.19) 可仿照 §49(2) 加以研究, 事实上, §49(2) 的结论全都可以引用, 只要把变数 t 换成变数 x 就行. 这样, 对于任一指定的时间, (52.19) 在空间中也有 "拍" 的现象, 就是说, 其振动强弱在空间中有变化, 沿传播方向反复地由强到弱再由弱到强.

图 7–37(a) 画出的是 (52.19) 在时刻 $t = 0$ 的形象. 在时刻 $t = 0, u_1$ 和 u_2 在 $x = 0$ 的相都是 0 (正向最大偏离), 图中用粗圆点加以标记, 合成振幅也就在 $x = 0$ 最大, 图中用箭头加以标记.

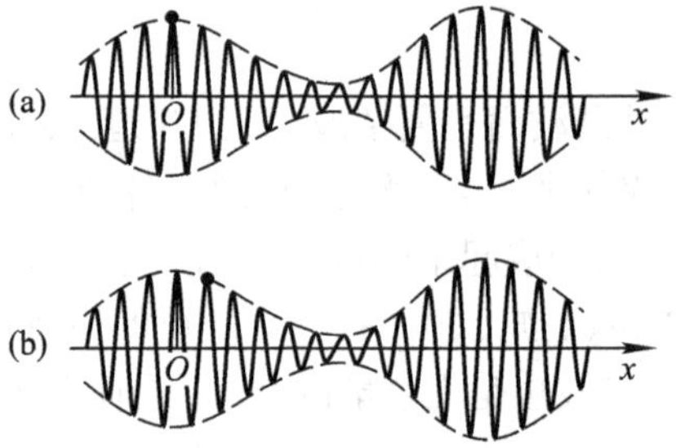

图 7–37

经过一段短时间 Δt, 调制波向前传播了一个短距离, 如图 7–37(b) 所示. 注意, 从图 7–37(a) 到图 7–37(b), 并不是简单地把图形朝前移动一个距离. 这是为什么呢? 本来在图 7–37(a) 里用粗圆点标记的一个波峰, 在图 7–37(b) 里仍然用粗圆点加以标记. 但由于时间中的拍, 合成振幅随时间而变化, 用粗圆点标记的不再是振幅最大, 而振幅最大在图里是用箭头标记的. 粗圆点和箭头这两个标记在时刻 $t = 0$ 是重合的, 过了一段短时间 Δt 以后就不再重合了.

就调幅波而言, 信息是由振幅的变化传达的, 所以图 7–37 用箭头所标记的最大振幅的传播速度即是信息传递的速度. 通常把这速度叫做**群速**, 以下记作 $v_{\rm g}$. 现在来计算群速 $v_{\rm g}$. 如图 7–37(a) 的箭头所示, 在时刻 $t = 0$, 由 (52.19) 所形成的空间 "拍" 在 $x = 0$ 有最大振幅, 这是因为以 $t = 0$ 和 $x = 0$ 代入 u_1 和 u_2 的表达式, 两者的相相同. 经过时间 Δt, 以箭头标记的最大振幅移到 $x = v_{\rm g}\Delta t$ 处. 以 $t = \Delta t$ 和 $x = v_{\rm g}\Delta t$ 代入 u_1 和 u_2 的表达式, 两者的相也应该相同, 即

$$\omega_1\Delta t - k_1 v_{\rm g}\Delta t = \omega_2\Delta t - k_2 v_{\rm g}\Delta t.$$

把上式各项的 Δt 约去, 不难解得群速

$$v_{\mathrm{g}}=\frac{\omega_2-\omega_1}{k_2-k_1}. \tag{52.20}$$

群速公式 (52.20) 也可通过三角学运算得出. 为计算简便, 设 u_1 和 u_2 的振幅相等, 即 $A_1=A_2$. 于是, 从 (52.19),

$$\begin{aligned}u&=A_1\cos(\omega_1 t-k_1 x)+A_2\cos(\omega_2 t-k_2 x)\\&=2A_1\cos\left[\frac{1}{2}(\omega_2-\omega_1)t-\frac{1}{2}(k_2-k_1)x\right]\\&\quad\cdot\cos\left[\frac{1}{2}(\omega_1+\omega_2)t-\frac{1}{2}(k_1+k_2)x\right].\end{aligned} \tag{52.21}$$

上式右边有两个余弦因子, 第一个的圆频率 $\frac{1}{2}(\omega_2-\omega_1)$ 和波数 $\frac{1}{2}(k_2-k_1)$ 分别远小于第二个的圆频率 $\frac{1}{2}(\omega_1+\omega_2)$ 和波数 $\frac{1}{2}(k_1+k_2)$, 所以 (52.21) 在时间和空间中的变化都是主要由于第二个余弦因子. 这样, (52.21) 主要是圆频率为 $\frac{1}{2}(\omega_1+\omega_2)$ 而波数为 $\frac{1}{2}(k_1+k_2)$ 的 "谐" 波, 但这 "谐" 波是调幅的, 振幅

$$\left|2A_1\cos\left[\frac{1}{2}(\omega_2-\omega_1)t-(k_2-k_1)x\right]\right|$$

在时间和空间中都被调制, 这调制也是一种波, 如图 7–37 虚线所示. 实际上, (52.21) 右边第二个余弦因子就是载波, 载波圆频率 $\omega_{\text{载}}$ 和载波波数 $k_{\text{载}}$ 分别是

$$\omega_{\text{载}}=\frac{1}{2}(\omega_1+\omega_2),\quad k_{\text{载}}=\frac{1}{2}(k_1+k_2); \tag{52.22}$$

(52.21) 右边第一个余弦因子就是调制, 调制圆频率 $\omega_{\text{调}}$ 和调制波数 $k_{\text{调}}$ 分别是

$$\omega_{\text{调}}=\frac{1}{2}(\omega_2-\omega_1),\quad k_{\text{调}}=\frac{1}{2}(k_2-k_1). \tag{52.23}$$

这样, (52.21) 可改写为

$$u=2A_1\cos(\omega_{\text{调}}t-k_{\text{调}}x)\cos(\omega_{\text{载}}t-k_{\text{载}}x). \tag{52.24}$$

调制传播的速度即群速度 v_{g}, 所以

$$v_{\mathrm{g}}=\frac{\omega_{\text{调}}}{k_{\text{调}}}=\frac{\omega_2-\omega_1}{k_2-k_1},$$

这正是 (52.20).

实际上, 调制波往往是频率各不相同但很近的一系列谐波合成起来的. 这样, 代替 (52.20), 群速公式应是

$$v_{\mathrm{g}}=\frac{\mathrm{d}\omega}{\mathrm{d}k}. \tag{52.25}$$

例 1 S_1 及 S_2 为两个同频波源, 强度均为 I, 相距 $(1/4)\lambda, S_1$ 的相较 S_2 超前 $\pi/2$, 在 S_1 与 S_2 连线上而位于 (1) S_1 外侧, (2) S_2 外侧的合成波的强度如何?

解 既然 S_1 的相位超前于 $S_2\pi/2$, 则 S_1 及 S_2 的振动可用下式表示:

$$S_1=A\cos\left(\omega t+\frac{\pi}{2}\right),$$
$$S_2=A\cos(\omega t).$$

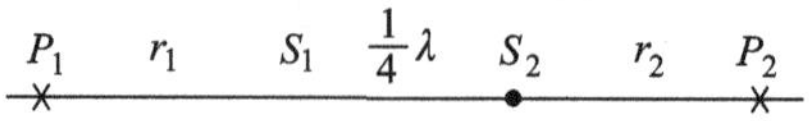

图 7–38

(1) 在 S_1 外侧任取一点 P_1, P_1 距 S_1 为 r_1. 从 S_1 及 S_2 向 P_1 传播的波的表达式分别为

$$u_1=A\cos\left[\omega\left(t-\frac{r_1}{v}\right)+\frac{\pi}{2}\right],$$
$$u_2=A\cos\left[\omega t-\omega\left(r_1+\frac{\lambda}{4}\right)\Big/v\right].$$

在 P_1 点由两波源传来的波的相差为

$$\begin{aligned}\Delta\varphi&=\left[\omega(t-r_1/v)+\frac{\pi}{2}\right]-\left[\omega t-\omega\left(r_1+\frac{\lambda}{4}\right)\Big/v\right]\\&=\frac{\pi}{2}+\frac{\omega}{v}\frac{\lambda}{4}=\pi.\end{aligned}$$

所以, P_1 点的合振动的强度为零. 这个结果与 r_1 无关. 这是说, 在 S_1 外侧所有各点均不振动.

(2) 在 S_2 外侧任取一点 P_2, P_2 距 S_2 为 r_2. 由 S_1 及 S_2 两波源向 P_2 方向传播的波的表达式为

$$u_1'=A\cos\left[\omega\left(t-\frac{r_2+\lambda/4}{v}\right)+\frac{\pi}{2}\right],$$
$$u_2'=A\cos\left[\omega(t-r_2/v)\right].$$

在 P_2 点由两波源传来的波的相差为

$$\begin{aligned}\Delta\varphi&=\left[\omega\left(t-\frac{r_2+\dfrac{\lambda}{4}}{v}\right)+\frac{\pi}{2}\right]-\left[\omega\left(t-\frac{r_2}{v}\right)\right]\\&=-\frac{\omega}{v}\frac{\lambda}{4}+\frac{\pi}{2}=0.\end{aligned}$$

这个结果与 r_2 无关. 所以, 由两波源 S_1 及 S_2 向 S_2 外侧传播的两列波的相差为零, 合振动的振幅为二分振动之和

$$A_{合} = A + A = 2A,$$

而振动的强度与振幅的平方成正比,

$$I_{合} = 4I.$$

从 S_1 和 S_2 发出的波的强度各是 I, 但在 S_1 和 S_2 外侧的合成波的强度均非 $2I$, 前者是零, 后者是 $4I$, 试问这与能量守恒有无矛盾?

图 7–39

例 2 A 与 B 为两同频波源, 放置在同一介质中, 相距 20 m. 发出的都是频率 f 为 100 Hz 的平面波, 其振动方向相同, 振幅相等. 当振源 A 处于波峰时, B 恰处于波谷, 波的相速为 200 m/s. 求 AB 连线上保持静止的各点的位置.

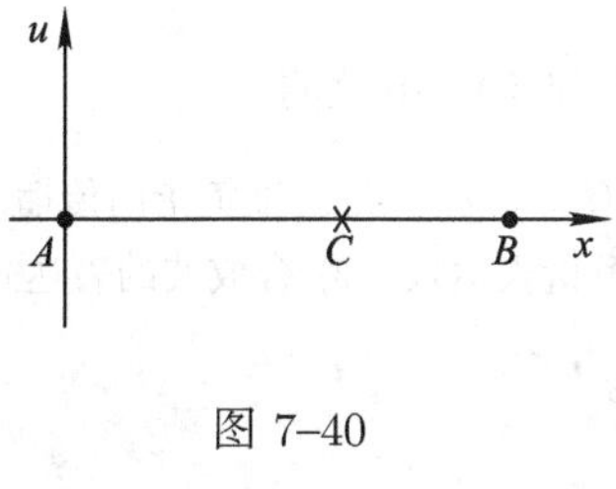

图 7–40

解 取 A 为坐标原点, 它发出的波沿 x 方向传播, 振动则沿 u 方向. 设 A 点 $(x = 0)$ 的振动为

$$u_A = u_0 \cos(\omega t + \pi).$$

题给 B 点 (x=20 m) 的振动与 A 点的振动的相差为 π, 所以

$$u_B = u_0 \cos \omega t.$$

在 A、B 之间取一点 C, A、B 两振源向 C 点传播的平面波的解析表达式分别为

$$u_{A\ 正行} = u_0 \cos\left[\omega\left(t - \frac{x}{v_{相}}\right) + \pi\right],$$

$$\begin{aligned} u_{B逆行} &= u_0 \cos \omega \left[t - \frac{(20\ \text{m} - x)}{v_{相}}\right] \\ &= u_0 \cos \omega \left[t + \frac{x}{v_{相}} - \frac{20\ \text{m}}{v_{相}}\right]. \end{aligned}$$

在 A、B 之间坐标为 x 的 C 点, 其振动应为两个分振动的合振动. 根据 §49(1), 合振动的振幅取决于这两波动在 C 点的相差 δ,

$$\begin{aligned}\delta &= \omega\left(t-\frac{x}{v_{相}}\right)+\pi-\omega\left(t+\frac{x}{v_{相}}-\frac{20\ \mathrm{m}}{v_{相}}\right)\\&=-\frac{2\omega x}{v_{相}}+\pi+\frac{\omega 20\ \mathrm{m}}{v_{相}}.\end{aligned}$$

代入具体数据, $v_{相}=200\ \mathrm{m/s}, \omega=2\pi f=200\pi\ \mathrm{rad/s}$,

$$\begin{aligned}\delta &= -2\pi x+\pi+20\pi\\&=\pi(21-2x).\end{aligned}$$

既然 C 点保持静止, 应有

$$\delta=(2k+1)\pi \quad (k\ 为整数),$$

即

$$\pi(21-2x)=(2k+1)\pi.$$

由此

$$x=10-k \quad (k=0,\pm1,\pm2,\cdots).$$

但因 $0\leqslant x\leqslant 20$, 所以 k 只能限于正负 10 之间.

例 3 平面波 $u=A\cos\omega(t+x/v_{相})$ 沿 x 轴负指向传播. 在 $x=0$ 处发生反射, 且反射处形成波节. 求: (1) 反射波的解析表达式, (2) 合成波的表达式, (3) 波节和波腹的位置.

解 在 $x=0$ 处, 入射波为

$$u=A\cos\omega t$$

在此处, 发生反射且形成波节. 这就是说反射波的相位反转, 即两波的相差为 π, 这样, 反射波的表达式是

$$u=A\cos\left[\omega\left(t-\frac{x}{v_{相}}\right)-\pi\right].$$

入射波与反射波的合成波是

$$\begin{aligned}u_{合} &= A\cos\omega\left(t+\frac{x}{v_{相}}\right)+A\cos\left[\omega\left(t-\frac{x}{v_{相}}\right)-\pi\right]\\&=2A\cos\left[\omega t-\frac{\pi}{2}\right]\cos\left[\frac{\omega x}{v_{相}}+\frac{\pi}{2}\right]\\&=2A\cos\left[\frac{\omega x}{v_{相}}+\frac{\pi}{2}\right]\cos\left(\omega t-\frac{\pi}{2}\right).\end{aligned}$$

这是驻波的表达式, 其中因子 $2A\cos\left(\dfrac{\omega x}{v_{相}}+\dfrac{\pi}{2}\right)$ 的绝对值是随地点 x 而异的振幅.

当
$$\frac{\omega x}{v_{相}}+\frac{\pi}{2}=k\pi\quad(k为整数),$$
$|\cos(\omega x/v_{相}+\pi/2)|=1$, 振幅最大, 这就对应于波腹, 所以波腹的坐标

$$\begin{aligned}x&=\left(k\pi-\frac{\pi}{2}\right)v_{相}/\omega=\left(k\pi-\frac{\pi}{2}\right)\frac{\lambda}{2\pi}\\&=\frac{2k-1}{4}\lambda.\end{aligned}$$

波节则对应于 $\cos(\omega x/v_{相}+\pi/2)=0$ 即 $\omega x/v_{相}+\pi/2=(k+1/2)\pi$, 所以波节的坐标为

$$x=k\pi\frac{v_{相}}{\omega}=k\pi\frac{\lambda}{2\pi}=\frac{1}{2}k\lambda.$$

例 4 频率为 500 Hz 的声源以 5 rad/s 的匀速率在圆周上运动, 圆的半径为 6 m. 试求在距圆心 12 m 处的观察者所听到的频率与 θ 的关系. θ 等于多大则听到的频率最高或最低? 这最高和最低频率各是多少? (设空气中声速为 340 m/s.)

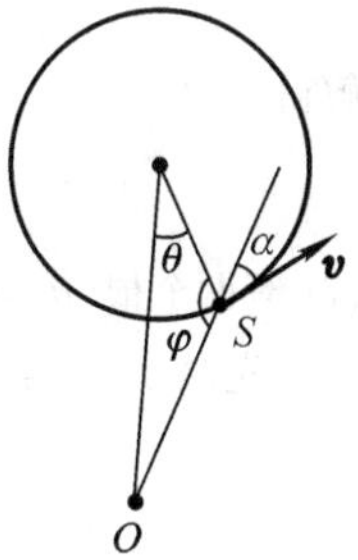

图 7–41

解 在本题中观察者 O 静止, 而波源 S 在运动. 由 (52.14) 式, 观察者接收到的振动频率 f' 应为

$$f'=\frac{v_{相}}{v_{相}-w}f, \tag{1}$$

式中 $v_{相}$ 即为题所给出的 340 m/s, 而 w 应为波源的速度在 OS 方向上的投影. 在本题中波源运动的速度 $\boldsymbol{v}$, 可分解为与 OS 垂直和平行的两个分量, w 即指与 OS 平行的分速度. 若波源的这分速度指向观察者则 w 为正值, 相反则为负值. 在图所画的情况下, w 应为负值,

$$w=-v\cos\alpha=-v\sin\varphi. \tag{2}$$

现在需要用 θ 表出 φ. 用正弦定理,

$$\frac{\sin\varphi}{2r}=\frac{\sin(\pi-\varphi-\theta)}{r}=\frac{\sin(\varphi+\theta)}{r},$$

所以

$$\begin{aligned}\sin\varphi&=2\sin(\varphi+\theta)\\&=2(\sin\varphi\cos\theta+\sin\theta\cos\varphi),\end{aligned}$$

即
$$\sin\varphi(1-2\cos\theta)=2\sin\theta\cos\varphi,$$

$$\tan\varphi=\frac{2\sin\theta}{1-2\cos\theta}. \tag{3}$$

利用三角学公式 $\sin\varphi=\tan\varphi/\sqrt{1+\tan^2\varphi}$, 得

$$\sin\varphi=2\sin\theta/\sqrt{5-4\cos\theta}. \tag{4}$$

将 (2) 和 (4) 代入 (1),

$$\begin{aligned} f'&=\frac{340\ \mathrm{m/s}}{340\ \mathrm{m/s}+v\sin\varphi}\\ &=\frac{340\ \mathrm{m/s}}{340\ \mathrm{m/s}+2v\sin\theta/\sqrt{5-4\cos\theta}} \end{aligned} \tag{5}$$

为了求 f' 的极值, 将上式对 θ 求导, 并令它等于零, 得

$$2\cos^2\theta-5\cos\theta+2=0, \tag{6}$$

解得

$$\cos\theta=1/2. \tag{7}$$

(7) 有两个根: $\theta_1=+60^\circ, \theta_2=-60^\circ$.

先取 $\theta_1=+60^\circ$, 此时 $\sin\varphi=1, w=-30\ \mathrm{m/s}$, 而

$$f_1'=\frac{340\times500}{340+30}\ \mathrm{Hz}=459\ \mathrm{Hz}. \tag{8}$$

这是观察者听到的最低频率.

其实, $\sin\varphi=1$ (即 $\varphi=90^\circ$) 提示 OS 与声源运动的圆周相切, 从而 $\boldsymbol{v}$ 沿着 OS, w 是负的而绝对值取最大值 v, 所以 f_1' 最低. 这样, 我们完全可以跳过前面的计算而直接写出 (8).

再取 $\theta_2=-60^\circ$, 此时 $\sin\varphi=-1, w=+30\ \mathrm{m/s}$, 而

$$f_2'=\frac{340\times500}{340-30}\ \mathrm{Hz}=548\ \mathrm{Hz}. \tag{9}$$

这是观察者听到的最高频率. 同理, $\sin\varphi=-1$ 提示 OS 与声源运动的圆周相切. 不过不是在图 7–41 所示的一侧相切, 而是在对称的另一侧相切, 我们也可以跳过前面的计算而直接写出 (9).

θ 取其他数值, 则观察者听到的频率在 f_1' 与 f_2' 之间.

§53 空 间 波

§51 和 §52 研究的是一维波, 即沿某一直线传播的波. 有许多波是在平面或立体空间里传播的, 因此还需要研究二维和三维空间里的波.

(1) 波面　波前　波射线

图 7–24、图 7–26 和图 7–27 描画了各个质点相对于各自的平衡位置的偏离，并描画了这些偏离随着时间而变化的情景. 对于二维和三维的波, 这样做是有困难的, 因为这需要立体模型, 而且立体模型最好是活动的, 至少也要一系列的立体模型, 每一个模型对应于一定的时刻. 那么, 有没有什么简便的方法可用来形象地描写波的传播情况呢? 一个方法是利用波面、波前和波射线.

处于波峰或密部各点连成的曲面, 处于波谷或疏部各点连成的曲面, 或者一般地说, 振动的相位相同各点连成的曲面叫做**波阵面**或**波面** (图 7–42 的实线). 领先的波面特别叫做**波前** (图 7–42 的粗实线). 图 7–42 还用虚线描出一些曲线, 这些曲线在任一点的切线代表该处的波的传播方向, 这些曲线叫做**波射线.** 能量沿着波射线流动. 在各向同性 (各个方向上的波速以及各种性质都相同) 的介质中, 波射线垂直于波面. 在各向异性介质中, 两者未必垂直. 波面、波前和波射线描画出波的传播图景.

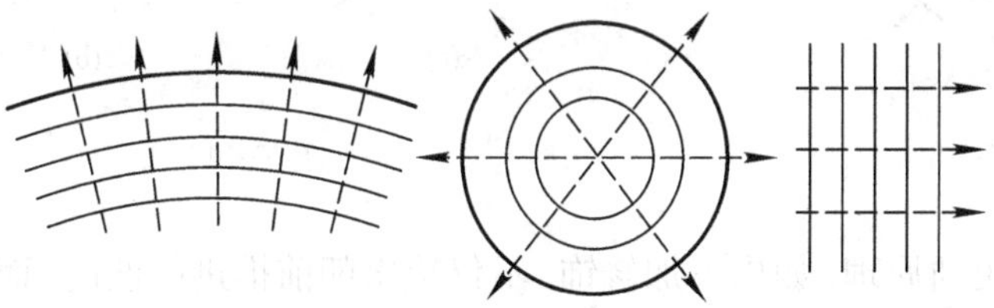

(a)　(b)　(c)

图 7–42

波面为球形的波叫做**球面波**. 它是点状波源在各向同性介质中发射出的波. 波面为平面的波叫做**平面波**. 从很远的波源传来的波不妨说是平面波. 研究平面波, 只需沿波射线加以研究, 因而相当于一维的波.

取平面波的波射线作为 x 轴, 平面波的解析表达式完全同于一维波. 正向传播的是

$$u = A\cos(\omega t - kx), \tag{53.1}$$

反向传播的是

$$u = A\cos(\omega t + kx). \tag{53.2}$$

至于球面波, 它有一个特点. 波面是以波源为心的球面, 因而波面的面积正比于它跟波源的距离的平方. 从波源发出的一定的能流, 随着波面越来越大, 能流越来越分散, 因而波强反比于跟波源距离的平方. 按照 (51.18), 就是说, 振幅反比于跟波源的距离. 这样, 球面波的解析表达式是

$$u(r,t) = \frac{1}{r}A_0\cos(\omega t - kr), \tag{53.3}$$

其中 r 是跟波源的距离, A_0 是某个常数 ($r = 1$ 处的振幅).

(2) 惠更斯原理

试问波前是怎样推进的?

图 7–43 是水面波推进途中遇到带孔障碍物的情况. 波穿过小孔继续传播, 但穿过小孔以后的波看起来就好像是以小孔为波源发出来的.

这启发人们这样去理解波前的推进: 波前 (图 7–44 的实线) 上的每一点都作为波源把波动向外发射, 这些叫做**子波**, 这些子波的波前 (见图 7–44 的虚线) 的包络面 (即同所有子波的波前相切的曲面, 见图 7–44 粗线) 就是推进了的波前. 这种借助于子波概念阐释波前怎样推进的原理叫做**惠更斯原理**.

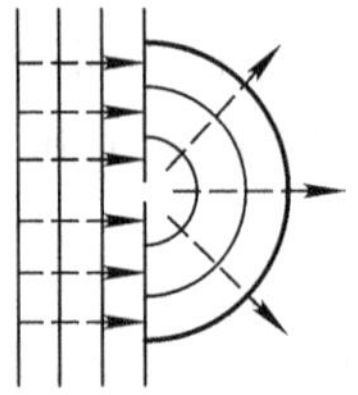

图 7–43

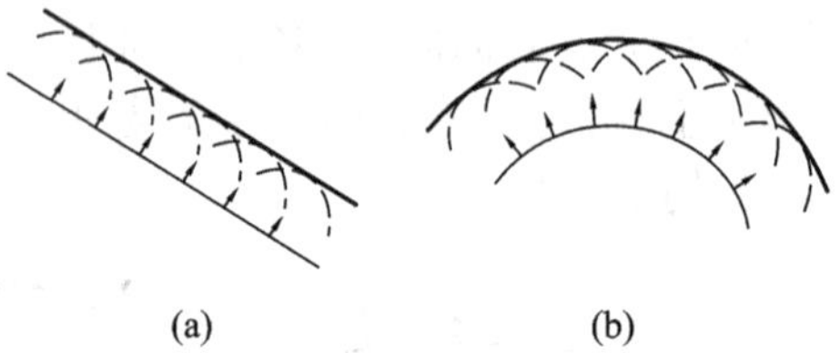

图 7–44

上述惠更斯原理, 如果不加修饰, 不仅给出朝前推进的波前, 而且给出倒退的波前. 这是因为子波四面八方传播从而也出现于后方, 在后方也有子波波前的包络面, 这包络面就成了倒退的波前. 因此, 子波必须修饰为前后不对称的, 在正前方最强, 正后方为零, 其他方位则强度在这两极端之间. 经过修饰的惠更斯原理不仅能给出波前的推进, 而且可用来计算波强的分布. 但是, 比较严谨的理论则是**基尔霍夫公式.** 基尔霍夫公式已超出本书范围, 读者可参阅有关数学物理偏微分方程或有关电磁波理论的书籍.

下面应用惠更斯原理阐述波动传播中的一系列现象, 如衍射、反射、折射等.

(3) 波的衍射

波动遇到障碍物而改变传播方向并绕过障碍物的现象叫做波的**衍射**.

参看图 7–45(a), 平面波投射于一个 “闸口”, 我们希望知道通过 “闸口” 以后的波前. 为此, 应用惠更斯原理, 以 “闸口” 上的每一点为波源, 作出子波的波前, 再作这些波前的包络面, 这就是通过 “闸口” 后的波前. 波前的中部保持为平面, 波射线保持为平行线束. 波前的两翼不再是平面, 波射线也发生了弯曲, 并绕到了障碍物的后面.

波, 作为振动的传播, 本来就具有朝四面八方扩展的特性, 绕到障碍物的后面是理所当然的. 值得注意的倒是中部的波射线保持为平行线束, 保持原来的传播方向. “闸口” 越宽, 保持定向传播的中间部分越大; “闸口” 越窄, 保持定向传

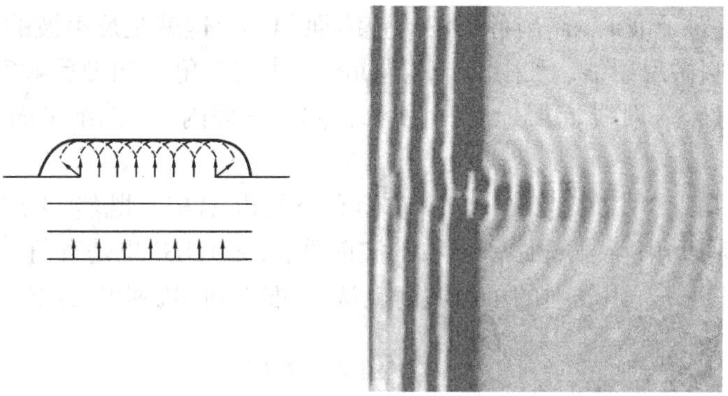

(a) (b)

图 7–45

播的中间部分越小 [图 7–45(b)]; 如果 “闸口” 过分窄, 那就完全没有定向传播的部分.

“宽” 和 “窄” 是相对的概念. 上面说的宽和窄以什么为标准呢? 它们自然是相对于波长来说的. “闸口” 的宽远大于波长, 波的传播主要是定向的, 衍射不明显; “闸口” 的宽跟波长相近或甚至小于波长, 衍射显著, 完全谈不上定向传播. 声波的波长以米计, 所以声波常可绕过各种物体而被听到; 光波的波长以千埃计 (埃是 10^{-8}cm 或 10^{-10}m, 符号是 Å, 换句话说, 光波的波长以十万分之一厘米计), 在日常生活中难以观察到光波的衍射, 光波显得总是作定向传播, 在障碍物后面是光波达不到的阴影. 在技术中凡需要定向传播信号时, 必须利用波长较短的波. 例如广播电台要把它播送的节目向四面八方发射出去, 并不要求定向传播, 所以可采用波长为几百米的电磁波. 雷达根据物体反射波来探测物体并测定物体的远近, 需要把信号对准一定方向发射出去, 不能采用波长为几百米的电磁波, 只能采用波长为厘米或毫米的微波, 用激光那就更好了.

(4) 波的反射

图 7–46 的 MN 是介质 1 和 2 的分界面. 有一平面波向分界面推进, 这波叫**入射波**, 入射波的波射线叫**入射线**, 入射线与分界面的法线的夹角 i 叫**入射角**.

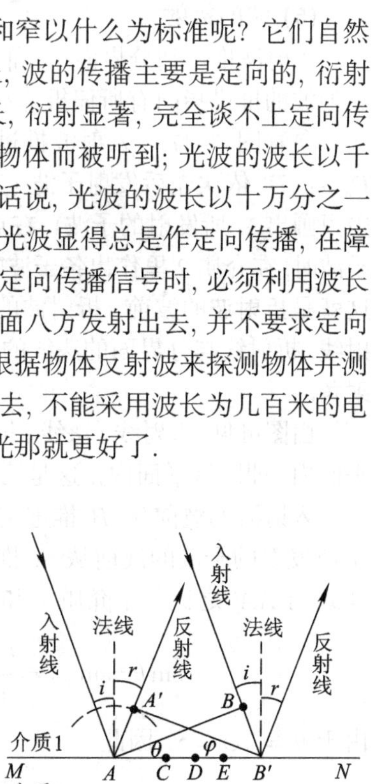

图 7–46

入射波的波前推进到 AB 位置, 从 A 点发射子波. 入射波波前继续推进, 于是, $C, D, E, \cdots, B'$ 各点依次先后发射子波. (为了画面的清晰, 图中只画出 A 所发射的子波). 在

B' 点开始发射子波时, 作出各子波的包络面 $A'B'$, 这就是**反射波**的波前. 反射波的波射线叫做**反射线**, 反射线与分界面的法线的夹角 r 叫做**反射角.**

由图可见, 入射线、法线、反射线都在同一平面内 (即图纸平面内). 这是第一个结论.

考察三角形 $AA'B'$ 和 ABB', 它们有公共边 AB'. 既然 $A'B'$ 是包络面, $\angle AA'B'$ 必是直角. 入射线跟入射波的波前垂直, $\angle ABB'$ 也是直角. 当入射波波前从 B 推进到 B', A 发射的子波波前也从 A 推进到 A', 所以 $AA' = BB'$.

$$\triangle AA'B' \cong \triangle ABB'.$$

因而 $\theta = \varphi$. 又因 $\theta = i, \varphi = r$. 所以

$$i = r. \tag{53.4}$$

入射角等于反射角. 这是第二个结论.

以上两个结论跟光的反射定律完全相同.

(5) 波的折射

入射波推进到分界面, 一部分能量反射回介质 1, 另一部分能量则进入介质 2, 但波的推进指向有所偏折, 这叫做**折射.**

参看图 7–47. 入射波推进过程中, $A, C, D, \cdots, B'$ 依次先后发射子波 (为画面清晰, 图中只画出 A 所发射的子波). 在点 B' 开始发射子波时, 在介质 2 里作出各子波的包络面 $A'B'$, 这就是**折射波**的波前. 折射波的波射线叫做**折射线**, 折射线与分界面的法线的夹角 γ 叫做**折射角.**

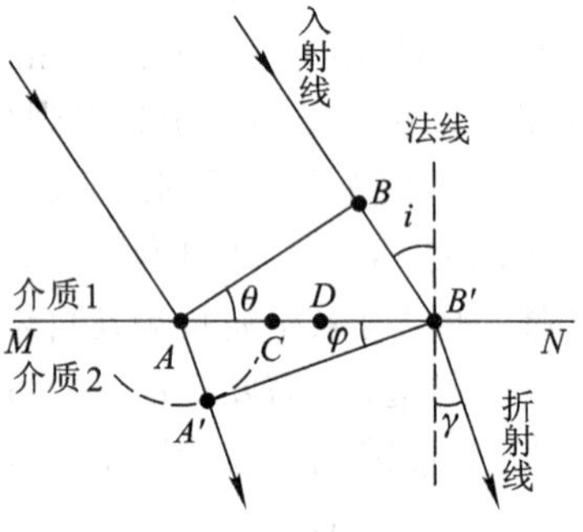

图 7–47

由图可见, 入射线、法线、折射线都在同一平面内 (即图纸平面内). 这是第一个结论.

入射波的波前从 B 推进到 B' 的时间里, A 所发射的子波的波前从 A 推进到 A', 所以 BB' 与 AA' 之比等于介质 1 和介质 2 里的波速之比 $v_1 : v_2$. 于是

$$\sin\theta : \sin\varphi = \frac{BB'}{AB'} : \frac{AA'}{AB'} = BB' : AA' = v_1 : v_2.$$

由于 $\theta = i, \varphi = \gamma$. 因此

$$\sin i : \sin\gamma = v_1 : v_2. \tag{53.5}$$

入射角正弦跟折射角正弦成正比, 这两正弦之比总是等于波速之比. 这是第二个结论.

以上两个结论跟光的折射定律完全相同.

§54 波的干涉

(1) 波的叠加原理

观察水面波, 常常可以看到两个波源 S_1 和 S_2 发出的波互相穿过的现象, 如图 7–48 所示. 正在互相穿过的波面用虚线描出, 已经穿过对方的波面用实线描出. 值得注意的是, 已穿过对方的波面看起来就好像它根本没有跟对方互相穿过一样.

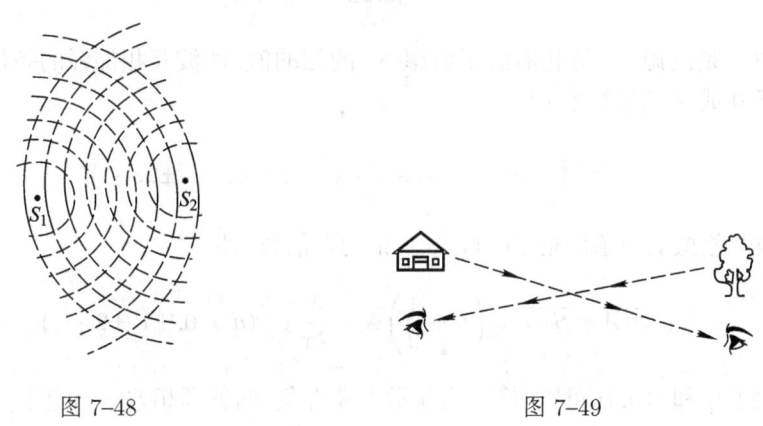

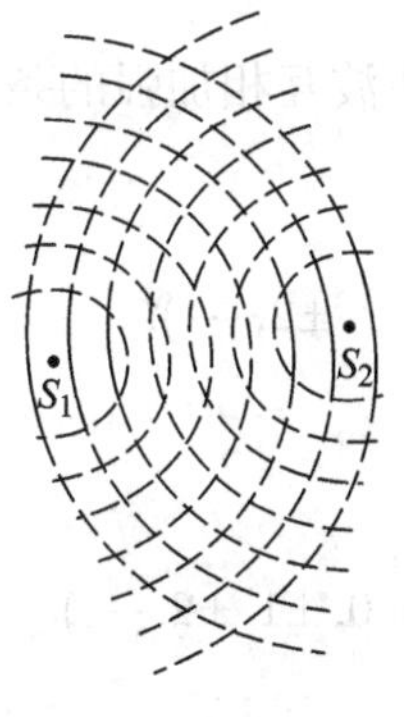

图 7–48

图 7–49

各种声波同时传入耳中, 仍可清楚分辨, 不致混淆.

两人视线相交 (图 7–49), 这并不影响他们各自清楚地看到树或房屋.

这些事实启发我们作出结论: 两个或几个波在同一介质中传播, 当它们相遇时, 仍然保持各自的特性 (频率、波长、振动方向、传播指向、其相依次滞后的值, 等等), 继续前进, 互不相扰, 而在两波相遇处, 振动是各波单独存在时的振动的合成. 这叫做**波的独立传播原理**, 也叫做**波的叠加原理**.

(2) 波的干涉

在波的叠加现象中比较有意义的是所谓波的干涉现象.

设 S_1 和 S_2 是两个波源 [图 7–50(a)], 其频率相同, 振动方向相同, 相差恒定不变. 它们发出的波在某些区域中互相重叠. 按叠加原理, 在重叠区各点的振动为各波单独存在时的振动的合成.

方向相同且频率相同的振动合成问题, 曾在 §49(1) 研究过. 从 §49(1) 知道, 如两振动的相差始终保持为零或 2π 整倍数, 例如图 7–50(a) 的波峰 (图中用实线描画) 与波峰相遇处, 或波谷 (图中用虚线描画) 与波谷相遇处, 合成振动总是最强, 或者说两波互相加强; 如两振动的相差保持为 π 的奇倍数, 例如图 7–50(a) 的波峰与波谷相遇处, 合成振动最弱, 或者说两波总是互相抵消. 这样, 在两波重叠区, 某些地方振动保持最强, 某些地方振动保持最弱, 这种现象叫做**干涉**. §52(3) 的驻波不过是干涉现象的一个特例.

一般地, 在重叠区任取一点例如图 7–50(a) 的 A 点加以考察. 从 S_1 发射的波传到 A 点, 其相位滞后于波源 S_1, 滞后的值是 $2\pi\dfrac{\overline{S_1A}}{\lambda}$. 从 S_2 发射的波传到 A 点, 其相位滞后于波源 S_2, 滞后的值是 $2\pi\times\dfrac{\overline{S_2A}}{\lambda}$. 这样, 在 A 点, 这两个振动的相差是

$$\delta+2\pi\frac{\overline{S_1A}}{\lambda}-2\pi\frac{\overline{S_2A}}{\lambda}, \tag{54.1}$$

其中 δ 是波源 S_1 的相滞后于波源 S_2 的相的值. 两波互相加强的条件是 (54.1) 等于 0 或 2π 整倍数, 即

$$\overline{S_1A}-\overline{S_2A}=n\lambda-\frac{\delta}{2\pi}\lambda \quad (n=0,\pm1,\pm2,\cdots). \tag{54.2}$$

两波互相抵消的条件是 (54.1) 等于 π 的奇倍数, 即

$$\overline{S_1A}-\overline{S_2A}=\left(n+\frac{1}{2}\right)\lambda-\frac{\delta}{2\pi}\lambda \quad (n=0,\pm1,\pm2,\cdots) \tag{54.3}$$

由 (54.2) 和 (54.3) 可以看到, 为显示干涉现象, 两波源相差 δ 恒定不变是很重要的. 事实上, 如果 δ 是变动的, 那么, 在重叠区的任一特定地点例如 A 点, 时而满足条件 (54.2), 时而满足条件 (54.3), 时而两者都不满足, 换句话说, 在 A 点, 时而两波加强, 时而两波抵消, 时而又介于两者之间. 这样, 根本不可能显示出稳定的干涉图像.

发生干涉的条件是两波频率相同、振动方向相同、相差恒定不变. 满足这些条件从而能发生干涉的两列波叫做**相干波**. 发射相干波的波源叫做**相干波源**.

维持两个波源满足相干条件, 特别是满足相差恒定不变条件, 实际上常常有困难. 尤其是就光源而论, 两个独立的光源要维持恒定的相差极其困难, 简直不可能. 因此, 通常利用惠更斯原理从同一波源 S 利用两个狭缝 S_1、S_2 获得两个相干光源 S_1 和 S_2 [图 7–50(a) 左半部].

如波源 S_1 和 S_2 的相差 δ 为零, 则加强条件 (54.2) 简化为

$$\overline{S_1A}-\overline{S_2A}=n\lambda \quad (n=0,\pm1,\pm2,\cdots). \tag{54.4}$$

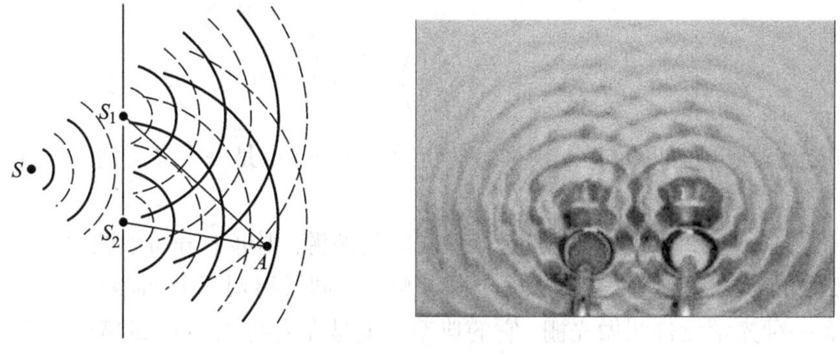

(a) (b)

图 7–50

抵消条件简化为

$$\overline{S_1A}-\overline{S_2A}=\left(n+\frac{1}{2}\right)\lambda \quad (n=0,\pm1,\pm2,\cdots). \tag{54.5}$$

在波源 S_1 和 S_2 所发射的波的重叠区放置一屏幕 [图 7–51(a)]. 设屏幕与波源距离 L 远大于两波源距离 D. 试在屏上任取一点 P 加以研究. 由于 $L>>D$, 可认为 PS_1 与 PS_2 平行. 把 $\overline{S_1S_2}$ 的中点记作 A, 则 PA 也平行于 PS_1 和 PS_2. P 点在屏上的位置可用 x 表示. 过 A 点作屏的垂直线 AO, 则 P 点的位置也可用 PA 与 AO 的夹角 θ 表示,

$$x=L\theta.$$

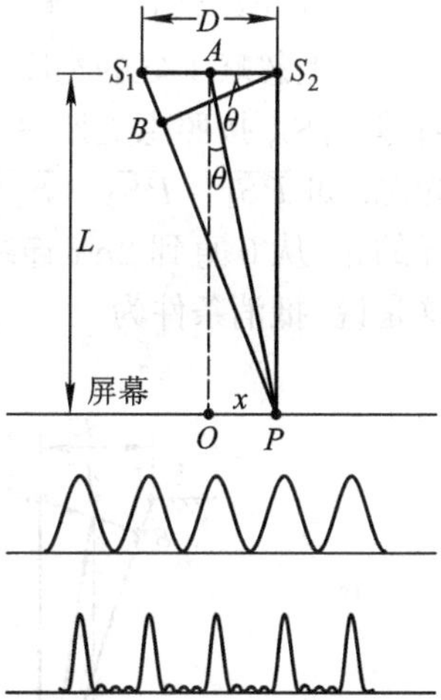

(a) (b) (c)

图 7–51

从 S_2 作 PS_1 的垂直线 S_2B, 可以认为 $\overline{PS_2}=\overline{PB}$. 如波源 S_1 和 S_2 的相相同, 可应用 (54.4) 和 (54.5) 来研究干涉现象. 就是说, 加强条件为 $\overline{S_1B}=n\lambda$, 即

$$D\sin\theta=n\lambda \quad (n=0,\pm1,\pm2,\cdots).$$

如果 θ 比较小, 则 $\sin\theta$ 可代之以 θ, 上式成为

$$\theta=n\frac{\lambda}{D}, x=n\frac{L\lambda}{D} \quad (n=0,\pm1,\pm2,\cdots). \tag{54.6}$$

至于抵消条件则为

$$\overline{S_1B}=\left(n+\frac{1}{2}\right)\lambda,$$

亦即

$$\theta=\left(n+\frac{1}{2}\right)\frac{\lambda}{D}, x=\left(n+\frac{1}{2}\right)\frac{L\lambda}{D} \quad (n=0, \pm1, \pm2, \cdots) \tag{54.7}$$

于是屏上波强分布如图 7–51(b) 所示. 正对 A 的 O 点是一个最大值 $(n=0)$, 每两个波强最大处在屏上相距 $L\lambda/D$.

如果在 S_1 和 S_2 之间增加三个等间隔的波源, 则屏上分布如图 7–51(c) 所示. 波强的 “峰” 变得尖锐一些, 每两 “主峰” 之间又出现三个 “副峰”.

有一种光学元件叫做**光栅**. 它的典型数据是在大约 2.5 cm 的宽度上刻划出大约一万条等间隔的缝. 用相干光束照射光栅, 按照惠更斯原理, 这一万条缝就成为一万个相干光源. 屏上光强分布, 仿照图 7–51(c), 应为一系列极尖锐的 “主峰”, 每两 “主峰” 之间有一万个 “副峰”. 实际上只观察到 “主峰”, n 叫做 “主峰” 的阶.

如果照射光栅的光是复杂光, 就是包含各种不同颜色或者说各种不同波长的光. 那么, 对各种不同波长的光而言, 零阶 “主峰” 的位置是相同的, 都是在 $x=0$; 非零阶 “主峰” 的位置 $x=nL\lambda/D$ 则视波长 λ 而定. 这样, 不同颜色的光的 n 阶 $(n\neq0)$ “主峰” 按波长而排成一列, 这叫做 ***n* 阶光谱**.

以上忽略了缝的宽度, 实际上缝还有一定的宽度 d [图 7–52(a)]. 用相干光照射缝 S_1S_2, 按照惠更斯原理, 这缝就相当于从 S_1 到 S_2 连续分布着的无数相干光源. 如 $\overline{PS_1}-\overline{PS_2}=\overline{S_1B}=n\lambda$, 则这无数相干光源的光到达 P 点具有各种各样的相; 从 0 直到 $2n\pi$ 连续地分布着, 因而总的说来, 这些光振动的合成应为零. 这是说, 抵消条件为

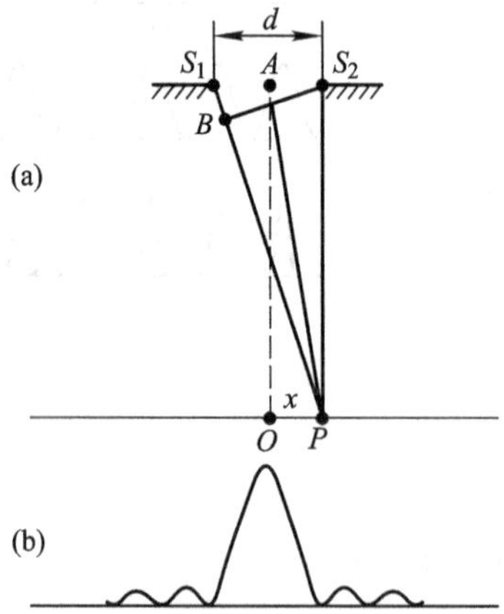

图 7–52

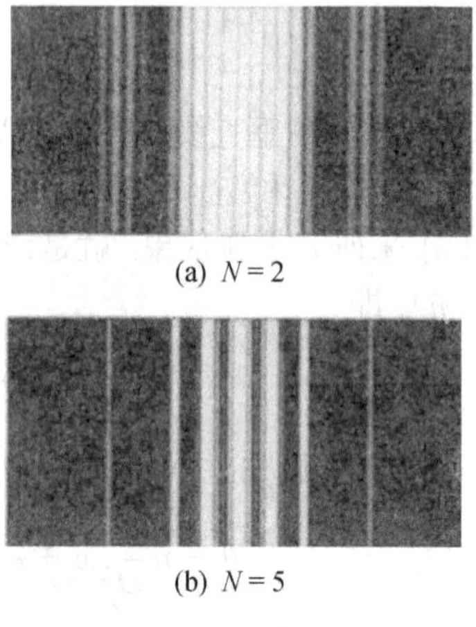

图 7–53

$$\theta = n\frac{\lambda}{d}, x = n\frac{L\lambda}{d} \quad (n = 0, \pm 1, \pm 2, \cdots). \tag{54.8}$$

注意这个抵消条件不同于 (54.7). 屏上光强分布见图 7–52(b). 当中的 "峰" 宽 $2L\lambda/d$, 两旁的 "峰" 依次变矮, 宽度为中 "峰" 的一半. 一般说来缝宽 d 显然远小于缝与缝的距离 D, 所以图 7–52(b) 的 "峰" 远比图 7–51(b) 的 "峰" 来得宽. 这个现象其实就是前面说过的衍射现象.

由于缝具有一定宽度, 所以双缝干涉或多缝干涉不可避免伴有图 7–52 的衍射, 因而光强分布并不是简单的图 7–51(b) 或 7–51(c), 而是以图 7–51(b) 或图 7–51(c) 为基础, 被图 7–52 的衍射曲线所调制. 参看图 7–53, 这是干涉与衍射同时存在时双缝与五缝的光强分布 (光波波长 λ 与缝距 d 均相同). 通常把这类分布叫做**光栅衍射图样.**

(3) 全息照相

照相底片只能 "感受" 光强的差别, 不同的光强在底片上反映为不同的浓淡, 但照相底片却不能 "感受" 相位的差别, 不同的相位在底片上并无区别. 这样, 普通的照片只记录了光强分布而失去了相位分布, 或者说只记录了光的部分信息.

我们知道, 光的干涉现象把相差转化为强度差. 因此, 如果用一束作为标准的光束 (叫做**参考光束**) 跟待记录的光两者干涉, 待记录的光的相位就转化为强度差而被记录下来. 因为光强和相位两种信息都记录下来了, 因而叫做**全息照相.**

图 7–54 是拍摄全息照相的示意图. 激光器提供足够强度的相干光束, 这光束一部分照射在待拍摄的物体上, 一部分照射在反射镜上. 从物体反射出来的光叫做**物光**, 这是待记录的光; 从反射镜反射出来的光束则是参考光束. 物光和参考光束是相干光, 两者发生干涉, 干涉 "图样" 记录在底片上, 就成了全息照片.

要看出全息照片所拍摄的物体还需要经过**光波再现**的手续. 图 7–55 是光波再现的装置示意图. 全息照片可说是某种 "光栅", 但这光栅并非规则排列的许多缝, 而是许多形状复杂的缝. 激光器发出的相干光照射在这 "光栅" 上就产生光栅衍射图样. 零阶光波同于入射的平行光束, 零阶光波两侧的一阶光波之一是原来的物光的再现, 它给出虚像; 另一侧是物光的共轭光波, 它给出实像.

普通的照片给出的是物体的平面图像. 全息照片再现后给出的是再现的物光, 观察这再现的物光就等于观察原来的物体, 获得的是立体图像. 从不同的角度去观察同一张全息照片将看到不同的形象.

普通的照片如缺损一角, 那一部分图像就丢失了. 全息照片则不同. 参看图 7–54, 由物体的每一点反射出的光照射到整个照片, 底片上的每一点都接收到由整个物体反射的光, 因此, 全息照片的每一块碎片都能给出整个物体的图像 (当然, 碎片小些, 图像的分辨率也低些, 所谓分辨率低些是说图像的细节比较

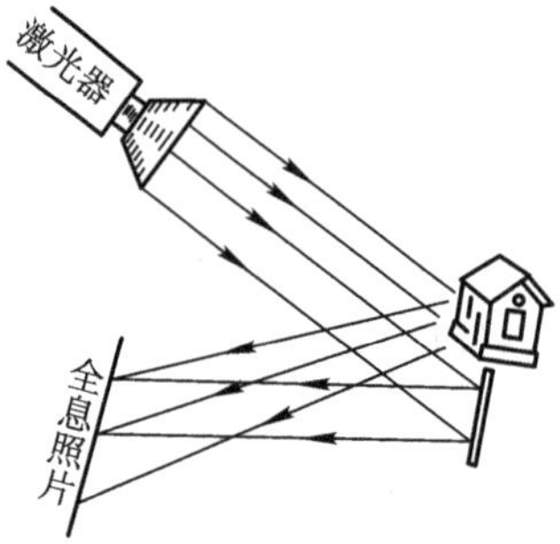

图 7–54

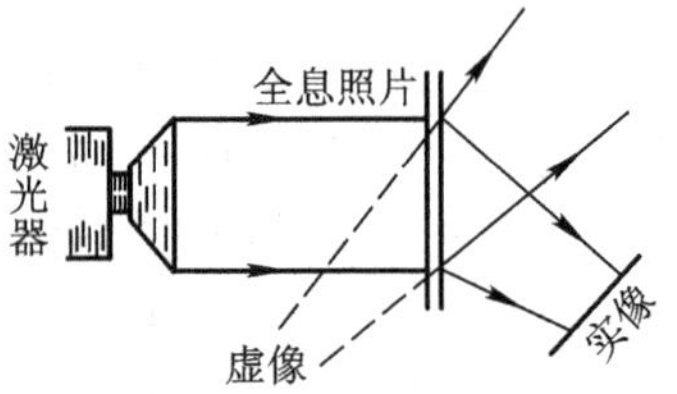

图 7–55

模糊).

不仅光波可用来制作全息照片, 机械波例如声波也可用来制作全息照片. 事实上, 有些物体是光所透不过的, 因而叫做不透明体. 声波却往往能透过这些不透明体. 对金属内部进行无损探伤, 在医学上对人体内脏进行观察, 以及观察水下或地下物体, 光全息照片是不可能的, 声全息照片却有可能. 图 7–56 是制作声全息照片的示意图. "照明" 声源和参考声源可用同一电子线路激励, 因而它们的声波是相干的, 两束声波在水面的干涉图样就是物体的声全息照片. 为了避免水面难免的振动对声全息照片的干扰, 可用薄膜覆盖水面, 再在薄膜上布以几毫米的油膜, 让声全息照片在油膜上形成. 声全息照片形成后, 可用光学方法拍摄下来, 或者用激光照射在水面上, 从而用光波来再现原来的声波, 就可以在水面上方从再现的光波里观察到水下物体的立体图像了.

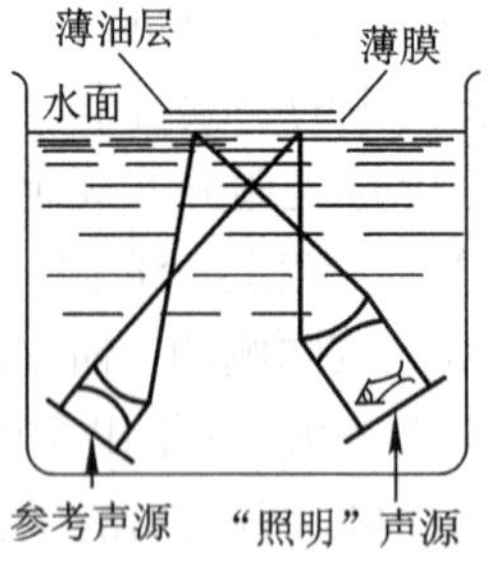

图 7–56

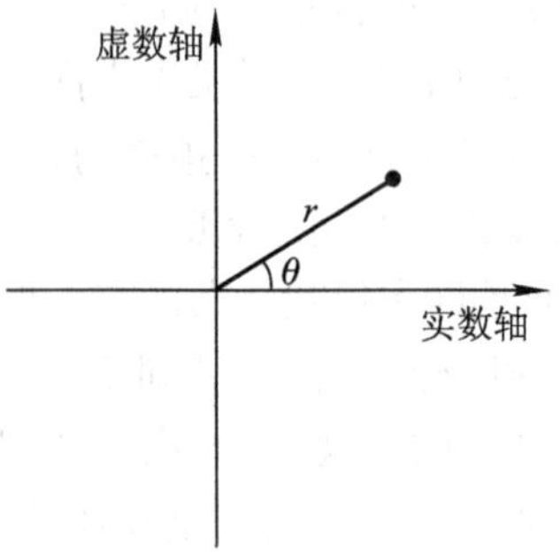

图 7–57

[附] 用复数表示振动与波

在复平面 (图 7–57) 上, 复数

$$z = x + \mathrm{i}y \quad (\mathrm{i} = \sqrt{-1} \text{ 为虚数}).$$

或者, 由于

$$\begin{cases} x = r\cos\theta, \\ y = r\sin\theta, \end{cases}$$

故
$$z = r(\cos\theta + \mathrm{i}\sin\theta) = r\mathrm{e}^{\mathrm{i}\theta}.$$

这样, 谐振动 $x = A\cos(\omega t+\varphi)$ 是

$$\begin{aligned} z &= A\cos(\omega t+\varphi) + \mathrm{i}A\sin(\omega t+\varphi) \\ &= A\mathrm{e}^{\mathrm{i}(\omega t+\varphi)} \end{aligned}$$

的实数部分. 人们常常干脆就用复数 $z = A\mathrm{e}^{\mathrm{i}(\omega t+\varphi)}$ 来表示这个谐振动. 这不致引起误解, 只要我们约定总是取复数的实数部分来描写真实的振动.

这复数又可表为

$$z = A\mathrm{e}^{\mathrm{i}\varphi}\mathrm{e}^{\mathrm{i}\omega t} = A'\mathrm{e}^{\mathrm{i}\omega t}.$$

式中的 $A' = A\mathrm{e}^{\mathrm{i}\varphi}$ 称为振动的**复振幅.** 注意复振幅既给出了实振幅又给出了初相 φ.

由于在加、减、微分、积分等运算过程中, 复数的实部和虚部是独立进行运算的, 因而在只牵涉到这些运算时, 我们可以用复数的指数函数来代表谐振动进行运算. 这样就使我们能够用比较简便的指数函数运算来代替三角函数的运算, 而结果所得复数的实数部分就代表我们所求的振动.

复习思考题

本章研究一种重要的运动形式即振动, 并研究了振动的传播即波. 虽然主要讨论机械振动和机械波, 但有关的概念和分析问题的方法也可用于其他领域里的振动与波, 例如电磁振荡和电磁波.

应当掌握: ① 谐振动、阻尼振动、受迫振动发生的物理条件, 这几种振动的物理图像. 谐振动的参考圆表示法和矢量表示法. ② 谐振动的合成方法. ③ 运用简正坐标把多自由度振动分解为单自由度的振动. ④ 波动形成过程, 能量在波中的传递. ⑤ 特征阻抗和阻抗匹配的概念. 阻抗不匹配时的反射. ⑥ 波源或接收器运动时的多普勒效应. ⑦ 群速的概念. ⑧ 惠更斯原理. ⑨ 相干波. 波的干涉.

*1. §48(1) 的弹簧振子和单摆都是只有初始位移而无初始速度. 如果让它们静止在平衡位置然后给它们一个冲击, 它们就有初始速度而无初始位移, 试分析一下其后的振动过程.

*2. 试分析习题 5.2 和习题 14.10 里的恢复力与惯性的矛盾斗争.

*3. 如果没有恢复力, 或者假如没有惯性, 为什么就不可能发生振动?

4. 为什么在稳定平衡位置附近的运动是振动? 为什么在稳定平衡位置附近的小振动总是谐振动?

5. 怎样用参考圆或矢量描写谐振动?

6. 谐振动的哪些参数取决于振动系统的动力学特性? 哪些参数取决于初始条件?

*7. 相是用来表示振动过程中所达到的阶段的. 所谓阶段是时间中的进程, 当然也可用时间变量 t 表示. 既然如此, 何必还要引入相这个概念呢?

8. 阻尼振动发生的条件是怎样的? 对数减缩、品质因子等参数取决于振动系统的哪些动力学特性? 阻尼振动的能量收支情况怎样?

*9. 无损耗振动系统的品质因子有多大?

10. 受迫振动的过渡阶段是怎样一个阶段? 受迫振动的哪些参数取决于振动系统的动力学特性和外加强迫力的特性? 哪些参数取决于初始条件?

11. 受迫振动的能量收支情况怎样? 试借助 (48.26) 式阐明受迫振动最终应达到一个稳定的振幅.

12. 振动系统的频带宽度指的什么? 它取决于哪些因素?

13. 方向相同的谐振动怎样合成? 如果频率不同, 为什么会出现拍?

14. 方向垂直的谐振动的合成应怎样进行?

15. 什么叫耦合摆? 什么叫简正坐标? 耦合摆的简正坐标是怎样的?

16. 以一维波为例说明波的形成过程, 阐述波的形成条件. 为什么液体和气体中不能形成横波?

17. 能量怎样通过波传递? 能流密度取决于哪些因素?

18. 波的传播介质的特征阻抗指的是什么? 什么叫阻抗匹配?

19. 阻抗不匹配, 为什么就有反射?

*20. 绳的固定端, 作为负载看待, 它的阻抗等于什么? 绳上波传到固定端, 反射系数多大?
绳的自由端, 作为负载看, 它的阻抗等于什么? 绳上波传到自由端, 反射系数多大?
负的反射系数是什么意思?

*21. 机械运动是相对的, “波源相对于接收器运动” 等价于 “接收器相对于波源运动”. 那么, 为什么波源运动的多普勒效应公式 (经典力学) 不同于接收器运动的多普勒效应公式呢?

22. 群速是什么? 为什么要研究群速? 群速的公式怎样?

23. 波面、波前、波射线各指什么? 为什么要引入这些概念?

24. 惠更斯原理说的什么? 试用惠更斯原理研究波的衍射、反射、干涉.

25. 波的叠加原理说的什么?

26. 什么叫干涉? 发生干涉的条件是怎样的? 什么叫相干波源?

27. 什么叫全息照相? 跟普通照相相比, 全息照相有哪些特点?

附录　微积分初步

17 世纪, 牛顿 (I.Newton) 出于力学研究的需要而发明了微积分; 差不多同时, 莱布尼兹 (G.Leibniz) 也独立地建立了微积分. 它是研究物理学的重要数学工具. 恩格斯曾指出, 初等数学是 "常数的数学" 而微积分则是 "变数的数学". 从中学物理到大学物理, 主要的转变之一正在于从常数及常数之间的运算进入变数以及变数之间的相互依赖关系, 即所谓 "函数关系".

本篇的目的是帮助读者初步掌握微积分及其简单应用, 至于较严密和系统的论述则是数学课程的任务.

§1　函　　数

一、常量和变量

在物理学和其他自然科学中, 常常遇到时间、长度、质量、温度、速度、面积、体积等各式各样的量. 在不同的物理过程中, 有些量保持一定的数值, 这种量称为**常量**; 但另外一些量却有变化, 这种量称为**变量**. 习惯上, 常用 x、y、z 等字母表示变量, 用 a、b、c 等字母表示常量.

应当注意, 一个物理量是常量还是变量, 是对某一过程来说的, 不可以绝对化. 例如, 在某一过程中, 如果某一变量的变化是如此之小以至于可以忽略不计, 也就可以当常量看待.

二、函数

设有 x 和 y 两个变量, 且 y 随 x 而变, 就是说, 当变量 x 取某个数值时, 变量 y 依照一定的法则, 总有一个或多个确定的数值与之对应, 则变量 y 称为变量 x 的**函数** (或**因变量**), 而变量 x 则称为函数 y 的**自变量**.

为了表明 y 是 x 的函数这一事实, 我们用 $y=f(x)$, $y=g(x)$, $y=F(x)$, 一类记号来表示. 这里 "$f(\quad)$"、"$g(\quad)$"、"$F(\quad)$" 等表示 y 对于 x 的特定依赖关系, 是函数的整体记号. 常见的函数有 $y=x^n$、$x=\sin x$、$y=\mathrm{e}^x$, $y=\ln x$ 等等.

例 1　我们熟知自由落体的下落距离 s 随时间 t 而变的函数关系是

$$s(t)=\frac{1}{2}gt^2.$$

其中重力加速度 g 是常量. 设物体着地的时刻为 T, 那么当 t 取 $[0,T]$ 中的任一数值, 由上式就可确定 s 的相应数值.

例 2 机械中广泛应用的曲柄连杆机构. 见图附 1, 主动轮 (半径为 r) 以匀角速转动, 连杆 AB (长度为 l), 带动滑块 B 作往复直线运动. 试求滑块 B 在运动中的坐标 x 对时间 t 的函数表达式.

如图附 1 所示, 取 O 点为坐标原点, OB 方向为 x 轴正指向, 滑块 B 的位置用坐标 $x=OB$ 来表示, 在任一瞬时, 记主动轮转角为 φ.

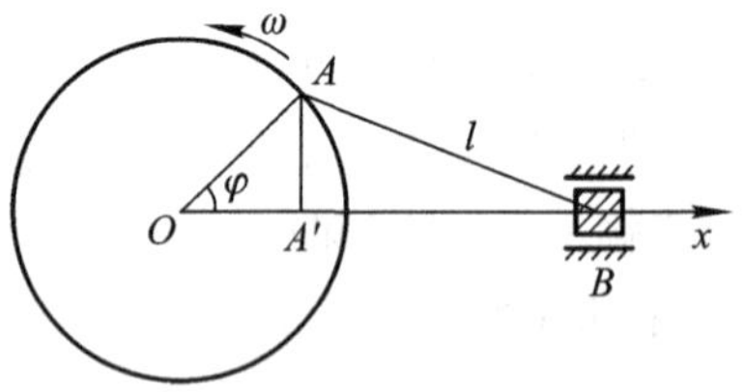

图附 1

作 $AA'\perp OB$. 由图可以看出

$$\begin{aligned}OA' &= r\cos\varphi,\\ A'B &= \sqrt{l^2-AA'^2}=\sqrt{l^2-r^2\sin^2\varphi},\end{aligned}$$

从而

$$\begin{aligned}x &= OA'+A'B\\ &= r\cos\varphi+\sqrt{l^2-r^2\sin^2\varphi}.\end{aligned} \tag{1}$$

又, 主动轮的转角 φ 是时间 t 的函数

$$\varphi=\omega t. \tag{2}$$

将 (2) 代入 (1) 即可得到滑块 B 的坐标 x 对时间 t 的函数关系

$$x(t)=r\cos\omega t+\sqrt{l^2-r^2\sin^2\omega t}. \tag{3}$$

三、函数的常用表示法

为了具体研究某个函数关系, 必须采用适当形式表示出来. 常用的方法有三种.

(1) 解析法

用数学式子表达自变量与因变量之间的对应关系. 前面的几个例子就是这样做的.

这种表示式便于用数学分析的办法对函数进行理论研究.

(2) 图像法

图像法是表示函数的一种形象化的方法. 函数 $y=f(x)$ 图像是这样的点的轨迹, 该点的横坐标是自变量 x, 而纵坐标是对应的函数值 y. 这样, 函数 $y=f(x)$ 的图像是平面上的曲线 (图附 2). 同时这图像上的每一点的坐标 x 及 y 都满足 $y=f(x)$, 所以 $y=f(x)$ 也就是这曲线的解析几何学 "方程".

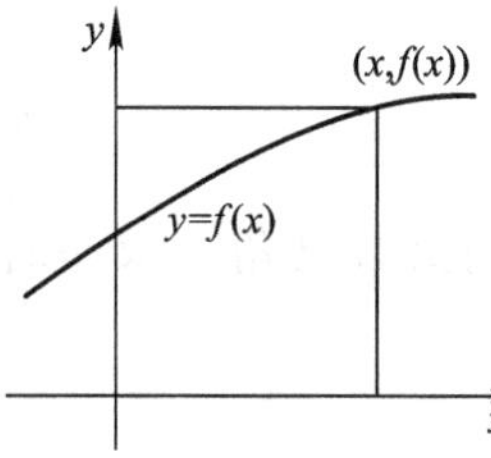

图附 2

反之, 坐标平面上的一条曲线通常也表示一个函数.

函数的图像法在物理学中很有用, 物理图像很鲜明.

例 3 作出函数 $y=1+x+x^2$ 的图像.

首先, 将 $y=1+x+x^2$ 改写为

$$y=\left(x+\frac{1}{2}\right)^2+\frac{3}{4}.$$

由此式可以看出, 当 $x=-1/2$ 时, y 有极小值. 当 x 与 $-1/2$ 的差增大时, y 也相应增大, 不存在极大值. 作图时应注意不要将关键的 $x=-1/2$ 这点漏去.

显然, 在描画函数的图像时, 函数的极大值和极小值的所在是很重要的 (图附 3). 函数的极大值和极小值的所在可用导数加以确定, 后文将介绍.

x	-2	-1.5	-1	-0.5	0	0.5	1
y	3	1.75	1	0.75	1	1.75	3

(3) 表格法

实际应用中, 常将一系列的自变量值与对应的函数值列成表. 如对数表、三角函数表等等. 如此表示函数的方法叫表格法.

函数的表格表示法不仅是为了应用上的便利, 而且它可以表示其解析表达式尚不知道的函数, 这在物理实验中是常常碰到的.

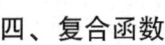

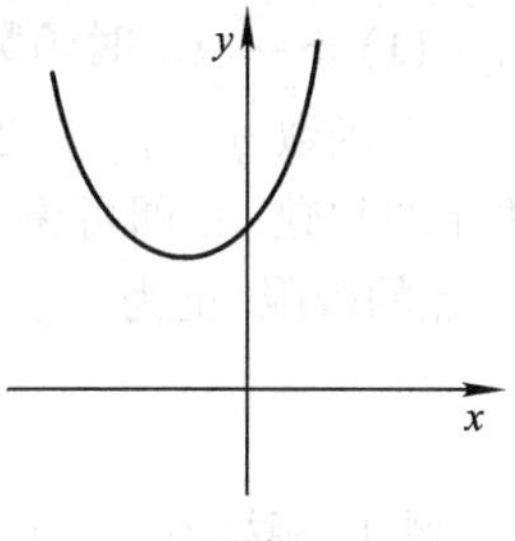

图附 3

四、复合函数

设 y 是 u 的函数

$$y=f(u),$$

而 u 又是 x 的函数

$$u=\varphi(x),$$

则 y 通过 u 而成为 x 的函数, 记为

$$y=f[\varphi(x)].$$

这个函数称为由函数 $y=f(u)$ 及 $u=\varphi(x)$ 复合而成的**复合函数**.

比如, 例 2 的曲柄连杆结构中, 滑块 B 的坐标 x 是主动轮转角 φ 的函数

$$x=f(\varphi)=r\cos\varphi+\sqrt{l^2-r^2\sin^2\varphi}, \tag{1}$$

而主动轮转角 φ 又是时间 t 的函数

$$\varphi=\omega t. \tag{2}$$

这样, x 是 φ 的函数, 而 φ 又是 t 的函数, 所以 x 可说是由 (1) 和 (2) 表述的复合函数 $f[\varphi(t)]$. 当然, 它也可用该例的 (3) 直接表为 t 的函数.

复合函数不仅可由两个函数, 也可由更多的函数构成. 例如 $y=\lg[1+\sqrt{1+x^2}]$ 可以看作由四个函数 $y=\lg u$, $u=1+v$, $v=\sqrt{z}$, $z=1+x^2$ 复合而成的复合函数.

§2 极 限

对于函数 $f(x)$ 的极限问题, 有两种情形. 第一, 自变量 x 无限地逼近 x_0 (记作 $x\to x_0$) 时对应的函数值的变化情形; 第二, 自变量 x 的绝对值 $|x|$ 无限增大 (记作 $x\to\infty$) 时对应的函数值的变化情形. 下面分别讨论这两种情况下函数 $f(x)$ 的极限.

(1) $x\to x_0$ 时函数的极限

对函数 $y=f(x)$, 当自变量 x 无限地逼近 x_0 时, 如果 $f(x)$ 无限地逼近某一确定的常数 A, 即可说当 x 逼近 x_0 时, $f(x)$ 的**极限**是 A, 或者说 A 是 $f(x)$ 在 x_0 点的极限, 记为

$$\lim_{x\to x_0}f(x)=A.$$

例 4 函数 $f(x)=1+x^2$. 当 $x\to 0$ 时, 函数存在极限 1,

$$\lim_{x\to 0}(1+x^2)=1.$$

例 5 函数 $y=\dfrac{x^2-1}{x-1}$. 当 $x\to 1$ 时, 函数有无极限?

$$\lim_{x\to 1}\frac{x^2-1}{x-1}=\lim_{x\to 1}\frac{(x+1)(x-1)}{x-1}=\lim_{x\to 1}(x+1)=2.$$

当 $x=1$, 函数 $y=(x^2-1)/(x-1)$ 是没有定义的; 但当 $x\to 1$ 时它的极限却存在并等于 2.

(2) $x \to \infty$ 时函数的极限

设函数 $f(x)$ 对于绝对值无论怎样大的 x 值都是有定义的. 如果当 x 无限增大时, 即 $x \to \infty$ 时, 函数值越来越逼近于一常数 A, 这常数 A 就称为函数 $y = f(x)$ 当 $x \to \infty$ 时的**极限**, 记作

$$\lim_{x \to \infty} f(x) = A.$$

例 6 函数 $y = \dfrac{5x^4 - 7x^3 + 1}{2x^4 - x + 4}$. 当 $x \to \infty$ 时, 它有无极限?

$$\lim_{x \to \infty} \frac{5x^4 - 7x^3 + 1}{2x^4 - x + 4} = \lim_{x \to \infty} \frac{5 - \dfrac{7}{x} + \dfrac{1}{x^4}}{2 - \dfrac{1}{x^3} + \dfrac{4}{x^4}} = \frac{5}{2}.$$

这函数若简单以 $x = \infty$ 代入, 便成为 ∞/∞ 而没有定义, 但在 $x \to \infty$ 时, 却有一确定的常数极限 $5/2$.

例 7 函数 $\dfrac{\sin x}{x}$. 试求它在 $x \to \infty$ 时的极限.

当 $x \to \infty$ 时, 分子和分母的极限都不存在. 不过, 两者的情况有所不同. 当 $x \to \infty$, 分母 x 无限增大, 分子 $\sin x$ 虽然并不逼近什么极限, 但保持有界,

$$-1 \leqslant \sin x \leqslant +1.$$

因此

$$\lim_{x \to \infty} \frac{\sin x}{x} = 0.$$

例 8 求 $\lim\limits_{x \to 0} \dfrac{\sin x}{x}$ 的极限.

除 $x = 0$ 以外, $\sin x/x$ 都是有定义的. 我们将函数值列为下表:

x	$\sin x/x$
1.0	0.841 47
0.9	0.870 36
0.8	0.896 70
0.7	0.920 31
0.6	0.941 07
0.5	0.958 85
0.4	0.973 55
0.3	0.985 07
0.2	0.993 35
0.1	0.998 33

从上表可以揣测当 $x \to 0$ 时, 函数值 $\to 1$. 下面证明确是如此.

取单位圆, 圆心角 $x = \angle DOA\left(0 < x < \dfrac{\pi}{2}\right)$, A 点处的切线为直线 AD, 则 $\sin x = |AC|, x = \widehat{AB}\tan x = \overline{AD}$. 因 $\triangle AOB$ 的面积 $<$ 圆扇形 AOB 的面积 $<$ $\triangle AOD$ 的面积, 所以

$$\frac{1}{2}\sin x < \frac{1}{2}x < \frac{1}{2}\tan x,$$

即

$$\sin x < x < \tan x.$$

除以 $\sin x$, 就有

$$1 < x/\sin x < 1/\cos x, \tag{1}$$

即

$$1 > \sin x/x > \cos x. \tag{2}$$

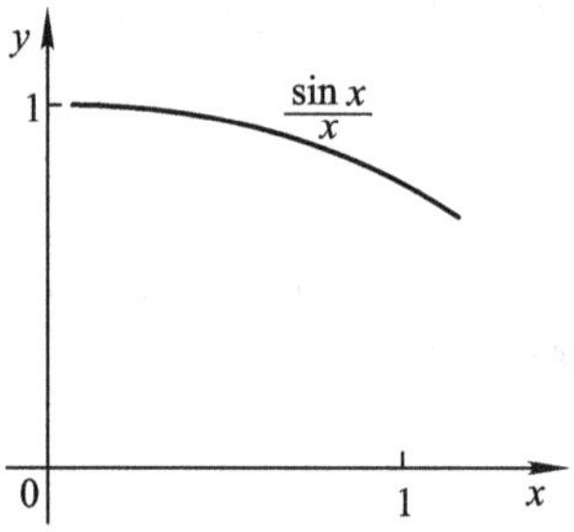

图附 4

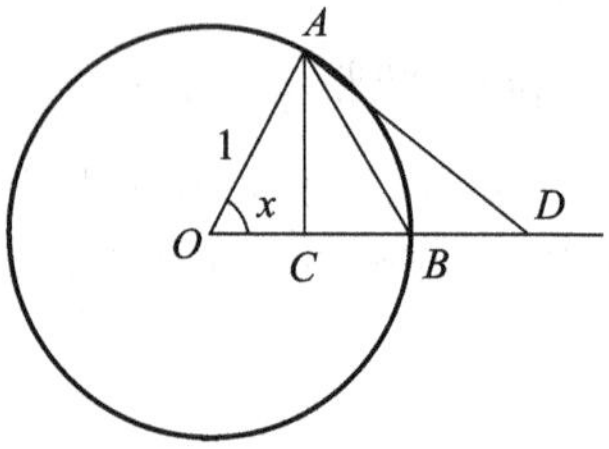

图附 5

但我们由图上可以看出 $\cos x = |OC|$ 是随 $x \to 0$ 而逼近于 1 的, 即

$$\lim_{x\to 0}\cos x = 1.$$

所以由 (2) 得

$$\lim_{x\to 0}\frac{\sin x}{x} = 1.$$

§3 导　数

一、瞬时速度

考察一质点 M 在一直线上运动, 取这直线为 x 轴. 质点的位置即以它的坐标 x 表示. 当质点运动时, 它的坐标 x 随时间变化, 是 t 的函数

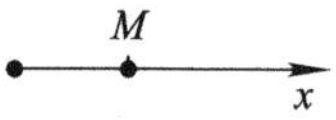

图附 6

$$x = x(t).$$

考察从 t 到 $t+\Delta t$ 的一段时间, 质点的坐标相应地从 x 变为 $x+\Delta x$. 在数学上 Δt 和 Δx 分别称为自变量 t 的增量和函数 x 的增量. 而在物理上, Δx 是质点在 Δt 这段时间的位移. 从而坐标的时间变化率即比值

$$\overline{v}=\frac{\Delta x}{\Delta t}$$

表示该质点在这段时间间隔内的平均速度.

对于力学研究, 更重要的是掌握各个瞬时的瞬时速度. 但是, "在某个瞬时的瞬时速度" 是什么意思呢? 这是首先要弄明白的.

如果质点的运动是匀速的, "瞬时速度" 的意义不成为问题. 事实上, 任何一段时间内的平均速度都相同. 这当然也就是质点在任一瞬时的瞬时速度.

如果质点的运动不是匀速的, 这个问题可就要费点思量了. 各段时间内的平均速度各不相同, 从 t 到 $t+\Delta t$ 时间间隔内的平均速度 $\overline{v}$ 随 Δt 的不同而不同. 究竟怎样理解在瞬时 t 的速度呢?

考虑很短的时间间隔 Δt, 在这很短的时间间隔里, 质点的速度的变化也不大, 不妨近似认为质点在这时间间隔内作匀速运动, 而这段时间里的平均速度 $v=\Delta x/\Delta t$ 也就可以认为是质点在瞬时 t 的速度的近似值. 显然, Δt 越短, 近似程度越好. 因此, 我们令 Δt 无限地逼近于零, 而把平均速度 $\overline{v}$ 的极限值定义为在瞬时 t 的瞬时速度.

图附 7

$$v=\lim_{\Delta t\to 0}\overline{v}=\lim_{\Delta t\to 0}\frac{\Delta x}{\Delta t}.$$

例如, 自由落体的运动方程为

$$x=\frac{1}{2}gt^2.$$

从某个时刻 t 到相近的另一时刻 $t+\Delta t$, 则 x 变为

$$x+\Delta x=\frac{1}{2}g(t+\Delta t)^2.$$

由此

$$\begin{aligned}\Delta x&=\frac{1}{2}g(t+\Delta t)^2-\frac{1}{2}gt^2\\&=\frac{1}{2}g(2t+\Delta t)\cdot\Delta t.\end{aligned}$$

除以 Δt, 可得平均速度

$$\frac{\Delta x}{\Delta t}=\frac{1}{2}g(2t+\Delta t).$$

令 $\Delta t\to 0$, 取极限, 即可得到在任一给定时刻 t 的落体速度为

$$v=\lim_{\Delta t\to 0}\frac{\Delta x}{\Delta t}=gt.$$

二、导数

若 y 是 x 的函数

$$y = f(x),$$

当自变量从 x 变为 $x+\Delta x$, 相应的函数增量 Δy 为

$$\Delta y = f(x+\Delta x) - f(x),$$

而 $\Delta y/\Delta x$ 称为增量比. 它的数值表示函数在 x 附近的变化率, 它的正负号表示自变量 x 增加时, 函数 y 的代数值是增加还是减小.

令 $\Delta x \to 0$, 如果这个增量比的极限存在, 则

$$\lim_{\Delta x\to 0}\frac{\Delta y}{\Delta x} = \lim_{\Delta x\to 0}\frac{f(x+\Delta x)-f(x)}{\Delta x}$$

称为函数 $y=f(x)$ 在点 x 的**导数**, 一般记为 $\mathrm{d}y/\mathrm{d}x$, 即

$$\frac{\mathrm{d}y}{\mathrm{d}x} = \lim_{\Delta x\to 0}\frac{\Delta y}{\Delta x} = \lim_{\Delta x\to 0}\frac{f(x+\Delta x)-f(x)}{\Delta x}.$$

也可以采用记号 $y'(x)$ 或 $f'(x)$.

例 9　求函数 $y=C$ 的导数, C 为常数.

解

$$y' = \frac{\mathrm{d}y}{\mathrm{d}x} = \lim_{\Delta x\to 0}\frac{C-C}{\Delta x} = 0.$$

例 10　求函数 $y=x^2$ 的导数.

解

$$\begin{aligned} y' &= \frac{\mathrm{d}y}{\mathrm{d}x} = \lim_{\Delta x\to 0}\frac{y(x+\Delta x)-y(x)}{\Delta x} \\ &= \lim_{\Delta x\to 0}\frac{(x+\Delta x)^2-x^2}{\Delta x} = \lim_{\Delta x\to 0}\frac{2x\Delta x+(\Delta x)^2}{\Delta x} \\ &= \lim_{\Delta x\to 0}(2x+\Delta x) = 2x. \end{aligned}$$

例 11　求幂函数 $y=x^n$ 的导数.

解

$$\begin{aligned} \Delta y &= (x+\Delta x)^n - x^n \\ &= x^n + nx^{n-1}\cdot\Delta x + \frac{n(n-1)}{1\cdot 2}x^{n-2}(\Delta x)^2 + \cdots + (\Delta x)^n - x^n \\ &= nx^{n-1}\Delta x + \frac{n(n-1)}{1\cdot 2}x^{n-2}(\Delta x)^2 + \cdots + (\Delta x)^n, \\ \frac{\Delta y}{\Delta x} &= nx^{n-1} + \frac{n(n-1)}{1\cdot 2}x^{n-2}\Delta x + \cdots + (\Delta x)^{n-1} \end{aligned}$$

所以

$$y' = \frac{\mathrm{d}y}{\mathrm{d}x} = \lim_{\Delta x\to 0}\frac{\Delta y}{\Delta x} = nx^{n-1}.$$

例 12 求正弦函数 $y=\sin x$ 的导数.

$$
\begin{aligned}
y'=\frac{\mathrm{d}y}{\mathrm{d}x}&=\lim_{\Delta x\to 0}\frac{\sin(x+\Delta x)-\sin x}{\Delta x}\\
&=\lim_{\Delta x\to 0}\frac{\sin x\cos\Delta x+\cos x\sin\Delta x-\sin x}{\Delta x}\\
&=\lim_{\Delta x\to 0}\frac{\sin x+\Delta x\cos x-\sin x}{\Delta x}\\
&=\cos x.
\end{aligned}
$$

下面我们将**常用函数的导数**列成一表, 以备查找. 按照导数定义, 不难推导出这些公式, 数学课程也有详细论证.

函数 y	导数 $\frac{\mathrm{d}y}{\mathrm{d}x}=y'$
$y=C$	$y'=0$
$y=x^n$	$y'=nx^{n-1}$
$y=\mathrm{e}^x$	$y'=\mathrm{e}^x$
$y=\ln x$	$y'=\frac{1}{x}$
$y=\sin x$	$y'=\cos x$
$y=\cos x$	$y'=-\sin x$
$y=\arcsin x$	$y'=\frac{1}{\sqrt{1-x^2}}$
$y=\arccos x$	$y'=-\frac{1}{\sqrt{1-x^2}}$

三、导数的运算法则

实际遇到的函数, 常由一些较简单的初等函数经某些运算组合而成. 例如, 初速为 v_0 的自由落体的运动规律为 $x=v_0t+\frac{1}{2}gt^2$, 这个函数是由幂函数 t 和 t^2 各乘以常量再相加而组成. 只要掌握了和、差、积、商的求导规则, 这类函数的导数就可以很方便地求得. 下面就介绍这些求导规则.

设有两个函数 $u(x)$ 及 $v(x)$.

法则一 若 $y=f(x)=u(x)\pm v(x)$, 则

$$y'=u'(x)\pm v'(x).$$

证

$$
\begin{aligned}
f'(x)&=\lim_{\Delta x\to 0}\frac{f(x+\Delta x)-f(x)}{\Delta x}\\
&=\lim_{\Delta x\to 0}\frac{[u(x+\Delta x)\pm v(x+\Delta x)]-[u(x)\pm v(x)]}{\Delta x}
\end{aligned}
$$

$$
\begin{aligned}
&= \lim_{\Delta x \to 0} \frac{[u(x+\Delta x)-u(x)] \pm [v(x+\Delta x)-v(x)]}{\Delta x} \\
&= \lim_{\Delta x \to 0} \frac{u(x+\Delta x)-u(x)}{\Delta x} \pm \lim_{\Delta x \to 0} \frac{v(x+\Delta x)-v(x)}{\Delta x} \\
&= u'(x) \pm v'(x).
\end{aligned}
$$

这就是函数和、差的求导法则: 两个可导函数之和 (差) 的导数等于这两个函数的导数的和 (差).

法则二 若 $y=f(x)=u(x)v(x)$, 则

$$
y' = u'(x)v(x) + u(x)v'(x).
$$

证

$$
\begin{aligned}
f'(x) &= \lim_{\Delta x \to 0} \frac{f(x+\Delta x)-f(x)}{\Delta x} \\
&= \lim_{\Delta x \to 0} \frac{u(x+\Delta x)v(x+\Delta x)-u(x)v(x)}{\Delta x} \\
&= \lim_{\Delta x \to 0} \frac{1}{\Delta x}[u(x+\Delta x)v(x+\Delta x)-u(x)v(x+\Delta x) \\
&\quad +u(x)v(x+\Delta x)-u(x)v(x)] \\
&= \lim_{\Delta x \to 0} \left[\frac{u(x+\Delta x)-u(x)}{\Delta x}v(x+\Delta x) + u(x)\frac{v(x+\Delta x)-v(x)}{\Delta x}\right] \\
&= \lim_{\Delta x \to 0} \frac{u(x+\Delta x)-u(x)}{\Delta x} \cdot \lim_{\Delta x \to 0} v(x+\Delta x) \\
&\quad +u(x) \lim_{\Delta x \to 0} \frac{v(x+\Delta x)-v(x)}{\Delta x} \\
&= u'(x)v(x) + u(x)v'(x).
\end{aligned}
$$

这结果可以简单地写成

$$
[uv]' = u'v + v'u.
$$

这就是函数积的求导法则: 两个可导函数乘积的导数等于 "第一个因子的导数与第二个因子的乘积" 加上 "第一个因子与第二个因子导数的乘积".

对于特例 $v=C$ (C 为常数), 因 $C'=0$ 故有

$$
[Cu]' = C[u]'
$$

法则三 若 $y=f(x)=u(x)/v(x)$, 则

$$
y'(x) = [u'(x)v(x) - u(x)v'(x)]/[v(x)]^2.
$$

证

$$
\begin{aligned}
f'(x) &= \lim_{\Delta x \to 0} \frac{f(x+\Delta x) - f(x)}{\Delta x} \\
&= \lim_{\Delta x \to 0} \left[\frac{u(x+\Delta x)}{v(x+\Delta x)} - \frac{u(x)}{v(x)}\right] \Big/ \Delta x \\
&= \lim_{\Delta x \to 0} \frac{u(x+\Delta x)v(x) - u(x)v(x+\Delta x)}{v(x+\Delta x)v(x)\Delta x} \\
&= \lim_{\Delta x \to 0} \frac{[u(x+\Delta x) - u(x)]v(x) - u(x)[v(x+\Delta x) - v(x)]}{v(x+\Delta x)v(x)\Delta x} \\
&= \lim_{\Delta x \to 0} \frac{\dfrac{u(x+\Delta x) - u(x)}{\Delta x} v(x) - u(x) \dfrac{v(x+\Delta x) - v(x)}{\Delta x}}{v(x+\Delta x)v(x)} \\
&= \frac{u'(x)v(x) - u(x)v'(x)}{[v(x)]^2}.
\end{aligned}
$$

这结果可简单地写成

$$
\left(\frac{u}{v}\right)' = \frac{u'v - v'u}{v^2}.
$$

这就是函数商的求导法则: 两个可导函数商的导数等于分子的导数与分母的积减去分母的导数与分子的积, 再除以分母的平方.

下面举例以示这些法则的运用.

例 13 $y = x^2 + \sin x \cos x$.

$$
\begin{aligned}
y' = \mathrm{d}y/\mathrm{d}x &= 2x + (\sin x)' \cos x + \sin x (\cos x)' \\
&= 2x + \cos^2 x - \sin^2 x.
\end{aligned}
$$

例 14 $y = x \sin x \arccos x$

$$
\begin{aligned}
y' = \mathrm{d}y/\mathrm{d}x &= (x \sin x)' \arccos x + x \sin x (\arccos x)' \\
&= (\sin x + x \cos x) \arccos x - x \sin x / \sqrt{1 - x^2}.
\end{aligned}
$$

例 15 $y = \tan x$.

$$
\begin{aligned}
y' = \mathrm{d}y/\mathrm{d}x = \left(\frac{\sin x}{\cos x}\right)' &= \frac{(\sin x)' \cos x - (\cos x)' \sin x}{\cos^2 x} \\
= \frac{\cos^2 x + \sin^2 x}{\cos^2 x} &= \frac{1}{\cos^2 x} = \sec^2 x.
\end{aligned}
$$

这样, 借助于商的求导法则, 又导出两个三角函数的导数公式, 即

$$
\begin{aligned}
(\tan x)' &= \sec^2 x \\
(\cot x)' &= -\csc^2 x.
\end{aligned}
$$

四、复合函数的导数

设 y 是 x 的一个复合函数 $y=f[\varphi(x)]$, 即 y 是中间变量 u 的函数, $y=f(u)$, 而 u 又是 x 的函数, $u=\varphi(x)$. 复合函数对 x 的导数如何求?

这里, 按定义,

$$\begin{aligned}\frac{\mathrm{d}y}{\mathrm{d}x}&=\lim_{\Delta x\to 0}\frac{\Delta y}{\Delta x}=\lim_{\Delta x\to 0}\left(\frac{\Delta y}{\Delta u}\frac{\Delta u}{\Delta x}\right)=\lim_{\Delta x\to 0}\frac{\Delta y}{\Delta u}\lim_{\Delta x\to 0}\frac{\Delta u}{\Delta x}\\&=\lim_{\Delta u\to 0}\frac{\Delta y}{\Delta u}\lim_{\Delta x\to 0}\frac{\Delta u}{\Delta x}=\frac{\mathrm{d}y}{\mathrm{d}u}\frac{\mathrm{d}u}{\mathrm{d}x}.\end{aligned}$$

这样, 只要知道了

$$\frac{\mathrm{d}y}{\mathrm{d}u}=f'(u)\quad 和\quad \frac{\mathrm{d}u}{\mathrm{d}x}=\varphi'(x),$$

就可算出 $\mathrm{d}y/\mathrm{d}x$,

$$\frac{\mathrm{d}y}{\mathrm{d}x}=\frac{\mathrm{d}y}{\mathrm{d}u}\frac{\mathrm{d}u}{\mathrm{d}x}=f'(u)\varphi'(x).$$

利用这个**复合函数的求导法则**, 可以求出许多常见函数的导数, 它在导数计算中起着重要作用.

重复应用上述法则, 我们可以把复合函数的求导法推广到多次复合的情形. 例如, 设

$$y=f(u),u=\varphi(v),v=\psi(x),$$

则复合函数 $y=f\{\varphi[\psi(x)]\}$ 的导数为

$$\frac{\mathrm{d}y}{\mathrm{d}x}=\frac{\mathrm{d}y}{\mathrm{d}u}\frac{\mathrm{d}u}{\mathrm{d}v}\frac{\mathrm{d}v}{\mathrm{d}x}.$$

例 16 求 $y=A\cos(\omega t+\varphi)$ 的导数, 式中 t 为自变量, A、ω、φ 均为常数.

解 将 $(\omega t+\varphi)$ 看成为中间变数 u,

$$u=(\omega t+\varphi),$$

那么

$$\begin{aligned}\frac{\mathrm{d}y}{\mathrm{d}t}&=\frac{\mathrm{d}y}{\mathrm{d}u}\frac{\mathrm{d}u}{\mathrm{d}t}=(-A\sin u)\omega\\&=-A\omega\sin(\omega t+\varphi).\end{aligned}$$

例 17 求 $y=\ln\cos x$ 的导数.

解 记 $y=\ln u, u=\cos x$, 则

$$\begin{aligned}\frac{\mathrm{d}y}{\mathrm{d}x}&=\frac{\mathrm{d}y}{\mathrm{d}u}\frac{\mathrm{d}u}{\mathrm{d}x}=\frac{1}{u}(-\sin x)\\&=-\frac{\sin x}{\cos x}=-\tan x.\end{aligned}$$

例 18 求 $y=(x^2-4)^2$ 的导数.

解 记 $y=u^2, u=x^2-4$, 则

$$\begin{aligned}\frac{\mathrm{d}y}{\mathrm{d}x}&=\frac{\mathrm{d}y}{\mathrm{d}u}\frac{\mathrm{d}u}{\mathrm{d}x}=(2u)(2x)\\&=4(x^2-4)x=4x(x^2-4).\end{aligned}$$

例 19 求本附录 §1 例 2 曲柄连杆机构的滑块 B 的速度.

解 我们知道, 求质点的速度即是求其坐标 x 对 t 的导数. §1 例 2 中已给出滑块 B 的坐标表示式为

$$x=r\cos\omega t+\sqrt{l^2-r^2\sin^2\omega t}.$$

式中 l、r、ω 均为常量. 这样, B 的速度 v

$$v=\frac{\mathrm{d}}{\mathrm{d}t}(r\cos\omega t)+\frac{\mathrm{d}}{\mathrm{d}t}(\sqrt{l^2-r^2\sin^2\omega t}).$$

先算第一部分,

$$\frac{\mathrm{d}}{\mathrm{d}t}(r\cos\omega t)=r\frac{\mathrm{d}}{\mathrm{d}t}(\cos\omega t).$$

令 $u=\omega t$, 则上式右边出现复合函数的导数 $\mathrm{d}(\cos u)/\mathrm{d}t$, 于是

$$\frac{\mathrm{d}}{\mathrm{d}t}(r\cos\omega t)=r\frac{\mathrm{d}\cos u}{\mathrm{d}u}\frac{\mathrm{d}u}{\mathrm{d}t}=-r(\sin\omega t)\omega.$$

其次, 计算第二部分

$$\frac{\mathrm{d}}{\mathrm{d}t}\sqrt{l^2-r^2\sin^2\omega t}.$$

记

$$w=\omega t,\quad v=\sin w,$$

$$u=l^2-r^2v^2,$$

由多次复合函数求导法则可得

$$\begin{aligned}&\frac{\mathrm{d}}{\mathrm{d}t}(\sqrt{l^2-r^2\sin^2\omega t})=\frac{\mathrm{d}\sqrt{u}}{\mathrm{d}t}\\&=\frac{\mathrm{d}u^{1/2}}{\mathrm{d}u}\frac{\mathrm{d}u}{\mathrm{d}v}\frac{\mathrm{d}v}{\mathrm{d}w}\frac{\mathrm{d}w}{\mathrm{d}t}\\&=\frac{1}{2}u^{-1/2}(-2r^2v)(\cos w)\omega\\&=-\frac{\omega r^2\sin\omega t\cos\omega t}{\sqrt{l^2-r^2\sin^2\omega t}}.\end{aligned}$$

最后, 运用法则一将两部分加在一起, 得出滑块 B 的速度为

$$v=-r\omega\sin\omega t\left(1+\frac{r\cos\omega t}{\sqrt{l^2-r^2\sin^2\omega t}}\right).$$

五、导数的几何意义

上面论述了导数在力学中的应用 —— 速度. 现在谈谈导数在描绘函数图像方面的几何意义.

设有一函数 $y=f(x)$, 作出它的图像 —— xy 平面上的一条曲线, 在曲线上任取相近的两点 $P(x,y)$ 和 $Q(x+\Delta x, y+\Delta y)$, 作出它们的纵坐标 $\overline{MP}$ 及 $\overline{NQ}$, 并过 P 点作平行于 x 轴的直线交 NQ 于 S. 那么

$$PS = MN = \Delta x,$$

$$MP = y, NQ = y + \Delta y,$$

$$SQ = \Delta y.$$

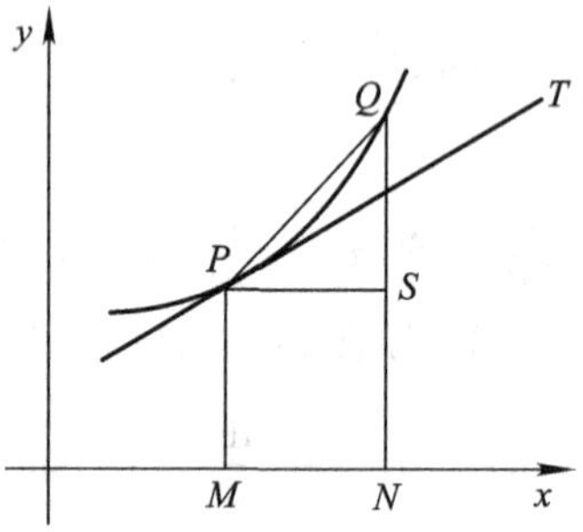

图附 8

显然, 比 $\Delta y/\Delta x$ 等于割线 PQ 与 x 轴正向的夹角的正切. 当 Δx 逼近于零, Q 点沿此曲线逼近 P 点, 割线 PQ 随着逼近一个极限位置, 即这曲线在 P 点的切线 PT. 与此同时,

$$\lim_{\Delta x\to 0}\frac{\Delta y}{\Delta x}=\frac{\mathrm{d}y}{\mathrm{d}x}.$$

可见在 x 处的导数 $\mathrm{d}y/\mathrm{d}x$ 等于曲线 $f(x)$ 在 $P(x,y)$ 点的切线与轴正向的夹角的正切, 即这切线的斜率.

例 20 函数 $y=x^3$, 而 $P(x,y)$ 是相应曲线上的任意一点, 此点切线的斜率应为 $\mathrm{d}y/\mathrm{d}x = 3x^2$. 当此点的坐标 $x=2$ 时,

$$\tan\alpha = \frac{\mathrm{d}y}{\mathrm{d}x} = 12.$$

由此

$$\alpha = \arctan 12 = 85.24^\circ.$$

六、高阶导数

在前文中已经叙述过, 在直线上运动的质点的速度是它的坐标 x 的时间变化率, $v=\mathrm{d}x/\mathrm{d}t$. 在力学中另一重要概念是: 质点速度 v 的时间变化率即加速度

a. 由定义, $a = \mathrm{d}v/\mathrm{d}t$; 又因 $v = \mathrm{d}x/\mathrm{d}t$, 所以加速度 a 是坐标 x 的导数 v 的导数, 称为坐标对时间的二阶导数, 记作 $a = \mathrm{d}^2x/\mathrm{d}t^2$.

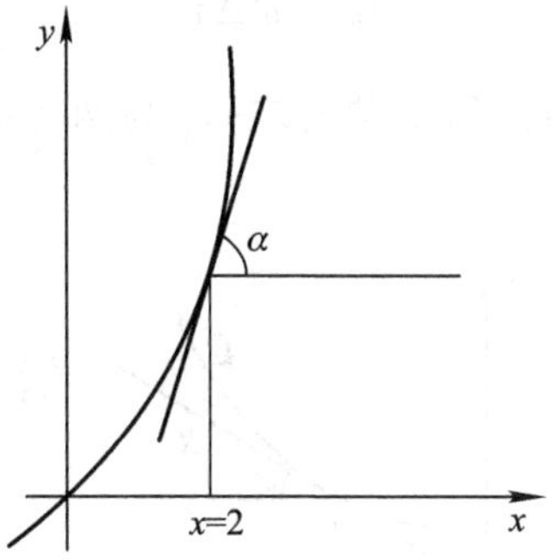

图附 9

一般地说, 函数 $y = f(x)$ 的导数 $y' = f'(x)$ 仍然是 x 的一个函数, 把它再求导数, 这就是原来那个函数 $y = f(x)$ 的二阶导数, 记作

$$y'' \text{ 或 } f''(x) \text{ 或 } \frac{\mathrm{d}^2y}{\mathrm{d}x^2} \text{ 或 } \frac{\mathrm{d}^2f}{\mathrm{d}x^2}.$$

函数 $y = f(x)$ 的二阶导数 $f''(x)$ 仍然是 x 的函数, 拿它再求导数, 就得函数 $y = f(x)$ 的三阶导数, 记作

$$y''' \text{ 或 } f'''(x) \text{ 或 } \frac{\mathrm{d}^3y}{\mathrm{d}x^3} \text{ 或 } \frac{\mathrm{d}^3f}{\mathrm{d}x^3}.$$

依此类推, 可得函数 $y = f(x)$ 的 n 阶导数

$$y^{(n)} \text{ 或} f^{(n)}(x) \text{ 或 } \mathrm{d}^ny/\mathrm{d}x^n.$$

二阶与二阶以上的导数, 称为高阶导数. 从高阶导数的定义可以知道: 求高阶导数无非就是反复运用求一阶导数的方法一次又一次地求导.

§4　微　　分

一、微分

设有函数 $y = f(x)$. 令自变量的增量为 Δx, 而函数的相应增量为

$$\Delta y = f(x + \Delta x) - f(x).$$

作出函数 $y = f(x)$ 的图像, 在 x 轴上取两点 x 及 $x + \Delta x$, 对应于曲线上的 P 点及 Q 点. 由图可知 $\Delta y = \overline{SQ}$. 当 Δx 较小时, $\overline{SQ}$ 可近似用 $\overline{SR}$ 代替. Δx

愈小, 近似程度愈好. 显然 $\overline{SR}=\overline{PS}\tan\alpha=y'\Delta x$. 我们把 $y'\Delta x$ 称作函数 y 的**微分**, 记作 $\mathrm{d}y$,

$$\mathrm{d}y=y'\Delta x.$$

微分 $\mathrm{d}y$ 是增量 Δy 的主要部分; 两者之差, 与两者本身相比, 要小得多, 可以忽略.

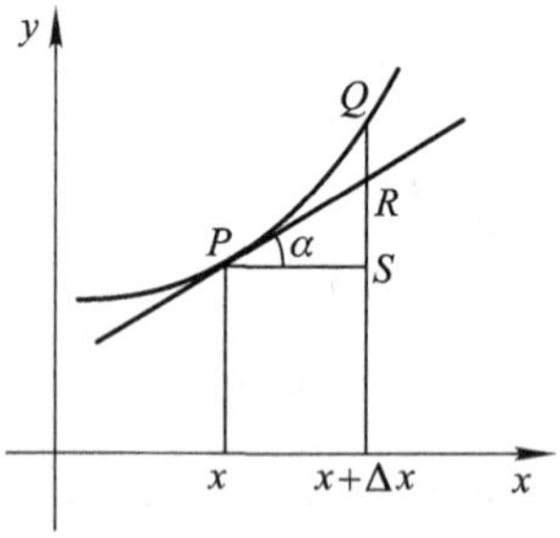

图附 10

例 21 函数 $y=x^2+1$. 试就 $x=1$ 而 $\Delta x=0.1$ 求函数 y 的增量与微分, 并加以比较.

解 增量 $\Delta y=(1.1^2+1)-(1^2+1)=0.21$.

在点 $x=1, y'=(2x)_{x=1}=2$, 故微分

$$\mathrm{d}y=y'\Delta x=2\times 0.1=0.2,$$

果然与 Δy 相近.

例 22 半径为 r 的球的体积 $V=(4/3)\pi r^3$, 若球的半径增大 Δr, 求体积的增量及微分.

解 增量

$$\begin{aligned}\Delta V&=(4/3)\pi(r+\Delta r)^3-(4/3)\pi r^3\\&=4\pi r^2\Delta r+4\pi r(\Delta r)^2+(4/3)\pi(\Delta r)^3.\end{aligned}$$

微分

$$\mathrm{d}V=(\mathrm{d}V/\mathrm{d}r)\Delta r=4\pi r^2\Delta r.$$

对于小的 $\Delta r, \Delta V$ 与 $\mathrm{d}V$ 之差 $4\pi r(\Delta r)^2+(4/3)\pi(\Delta r)^3$ 含有 Δr 的高次幂, 远比 ΔV 或 $\mathrm{d}V$ 小, 可见微分 $\mathrm{d}V$ 确是增量 ΔV 的主要部分.

二、微分的求法

设有一函数 $y=x$, 那么自变量 x 的微分就是函数 $y=x$ 的微分, 从而

$$\mathrm{d}x=\mathrm{d}y=(x)'\Delta x=1\cdot\Delta x=\Delta x.$$

因此, 一般的任一函数 $y=f(x)$ 的微分可以写为

$$\mathrm{d}y=f'\mathrm{d}x=y'\mathrm{d}x$$

由此可见导数 y' 可以看作是 $\mathrm{d}y$ 与 $\mathrm{d}x$ 之商, 故又称为微商.

以前把 $\mathrm{d}y/\mathrm{d}x$ 看作是导数的整个记号; 现在, 引进微分概念之后, 就可以把它作为分式来处理, 这在以后的运算中将给予我们极大的方便.

对任一函数 $y=f(x)$, 求微分 $\mathrm{d}y$, 只需用 $\mathrm{d}x$ 去乘 y' 即可. 例如

$$y=\sin x, y'=\cos x,$$

所以

$$\mathrm{d}y=\cos x\mathrm{d}x.$$

同样, 可以根据函数的和、差、积、商的求导数法则, 得到函数的和、差、积、商的**求微分法则:**

① $\mathrm{d}(u\pm v)=\mathrm{d}u\pm\mathrm{d}v$,

② $\mathrm{d}(uv)=u\mathrm{d}v+v\mathrm{d}u$,

$\mathrm{d}(Cu)=C\mathrm{d}u$ (C 为常数),

③ $\mathrm{d}\left(\dfrac{u}{v}\right)=\dfrac{v\mathrm{d}u-u\mathrm{d}v}{v^2}$.

由以上法则, 可列出微分的基本公式表.

$y=C$	$\mathrm{d}y=0$
$y=x^n$	$\mathrm{d}y=nx^{n-1}\mathrm{d}x$
$y=\mathrm{e}^x$	$\mathrm{d}y=\mathrm{e}^x\mathrm{d}x$
$y=\ln x$	$\mathrm{d}y=(1/x)\mathrm{d}x$
$y=\sin x$	$\mathrm{d}y=\cos x\mathrm{d}x$
$y=\cos x$	$\mathrm{d}y=-\sin x\mathrm{d}x$
$y=\arcsin x$	$\mathrm{d}y=\dfrac{1}{\sqrt{1-x^2}}\mathrm{d}x$
$y=\arccos x$	$\mathrm{d}y=-\dfrac{1}{\sqrt{1-x^2}}\mathrm{d}x$

若函数 $y=f(u)$, 而 u 又是 x 的函数 $u=\varphi(x)$, 那么复合函数 y 的微分如何求? 我们已经知道

$$\frac{\mathrm{d}y}{\mathrm{d}x}=f'(u)\varphi'(x),$$

于是

$$\mathrm{d}y=\frac{\mathrm{d}y}{\mathrm{d}x}\mathrm{d}x=f'(u)\varphi'(x)\mathrm{d}x,$$

即

$$\mathrm{d}y=\frac{\mathrm{d}y}{\mathrm{d}u}\frac{\mathrm{d}u}{\mathrm{d}x}\mathrm{d}x.$$

§5 积 分

一、不定积分

若质点作直线运动, 其运动规律为

$$x = f(t).$$

我们已经知道函数 $f(t)$ 的导数, $f'(t)$ 表示质点在时刻 t 的速度

$$v = f'(t) = \frac{\mathrm{d}x}{\mathrm{d}t}.$$

在力学中我们还常遇到相反的问题: 作直线运动的质点的速度 $v = v(t)$ 已知, 要找出质点运动的规律 $x = f(t)$. 从数学上说, 这个反问题的实质是: 找一个函数 $x = f(t)$, 使这个函数 $f(t)$ 的导数 $f'(t)$ 等于已知函数 $v(t)$, 即 $f'(t) = v(t)$.

推广到一般, 设有函数 $f(x)$, 如果有这样的函数 $F(x)$, 使得

$$F'(x) = f(x).$$

即 $F(x)$ 的导数为 $f(x)$, 则 $F(x)$ 称为 $f(x)$ 的**原函数**, 例如 $f(x) = \cos x$, 则它的原函数 $F(x) = \sin x$, 因为 $(\sin x)' = \cos x$.

请注意, 由于常数的导数为零, 若 $F(x)$ 是 $f(x)$ 的原函数, 即 $F'(x) = f(x)$, 则函数族

$$F(x) + C \qquad (C \text{ 为任意常数})$$

中的任一函数一定也是 $f(x)$ 的原函数, 因为

$$[F(x) + C]' = F'(x) = f(x).$$

这样, 一个函数的原函数有无穷多个, 它们组成函数族 $F(x) + C$ (C 为任意常数).

函数 $f(x)$ 的所有原函数的全体叫做函数 $f(x)$ 的**不定积分**, 记作

$$\int f(x)\mathrm{d}x,$$

式中 $f(x)$ 叫做**被积函数**, $f(x)\mathrm{d}x$ 叫**被积表达式**, x 叫**积分变量**.

综上所述, 要找 $f(x)$ 的不定积分, 也即是要找 $f(x)$ 的所有原函数, 只要找出 $f(x)$ 的任何一个原函数 $F(x)$ 就行了,

$$\int f(x)\mathrm{d}x = F(x) + C.$$

其中 C 是任意常数, 称为**积分常数**.

求函数的原函数的方法称为不定积分法或简称为**积分法**, 积分法是微分法的逆运算.

二、不定积分的性质

根据不定积分的定义, 可推出不定积分的几个性质:

① $\left(\int f(x)\mathrm{d}x\right)' = f(x)$,

$d\int f(x)\mathrm{d}x = f(x)\mathrm{d}x$;

② $\int f'(x)\mathrm{d}x = f(x) + C$,

$\int \mathrm{d}f(x) = f(x) + C$;

③ $\int [f(x) + \varphi(x) + \cdots + \psi(x)]\mathrm{d}x = \int f(x)\mathrm{d}x + \int \varphi(x)\mathrm{d}x + \cdots + \int \psi(x)\mathrm{d}x$;

④ $\int af(x)\mathrm{d}x = a\int f(x)\mathrm{d}x$,

式中 a 为常数, 且 $a \neq 0$.

三、基本积分表

如前所指出, 积分法是微分法的逆运算, 因此任何一个微分公式, 倒过来运用就得到一个相应的积分公式. 这样, 由前文所述的微分公式表可得下面的**基本积分表**:

① $\int 0\mathrm{d}x = C$

② $\int x^n\mathrm{d}x = \dfrac{1}{n+1}x^{n+1} + C \quad (n \neq -1)$

③ $\int \dfrac{1}{x}\mathrm{d}x = \ln x + C \quad (x > 0)$

④ $\int \mathrm{e}^x\mathrm{d}x = \mathrm{e}^x + C$

⑤ $\int \sin x\mathrm{d}x = -\cos x + C$

⑥ $\int \cos x\mathrm{d}x = \sin x + C$

⑦ $\int \dfrac{1}{\cos^2 x}\mathrm{d}x = \tan x + C$

⑧ $\int \dfrac{1}{\sin^2 x}\mathrm{d}x = -\cot x + C$

⑨ $\int \dfrac{1}{\sqrt{1-x^2}}\mathrm{d}x = \arcsin x + C$

⑩ $\int -\dfrac{1}{\sqrt{1-x^2}}\mathrm{d}x = \arccos x + C$

一般常见的初等函数的积分常可利用上列简单积分表及积分法则求出.

例 23 求 $\int (3x^2 - 2x + 1)\mathrm{d}x$.

解　$\int(3x^2-2x+1)\mathrm{d}x=3\int x^2\mathrm{d}x-2\int x\mathrm{d}x+\int\mathrm{d}x=x^3-x^2+x+C.$

例 24　求 $\int\sin^2 x\mathrm{d}x$.

解
$$\begin{aligned}\int\sin^2 x\mathrm{d}x&=\int\frac{1}{2}(1-\cos 2x)\mathrm{d}x\\&=\frac{1}{2}\int\mathrm{d}x-\frac{1}{2}\int\cos 2x\mathrm{d}x\\&=\frac{1}{2}\int\mathrm{d}x-\frac{1}{4}\int\cos 2x\mathrm{d}(2x)\\&=\frac{1}{2}x-\frac{1}{4}\sin 2x+C.\end{aligned}$$

例 25　求 $\int\frac{x}{x+1}\mathrm{d}x$.

解
$$\begin{aligned}\int\frac{x}{x+1}\mathrm{d}x&=\int\frac{x+1-1}{x+1}\mathrm{d}x\\&=\int\left(1-\frac{1}{x+1}\right)\mathrm{d}x=\int\mathrm{d}x-\int\frac{1}{x+1}\mathrm{d}x\\&=\int\mathrm{d}x-\int\frac{1}{x+1}\mathrm{d}(x+1)\\&=x-\ln|x+1|+C.\end{aligned}$$

例 26　求 $\int\sin^2 x\cos x\mathrm{d}x$.

解　由于 $\mathrm{d}\sin x=\cos x\mathrm{d}x$

令 $\sin x=X$ 代入原式即

$$\begin{aligned}\int\sin^2 x\cos x\mathrm{d}x&=\int\sin^2 x\mathrm{d}\sin x\\&=\int X^2\mathrm{d}X=\frac{X^3}{3}+C.\end{aligned}$$

回到原来的变数

$$\int\sin^2 x\cos x\mathrm{d}x=\frac{1}{3}\sin^3 x+C.$$

四、分部积分法

分部积分法是由函数乘积的微分法则导出的. 由

$$\mathrm{d}(uv)=v\mathrm{d}u+u\mathrm{d}v,$$

即

$$u\mathrm{d}v=\mathrm{d}(uv)-v\mathrm{d}u,$$

两边积分得

$$\int v\mathrm{d}u=uv-\int v\mathrm{d}u.$$

如果积分 $\int u\mathrm{d}v$ 比较难求, 而积分 $\int v\mathrm{d}u$ 却较为容易, 我们就可以利用上式计算 $\int u\mathrm{d}v$. 这通常称为**分部积分法.**

例 27 求 $\int x\cos x\mathrm{d}x$.

解 令 $u=x, \mathrm{d}v=\cos x\mathrm{d}x$,

则
$$u\mathrm{d}v=x\cos x\mathrm{d}x,$$
$$\mathrm{d}u=\mathrm{d}x, v=\sin x,$$
$$v\mathrm{d}u=\sin x\mathrm{d}x,$$

利用分部积分公式即得

$$\begin{aligned}\int x\cos x\mathrm{d}x&=x\sin x-\int\sin x\mathrm{d}x\\&=x\sin x+\cos x+C.\end{aligned}$$

例 28 求 $\int x\mathrm{e}^x\mathrm{d}x$.

解 令 $u=x,\ \mathrm{d}v=\mathrm{e}^x\mathrm{d}x$,

则
$$u\mathrm{d}v=x\mathrm{e}^x\mathrm{d}x,$$
$$\mathrm{d}u=\mathrm{d}x, v=\mathrm{e}^x,$$
$$v\mathrm{d}u=\mathrm{e}^x\mathrm{d}x,$$

分部积分得

$$\begin{aligned}\int x\mathrm{e}^x\mathrm{d}x&=x\mathrm{e}^x-\int\mathrm{e}^x\mathrm{d}x\\&=x\mathrm{e}^x-\mathrm{e}^x+C.\end{aligned}$$

例 29 求 $\int\mathrm{e}^x\sin x\mathrm{d}x$.

解 令 $u=\sin x, \mathrm{d}v=\mathrm{e}^x\mathrm{d}x$,

则
$$u\mathrm{d}v=\sin x\mathrm{e}^x\mathrm{d}x,$$
$$\mathrm{d}u=\cos x\mathrm{d}x, v=\mathrm{e}^x,$$
$$v\mathrm{d}u=\mathrm{e}^x\cos x\mathrm{d}x,$$

分部积分, 得

$$\begin{aligned}\int\mathrm{e}^x\sin x\mathrm{d}x&=\mathrm{e}^x\sin x-\int\mathrm{e}^x\cos x\mathrm{d}x\\&=\mathrm{e}^x\sin x-\int\cos x\mathrm{d}\mathrm{e}^x\\&=\mathrm{e}^x\sin x-\mathrm{e}^x\cos x+\int\mathrm{e}^x\mathrm{d}\cos x\\&=\mathrm{e}^x(\sin x-\cos x)-\int\mathrm{e}^x\sin x\mathrm{d}x.\end{aligned}$$

注意, 右边最后一项正是待求的积分, 只是多了一个负号, 把它移项到左边, 即得

$$\int\mathrm{e}^x\sin x\mathrm{d}x=\frac{1}{2}\mathrm{e}^x(\sin x-\cos x)+C.$$

例 30 求 $\int x\ln x\mathrm{d}x$

解 令 $u=\ln x, \mathrm{d}v=x\mathrm{d}x$,

则

$$\begin{aligned}u\mathrm{d}v&=x\ln x\mathrm{d}x,\\ \mathrm{d}u&=\mathrm{d}x/x, v=x^2/2,\\ v\mathrm{d}u&=(1/2)x\mathrm{d}x,\end{aligned}$$

分部积分得

$$\begin{aligned}\int x\ln x\mathrm{d}x&=x^2\ln x/2-\frac{1}{2}\int x\mathrm{d}x\\ &=\frac{x^2}{2}\ln x-\frac{x^2}{4}+C.\end{aligned}$$

五、定积分

(1) 已知速度求位移

质点作变速运动, 其速度随时间变化的规律为 $v=v(t)$, 今计算质点从 $t=a$ 到 $t=b$ 这段时间内的位移 s. 这是积分学的典型问题之一.

如果质点作匀速运动, 这个问题很容易解决:

$$s=vt.$$

但在一般情形下, 质点作变速运动, 速度 $v=v(t)$ 随时间而变动, 不能直接用匀速运动公式 $s=vt$ 来计算.

回忆引入导数概念的过程, 我们曾指出, 对于很短的时间间隔, 速度变化很小, 变速运动可以近似地当作匀速运动. 因此, 将时间 t 的变化区间 $[a,b]$, 划分为许许多多小区间, 各个小区间的长度各为 Δt, 认为质点在每个小区间上作匀速运动, 位移 Δs_i 近似为

$$\Delta s_i=v(t_i)\Delta t \quad (i=1,2,\cdots,n).$$

把各小段位移的近似值累加起来, 得总位移 s 的近似值

$$s\approx\sum_{i=1}^{n}v(t_i)\Delta t_i.$$

将区间无限细分, 即所有 $\Delta t\to 0$, 和式

$$\sum_{i=1}^{n}v(t_i)\Delta t_i$$

的极限就成为总位移 s 的精确值

$$s=\lim_{\Delta t\to 0}\sum_{i=1}^{n}v(t_i)\Delta t.$$

这称为 $v(t)$ 从 a 到 b 的**定积分**, 记作

$$\int_a^b v(t)\mathrm{d}t.$$

$v(t)$ 称为**被积函数**, a 和 b 分别称为积分的**下限**和**上限**.

从图附 11 上看, 和 $\sum_{i=1}^{n} v(t_i)\Delta t_i$ 是矩形条的面积之和. 当 $\Delta t \to 0, n \to \infty$ 时, 极限 $\int_a^b v(t)\mathrm{d}t$ 就是 $v-t$ 曲线下面从 $t=a$ 到 $t=b$ 之间的面积.

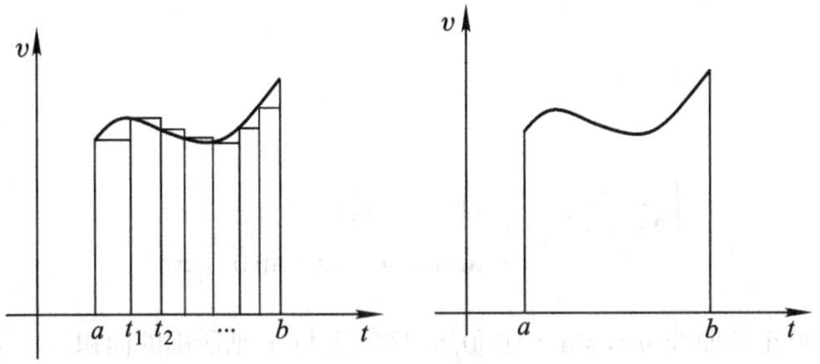

图附 11

(2) 定积分计算的基本公式

如上所述, 为计算质点从 $t=a$ 到 $t=b$ 所走过的路程, 要把时间区间 $[a,b]$ 无限分割, 然后求 $\sum_{i=1}^{n} v(t_i)\Delta t_i$ 的极限, 这种求法未免使初学者有些望而生畏.

其实, 我们很少这样来计算定积分, 而是用后面的定理来计算.

让我们从另一条思路来考虑这个问题.

位移 s 即是 $t=b$ 时的坐标 $x(b)$ 与 $t=a$ 时的坐标 $x(a)$ 之差,

$$s = x(b) - x(a)$$

这样, 只要求得坐标 x 作为时间 t 的函数 $x(t)$, 位移 s 的计算就迎刃而解了.

$x(t)$ 不是别的, 它正是 $v(t)$ 的原函数. 这样, 位移 s 作为定积分可以如下简便算出: 先求 $v(t)$ 的原函数 $x(t)$, 然后应用下式

$$\int_a^b v(t)\mathrm{d}t = x(b) - x(a).$$

推广到一般, 我们有**定积分计算的基本定理**: 如 $F(x)$ 是 $f(x)$ 的原函数, 即 $F'(x) = f(x)$, 则定积分

$$\int_a^b f(x)\mathrm{d}x = F(b) - F(a),$$

上式右边往往又写成 $F(x)\big|_a^b$.

这个定理大大简化了定积分的计算.

例 31 计算定积分 $\int_0^{\pi/3}\cos x\mathrm{d}x$.

解 $\int\cos x\mathrm{d}x=\sin x+C$, 即 $\sin x$ 是 $\cos x$ 的一个原函数, 所以

$$\int_0^{\pi/3}\cos x\mathrm{d}x=\sin x\Big|_0^{\pi/3}=\frac{\sqrt{3}}{2}.$$

例 32 计算定积分 $\int_0^1\frac{1}{1+x^2}\mathrm{d}x$

解 $\int\frac{1}{1+x^2}\mathrm{d}x=\arctan x+C$,

所以

$$\begin{aligned}\int_0^1\frac{1}{1+x^2}\mathrm{d}x&=\arctan x\Big|_0^1\\&=\arctan 1-\arctan 0=\pi/4.\end{aligned}$$

例 33 计算正弦曲线 $y=\sin x$ 在 $[0,\pi]$ 区间上与 x 轴所围的面积.

解 按前文所说, 这面积

$$S=\int_0^\pi\sin x\mathrm{d}x.$$

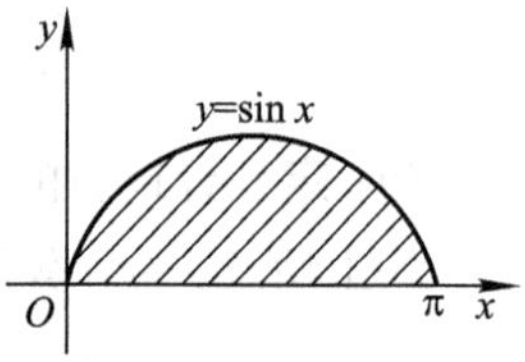

图附 12

因为

$$\int\sin x\mathrm{d}x=-\cos x+C,$$

所以

$$S=\int_0^\pi\sin x\mathrm{d}x=-\cos x\Big|_0^\pi=2.$$

例 34 汽车以 36 km/h 行驶中以加速度 $a=-5\ \mathrm{m/s^2}$ 刹车, 问从开始刹车到停车, 汽车走了多少距离.

解 令开始刹车的时刻为计时起点, 即 $t=0$. 此时, 汽车速度

$$v_0=36\ \mathrm{km/h}=10\ \mathrm{m/s}.$$

刹车后汽车减速行驶, 其速度不再为常量, 而是

$$v=v_0+at=10-5t.$$

到汽车停下来之时, $v=0$, 故可由

$$0=10-5t$$

解出汽车停下来的时刻

$$t=2\ \mathrm{s}.$$

于是在这段时间内, 汽车所走距离为

$$s = \int_0^2 v(t)\mathrm{d}t = \int_0^2 (10 - 5t)\mathrm{d}t$$
$$= \left(10t - 5 \cdot \frac{t^2}{2}\right)\bigg|_0^2 = 10(\mathrm{m}).$$

习　　题

0. 微积分初步

0.1　求下列函数的导数:

(1) $y = x^2 + 3x - 1$;

(2) $y = 5\sin(3x+1)$;

(3) $y = x/(1+x^2)$;

(4) $y = (x^2+a^2)^2/\sqrt{x}$;

(5) $y = \tan(x/2)$;

(6) $y = \sin x/x^2$;

(7) $y = x/\sqrt{x^2+1}$;

(8) $y = [\ln(1-x)]^2$;

(9) $y = \ln\cos(1/x)$;

(10) $y = [x+\sqrt{x}]^{1/2}$;

(11) $y = x\sin x\ln x$;

(12) $y = \sin t/(1+\cos t)$;

(13) $y = \ln\tan x$;

(14) $y = \ln[(a+x)/(a-x)]$;

(15) $y = \ln(x+\sqrt{1+x^2})$;

(16) $y = \ln(\sin x/a) + \arcsin\sqrt{x}$;

(17) $y = \arccos(2/x)$;

(18) $y = \mathrm{e}^{-x}\cos 3x$;

(19) $y = (\arcsin x)^2$;

(20) $y = \sqrt{x+\sqrt{x+\sqrt{x}}}$.

0.2　微分下列方程, 并求出 $\mathrm{d}y/\mathrm{d}x$:

(1) $x^2 + y^2 = a^2$;

(2) $x = a\cos\varphi, y = b\sin\varphi$;

(3) $x = a(\varphi - \sin\varphi), y = a(1-\cos\varphi)$;

(4) $x^3 + y^3 - 3axy = 0$,

(5) $x = at^2, y = bt^3$;

(6) $x^2/a^2 + y^2/b^2 = 1$;

(7) $x = a\cos^3\varphi, y = a\sin^3\varphi$;

(8) $x=\sqrt{1+t}, y=\sqrt{1-t}$.

0.3 求下列函数的二阶导数 y'':

(1) $x=a\cos\varphi, y=b\sin\varphi$;

(2) $y=1/(x^3+1)$;

(3) $y=\tan x$;

(4) $y=\sin x\sin 2x\sin 3x$;

(5) $y=3x^4-4x^3+1$;

(6) $y=\sqrt{a^2-x^2}$;

(7) $y=\sin(x+y)$;

(8) 已知简谐运动中坐标 x 与时间 t 的关系为 $x=A\cos\omega t$, 式中 A、ω 是常量, 试求加速度与时间 t 的关系, 并验证

$$\frac{\mathrm{d}^2x}{\mathrm{d}t^2}+\omega^2x=0.$$

0.4 计算下列不定积分:

(1) $\int(3-4x+3x^2)\mathrm{d}x$;

(2) $\int(a-bx^2)^3\mathrm{d}x$;

(3) $\int\frac{1}{x^3}\mathrm{d}x$;

(4) $\int x\sqrt{x}\mathrm{d}x$;

(5) $\int\frac{3x^2}{1+x^2}\mathrm{d}x$;

(6) $\int\frac{x^3-27}{x-3}\mathrm{d}x$;

(7) $\int\frac{3}{(1-2x)^2}\mathrm{d}x$;

(8) $\int\frac{1}{3x-5}\mathrm{d}x$;

(9) $\int\sin 3x\mathrm{d}x$;

(10) $\int\mathrm{e}^{-3x}\mathrm{d}x$;

(11) $\int\frac{1}{1+9x^2}\mathrm{d}x$;

(12) $\int\frac{x^2}{x^3+1}\mathrm{d}x$;

(13) $\int\sin 3x\sin 5x+c$;

(14) $\int\cos^2x\mathrm{d}x$;

(15) $\int\cos^3x\mathrm{d}x$;

(16) $\int x\sin 2x\mathrm{d}x$;

(17) $\int\ln^2x\mathrm{d}x$;

(18) $\int x^2(1+x)\mathrm{d}x$;

(19) $\int \ln x\mathrm{d}x$;

(20) $\int \arccos x\mathrm{d}x$;

(21) $\int x\mathrm{e}^x\mathrm{d}x$;

(22) $\int x^2\mathrm{e}^x\mathrm{d}x$;

(23) $\int x\ln x\mathrm{d}x$;

(24) $\int \mathrm{e}^x\sin x\mathrm{d}x$.

0.5 计算下列定积分:

(1) $\int_0^1(3x^2-4x+1)\mathrm{d}x$;

(2) $\int_{-b}^b\frac{1}{x+a}\mathrm{d}x$;

(3) $\int_0^1\arccos x\mathrm{d}x$;

(4) $\int_{-2}^1\frac{\mathrm{d}x}{(11+5x)^3}$;

(5) $\int_{\pi/6}^{\pi/2}\cos^2 u\mathrm{d}u$;

(6) $\int_0^{\sqrt{2}}\sqrt{2-x^2}\mathrm{d}x$;

(7) $\int_0^\pi x\sin x\mathrm{d}x$;

(8) $\int_1^\mathrm{e}x\ln x\mathrm{d}x$;

(9) $\int_0^1 t\mathrm{e}^t\mathrm{d}t$;

(10) $\int_0^\pi x^3\sin x\mathrm{d}x$;

(11) 用定积分求圆 $x^2+y^2=R^2$ 的面积的 1/4, 并和已知的圆面积结果对比.

(12) 求抛物线 $y^2=2px$ 和直线 $x=2p$ 所围的面积.

1. 直线运动的运动学

1.1 小球从竖直标尺的零点无初速地自由落下, 用照相机拍摄小球下落情况. 在底片上, 小球的路径呈现为从 n_1 毫米刻度到 n_2 毫米刻度的一段直线. 求拍摄时的曝光时间.

1.2 电车停在十字路口. 绿灯一亮, 电车立刻以 2 $\mathrm{m/s^2}$ 的匀加速开动. 在其启动时恰有一卡车以 10 m/s 的匀速追上并驶过. 问电车将在何处追上卡车?

1.3 在刹车作用下, 汽车通过某段 10 m 长度用了 2.2 s, 而通过紧接的 10 m 长度所用时间延长为 3 s. 设汽车速度的减慢是均匀的. 求汽车的加速度.

1.4 雪橇无初速地从 A 点匀加速滑下斜坡 AB, 随后沿水平面匀减速运动到 C 点停止. 已知 AB 长 s_1, BC 长 s_2, 并且已知从 A 到 C 总共用时间 T. 求雪橇在斜坡上的加速度与在 BC 上的减速度.

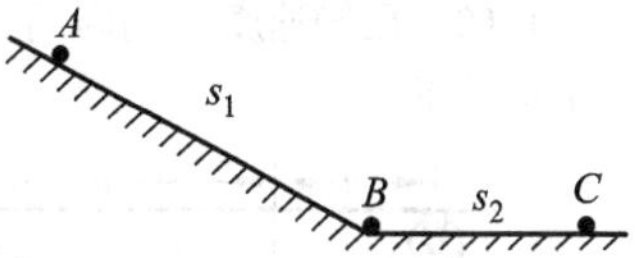

题 1.4

1.5 在高出地面 14.7 m 的 A 处以初速 $v_0 = 9.8$ m/s 向上抛出一物体, 物体上升到最高点 B 处然后落到地面 C 处, 求物体到达最高点 B 的时间和距离 AB、落地时间和落地速度. (i) 取 C 点为坐标原点, x 轴向上为正. (ii) 取 A 点为原点, x 轴向下为正.

1.6 一人用绳子拉着小车快速前进. 小车位于高出绳端 h 的平台上. 人的速度 v_0 不变, 求小车的速度与加速度. (可用人走过的路程 s 表出.)

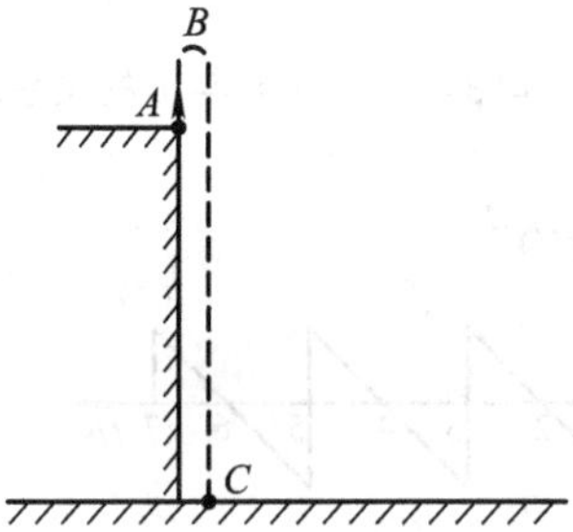

题 1.5

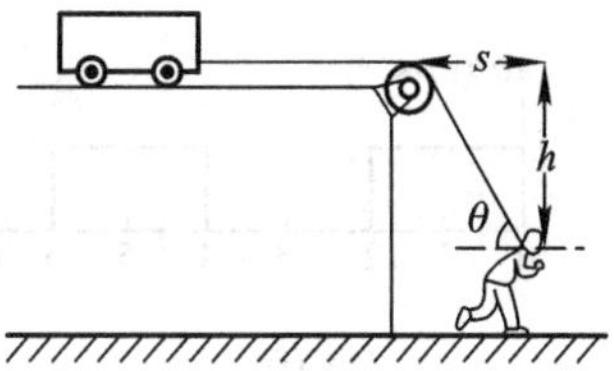

题 1.6

1.7 路灯距地面高度为 h. 身高 l 的人以匀速 v_0 在路上行走. 求人影中头顶的移动速度, 并求影长增长的速率.

1.8 细杆 OL 绕 O 点以匀角速 ω 转动, 并推动小环 C 在固定的钢丝 AB 上滑动. 图中的 l 为已知, 试利用 φ 或 s 表出小环的速度与加速度.

1.9 内燃机曲柄 OA 以匀角速 ω_0 转动, 通过连杆 AB 带动活塞在汽缸中往返运动. 已知 $OA = r$, $AB = l$, 试利用变角 φ 求活塞的速度.

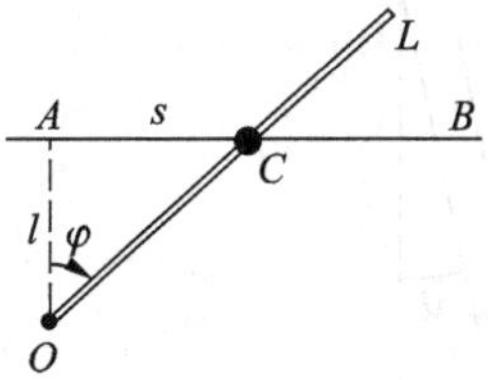

题 1.8

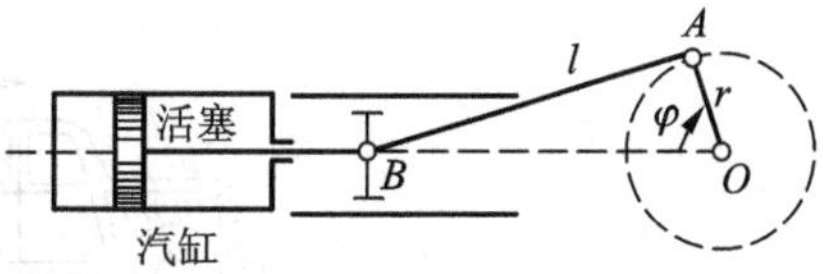

题 1.9

1.10 物体在很深的矿井中下落时, 其加速度正比于物体到地心的距离. 求物体无初速下落深度 s 所需时间及当时的速度, 若地球半径 $R = 6\ 400$ km, $s = 1\ 000$ m.

1.11 一根不可伸长的绳绕过 A、B 两个定滑轮, 绳的两端分别悬挂着物体 1 与 2. 在绳上 C 点又悬挂物体 3. 三个物体都在竖直方向运动, 已知物体 1 的速度 v_1, 利用 a, b, c, 求物体 2 与 3 的速度.

1.12　已知速度 v 与时间 t 的关系如图所示. 试作图表明加速度 a 与 t 的关系, 坐标 x 与 t 的关系.

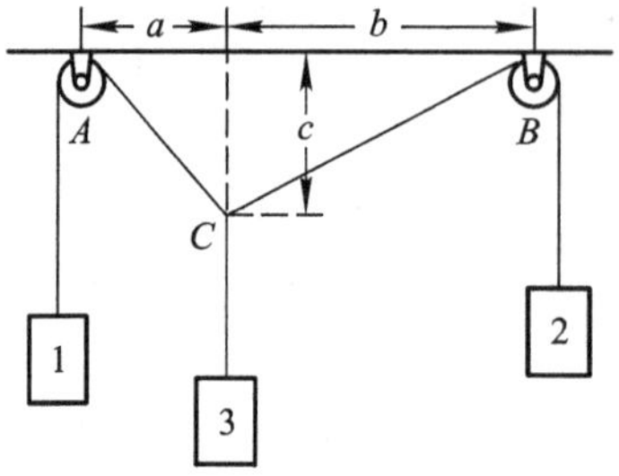

题 1.11

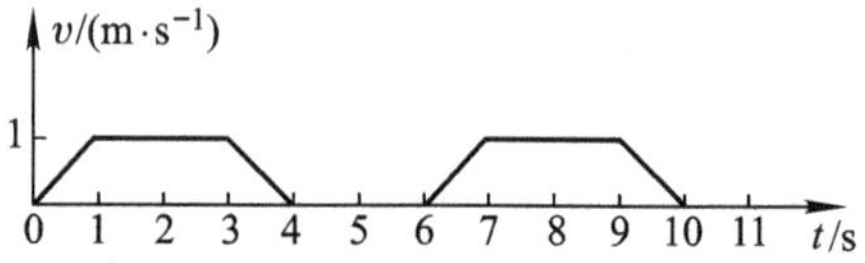

题 1.12

1.13　已知加速度 a 与时间 t 的关系如图所示. 试作图表明速度 v 与 t 的关系, 坐标 x 与 t 的关系.

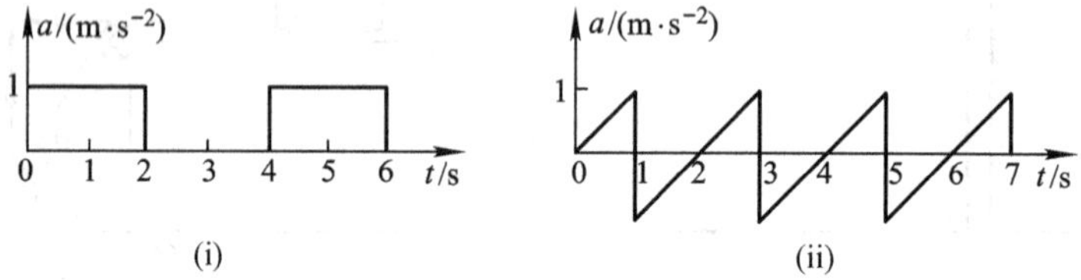

题 1.13

2. 一般运动的运动学

2.1　汽车以速度 v_1 在雨中行驶. 雨滴落下的速度 v_2 偏于竖直方向之前 θ 角. 问车后的一卷行李是否被打湿?

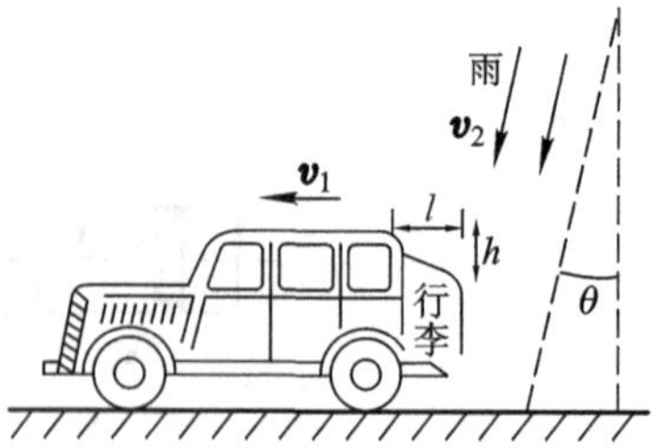

题 2.1

2.2　在宽广的海面上, 舰只可以任意航行.A 舰以全速 v_0 沿既定的直线急驰. B 舰则以全速 v_1 急追 A 舰. 试作图表明 B 舰应向什么方向航行, 才得以恰恰追及 A 舰.

2.3　细长棒 AB 与 CD 分别以垂直于自身的速度 v_1 与 v_2 移动. 求交点 M 的速度 v.

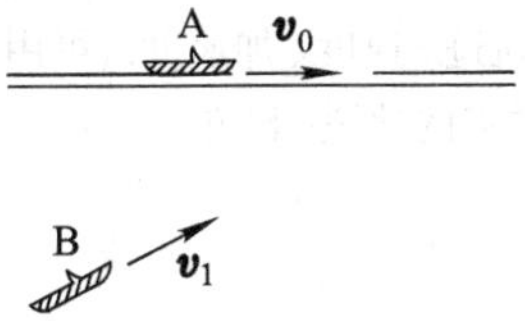

题 2.2

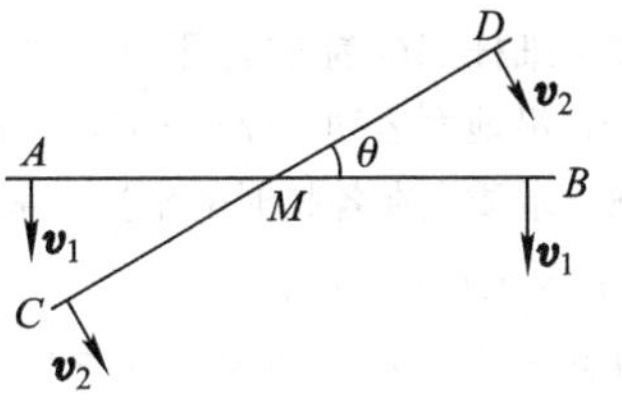

题 2.3

2.4 求质点在各瞬时的坐标、速度或加速度, 并求质点的轨道. 已知

(i) $x=15t^2, y=4-20t^2$.

(ii) $x=a\cos\omega t, y=b\sin\omega t$.

(iii) $x=a\mathrm{e}^{kt}, \dot{y}=-bk\mathrm{e}^{-kt}, y\,|_{t=0}=b$.

(iv) $\dot{x}=-a\omega\sin\omega t, x\,|_{t=0}=a, y=b\sin\omega t$.

(v) $x=2\cos 3t, y=2\sin 3t, \dot{z}=4, z\,|_{t=0}=0$.

其中 a、b、ω、k 均为正值常量.

2.5 有一栅栏式结构, 由长为 l 的杆 OA_1、OB_1、CA_4、CB_4 以及长为 $2l$ 的杆 A_1B_2、B_1A_2、A_2B_3、B_2A_3、A_3B_4、B_3A_4 铰合而成. C 点由 O 出发沿 x 轴运动. 求 A_1、A_2、A_3、A_4 的轨迹.

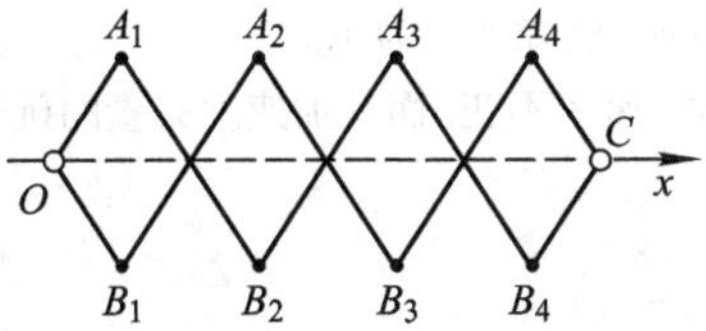

题 2.5

2.6 椭圆规的 AB 杆上 A、B 两点分别沿 Oy 槽、Ox 槽移动. 试证明杆上任意一点 C 的轨迹为椭圆.

如 A 以匀速 v_0 运动, 求 B、C 的速度.

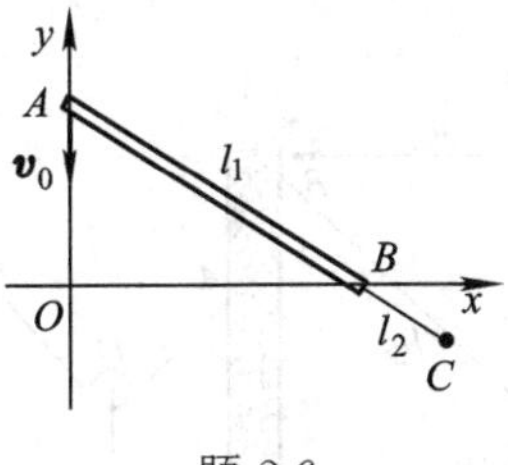

题 2.6

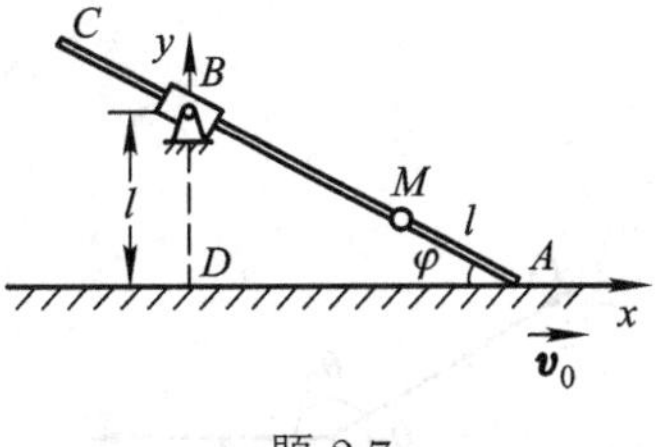

题 2.7

(在车床上可利用本题原理车制椭圆柱体. 不过, 车刀 C 以及与刀架固连的 A 和 B 并不动. 相反, 夹持工件而带有 xy 槽的夹具在 O 点通过连杆与 AB 的中点相连并绕后者旋转.)

2.7 细杆 AC 穿过套管, 套管可绕通过 B 点垂直于图面的固定轴线转动. 杆的一端 A 以匀速 v_0 沿地面运动, $AM = BD = l$, 求杆上 M 点的轨迹、速度、加速度. (可用 φ 表出.)

2.8 求质点在各瞬时的坐标、速度、加速度, 并求质点的轨道. 已知

(i) $\rho = a_1 t, \varphi = a_2/t$.

(ii) $\rho = \mathrm{e}^{a_1 t}, \dot{\varphi} = a_2, \varphi|_{t=0} = 0$.

(iii) $\dot{\varphi} =$ 常量 ω_0, 速率 $v =$ 常量 $v_0, \rho|_{\varphi=0} = 0$.

(iv) 径向速度 $v_\rho =$ 常量 a_2, 掠面速度 $\dot{S} = \dfrac{1}{2} a_1 \rho$.

(v) 直角坐标 $y = a_1 t$, 极角 $\varphi = a_2 t$.

其中 a_1、a_2 均为正值常量.

2.9 细杆以匀角速 ω_0 绕固定端 O 转动, 有一滑块从固定端 O 出发以匀速 v_0 沿杆滑动, 求滑块的轨迹、速度、加速度.

2.10 在岸边固定地点收绳将河中小船拉回岸边, 收绳的速率 u 不变. 求小船的轨迹. 设河中水流均匀, 各处流速都是 v.

2.11 已给椭圆 $\rho = p/(1 + e\cos\varphi)$. 在椭圆的平面内, 有一直线以匀角速 ω_0 绕椭圆的焦点转动. 求直线与椭圆交点的速度.

2.12 将绳子绕在半径为 R 的轮上, 绳端挂有物体, 物体按 $s = 0.6t^2$ 的规律下降并带动轮子转动. 求轮缘的某个 M 点在 $t = 1$ s 的加速度.

2.13 质点沿着半径为 R 的圆周运动, 加速度与速度的夹角保持不变. 求质点速度随时间而变化的规律. 已知初速为 v_0.

2.14 质点在平面内运动, 速率不变, 而其加速度矢量的延长线总是通过某个定点 O. 求点的轨迹.

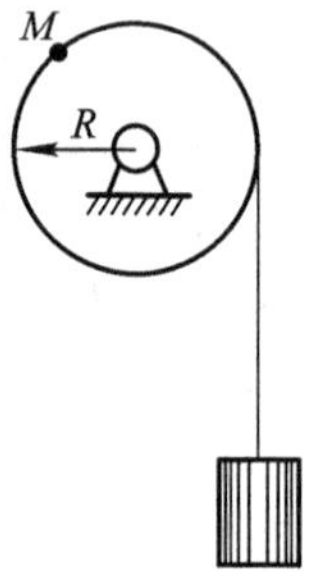

题 2.12

3. 力的合成与分解

3.1 试证明所谓拉密定理: 三力平衡时,

$$\frac{F_1}{\sin\theta_1} = \frac{F_2}{\sin\theta_2} = \frac{F_3}{\sin\theta_3}.$$

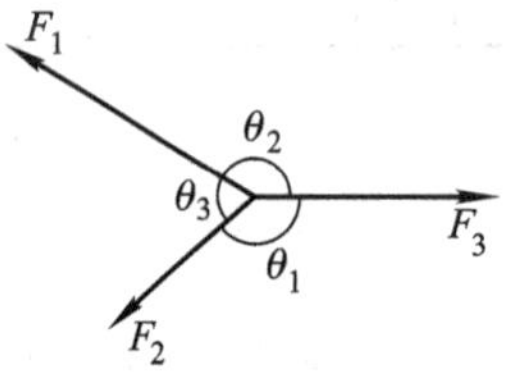

题 3.1

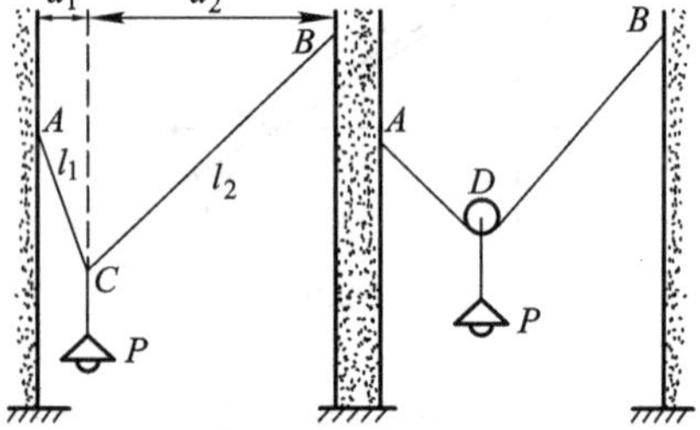

题 3.2

3.2 在两堵平行的墙之间拉有绳索 AB, 在绳的 C 点悬挂重为 P 的电灯. 已知 $AC=l_1$, $BC=l_2$, C 点距左墙 d_1, 距右墙 d_2. 求 AC 与 BC 两段绳中张力各为多少?

如将灯改挂于动滑轮 D 下, 情况有什么不同?

3.3 用两根钢丝绳 AB 与 BC 将天线竿 DB 支持起来. 已知 $AD=5$ m, $DC=9$ m, $DB=12$ m. 希望天线竿不发生弯曲, 问两绳中张力的比值应当等于什么?

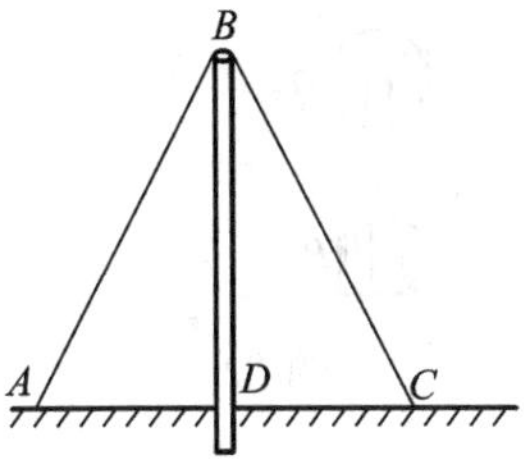

题 3.3

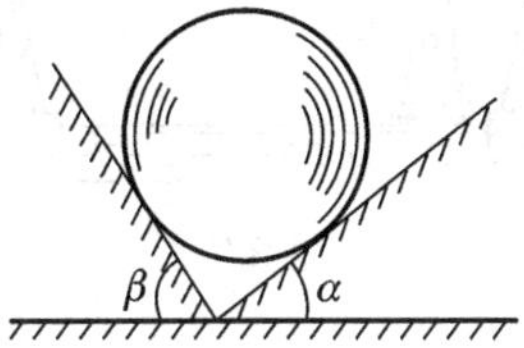

题 3.4

3.4 两个斜面与水平面各成 α 角与 β 角, 在两斜面之间放置重为 P 的匀质球. 问球对两斜面的压力各为多大?

3.5 在一光滑水平面上, 直立一半径为 R 的中空直圆筒. 在筒内放入两个相同的匀质球, 球的半径为 $r\left(\frac{1}{2}R<r<R\right)$, 重量为 P. 求两球对圆筒的压力.

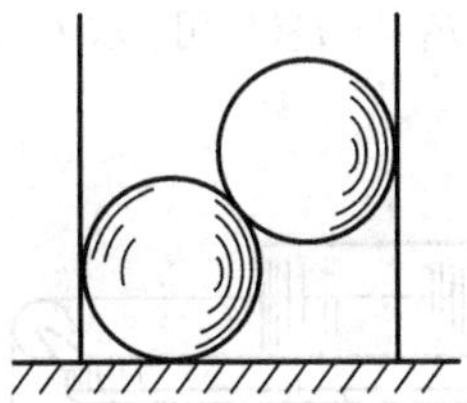

题 3.5

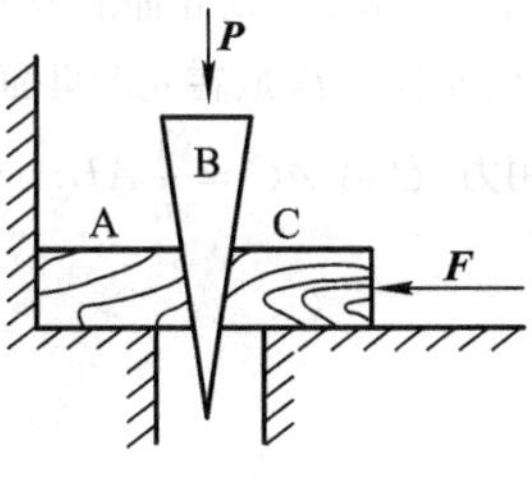

题 3.6

3.6 顶角为 2α 的尖劈 B 劈入 AC 之间. 劈上受到力 P 作用, 问应以多大的力 F 才可以抵住 C 不动? 设各个接触面都是光滑的.

3.7 图示意地表明用吊车运物过河的情形. A、B 两塔分居于河的两岸, 相距 l. 两塔之间张有钢丝绳, 其长为 L. 吊车连同载荷共重 P, 吊在动滑轮下, 动滑轮可在钢丝绳上滑动. 另用钢丝绳系在动滑轮上, 绕过 A 塔顶端的滑车而缠在绞车 D 上. 转动绞车 D 就能将吊车拉向 A 塔. 某一时刻吊车与 A 塔相距 d, 求此时各个钢丝绳中张力.

3.8 参看 1.9 题的图. 内燃机汽缸中气体压强为 p, 大气压强为 p_0. 活塞为圆形, 半径为 R. 问由于气体推动活塞, 连杆将以多大的力转动曲柄?

3.9 一组滑车由定滑轮 A 与动滑轮 B、C、D 组成. 为支持重为 P 的物体, 应以多大的力 F 施于绳端? 每个动滑轮的重量为 P', 摩擦力均可不计.

试对 n 个动滑轮的情况作出推论.

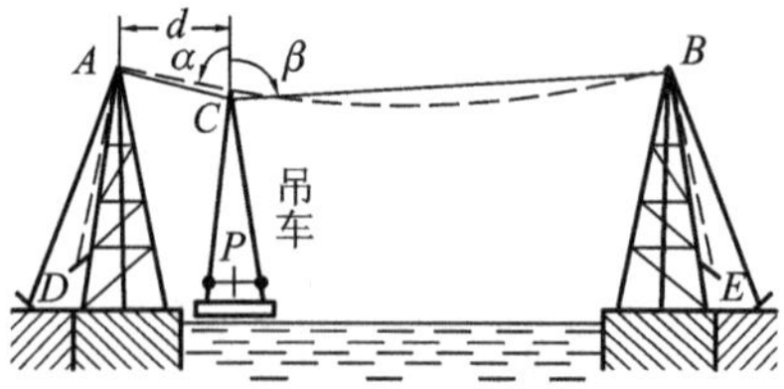

题 3.7

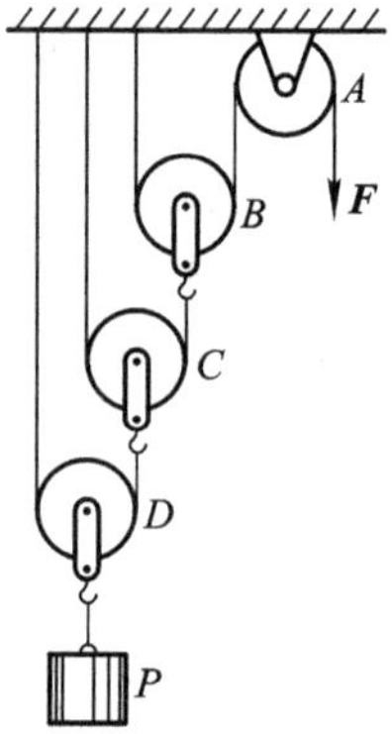

题 3.9

4. 质点运动定律 (一)

4.1 站立在电梯中的人提着 10 kg 物体. 试就下列各情况计算物体对人手的作用力: (i) 电梯静止, (ii) 电梯匀速上升, (iii) 电梯以匀加速 4.9 $\mathrm{m/s^2}$ 上升, (iv) 电梯以匀减速 4.9 $\mathrm{m/s^2}$ 上升, (v) 电梯以匀减速 4.9 $\mathrm{m/s^2}$ 下降.

4.2 卡车连同所载人员货物共为 4 吨. 车身在钢板弹簧上振动, 其上下的位移可表为 $0.8\sin 4\pi t(\mathrm{cm})$. 求卡车对路面的压力.

4.3 匀质杆 AB 放在光滑桌面上, 两端分别受到力 F_1 与 F_2 作用. 求 C 处截面两方的相互作用力, 已给 $AC = \dfrac{1}{n}AB$.

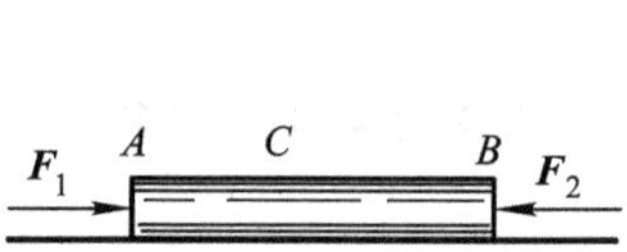

题 4.3

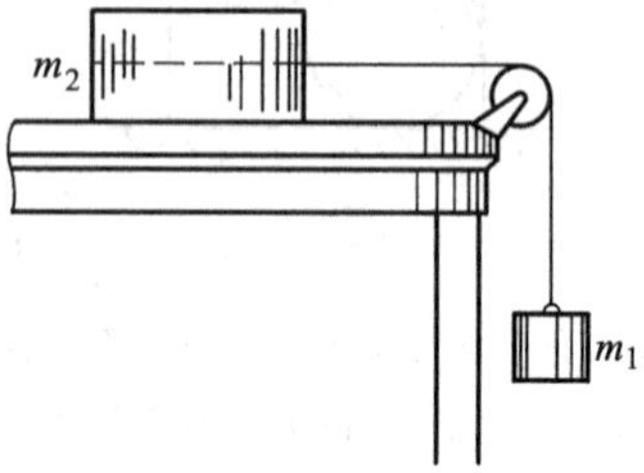

题 4.4

4.4 光滑桌面上有一质量为 m_2 的物体. 绳的一端系在这物体上, 另一端绕过很轻的定滑轮后悬以质量为 m_1 的物体. 求桌上那一物体上下两半部的互相作用力.

4.5 一条均匀的细棒, 质量为 m, 长度为 L, 绕其一端以匀角速 ω 旋转, 问距离转轴为 r 处棒中张力是多大? 略去重力.

4.6 一斜坡与水平面成 θ 角. 在坡脚朝坡顶方向射击. 问以什么样的仰角射击才使坡上的射程最远?

4.7 冰块从滑冻的斜屋顶无初速地滑下. 求冰块的落地处.

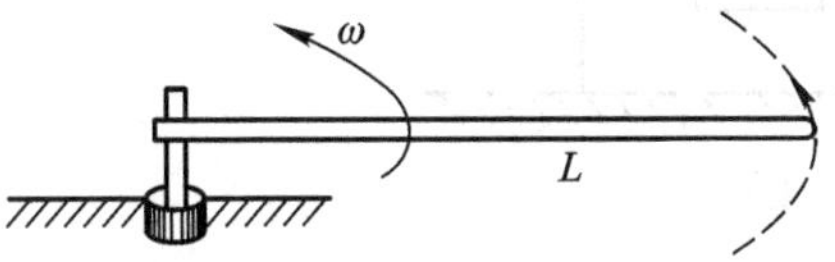

题 4.5

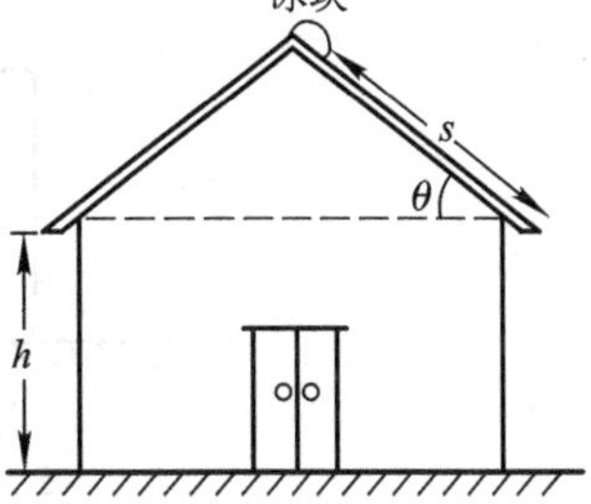

题 4.7

4.8 从要塞的炮塔先后以仰角 θ_1 与 θ_2 射出两发炮弹, 击中地面上同一地点. 已知炮弹初速同为 v_0, 求炮塔离地面的高度. 空气阻力略去不计.

4.9 定滑轮 A 一方挂有 $m_1 = 5$ kg 的物体, 另一方挂有轻滑轮 B, 滑轮 B 两方分别挂着 $m_2 = 3$ kg 与 $m_3 = 2$ kg 的物体. 问物体 m_1 和滑轮 B 是否有加速度?

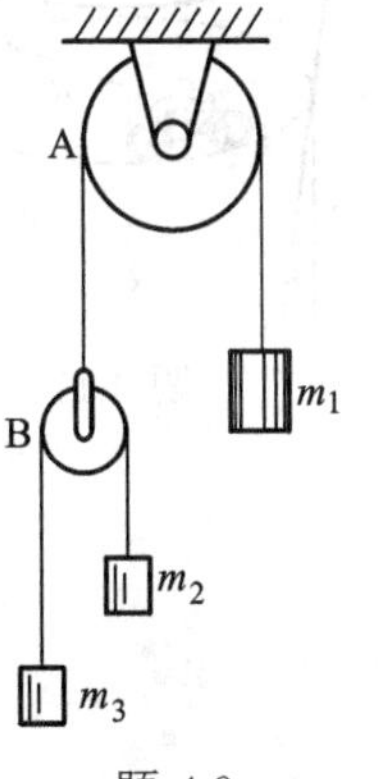

题 4.9

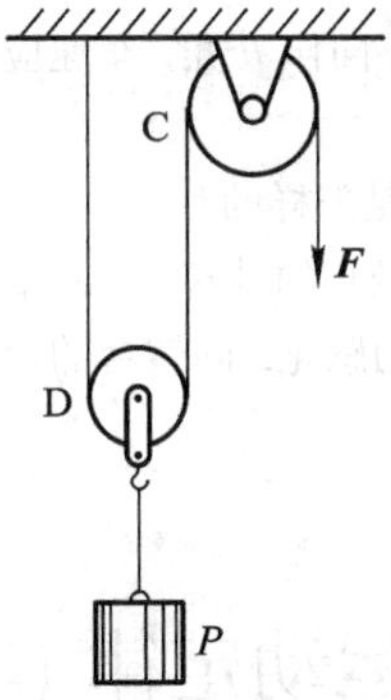

题 4.10

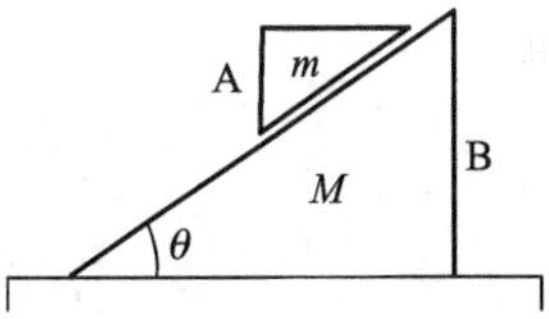

题 4.11

4.10 (i) 重为 P 的物体挂在动滑轮 D 下. 绳一端系在天花板上并绕过动滑轮 D 和定滑轮 C. 以力 F 拉绳的自由端. 求物体及 F 处的加速度.

(ii) 如撤去力 F 改用一重为 F 的物体挂在绳的自由端, 情况有无不同?

4.11 光滑水平桌面上有一质量为 M 的楔子 B. 这楔子的光滑斜面上还有质量为 m 的小楔子 A. 求小楔子的运动情况和大楔子对桌面的压力.

4.12 如图所示为一教学演示机, 所有的表面都是光滑的. 问作用于 m_1 上的力 F 为多大时, 才可以维持 m_3 不升不降?

4.13 再次考虑上题的教学演示机. 如 F 为零, 求 m_1 的加速度.

4.14 求卫星环绕地球 (距地心为定值 ρ) 的速度. 这速度称为第一宇宙速度 (环绕速度).

代入数值时可认为地球具有完整球形, 半径为 6 400 km, 并且不妨假定物体贴近地面运行. (事实上应在高空运行, 以免被空气阻力所导致的高温所烧毁.)

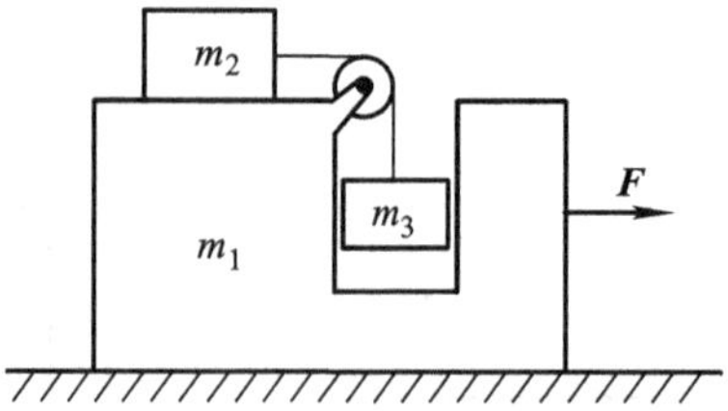

题 4.12

4.15 求出在月球表面上物体的逃逸速度. 已知引力加速度比 g (月球): g (地球) $\approx 1/6$, 而半径比 R (月球): R (地球) $\approx 1/3.6$, §19 例 6 已给出在地球表面上的逃逸速度 v (地球) ≈ 11.2 km/s.

4.16 载重汽车总质量为 4 t. 途遇临时桥, 桥作向上突起的圆弧形, 圆弧半径为 20 m. 该桥只能承受 3 t, 但时间紧迫, 不容许驾驶员将所载货物分两次运过桥去. 试为驾驶员解决这一困难.

4.17 在环形围墙内壁进行飞车走壁表演. 车在内壁上沿半径为 R 的水平圆圈急驰, 该处墙壁与竖直方向作 θ 角. 车速应达到多大才适宜作这种表演?

在演员的感觉中, "上"、"下" 方向是怎样的?

题 4.17

4.18 在某个科学宫中有大转台绕竖直的轴转动, 人站在转台上不论哪里都感到很平稳没有倾斜跌倒的感觉. 问转台的台面是什么形状?

5. 质点运动定律 (二)

5.1 质量为 m 的质点在 x 轴上运动时, 受到原点的斥力 k^2x 的作用, k^2 为常量. 质点的初始坐标为 x_0, 初始速度为 $-v_0$ (即指向原点). 求解质点的运动情况. 质点是否有可能达到原点?

5.2 比重计漂浮于密度为 ρ 的液体中. 比重计质量为 m, 其上端细长圆管直径为 D. 用手稍稍压一下, 给它以竖直向下的初速 v_0. 求解比重计的运动情况.

5.3 在深井中, 人的重量正比于距地心的距离. 设想竖直向下开挖深井, 一直穿过地心到达地球的另一面. 问一旦跌入这个深井, 将作怎样的运动? 如跌入时无初速, 问经过多少时间可以到达地球的另一面? 若深井虽直但并不通过地心, 运动情况又如何? 空气阻力略去不计.

5.4 弹簧上端固定, 下端挂两个等重的物体, 此时弹簧伸长 2 cm. 如下面的一个物体忽然松脱, 留下的物体将如何运动?

5.5 重为 P 的物体挂在吊索上, 吊索缠在滑车上. 滑车徐徐匀速转动, 物体亦以匀速 v_0 下降. 滑车忽然发生故障停止转动. 已知吊索的劲度系数为 k, 求解所挂重物的运动情况及吊索中的最大张力.

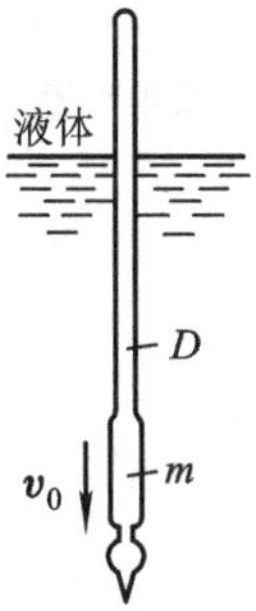

题 5.2

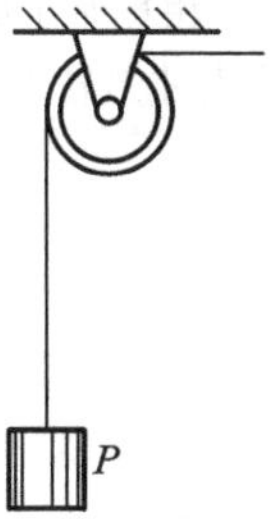

题 5.5

5.6 一根轻的弹性绳, 自然长度为 l_1. 绳的上端固定, 下端悬挂某个物体, 因而绳的长度伸长 l_2. 今将这物体举高到弹性绳的上端, 然后放手任其下落. 研究这物体的运动情况.

5.7 小球 C 穿在细杆 AB 上, 两方各有劲度系数为 k 的弹簧, C 的平衡位置在杆的中点 O. 细杆绕中点 O 以匀角速度 ω_0 转动. 求解小球的运动情况. 在什么条件下, 小球在杆上来回振动?

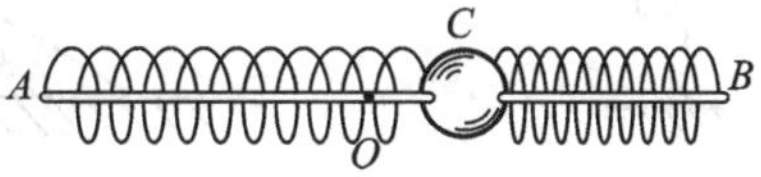

题 5.7

5.8 质点 C 穿在光滑细杆 AB 上, 细杆在水平面内绕着 A 端以匀角加速度 α 转动. 问质点在杆上如何运动, 质点与杆之间才没有水平方向的相互作用力?

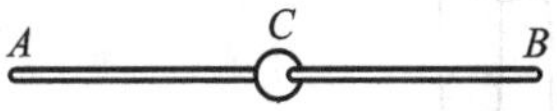

题 5.8

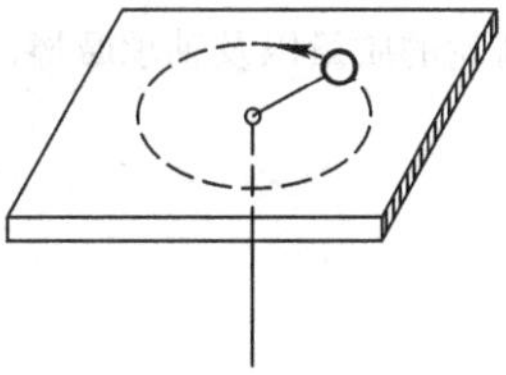

题 5.9

5.9 在光滑水平桌面上运动的小球质量为 m, 系于绳的一端, 绳子穿过桌面上的小孔到桌下. (i) 用手拉绳使之作匀速运动, 绳速为 u, 求手中作用力 T. (ii) 若以不变的力 T 拉绳, 研究小球运动情况. (iii) 在绳的下垂端挂上质量为 m_1 的物体, 列出这个系统的运动方程式. (iv) 某个时刻, 桌上绳长为 R_1, 小球的速度为 v_1 并与绳垂直. 问桌上绳长慢慢减为 R_2 时, 小球速度多大?

6. 质点运动定律 (三)

6.1 物体放在粗糙水平面上, 两者之间摩擦系数为 μ. 用 "仰角" 为 θ 的力 F 去拉动物体. 问 θ 应为多大才最省力?

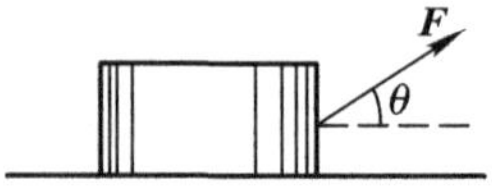

题 6.1

6.2 物体放在汽车上, 已知物体与汽车底板之间的摩擦系数为 0.2. 求物体不致滑动时汽车加速度的最大数值.

6.3 物体放在水平转台上, 距转轴 10 cm. 只要转速一超过 $\frac{1}{\pi}$ r/s, 物体就不再随着转台运动而要发生滑动. 求摩擦系数.

6.4 图中滑轮质量很轻, 可忽略不计. 斜面上的物体与斜面之间摩擦系数为 $1/2\sqrt{3}$. 问斜面上所置物体向哪一方向加速运动? 加速度多大? 摩擦力多大?

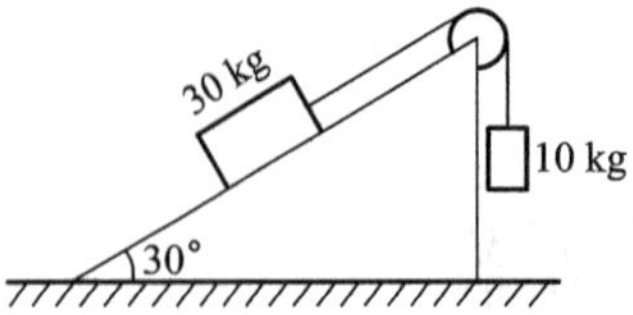

题 6.4

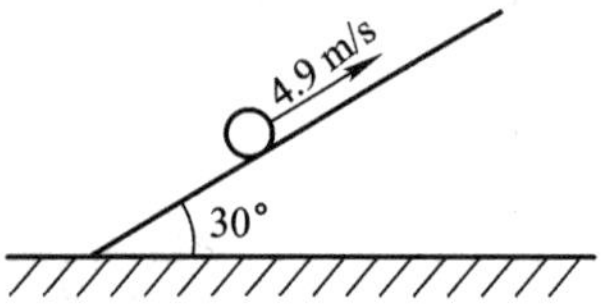

题 6.5

6.5 在坡度为 30° 的粗糙斜面上, 物体以 4.9 m/s 的初速被掷向上滑行. 斜面与物体之间的摩擦系数为 $1.1/\sqrt{3}$. 试研究物体运动情况. 何时回到出发点? 回到出发点的速度多大?

6.6 在图示的装置中, 物体 A、B 的质量各为 m_A 和 m_B. 斜面的倾角为 θ, 它与物体 B 间的摩擦系数为 μ. 求两物体的加速度及绳子张力 (分 A 向下和向上运动两种情况求解). 忽略绳和滑轮的质量以及轴承摩擦, 绳不可伸长.

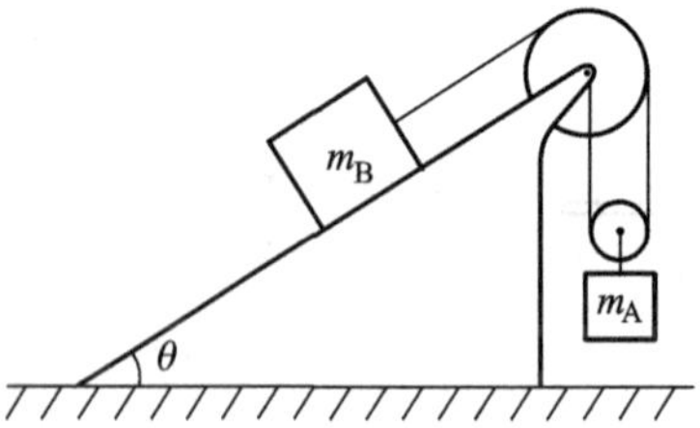

题 6.6

6.7 在坡度为 45° 的粗糙斜面上有质量为 $m_1 = 1$ kg 的木板, 板与斜面之间摩擦系数 $\mu_1 = 1/3$. 木板上又有质量为 $m_2 = 6$ kg 的物体, 物体与木板之间摩擦系数为 $\mu_2 = 1/2$. 求物体的加速度与木板的加速度, 并求物体与木板之间、木板与斜面之间的摩擦力.

6.8 以初速 v_0 将重为 P 的物体竖直上抛. 空气阻力正比于速率平方, 可记作 k^2Pv^2. 求物体所达到的最大高度及回到出发点的速度.

6.9 在 A 点, 以初速 v_0 将一小球竖直上抛. 同时, 在 A 的正上方 h 高度处的 B 点, 有质量相等的另一小球自由落下. 试研究两球可能相遇的条件, 求相遇的时间和地点.

6.10 飞机以 $v_0 = 90$ km/h 着陆后在跑道上滑行. 空气阻力 $R = c_1v^2$, 升力 $L = c_2v^2$, 升阻比 $c_2 : c_1 = 5$. 滑行所受摩擦力相当于摩擦系数 $\mu = 0.1$. 求飞机在跑道上滑行的距离.

说明: ① 刚着陆时, 空气升力恰与飞机重量相等. ② 着陆时, 发动机已停止工作.

6.11 两轮的轴相互平行, 相距 $2l$, 其转速相等而转向相反. 将质量为 m 的一根匀质杆搁在两轮上, 杆与轮的摩擦系数为 μ. 开始时, 杆的初速为 0, 杆的中心 C 在两轴连线中垂面右方, 相距 x_0, 求解杆的运动.

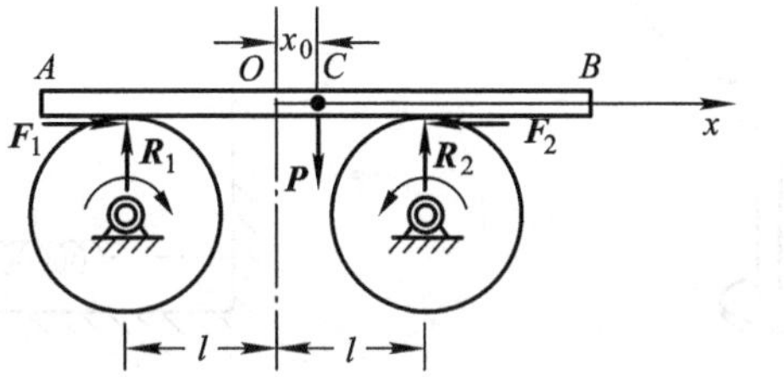

题 6.11

6.12 重新研究 4.10 题 (ii), 设绳恰将相对于滑轮 C 按顺时针方向滑动, 亦即相对于滑轮 D 按逆时针方向滑动.

7. 质点运动定律 (四)

7.1 质点在重力作用下沿着光滑曲线运动. 试证明质点速率的变化规律为 $v^2 = v_0^2 + 2gh$ (恰与自由落体速率变化公式相同), 式中 v_0 为质点的初始速率, h 为质点降低的高度.

7.2 质量为 m 的物体在无摩擦的桌面上滑动, 其运动被约束于固定在桌面上的半径为 l 的圆环内. 在 $t = 0$ 时, 物体沿着环的内壁以速度 v_0 通过 A 处, 物体与圆环间的摩擦系数为 μ.

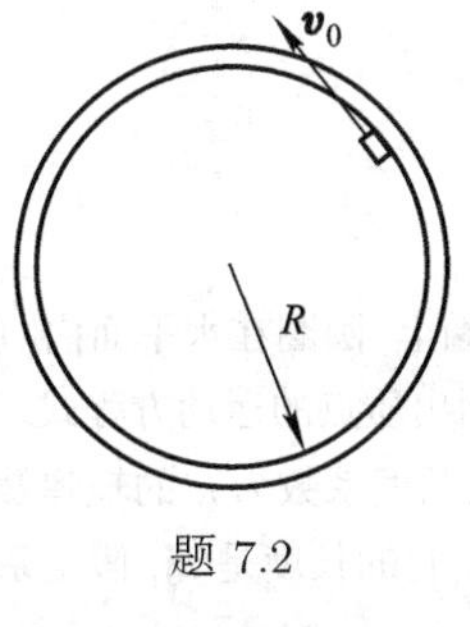

题 7.2

(i) 求物体在各时刻 t 的速度.

(ii) 求物体在各时刻 t 的位置.

7.3 一个质量为 m 的发动机, 以恒定的牵引力工作, 它受到的阻力正比于其自身速率的平方, 求它所能达到的极大速率 v. (i) 计算从静止加速到 $v/2$ 所需时间. (ii) 计算它从静止加速到 $v/2$ 所走过的距离.

7.4 半球形的薄玻璃高脚杯, 其半径为 $R = 5$ cm, 能承受的正压力达 2 N. 如果有一个 100 g 钢球自杯的边缘由静止释放后沿杯的内侧滑下, 问球将在杯上的哪一点打破杯子? 忽略钢球的半径.

题 7.4

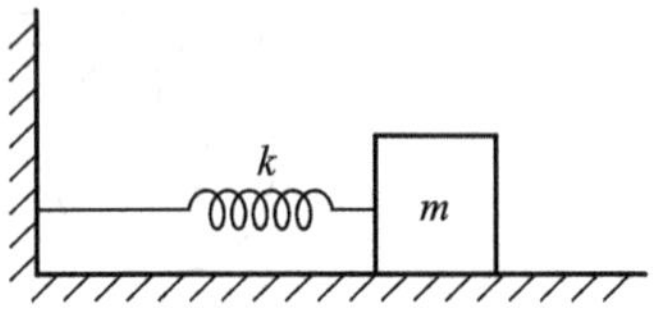

题 7.5

7.5 如图所示, 木块受到劲度系数为 k 的弹簧的作用力和小的恒定摩擦力 f. 手持木块从弹簧无伸缩的位置移动一段距离 x_0 而后放松, 木块振动若干次以后终于静止. (i) 证明每振动一次, 振幅的减小量相同. (ii) 求出振动停止以前振动次数 n.

7.6 抛物线形弯管的表面光滑, 可绕竖直轴以匀角速率转动. 抛物线方程为 $y = ax^2$, a 为常数, 小环套于弯管上. 求 (i) 弯管角速度多大, 小环可在管上任意位置相对弯管静止. (ii) 若为圆形光滑弯管, 情形如何?

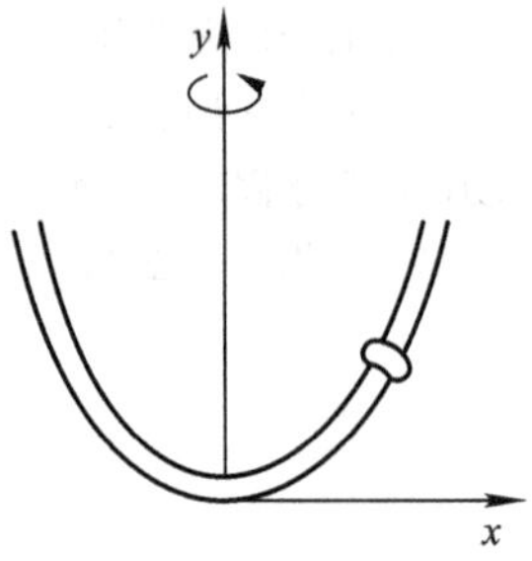

题 7.6

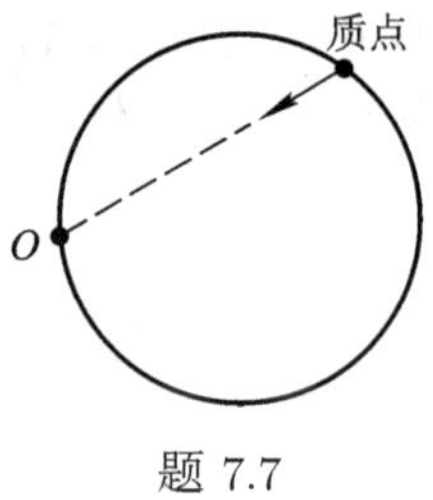

题 7.7

7.7 质点穿在光滑的钢丝圆圈上, 圆圈在水平面内. 质点受到圈上 O 点的吸引力, 吸引力大小正比于质点与 O 的距离. 列出质点的运动方程式.

7.8 由质量为 m 的物体系在劲度系数为 k 的轻弹簧一端而构成一弹簧摆. 弹簧的另一端系在固定点. 当弹簧上无载荷时, 它的长度是 l_0, 假定系统的运动限制在竖直平面内. 试导出质点运动方程. 设对于平衡位置的偏离保持为小角度和小径向位移, 试求解运动方程.

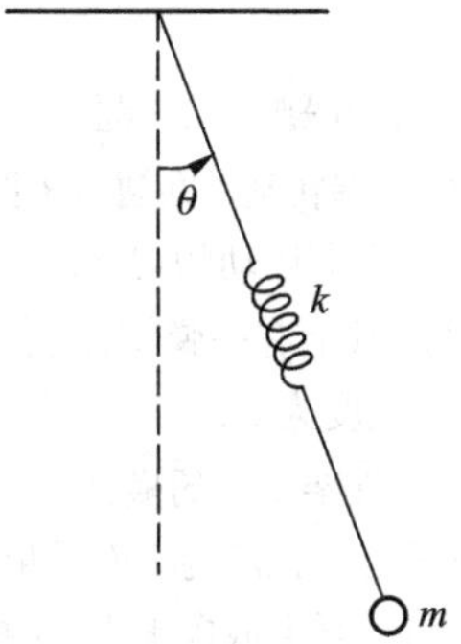

题 7.8

8. 非惯性参考系 (一)

8.1 以不变的划速 u 划船渡河. 河中水流均匀, 各处流速都是 v_0. 要想划到正对岸登陆, 问应向什么方向划?

8.2 某人划船逆流航行. 经过某桥时, 渔竿落入水中顺流漂行. 半小时后发觉渔竿失落, 掉头追赶, 终于在桥的下游 5 km 处赶上渔竿. 设划速始终不变, 求流速.

8.3 直线 AB 以匀速 v_0 沿垂直于自身的速度运动. 求直线与静止圆周的交点 M(i) 在直线上 (ii) 在圆周上运动的速度.

8.4 试用平动参考系重新研究 4.1 题、4.11 题的小楔子、6.2 题.

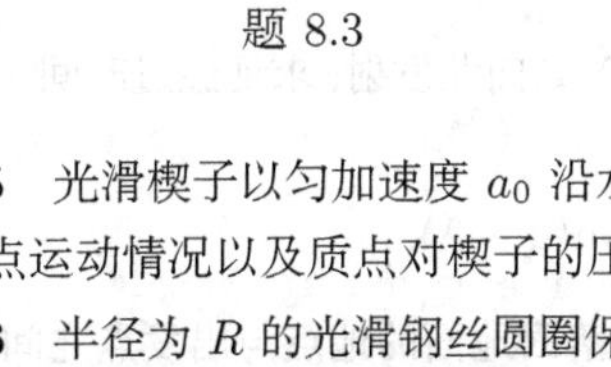

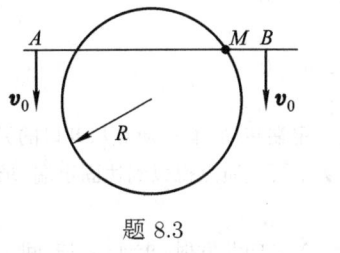

题 8.3

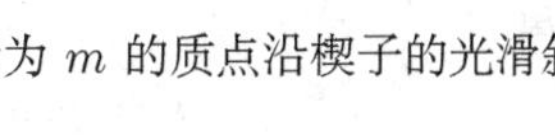

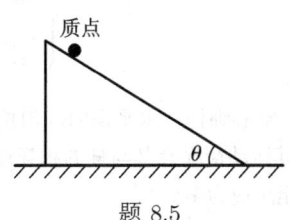

题 8.5

8.5 光滑楔子以匀加速度 a_0 沿水平面平动. 质量为 m 的质点沿楔子的光滑斜面滑下. 求解质点运动情况以及质点对楔子的压力.

8.6 半径为 R 的光滑钢丝圆圈保持其平面竖直, 以匀加速度 a_0 竖直向上运动. 圈上穿有质量为 m 的小环, 求解小环的相对运动以及环对圈的压力.

8.7 在以匀加速度 a 水平行进的车厢顶部挂一长为 l 的单摆, 求其绕平衡位置作微振动的周期.

9. 非惯性参考系 (二)

9.1 试用转动参考系重新研究 4.16 题、4.17 题、4.18 题, 6.3 题.

9.2 直杆 AB 以匀角速 ω 绕 A 端转动 (见题 5.8 图), 质点 C 穿在杆上沿杆运动. 已知 C 的绝对速度 v_0 不变, 求解 C 在杆上运动的规律.

9.3 一船以速度 v 沿赤道航行, 其上有一弹簧秤, 若此秤在船静止时读数正确, 问当它航行时的误差为多少? 设地球自转角速度为 ω.

9.4 一个摆刚性地固定于由两个支架支起的横轴上, 因此它只能在垂直于横轴的平面内摆动. 摆是由一个质量为 m 的摆锤固定于长度为 l 而质量可略去的杆的端点组成的. 支架装在一个以恒定角速度 Ω 转动的平台上, 假定振幅很小, 求摆的频率.

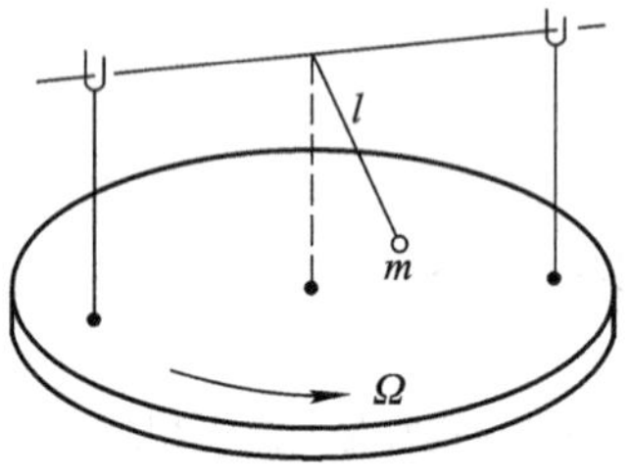

题 9.4

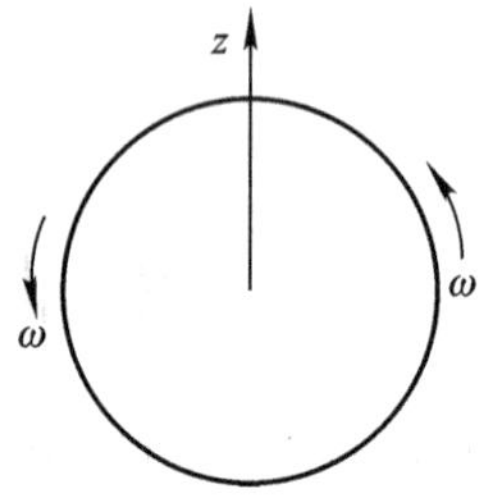

题 9.6

9.5 试用转动参考系重新研究 5.7 题、5.8 题.

9.6 质量为 m 的质点在光滑水平桌面上运动, 桌子绕通过原点的竖直轴以匀角速度 ω 转动, 求证质点的运动方程是

$$\begin{cases} \dfrac{\mathrm{d}^2x}{\mathrm{d}t^2} - 2\omega\dfrac{\mathrm{d}y}{\mathrm{d}t} - \omega^2 x = 0, \\ \dfrac{\mathrm{d}^2y}{\mathrm{d}t^2} + 2\omega\dfrac{\mathrm{d}x}{\mathrm{d}t} - \omega^2 y = 0 \end{cases}$$

9.7 空心细杆在水平面内以匀角速度 ω 绕其固定端转动. 有一质点从开口的另一端进入, 求解其运动情况及其与杆的相互作用. 若杆长为 l, 要使质点得以到达固定端, 求质点的初速 v_0 至少应为多少?

9.8 一炮弹以初速 v_0, 仰角 α 在地球表面北纬 λ 处向北发射, 求证经过时间 t 后炮弹东偏的距离

$$s = \frac{1}{3}\omega g t^3 \cos\lambda - \omega v_0 t^2 \sin(\alpha - \lambda).$$

9.9 以初速 v_0 将质点从地面竖直上抛. 求质点落回地面的地点与出发点之间的偏差. 设所在地方的纬度为 φ, 地球自转的角速度为 ω.

9.10 在纬度为 φ 的地点, 有一质点在光滑水平面上运动. 质点相对于地球的初速为 v_0. 地球自转角速度为 ω. 求解质点的运动情况.

9.11 半径为 R 的光滑钢丝圆圈以匀角速 ω_0 绕竖直直径转动. 质点 M 穿在圆圈上. (i) 试列出质点的运动方程式. (ii) 设质点开始时在圆圈最低点 C, 它的初速恰足以使它上升到圆圈的最高点 A, 试计算质点从 C 到 B 所花的时间.

9.12 倾角为 α 的光滑直角棱柱, 沿一水平面作匀加速直线运动, 加速度大小为 a, 初速为零. 一质量为 m 的质点无初速地沿棱柱的斜面向下运动. 求质点的 (i) 相对加速度, (ii) 绝对加速度, (iii) 绝对轨迹及斜面的反作用力

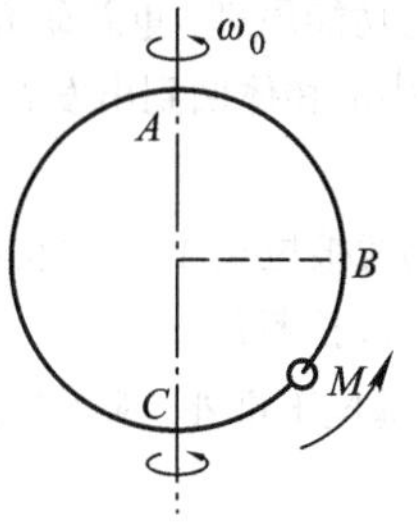

题 9.11

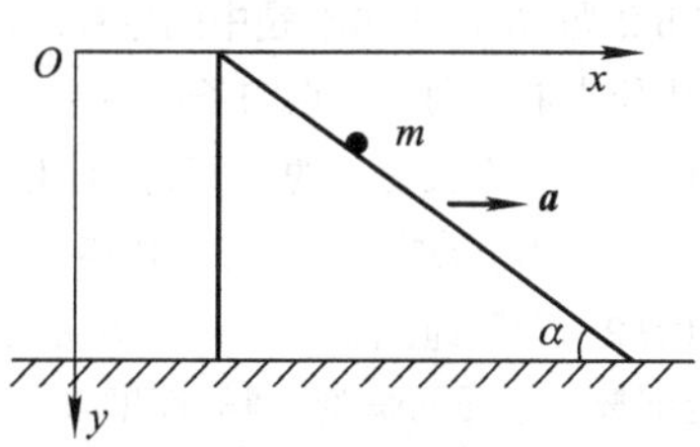

题 9.12

10. 质点运动定理

10.1 直接求解 5.9 题的 (iv).

10.2 计算下列事件中所做出的功: (i) 搬 25 块砖到 10 m 高的地方, 每块砖质量 1 kg, 人自身质量 60 kg. (ii) 将地下室积水排到街道上, 地下室面积 50 m^2, 水深 1.5 m, 水面低于街道 2 m. (iii) 将竹帘卷上去. 竹帘由 n 个横条组成, 每个横条高 d, 总重量为 P.

10.3 试计算角锥体的势能, 该锥体高为 h, 正方形底面为 $b \times b$, 密度为 ρ, 已知埃及的 Khutu 大金字塔高 147 m, 底是 $234 \times 234\ m^2$. 取建筑材料的密度为 $\rho = 2.5 \times 10^3\ kg/m^3$, 试估算该塔的势能. 假定在一天 10 小时工作的条件下每分钟内每人平均把 50 kg 质量举高 2 m, 试估算建造这个金字塔所耗用的劳动 (以“人 · 年” 为单位).

10.4 计算: (i) 河流上三个瀑布的总功率. 瀑布的落差分别为 12 m、12.8 m 与 15 m, 河水流量平均为 75.4 m^3/s. (ii) 龙门刨床的功率. 刨削力 1.176×10^4 N, 工作行程 2 m, 进行时间 10 s, 工作效率 0.8. (iii) 打桩机的功率. 每分钟将大锤举高 14 次, 每次举高 6 m, 大锤质量为 500 kg.

10.5 轮船发动机功率为 3 675 kW, 机器效率为 0.6. 轮船以 10 n mile/h 的速度航行时加速度为零. 求水对轮船的阻力. 如阻力正比于速度, 问轮船以 5 n mile/h 的速度航行时加速度是多少? (1 n mile $\approx$ 1.862 km)

10.6 机车功率为 600 kW, 机车与列车全部质量为 500 吨. 火车初速为零, 求速度随时间变化的规律. 设 (i) 摩擦阻力不变, 约相当于 $\mu = 0.1$, (ii) 摩擦阻力正比于速度.

10.7 已知作用于质点的力

$$F_x = a_{11}x + a_{12}y + a_{13}z, \quad F_y = a_{21}x + a_{22}y + a_{23}z, \quad F_z = a_{31}x + a_{32}y + a_{33}z,$$

其中各个 a 都是常量. 问这些 a 应满足什么条件, 才有势能存在? 如这些条件已满足, 计算势能.

10.8 计算下列情况中的势能: (i) 质点在正比斥力场中. (ii) 质点在两个力心 O_1 与 O_2 的正比引力场中. (iii) 质点在两个力心 O_1 与 O_2 的引力场中, 引力的大小为常量.

10.9 已知质点在某保守场中的势能 $V = kr + C$, 其中 r 为质点与坐标原点的距离, k 与 C 为常量. 求作用于质点的力.

10.10 试利用动能定理 (或其特例机械能守恒定律与功能原理) 重新研究 4.7 题, 7.1 题、求 5.2 题, 5.4 题、5.5 题中的振幅, 计算 6.5 题、6.8 题中的物体回到出发点的速度, 判断 5.1 题中质点能否到达原点的条件.

10.11 一根长为 l 的线, 若挂上质量为 M 的物体, 则线被拉长 1%, 并且断裂. 现改挂质量为 $m(< M)$ 的物体, 问将这物体举上多高, 落下时会将线拉断?

10.12 匀质绳, 长为 l, 一半搁在光滑桌面上, 另一半垂挂于桌外. 绳无初速地落下, 问在绳全部离开桌面的瞬刻, 绳的速度多大?

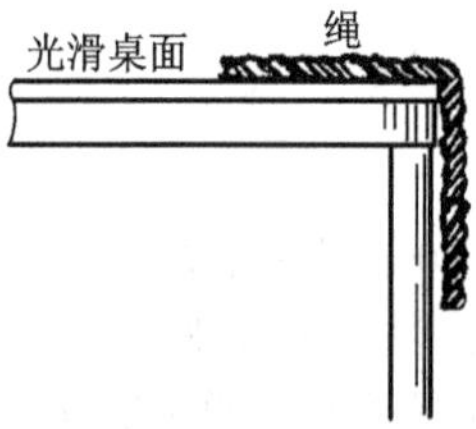

题 10.12

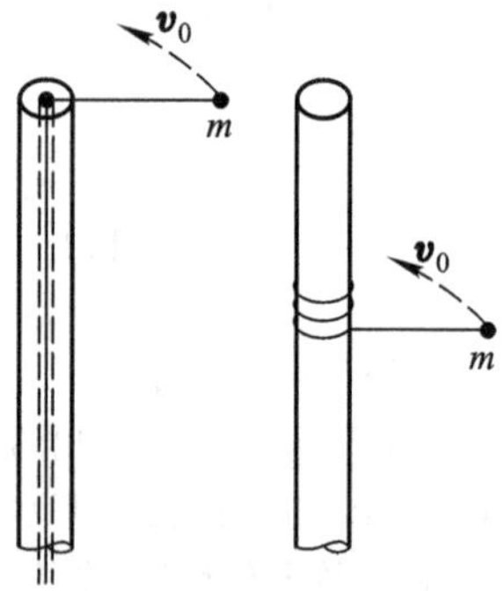

题 10.13

10.13 质量为 m 的小球以细绳系住, 并和一半径为 R 的立柱连在一起, 如图所示. 开始时, 小球距离立柱的中心为 r, 并以横向速度 v_0 运动. (i) 细绳穿过柱顶中心小孔, 而从下端逐渐拉下细绳以缩短 r. (ii) 绳子绕在柱面上, 而缩短 r.

问在这两种情况下, 各有哪些物理量守恒? 在两种情况下, 分别求出小球最后碰到立柱的速率.

10.14 俘获截面. 宇宙飞船关闭了发动机, 以速度 v_0 航行. 飞船的目标是远处某一行星. 试求临界碰撞参量 $l_{临界}$, 只要碰撞参量小于这临界值, 就能在该行星上降落. $\pi l_{临界}^2$ 叫做该行星的俘获截面.

10.15 质量 $m = 0.05$ kg 的粒子在 $F = -4\rho^3 \times 10^{-5}$(N) 的有心引力作用下运动, 其动量矩 $mh = 10^{-4}$ kg · m^2/s.

(i) 求有效势能.

(ii) 在有效势能的简图上, 指出圆运动的总能量.

(iii) 粒子的轨道半径在 ρ_0 和 $2\rho_0$ 之间变化, 求 ρ_0.

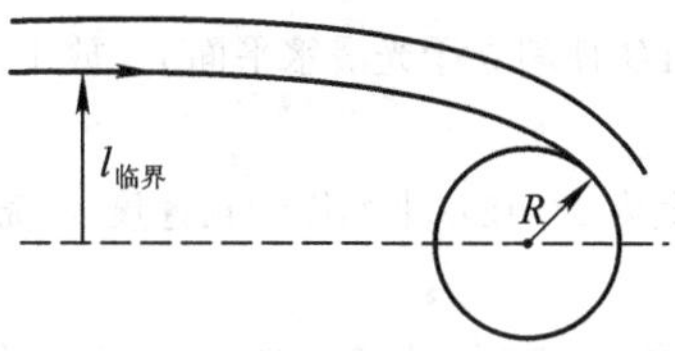

题 10.14

10.16 质点在有心引力作用下, 沿半径为 ρ_0 的圆轨道运动. 试证, 如果 $f(\rho) > (\rho/3)(\mathrm{d}f/\mathrm{d}\rho)|_{\rho_0}$, 该轨道是稳定的. 其中 $f(\rho)$ 为力的大小的表达式, 表明力是质点到力心距离 ρ 的函数.

10.17 一质点质量为 m, 在有心力场中运动, 其势能为 $V = mk\rho^3(k > 0)$, 如果质点在作 $\rho = a$ 的圆周运动时, 受到一径向微小扰动, 求质点在圆轨道附近振动的周期.

10.18 在无摩擦的桌面上, 一质量为 $m = 2$ kg 的质点, 受到 $F = -3\rho$ 的有心引力作用, ρ 是力心到质点的距离, 其单位为 m. 质点作圆运动, 具有总能量为 12 J.

(i) 求轨道半径及质点的速度.

(ii) 质点突然受到猛烈的一击, 使它获得了径向向外 $v_0 = 1$ m/s 的瞬时速度, 在能量曲线图中, 表示出打击前后系统的状态.

(iii) 对新轨道, 求 ρ 的最大值和最小值.

11. 质点系运动定理

11.1 炮身重 P, 置于光滑平台上, 发射出一颗重为 P' 的炮弹. 炮弹出口速率为 v_0, 仰角为 φ. 求炮身所得到速度的大小与方向.

11.2 在 4.11 题中的大楔子重 P, 水平边长 L, 小楔子重 P', 水平边长 l. 小楔子从斜边上最高位置无初速地滑下, 问小楔子滑到底时大楔子移动多远?

11.3 体重为 P 的人拿着重为 P' 的物体跳远. 起跳仰角 φ, 初速 v_0. 到达最高点时, 将手中物体以水平向后的相对速度 u 抛出. 问跳远成绩因此增加多少?

11.4 半径为 R、质量为 M 的光滑圆柱体横卧于光滑水平面上. 质量为 m 的质点从圆柱最高处无初速地滑下. 求质点的绝对轨迹.

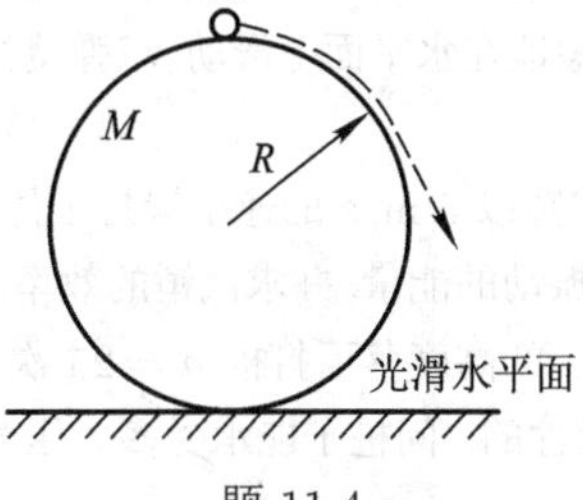

题 11.4

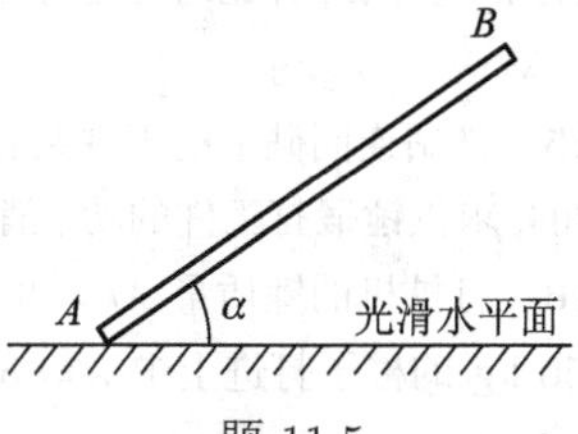

题 11.5

11.5 用手扶持匀质杆 AB 使斜立于光滑水平面上. 放手任杆倾倒, 棒长为 $2l$, 求 B 点的轨迹.

11.6 均匀细杆长为 l, 重为 P, 在水平面以匀角速度 ω 绕一端 A 转动. 求与 A 端相距 x 的截面上两方的张力.

11.7 将煤仓中的煤通过传送带倾入敞车. 在 2 s 内倾入的煤有 10 t, 在这段时间内火车行驶 10 m. 求机车牵引敞车的力. 煤进入敞车的绝对速度垂直于火车行驶方向.

11.8 一个质量为 m 的猴子与一质量相同的石块, 以一细绳相连, 挂在一光滑的定滑轮的两侧. 起初静止不动. 若猴子以相对绳子的速度 u 沿绳上爬, 求解石块的运动.

11.9 质量分别为 m_1 及 m_2 的二滑块分别穿于二平行水平光滑导杆上, 二导杆间的距离为 d. 再以一劲度系数为 k 自然长度为 d 的轻弹簧连接, 若起初, m_1 位于 $x_1 = 0$ 处, m_2 位于 $x_2 = l$ 处, 且其速度均为零, 试求释放后两滑块的最大速度.

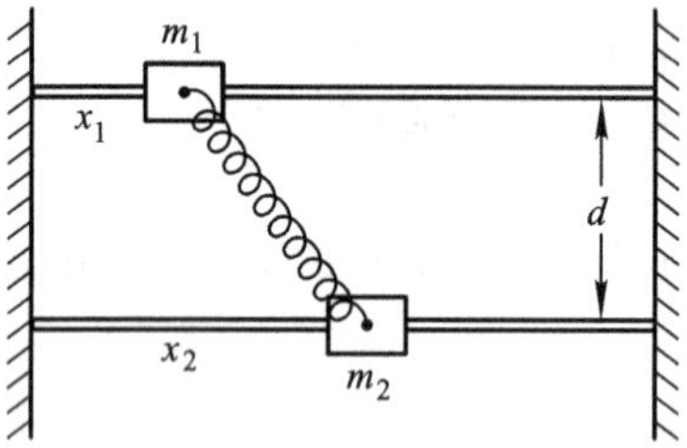

题 11.9

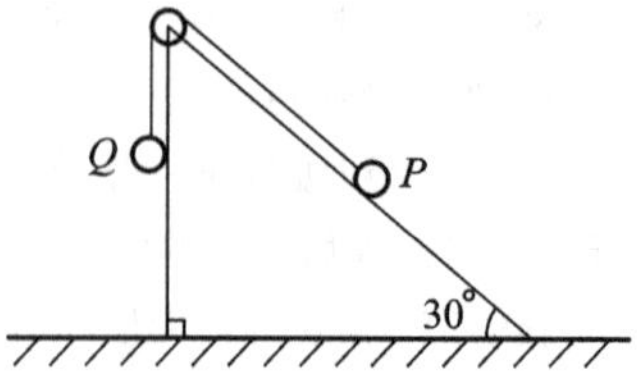

题 11.10

11.10 如图所示质量为 $2m$ 的直角楔子放在水平面上, 质点 P 的质量为 $3m$, 质点 Q 的质量为 m. 所有接触都是光滑的, 不计滑轮和绳子的质量, 求楔子的加速度, 绳中张力和楔子对 P 点的反作用力.

11.11 一冰雹落在一水平冰面上, 它的下落速度与竖直线成 30° 角, 回跳速度与竖直线成 60° 角, 假定雹子与冰面的接触是光滑的, 求它们的碰撞恢复系数 e.

11.12 质量为 m 的圆球同另一质量为 m_1 的静止圆球碰撞. 假定他们之间的接触是光滑的, 在碰后两球的速度方向互相垂直, 求证 $m = em_1$ (e 为碰撞的恢复系数).

11.13 用线把一质量为 M 的圆环悬挂起来, 两个质量为 m 的小珠, 可在圆环上作无摩擦地滑动. 若同时在环顶端释放小珠, 使它们沿着环的两边下滑. 证明: 如果 $m > 3M/2$, 圆环在小珠滑到某一位置时会开始上升, 并求出现这一现象时小珠滑过的角度 θ.

11.14 一个质量为 m 的子弹以速度 v_0 向一个质量为 M 的靶射去, 靶中的洞含有一劲度系数为 k 的弹簧, 开始时靶是静止的, 且可以无摩擦地在水平面上滑动. 求弹簧被压缩的最大距离 Δx.

11.15 铁砧连同砧上的工件共有 250 t. 12 t 的汽锤以 5 m/s 的速率锻打工件. 设碰撞是无弹性的, 求汽锤锻打工件的功、消耗于使基座发生振动的能量, 并求汽锤的效率.

11.16 打桩机的锤质量 $M = 350$ kg, 从 $h = 2$ m 的高度落下打桩 $n = 25$ 次, 将质量为 $m = 50$ kg 的桩子打进土中 $s = 5$ cm. 撞击是无弹性的. 问桩子能承受多大压力而不致下沉?

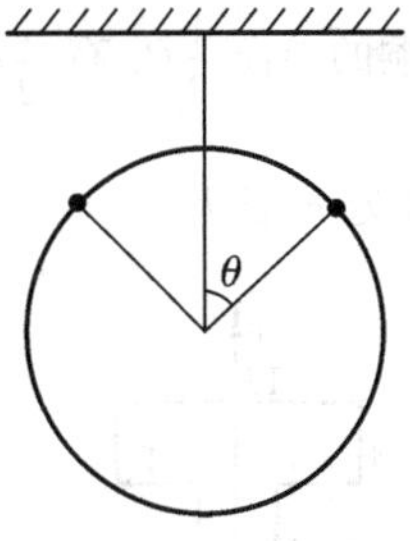

题 11.13

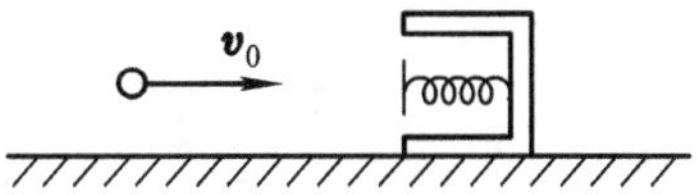

题 11.14

11.17 质量为 m 的枪弹沿水平方向射进质量为 M 的冲击摆, 使摆升高达到悬线偏离竖直方向 θ 角, 悬线长 l. 求枪弹射入木块前的速度.

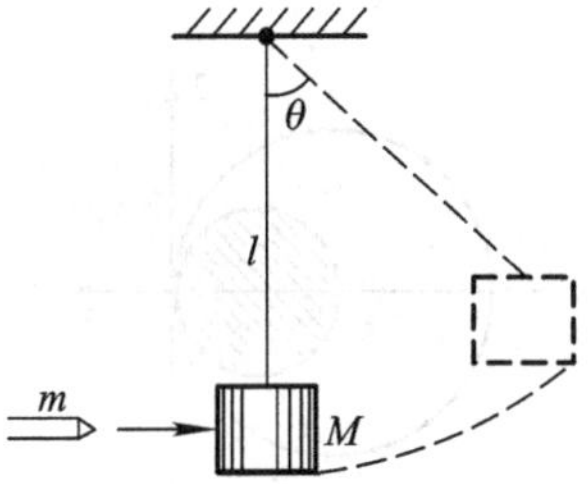

题 11.17

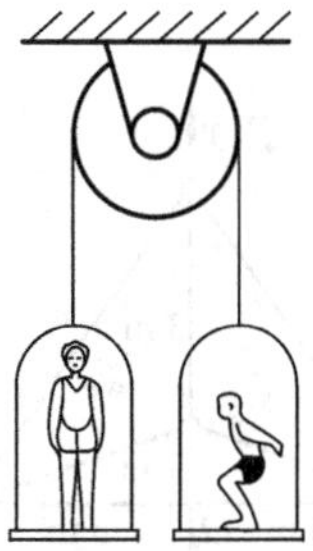

题 11.20

11.18 质量为 m_1 和 m_2 的两质点相互吸引, 引力的大小 $F=-km_1m_2/r^2$, r 为两者之间的距离, k 为常量. 开始时两者静止而相距 a, 求距离减为 $a/2$ 时两质点的速度各为多大?

11.19 光滑球悬在不可伸长的轻绳上, 一光滑球以竖直向下的速度 u 与这球碰撞, 碰撞时两球连心线与竖直方向成 θ 角. 求两球碰后的速度.

11.20 某甲在地面上立定跳高可使重心升高 H. 现在让他和体重同为 P 的某乙分站在轻滑轮两方的秤盘中, 盘重为 P'. 求某甲在盘中立定跳高使重心升高多少. 设在秤盘上和地面上跳高付出同样多的能量.

12. 质心、刚体的平衡及平动

12.1 计算下列匀质刚体的质心:

(i) 细杆总长 l, 每单位长度的质量 $\rho=\rho_0+ax$, ρ_0 与 a 为常量.

(ii) 匀质薄板, 尺寸见图.

(iii) 五根钢杆组成的桁架, 各杆粗细相等.

(iv) 从半径为 R 的匀质圆板挖去半径为 $\frac{1}{2}R$ 的内切小圆.

(v) 从半径为 R、高为 H 的匀质圆柱挖去圆柱形洞, 洞的半径 $\frac{1}{2}R$, 高 $\frac{1}{2}H$, 且与柱体同轴.

(vi) 匀质哑铃, 两球半径为 R_1、R_2. 中间的圆柱体半径为 r, 长为 l.

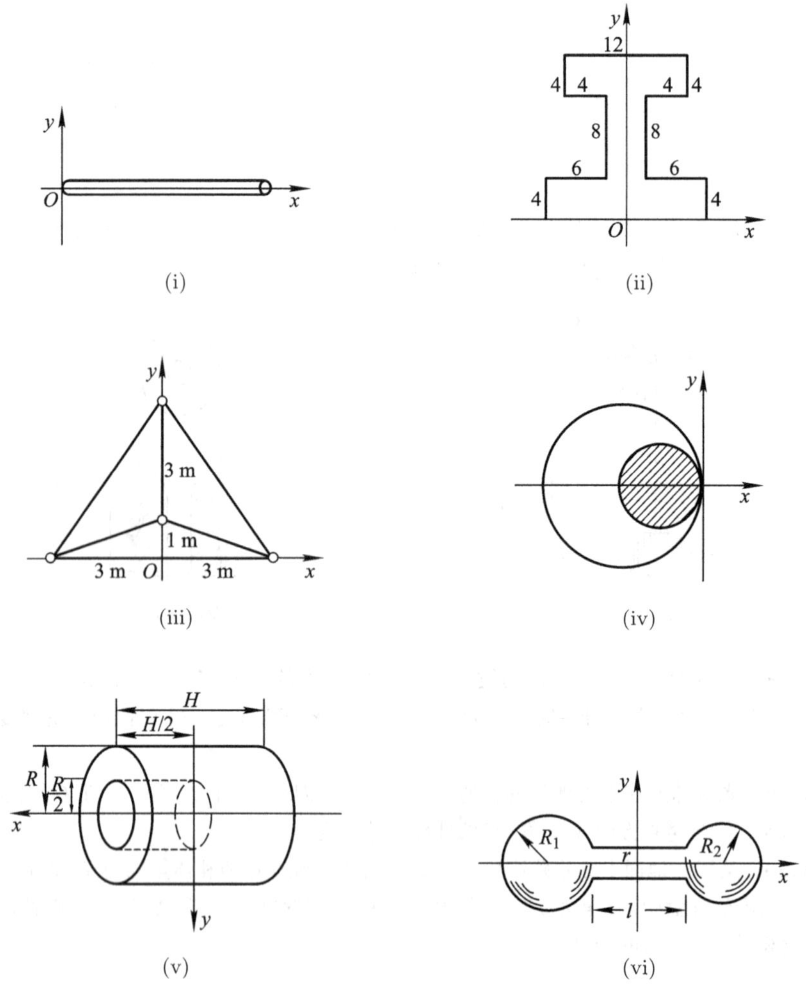

题 12.1

12.2 图示意地表明磅秤的结构. 物体 L 放在平台 P 上, 物体 (以及平台) 的重量由刀口 B 和 E 分担, 并通过杠杆组的作用由砝码表示出来. 物体不论放在平台上什么位置, 磅秤应给出同一结果. 试证明. 这就要求 $AB:AC = DE:DF$.

12.3 刚体在三个力的作用下平衡, 试证明这三个力必在同一平面内, 而且它们的作用线 (或其延长线) 必相交于同一点.

12.4 图示意地表明轮船上悬吊救生艇的装置. 救生艇质量为 960 kg, 为两根吊船杆分担, 吊杆穿过 A 环, 下端为半球形, 放在止推轴承 B 中. 求吊杆在 A 与 B 处所受的力.

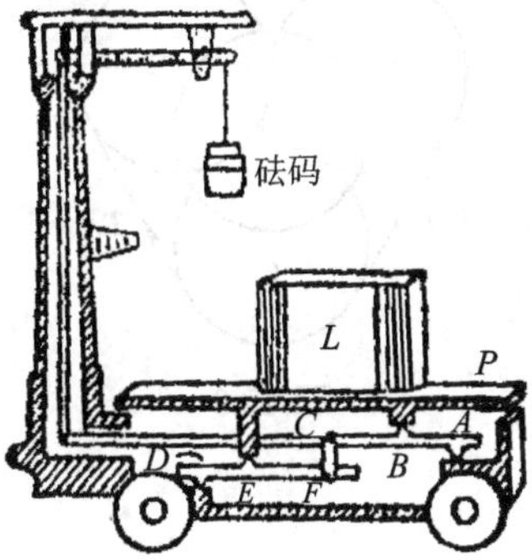

题 12.2

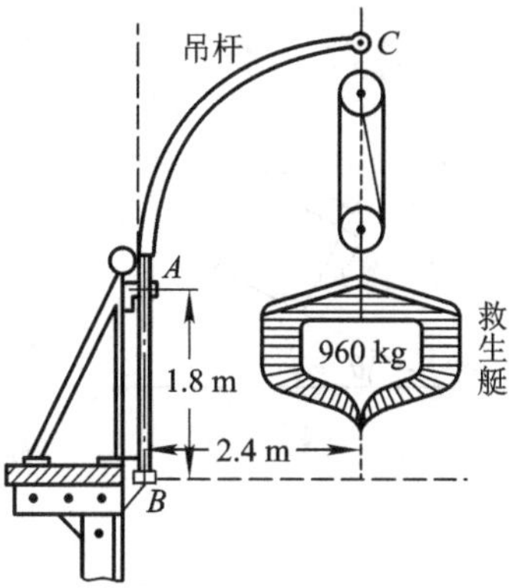

题 12.4

12.5 长为 $2l$ 的匀质杆, 一端抵在光滑墙上, 杆身斜靠在 (i) 与墙相距 d 的光滑棱角上, (ii) 柱轴与墙相距 d 而半径为 r 的光滑圆柱上. 求杆与水平面所成角度 θ.

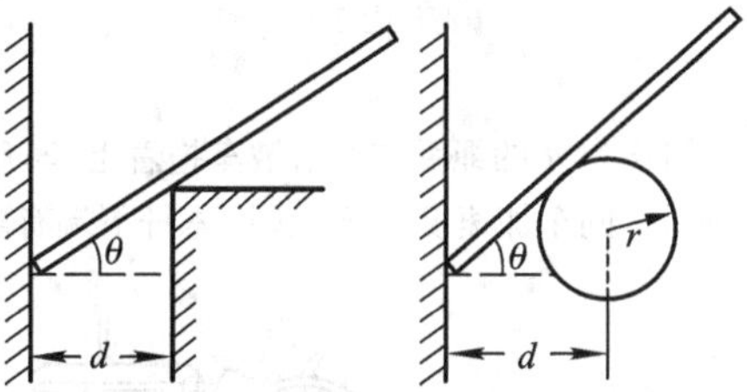

题 12.5

12.6 图示起重用的差动滑轮. 首尾环接的链条 $ABCDEGA$ 嵌在滑轮边缘的齿上. GA 段自由下垂, 不着力. 问要用多大的力 F 加在 EG 段上才可以支持住重量 P? 滑轮重量与摩擦力均可不计. 定滑轮及其轴的半径各为 R 与 r.

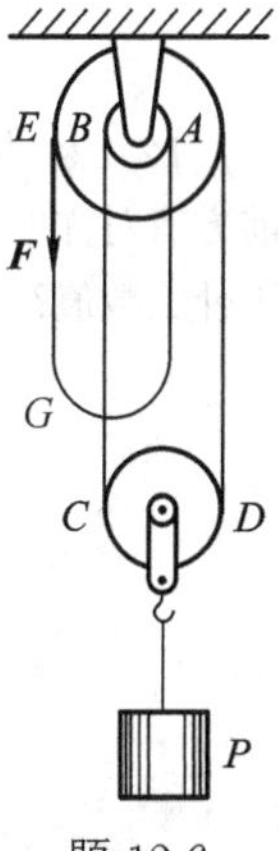

题 12.6

12.7 半径为 R 的半圆柱平面贴地, 长为 l 的匀质杆斜靠在凸面上且垂直于圆柱母线, 下端着地. 两个接触处摩擦系数都是 μ_0, 求杆与地面夹角的最大值.

12.8 匀质平行六面体, 放在斜面 AB 上, 两者之间的摩擦系数为 μ, 斜面与水平面成 θ 角. 求六面体与斜面之间的摩擦力, 并求六面体对斜面正压力的作用点. 使 θ 逐渐增大, 何时将发生滑动或翻倒现象?

12.9 三个完全一样的匀质球放在光滑水平面上, 彼此相切. 用一根绳子在球心的高度缠绕三球, 将它们捆扎起来. 又将第四个相同的球放在三球之上. 求绳中张力 T, 已知每个球的重量为 P.

12.10 图示十一根钢杆构成的桁架桥, 斜杆与水平面所成角度都是 $45°$. 求各杆中的拉力或压力.

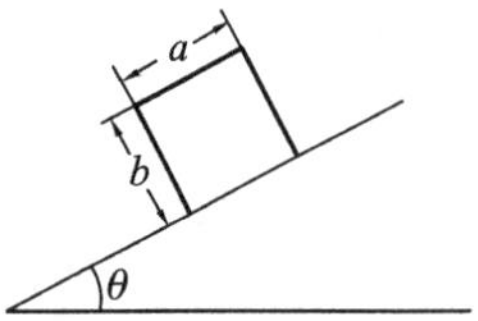

题 12.8

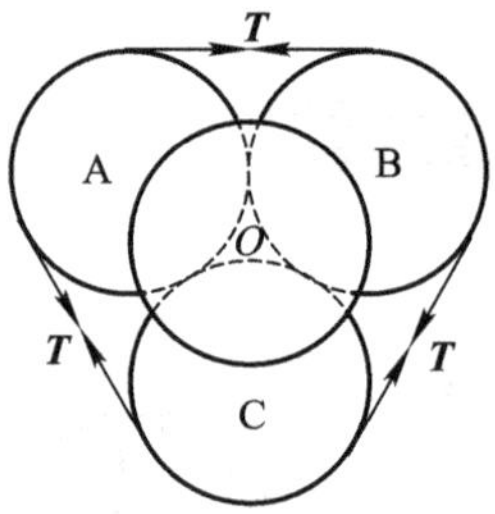

题 12.9

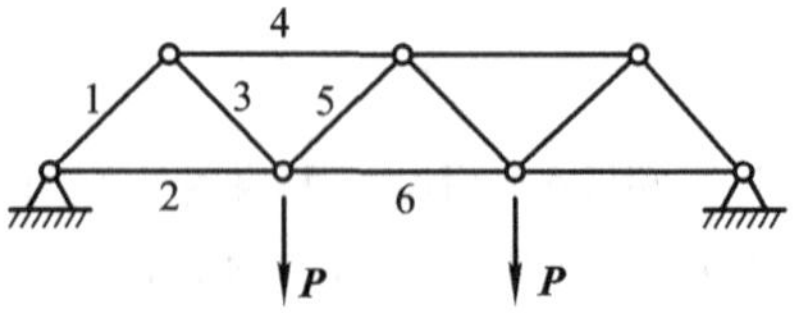

题 12.10

12.11 匀质木杆长 l, 用长为 d 的绳系在车后被车拖着走, 车后的系着点距地面高度为 h. 木杆下端就搁在水平路面上. 问车加速度 a 多大时, 木杆下端有离地趋势?

题 12.11

12.12 抽屉长 a, 宽 b. 抽屉两侧与侧壁之间的摩擦系数为 μ, 抽屉底面是光滑的. 抽屉前方有对称地安装着的两个把手 A 与 B, 相距 h. 要想拉着一个把手将抽屉拉出, 问 μ 应小于什么数值?

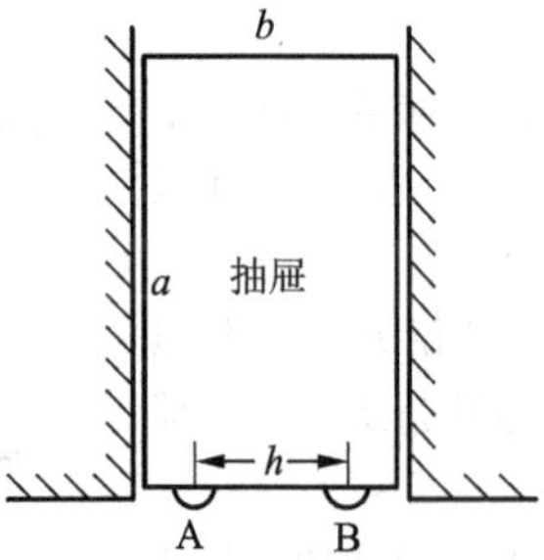

题 12.12

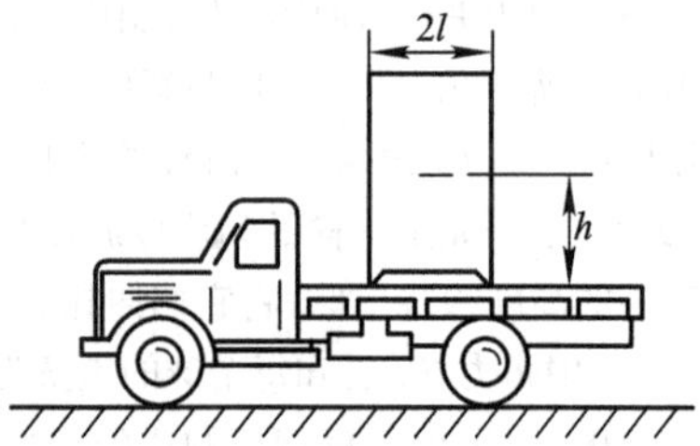

题 12.13

12.13 木柜宽 $2l$, 重心高度 h, 放在卡车上. 卡车猛然以加速度 a 起动向前行驶. 试研究木柜在车上滑动或翻倒的条件, 以便防止这种事故.

13. 刚体的定轴转动

13.1 计算: (i) 匀质球壳对于其直径的转动惯量. (ii) 匀质圆锥对于底面直径的转动惯量.

13.2 匀质矩形薄板绕其竖直边转动, 初始角速度为 ω_0. 转动时受到空气的阻力. 阻力垂直于板面, 每一小面积所受阻力的大小正比于该块面积及其速度平方的乘积, 比例常量为 k. 经过多少时间, 角速度减为一半? 矩形薄板的竖直边长 b, 水平边长 a.

13.3 以力 F 将一块粗糙平面压紧在轮上. 轮的初速为 ω_0, 问经过多少时间轮停止转动? 已知轮为匀质圆盘, 质量 m, 半径 R, 轴甚轻可以忽略. 设压力 F 均匀分布在盘面上.

13.4 求下列复摆的微振动周期: (i) 摆是匀质圆环, 质量 m, 半径 R. 摆动轴垂直于环面并通过环上的一点. (ii) 同一圆环, 但摆动轴在环的平面内并与环相切. (iii) 摆是由两根匀质细杆组成的直角规, 两杆长度各为 l_1 与 l_2, 质量各为 m_1 与 m_2. 摆动轴垂直于两杆所在平面并通过直角顶点.

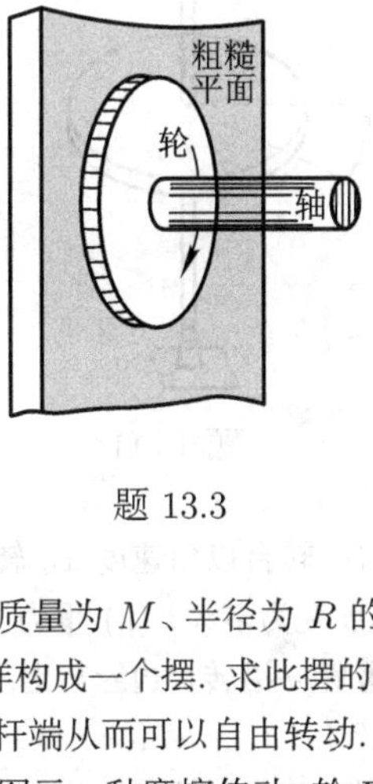

题 13.3

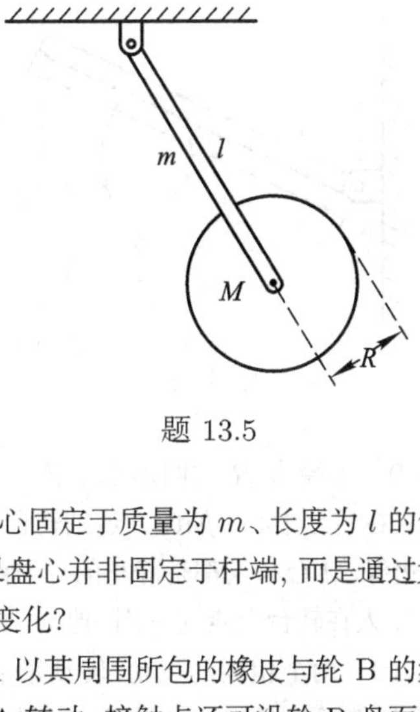

题 13.5

13.5 质量为 M、半径为 R 的匀质圆盘以其盘心固定于质量为 m、长度为 l 的匀质杆的下端, 这样构成一个摆. 求此摆的小振幅周期. 如果盘心并非固定于杆端, 而是通过无摩擦的轴承装于杆端从而可以自由转动. 问其周期将如何变化?

13.6 图示一种摩擦传动. 轮 B 是主动轮, 轮 A 以其周围所包的橡皮与轮 B 的盘面接触. 通过橡皮与轮 B 盘面之间的摩擦, 轮 B 带着轮 A 转动. 接触点还可沿轮 B 盘面半径移动, 借此可改变轮 A 的转速.

已知橡皮轮的半径为 r, 接触点距 B 轮盘面中心的距离为 R. 两轮相互压力为 F, 接触处的摩擦系数为 μ. B 的角速度为 ω_0. 求这种装置所能传输的最大功率.

13.7 镜框紧贴着墙站在粗糙钉上, 稍受扰动就向下倾倒. 求镜框跳离钉子时与墙所成的角 θ.

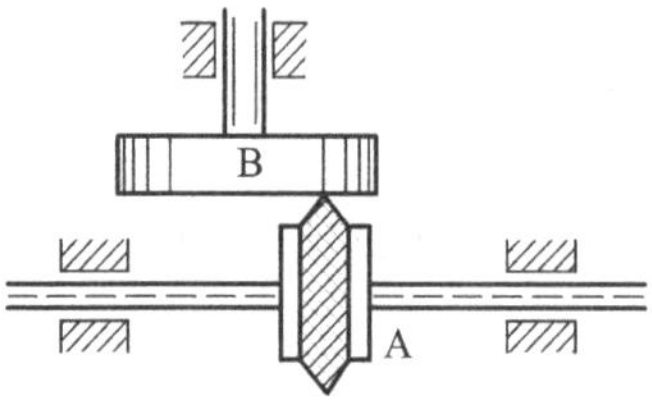

题 13.6

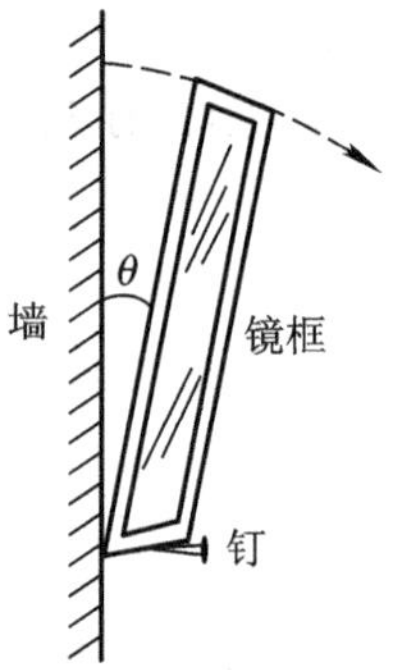

题 13.7

13.8 一根质量为 M、长度为 l 的细杆, 一端装在枢轴上, 如图所示. 手持细杆使它与竖直方向夹角 θ 等于 60°, 然后释放. 问当细杆达到水平位置即 θ 等于 90° 时, 枢轴上所受力的大小和方向是怎样的?

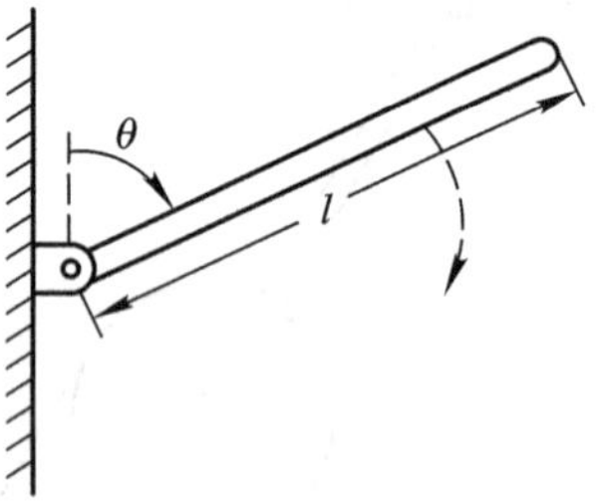

题 13.8

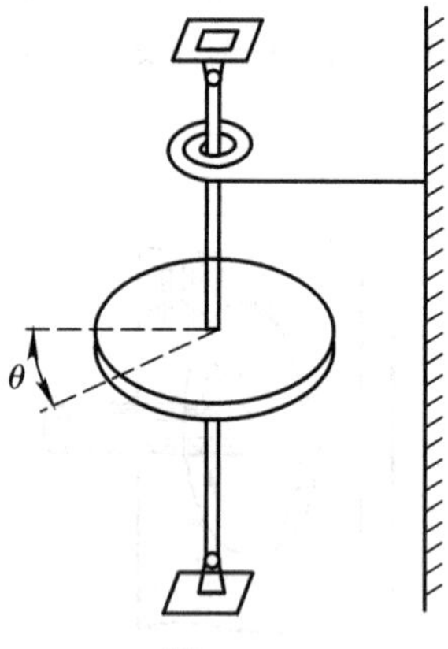

题 13.11

13.9 半径为 R 的圆形水平转台具有转动惯量 I. (i) 转台以角速度 ω_0 转动, 重为 P 的人站立在转台中心. 如此人走到转台边缘, 问转台角速度变为多大? (ii) 重为 P 的人站立在转台边缘, 转台和人都是静止的. 后来, 此人以相对角速度 ω 沿转台边缘行走. 求转台的角速度. 又, 人在转台上走完一圈, 他的 "绝对" 角位移多大?

13.10 两个相同的飞轮, 转动轴沿着共同的直线. 其一以角速度 ω_0 首先转动, 另一静止. 离合器使两轮紧相接触因而一同转动. 求它们一同转动的角速度, 并对问题中的动能加以考察.

13.11 质量为 M, 半径为 R 的实心圆盘装于竖直轴上, 竖直轴又与一螺线形弹簧连接, 并受到大小为 $k\theta$ 的线性恢复力矩, 这里 θ 是偏离平衡位置的角位移, k 是常量. 忽略轴与弹簧的质量, 并假定支承点无摩擦.

(i) 证明圆盘作谐振动, 并求其圆频率.

(ii) 设圆盘按照规律 $\theta = \theta_0 \sin\omega t$ 运动 [式中 ω 是 (i) 中求出的圆频率], 在 $t_1 = \pi/\omega$ 时, 有一个质量为 M, 半径为 R_1 的油灰圈同心地落在圆盘上, 求其后的圆频率和振幅.

13.12 匀质细杆长 $2l$, 质量为 M, 起初以角速度 ω_0 绕中点转动. 杆上穿有两个质量都是 m 的质点, 它们由静止于杆的中点滑到杆的两端, 问这时杆的角速度多大?

13.13 空心圆环可绕竖直轴 AC 自由转动, 转动惯量为 I, 环的半径为 R. 环的初始角速度为 ω_0, 质量为 m 的小球静止于环内 A 点. 由于微小干扰, 小球向下滑动. 问小球滑到 B 点与 C 点时, 环的角速度与质点的速度各为多大? 环的内壁是光滑的.

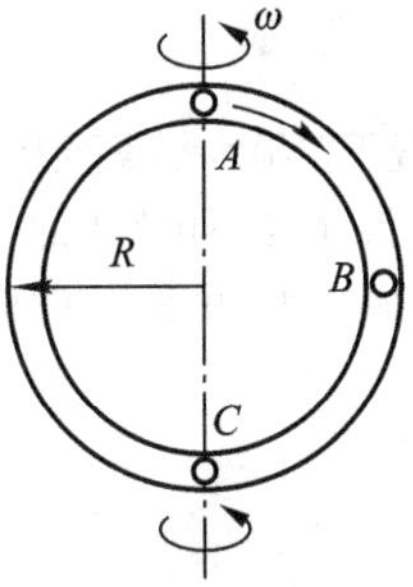

题 13.13

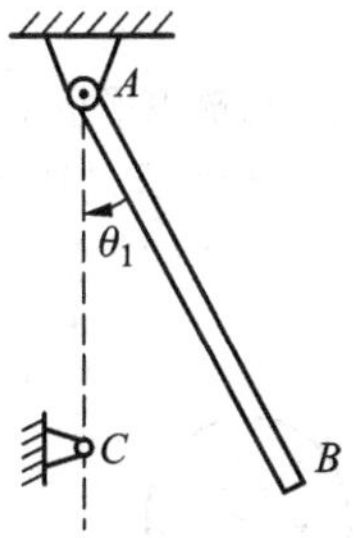

题 13.14

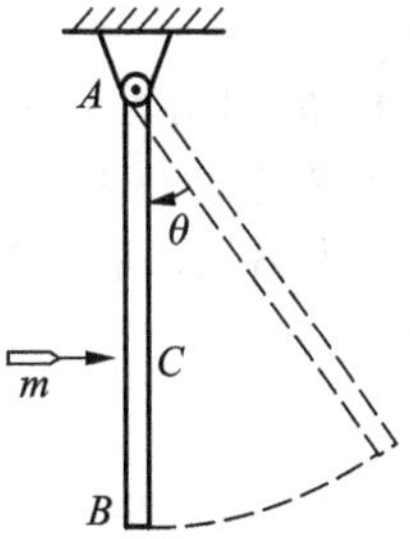

题 13.15

13.14 匀质细杆 AB 可绕 A 端垂直于纸面的水平轴转动. 手持 AB 杆, 使它与竖直方向成 θ_1 角, 然后放手任其摆动到竖直方向并与 C 点碰撞. 碰撞后向回摆动的最大偏角为 θ_2. 求碰撞时的恢复系数.

13.15 匀质细杆 AB 长 L, 质量为 M, 可绕 A 端的水平轴自由转动. 在杆自由下垂时, 质量为 m 的枪弹沿水平方向射进杆的 C 点, 并使杆摆动. 摆动的最大偏角为 θ, AC 相距 l. 求枪弹射入前的速度.

试将本题与 11.17 题作一比较.

14. 刚体的平面平行运动

14.1 手持匀质细杆使其竖立于光滑水平面上, 放手任其倾倒, 求任一时刻的杆的瞬心.

14.2 半径为 R 的圆盘以匀速 v_0 沿直线 CD 无滑动地滚动. 长为 l 的杆 AB 的一端 B 铰连于盘的边缘, 另一端 A 则沿 CD 作直线运动. 求 A 的速度.

14.3 长为 $2l$ 的匀质细杆的一端用铰链固定. 手持细杆, 使它水平, 放手任其摆动. 杆摆动到竖直位置时, 铰链忽然松脱. 试研究杆松脱以后的运动.

14.4 圆柱质量为 m, 半径为 R, 横卧着在粗糙地面上运动, 两者之间的摩擦系数为 μ. (i) 圆柱具有初始角速度 ω_0, 柱轴初始速度为零. (ii) 在初始时刻, 圆柱作平动, 其速度 v_0 是水平的且与柱轴垂直. 分别求解圆柱的运动.

14.5 一圆柱质量为 m, 半径为 R, 静卧在汽车的粗糙地板上, 两者之间的摩擦系数为 μ. 柱轴垂直于汽车行驶方向. 汽车以匀加速度 a_0 起动行驶, 求解圆柱运动情况. 考察圆柱是

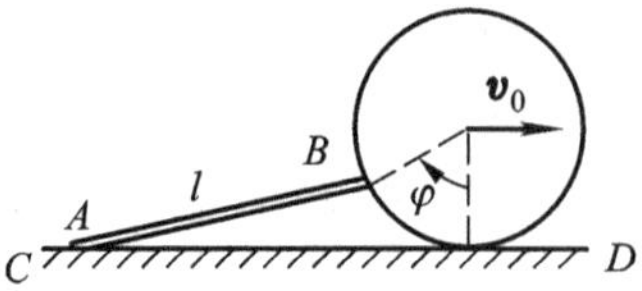

题 14.2

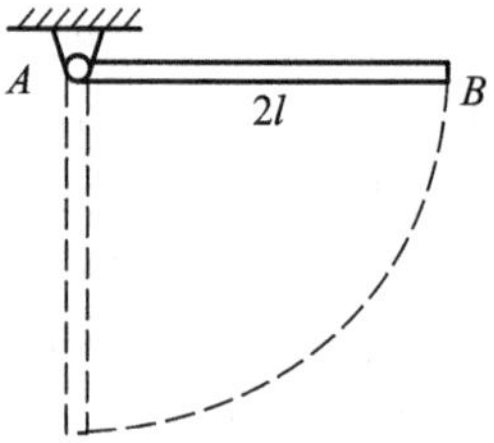

题 14.3

否发生滑动.

14.6 半径为 r 的匀质圆柱 A 置于粗糙水平板 B 上, 板 B 又置于粗糙水平桌面上. 这两个粗糙接触的摩擦系数都是 1/4. 定滑轮和绳的质量可以忽略不计. 绳是不可伸长的. A 的质量为 B 的质量的二倍, B 的质量等于 C 的质量. 求 B 和 C 的加速度, 并求 A 的角加速度.

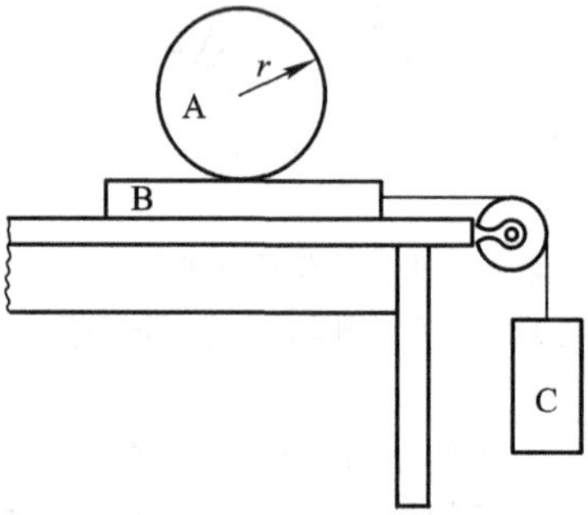

题 14.6

14.7 足球质量为 m, 半径为 R, 在地面上无滑动地滚动, 球心速度为 v_0. 遇到光滑墙壁发生正碰. 设碰撞是完全弹性的, 求解足球在碰撞以后的运动.

14.8 光滑水平面上有两个匀质实心小球, 大小相同, 质量各为 m. 左边的小球作无滑动滚动, 朝着右边的静止小球前进, 其质心速度为 v_0. 若在两球碰撞瞬间, 摩擦力的作用可以忽略, 而且碰撞是完全弹性的.

(i) 碰撞后, 经一定时间, 两个小球都不再滑动. 试计算此时每个小球的速度.

(ii) 初始能量中有多少由于摩擦而转化为热能?

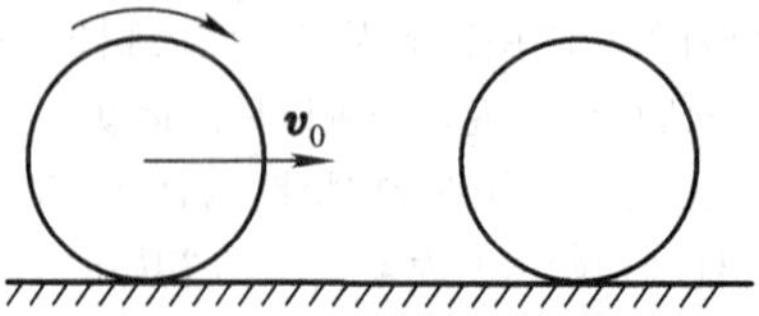

题 14.8

14.9 半径为 R 的匀质半球以其凸面接触粗糙地面而作无滑动地摆动. 求摆动的周期.

14.10 半径为 r 的匀质球在半径为 R 的球形碗内作无滑动的滚动. 问球在碗底附近作小幅度摆动的周期多大?

14.11 半径为 r 的小球, 从倾斜轨道的高度 h 处无初速地沿轨道无滑动滚下, 并进入半径为 R 的圆环形轨道.

(i) 假设小球的滚动始终是无滑动的, h 应为多大才能够使小球刚好通过环的最高点而不坠下?

(ii) 取 h 为 (i) 所求出的值, 将环心到小球的连线与竖直向上方向之间夹角记作 θ, 试求小球经过 θ 处的摩擦力与轨道正压力实际上是否发生滑动?

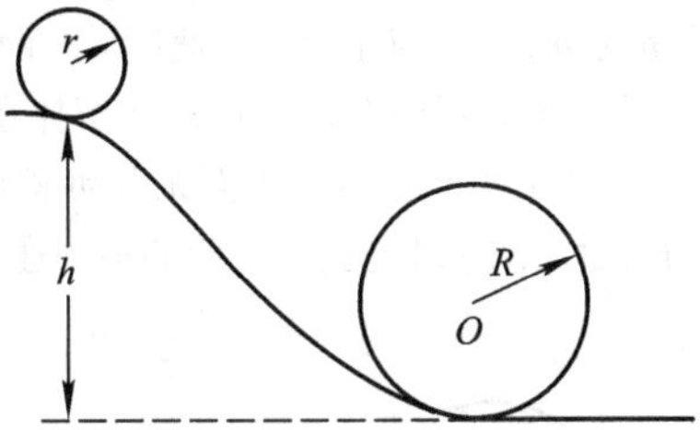

题 14.11

14.12 轮轴的半径各为 R 与 r, 整个轮轴对于中心轴线的转动惯量为 I. 轮轴搁在静止的粗糙水平木板上, 摩擦系数为 μ, 将线缠在轴上, 线尾与水平面成 θ 角. 以力 F 去拉线尾. 求解轮轴的运动, 并考察是否发生滑动.

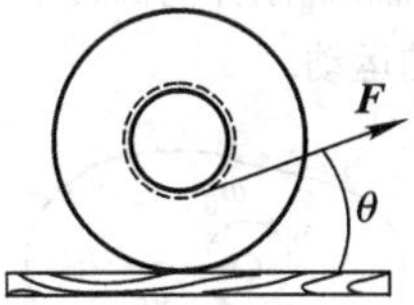

题 14.12

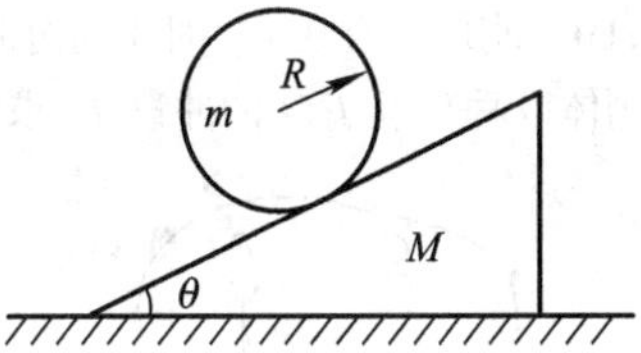

题 14.13

14.13 质量为 M, 倾角为 θ 的斜面放置在光滑水平面上, 质量为 m, 半经为 R 的圆柱体沿斜面无滑动滚下.

(i) 建立斜面和圆柱体的动力学方程. (对于圆柱体, 不妨以斜面为参考系.) 并指出圆柱体无滑动滚动的运动学条件.

(ii) 确定此力学系统的守恒量并给出具体表达式.

(iii) 求解斜面和圆柱体的加速度.

14.14 求 11.5 题中的匀质杆 A 端对地面的压力. 杆 AB 长为 $2l$, 质量为 m.

14.15 匀质细杆长为 $2l$, 质量为 m. 在两端用线吊起来, 使杆水平. 有一根线忽然断裂. 试求在这一瞬刻另一根线中的张力.

14.16 将半径为 r 的小球轻轻搁在半径为 R 的静止大球的顶端, 小球就向下滚动. 问小球滚到何处将飞离大球? 是否可以引用 §21 例 2 的结果?

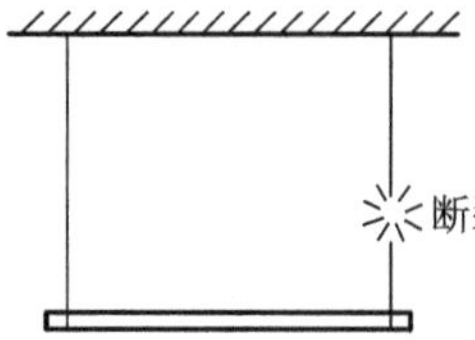

题 14.15

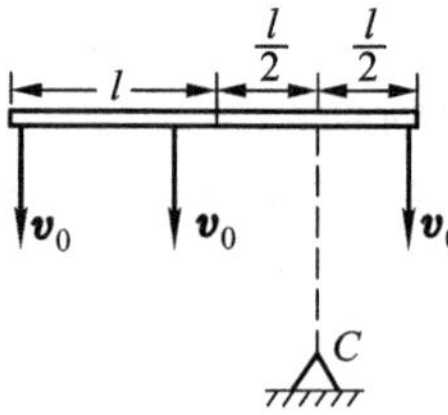

题 14.17

为保证小球飞离之前不发生滑动, 两球之间的摩擦系数最小多少?

14.17 匀质棒长 $2l$, 质量为 m, 以垂直于自身的速度 v_0 在水平面 (图面) 内运动, 与固定的 C 点发生无弹性碰撞. 发生碰撞处距棒中心为 $l/2$. 求解棒在碰撞以后的运动.

14.18 半径为 a 的匀质球以速度 v 沿水平表面无滑动滚动的过程中与高度为 $h < a$ 的台阶发生无弹性碰撞, 如图所示. 试求球能腾越台阶的最小速度. 假定在碰撞点没有发生滑动.

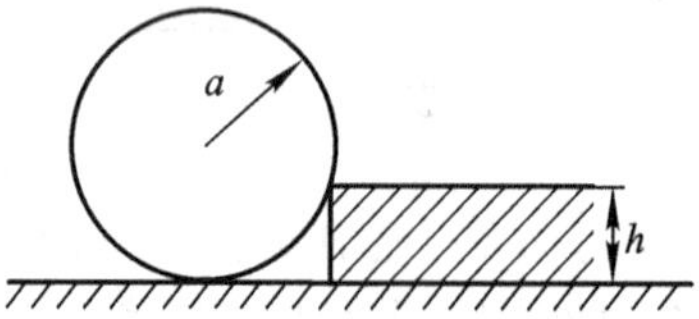

题 14.18

14.19 刚体质心在 C. 对于通过质心且垂直于图面的轴线, 刚体的回转半径为 k. 在 P 点处给刚体以垂直于 PC 的冲量 I. 求解刚体受冲击以后的运动.

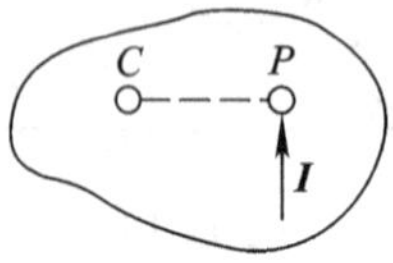

题 14.19

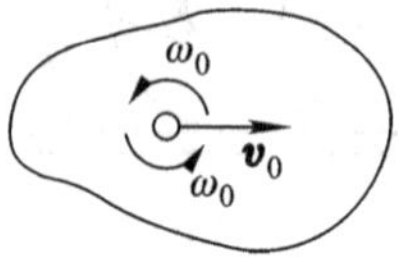

题 14.20

14.20 一块匀质薄板在自身平面内运动, 质心速度为 $\boldsymbol{v}_0$, 转动的角速度为 ω_0. 试在板上选取一点, 突然固定该点, 则整个板的运动完全停止下来. 对于通过质心而垂直板面的轴线, 板的转动惯量为 I.

14.21 重量为 P_1 的匀质圆柱放在粗糙水平面上, 柱的外周缠有绳子, 绳的自由端水平伸出, 绕过轻而光滑的定滑轮, 并悬挂重为 P_2 的物体. 设圆柱只滚不滑, 求解各物体的加速度以及绳中张力.

14.22 两个匀质圆柱体各自独立地绕自身的轴转动, 两轴互相平行. 一个圆柱体质量为 M_1, 半径为 R_1; 另一个圆柱体质量为 M_2, 半经为 R_2. 起初, 它们的角速度分别是 Ω_1 和 Ω_2, 转动方向相同. 然后移动它们使相接触. 问达到稳定状态后, 两个圆柱各自的最终角速度是多少?

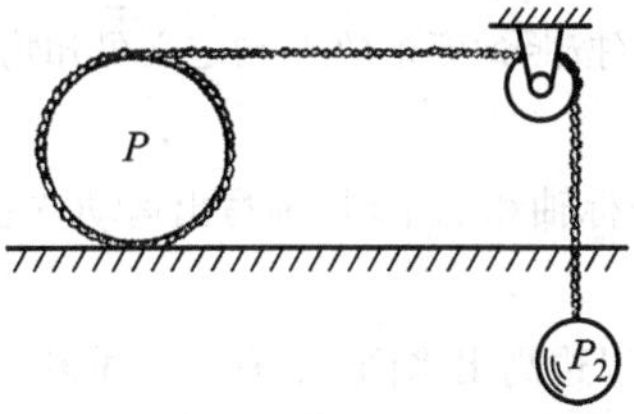

题 14.21

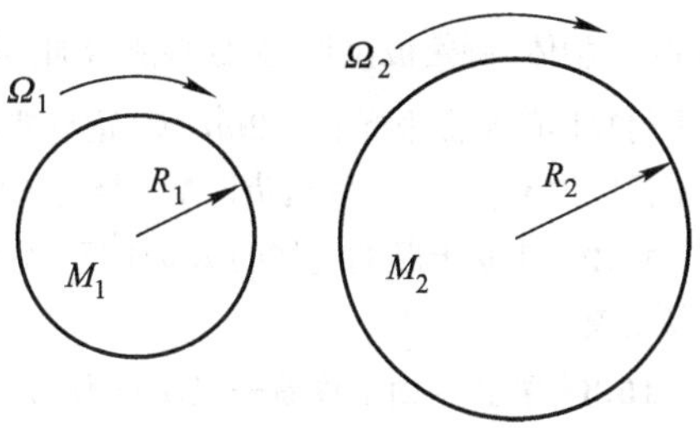

题 14.22

14.23 一个质量为 M_1, 半径为 R_1 的圆柱体只能绕其自身的水平轴作定轴转动. 一根细绳缠绕在这个圆柱体上, 绳的另一端缠绕着一个质量为 M_2, 半径为 R_2 的圆柱体, 后者可自由地放开缠绕着的绳子, 保持其轴水平而下降. 假定两者之间的一段绳子保持为竖直的. 试求 (i) M_2 质心的加速度; (ii) M_1 与 M_2 的角加速度; (iii) 竖直段绳中的张力.

14.24 质量为 m_1 和 m_2 的两个小球, 用长度为 l 的线连接, 置于光滑水平桌面上. 将这系统快速旋转起来, 这时 m_1 暂时处于静止状态, 而 m_2 以速度 v_0 垂直于它们的连线而运动. 释放这系统, 求系统此后的运动和线中的张力.

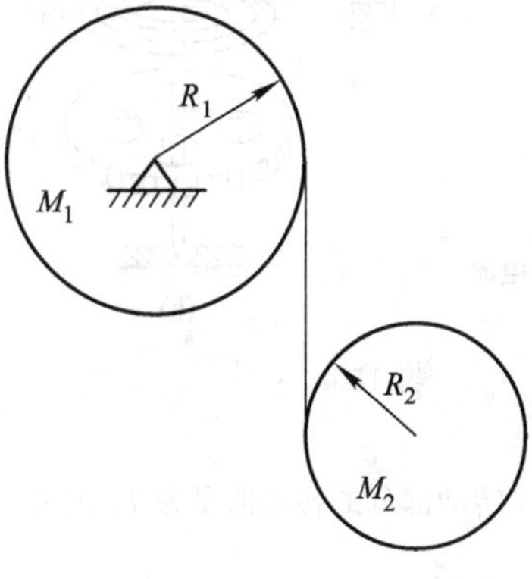

题 14.23

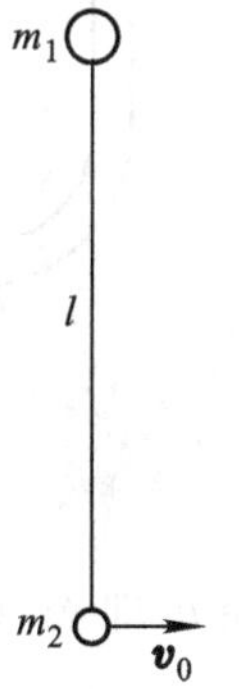

题 14.24

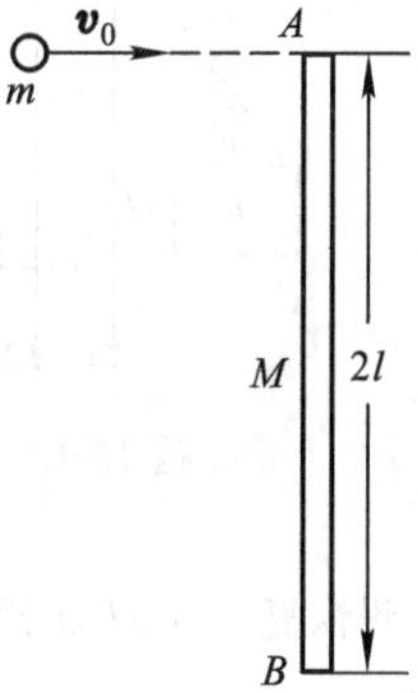

题 14.25

14.25 (i) 一根长为 $2l$, 质量为 M 的细杆, 平放在光滑水平面上. 一个质量为 m 的小球, 以速度 v_0 撞击杆的 A 端, 如图所示. 假定碰撞是完全弹性的, 且碰撞以后小球的速度仍沿原来的那根直线. 求小球碰撞后的速度.

(ii) 设细杆并不是完全自由的, 其 B 端被固定, 细杆可绕 B 自由转动. 求小球碰撞后的速度.

15. 振　　动

15.1 一根弹簧, 劲度系数为 k, 上端固定而竖直地悬挂着. 轻轻地在弹簧下端挂上质量

为 m 的物体, 弹簧被拉长, 弹性势能增加, 重力势能减少. 应用能量平衡方程 $\frac{1}{2}kx^2 = mgx$ 可求得物体的平衡坐标 $x = 2mg/k$. 这显然是错误的 (按照劲度系数 k 的定义可知物体的平衡坐标应为 mg/k), 试问这错误是怎样造成的?

15.2 求解上题的物体的运动情况. 分别用 x 坐标轴和 X 坐标轴写出运动方程式, 并加以比较.

15.3 静止水面上浮着一只质量为 M 的小船. 岸边高出水面 h, 有一个质量为 m 的人无初速地从岸边落入小船. 求解小船的上下振动. 为计算简便, 假定小船是截面积为 S 的柱形.

15.4 悬线式电流计的线圈悬挂在两磁极之间. 当线圈转动而离开其平衡位置时, 被扭的悬线有复原趋势, 对线圈施加恢复力矩. 钟表里的摆轮偏转时, 游丝也对摆轮施加恢复力矩.

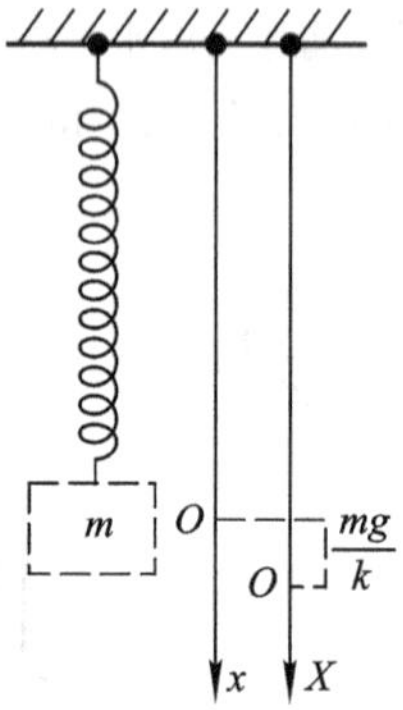

题 15.1

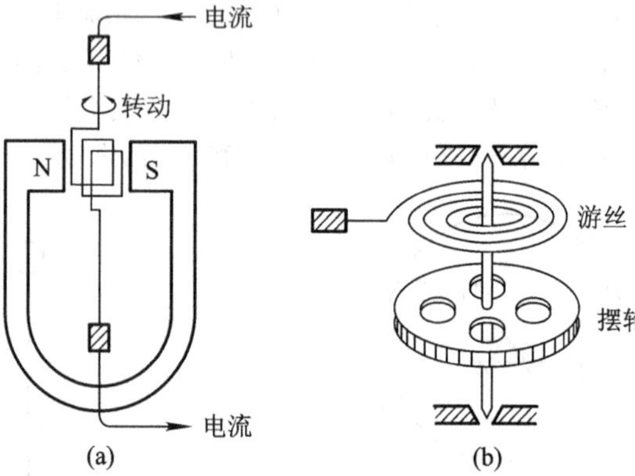

题 15.4

设恢复力矩 M 正比于偏转角 θ, 即 $M = G\theta$. 又设转动部分的转动惯量为 I. 求解转动情况.

15.5 用长为 L 的两根线把长为 $2l$ 的匀质棒两端悬挂起来, 并使棒身保持水平. 令棒绕竖直轴稍稍转过一个小角度, 求解棒来回转动的周期.

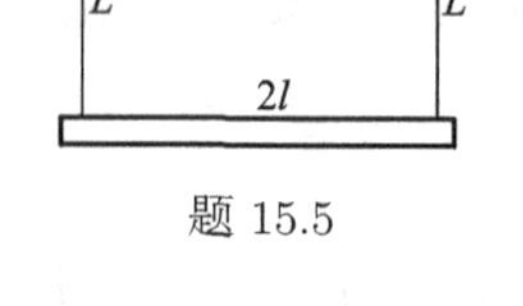

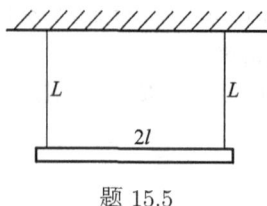

题 15.5

15.6 谐振动 $x = 10\cos\frac{1}{12}\pi t$. 试计算 $t_1 = 0$, $t_2 = 3$ 和 $t_3 = 6$ 时的坐标 x_1, x_2 和 x_3. 时间间隔 $t_2 - t_1$ 和 $t_3 - t_2$ 是相等的, 在相等的时间间隔里走过的路程是否相等?

15.7 谐振动 $x = A\cos(8t+\varphi_0)$. 已知初始位移为 0.04 m, 初始速度为 0.24 m/s. 试确定振幅 A 和初始相位 φ_0.

15.8 质量为 100 g 的物体作谐振动, 其振幅为 1 cm, 最大加速度为 4 cm/s^2. 求机械能以及通过平衡位置时的动能. 问物体通过何处的时候动能和势能相等.

15.9 水平放置的弹簧振子, 弹簧的劲度系数 $k = 6.272$ N/m, 振动物体的质量 $m = 0.2$ kg. 物体的最大偏离为 5 cm, 求物体的最大速度和机械能.

15.10 题 15.2 的竖直弹簧振子是否符合机械能守恒的条件? 如符合, 请写出机械能守恒的表达式.

15.11 阻尼振动 $x = A\mathrm{e}^{-\beta t}\cos\omega t$, 求周期 τ. 计算 $t_0 = 0$, $t_1 = \tau$ 和 $t_2 = 2\tau$ 时的振幅 A_0, A_1 和 A_2. 问 $A_0 - A_1$ 与 $A_1 - A_2$ 是否相等, 这说明什么问题? 又, $A_0 : A_1$ 与 $A_1 : A_2$ 是否相等? 这又说明什么问题?

如 $A_0 = 9$ cm, $A_1 = 6$ cm, 问 $A_2 =$?

15.12 阻尼振动的“周期”比相应的无阻尼振动的周期增大的百分率为多大?

15.13 单摆初始振幅为 3 cm, 经 10 s 而减小到 1 cm, 问经多少时间而减小到 0.3 cm?

15.14 在急剧震动的房间内, 为防止精密仪器震坏, 将仪器用软弹簧悬挂起来, 如房屋上下震动频率为 20 Hz, 仪器在软弹簧上自由振动的频率为 2 Hz. 求仪器振幅与房屋振幅的比值.

15.15 火车车厢可在弹簧上作上下振动. (1) 设弹簧的负载为 5.5 t, 弹簧劲度系数为 9 800 N/1.6 mm. 求车厢振动的本征频率. (2) 火车行驶中, 每经过铁轨接头处就受到一次撞击, 这种周期性的撞击使车厢作受迫振动. 设每段铁轨长 12.5 m, 问火车以多大的速度行驶将会发生强烈共振?

15.16 弹簧振子的本征频率为 2 Hz, 今施加幅度为 $F = 10^{-3}$ N 的谐变力, 使其发生共振. 共振时的振幅为 5 cm. 求阻力系数 h 和阻力的幅度.

15.17 劲度系数为 k 的弹簧竖直悬挂, 下端系有质量为 m 的磁棒, 磁棒插在竖直线圈中, 而只占据线圈中的上部空间, 线圈通有电流 $i = 20\sin 8\pi t$(A). 磁棒和线圈相互吸引力 $F = 18\pi i$(N). 求解磁棒的运动.

15.18 直管 OA 绕通过点 O 的水平轴以匀角速 ω 转动. 管内有一弹簧, 一端固着于 O 点, 另一端系有质量为 m 的小球. 弹簧自然长度为 l_0, 劲度系数为 k. 求解球的运动. ω 取何值将发生共振?

15.19 同在 x 方向的两个同频率谐振动

$$x_1 = 8\cos\left(10t + \frac{3}{4}\pi\right), \quad x_2 = 6\cos\left(10t + \frac{1}{4}\pi\right).$$

求合成振动的振幅和初始相位.

15.20 对于方向相同而频率不同的两个谐振动的合成问题, (49.10) 式在振幅相等的条件下进行了计算. 试在振幅不等的条件下计算合成振动.

15.21 两支 C 调音叉, 其一是标准的 256 Hz, 另一是需要校正的. 同时轻敲这两支音叉, 在 10 秒钟里听到 20 拍. 问待校的音叉的频率是多少?

15.22 互相垂直的两个同频率谐振动

$$x = 5\cos\omega t, y = 3\cos(\omega t + \delta) \quad \left(\delta = \arccos\frac{8}{15}\right).$$

求合成振动的轨迹.

15.23 $x = A\cos\omega t,\ y = A\cos\dfrac{3}{2}\omega t$. 试描出合成振动的轨迹.

15.24 下列各图为互相垂直的振动的合成的李萨如图. 已给 x 方向的振动圆频率 ω, 试求 y 方向振动的圆频率.

题 15.24

15.25 下图三根弹簧完全相同, 劲度系数各为 k. 两个物体质量相等, 均为 m. 图示为平衡状态, 各弹簧恰好都未伸缩. 稍加纵向扰动后即作纵向振动. 试求简正坐标和振动模式.

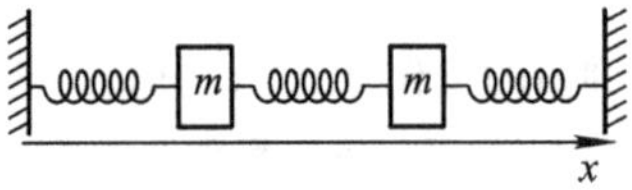

题 15.25

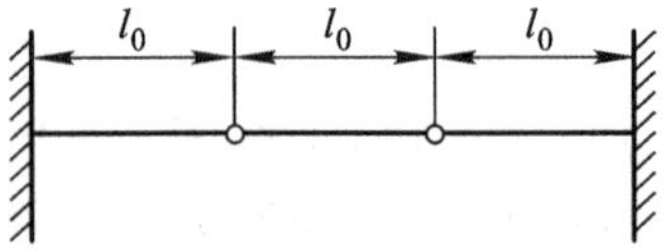

题 15.26

15.26 上图三段细线长度均为 l_0, 线中张力都是 T. 稍加横向扰动后即作横向振动. 试求简正坐标和振动模式. 设两质点的质量均为 m.

16. 波

16.1 在图 7–24(b) 上, 质点 0 的相位等于多少? 经过四分之一周期 [见图 7–24(c)], 这个相位传到哪一质点? 又经过四分之三周期 [见图 7–24(f)], 这个相位传到哪一质点? 这个相位在一个周期里传播的距离有多远?

在图 7–24(b), 质点 1 的相位等于多少? 经过一个周期 [图 7–24(f)], 这个相位传到哪一质点? 传播了多远?

在图 7–24(b), 质点 2 的相位等于多少? 经过一个周期, 这个相位传到哪一点? 传播了多远?

各个不同的相位的传播速度是否相同?

16.2 某人民广播电台发射频率为 702 kHz 的电磁波. 电磁波的速度是 3×10^8 m/s. 求该电磁波的波长.

氦氖激光 (红色) 的波长是 6 328 Å (1 Å $= 10^{-10}$ m), 求这种激光的频率.

比较以上两种波的频率高低和波长长短.

16.3 人耳能听到的声音的最低频率为 20 Hz. 声音在 20°C 空气中速度为 340 m/s, 在水中速度为 1 450 m/s. 求 20 Hz 的声波在空气中和水中的波长.

人耳能听到的声音的最高频率为 20 000 Hz. 求 20 000 Hz 的声波在空气中和水中的波长.

16.4 在题 16.2 所述电磁波传播方向上相隔 213.7 m 的两点, 电磁波的相位差为多少?

16.5 波 $u = 5\cos(8t + 3x + \pi/4)$. 问 (1) 它沿什么方向传播?(2) 它的频率、波长、波速各是多少? (3) 式中的 $\pi/4$ 有什么意义?

16.6 波源作谐振动, 周期 $\dfrac{1}{100}$ s, 初相为零. 振动以 400 m/s 的相速沿直线传播. 求距波源为 (1) 8 m (2) 9 m (3) 10 m 处的振动方程和初相.

16.7 在正常生活环境中, 声强 (声波的波强) 应在 $10^{-8}\mathrm{J/(m^2\cdot s)}$ 以下. 试按频率 $f = 1\ 000$ Hz 估计一下, 这个声强所对应的声振动的振幅多大. (空气的密度 ρ 约为 1.29 kg/m^3, 空气中的声速 v 约为 340 m/s.)

16.8 声强达到 $10^{-3}\mathrm{J/(m^2\cdot s)}$ 已属于一种噪音公害. 试按频率 $f = 1\ 000$ Hz 估计一下这个声强所对应的声振动的振幅.

16.9 把驻波的解析表达式 (52.11) 代入能流公式 (51.15) 以计算驻波的能流. 这能流在一个周期上的时间平均值或者在一个波长上的空间平均值是多少? 这结果是否在你的意料之中?

16.10 弦乐器在演奏前要 "定音". "定音" 时为什么要把弦适当绷紧或放松?

发出 C 调 "do" (频率 256 Hz) 的弦长半米, 弦的线密度 $\rho_{线}$ 为 1.5 g/m. 问弦中张力应为多大?

16.11 下图是一个玻璃瓶, 可作为声振动的共振器, 叫做亥姆霍兹共振器. 试估算它的本征频率. [提示: 把瓶颈的那一部分空气整体作为质点看待, 体积 V_0 的空气则作为弹簧垫看待, 弹簧垫的弹性力可由物态方程 "pV^γ = 常量" 微分而得到.]

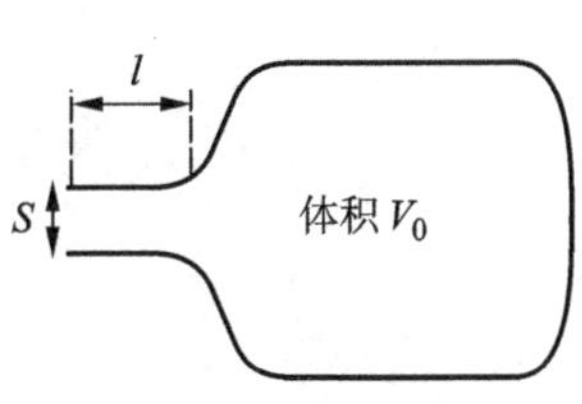

题 16.11

16.12 火车以 20 m/s 的速度行驶, 车上人员听到汽笛声调为 300 Hz. 问迎向火车和目送火车离去两种情况下所听到的汽笛声调各为多大? 在 20°C 空气中, 声速约 340 m/s.

16.13 在大教室中, 教师手拿振动的音叉, 站立不动, 学生听到的声音频率 f 为 1 020 Hz. 若教师以速度 v = 0.5 m/s 朝黑板匀速走去, 则后面的学生将会听到拍音, 试解释这一现象. 并计算拍频是多少. (设空气中声速为 340 m/s.)

16.14 深水波的色散关系为

$$\omega^2 = gk + \frac{T}{\rho}k^3.$$

试计算深水波的群速.

16.15 两个相干波源, 频率为 100 Hz, 相位差为 π, 两者相距 20 m. 在两波源的中垂线上距波源为 15 m 的点, 它的振动情况如何? 波速为 10 m/s.

习题答案

0.1

(1) $2x+3$;

(2) $15\cos(3x+1)$;

(3) $(1-x^2)(1+x^2)^{-2}$;

(4) $[(7x^2-a^2)(x^2+a^2)]/2x\sqrt{x}$;

(5) $1\Big/\left[2\cos^2\dfrac{x}{2}\right]$;

(6) $(x\cos x-2\sin x)/x^3$;

(7) $(x^2+1)^{-3/2}$;

(8) $[2\ln(1-x)]/(x-1)$;

(9) $\dfrac{1}{x^2}\tan\dfrac{1}{x}$;

(10) $[2\sqrt{x}+1]/[4\sqrt{x}\sqrt{x+\sqrt{x}}\ ]$;

(11) $\sin x\ln x+x\cos x\ln x+\sin x$;

(12) $1/[1+\cos t]$;

(13) $2/\sin 2x$;

(14) $2a/[a^2-x^2]$;

(15) $1/\sqrt{1+x^2}$;

(16) $\dfrac{1}{a}\cot\dfrac{x}{a}+\dfrac{1}{2\sqrt{x-x^3}}$;

(17) $2/[x\sqrt{x^2-4}]$;

(18) $-\mathrm{e}^{-x}(\cos 3x+3\sin 3x)$;

(19) $2\arcsin x/\sqrt{1-x^2}$;

(20) $\dfrac{4\sqrt{x^2+x\sqrt{x}}+2\sqrt{x}+1}{8\sqrt{x^2+x\sqrt{x}}\sqrt{x+\sqrt{x+\sqrt{x}}}}$.

0.2

(1) $-x/y$;

(2) $-(b/a)\cot\varphi$;

(3) $\cot(\varphi/2)$;

(4) $(ay-x^2)/(y^2-ax)$;

(5) $(3b/2a)t$;

(6) $-bx/[a\sqrt{a^2-x^2}]$;

(7) $-\tan\varphi$;

(8) $-x/y$;

0.3

(1) $(b/a^2)\sin^3\varphi$;

(2) $6x(2x^3-1)/(x^3+1)^3$;

(3) $2\sin x\sec^3 x$;

(4) $-(\sin 2x+4\sin 4x-9\sin 6x)$;

(5) $36x^2-24x$;

(6) $-a^2/\sqrt{(a^2-x^2)^3}$;

(7) $\sin(x+y)/[\cos(x+y)-1]^3$;

0.4 (积分常数省略)

(1) $3x-2x^2+x^3$;

(2) $a^3x-a^2bx^3+\frac{3}{5}ab^2x^5-\frac{b^3}{7}x^7$;

(3) $-1/2x^2$;

(4) $\frac{2}{5}x^{\frac{5}{2}}$;

(5) $3x-3\arctan x$;

(6) $\frac{1}{3}x^3+\frac{3}{2}x^2+9x$;

(7) $\frac{3}{2}(1-2x)$;

(8) $\frac{1}{3}\ln|3x-5|$;

(9) $-\frac{1}{3}\cos 3x$;

(10) $-\frac{1}{3}e^{-3x}$;

(11) $\frac{1}{3}\arctan 3x$;

(12) $\frac{1}{3}\ln|x^3+1|$;

(13) $\frac{1}{4}\sin 2x-\frac{1}{16}\sin 8x$;

(14) $\frac{1}{2}x+\frac{1}{4}\sin 2x$;

(15) $\sin x-\frac{1}{3}\sin^3 x$;

(16) $-\frac{1}{2}x\cos 2x+\frac{1}{4}\sin 2x$;

(17) $x^2\ln^2 x-2x(\ln x-1)$;

(18) $\frac{1}{4}x^4+\frac{1}{3}x^3$;

(19) $x(\ln x-1)$;

(20) $x\arccos x-\sqrt{1-x^2}$;

(21) $\mathrm{e}^x(x-1)$;

(22) $\mathrm{e}^x(x^2-2x+2)$;

(23) $\dfrac{x^2}{2}\ln x-\dfrac{x^2}{4}$;

(24) $\dfrac{1}{2}\mathrm{e}^x(\sin x-\cos x)$.

0.5

(1) 0;

(2) $\ln\dfrac{a+b}{a-b}$;

(3) 1;

(4) 51/512;

(5) $\dfrac{\pi}{6}-\dfrac{\sqrt{3}}{8}$;

(6) $\pi/2$;

(7) π;

(8) $\dfrac{1}{4}(e^2+1)$;

(9) 1;

(10) $\pi(\pi^2-6)$;

(11) $(1/4)\pi R^2$;

(12) $(16/3)p^2$.

1.1 $\sqrt{\dfrac{2}{9.8\times10^3}}(\sqrt{n_2}-\sqrt{n_1})$ s.

1.2 电车行驶 100 m 就赶上卡车.

1.3 约 $-0.47\ \mathrm{m/s^2}$.

1.4 $a_1=2(s_1+s_2)^2/s_1T^2, a_2=-2(s_1+s_2)^2/s_2T^2$.

1.5 $t=1$ s 到达 B 点, $AB=4.9$ m. $t=3$ s 落地, 落地速度 $v=19.6$ m/s.

1.6 $v=sv_0/\sqrt{s^2+h^2}$, 恰为人的速度 v_0 在手牵着的那一段绳上的投影, $a=v_0^2h^2/(s^2+h^2)^{3/2}$, 不是人的加速度 $(=0)$ 的投影.

1.7 影子中头顶的速率为 $hv_0/(h-l)$; 影长增大速率为 $lv_0/(h-l)$.

1.8 $v=l\omega\sec^2\varphi=\omega(l^2+s^2)/l$,

$a=2l\omega^2\sec^2\varphi\tan\varphi=2\omega^2s(l^2+s^2)/l^2$.

1.9 $-r\omega_0(1+r\cos\varphi/\sqrt{l^2-r^2\sin^2\varphi})\sin\varphi$.

1.10 $t=\sqrt{R/g}\arccos[(R-s)/R], v=\sqrt{(2-s/R)sg}$.

1.11 $v_2=\sqrt{\dfrac{a^2+c^2}{b^2+c^2}}v_1, v_3=-\dfrac{\sqrt{a^2+c^2}}{c}v_1$.

1.12

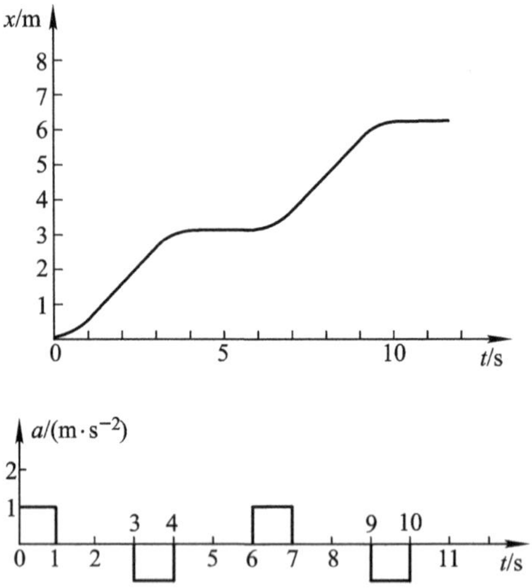

题 1.12 答案

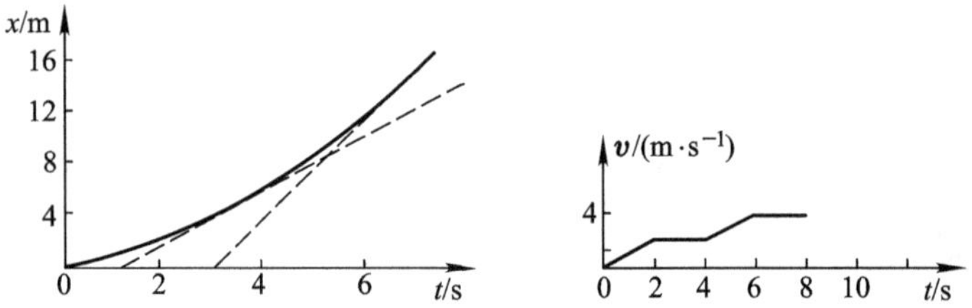

(i)

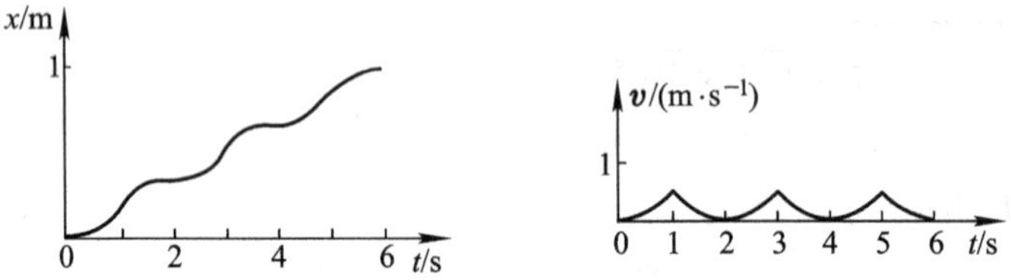

(ii)

题 1.13 答案

2.1 如 $l/h < (v_1 - v_2 \sin\theta)/v_2 \cos\theta$, 行李不会被打湿;

如 $l/h > (v_1 - v_2 \sin\theta)/v_2 \cos\theta$, 行李被打湿.

2.2 以 A 为参考系, B 的速度是 $\boldsymbol{v}_1 - \boldsymbol{v}_0$, 这个速度应指向 A.

2.3 v_1 和 v_2 是 $\boldsymbol{v}$ 在两个不同方向的投影, 由此求得

$$v = \sqrt{v_1^2 + v_2^2 - 2v_1 v_2 \cos\theta} / \sin\theta.$$

2.4 (i) $\dot{x} = 30t,\ \dot{y} = -40t; \ddot{x} = 30, \ddot{y} = -40.$

轨道 $4x + 3y - 12 = 0$.

(ii) $\dot{x}=-a\omega\sin\omega t,\dot{y}=b\omega\cos\omega t;$

$\ddot{x}=-a\omega^2\cos\omega t,\ddot{y}=-b\omega^2\sin\omega t.$

轨道 $x^2/a^2+y^2/b^2=1.$

(iii) $x=a\mathrm{e}^{kt},y=b\mathrm{e}^{-kt};\dot{x}=ak\mathrm{e}^{kt},\dot{y}=-bk\mathrm{e}^{-kt};$

$\ddot{x}=ak^2\mathrm{e}^{kt},\ddot{y}=bk^2\mathrm{e}^{-kt}$. 轨道 $xy=ab$.

(iv) 同 (ii).

(v) $x=2\cos 3t,y=2\sin 3t,z=4t;$

$\dot{x}=-6\sin 3t,\dot{y}=6\cos 3t,\dot{z}=4;$

$\ddot{x}=-18\cos 3t,\ddot{y}=-18\sin 3t,\ddot{z}=0.$

轨道是螺旋线. (质点一方面在 xy 平面中作匀速圆周运动, 一方面沿 z 轴作匀速运动.)

2.5 A_n 的轨迹为 $x^2/(2n-1)^2l^2+y^2/l^2=1.$

2.6 C 的轨迹 $x^2/(l_1+l_2)^2+y^2/l_2^2=1$. B 的速度 $\dot{x}_B=v_0y_A/x_B$, $\dot{y}_B=0$. C 的速度 $\dot{x}_C=v_0y_A(l_1+l_2)/x_Bl_1$, $\dot{y}_C=v_0l_2/l_1$.

2.7 轨迹 $(y-l)^2(y^2-l^2)+x^2y^2=0$. 速度 $v_0\sqrt{1-2\sin^3\varphi+\sin^4\varphi}$, 加速度 $v_0^2\sin^3\varphi\sqrt{1+3\cos^2\varphi}/l$, 其中 φ 是杆与地面间的角.

2.8 (i) $v=a_1\sqrt{a_2^2+t^2}/t,\tan(\boldsymbol{v},\boldsymbol{r})=-a_2/t;a=a_1a_2^2/t^3$, 角 $(\boldsymbol{a},\boldsymbol{r})=\pi$. 轨道 $\rho=a_1a_2/\varphi$.

(ii) $v=\sqrt{a_1^2+a_2^2}\rho,\tan(\boldsymbol{v},\boldsymbol{r})=a_2/a_1=$ 常量; $a=(a_1^2+a_2^2)\rho,\tan(\boldsymbol{a},\boldsymbol{r})=2a_1a_2/(a_1^2-a_2^2)=$ 常量. 轨道 $\rho=\mathrm{e}^{a_1\varphi/a_2}$.

(iii) $\varphi=\omega_0t+\varphi_0,\rho=(v_0/\omega_0)\sin(\omega_0t+\varphi_0);v=v_0,\tan(\boldsymbol{v},\boldsymbol{r})=\tan\varphi;a=2v_0\omega_0,\tan(\boldsymbol{a},\boldsymbol{r})=-\cot\varphi$. 轨道 $\rho=(v_0/\omega_0)\sin\varphi$.

(iv) $\rho=a_2t+\rho_0,\varphi=(a_1/a_2)\ln(1+a_2t/\rho_0);v=\sqrt{a_1^2+a_2^2},\tan(\boldsymbol{v},\boldsymbol{r})=a_1/a_2;$ $a=a_1\sqrt{a_1^2+a_2^2}/\rho,\tan(\boldsymbol{a},\boldsymbol{r})=-a_2/a_1$. 轨道 $\rho=\rho_0\mathrm{e}^{a_2\varphi/a_1}$.

(v) $x=a_1t\cot a_2t,y=a_1t;\dot{x}=a_1\cot a_2t-a_1a_2t\csc^2a_2t,\dot{y}=a_1;\ddot{x}=-2a_1a_2\csc^2a_2t+2a_1a_2^2t\csc^2a_2t\cot a_2t$. 轨道 $x=y\cot(a_2y/a_1)$.

2.9 $\dot{\varphi}=\omega_0,\dot{\rho}=v_0,\varphi=\omega_0t+\varphi_0,\rho=v_0t$; 轨迹 $\rho=v_0(\varphi-\varphi_0)/\omega_0$.

$v_\rho=v_0,v_\varphi=\omega_0v_0t;a_\rho=-\rho\omega_0^2,a_\varphi=2v_0\omega_0.$

2.10 $\rho=\rho_0[\tan(\varphi/2)/\tan(\varphi_0/2)]^{u/v}.$

2.11 $\rho=p/(1+e\cos\varphi),\varphi=\omega_0t+\varphi_0,v_\rho=\omega_0\rho^2e\sin\varphi/p,v_\varphi=\rho\omega_0.$

2.12 $a_t=1.2,a_n=(1.2)^2/R.$

2.13 $1/v=1/v_0-t/R\tan\varphi$, 其中 φ 为加速度与速度之间的角.

2.14 匀速圆周运动或匀速直线运动.

3.2 (i) $T_1=Pl_1d_2/(d_1\sqrt{l_2^2-d_2^2}+d_2\sqrt{l_1^2-d_1^2}),$

$T_2=Pl_2d_1/(d_1\sqrt{l_2^2-d_2^2}+d_2\sqrt{l_1^2-d_1^2}).$

(ii) $T_1=T_2=P(l_1+l_2)/2\sqrt{(l_1+l_2)^2-(d_1+d_2)^2}.$

3.3 $T_1:T_2=39:25.$

3.4 $P\sin\beta/\sin(\alpha+\beta),P\sin\alpha/\sin(\alpha+\beta)$. 不是重力在垂直于斜面的方向上的投影.

3.5 都等于 $P(R-r)/\sqrt{R(2r-R)}$.

3.6 $F=(P/2)\cot(\alpha/2)$.

3.7 $T_{CD}=P(\sin\beta-\sin\alpha)/\sin(\alpha+\beta), T_{CA}=T_{CB}=P\sin\alpha/\sin(\alpha+\beta)$, 其中 α 为 CA 与竖直方向之间的角 $\arcsin\dfrac{2Ld}{L^2-l^2+2ld}$, β 为 CB 与竖直方向之间的角 $\arcsin\dfrac{2L(l-d)}{L^2+l^2-2ld}$.

3.8 $\pi R^2(p-p_0)(1+r\cos\varphi/\sqrt{l^2-r^2\sin^2\varphi})\sin\varphi$.

3.9 $F=P/2^n+P'(1-1/2^n)$.

4.1 (i) 100 N. (ii) 100 N. (iii) 150 N. (iv) 50 N. (v) 150 N, 同 (iii).

4.2 $(4-0.52\sin 4\pi t)\times 10^4$ N.

4.3 $F_1+(F_2-F_1)/n$.

4.4 竖直分力 $m_2g/2$, 水平分力 $m_1m_2g/2(m_1+m_2)$.

4.5 $m\omega^2(L^2-r^2)/2L$.

4.6 射击方向与水平面成角 $\pi/4+\theta/2$, 亦即射击方向等分斜坡与竖直线间的角.

4.7 着地点与屋檐的水平距离为

$$2(\sqrt{hs\sin\theta+s^2\sin^4\theta}-s\sin^2\theta)\cos\theta.$$

4.8 $2v_0^2\cot(\theta_1+\theta_2)/g(\tan\theta_1+\tan\theta_2)$.

4.9 虽然 $m_1=m_2+m_3$, 却不能平衡. $a_1=g/49$(向下), $a_2=9g/49$(向下), $a_3=11g/49$(向上).

4.10 (i) $a_{物}=g(2F-P)/P, a_F=2a_{物}$. (ii) $a_{物}=g(2F-P)/(4F+P), a_F=2a_{物}$.

4.11 小楔子相对于大楔子滑下的加速度为 $g(M+m)\sin\theta/(M+m\sin^2\theta)$. 大楔子对桌面压力为 $(M+m)gM/(M+m\sin^2\theta)$. 注意, 压力不等于两个楔子的重量和.

4.12 $(m_1+m_2+m_3)m_3g/m_2$.

4.13 $-m_2m_3g/(m_1m_2+m_1m_3+2m_2m_3+m_3^2)$.

4.14 $v=\sqrt{gR^2/\rho}$. 第一宇宙速度约 8 km/s.

4.15 约 2.41 km/s.

4.16 以超过 7 m/s 的速度开过去.

4.17 车速应大于 $\sqrt{gR\cot\theta}$. 在演员的感觉中, 上下方向与墙垂直.

4.18 旋转抛物面 $z=\omega^2(x^2+y^2)/2g$, 这里以转动轴为 z 轴.

5.1 $x=\dfrac{1}{2}(x_0-\sqrt{m}v_0/k)\mathrm{e}^{(k/\sqrt{m})t}+\dfrac{1}{2}(x_0+\sqrt{m}v_0/k)\mathrm{e}^{-(k/\sqrt{m})t}$. 能够达到原点的条件是: v_0 指向原点, 且 $|v_0|>(k/\sqrt{m})|x_0|$.

5.2 周期为 $(4/D)\sqrt{\pi m/g\rho}$ 的谐振动.

5.3 周期为 $2\pi\sqrt{R/g}$ 的谐振动, 其中 R 为地球半径. 穿过地球的时间为周期的一半, 约 42 分钟.

5.4 $x=1+\cos(\sqrt{g}t)$, x 轴竖直向下, 以弹簧无伸缩时物体所在位置为原点.

5.5 $x=mg/k+\sqrt{m/k}v_0\sin(\sqrt{k/m}t)$, x 最大张力 $mg+v_0\sqrt{mk}$.

5.6 取 x 轴竖直向下, 以绳的上端为原点. 于 $x < l_1$, 作自由落体运动. 于 $x > l_1$, 作谐振动

$x = (l_2 + l_1) + \sqrt{l_2(2l_1 + l_2)}\cos(\sqrt{g/l_2}t + \arctan\sqrt{2l_1/l_2})$.

5.7 $m\ddot{x} + 2kx - m\omega^2 x = 0$. 如 $2k > m\omega^2$ 则为谐振动.

5.8 质点与 A 端的距离 $\rho = \rho_0\sqrt{\varphi_0/(\alpha t + \varphi_0)}$.

5.9 (i) $\rho = \rho_0 - ut, \varphi = \varphi_0 + [1/(\rho_0 - ut) - 1/\rho_0]\rho_0^2\dot{\varphi}_0/u$. 注意 $a_\rho \neq m\dot{u}$, $T = m\rho_0^4\dot{\varphi}_0^2/\rho^3$.

(ii) 注意 $T \neq m\ddot{\rho}$.

$$t = \int_{\rho_0}^{\rho} \rho \mathrm{d}\rho / \sqrt{(\dot{\rho}_0^2 + \rho_0^2\dot{\varphi}_0^2 + 2T\rho_0/m)\rho^2 - 2T\rho^2/m - \rho_0^4\dot{\varphi}_0^2},$$

(iii) 注意两质点的加速度的值并不相等.

$$m\ddot{\rho} - m\rho\dot{\varphi}^2 = -T, (1/\rho)\mathrm{d}(m\rho^2\dot{\varphi})/\mathrm{d}t = 0, T - m_1 g = m_1\ddot{\rho}.$$

(iv) $v_2 = v_1 R_1/R_2$.

6.1 $\theta = \arctan\mu$.

6.2 $a_{\max} = 0.2g$.

6.3 $\mu = 2/49$.

6.4 不论原来向哪一方向运动, 都是减速运动, 最后都停下来. 停后摩擦力为 50 N(沿斜面向上).

6.5 升到某个最高点就停住, 不会回到出发点.

6.6 A 向下时: $a_{\mathrm{A}} = (m_{\mathrm{A}} - 2m_{\mathrm{B}}\sin\theta - 2\mu m_{\mathrm{B}}\cos\theta)g/(4m_{\mathrm{B}} + m_{\mathrm{A}}), a_{\mathrm{B}} = 2a_{\mathrm{A}}$; $T = m_{\mathrm{A}}m_{\mathrm{B}}(2 + \sin\theta + \mu\cos\theta)g/(4m_{\mathrm{B}} + m_{\mathrm{A}})$.

A 向上时: $a_{\mathrm{A}} = (2m_{\mathrm{B}}\sin\theta - 2\mu m_{\mathrm{B}}\cos\theta - m_A)g/(4m_{\mathrm{B}} + m_{\mathrm{A}}), a_{\mathrm{B}} = 2a_{\mathrm{A}}$; $T = m_{\mathrm{A}}m_{\mathrm{B}}(2 + \sin\theta - \mu\cos\theta)g/(4m_{\mathrm{B}} + m_{\mathrm{A}})$.

6.7 木板和物体一同滑下, 没有相对的运动. 木板与斜面间摩擦力 $35\sqrt{2}/3$ N, 物体与木板间摩擦力 $10\sqrt{2}$N.

6.8 最大高度 $[\ln(1 + k^2 v_0^2)]/2k^2 g$. 回到原处速度 $v_0\sqrt{1/(1 + k^2 v_0^2)}$.

6.9 能够相遇的条件 $v_0 > hk/m$. 相遇时间 $t = (m/k)\ln\{mv_0/(mv_0 - hk)\}$, 地点在 B 下面 $mg(t - h/v_0)/k$. 这里 k 是空气阻力与速度的比值.

6.10 220 m.

6.11 周期为 $2\pi\sqrt{l/\mu g}$ 的谐振动.

6.12 $a_F = 2g[F(\mathrm{e}^{-2\pi\mu} + \mathrm{e}^{-\pi\mu}) - P]/[2F(\mathrm{e}^{-2\pi\mu} + \mathrm{e}^{-\pi\mu}) + P]$,

$a_{物} = \dfrac{1}{2}a_F$.

7.1 参阅 §14 例.

7.2 $v = v_0/(1 + \mu v_0 t/R)$, $\theta = (1/\mu)\ln(1 + \mu v_0 t/R)$.

7.3 $t = (mv/2F)\ln 3, s = mv^2\ln(4/3)/2F$.

7.4 俯角约 $42°52'$.

7.5 (i) 每振动半周, 振幅减小 $2f/k$; (ii) 振动半周的次数 $=(kx_0/2f+1/2)$ 的整数部分. [提示: 运动方程 $m\ddot{x}=-kx\pm f$ 可进行变量代换 $y=x\mp f/k$.]

7.6 (i) $\sqrt{2ag}$. (ii) 设圆形弯管的方程为 $x^2+y^2=R^2$, 则对于每个 ω 只有一个平衡位置 $y=-g/\omega^2$.

7.7 $m\ddot{s}=-kR\sin(s/R)$, 其中 s 为质点与 O 的曲线距离, k 为正比引力的比例常量.

7.8 $m\ddot{\rho}+m\rho\dot{\theta}^2=-k(\rho-l_0)+mg\cos\theta, m\rho\ddot{\theta}+2m\dot{\rho}\dot{\theta}=-mg\sin\theta$. 对小偏离, $\rho=l+A\cos(\sqrt{k/m}t+\varphi_1), \theta=B\cos(\sqrt{g/l}\,t+\varphi_2)l=l_0+mg/k_0$.

8.1 偏于目标方向的上游, 偏角 $\arcsin(v_0/u)$.

8.2 5 km/h. 相对于水流来计算速度, 本题就很简单.

8.3 (i) 相对速度 $v_0/\tan\theta, \theta$ 为直线在圆内的一段所张圆心角的一半.

(ii) "绝对" 速度 $v_0/\sin\theta$.

8.5 质点的相对加速度 $g\sin\theta\mp a_0\cos\theta$.

质点对楔子压力 $mg\left(\cos\theta\pm\dfrac{a_0}{g}\sin\theta\right)$.

8.6 $v_r=\sqrt{R^2\dot{\varphi}_0^2+2(a_0+g)R(\cos\varphi_0-\cos\varphi)}$

$N=m(a_0+g)(3\cos\varphi-2\cos\varphi_0)-mR\dot{\varphi}_0^2$

8.7 $T=2\pi\sqrt{l/\sqrt{a^2+g^2}}$.

9.2 距 A 端 $x'=x_0'\cos\omega t+(\sqrt{v_0^2-x_0'^2\omega^2}/\omega)\sin\omega t$.

9.3 略去小量 v^2/R, 误差为 $2v\omega/g$.

9.4 $\omega=\sqrt{g/l-\Omega^2}$.

9.7 $v_0=\omega l$.

9.9 偏西 $v_0^3(4\omega/3g^2)\cos\varphi$.

9.10 沿半径为 $v_0/2\omega\sin\varphi$ 的圆周作匀速运动.

9.11 $\sqrt{R/(\omega^2R+g)}\ln[\sqrt{(\omega^2R+2g)/g}+\sqrt{(\omega^2R+g)/g}]$.

9.12 (i) $a_{相}=g\sin\alpha-a\cos\alpha$;

(ii) $a_{绝}=\sin\alpha\sqrt{a^2+g^2}$;

(iii) 轨道方程 $Ax-By=0$,

$$A=(g\sin\alpha-a\cos\alpha)\sin\alpha,$$

$$B=(g\cos\alpha+a\sin\alpha)\sin\alpha,$$

$$N=mg(\cos\alpha+a\sin\alpha/g).$$

10.2 (i) 8.33×10^3 J. (ii) 2.02×10^6 J. (iii) $P(n+1)d/2$.

10.3 $\rho b^2h^2g/12; 2.42\times10^{12}$ J; 1.13×10^4 人 · 年.

10.4 (i) 2.94×10^4 kW. (ii) 2.94 kW. (iii) 6.86 kW.

10.5 水的阻力约 4.26×10^5 N. 如速度为 5 n mile/h, 则加速度约为 65 g/m, 其中 m 为轮船质量 (以吨计).

10.6 (i) $t=(N/\mu^2mg^2)\ln[N/(N-\mu mgv)]-v/\mu g$

$=1.25\ln[6\times10^5/(6\times10^5-49\times10^4v)]-1.02v$.

(ii) $v^2 = (N/k)[1 - e^{-(2k/m)t}] = (6 \times 10^5/k)[1 - e^{-4k \times 10^{-6}t}]$, 其中 k 是阻力与速率的比值.

10.7 条件为 $a_{12} = a_{21}, a_{13} = a_{31}, a_{23} = a_{32}$.

如条件满足, 则

$$V = -(a_{11}x^2 + a_{22}y^2 + a_{33}z^2 + 2a_{12}xy + 2a_{13}xz + 2a_{23}yz)/2 + C.$$

10.8 (i) $-\frac{1}{2}kr^2 + C$. (ii) $\frac{1}{2}k_1r_1^2 + \frac{1}{2}k_2r_2^2 + C$. (iii) $F(r_1 + r_2) + C$.

10.9 为有心引力, 力的大小为常量.

10.11 将这物体从平衡位置举上 $l[(M - m)^2 + m^2]/200Mm$.

10.12 $\sqrt{3g}\, l/2$, 其中 l 为绳长.

10.13 (i) 动量矩; mv_0r^2/a^2, a 是立柱的半径. (ii) 机械能; v_0.

10.14 $\sqrt{R^2 + 2GMR/v_0^2}$, 其中 G 是万有引力常量, R 和 M 分别是该行星的半径和质量.

10.15 (i) $\rho^4 \times 10^{-5} + mh^2/2\rho^2 = \rho^4 \times 10^{-5} + 10^{-7}/\rho^2$(J). (ii) 8.77×10^{-7} J. (iii) $(5 \times 10^{-4})^{1/6}$ m $= 0.282$ m.

10.17 $2\pi/\sqrt{30ka}$.

10.18 (i) $a = 2$ m, $v = \sqrt{6}$ m/s. (iii) $\rho^2 = (2E + m \pm \sqrt{9Em + m^2})$, 即 $\rho_{\max} = 2.45$ m, $\rho_{\min} = 1.63$ m.

11.1 后坐速度 $v_0P'\cos\varphi/P$ (设 $P' << P$).

11.2 $(L - l)P'/(P + P')$.

11.3 $uv_0P'\sin\varphi/Pg$. 设 $P' << P$.

11.4 椭圆, 长轴 $2R$ 是竖直的, 短轴 $2RM/(M + m)$ 是水平的.

11.5 椭圆, 长轴 $4l$ 是竖直的, 短轴 $2l$ 是水平的.

11.6 $P\omega^2(l^2 - x^2)/2lg$.

11.7 约 2.5×10^4 N.

11.8 石块以 $u/2$ 上升.

11.9 $v_1 = [km_2/(m_1^2 + m_1m_2)][\sqrt{l^2 + d^2} - d]$,

$v_2 = [km_1/(m_2^2 + m_1m_2)][\sqrt{l^2 + d^2} - d]^2$.

11.10 $a = \sqrt{3}g/23, T = 27mg/23, N = 33\sqrt{3}mg/23$.

11.11 $e = 1/3$.

11.13 $\cos\theta = (1/3)[1 + \sqrt{1 - (3/2)(M/m)}]$.

11.14 $\Delta x = \sqrt{mM/k(M + m)}v_0$.

11.15 锻锤的功 143 080 J, 消耗能量 6 860 J, 效率 95%.

11.16 $[M + m + nhM^2/s(M + m)]g$, 约 3.06×10^6 N.

11.17 $\sqrt{2gl(1 - \cos\theta)}(M + m)/m$.

11.18 $m_1v_1 = m_2v_2 = m_1m_2\sqrt{2k/a(m_1 + m_2)}$.

11.19 A 的水平速度 $uM(1 + e)\sin\theta\cos\theta/(M + m\sin^2\theta)$,

竖直速度 $u[1 - M(1 + e)\cos^2\theta/(M + m\sin^2\theta)]$.

B 的速度是水平的: $-um(1+e)\sin\theta\cos\theta/(M+m\sin^2\theta)$.

11.20 $H(P+2P')/2(P+P')$.

12.1 (i) $x_0=l(3\rho_0+2al)/(6\rho_0+3al)$.

(ii) 在中心线上, 与下底相距 22/3.

(iii) 在竖直的钢杆上, 与下面水平虚线相距 1.587 m.

(iv) 在两圆连心线上, 距大圆圆心 $R/6$, 距小圆圆心 $2R/3$.

(v) 在轴上, 与没有洞的底面相距 $13H/28$.

(vi) 在圆柱的轴上, 与柱的中心相距

$$\frac{2l(R_1^3-R_2^3)+4(R_1^4-R_2^4)}{4R_1^3+3r^2l+4R_2^3}.$$

12.4 救生艇的重量为两根吊船杆平均分担. 就一根吊船杆而言, B 处水平反力 6.4×10^3 N, 竖直反力 4.8×10^3 N, A 处水平反力 6.4×10^3 N. (g 取 10 m/s^2)

12.5 (i) $\theta=\arccos\sqrt[3]{d/l}$.

(ii) θ 为 $l\cos^3\theta+r\sin\theta=d$ 的根.

12.6 $F=P(R-r)/2R$.

12.7 $\theta_{\max}=\arcsin\sqrt{\mu R/(1+\mu^2)l}$, 其中 l 为杆长的一半.

12.8 如 $\mu>a/b$, 则于 θ 达到 $\arctan(a/b)$ 时翻倒.

如 $\mu<a/b$, 则于 θ 达到 $\arctan\mu$ 时滑动.

12.9 $P/3\sqrt{6}$, 亦即 $0.136P$.(放置第四个球以前绳中已有的张力未计入.)

12.10 $T_1=\sqrt{2}P$ (压力), $T_2=P$ (拉力), $T_3=\sqrt{2}P$ (拉力), $T_4=2P$ (压力), $T_5=0$ (这根钢杆不起作用), $T_6=2P$ (拉力).

12.11 $g\sqrt{(l+d)^2-h^2}/h$.

12.12 $\mu<a/h$.

12.13 如 $\mu>l/h$, 则于 $\mu g>a>gl/h$ 时翻倒, 于 $a>\mu g>gl/h$ 时既滑动又翻倒.

如 $\mu<l/h$, 则于 $gl/h>a>\mu g$ 时滑动, 于 $a>gl/h>\mu g$ 时既翻倒又滑动.

13.1 (i) $2mR^2/3$. (ii) $m(3R^2+2h^2)/20$.

13.2 $4m/3ka^2b\omega_0$.

13.3 $3mR\omega_0/4\mu F$.

13.4 (i) $2\pi\sqrt{2R/g}$. (ii) $2\pi\sqrt{3R/2g}$.

(iii) $2\pi\sqrt{2(m_1l_1^2+m_2l_2^2)/3g\sqrt{m_1^2l_1^2+m_2^2l_2^2}}$.

13.5 $2\pi\sqrt{(3MR^2+6Ml^2+2ml^2)/3(2M+m)gl}$;

$2\pi\sqrt{2(3M+m)l/3(2M+m)g}$.

13.6 $\mu FR\omega_0$.

13.7 镜框实际上是不会跳离的.

13.8 杆的下端受力水平分量为 $3Mg/4$, 方向向左, 竖直向上分量为$Mg/4$.

13.9 (i) $I\omega_0/(I+PR^2/g)$.

(ii) $\omega(PR^2/g)/(I+PR^2/g)$, 绝对角位移 $2\pi I/(I+PR^2/g)$.

13.10 共同的角速度 $\omega_0/2$. 动能损失一半, 这是因为两轮刚接触时相互摩擦.

13.11 (i) $\sqrt{2k/MR^2}$. (ii) $\sqrt{2k/3MR^2}, \sqrt{3}\theta_0/3$.

13.12 $\omega_0 M/(M+6m)$.

13.13 质点滑到 B 时, 环的角速度 $\omega_0 I/(I+mR^2)$, 质点相对速度

$$\sqrt{2gR+IR^2\omega_0^2/(I+mR^2)}.$$

质点滑到 C 时, 环的角速度 ω_0, 质点相对速度 $2\sqrt{gR}$.

13.14 $\sin(\theta_2/2)/\sin(\theta_1/2)$.

13.15 $\sqrt{2g(ML^2/3+ml^2)(ML/2+ml)(1-\cos\theta)}/ml$.

如 $m << M$, 则为 $ML\sqrt{gL(1-\cos\theta)}/\sqrt{3}ml$.

本题子弹射进棒的过程中, 动量并不守恒, 动量矩守恒. 11.17 题的子弹射进过程中, 动量和动量矩都守恒.

14.1 瞬心的竖直坐标同于质心, 水平坐标同于杆的下端.

14.2 $2v_0\sin^2(\varphi/2)[1+R\sin\varphi\sqrt{l^2-4R^2\sin^4(\varphi/2)}], \varphi$ 为通过 B 点的半径与竖直向下半径之间的角.

14.3 质心作初速为 $\sqrt{3gl/2}$ 的平抛运动, 棒以匀角速 $\sqrt{3g/2l}$ 绕质心转动.

14.4 (i) 于 $t \leqslant R\omega_0/3\mu g$, 柱轴速度为 μgt, 柱的角速度为 $\omega_0-(2\mu g/R)t$. 于 $t \geqslant R\omega_0/3\mu g$, 柱作无滑动的滚动, 角速度为 $\omega_0/3$.

(ii) 于 $t \leqslant v_0/3\mu g$, 柱轴速度为 $v_0-\mu gt$, 柱的角速度 $(2\mu g/R)t$. 于 $t \geqslant v_0/3\mu g$, 柱作无滑动的滚动, 柱轴速度 $2v_0/3$.

14.5 如 $\mu > a_0/3g$, 圆柱无滑动地滚动, 柱轴相对加速度 $-2a_0/3$, 柱的角加速度 $-2a_0/3R$.

如 $\mu < a_0/3g$, 则圆柱连滚带滑, 柱轴相对加速度 $-(a_0-\mu g)$, 柱的角加速度 $-2\mu g/R$.

14.6 $3g/32, g/16r$.

14.7 于 $t \leqslant 4v_0/5\mu g$, 足球连滚带滑, 球心速度 $v_0-\mu gt$, 球的角速度 $-v_0/R+(3\mu g/2R)t$.

于 $t \geqslant 4v_0/5\mu g$, 足球无滑动滚动, 球心速度 $v_0/5$. (将足球当作匀质球壳, 它对直径的转动惯量为 $2mR^2/3$.)

14.8 (i) $(5/7)v_0$, $(2/7)v_0$. (ii) 20/49.

14.9 $2\pi\sqrt{26R/15g}$.

(匀质半球的质心距半球底面 $3R/8$.)

14.10 $\ddot{\theta}+\{5g/7(R-r)\}\theta=0$, 其中 θ 为两球连心线与竖直向下方向间的角. 小摆动周期 $2\pi\sqrt{7(R-r)/5g}$.

14.11 (i) 小球球心初始高度 $(27R-17r)/10$.

(ii) $2mg\sin\theta/7, 17mg(1-\cos\theta)/7$. 不可能始终不滑动.

[$h > (1+\sqrt{4+17^2\mu^2}/10\mu)(R-r)$ 才能保证不滑动].

14.12 线将绕到线卷上去. 如摩擦系数 $\mu > F(mrR+I\cos\theta)/(mg-F\sin\theta)(I+mR^2)$, 则不滑动. 在此条件下, 线卷轴的加速度为

$$FR(r-R\cos\theta)/(I+mR^2).$$

14.13 (i) $N\sin\theta - f\cos\theta = Ma$; $N\sin\theta + ma - f\cos\theta = ma'\cos\theta$, $N\cos\theta + f\sin\theta - mg = -ma'\sin\theta$, $fR = (1/2)mR^2\alpha$; $a' = R\alpha$.

(ii) 水平方向动量守恒. 第一、第二两个方程相减得

$$Ma + m(a - a'\cos\theta) = 0.$$

(iii) $a' = g\sin\theta/\{1/2 + \sin^2\theta + M\cos^2\theta/(M+m)\}$, $a = mg\sin\theta\cos\theta/(M+m)[1/2 + \sin^2\theta + M\cos^2\theta/(M+m)]$. (有多种等价表达式.)

14.14 $mg(4 - 6\sin\alpha\sin\theta + 3\sin^2\theta)/(1 + 3\cos^2\theta)^2$, θ 为 AB 在倾倒中与水平面所成的角.

14.15 $mg/4$.

14.16 如不发生滑动, 则于两球连心线与竖直向上方向间的角达到 $\arccos(10/17)$ 时, 小球飞离大球.

$\mu = \infty$ 才能够使小球在飞离之前不滑动, 即总是会发生滑动.

14.17 碰撞后, 棒的质心以匀速 $3v_0/7$ 作直线运动, 棒以匀角速 $6v_0/7l$ 绕质心转动. 注意: 棒并不是绕 C 作定轴转动.

14.18 $\sqrt{70gh}/(7 - 5h/a)$

14.19 受冲击后, 质心速度为 I/m, 刚体角速度为 $I\overline{PC}/mk^2$.

14.20 这点相对于质心的径矢为 $(k^2/v_0^2)\boldsymbol{v}_0 \times \boldsymbol{\omega}_0$, 这里 $\boldsymbol{v}_0$ 是质心本来的速度, $\boldsymbol{\omega}_0$ 是刚体本来绕质心转动的角速度, k 则是刚体对于本来的 (通过质心的) 转动轴的回转半径. 或 $(k_0^2/v_0^2)\boldsymbol{v}_0 \times \boldsymbol{\omega}_0 + a\boldsymbol{v}_0$, a 为任意实数.

14.21 $a_1 = g4P_2/(3P_1 + 8P_2), a_2 = g8P_2/(3P_1 + 8P_2)$.

张力为 $3P_1P_2/(3P_1 + 8P_2)$.

14.22 $\omega_1 = (M_1R_1\Omega_1 - M_2R_2\Omega_2)/R_1(M_1 + M_2); -R_1\omega_1/R_2$.

14.23 (i) $2(M_1 + M_2)g/(3M_1 + 2M_2)$. (ii) $2M_2g/R_1(3M_1 + 2M_2), 2M_1g/R_2(3M_1 + 2M_2)$. (iii) $M_1M_2g/(3M_1 + 2M_2)$.

14.24 质心以匀速度 $m_2v_0/(m_1 + m_2)$ 作直线运动, 系统以匀角速度 v_0/l 转动. 张力为 $m_1m_2v_0^2/(m_1 + m_2)l$.

14.25 (i) $-v_0(M - 4m)/(M + 4m)$. (ii) $-v_0(M - 3m)/(M + 3m)$.

15.1 物体拉长弹簧, 在达到平衡位置之前, 重力大于弹簧中的力, 物体向下加速运动, 动能增加. 题给的能量平衡方程未计入动能, 因此是错误的.

15.2 $m\ddot{x} = -kx + mg$ 即 $m\ddot{X} = -kX$, 从而解得

$$X = \frac{mg}{k}\cos\left(\sqrt{\frac{k}{m}}t - \pi\right)$$

即

$$x = \frac{mg}{k} + \frac{mg}{k}\cos\left(\sqrt{\frac{k}{m}}t - \pi\right).$$

X 轴的原点是平衡点, 使用 X 坐标轴就好像不存在重力似的.

15.3 取 x 轴竖直向下, 船平衡时的质心所在高度取为 $x=0$. 小船的振动

$$x=m\sqrt{\frac{2h}{(M+m)S}}\cos\left(\sqrt{\frac{Sg}{M+m}}t+\frac{3}{2}\pi\right).$$

15.4 $I\ddot{\theta}=-G\theta, \theta=A\cos\left(\sqrt{\frac{G}{I}}t+\varphi_0\right)$.

15.5 $\omega^2=mgl^2/LI, \tau=\frac{2\pi}{l}\sqrt{\frac{LI}{mg}}$.

15.6 $x_1=10, x_2=7.07, x_3=0$.

路程 $x_1-x_2=2.93$ 和 $x_2-x_3=7.07$ 并不相等.

15.7 $A=0.05\ \mathrm{m}, \varphi_0=-\arctan(3/4)\approx-36°52'$.

15.8 2×10^{-5} J. 跟平衡位置的距离为振幅的 $1/\sqrt{2}$ 处.

15.9 $0.28\ \mathrm{m/s}, 7.84\times10^{-3}$ J.

15.10 符合 $\frac{1}{2}m\dot{x}^2+\frac{1}{2}kx^2-mgx=$ 常量; 或 $\frac{1}{2}m\dot{X}^2+\frac{1}{2}kX^2=$ 常量.

15.11 $A_0=A, A_1=A\mathrm{e}^{-\beta\tau}, A_2=A\mathrm{e}^{-2\beta\tau}$. $A_0-A_1=A(1-\mathrm{e}^{-\beta\tau})\neq A_1-A_2=A\mathrm{e}^{-\beta\tau}(1-\mathrm{e}^{-\beta\tau})$. 这说明振幅的减小, 在开始时较快, 其后越来越慢. $A_0:A_1=\mathrm{e}^{\beta\tau}$ 与 $A_1:A_2=\mathrm{e}^{\beta\tau}$ 是相等的. 这说明振幅在相同的时间间隔里按同样的比例减小.

如 $A_0=9$, $A_1=6$, 则 $A_2=4$.

15.12 $(\beta^2/2\omega_0)\times100\%$.

15.13 $(10\lg10/\lg3)\ \mathrm{s}\approx21.2$ s.

15.14 1/99.

15.15 76 km/h.

15.16 $h=\frac{1}{200\pi}\ \mathrm{kg\cdot s^{-1}}$, 阻力的幅度为 10^{-3} N.

15.17 $A=360\pi/m\left|\frac{k}{m}-(8\pi)^2\right|, \Phi_0=\begin{cases}0 & (8\pi<\sqrt{k/m}),\\ \pi & (8\pi>\sqrt{k/m}).\end{cases}$

15.18 $A=\begin{cases}g/(2\omega^2-k/m), \\ g/(k/m-2\omega^2),\end{cases}\quad \Phi_0=\begin{cases}\pi & (2\omega^2>k/m),\\ 0 & (2\omega^2<k/m).\end{cases}$

其中 $\omega\equiv\sqrt{\frac{k}{2m}}$.

15.19 $A=10, \varphi_0=\frac{1}{4}\pi+\arcsin\frac{3}{5}$.

15.20 $A_1\cos\omega_1t+A_2\cos\omega_2t$

$$\begin{aligned}&=\frac{1}{2}(A_1+A_2)(\cos\omega_1t+\cos\omega_2t)+\frac{1}{2}(A_1-A_2)(\cos\omega_1t+\cos\omega_2t)\\&=\cdots=\sqrt{A_1^2+A_2^2+2A_1A_2\cos(\omega_1-\omega_2)t}\\&\quad\cdot\cos\left[\frac{\omega_1+\omega_2}{2}t-\arctan\left(\frac{A_1-A_2}{A_1+A_2}\tan\frac{\omega_1-\omega_2}{2}t\right)\right].\end{aligned}$$

15.21 254 Hz 或 258 Hz.

15.22 $9x^2-16xy+25y^2=161$. 把坐标轴绕原点逆时针转 $\pi/8$, 则 $(17-8\sqrt{2})x'^2+(17+8\sqrt{2})y'^2=161$. 这椭圆的长、短轴分别沿着 x' 和 y' 轴, 半长轴 $=\sqrt{161/(17-8\sqrt{2})}$, 半短轴 $=\sqrt{161/(17+8\sqrt{2})}$.

15.23 见下图.

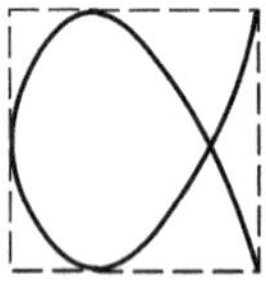

题 15.23 答案

15.24 (a) 2ω, (b) 3ω, (c) 3ω, (d) $\dfrac{3}{2}\omega$.

15.25 纵向位移 u_1 和 u_2 分别从各自的平衡位置算起. 简正坐标 $\xi_1=u_1-u_2,\xi_2=u_1+u_2$. 模式之一是

$$\xi_1=0,\quad \xi_2=A\cos\left(\sqrt{\frac{k}{m}}t+\varphi_0\right),$$

这是两个物体作整体的运动, 中间的弹簧保持不伸缩. 模式之二是

$$\xi_2=0,\quad \xi_1=B\cos\left(\sqrt{\frac{3k}{m}}t+\varphi_0\right),$$

这是两个物体对称地相向振动.

15.26 横向位移记作 u_1 和 u_2. 简正坐标 $\xi_1=u_1-u_2$, $\xi_2=u_1+u_2$. 模之一是

$$\xi_1=0,\quad \xi_2=A\cos\left(\sqrt{\frac{T}{ml_0}}+\varphi_0\right);$$

模之二是

$$\xi_2=0,\quad \xi_1=B\cos\left(\sqrt{\frac{3T}{ml_0}}+\varphi_0\right).$$

16.1 0, 3, 12, 一个波长; $\dfrac{11}{6}\pi\left(\text{或}-\dfrac{1}{6}\pi\right)$, 13, 一个波长; $\dfrac{10}{6}\pi\left(\text{或}-\dfrac{2}{6}\pi\right)$, 14, 一个波长. 相同.

16.2 427.4 m; 4.7×10^{14} Hz. 激光频率高得多, 波长也就远远小于某人民广播电台发射的电磁波.

16.3 17 m, 72.5 m; 1.7 cm, 7.25 cm.

16.4 π.

16.5 沿负 x 向传播. 频率 $8/2\pi$, 波长 $2\pi/3$, 波速 $8/3$. $x=0$ 处的初相.

16.6 相位滞后 $4\pi,\dfrac{9}{2}\pi,5\pi\left(\text{即 }0,\dfrac{\pi}{2},\pi\right)$.

16.7 1.07×10^{-7} cm.

16.8 3.4×10^{-5} cm.

16.9 $-A^2\omega^2\sqrt{\rho_{线}T}\sin 2kx \sin 2\omega t$. 平均值等于零.

16.10 调节张力也就是调节波速. 对特定的频率而言, 这也就是调节波长. 调节的目的是使弦长为半波长的整倍数. 98.3 N.

16.11 $\omega^2 = v^2 S/lV_0$.

16.12 319 Hz, 283 Hz.

16.13 3 Hz.

16.14 $v_{\mathrm{g}} = \dfrac{\mathrm{d}\omega}{\mathrm{d}k} = \dfrac{g}{2\omega} + \dfrac{3T}{2\rho\omega}k^2$.

16.15 中垂线上各点都不振动.

郑重声明

高等教育出版社依法对本书享有专有出版权。任何未经许可的复制、销售行为均违反《中华人民共和国著作权法》，其行为人将承担相应的民事责任和行政责任；构成犯罪的，将被依法追究刑事责任。为了维护市场秩序，保护读者的合法权益，避免读者误用盗版书造成不良后果，我社将配合行政执法部门和司法机关对违法犯罪的单位和个人进行严厉打击。社会各界人士如发现上述侵权行为，希望及时举报，我社将奖励举报有功人员。

反盗版举报电话　（010）58581999　58582371

反盗版举报邮箱　dd@hep.com.cn

通信地址　北京市西城区德外大街4号　高等教育出版社法律事务部

邮政编码　100120

读者意见反馈

为收集对教材的意见建议，进一步完善教材编写并做好服务工作，读者可将对本教材的意见建议通过如下渠道反馈至我社。

咨询电话　400-810-0598

反馈邮箱　hepsci@pub.hep.cn

通信地址　北京市朝阳区惠新东街4号富盛大厦1座

高等教育出版社理科事业部

邮政编码　100029